U0197623

国家出版基金项目
NATIONAL PUBLICATION FOUNDATION

"十四五"时期国家重点出版物出版专项规划项目

材料先进成型与加工技术丛书

申长雨　总主编

高分子薄膜加工原理

李良彬　陈威　田富成　著

科学出版社

北京

内 容 简 介

本书为"材料先进成型与加工技术丛书"之一。高分子薄膜种类繁多，应用面非常广，涉及的制备技术有很多种类。使用不同的高分子材料，通过不同的薄膜加工方法制备的高分子薄膜制品性能会有很大差异，实际的应用领域及用途也不尽相同。从物理原理出发，理解高分子薄膜加工对实际的薄膜制造，特别是高端薄膜制造具有重要的指导意义。本书聚焦高分子薄膜加工原理，涵盖了高分子薄膜加工过程中涉及的基本物理问题，包括流变、结晶、相分离、结构重构及退火。除此之外，介绍了研究高分子薄膜加工原理的同步辐射原位检测装置与方法。最后通过一些具体案例来展示如何将加工原理应用到实际薄膜加工过程中。

本书可供高分子薄膜加工方向的研究生、相关行业的工程师及技术开发人员参考阅读。

图书在版编目（CIP）数据

高分子薄膜加工原理 / 李良彬，陈威，田富成著. —北京：科学出版社，2024.5

（材料先进成型与加工技术丛书 / 申长雨总主编）

国家出版基金 "十四五"时期国家重点出版物出版专项规划项目

ISBN 978-7-03-078359-2

Ⅰ. ①高… Ⅱ. ①李… ②陈… ③田… Ⅲ. ①高分子材料－薄膜－加工 Ⅳ. ①TB43

中国国家版本馆 CIP 数据核字（2024）第 070535 号

丛书策划：翁靖一
责任编辑：翁靖一 孙 曼 / 责任校对：杜子昂
责任印制：徐晓晨 / 封面设计：东方人华

科 学 出 版 社 出版
北京东黄城根北街 16 号
邮政编码：100717
http://www.sciencep.com
北京中科印刷有限公司印刷
科学出版社发行 各地新华书店经销

*

2024 年 5 月第 一 版 开本：720 × 1000 1/16
2024 年 5 月第一次印刷 印张：32
字数：620 000

定价：268.00 元

（如有印装质量问题，我社负责调换）

材料先进成型与加工技术丛书

编 委 会

材料先进成型与加工技术丛书

总　序

　　核心基础零部件（元器件）、先进基础工艺、关键基础材料和产业技术基础等四基工程是我国制造业新质生产力发展的主战场。材料先进成型与加工技术作为我国制造业技术创新的重要载体，正在推动着我国制造业生产方式、产品形态和产业组织的深刻变革，也是国民经济建设、国防现代化建设和人民生活质量提升的基础。

　　进入21世纪，材料先进成型加工技术备受各国关注，成为全球制造业竞争的核心，也是我国"制造强国"和实体经济发展的重要基石。特别是随着供给侧结构性改革的深入推进，我国的材料加工业正发生着历史性的变化。**一是产业的规模越来越大。**目前，在世界500种主要工业产品中，我国有40%以上产品的产量居世界第一，其中，高技术加工和制造业占规模以上工业增加值的比重达到15%以上，在多个行业形成规模庞大、技术较为领先的生产实力。**二是涉及的领域越来越广。**近十年，材料加工在国家基础研究和原始创新、"深海、深空、深地、深蓝"等战略高技术、高端产业、民生科技等领域都占据着举足轻重的地位，推动光伏、新能源汽车、家电、智能手机、消费级无人机等重点产业跻身世界前列，通信设备、工程机械、高铁等一大批高端品牌走向世界。**三是创新的水平越来越高。**特别是嫦娥五号、天问一号、天宫空间站、长征五号、国和一号、华龙一号、C919大飞机、歼-20、东风-17等无不锻造着我国的材料加工业，刷新着创新的高度。

　　材料成型加工是一个"宏观成型"和"微观成性"的过程，是在多外场耦合作用下，材料多层次结构响应、演变、形成的物理或化学过程，同时也是人们对其进行有效调控和定构的过程，是一个典型的现代工程和技术科学问题。习近平总书记深刻指出，"现代工程和技术科学是科学原理和产业发展、工程研制之间不可缺少的桥梁，在现代科学技术体系中发挥着关键作用。要大力加强多学科融合的现代工程和技术科学研究，带动基础科学和工程技术发展，形成完整的现代科学技术体系。"这对我们的工作具有重要指导意义。

过去十年，我国的材料成型加工技术得到了快速发展。**一是成形工艺理论和技术不断革新。**围绕着传统和多场辅助成形，如冲压成形、液压成形、粉末成形、注射成型，超高速和极端成型的电磁成形、电液成形、爆炸成形，以及先进的材料切削加工工艺，如先进的磨削、电火花加工、微铣削和激光加工等，开发了各种创新的工艺，使得生产过程更加灵活，能源消耗更少，对环境更为友好。**二是以芯片制造为代表，微加工尺度越来越小。**围绕着芯片制造，晶圆切片、不同工艺的薄膜沉积、光刻和蚀刻、先进封装等各种加工尺度越来越小。同时，随着加工尺度的微纳化，各种微纳加工工艺得到了广泛的应用，如激光微加工、微挤压、微压花、微冲压、微锻压技术等大量涌现。**三是增材制造异军突起。**作为一种颠覆性加工技术，增材制造（3D 打印）随着新材料、新工艺、新装备的发展，广泛应用于航空航天、国防建设、生物医学和消费产品等各个领域。**四是数字技术和人工智能带来深刻变革。**数字技术——包括机器学习（ML）和人工智能（AI）的迅猛发展，为推进材料加工工程的科学发现和创新提供了更多机会，大量的实验数据和复杂的模拟仿真被用来预测材料性能，设计和成型过程控制改变和加速着传统材料加工科学和技术的发展。

当然，在看到上述发展的同时，我们也深刻认识到，材料加工成型领域仍面临一系列挑战。例如，"双碳"目标下，材料成型加工业如何应对气候变化、环境退化、战略金属供应和能源问题，如废旧塑料的回收加工；再如，具有超常使役性能新材料的加工技术问题，如超高分子量聚合物、高熵合金、纳米和量子点材料等；又如，极端环境下材料成型技术问题，如深空月面环境下的原位资源制造、深海环境下的制造等。所有这些，都是我们需要攻克的难题。

我国"十四五"规划明确提出，要"实施产业基础再造工程，加快补齐基础零部件及元器件、基础软件、基础材料、基础工艺和产业技术基础等瓶颈短板"，在这一大背景下，及时总结并编撰出版一套高水平学术著作，全面、系统地反映材料加工领域国际学术和技术前沿原理、最新研究进展及未来发展趋势，将对推动我国基础制造业的发展起到积极的作用。

为此，我接受科学出版社的邀请，组织活跃在科研第一线的三十多位优秀科学家积极撰写"材料先进成型与加工技术丛书"，内容涵盖了我国在材料先进成型与加工领域的最新基础理论成果和应用技术成果，包括传统材料成型加工中的新理论和新技术、先进材料成型和加工的理论和技术、材料循环高值化与绿色制造理论和技术、极端条件下材料的成型与加工理论和技术、材料的智能化成型加工理论和方法、增材制造等各个领域。丛书强调理论和技术相结合、材料与成型加工相结合、信息技术与材料成型加工技术相结合，旨在推动学科发展、促进产学研合作，夯实我国制造业的基础。

　　本套丛书于 2021 年获批为"十四五"时期国家重点出版物出版专项规划项目，具有学术水平高、涵盖面广、时效性强、技术引领性突出等显著特点，是国内第一套全面系统总结材料先进成型加工技术的学术著作，同时也深入探讨了技术创新过程中要解决的科学问题。相信本套丛书的出版对于推动我国材料领域技术创新过程中科学问题的深入研究，加强科技人员的交流，提高我国在材料领域的创新水平具有重要意义。

　　最后，我衷心感谢程耿东院士、李依依院士、张立同院士、韩杰才院士、贾振元院士、瞿金平院士、张清杰院士、张跃院士、朱美芳院士、陈光院士、傅正义院士、张荻院士、李殿中院士，以及多位长江学者、国家杰青等专家学者的积极参与和无私奉献。也要感谢科学出版社的各级领导和编辑人员，特别是翁靖一编辑，为本套丛书的策划出版所做出的一切努力。正是在大家的辛勤付出和共同努力下，本套丛书才能顺利出版，得以奉献给广大读者。

中国科学院院士
工业装备结构分析优化与 CAE 软件全国重点实验室
橡塑模具计算机辅助工程技术国家工程研究中心

前　言

随着科学技术创新和经济社会发展，最初应用于包装、农业、建筑等传统行业的高分子薄膜材料，逐渐扩展到以智能化、功能化为特点的高技术应用领域，如新型显示的光学膜、锂离子电池隔膜、柔性电路板膜及各种选择分离膜等。近年来，高分子薄膜产业的市场规模正在加速扩大，仅以其中的光学膜为例，其不仅具有千亿元级的市场，更是战略性新兴产业——新型显示的关键材料。我国高分子薄膜产业市场非常庞大，占据全球约70%的市场份额。然而，在高端薄膜产品方面对外依存度过高，如信息产业的柔性电路板膜、新型显示的光学膜、新能源离子交换膜、水处理膜等主要依靠进口。《中华人民共和国国民经济和社会发展第十四个五年规划和2035年远景目标纲要》也明确指出要聚焦新一代信息技术、生物技术、新能源、新材料、高端装备、新能源汽车、绿色环保以及航空航天、海洋装备等战略性新兴产业，以构筑产业体系新支柱。高分子薄膜在这些新兴产业中扮演着关键角色，从国家战略层面，这对我国的高分子薄膜产业提出了更高的要求。从物理原理方面理解高分子薄膜加工过程，对于薄膜工业，特别是高端薄膜制造，具有重要的指导意义，这些考虑也正是撰写本书的初衷。

本书聚焦高分子薄膜加工原理，同时力求与实际工业加工相结合，因此全书11章中，除了介绍高分子薄膜背景知识的第1章和介绍有关装置和研究方法的第7章外，其他各章中有5章为加工原理，4章为具体的加工案例。第1章"绪论"简要介绍了高分子薄膜的定义、分类及主要加工方式，并对全书内容进行了概述。在加工原理部分，依照高分子薄膜的加工工艺流程，分别介绍了"高分子薄膜加工流变"（第2章）、"流动场诱导高分子结晶"（第3章）、"高分子薄膜加工中的相分离"（第4章）、"薄膜后拉伸加工中的结构重构"（第5章）及"高分子薄膜退火"（第6章）。随后，本书第7章"高分子薄膜加工同步辐射原位研究装置与方法"介绍了如何利用同步辐射技术原位研究高分子加工和服役过程中的结构演化机理。第 8～11 章介绍了作者团队针对具体加工进行的一些研究，分别是第 8 章"聚乙烯吹膜加工"、第 9 章"TAC 膜的溶液流延加工"、第 10 章"超高分子量聚乙烯湿法隔膜双向拉伸加工"及第 11 章"聚对苯二甲酸乙二醇酯薄膜双向拉伸加工"。

本书汇集了作者团队从事高分子薄膜加工物理近 20 年来的研究成果及一些思考，相关的研究工作在 *Chemical Reviews*、*Macromolecules*、*Journal of Rheology* 和 *Soft Matter* 等学术杂志上发表论文 300 余篇，作者团队还应邀为 *Macromolecules* 和 *Chemical Reviews* 等撰写展望和综述文章，申请发明和实用新型专利 90 余项。在本书的撰写过程中，作者所在的研究团队相关成员——陈威、田富成、昱万程、林元菲、盛俊芳、陈鑫、赵景云、郭航、安敏芳、万彩霞、张文文、施信波、陈军根等，给予了极大的帮助和支持。已经毕业的学生包括崔昆朋（日本，北海道大学，助理研究员）和王震（郑州大学，副教授）等也给予了宝贵的建议。

撰写本书的初衷是希望能为高分子薄膜加工行业的工程师总结薄膜加工原理的基础理论，向在校研究生介绍高分子薄膜工业加工的背景知识，为"产"与"学"搭个桥，这显然是一个巨大挑战。并且限于作者研究领域和水平，书中难免有疏漏及不妥之处，敬请读者批评指正。

2023 年 11 月

目　录

第1章

绪　论

1.1 ▶ 高分子薄膜定义

　　薄膜是高分子制品的一种重要形态，不仅广泛应用于包装、农业、建筑等传统行业，也是战略性新兴产业的关键材料，如电容器膜、电池微孔隔膜、柔性电路板膜、天线支撑膜、新型显示的光学膜、分离膜、水处理膜等，部分示例如图 1-1 所示。高分子薄膜一般指厚度在 0.25 mm（250 μm）以下的平整、光亮或哑光、无色或有色、透明或不透明、硬挺或柔软的类薄膜状的高分子制品。过去高分子薄膜主要是由聚烯烃、聚酯、尼龙等高分子材料制备而成，所以也被称为塑料薄膜。实际上，橡胶弹性体（如聚氨酯）、热固性高分子（如聚酰亚胺）、水凝胶等都可以加工成薄膜形态并被广泛应用。高分子薄膜制品具备产值大、增速快、技术要求高的特性。近年来在国家经济发展政策指引下，高分子薄膜企业大力调整产品结构，开发新技术、新产品，取得了持续、稳定的发展。2020 年高分子薄膜全球市场规模

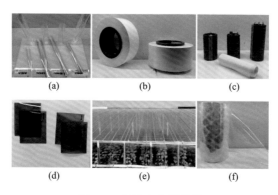

图 1-1　各种高分子薄膜

（a）光学膜；（b）电池隔膜；（c）电容器膜；（d）偏光膜；（e）农膜；（f）包装膜

超过 1 万亿元，我国市场约 7000 亿元，我国已经成为全球最大的高分子薄膜生产国，高分子薄膜的年产量稳居世界第一。然而，我国高分子薄膜产业也面临诸多挑战，一方面高端薄膜产品对外依存度过高，如信息产业的柔性电路板膜、新型显示的光学膜、新能源离子交换膜、水处理膜等主要依靠进口；另一方面，环境治理与保护、"碳达峰、碳中和"等国家重大战略，对高分子薄膜又提出了新的更高要求。

1.2　高分子薄膜分类

高分子薄膜种类繁多，应用面非常广，涉及的制备技术有很多种类。使用不同的高分子材料，通过不同的薄膜加工方法制备的高分子薄膜制品性能会有很大差异，实际的应用领域及用途也不尽相同。因此，高分子薄膜的分类有助于更全面地了解整个行业轮廓。高分子薄膜的分类可以从以下几个角度进行。

1.2.1　按照应用领域类型分类

按照应用领域，高分子薄膜可分为包装薄膜、农膜、光学膜、电容器膜、锂离子电池隔膜、水处理膜、气体分离膜等。包装薄膜是高分子薄膜中最大的一类，2021 年中国塑料薄膜产量约为 1608 万吨。其中，双向拉伸（简称双拉）聚丙烯（biaxially oriented polypropylene，BOPP）薄膜、聚乙烯（polyethylene，PE）薄膜、流延聚丙烯（cast polypropylene，CPP）薄膜、双向拉伸聚酰胺（biaxially oriented polyamide，BOPA）薄膜、双向拉伸聚对苯二甲酸乙二醇酯（biaxially oriented polyethylene terephthalate，BOPET）薄膜等在 2021 年产量均有增长。农膜是第二大类，包括大棚膜、地膜等，主要是传统 PE 膜及聚己二酸/对苯二甲酸丁二醇酯[poly(butylene adipate-co-terephthalate)，PBAT]、聚乳酸（polylactide，PLA）等可降解膜。光学膜主要包括光学基膜、保护膜、扩散膜、反射膜、棱镜膜等应用在显示行业的光功能薄膜。背光模组中的光学膜的材料主要是聚对苯二甲酸乙二醇酯（PET）、聚甲基丙烯酸甲酯（polymethyl methacrylate，PMMA）等，而显示模组中的光学膜所用材料较多，偏光膜的材料主要是聚乙烯醇（polyvinyl alcohol，PVA），保护膜和补偿膜的材料包括三醋酸纤维素酯（triacetyl cellulose，TAC）、PET、环烯烃高分子（COP）、PMMA、聚碳酸酯（polycarbonate，PC）等。电容器膜是以高分子薄膜为介电基材经金属化处理后制成的薄膜电容器，材料主要为 BOPP 和 BOPET。微孔隔膜是锂离子电池四大关键材料之一，目前工业上广泛使用的微孔隔膜包括湿法加工的超高分子量聚乙烯（ultrahigh molecular weight polyethylene，UHMWPE）隔膜、干法单向拉伸（简称单拉）等规聚丙烯（iPP）隔膜和 PP/PE/PP 三层复合隔膜、干法双拉 iPP 隔膜。水处理膜则主要是离子或者亲水功能化改性后的聚四氟乙烯（polytetrafluoroethylene，PTFE）薄膜、聚偏氟乙烯[poly(vinylidene fluoride)，PVDF]薄膜、PP 薄膜等。实际上，高分子薄膜的应用领域非常广泛，除了以上介绍的产业领域外，还是其他更多产业的关键材料，如信息产业的柔性电路板聚酰亚胺（polyimide，PI）膜、液晶高分子（liquid crystal polymer，LCP）天线膜等，建筑领域用窗膜、防水透气膜、强力交叉膜等，汽车安全窗夹胶聚乙烯醇缩丁醛（polyvinyl butyral，PVB）中间膜，太阳能背光模组 PET 膜、乙烯-乙酸乙烯酯共聚物（ethylene-vinylacetate copolymer，EVA）膜等，在此就不一一介绍。

1.2.2　按照加工工艺分类

　　基于加工工艺，高分子薄膜可分为吹塑膜、双拉膜、流延膜、涂布膜、相分离膜、复合膜等。不同高分子原料基于各自特性，有不同的加工工艺，但是也有一些高分子材料可以适应多种加工工艺[1]。高分子薄膜加工工艺步数较多，例如，图 1-2 展示了流延双向拉伸膜实际加工生产线主要工艺步骤。下面对这些主要薄膜加工工艺做简要介绍。

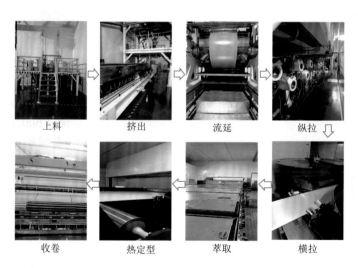

图 1-2　流延双向拉伸膜加工生产线全流程主要工艺步骤照片

1. **挤出吹塑法**

　　挤出吹塑法是指将高分子材料按照不同配方，经过挤出机塑化熔融后，在圆形模头中共挤出，然后通入压缩空气，将其吹胀，同时通过牵引机架上的牵引辊夹紧薄膜进行拉伸，从而实现纵向拉伸。风冷却环将冷风吹向膜外表面，使膜泡冷却，并在牵引膜泡周围空气冷却下定型。随后薄膜被人字板压叠，最后对拉伸后的高分子薄膜进行分切收卷。在高分子薄膜成型过程中，根据挤出和牵引方向的不同，可分为上吹法、下吹法和平吹法三种。上吹法是目前最主流的生产方法，占地面积小、操作方便、膜泡运行平稳。下吹法一般搭配水冷，适用于熔融黏度较低或需要急冷的高分子材料等。平吹法一般适于生产吹制小口径薄膜的产品和热收缩薄膜。目前，挤出吹塑法被广泛应用于 PE 薄膜的制备[2, 3]。

2. 双向拉伸法

双向拉伸法又称为双轴拉伸法，是指将高分子材料按照不同配方，经过挤出机塑化熔融后，从 T 型模头流延到激冷辊上制成厚片材（铸片或者预制片），然后预热使其温度介于玻璃化转变温度和熔点之间，在外力作用下沿横向和纵向进行一定倍率的拉伸，增加幅宽、减薄厚度、增大面积系数，最后经过适当的热处理和冷却定型制得表面平整的高分子薄膜。根据纵横拉伸的顺序不同，双向拉伸法又分为同步双向拉伸法和异步双向拉伸法。双向拉伸法使高分子材料在长度方向和宽度方向经历了一定程度的拉伸，使高分子链段在薄膜平面内被拉直取向而有序排列[4, 5]。因此，双向拉伸法获得的高分子薄膜不仅具有很高的冲击强度、弹性模量和拉伸强度等机械性能，而且还具有优异的耐寒性、耐热性、透明度、绝缘性、厚度均匀性等。目前，适合采用双向拉伸法制备高分子薄膜的原材料主要有 PP、PET、聚酰胺 6（PA6）、无规聚苯乙烯（aPS）、UHMEPE、PTFE 等。随着技术的进步，以前认为不适宜双向拉伸的高分子材料也被开发运用于双向拉伸法制备高分子薄膜，如双向拉伸聚乙烯（BOPE）薄膜、双向拉伸聚乳酸（BOPLA）薄膜等。

3. 挤出流延法

挤出流延法是指将高分子材料按照不同配方，经过挤出机塑化熔融后，从 T 型模头挤出，呈片状流延至平稳旋转的表面镀铬的冷却辊筒上，膜片在冷却辊筒上经冷却降温定型后，再经牵引、切边、测厚后收卷即制得高分子薄膜。为了使刚从口模出来的薄膜紧贴附于冷却辊，可以分别选用气刀、气室、静电、压辊和真空装置等辅助贴辊。挤出流延法制备的高分子薄膜由于在挤出流延和冷却定型过程中，既无纵向拉伸又无横向拉伸，因此强度较低。用挤出流延法成型的薄膜，厚度比吹塑薄膜均匀，透明性好。目前，适合采用挤出流延法制备高分子薄膜的原材料主要有 PP、PE、EVA、PVB 等。

4. 溶液流延法

溶液流延法是指将高分子材料按照配方溶解在溶剂中，制备成一定黏度的高分子溶液，然后流延到一个可剥离的平面承载物上，再经过烘箱干燥，将溶剂挥发后卷绕，最终得到高分子薄膜。载体可以是钢带、涂布硅橡胶的离型纸或者辊筒等。在溶液流延法制备材料的过程中，溶剂挥发的脱泡是保证高分子薄膜优良品质的重要工艺。目前，适合采用溶液流延法制备高分子薄膜的原材料主要有TAC、PVA、PVDF 等。近年来，通过溶液流延法来制备特殊高分子材料薄膜取得了快速的发展。

5. 压延成膜法

压延成膜法是指将高分子材料按照配方先进行塑化，然后通过一系列反向旋转的平行辊筒间隙，使高分子材料受到挤压和延展，最终收卷成具有一定厚度和宽度的高分子薄膜。压延成膜法的工艺过程主要包括塑化供料和压延。塑化方式包括挤出塑化、密炼塑化、开炼塑化、输送混炼塑化等。压延成膜法制备的高分子薄膜一般较厚，主要应用于聚氯乙烯（PVC）薄膜的制备。

1.3 高分子薄膜加工原理

针对不同高分子材料特性和不同的应用需求，虽然高分子薄膜的加工方法各异，但其中的基本原理具有共通性。由于主要的高分子薄膜是半晶高分子材料，下面主要针对半晶高分子材料薄膜加工，简要归纳其中的基本原理。

1.3.1 高分子薄膜加工流变

无论是吹塑还是流延或双向拉伸，高分子薄膜加工首先都是将高分子树脂熔融或溶解塑化后，通过圆形或者 T 型口模挤出，并伴随牵引辊或者钢带的拉伸。因此，高分子熔体和溶液的加工流变行为是决定高分子成型成功与否的第一个问题。在口模内部主要是压力驱动的剪切流变，而离开口模后，在牵引装置的带动下主要发生拉伸流动和形变（简称拉伸流变），因此，拉伸流变行为在高分子薄膜加工中具有核心地位。由于研究技术和方法等因素，相比于剪切流变的研究，针对高分子拉伸流变的研究相对滞后。近 20 年，由于 SER 等拉伸流变装置的商业化，有关高分子拉伸流变的研究才得到快速发展。除了实验研究外，计算机模拟逐渐成为研究高分子流变的重要方法[6]，而针对实际加工，基于连续介质力学的介观尺度模拟方法，如有限元、有限体积等数值模拟方法在高分子薄膜加工中逐步发挥重要作用。针对高分子薄膜加工中的拉伸流变行为研究，目前商品化模拟平台还只能实现薄膜加工过程中的传热传质、应力应变和形状空间分布及演化的数值模拟和预测，不能预测拉伸共振等流动不稳定性现象。为了提高产品性能和生产效率，提升分子量、固含量、生产线线速度等都是可能采用的方法。然而这些方法都可能导致高分子熔体或者溶液的黏度上升，更容易产生拉伸流动不稳定性。拉伸共振是高分子熔体或溶液加工中的一种不稳定现象[7]，会导致薄膜出现厚度或者内部结构波动的横向条纹，影响连续加工的稳定性及最终产品的力学、光学和电学等性能。因此，通过数值模拟等方法，预测拉伸共振现象产生的临界条件，对指导高性能薄膜高效加工具有重要意义。

　　不考虑微观结构细节，介观尺度拉伸流变的数值模拟也可以应用到后续薄膜拉伸加工中，如单向拉伸和双向拉伸等。随着应用领域提出的新需求，斜向拉伸在新型显示的补偿膜 COP、PC 等材料中开始应用，但有关斜向拉伸的数值模拟还非常少。因此，发展可实现斜向拉伸的数值模拟方法和软件平台，对新型薄膜加工极为重要。如果能实现斜向拉伸的数值模拟，就可以预测不同斜向角度的拉伸可能诱导的分子取向及对应的光轴方向，这将助推新型光学膜开发的进程[8]。

　　数值模拟同样可以用于研究溶液流延成膜加工过程，溶剂挥发过程中的薄膜内溶剂、应力分布及薄膜整体形状的演化规律。实际上，不仅湿法薄膜加工可能面对溶剂挥发这一物理过程，在薄膜涂敷改性中溶剂挥发动力学也是影响功能层结构和性能的关键问题。

　　基于以上考虑，将在第 2 章首先介绍高分子加工流变学的基本概念，然后以本书作者团队在研究拉伸共振、单向/双向/斜向拉伸、溶剂挥发成膜等方面的案例，讨论数值模拟在研究薄膜加工中发挥的作用[8, 9]。

1.3.2　流动场诱导高分子结晶

　　结晶性高分子熔体或溶液在离开口模后，伴随牵引装置的拉伸，通过风冷、流延辊或者钢带实现快速冷却固化，固化过程关键的科学问题就是流动场诱导结晶（FIC）。流动场诱导结晶是一个典型的非平衡相变，既是高分子产业界广为关注的应用科学问题，也是高分子物理的基础科学问题[10]。经过半个多世纪高分子科学和工业界的不懈努力，已经积累了大量的实验数据和一些理论模型。施加流动场可以加速结晶动力学，诱导新晶型，改变晶体形态：从各向同性的球晶变成取向片晶甚至产生串晶结构，这些新结构的产生可能是高分子薄膜力学性能、热性能等服役性能提升的原因。针对流动场诱导的串晶结构，Keller 提出了卷曲-伸展转变模型，在定量化解释流动场加速结晶方面，Flory 的熵减模型应用最广。然而这些模型是否适合高缠结的高分子熔体和浓溶液，是否能真正描述流动场诱导结晶一直受到学术界的质疑。为了认识清楚流动场诱导结晶的本质，大量的工作还在继续开展。

　　本书作者团队在流动场诱导结晶这个方向开展了近 20 年的研究[11]。在此期间，国内同步辐射光源技术高速发展。本书作者团队借助高时间、空间分辨同步辐射技术优势，发展了一系列原位研究技术和方法，围绕高分子特有的链柔顺性和连接性对结晶的影响这一问题，开展了系统的实验和计算机模拟研究[12]，并获得了一些新的认识。通过小角 X 射线散射（small angle X-ray scattering，SAXS）、小角中子散射（small angle neutron scattering，SANS）等原位技术，发现 Keller 的卷曲-伸展转变模型不适用于高分子熔体和高缠结溶液体系，进而提出了串晶生成的拉伸网络模型和魅影-成核模型。基于实验和计算机模拟，发现 Flory 的熵减模型不足以描述流动场加速成核，而链段取向在成核中起着更为重要的作用。结合多种实验技术和模拟，进一步细化了高分子结晶的动力学路径，支持高分子结晶是一个多步有序过程，静态结晶起始于通过构象有序与局域有序耦合辅助的成核过程，而流动场诱导结晶则是从构象/取向有序与密度耦合辅助的成核开始。基于这些实验观察和计算机模拟结果，构建了包含取向和构象有序、预有序中间态，可描述流动场加速结晶、诱导新晶型和新形态的统一的流动场诱导结晶的热力学唯象模型[13]。

为了指导高分子加工，多维加工空间流动场诱导结晶的相图至关重要。虽然其本质上不是严格意义上的热力学相图，但与实际加工贴近，对加工有直接指导作用。因此，在流动场-温度二维空间中构建晶体结构、形态的非平衡相图对薄膜等高分子加工具有现实意义。流动场-温度二维结晶相图可以说是高分子精准加工的路线图。

基于流动场诱导结晶的重要性，第 3 章首先介绍高分子结晶的一些背景知识，包括已有的关于晶体形态和结晶的理论，然后聚焦到本书作者团队在高分子结晶方面的研究进展。虽然这些新近进展偏向对高分子结晶微观机理的认识和理论模型的构建，但由于流动场诱导结晶贴近实际加工，因此，这些基础认识对理解高分子薄膜加工还是大有裨益。

1.3.3　高分子薄膜加工中的相分离

相分离是高分子共混、共聚和溶液等体系中重要相变之一。在高分子薄膜湿法加工中，高分子首先在一定的温度和压强下溶解在选定的溶剂中，挤出口模后在冷却或者溶剂挥发过程中发生相分离。实际薄膜加工中可能存在两类相分离，第一类是温度诱导的液液相分离，工业界常称为热致相分离，而另一类相分离是固液相分离，或者说是玻璃化转变或结晶驱动的相分离[14-16]。在湿法加工 UHMWPE 锂离子电池微孔膜、PVA 偏光膜基膜、TAC 保护膜等过程中，主要是结晶驱动的固液相分离，冷却和溶剂挥发过程中，高分子发生结晶形成物理交联的凝胶结构。通过调节溶剂特性，让液液相分离的温度比结晶温度高时，这些体系也可能先发生热致液液相分离，然后结晶再从高分子富集相中发生。液液相分离产生的相畴较大，在分离膜加工中可以获得大尺度的孔隙结构，而高固含量体系中结晶驱动的相分离最终获得的孔隙结构小。例如，UHMWPE 锂离子电池微孔膜经过后拉伸萃取后获得的孔隙尺寸一般都在 50 nm 以下。

基于此，在第 4 章中首先简要介绍了液液相分离热力学和动力学的一些基本概念。然后，针对实际薄膜加工，基于差示扫描量热法（DSC）的实验分析，给出了 UHMWPE/白油、TAC/二氯甲烷等体系的溶解和结晶相图。虽然这些相图不是严格意义上的热力学相图，具体相边界受升降温速率、高分子结构等因素影响，但其大致的温度区间和形状对实际加工还是有理论指导意义的。

1.3.4 后拉伸加工中的结构重构

后拉伸加工是高分子薄膜高性能化的重要工艺步骤，即对流延获得的预制铸片在一定温度下施加拉伸，如锂离子电池隔膜中的冷拉伸（简称冷拉）、热拉伸（简称热拉），双向拉伸薄膜中的纵向拉伸、横向拉伸等。由于被拉伸预制铸片已经固化或者结晶，后拉伸过程实际是对铸片结构的破坏和重构。在后拉伸过程中，分子链取向是一个必然的现象。除此之外，还可能发生晶体破坏（如晶面滑移、晶体细化）[17-20]、晶体-晶体转变[21-23]、熔融再结晶[24-26]以及微孔成核生长[27-29]等结构重构。

经过后拉伸加工重构后的结构才是薄膜最终的结构，因此其决定了高分子薄膜的服役性能。在同一薄膜同一加工工艺步骤中，这些结构转变可能同时发生或者在不同应变和温度区间按次序先后发生。低温区，晶体滑移可能占主导，而高温区，熔融再结晶可能是主要形变机理。虽然后拉伸加工中由于多种结构演化交织在一起，但其形变机理主要还是结晶区和无定形区内聚力大小的竞争。只要掌握了可能的结构演化机理，通过分析加工中各工艺步骤薄膜具体的受力情况，将应力分解到结晶区和无定形区，完全可以认识清楚高分子薄膜后拉伸加工中的哪种结构演化机理占主导，从而实现对高性能薄膜加工的科学指导。

在第 5 章中，首先介绍拉伸诱导半晶高分子材料结构演化的一些经典模型，如晶体滑移、熔融再结晶、晶体-晶体转变等。然后聚焦本书作者团队的工作，介绍拉伸诱导的晶体内链构象无序化、片晶簇屈曲和片晶间无定形微相分离等三个模型。以干法单拉和双拉 iPP 微孔隔膜的实际加工为案例，讨论了冷拉伸、热拉伸和双向拉伸的微观机理及对孔隙结构的调控。在 PVA 偏光膜的拉伸加工中，不仅涉及拉伸诱导的 PVA 自身结构的破坏和重构，还涉及碘离子与 PVA 的染色络合，是一个拉伸反应加工过程。因此，以 PVA 在碘水溶液中拉伸为例，介绍拉伸诱导的 PVA 碘染色机理。高分子薄膜不完全都是半晶高分子材料，PMMA、PS、PC 等无定形高分子也常被加工成薄膜制品。因此，最后一节以 PMMA 为例，介绍了拉伸诱导无定形高分子的脆韧转变现象。

1.3.5 高分子薄膜的退火

高分子薄膜的退火是对固化后的高分子薄膜在一定温度和气氛等环境下进行热处理，以消除内应力、完善结构或者去除内部可挥发的小分子等。高分子薄膜制品在收卷前几乎都需要经历热定型处理，是一个典型的退火过程。而收卷后的产品，也需要在一定温度和湿度环境下放置一定的时间达到"平衡"后才送到下游客户以供使用，此过程也可以归类到退火处理。其实，退火在整个高分子薄膜产品加工过程中都存在，从原料的干燥、预制铸片的预热到热定型、后期平衡处理等，因此，认识退火过程中的结构与性能演化机理对于薄膜加工极为重要。

在退火处理中，固化后的材料可能发生多种结构调整。玻璃态无定形高分子在升温后可能发生冷结晶，而已结晶的体系中则可能进一步发生二次结晶和晶体完善，包括缺陷消除、片晶增厚、不稳定晶体的熔融再结晶等[30-32]。对于多晶型的高分子体系，退火处理可能导致亚稳晶型到稳定晶型的转变。一些特殊的高分子材料中也可能出现晶体表面熔化-结晶等现象。除了关注结晶区的结构调整外，无定形区在退火过程中也可能发生变化。退火导致取向链段松弛，可减小内应力，提高薄膜的尺寸稳定性，避免在服役过程中发生大的收缩。硬无定形链段在高温退火条件下具有运动能力，可以参与结晶，从而改变结晶区、软无定形区、硬无定形区三相的相对含量，影响薄膜的力学、阻隔等性能。

第 6 章中将主要以 PET、PA 等为例，从冷结晶、二次结晶、晶体-晶体转变等方面来介绍退火处理对结构的影响规律。然后讨论结晶区、软无定形区、硬无定形区三相模型，最后以干法单拉 iPP 微孔隔膜加工中的退火处理，PET 原料干燥处理，以及预拉伸与退火结合调控 PET 晶粒尺寸为例，介绍退火在实际高分子薄膜加工中对结构与性能的影响。

1.4　本书主要研究内容

按照高分子薄膜加工的工艺流程顺序，从第 2 章到第 6 章分别介绍了高分子薄膜加工流变、流动场诱导高分子结晶、高分子薄膜加工中的相分离、后拉伸加工中的结构重构、高分子薄膜退火等高分子薄膜加工过程中涉及的基本科学原理。此外，由于高分子薄膜加工是一个高速动态的结构演化过程，离线研究技术很难获得一些动态结构演化规律，特别是加工中的亚稳结构，因此加工原理的研究最好借助原位研究技术。同步辐射光源具有亮度高、波长连续可调等优点，可实现高时间、空间分辨率的原位检测。本书作者团队通过设计可与同步辐射表征设备联用，模拟薄膜加工条件的一系列原位装置，如拉伸流变、溶液拉伸、吹膜和双向拉伸装置等，实现了对高分子薄膜加工原理的原位研究。相信这些技术和方法对工业和学术界同行有一定的借鉴意义。为此，专门安排了第 7 章，介绍如何利用同步辐射技术原位研究高分子薄膜加工和服役过程中的结构演化机理。

如何将基础原理应用到实际加工中？本书作者团队有幸与白山市喜丰塑料（集团）股份有限公司共同承担科技部重点研发计划任务，与中国乐凯集团有限公司、安徽皖维集团有限责任公司、安徽国风新材料股份有限公司等薄膜企业通过组建校企联合实验室，建立长期的合作，将基础研究获得的原理性认识应用到实际工业加工中。因此，在第 8～11 章中，分别以 PE 吹膜、TAC 保护膜加工、湿法 UHMWPE 微孔隔膜加工和双向拉伸 PET 薄膜加工为案例，介绍结合实际工业加工开展的一些研究工作。通过基础与应用研究的结合，推动产品性能提升和新产品开发。

参 考 文 献

[1] Kanai T，Campbell G A. Film Processing Advances. Munich：Carl Hanser Verlag GmbH Co KG，2014.

[2] Spalding M A，Chatterjee A. Handbook of Industrial Polyethylene and Technology：Definitive Guide to Manufacturing，Properties，Processing，Applications and Markets. Hoboken：John Wiley & Sons，2018.

[3] Zhao H，Zhang Q，Xia Z，et al. Elucidation of the relationships of structure-process-property for different ethylene/α-olefin copolymers during film blowing: an *in-situ* synchrotron radiation X-ray scattering study. Polymer Testing，2020，85：106439.

[4] DeMeuse M T. Biaxial Stretching of Film：Principles and Applications. Cambridge：Woodhead Publishing，2011.

[5] 张友根. 塑料薄膜绿色性能及应用技术的创新现状和进展（下）. 橡塑技术与装备，2018，44：18-22.

[6] Owens R G，Phillips T N. Computational Rheology. London：Imperial Colledge Press，2002.

[7] Petrie C J，Denn M M. Instabilities in polymer processing. AIChE Journal，1976，22：209-236.

[8] Zhang M，Yang E，Zeng J，et al. Numerical study on oblique stretching of viscoelastic polymer film. Journal of Non-Newtonian Fluid Mechanics，2021，295：104597.

[9] Tian F，Tang X，Xu T，et al. Nonlinear stability and dynamics of nonisothermal film casting. Journal of Rheology，2018，62：49-61.

[10] Chen W，Zhang Q，Zhao J，et al. Molecular and thermodynamics descriptions of flow-induced crystallization in semi-crystalline polymers. Journal of Applied Physics，2020，127：241101.

[11] Cui K，Ma Z，Tian N，et al. Multiscale and multistep ordering of flow-induced nucleation of polymers. Chemical Reviews，2018，118：1840-1886.

[12] Tang X，Yang J，Tian F，et al. Flow-induced density fluctuation assisted nucleation in polyethylene. The Journal of Chemical Physics，2018，149：224901.

[13] Nie C，Peng F，Xu T Y，et al. A unified thermodynamic model of flow-induced crystallization of polymer. Chinese Journal of Polymer Science，2021，39：1489-1495.

[14] Onuki A. Phase Transition Dynamics. Cambridge：Cambridge University Press，2002.

[15] Tanaka H. Viscoelastic phase separation. Journal of Physics：Condensed Matter，2000，12（15）：R207-R264.

[16] Hashimoto T. "Mechanics" of molecular assembly：real-time and *in-situ* analysis of nano-to-mesoscopic scale hierarchical structures and nonequilibrium phenomena. Bulletin of the Chemical Society of Japan，2005，78：1-39.

[17] Crist B，Fisher C J，Howard P R. Mechanical properties of model polyethylenes：tensile elastic modulus and yield stress. Macromolecules，1989，22：1709-1718.

[18] Lin L，Argon A. Structure and plastic deformation of polyethylene. Journal of Materials Science，1994，29：294-323.

[19] Peterlin A. Plastic deformation of crystalline polymers. Polymer Engineering & Science，1977，17：183-193.

[20] 吕飞. 超高分子量聚乙烯拉伸机理研究和形态结构相图构建. 合肥：中国科学技术大学，2019.

[21] 刘艳萍. 同步辐射 X 射线原位研究拉伸诱导聚烯烃的相转变. 合肥：中国科学技术大学，2014.

[22] An M，Zhang Q，Ye K，et al. Structural evolution of cellulose triacetate film during stretching deformation：an *in-situ* synchrotron radiation wide-angle X-ray scattering study. Polymer，2019，182：121815.

[23] Wang D，Shao C，Zhao B，et al. Deformation-induced phase transitions of polyamide 12 at different temperatures：an *in situ* wide-angle X-ray scattering study. Macromolecules，2010，43：2406-2412.

[24] Flory P J. Molecular morphology in semicrystalline polymers. Nature，1978，272（5650）：226-229.

[25] Li J，Li H，Meng L，et al. *In-situ* FTIR imaging on the plastic deformation of iPP thin films. Polymer，2014，55：1103-1107.

[26] Chen X，Lv F，Lin Y，et al. Structure evolution of polyethylene-plasticizer film at industrially relevant conditions studied by *in-situ* X-ray scattering：the role of crystal stress. European Polymer Journal，2018，101：358-367.

[27] Lin Y，Meng L，Wu L，et al. A semi-quantitative deformation model for pore formation in isotactic polypropylene microporous membrane. Polymer，2015，80：214-227.

[28] Li X，Meng L，Lin Y，et al. Preparation of highly oriented polyethylene precursor film with fibril and its influence on microporous membrane formation. Macromolecular Chemistry and Physics，2016，217：974-986.

[29] Lu Y，Wang Y，Chen R，et al. Cavitation in isotactic polypropylene at large strains during tensile deformation at elevated temperatures. Macromolecules，2015，48：5799-5806.

[30] Cai Q，Xu R J，Wu S Q，et al. Influence of annealing temperature on the lamellar and connecting bridge structure of stretched polypropylene microporous membrane. Polymer International，2015，64：446-452.

[31] Liu D，Kang J，Xiang M，et al. Effect of annealing on phase structure and mechanical behaviors of polypropylene hard elastic films. Journal of Polymer Research，2013，20（5）：1-7.

[32] Saffar A，Ajji A，Carreau P J，et al. The impact of new crystalline lamellae formation during annealing on the properties of polypropylene based films and membranes. Polymer，2014，55：3156-3167.

第2章

高分子薄膜加工流变

高分子薄膜材料的应用非常广泛，其加工过程一般历经两个主要阶段。在第一个阶段，高分子原料树脂在高温下熔融或在溶剂中溶解，在外场的作用下，如螺杆挤出机剪切等，进行充分混合，流动，并在压力驱动下被挤出。熔体或者溶液在经过口模之后，通过流延、涂布、吹膜等加工方式被制成薄膜形态，随后加工过程进入第二个阶段。在此阶段，薄膜的温度逐渐降低到熔点或玻璃化转变温度以下而发生固化定型，再通过各种不同的后加工过程形成最终的薄膜制品。在第一个阶段中，高分子材料处于熔体的流动状态。在此状态下，高分子材料表现出既非胡克弹性也非牛顿流体的一种特殊流动行为——"黏弹性"。由于加工条件各异，这一过程涉及多种多样的复杂流动问题。为了理解加工过程中外场与最终产品形态及性能的关系，需要对加工过程中的流动行为进行深入分析，而这正是本章的主要任务。

根据流动特性，一般流体可以分为牛顿流体和非牛顿流体。其中，牛顿流体的应力与应变速率成正比，即

$$\tau = \eta \frac{\mathrm{d}v}{\mathrm{d}y} \tag{2-1}$$

其中，τ 是流体所受到的剪切应力，Pa；η 是流体的黏度，Pa·s；$\frac{\mathrm{d}v}{\mathrm{d}y}$ 是速率在垂直于剪切应力方向的梯度，s^{-1}。通常，水、乙醇、空气等可以被认为是牛顿流体。而实际上，牛顿流体只是一种理想的数学模型，并没有一种真实存在的流体完全符合这一定义，而非牛顿流体则更为普遍。关于非牛顿流体的定义，简单来讲就是不满足式（2-1）的流体。通常，非牛顿流体的黏度 η 依赖于温度、剪切速率或剪切速率历史。本章所关注的高分子熔体就是一种非牛顿流体——黏弹性流体。非牛顿属性使得高分子熔体在外场作用下表现出奇异的流变行为，如魏森贝格（Weissenberg）效应、挤出胀大、无管虹吸等。这些有趣的流变现象与高分子材料

的分子量、分子量分布，以及复杂的多尺度结构密切关联。因此，从高分子材料的微观结构出发，研究链结构及链运动等与宏观流变行为的关系，是另一种研究高分子流变的方法，常被称为"分子流变学"（结构流变学）。鉴于本章的主旨在于高分子薄膜加工流变，关于分子流变学内容将不在此展开，感兴趣的读者可以参考 S. Q. Wang 的相关著述[1]。

2.1　加工流变学的基本概念

由于加工过程通常不考虑高分子材料内部结构的变化，因此，建立在连续介质力学基础之上的加工流变学也被称为"唯象流变学"（宏观流变学）。在连续介质力学中，最关注的就是物质的运动和变形。本节将介绍流变学中基本的应力与应变或应变速率度量，物质运动描述及简单流动问题。

2.1.1　应力度量

流体或固体在外力 $\boldsymbol{T}$ 作用下会发生流动和变形，同时在其内部也会产生抵抗流动和变形的内力，而单位面积（S）上的内力就被定义为应力（单位：$1\,\text{Pa} = 1\,\text{N/m}^2$）。在流体的描述中，通常采用的是基于当前构型的 Cauchy 应力张量（物理应力或真应力张量），可以表示为

$$\boldsymbol{\sigma} = \frac{\mathrm{d}\boldsymbol{T}}{\mathrm{d}S} = \begin{bmatrix} \sigma_{11} & \sigma_{12} & \sigma_{13} \\ \sigma_{21} & \sigma_{22} & \sigma_{23} \\ \sigma_{31} & \sigma_{32} & \sigma_{33} \end{bmatrix} \tag{2-2}$$

Cauchy 应力张量是一个二阶张量，基于角动量守恒可以证明该张量在平衡状态下为对称张量，具有六个独立分量，分别为 σ_{11}，σ_{22}，σ_{33}，$\sigma_{12} = \sigma_{21}$，$\sigma_{13} = \sigma_{31}$，$\sigma_{23} = \sigma_{32}$。图 2-1 展示了三维空间中任意体积微元的完整应力状态。

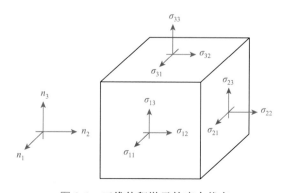

图 2-1　三维体积微元的应力状态

在流体描述中，Cauchy 应力张量一般被分解为两部分：

$$\sigma_{ij} = \frac{1}{3}\sigma_{ii}\delta_{ij} + \tau_{ij} \qquad (2\text{-}3)$$

其中，τ_{ij} 是偏应力张量，对应于流体的变形。δ_{ij}（克罗内克 δ 符号）是单位张量 $\boldsymbol{I}$。定义各向同性的流体静压力为

$$p = -\frac{1}{3}\sigma_{ii} \qquad (2\text{-}4)$$

从而，式（2-3）可以表示为

$$\sigma_{ij} = -p\delta_{ij} + \tau_{ij} \qquad (2\text{-}5)$$

对于高分子黏弹性流体，流体静压力 p 的绝对值受分解方式的影响会有所不同，因此具体值的大小并不重要。然而，无论采用什么样的分解方式，偏应力张量中的法向应力的差值始终保持不变。其中，第一法向应力差为

$$N_1 = \sigma_{11} - \sigma_{22} \qquad (2\text{-}6)$$

第二法向应力差为

$$N_2 = \sigma_{22} - \sigma_{33} \qquad (2\text{-}7)$$

需要指出的是，在高分子熔体加工中，N_2 的数值通常较小，但是对流动过程的影响却不可忽略。因此，能否预测 N_2 是评价高分子流体本构模型是否有效的一个重要标准。

2.1.2 形变率度量

在连续介质力学中，描述流体或固体的运动和变形需要指定参考框架[2, 3]。通常，固体多采用材料描述，即拉格朗日描述，而流体的运动和变形多采用空间描述，即欧拉描述。在材料描述中，物体的运动可以通过一个映射函数表示：

$$\boldsymbol{x} = \chi(\boldsymbol{X}) \qquad (2\text{-}8)$$

其中，$\boldsymbol{x}$ 是材料点的当前位置；$\boldsymbol{X}$ 是材料点的初始位置。从而，位移矢量可以表示为

$$\boldsymbol{u}(\boldsymbol{X}, t) = \boldsymbol{x}(\boldsymbol{X}, t) - \boldsymbol{X} \qquad (2\text{-}9)$$

初始构型和当前构型的联系可以通过一个变形梯度 $\boldsymbol{F}$ 给出：

$$\boldsymbol{F} = \frac{\partial \boldsymbol{x}}{\partial \boldsymbol{X}} = \nabla \boldsymbol{x} \qquad (2\text{-}10)$$

将式（2-9）代入式（2-10）可以进一步改写为

$$\boldsymbol{F} = \nabla_X \boldsymbol{x} = \boldsymbol{I} + \nabla_X \boldsymbol{u} \qquad (2\text{-}11)$$

写成矩阵格式（形变梯度张量）为

$$F = \begin{bmatrix} \dfrac{\partial x_1}{\partial X_1} & \dfrac{\partial x_1}{\partial X_2} & \dfrac{\partial x_1}{\partial X_3} \\[3mm] \dfrac{\partial x_2}{\partial X_1} & \dfrac{\partial x_2}{\partial X_2} & \dfrac{\partial x_2}{\partial X_3} \\[3mm] \dfrac{\partial x_3}{\partial X_1} & \dfrac{\partial x_3}{\partial X_2} & \dfrac{\partial x_3}{\partial X_3} \end{bmatrix} \tag{2-12}$$

在流体描述中，形变的速率是更为重要的变量，首先给出速度场和加速度场：

$$\boldsymbol{v}(\boldsymbol{X},t) = \frac{\partial \chi(\boldsymbol{X},t)}{\partial t}, \quad \boldsymbol{a}(\boldsymbol{X},t) = \frac{\partial^2 \chi(\boldsymbol{X},t)}{\partial t^2} \tag{2-13}$$

从而，速度梯度张量可以给出：

$$\boldsymbol{L} = \nabla \boldsymbol{v} \tag{2-14}$$

其分量形式为

$$L_{ij} = \frac{\partial v_i}{\partial x_j} = \begin{bmatrix} \dfrac{\partial v_1}{\partial x_1} & \dfrac{\partial v_1}{\partial x_2} & \dfrac{\partial v_1}{\partial x_3} \\[3mm] \dfrac{\partial v_2}{\partial x_1} & \dfrac{\partial v_2}{\partial x_2} & \dfrac{\partial v_2}{\partial x_3} \\[3mm] \dfrac{\partial v_3}{\partial x_1} & \dfrac{\partial v_3}{\partial x_2} & \dfrac{\partial v_3}{\partial x_3} \end{bmatrix} \tag{2-15}$$

速度梯度张量可以分解为两部分，即对称部分和反对称部分：

$$\boldsymbol{L} = \boldsymbol{D} + \boldsymbol{W} = \frac{1}{2}(\boldsymbol{L} + \boldsymbol{L}^{\mathrm{T}}) + \frac{1}{2}(\boldsymbol{L} - \boldsymbol{L}^{\mathrm{T}}) \tag{2-16}$$

其中，对称张量 $\boldsymbol{D}$ 即为形变率张量，该张量与 Cauchy 应力 $\boldsymbol{\sigma}$ 互为功共轭。

2.1.3　物质导数

在连续介质力学中，物质导数描述了物质元素在时空相关的宏观速度场下某些物理量随时间的变化率。为了说明这一概念，举个简单的例子。例如，在流体动力学中速度场是流体的速度，而我们感兴趣的变量可能是温度，在这种情况下，物质导数就描述了某个流体微元沿其轨迹线流动时，温度随时间的变化。

物质导数的定义如下[4]：

$$\frac{\mathrm{D}f}{\mathrm{D}t} = \frac{\partial f}{\partial t} + \boldsymbol{v} \cdot \nabla f \tag{2-17}$$

这里 f 可以是任意的张量场，式（2-17）中的第二项是对流项，该项的数值处理需要一些特殊的技巧[5]。当 f 取二阶偏应力张量 $\boldsymbol{\tau}$ 时，对流项可以写为

$$\mathbf{v} \cdot \nabla \boldsymbol{\tau} = \begin{bmatrix} v_x \dfrac{\partial \tau_{xx}}{\partial x} + v_y \dfrac{\partial \tau_{xx}}{\partial y} + v_z \dfrac{\partial \tau_{xx}}{\partial z} & v_x \dfrac{\partial \tau_{xy}}{\partial x} + v_y \dfrac{\partial \tau_{xy}}{\partial y} + v_z \dfrac{\partial \tau_{xy}}{\partial z} & v_x \dfrac{\partial \tau_{xz}}{\partial x} + v_y \dfrac{\partial \tau_{xz}}{\partial y} + v_z \dfrac{\partial \tau_{xz}}{\partial z} \\[3mm] v_x \dfrac{\partial \tau_{yx}}{\partial x} + v_y \dfrac{\partial \tau_{yx}}{\partial y} + v_z \dfrac{\partial \tau_{yx}}{\partial z} & v_x \dfrac{\partial \tau_{yy}}{\partial x} + v_y \dfrac{\partial \tau_{yy}}{\partial y} + v_z \dfrac{\partial \tau_{yy}}{\partial z} & v_x \dfrac{\partial \tau_{yz}}{\partial x} + v_y \dfrac{\partial \tau_{yz}}{\partial y} + v_z \dfrac{\partial \tau_{yz}}{\partial z} \\[3mm] v_x \dfrac{\partial \tau_{zx}}{\partial x} + v_y \dfrac{\partial \tau_{zx}}{\partial y} + v_z \dfrac{\partial \tau_{zx}}{\partial z} & v_x \dfrac{\partial \tau_{zy}}{\partial x} + v_y \dfrac{\partial \tau_{zy}}{\partial y} + v_z \dfrac{\partial \tau_{zy}}{\partial z} & v_x \dfrac{\partial \tau_{zz}}{\partial x} + v_y \dfrac{\partial \tau_{zz}}{\partial y} + v_z \dfrac{\partial \tau_{zz}}{\partial z} \end{bmatrix} \tag{2-18}$$

2.1.4　简单流动

在实际的高分子薄膜加工过程中，如挤出流延、吹膜等，熔体/溶液处于复杂的流动状态[6]。然而，这些复杂的流动场本质上是由一些简单流动组合而成，本节将介绍在薄膜加工过程中普遍存在的三种简单流动：简单剪切流动、一维拉伸流动及二维拉伸流动。

1. 简单剪切流动

如图 2-2 所示，两个平行移动板之间的流动可以看作简单剪切流动。其中，流体只沿着一个方向流动，假设为 x_1 方向，速度的梯度分布沿着 x_2 方向。那么，由速度梯度引起的剪切应变速率可以表示为

$$\dot{\gamma} = \frac{\partial v_1}{\partial x_2} \tag{2-19}$$

相应的速度梯度张量和形变率张量分别为

$$\boldsymbol{L} = \begin{bmatrix} 0 & \dot{\gamma} & 0 \\ 0 & 0 & 0 \\ 0 & 0 & 0 \end{bmatrix}, \quad \boldsymbol{D} = \begin{bmatrix} 0 & \dot{\gamma}/2 & 0 \\ \dot{\gamma}/2 & 0 & 0 \\ 0 & 0 & 0 \end{bmatrix} \tag{2-20}$$

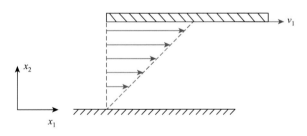

图 2-2　平行移动板间的简单剪切流动

2. 一维拉伸流动

在真实高分子加工过程中，一维拉伸流动只是一种理想化。但是，通常用于

熔体纺丝加工的熔融纺丝法可以被合理地简化为一维拉伸流体，如图 2-3 所示。假设拉伸方向沿 x_1 方向，对应的拉伸应变速率 $\dot{\varepsilon}$ 可以表示为

$$\dot{\varepsilon} = \frac{\partial v_1}{\partial x_1} \tag{2-21}$$

基于不可压缩的连续性方程 $\nabla \cdot \boldsymbol{v} = 0$，可以得到

$$\frac{\partial v_2}{\partial x_2} = \frac{\partial v_3}{\partial x_3} = -\frac{1}{2}\frac{\partial v_1}{\partial x_1} = -\frac{1}{2}\dot{\varepsilon} \tag{2-22}$$

从而，速度梯度张量和形变率张量可以分别表示为

$$\boldsymbol{L} = \begin{bmatrix} \dot{\varepsilon} & 0 & 0 \\ 0 & -\dfrac{1}{2}\dot{\varepsilon} & 0 \\ 0 & 0 & -\dfrac{1}{2}\dot{\varepsilon} \end{bmatrix}, \quad \boldsymbol{D} = \boldsymbol{L} \tag{2-23}$$

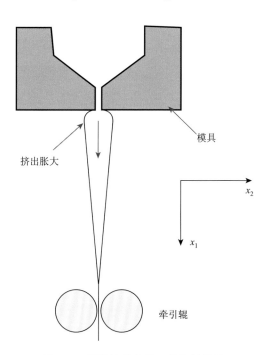

图 2-3　熔融纺丝中的一维拉伸流动

3. 二维拉伸流动

薄膜流延及吹塑是高分子薄膜加工中二维拉伸流动的典型案例。这两种加工方式都是非常重要的高分子薄膜加工方法，其加工示意图如图 2-4 所示。关于薄

膜流延，后续 2.4.1 节会有详细的数值分析。这里以薄膜吹塑过程为例，假设 x_1 为薄膜吹胀方向，x_2 为膜管牵引方向，这两个方向的拉伸应变速率可以表示为

$$\dot{\varepsilon}_1 = \frac{\partial v_1}{\partial x_1}, \ \dot{\varepsilon}_2 = \frac{\partial v_2}{\partial x_2} \tag{2-24}$$

相应的速度梯度张量及形变率张量分别表示为

$$L = \begin{bmatrix} \dot{\varepsilon}_1 & 0 & 0 \\ 0 & \dot{\varepsilon}_2 & 0 \\ 0 & 0 & -(\dot{\varepsilon}_1 + \dot{\varepsilon}_2) \end{bmatrix}, \ D = L \tag{2-25}$$

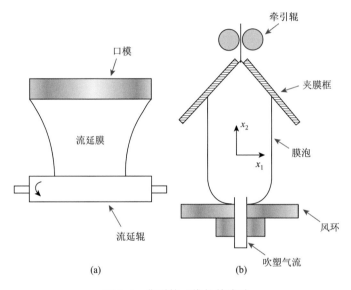

图 2-4 典型的二维拉伸流动

（a）薄膜流延加工；（b）薄膜吹塑加工

2.2 高分子流变本构模型

本构模型是描述材料受载荷作用下力学响应规律的方程。高分子流变本构模型，顾名思义，就是描述高分子熔体/溶液在流动场作用下的力学响应规律。一般地，基于理论力学建立的本构方程需要满足三个基本原理：确定性原理、局部作用原理及物质客观性原理[7]。符合以上基本原理的流体被称为"简单流体"或"记忆流体"，也正是本章节研究范畴。

高分子流变本构模型从建立方式上可以分为两类：唯象型本构模型及分子本构模型。唯象型本构模型并不关注材料的微观结构，而是基于实验结果，对弹性

力学、流体力学及高分子物理等介绍的结构模型进行数学上的推广，从而给出高分子流体的应力-应变/应变速率的关系，通过本构方程的参数来控制材料的流变特性。而分子本构模型则是基于热力学及统计力学的方法，建立宏观的流变性质与分子结构参数（分子量及其分布，链取向结构参数等）的关系。如果按照本构模型的类型可以分为两大类，广义牛顿模型及黏弹性模型（时变性非牛顿流体不在此讨论）。以下将分别介绍这两类模型的区别及一些常用的结构模型。

2.2.1　广义牛顿模型

广义牛顿流体（generalized Newtonian fluid，GNF）实际上也是一种理想流体，其本构方程与牛顿流体相同，但表观黏度不再是一个常数，而是剪切速率及温度的依赖函数。因此，从本质上来讲，广义牛顿流体就是牛顿流体的非线性扩展[8]。对于广义牛顿流体，其本构模型的一般形式可以表示为

$$\boldsymbol{\tau} = 2\eta \boldsymbol{D} \tag{2-26}$$

其中，η 是剪切黏度，是局部剪切速率 $\dot{\gamma}$ 和温度 T 的函数。而局部剪切速率的定义为

$$\dot{\gamma} = \sqrt{2\mathrm{tr}(\boldsymbol{D}^2)} \tag{2-27}$$

其中，$\boldsymbol{D}$ 是 2.1 节给出的形变率张量。

不同 GNF 模型的区别在于 η 对应变速率及温度的不同依赖关系。首先考虑依赖剪切速率的黏度定律，常用的模型有幂律（power law）模型[9]、Bird-Carreau 模型[10]、Bingham 模型[11]、Cross 模型[12]等。下面将分别简单介绍这几个模型的特点。

1. 幂律模型

幂律模型是由 Ostwald[9]和 Waele[13]提出的一个比较简单的非牛顿流体模型。该模型的表达式为

$$\eta = K\left(\lambda \dot{\gamma}\right)^{n-1} \tag{2-28}$$

其中，K 是稠度指数，$\mathrm{Pa \cdot s}^n$；λ 是松弛时间①；n 是非牛顿指数，为一个无量纲常数。幂律模型可以比较精确地描述剪切变稀行为，适用于剪切速率较大的场合，但是无法描述低剪切速率行为。一般，$n<1$ 为剪切变稀流体，$n=1$ 为牛顿流体，$n>1$ 为剪切增稠流体。图 2-5 给出了这三种类型流体的剪切应力与剪切速率关系的示意图。

---

① 松弛时间是指物体受力变形，外力解除后材料恢复正常状态所需的时间。对于高分子材料，其运动单元之间的作用力很大。因此，在外场作用下，高分子材料从一种平衡态过渡到与外场相适应的新的平衡态所需要的时间称为松弛时间。

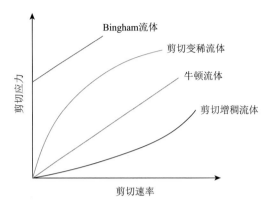

图 2-5 不同非牛顿指数流体的剪切应力和剪切速率的关系

2. Bird-Carreau 模型

Bird-Carreau 模型[10, 14]是一种常用的广义牛顿流体模型，通常用于描述流体在低剪切速率下的流动行为时，如食品、饮料及血液等的流动问题。基于该模型的黏度依赖关系可以表示为

$$\eta = \eta_\infty + (\eta_0 - \eta_\infty)(1 + \lambda^2 \dot{\gamma})^{\frac{n-1}{2}} \tag{2-29}$$

其中，η_∞ 是极限剪切黏度；η_0 是在零剪切速率时的黏度；λ 是松弛时间；n 是非牛顿指数，与幂律模型中一致。在低剪切速率条件（$\dot{\gamma} \ll 1/\lambda$）下，Bird-Carreau 模型表现出牛顿流体的行为，而对于高剪切速率（$\dot{\gamma} \gg 1/\lambda$），该模型与幂律模型类似。

3. Bingham（宾厄姆）模型

宾厄姆模型的数学形式最早由尤金·宾厄姆提出[11]，所以被命名为宾厄姆模型，其数学形式较为简单：

$$\tau = \eta \dot{\gamma} + \tau_0 \tag{2-30}$$

其中，τ 为剪切应力；τ_0 是一个临界剪切应力。该式表明，当剪切应力超过一个临界值时，流体才会发生流动变形，而一旦流动发生，流体的黏度将会保持不变，如图 2-5 所示。该模型通常用于描述牙膏、泥浆以及一些高分子浓溶液等的非牛顿流体流动。此外，基于该模型建立的泥浆流动的数学模型在钻井工程中的淤浆处理方面有着普遍应用。

4. Cross 模型

Cross 模型是由 Cross[12]提出的一种经验性的、应用较为广泛的非牛顿流体模型，其黏度的剪切速率依赖关系可以表示为

$$\eta = \frac{\eta_0}{1 + (\lambda \dot{\gamma})^m} \tag{2-31}$$

其中，η_0 是零剪切黏度；m 是 Cross 模型指数。Cross 模型通常用于描述分散体、

高分子熔体及溶液等非牛顿流体在低剪切速率下的流动行为。

　　以上四种模型都是描述稳态下的黏度与剪切速率依赖关系，如果考虑高分子流体的非稳态流动，则需要采用黏弹性的结构模型，这将在 2.2.2 节给出。此外，如果是非等温的流动问题，还需要考虑黏度的温度依赖性，那么最终的黏度可以表示为

$$\eta = H(T)\eta(\dot{\gamma}) \tag{2-32}$$

其中，$H(T)$ 是黏度的温度依赖方程；$\eta(\dot{\gamma})$ 是在参考温度 T_α 的黏度方程。根据流动问题所处的温度区间，$H(T)$ 的格式可以有几种不同的选择。

　　当所考虑的温度区间位于 $T_g < T < T_g + 100\ ℃$ 时，黏度的温度依赖性可以采用 Williams-Landel-Ferry（WLF）方程描述，该温度依赖方程为[15]

$$\ln[H(T)] = \frac{c_1(T - T_\alpha)}{c_2 + T - T_\alpha} \tag{2-33}$$

其中，c_1 和 c_2 均是 WLF 常数；T_α 是参考温度。对于较大范围温度区间的描述，尤其是在玻璃化转变温度附近，通常可以选择 WLF 方程。

　　而在较高的温度区间，如 $T > T_g + 100\ ℃$，一般选择 Arrhenius 方程[16]，其表达式定义为

$$H(T) = \exp\left[\frac{E_a}{R}\left(\frac{1}{T - T_0} - \frac{1}{T_\alpha - T_0}\right)\right] \tag{2-34}$$

其中，E_a 是活化能；R 是摩尔气体常数；T_0 是绝对零度；T_α 是参考温度。

2.2.2　黏弹性模型

　　2.2.1 节介绍了几种常用的广义牛顿流体模型，但是这类本构模型不能描述与法向应力有关的现象，如爬杆效应（Weissenberg 效应）、挤出胀大、二次流动等；也不能描述任何与应变历史有关的现象，如应力松弛、回弹、应力过冲等，对于非剪切流动（如拉伸流、挤压流等）更是无能为力。因此，为了更加真实地反映高分子流体的流动特性，黏弹性模型被证实是更好的选择[17]。根据本构方程的数学形式，黏弹性模型又可以分为微分黏弹性模型和积分黏弹性模型两大类。本节将分别介绍这两类常用的黏弹性模型。

1. 微分黏弹性模型

　　微分黏弹性模型在高分子流体的数值模拟中应用得最为广泛。对于高分子流体，比较常用的微分黏弹性模型有上随流麦克斯韦（upper-convected Maxwell，UCM）模型[18]、Oldroyd-B 模型[19]、White-Metzner 模型[20]、Phan-Thien-Tanner（PTT）模型[21, 22]、Giesekus 模型[23]、Peterlin 近似的有限伸长非线性弹性（finitely extensible non-linear elastic with the Peterlin approximation，FENE-P）模型[24]、Pom-Pom 模型[25]等。在开始介绍这些模型之前，读者需要先了解一些相关的理论基础。

1）应力分解

对于黏弹性流动，总的偏应力张量 $\boldsymbol{\tau}$ 一般被分解为黏弹性组分 $\boldsymbol{\tau}_1$ 和纯黏性组分 $\boldsymbol{\tau}_2$，即

$$\boldsymbol{\tau} = \boldsymbol{\tau}_1 + \boldsymbol{\tau}_2 \tag{2-35}$$

其中，$\boldsymbol{\tau}_1$ 的计算基于所用的黏弹性本构模型，$\boldsymbol{\tau}_2$ 定义为

$$\boldsymbol{\tau}_2 = 2\eta_2 \boldsymbol{D} \tag{2-36}$$

其中，η_2 是纯黏性系数。需要特别注意的是，$\boldsymbol{\tau}_2$ 这一项的添加相当于在动量方程中引入椭圆项，从而提高了数值计算的稳定性。

2）随流导数

为了满足张量方程的客观性原理，需要在随流体微元运动的相对坐标系中寻找一种特殊形式的微分。常用的满足要求的坐标系有以下两种：

（1）共转坐标系：坐标随流体微元平移、旋转，但不随流体微元发生变形，相应的时间导数被称为 Jaumann 导数，记为

$$\frac{D}{Dt} = \frac{D\boldsymbol{\tau}}{Dt} - \boldsymbol{\omega} \cdot \boldsymbol{\tau}^{\mathrm{T}} - \boldsymbol{\tau} \cdot \boldsymbol{\omega}^{\mathrm{T}} \tag{2-37}$$

其中，$\boldsymbol{\omega}$ 是旋转速率张量。

（2）共形变坐标系：坐标不仅可以随流体微元平移、旋转，也会发生变形，相应的时间导数被称为 Oldroyd 导数或上随流时间导数，记为

$$\overset{\triangledown}{\boldsymbol{\tau}}_1 = \frac{D\boldsymbol{\tau}_1}{Dt} - \boldsymbol{\tau}_1 \cdot \nabla \boldsymbol{v}^{\mathrm{T}} - \nabla \boldsymbol{v} \cdot \boldsymbol{\tau}_1 \tag{2-38}$$

相应地，下随流时间导数 $\overset{\triangle}{\boldsymbol{\tau}}_1$ 表示为

$$\overset{\triangle}{\boldsymbol{\tau}}_1 = \frac{D\boldsymbol{\tau}_1}{Dt} + \boldsymbol{\tau}_1 \cdot \nabla \boldsymbol{v} + \nabla \boldsymbol{v}^{\mathrm{T}} \cdot \boldsymbol{\tau}_1 \tag{2-39}$$

基于上述理论基础，接下来简单介绍几种常见的微分黏弹性模型。

3）UCM 模型

UCM 模型[18]是 Maxwell 模型（图 2-6）用于大变形的一般格式，也是最简单的黏弹性流体模型。该模型的黏度为常数，其预测的第一法向应力差 N_1 与应变速率的平方成正比。鉴于其简单的流变特性，只有当有关流体的信息很少，或仅用于定性预测时才被推荐使用。该模型中的黏弹性应力分量 $\boldsymbol{\tau}_1$ 满足

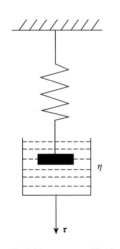

图 2-6 黏弹性 Maxwell 模型示意图
由弹簧和黏壶串联组合

$$\boldsymbol{\tau}_1 + \lambda \overset{\triangledown}{\boldsymbol{\tau}}_1 = 2\eta_1 \boldsymbol{D} \tag{2-40}$$

其中，上随体时间导数在式（2-38）中给出。需要注意的是，在 UCM 模型中，纯黏性组分为 0，即 $\eta_2 = 0$。

4）Oldroyd-B 模型

Oldroyd-B 模型是由 James G. Oldroyd 提出的一种黏弹性流体本构模型[19]。该模型被认为是 UCM 模型的一个扩展，其中黏弹性应力分量 $\boldsymbol{\tau}_1$ 仍然通过式（2-40）计算得到。与 UCM 模型的唯一区别在于，Oldroyd-B 模型考虑了纯黏性组分 $\boldsymbol{\tau}_2$，这使得 Oldroyd-B 模型相比 UCM 模型具有更好的数值稳定性。对于表现出较高拉伸黏度的流动问题，Oldroyd-B 模型是一个不错的选择。

5）PTT 模型

PTT 模型最初是由 Phan-Thien 和 Tanner 等基于橡胶网络理论发展而来[21, 22]。该模型能够较为真实地反映高分子流体的剪切和拉伸流动行为，被认为是目前最真实的微分黏弹性模型之一。该模型在高剪切速率下表现为剪切变稀属性及非零的第一法向应力差。其本构方程定义为

$$g(\boldsymbol{\tau}_1)\boldsymbol{\tau}_1 + \lambda\left[\left(1 - \frac{\xi}{2}\right)\overset{\triangledown}{\boldsymbol{\tau}}_1 + \frac{\xi}{2}\overset{\triangle}{\boldsymbol{\tau}}_1\right] = 2\eta_1\boldsymbol{D} \tag{2-41}$$

其中，$g(\boldsymbol{\tau}_1)$ 可以取以下两种表达式：

$$g(\boldsymbol{\tau}_1) = \begin{cases} 1 + \dfrac{\lambda\alpha}{\eta}\mathrm{tr}(\boldsymbol{\tau}_1) \\ \exp\left[\dfrac{\lambda\alpha}{\eta}\mathrm{tr}(\boldsymbol{\tau}_1)\right] \end{cases} \tag{2-42}$$

另外，无量纲的非线性材料参数 α 和 ξ 分别控制剪切黏度和拉伸属性。在后续 2.4.1 节讨论了这两个参数对拉伸流变性质的影响。

6）Giesekus 模型

Giesekus 模型[23]也被认为是最真实的微分黏弹性模型之一，其表达式与 PTT 模型类似：

$$\left(1 + \frac{\alpha\lambda}{\eta_1}\boldsymbol{\tau}_1\right) \cdot \boldsymbol{\tau}_1 + \lambda\overset{\triangledown}{\boldsymbol{\tau}}_1 = 2\eta_1\boldsymbol{D} \tag{2-43}$$

其中，α 是无量纲的材料参数。非零的 α 表示有界的稳态拉伸黏度和剪切黏度。

7）FENE-P 模型

上面所介绍的四个黏弹性本构模型本质上都属于 Oldroyd 族。而 FENE-P 模型是由分子理论推导出的[24]。在最简单的 FENE-P 模型描述中，分子被简化成哑铃形，即由非线性的弹簧连接两个球。需要指出的是，这里的弹簧只允许有限伸长。该模型通过一个构象张量 $\boldsymbol{A}$ 计算 $\boldsymbol{\tau}_1$，其表达式如下：

$$\tau_1 = \frac{\eta_1}{\lambda}\left[\frac{A}{1-\mathrm{tr}(A)/3L^2}-\frac{I}{1-1/L^2}\right] \tag{2-44}$$

其中，张量 A 的计算如下：

$$\frac{A}{1-\mathrm{tr}(A)/3L^2}+\lambda\overset{\triangledown}{A}=\frac{I}{1-1/L^2} \tag{2-45}$$

其中，L 是弹簧的最大伸长量且满足 L（或 L^2）>1。

8）Pom-Pom 模型

Pom-Pom 模型是由 McLeish 和 Larson[25, 26]在 1998 年基于 Doi-Edwards 管道模型（tube model）所提出的一个黏弹性分子本构模型，如图 2-7 所示。该模型由最简单的分支结构表示，包含一个主链，每个主链连接两个星形结构（"Pom-Pom"），每个星形结构上有 q 个支链。由相邻链形成的拓扑约束用一个限制管道表示。该管道限制了链在垂直管道方向上的移动距离不超过管道直径。而沿管道方向，星形结构又限制主链使其不能像线形高分子一样自由地蠕动或收缩，该特征会导致强烈的应变硬化行为。在流动过程中，管道被拉伸并拖曳。当达到一定拉伸应变时，链自由端将倾向于收回到管道中。

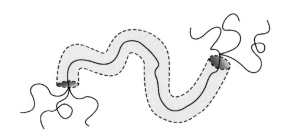

图 2-7　Pom-Pom 模型示意图

从数学角度来看，Pom-Pom 模型使用两个方程来描述分子链拉伸和取向，其分子背景使得该模型适用于描述支化高分子。迄今，该模型已经经历了一系列的改进。Verbeeten 等[27]在原始模型基础上开发了扩展的 Pom-Pom（extended Pom-Pom，XPP）模型并成功模拟了支化高分子熔体的流变行为。然而，XPP 模型存在着数值缺陷，为此，Clemeur 等[28]又进一步开发了双随流 Pom-Pom（double convected Pom-Pom，DCPP）模型。该模型通过取向张量 S 和拉伸标量 Λ 计算 τ_1，其表达式为

$$\tau_1 = \frac{G}{1-\xi}(3\Lambda^2 S - I) \tag{2-46}$$

其中，取向张量 S 和拉伸标量 Λ 分别满足

$$\lambda\left[\left(1-\frac{\xi}{2}\right)\overset{\triangledown}{S}+\frac{\xi}{2}\overset{\triangle}{S}\right]+\lambda(1-\xi)\left[2D:S\right]S+\frac{1}{\Lambda^2}\left[S-\frac{I}{3}\right]=0 \tag{2-47}$$

以及

$$\lambda_s \frac{\mathrm{D}\Lambda}{\mathrm{D}t} - \lambda_s (\nabla \boldsymbol{u} : \boldsymbol{S})\Lambda + (\Lambda - 1)\mathrm{e}^{\frac{2(\Lambda-1)}{q}} = 0 \tag{2-48}$$

在以上方程中，λ 和 λ_s 分别是取向和拉伸机理的松弛时间。不过，DCPP 模型仍然存在一些流变学的缺陷，Clemeur 和 Debbaut 进一步对 DCPP 模型进行了修正，称之为 MDCPP 模型，具体表达式可参考相关的文献[29]。

2. 积分黏弹性模型

前面提到的微分型本构模型通常采用多模态松弛时间来模拟高分子熔体的连续松弛时间谱。然而，在所有的唯象模型中，描述高分子黏弹性流体最成功的却是积分模型。实际上，由于高分子熔体的记忆效应，基于分子理论导出的模型通常都是积分型。目前应用比较多的是 KBKZ 模型[30]、Doi-Edwards 模型[31, 32]等。

1）KBKZ 模型

由于引入一个阻尼函数，KBKZ 模型相比其他积分本构模型具有更高的准确性[30]。该模型通过如下显式格式来计算黏弹性应力 $\boldsymbol{\tau}_1$：

$$\boldsymbol{\tau}_1 = \frac{1}{1-\theta} \int_0^\infty \sum_{i=1}^N \frac{\eta_i}{\lambda_i^2} \exp\left(\frac{-s}{\lambda_i}\right) \Pi(I_1, I_2)\left[\boldsymbol{C}_t^{-1}(t-s) + \theta\boldsymbol{C}_t(t-s)\right]\mathrm{d}s \tag{2-49}$$

其中，$\boldsymbol{C}_t$ 是柯西-格林应变张量。I_1 和 I_2 的定义分别为

$$I_1 = \mathrm{tr}(\boldsymbol{C}_t^{-1}), \ I_2 = \mathrm{tr}(\boldsymbol{C}_t) \tag{2-50}$$

式（2-49）中 i 是松弛模式；θ 是控制法向应力差的比值，表示为

$$\frac{N_2}{N_1} = \frac{\theta}{1-\theta} \tag{2-51}$$

Π 是阻尼函数，可以选择不同的形式。用得比较多的一个模型是 Papanastasiou-Scriven-Macosko（PSM）模型，其定义 Π 为[30]

$$\Pi = \frac{\alpha}{\alpha + I - 3} \tag{2-52}$$

2）Doi-Edwards 模型

Doi-Edwards 模型[32]预测了一个非零的第二法向应力差及有限的稳定拉伸黏度，在该模型框架下，$\boldsymbol{\tau}_1$ 的计算通过式（2-53）给出：

$$\boldsymbol{\tau}_1 = \int_0^\infty \frac{96\eta}{\pi^4 \lambda^2} \sum_{k=1}^\infty \exp\left[\frac{-(2k+1)^2 s}{\lambda}\right]\left[\Phi_1 \boldsymbol{C}_t^{-1}(t-s) + \Phi_2 \boldsymbol{C}_t(t-s)\right]\mathrm{d}s \tag{2-53}$$

其中，

$$\Phi_1 = 5\left[I_1 + 2(I_2 + 3.25)^{0.5} - 1\right]^{-1} \tag{2-54}$$

$$\Phi_2 = -\Phi_1(I_2 + 3.25)^{-0.5} \tag{2-55}$$

在式（2-53）中，k 是松弛模式；s 是时间积分度量；Φ_1 和 Φ_2 是 Doi-Edwards 模型的标量不变量。

需要指出的是，尽管积分型本构模型能够更准确地描述高分子材料的流变特性，但是其数值实施更具有挑战性，因此，目前微分型本构模型的应用更为广泛。

2.2.3　无量纲特征数

1. 魏森贝格数

魏森贝格数（Weissenberg number，Wi）是黏弹性流体中经常使用的一个无量纲特征数，它以卡尔·魏森贝格的名字命名。该特征数主要用于判断流体弹性的大小，通常由流体的应力松弛时间 λ 和应变速率 $\dot{\gamma}$ 的乘积来表征：

$$Wi = \lambda\dot{\gamma} \tag{2-56}$$

Wi 的数值越大，说明流体的弹性越强。值得一提的是，Wi 值的大小对于数值计算的稳定性有非常大的影响。一般，Wi 越大，数值计算越难收敛。因此，在计算非牛顿流体力学中，有一个非常重要的研究方向就是高魏森贝格数问题（high Weissenberg number problem，HWNP）[33, 34]。

2. 德博拉数

德博拉数（Deborah number，De）是流变学中的另一个重要的无量纲特征数，其定义如下：

$$De = \frac{\lambda}{\theta_{\mathrm{D}}} \tag{2-57}$$

其中，θ_{D} 是体系的观察时间。该特征数可以用于衡量高分子材料的黏弹性，进而判断材料的力学响应状态。$De \ll 1$，材料的弹性可以忽略，表现为类似流体的力学响应；$De \gg 1$，材料的弹性比较显著，表现为类似固体的力学响应；而对于 $De \approx 1$，材料响应介于固体和流体之间，表现为黏弹性。

2.3　基本输运方程与数值分析

无论是牛顿流体还是非牛顿流体，任何流动都必须遵循三个基本物理定律：质量守恒定律、动量守恒定律（牛顿第二定律）及能量守恒定律。高分子加工中的流动和传热同样必须满足这三个守恒定律。本节将首先推导出流体流动的三个基本控制方程：连续性方程、动量方程及能量方程。流动基本方程对流体的分析非常重要，对流体流动的数值分析来说更是必不可少。流动基本方程的推导在一些高分子流变学相关的书籍中也有介绍，更详细的推导和讲解，读者可以参考流体力学相关书籍。然后，本节将举例介绍混合有限元方法的应用，该方法被广用于处理不可压缩流体流动问题。最后，针对黏弹性流动问题数值分析过程中可能遇到的数值不稳定现象，将介绍几种稳定化算法。

2.3.1　流动基本方程

首先介绍连续性方程，该方程由质量守恒定律推导而来。对于图 2-8 所示的控制体，其随流体运动并总是由同一批相同的流体质点组成。这意味着，尽管在运动过程中控制体的体积和形状会发生变化，但是其质量一直保持不变，即

$$m = \int_{V(t)} \rho \mathrm{d}V \tag{2-58}$$

其中，ρ 是密度，积分域为整个控制体。根据物质导数的定义，如果控制体具有固定不变的质量，那么质量的物质导数等于零，于是有

$$\frac{\mathrm{D}m}{\mathrm{D}t} = \frac{\mathrm{D}}{\mathrm{D}t} \int_{V(t)} \rho \mathrm{d}V = 0 \tag{2-59}$$

对式（2-59）作如下变换：

$$\frac{\mathrm{D}}{\mathrm{D}t} \int_{V(t)} \rho \, \mathrm{d}V = \int_{V(t)} \frac{\mathrm{D}\rho}{\mathrm{D}t} \mathrm{d}V + \int_{V(t)} \rho \left[\frac{1}{\mathrm{d}V} \frac{\mathrm{D}(\mathrm{d}V)}{\mathrm{D}t} \right] \mathrm{d}V = 0 \tag{2-60}$$

式（2-60）中"[]"里的项代表的物理含义是"每单位流体微团体积的时间变化率"，这与速度散度 $\nabla \cdot \boldsymbol{v}$ 是一致的。基于此，式（2-60）可以进一步表示为

$$\int_{V(t)} \left(\frac{\mathrm{D}\rho}{\mathrm{D}t} + \rho \nabla \cdot \boldsymbol{v} \right) \mathrm{d}V = 0 \tag{2-61}$$

由于式（2-61）对于任意封闭体积 V 都成立，其微分形式可以导出为

$$\frac{\mathrm{D}\rho}{\mathrm{D}t} + \rho \nabla \cdot \boldsymbol{v} = 0 \tag{2-62}$$

对于大多数高分子材料，加工过程中的熔体可近似视为体积不可压缩流体，即 $\frac{\mathrm{D}\rho}{\mathrm{D}t} = 0$。考虑不可压缩约束，式（2-62）可以简化为

$$\nabla \cdot \boldsymbol{v} = 0 \tag{2-63}$$

即不可压缩流体的连续性方程等价于速度散度为零。在直角坐标系中，式（2-63）可以更具体地表示为

$$\frac{\partial v_x}{\partial x} + \frac{\partial v_y}{\partial y} + \frac{\partial v_z}{\partial z} = 0 \tag{2-64}$$

其中，v_x、v_y、v_z 是速度 $\boldsymbol{v}$ 沿三个直角坐标方向的速度分量。注意式（2-64）只适用于在直角坐标系中的不可压缩流体，对于其他情况可以根据式（2-62）做具体推导。

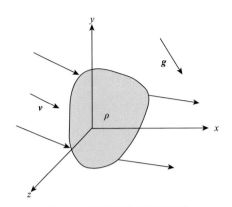

图 2-8 随流体运动的控制体

运动过程中总是由同一批流体质点组成

以下将基于图 2-9 所示的体积微元 δV ($\Delta x \times \Delta y \times \Delta z$) 对动量方程进行推导。前面已经提到，动量方程保证了流体在加工过程中满足牛顿第二定律。这里以直角坐标 x 方向为例，力的平衡方程为

$$ma_x = F_x \tag{2-65}$$

其中，a_x 和 F_x 分别是 x 方向的加速度和力。若流体微元密度为 ρ，那么式（2-65）等号左边的项可以写成

$$ma_x = \rho \delta V \frac{\mathrm{D}v_x}{\mathrm{D}t} \tag{2-66}$$

接下来考虑式（2-65）等号右边的项 F_x，参考图 2-9，可以表示为

$$F_x = \Delta \sigma_{xx} \cdot \Delta y \Delta z + \Delta \sigma_{yx} \cdot \Delta x \Delta z + \Delta \sigma_{zx} \cdot \Delta x \Delta y + \rho \delta V g_x \tag{2-67}$$

其中，g_x 是体积力在 x 方向的分量。表面力的增量计算为

$$\begin{cases} \Delta \sigma_{xx} = \dfrac{\partial \sigma_{xx}}{\partial x} \Delta x \\[2mm] \Delta \sigma_{yx} = \dfrac{\partial \sigma_{yx}}{\partial y} \Delta y \\[2mm] \Delta \sigma_{zx} = \dfrac{\partial \sigma_{zx}}{\partial z} \Delta z \end{cases} \tag{2-68}$$

将式（2-68）代入式（2-67）可以得到

$$F_x = \left(\frac{\partial \sigma_{xx}}{\partial x} + \frac{\partial \sigma_{yx}}{\partial y} + \frac{\partial \sigma_{zx}}{\partial z} + \rho g_x \right) \cdot \delta V \tag{2-69}$$

结合式（2-65）、式（2-66）和式（2-69），力平衡方程在 x 坐标方向可以写为

$$\rho \frac{\mathrm{D}v_x}{\mathrm{D}t} = \frac{\partial \sigma_{xx}}{\partial x} + \frac{\partial \sigma_{yx}}{\partial y} + \frac{\partial \sigma_{zx}}{\partial z} + \rho g_x \tag{2-70}$$

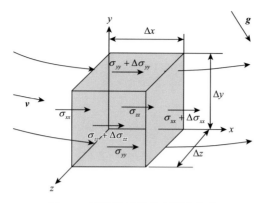

图 2-9　流体微元及其表面力分布

其他坐标方向的推导与之类似，因此对于其三维情况，可以直接给出

$$\rho \frac{\mathrm{D} \boldsymbol{v}}{\mathrm{D} t} = \nabla \cdot \boldsymbol{\sigma} + \rho \boldsymbol{g} \quad \left(\rho \frac{\mathrm{D} v_j}{\mathrm{D} t} = \frac{\partial \sigma_{ij}}{\partial x_i} + \rho g_j \right) \tag{2-71}$$

其中，$\dfrac{\mathrm{D} \boldsymbol{v}}{\mathrm{D} t} = \dfrac{\partial \boldsymbol{v}}{\partial t} + (\boldsymbol{v} \cdot \nabla) \boldsymbol{v}$，是速度矢量的物质导数。此外，在流体中，通常将总应力 σ_{ij} 分解为偏应力 τ_{ij} 及流体静压力 σ_{H}，其中 $\sigma_{\mathrm{H}} = -p$（三维情况下 $p = \sigma_{ii} / 3$，并规定受压时 p 为正），那么总应力可以表示为

$$\sigma_{ij} = -p \delta_{ij} + \tau_{ij} \tag{2-72}$$

将式（2-72）代入式（2-71），可以导出动量平衡方程为

$$\rho \frac{\mathrm{D} \boldsymbol{v}}{\mathrm{D} t} = -\nabla p + \nabla \cdot \boldsymbol{\tau} + \rho \boldsymbol{g} \tag{2-73}$$

式（2-73）为一般黏弹性流体的动量方程（也称为运动方程）。其中，∇p 是压力梯度，根据梯度算子（∇）可以得到其具体的表达形式，此处需要注意与散度算子（∇）区分。

根据热力学第一定律的描述"物体内能的增加等于物体吸收的热量和对物体所做功的总和"，可以导出能量方程。如图 2-10 所示，e_{int} 和 $\boldsymbol{q}$ 分别表示单位质量的内能和单位面积的热流矢量，那么基于能量守恒可以得到

$$\frac{\mathrm{D}}{\mathrm{D} t} \int_{V(t)} \rho \left(\frac{1}{2} \boldsymbol{v}^2 + e_{\mathrm{int}} \right) \mathrm{d} V = \int_{V(t)} \rho \boldsymbol{g} \cdot \boldsymbol{v} \mathrm{d} V + \int_{S(t)} (\boldsymbol{n} \cdot \boldsymbol{\sigma}) \cdot \boldsymbol{v} \mathrm{d} S - \int_{S(t)} \boldsymbol{n} \cdot \boldsymbol{q} \mathrm{d} S \tag{2-74}$$

其中，$\boldsymbol{n}$ 是曲面外法线方向的单位矢量。对于式（2-74），其等号左边项表示控制体内能量的变化率（包含动能和内能），等号右边三项分别表示体积力做功功率、表面力做功功率和流入控制体的热流量。将式（2-74）等号左边作如下变形：

$$\frac{\mathrm{D}}{\mathrm{D} t} \int_{V(t)} \rho \left(\frac{1}{2} \boldsymbol{v}^2 + e_{\mathrm{int}} \right) \mathrm{d} V = \int_{V(t)} \left[\rho \frac{\mathrm{D}(\boldsymbol{v}^2 / 2)}{\mathrm{D} t} + \rho \frac{\mathrm{D} e}{\mathrm{D} t} \right] \mathrm{d} V \tag{2-75}$$

上述方程等号右边第一项是动能的变化率，可利用动量方程作进一步的推导，将式（2-71）等号两边乘以速度矢量 $\boldsymbol{v}$ 并积分得到

$$\int_{V(t)} \rho \frac{\mathrm{D}(\boldsymbol{v}^2/2)}{\mathrm{D}t} \mathrm{d}V = \int_{V(t)} \left[(\nabla \cdot \boldsymbol{\sigma}) \cdot \boldsymbol{v} + \rho \boldsymbol{g} \cdot \boldsymbol{v} \right] \mathrm{d}V \tag{2-76}$$

根据分部积分原理有

$$\int_{V(t)} (\nabla \cdot \boldsymbol{\sigma}) \cdot \boldsymbol{v} \, \mathrm{d}V = \int_{S(t)} (\boldsymbol{n} \cdot \boldsymbol{\sigma}) \cdot \boldsymbol{v} \mathrm{d}S - \int_{V(t)} \boldsymbol{\sigma} : \nabla \boldsymbol{v} \, \mathrm{d}V \tag{2-77}$$

结合式（2-74）和式（2-77），将式（2-74）等号两边同时减去式（2-76）可得

$$\int_{V(t)} \rho \frac{\mathrm{D}e_{\mathrm{int}}}{\mathrm{D}t} \, \mathrm{d}V = \int_{V(t)} \boldsymbol{\sigma} : \nabla \boldsymbol{v} \, \mathrm{d}V - \int_{S(t)} \boldsymbol{n} \cdot \boldsymbol{q} \mathrm{d}S \tag{2-78}$$

由散度定理，式（2-78）可写成

$$\int_{V(t)} \rho \frac{\mathrm{D}e_{\mathrm{int}}}{\mathrm{D}t} \, \mathrm{d}V = \int_{V(t)} (\boldsymbol{\sigma} : \nabla \boldsymbol{v} - \nabla \cdot \boldsymbol{q}) \, \mathrm{d}V \tag{2-79}$$

此外，依照傅里叶热传导定律，热流矢量 $\boldsymbol{q}$ 可以用温度 T 的梯度来表示：

$$\boldsymbol{q} = -k\nabla T \tag{2-80}$$

其中，k 是流体的热导率，W/(m·K)。基于以上推导，可以得到能量方程的微分形式：

$$\rho \frac{\mathrm{D}e_{\mathrm{int}}}{\mathrm{D}t} = \boldsymbol{\sigma} : \nabla \boldsymbol{v} + \nabla \cdot (k\nabla T) \tag{2-81}$$

同样，对于不可压缩流体，其能量方程可以表达为

$$\rho C_p \frac{\mathrm{D}T}{\mathrm{D}t} = \boldsymbol{\sigma} : \nabla \boldsymbol{v} + \nabla \cdot (k\nabla T) \tag{2-82}$$

其中，C_p 是比热容，J/(kg·K)。

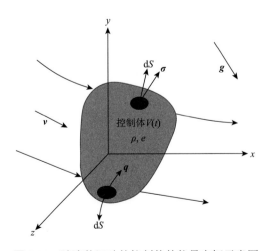

图 2-10　随流体运动的控制体的能量守恒示意图

至此，可得三个基本输运方程。需要注意的是，不可压缩近似能够适用于大多数的高分子流体，在实际应用中一般会根据具体情况简化方程使其更容易求解。

2.3.2　混合有限元方法

根据前面所推导的流动基本方程，可以知道解决加工过程中的流动和热传导问题实际上是求解连续偏微分方程组的问题。一般，这些方程的解析解是难以得到的，因此常常采用数值方法，如有限元方法（finite element method）、有限体积法（finite volume method）、有限差分法（finite difference method）等，对微分方程进行求解。考虑到流体的不可压缩性质，这里介绍一种流动问题中常用的混合有限元方法，这种方法允许同时将压力和速度当作场变量。将压力作为独立变量进行处理能够避免体积自锁的发生以处理不可压缩流体。混合有限元方法有很多形式和应用，关于该方法发展的详细介绍读者可以查阅相关文献和书籍[35, 36]。本节的主要目的是希望能够帮助读者了解流体流动问题的数值求解过程，因此将以一个牛顿流体流动的纳维-斯托克斯（Navier-Stokes）方程组为例，利用混合有限元方法展示其数值求解过程。

考虑一个不可压缩牛顿流体在二维空间内受压力和拖曳作用的定常流动问题，忽略惯性项的影响并假设壁面无滑移，如图 2-11 所示。流体上表面受 x 方向的拖曳速度 v_{x0} 作用，下表面固定；左右表面分别为流体的入口和出口，入口压力和出口压力分别为 p_{in} 和 p_{out}。

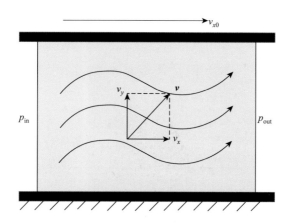

图 2-11　二维矩形空间内受压力和拖曳作用的定常流体流动模型

上述流体流动问题可以由 Navier-Stokes 方程组描述，控制方程由不可压缩流体的连续方程[式（2-63）]和动量方程[式（2-73）]组成。忽略惯性项，控制方程可以重新表述为

$$\nabla \cdot \boldsymbol{v} = \frac{\partial v_i}{\partial x_i} = 0$$

$$-\nabla p + \nabla \cdot \boldsymbol{\tau} = -\frac{\partial p}{\partial x_i} + \frac{\partial \tau_{ij}}{\partial x_j} = 0 \tag{2-83}$$

对于牛顿流体，式（2-83）中 τ_{ij} 满足如下本构方程：

$$\tau_{ij} = \eta\left(\frac{\partial v_i}{\partial x_j} + \frac{\partial v_j}{\partial x_i} - \frac{2}{3}\delta_{ij}\nabla \cdot \boldsymbol{v}\right) = \eta\left(\frac{\partial v_i}{\partial x_j} + \frac{\partial v_j}{\partial x_i}\right) \tag{2-84}$$

其中，η 是流体黏度，$\mathrm{Pa \cdot s}$。将式（2-84）代入式（2-83）并展开，可以得到控制方程的具体表达形式为（这里以二维问题为例）

$$\frac{\partial v_x}{\partial x} + \frac{\partial v_y}{\partial y} = 0$$

$$-\frac{\partial p}{\partial x} + \eta\left(2\frac{\partial^2 v_x}{\partial x^2} + \frac{\partial^2 v_x}{\partial y^2} + \frac{\partial^2 v_y}{\partial x \partial y}\right) = 0 \tag{2-85}$$

$$-\frac{\partial p}{\partial y} + \eta\left(\frac{\partial^2 v_x}{\partial y \partial x} + \frac{\partial^2 v_y}{\partial x^2} + 2\frac{\partial^2 v_y}{\partial y^2}\right) = 0$$

速度和压力边界条件可以表示为

$$v_x\big|_\Gamma = \hat{v}_x, \quad v_y\big|_\Gamma = \hat{v}_y$$

$$p\big|_\Gamma = \hat{p} \tag{2-86}$$

其中，Γ 是流体区域的边界，$\hat{v}_x$（$\hat{v}_y$）和 $\hat{p}$ 分别表示流体在边界处的速度和压力，对于本例有

$$上边界（\Gamma_T）：\hat{v}_x = v_{x0}, \quad \hat{v}_y = 0$$

$$下边界（\Gamma_B）：\hat{v}_x = 0, \quad \hat{v}_y = 0$$

$$左边界（\Gamma_L）：\hat{p} = p_{in} \tag{2-87}$$

$$右边界（\Gamma_R）：\hat{p} = p_{out}$$

对于上述问题，在得到了它的控制方程和边界条件后，就可以利用混合有限元方法实现其数值求解。需要提醒的是，在分析一个具体问题时要保证所选的控制方程和边界条件能够正确描述该问题，这对于求解结果的可靠性是非常重要的。

有限元求解偏微分方程需要对计算区域进行离散化。对于图 2-11 所示的矩形区域可以采用四边形单元进行网格离散。从控制方程中可以知道，本例中需要求解的变量有两个，分别是流体的速度（$\boldsymbol{v}$）和压力（p），因此考虑速度单元和压力单元独立插值的混合有限元方法。另外，从偏微分方程中可以看到速度微分阶次比压力的微分阶次高，为了满足 Ladyzhenskaya-Babuška-Brezzi（LBB）条件，分别选择二次四边形单元和线性四边形单元对速度和压力进行离散，如图 2-12 所示。

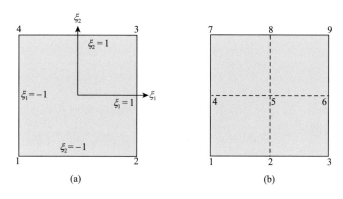

图 2-12 标准四边形单元示意图

（a）四节点线性单元；（b）九节点二次单元

确定单元类型后，单元内任意一点的速度和压力可以利用单元节点的变量进行近似：

$$p = \boldsymbol{N}_{\mathrm{b}}^{\mathrm{T}} \boldsymbol{p}_I, \quad v_x = \boldsymbol{N}_{\mathrm{q}}^{\mathrm{T}} \boldsymbol{v}_{xI}, \quad v_y = \boldsymbol{N}_{\mathrm{q}}^{\mathrm{T}} \boldsymbol{v}_{yI} \tag{2-88}$$

其中，上标 T 表示矩阵转置；$\boldsymbol{p}_I$ 是单元 I 各节点的压力组成的向量；$\boldsymbol{v}_{xI}$ 和 $\boldsymbol{v}_{yI}$ 分别是单元 I 各节点 x 方向和 y 方向的速度组成的向量；$\boldsymbol{N}_{\mathrm{b}}$ 和 $\boldsymbol{N}_{\mathrm{q}}$ 分别是标准四边形单元的线性插值函数和二次插值函数。对于 $[\boldsymbol{N}_{\mathrm{b}}]_{4\times 1}$，各分量的具体形式为

$$N_{\mathrm{b}1} = \frac{1}{4}(1-\xi_1)(1-\xi_2), \quad N_{\mathrm{b}2} = \frac{1}{4}(1+\xi_1)(1-\xi_2)$$

$$N_{\mathrm{b}3} = \frac{1}{4}\left(1+\xi_1\right)\left(1+\xi_2\right), \quad N_{\mathrm{b}4} = \frac{1}{4}\left(1-\xi_1\right)\left(1+\xi_2\right) \tag{2-89}$$

$[\boldsymbol{N}_{\mathrm{q}}]_{9\times 1}$ 的各分量的具体形式为

$$N_{\mathrm{q}1} = \frac{1}{4}\xi_1\xi_2(\xi_1-1)(\xi_2-1), \quad N_{\mathrm{q}2} = \frac{1}{2}\xi_2(1-\xi_1^2)(\xi_2-1)$$

$$N_{\mathrm{q}3} = \frac{1}{4}\xi_1\xi_2(\xi_1+1)(\xi_2-1), \quad N_{\mathrm{q}4} = \frac{1}{2}\xi_1(1-\xi_2^2)(\xi_1-1)$$

$$N_{\mathrm{q}5} = \frac{1}{4}\xi_1\xi_2(\xi_1-1)(\xi_2+1), \quad N_{\mathrm{q}6} = \frac{1}{2}\xi_1(1-\xi_2^2)(\xi_1+1) \tag{2-90}$$

$$N_{\mathrm{q}7} = \frac{1}{4}\xi_1\xi_2(\xi_1+1)(\xi_2+1), \quad N_{\mathrm{q}8} = \frac{1}{2}\xi_2(1-\xi_1^2)(\xi_2+1)$$

$$N_{\mathrm{q}9} = (1-\xi_1^2)(1-\xi_2^2)$$

其中，ξ_1 和 ξ_2 是无量纲坐标，对于单元内任一点满足 $\xi_1 \in [-1,1]$ 和 $\xi_2 \in [-1,1]$。坐标系 (x,y) 和 (ξ_1,ξ_2) 之间的转换可通过雅可比矩阵 $\boldsymbol{J}$ 实现：

$$J = \begin{bmatrix} \dfrac{\partial x}{\partial \xi_1} & \dfrac{\partial y}{\partial \xi_1} \\ \dfrac{\partial x}{\partial \xi_2} & \dfrac{\partial y}{\partial \xi_2} \end{bmatrix} \tag{2-91}$$

采用 Galerkin（伽辽金）加权余量法，结合式（2-85）和式（2-88）可以得到控制方程的等效积分形式，对于单元 I 有

$$\iint_{\Omega_I} N \left(\frac{\partial N_{\mathrm{q}}^{\mathrm{T}}}{\partial x} v_{xI} + \frac{\partial N_{\mathrm{q}}^{\mathrm{T}}}{\partial y} v_{yI} \right) \mathrm{d}x\mathrm{d}y = 0$$

$$\iint_{\Omega_I} N^* \left[-\frac{\partial N_{\mathrm{b}}^{\mathrm{T}}}{\partial x} p_I + \eta \left(2\frac{\partial^2 N_{\mathrm{q}}^{\mathrm{T}}}{\partial x^2} v_{xI} + \frac{\partial^2 N_{\mathrm{q}}^{\mathrm{T}}}{\partial y^2} v_{xI} + \frac{\partial^2 N_{\mathrm{q}}^{\mathrm{T}}}{\partial x \partial y} v_{yI} \right) \right] \mathrm{d}x\mathrm{d}y = 0 \quad (2\text{-}92)$$

$$\iint_{\Omega_I} N^* \left[-\frac{\partial N_{\mathrm{b}}^{\mathrm{T}}}{\partial x} p_I + \eta \left(\frac{\partial^2 N_{\mathrm{q}}^{\mathrm{T}}}{\partial y \partial x} v_{xI} + \frac{\partial^2 N_{\mathrm{q}}^{\mathrm{T}}}{\partial x^2} v_{yI} + 2\frac{\partial^2 N_{\mathrm{q}}^{\mathrm{T}}}{\partial y^2} v_{yI} \right) \right] \mathrm{d}x\mathrm{d}y = 0$$

利用分部积分对偏导项进行展开并整理，得到等效积分的弱形式为

$$\iint_{\Omega_I} N \frac{\partial N_{\mathrm{q}}^{\mathrm{T}}}{\partial x} v_{xI} \mathrm{d}x\mathrm{d}y + \iint_{\Omega_I} \frac{\partial N_{\mathrm{q}}^{\mathrm{T}}}{\partial y} v_{yI} \mathrm{d}x\mathrm{d}y = 0$$

$$\iint_{\Omega_I} \left(2\eta \frac{\partial N_{\mathrm{q}}}{\partial x} \frac{\partial N_{\mathrm{q}}^{\mathrm{T}}}{\partial x} + \eta \frac{\partial N_{\mathrm{q}}}{\partial y} \frac{\partial N_{\mathrm{q}}^{\mathrm{T}}}{\partial y} \right) v_{xI} \mathrm{d}x\mathrm{d}y + \iint_{\Omega_I} \eta \frac{\partial N_{\mathrm{q}}}{\partial x} \frac{\partial N_{\mathrm{q}}^{\mathrm{T}}}{\partial y} v_{yI} \mathrm{d}x\mathrm{d}y$$

$$-\iint_{\Omega_I} \frac{\partial N_{\mathrm{q}}}{\partial x} N_{\mathrm{b}}^{\mathrm{T}} p_I \mathrm{d}x\mathrm{d}y = -\int_{\Gamma} N_{\mathrm{q}} N_{\mathrm{b}}^{\mathrm{T}} p_I n_x \mathrm{d}\Gamma \tag{2-93}$$

$$\iint_{\Omega_I} \eta \frac{\partial N_{\mathrm{q}}}{\partial y} \frac{\partial N_{\mathrm{q}}^{\mathrm{T}}}{\partial x} v_{xI} \mathrm{d}x\mathrm{d}y + \iint_{\Omega_I} \left(\eta \frac{\partial N_{\mathrm{q}}}{\partial x} \frac{\partial N_{\mathrm{q}}^{\mathrm{T}}}{\partial x} + 2\eta \frac{\partial N_{\mathrm{q}}}{\partial y} \frac{\partial N_{\mathrm{q}}^{\mathrm{T}}}{\partial y} \right) v_{yI} \mathrm{d}x\mathrm{d}y$$

$$-\iint_{\Omega_I} \frac{\partial N_{\mathrm{q}}}{\partial y} N_{\mathrm{b}}^{\mathrm{T}} p_I \mathrm{d}x\mathrm{d}y = -\int_{\Gamma} N_{\mathrm{q}} N_{\mathrm{b}}^{\mathrm{T}} p_I n_y \mathrm{d}\Gamma$$

式（2-93）忽略了积分为 0 的项，式中 n_x 和 n_y 分别是边界外法线与 x 轴和 y 轴夹角的余弦值。将式（2-93）写成矩阵形式为

$$\begin{bmatrix} B_1^I & B_2^I & 0_{4\times 4} \\ A_{11}^I & A_{12}^I & C_1^I \\ A_{21}^I & A_{22}^I & C_2^I \end{bmatrix} \begin{bmatrix} v_{xI} \\ v_{yI} \\ p_I \end{bmatrix} = \begin{bmatrix} 0_{4\times 1} \\ F_1^I \\ F_2^I \end{bmatrix} \tag{2-94}$$

其中，0 是零矩阵，其下标表示零矩阵大小。其余矩阵子块分别表示为

$$\left[B_1^I \right]_{4\times 9} = \iint_{\Omega_I} N_{\mathrm{b}} \frac{\partial N_{\mathrm{q}}^{\mathrm{T}}}{\partial x} \mathrm{d}x\mathrm{d}y, \quad \left[B_2^I \right]_{4\times 9} = \iint_{\Omega_I} \frac{\partial N_{\mathrm{q}}^{\mathrm{T}}}{\partial y} \mathrm{d}x\mathrm{d}y$$

$$\left[C_1^I \right]_{9\times 4} = -\iint_{\Omega_I} \frac{\partial N_{\mathrm{q}}}{\partial x} N_{\mathrm{b}}^{\mathrm{T}} \mathrm{d}x\mathrm{d}y, \quad \left[C_2^I \right]_{9\times 4} = -\iint_{\Omega_I} \frac{\partial N_{\mathrm{q}}}{\partial y} N_{\mathrm{b}}^{\mathrm{T}} \mathrm{d}x\mathrm{d}y$$

$$\left[\boldsymbol{A}_{11}^{I} \right]_{9\times 9} = \iint_{\Omega_I} \left(2\eta \frac{\partial \boldsymbol{N}_{\mathrm{q}}}{\partial x} \frac{\partial \boldsymbol{N}_{\mathrm{q}}^{\mathrm{T}}}{\partial x} + \eta \frac{\partial \boldsymbol{N}_{\mathrm{q}}}{\partial y} \frac{\partial \boldsymbol{N}_{\mathrm{q}}^{\mathrm{T}}}{\partial y} \right) \mathrm{d}x\mathrm{d}y$$

$$\left[\boldsymbol{A}_{22}^{I} \right]_{9\times 9} = \iint_{\Omega_I} \left(\eta \frac{\partial \boldsymbol{N}_{\mathrm{q}}}{\partial x} \frac{\partial \boldsymbol{N}_{\mathrm{q}}^{\mathrm{T}}}{\partial x} + 2\eta \frac{\partial \boldsymbol{N}_{\mathrm{q}}}{\partial y} \frac{\partial \boldsymbol{N}_{\mathrm{q}}^{\mathrm{T}}}{\partial y} \right) \mathrm{d}x\mathrm{d}y \tag{2-95}$$

$$\left[\boldsymbol{A}_{12}^{I} \right]_{9\times 9} = \iint_{\Omega_I} \eta \frac{\partial \boldsymbol{N}_{\mathrm{q}}}{\partial x} \frac{\partial \boldsymbol{N}_{\mathrm{q}}^{\mathrm{T}}}{\partial y} \mathrm{d}x\mathrm{d}y, \quad \left[\boldsymbol{A}_{21}^{I} \right]_{9\times 9} = \iint_{\Omega_I} \eta \frac{\partial \boldsymbol{N}_{\mathrm{q}}}{\partial y} \frac{\partial \boldsymbol{N}_{\mathrm{q}}^{\mathrm{T}}}{\partial x} \mathrm{d}x\mathrm{d}y$$

$$\left[\boldsymbol{F}_{1}^{I} \right]_{9\times 1} = -\int_{\Gamma} \boldsymbol{N}_{\mathrm{q}} \boldsymbol{N}_{\mathrm{b}}^{\mathrm{T}} n_x \mathrm{d}\Gamma, \quad \left[\boldsymbol{F}_{2}^{I} \right]_{9\times 1} = -\int_{\Gamma} \boldsymbol{N}_{\mathrm{q}} \boldsymbol{N}_{\mathrm{b}}^{\mathrm{T}} p_I n_y \mathrm{d}\Gamma$$

这些矩阵子块在单元 I 上的积分，常常利用雅可比矩阵将积分域转换到标准四边形单元上，然后利用高斯积分进行数值积分。这里以 $\boldsymbol{B}_1^I$ 的计算为例：

$$\boldsymbol{B}_1^I = \iint_{\Omega_I} \boldsymbol{N}_{\mathrm{b}} \frac{\partial \boldsymbol{N}_{\mathrm{q}}^{\mathrm{T}}}{\partial x} \mathrm{d}x\mathrm{d}y = \int_{-1}^{1}\int_{-1}^{1} \boldsymbol{N}_{\mathrm{b}} \frac{\partial \boldsymbol{N}_{\mathrm{q}}^{\mathrm{T}}}{\partial x} \left| \boldsymbol{J} \right| \mathrm{d}\xi_1 \mathrm{d}\xi_2 \tag{2-96}$$

对于函数 $f(\xi_1, \xi_2)$，根据高斯积分有

$$\int_{-1}^{1}\int_{-1}^{1} f(\xi_1, \xi_2) \mathrm{d}\xi_1 \mathrm{d}\xi_2 = \sum_{i=1}^{k}\sum_{j=1}^{k} w_i w_j f(\xi_{1i}, \xi_{2j}) \tag{2-97}$$

其中，k 是在 ξ_1 或 ξ_2 方向选择的高斯积分点数；(ξ_{1i}, ξ_{2j}) 是高斯积分点坐标；w_i 和 w_j 是高斯积分点对应的积分权系数。对于区间[–1, 1]上的积分，读者可以参考文献[37]中表 4.2。

最后，对单元方程进行组装，得到总体方程为

$$\begin{bmatrix} \boldsymbol{B}_1 & \boldsymbol{B}_2 & \boldsymbol{0}_{a\times b} \\ \boldsymbol{A}_{11} & \boldsymbol{A}_{12} & \boldsymbol{C}_1 \\ \boldsymbol{A}_{21} & \boldsymbol{A}_{22} & \boldsymbol{C}_2 \end{bmatrix} \begin{bmatrix} \boldsymbol{v}_x \\ \boldsymbol{v}_y \\ \boldsymbol{p} \end{bmatrix} = \begin{bmatrix} \boldsymbol{0}_{a\times 1} \\ \boldsymbol{F}_1 \\ \boldsymbol{F}_2 \end{bmatrix} \tag{2-98}$$

其中，a 和 b 分别是在整个计算域内划分的线性单元的总节点数和二次单元的总节点数。最终需要求解的流体速度和压力可以通过如下方程组计算：

$$\begin{bmatrix} \boldsymbol{v}_x \\ \boldsymbol{v}_y \\ \boldsymbol{p} \end{bmatrix} = \begin{bmatrix} \boldsymbol{B}_1 & \boldsymbol{B}_2 & \boldsymbol{0}_{a\times b} \\ \boldsymbol{A}_{11} & \boldsymbol{A}_{12} & \boldsymbol{C}_1 \\ \boldsymbol{A}_{21} & \boldsymbol{A}_{22} & \boldsymbol{C}_2 \end{bmatrix}^{-1} \begin{bmatrix} \boldsymbol{0}_{a\times 1} \\ \boldsymbol{F}_1 \\ \boldsymbol{F}_2 \end{bmatrix} \tag{2-99}$$

至此，上述的定常流动问题求解完毕。本节求解的例子相对简单，对于更复杂的实例求解，如考虑非牛顿流体、非定常流动、热传导等，读者有兴趣可以阅读本章 2.4 节，或者参考文献[38]。

2.3.3　稳定化算法

当采用一般格式的 Galerkin 离散的有限元方法模拟流体流动问题时，可能会出现数值不稳定，因此考虑稳定化算法是必要的。对于高分子黏弹性流体流动问

题，可能的数值不稳定来源包括：①基于混合变量求解不可压缩问题时的相容性要求；②黏性项较弱时动量方程会缺少足够的椭圆性甚至由椭圆型变为双曲型而失去适定性；③本构方程存在对流占优问题，采用有限元方法时会产生过多的数值耗散和非物理的数值振荡。

当有限元方法计算不可压缩流体流动问题时常常基于混合变量，如速度 v、压力 p、应力 τ 进行求解，为了保证求解的稳定性和收敛性，混合变量的插值空间需要满足相容性条件。对基于 v-p 求解的不可压缩定常流动的问题（如 2.3.2 节中的例子），速度、压力的插值空间需要满足 LBB（Ladyzhenskaya-Babuška-Brezzi）条件。当黏性项较弱导致动量方程缺少足够椭圆性时，为了保证控制方程的适定性需要采用相关的稳定化方法。Rajagopalan 等提出了一个弹-黏性应力分裂（elastic-viscous-split-stress，EVSS）稳定化方法[39]，EVSS 基于应力分裂、变量替换的方式在动量方程中引入一个椭圆算子从而提高了数值稳定性。之后，Guénette 和 Fortin 进一步对 EVSS 方法进行改进并提出了离散的 EVSS（DEVSS）方法[40]。DEVSS 方法克服了 EVSS 不适用于本构方程中含有表征黏弹性流体微结构的内部状态变量的问题，是目前应用最广泛的稳定化算法之一。该方法通过在动量方程中引入椭圆项 $2\eta_0 \boldsymbol{D} - 2\eta_p \boldsymbol{d}$ 避免了 EVSS 方法中所需要的形变率张量的客观导数。在这个方法的框架下，式（2-83）中的动量方程可改写为

$$-\nabla p + \nabla \cdot \boldsymbol{\tau} + (2\eta_0 \nabla \cdot \boldsymbol{D} - 2\eta_p \nabla \cdot \boldsymbol{d}) = 0 \tag{2-100}$$

其中，$\eta_0 = \eta_s + \eta_p$，是零剪切黏度，η_s 是溶剂贡献的黏度，η_p 是高分子的黏度。此外，引入的椭圆项中 $\boldsymbol{d}$ 是形变率张量的离散形式，其作为一个额外的求解变量，满足

$$(\boldsymbol{E}, \boldsymbol{d} - \boldsymbol{D}) = 0 \tag{2-101}$$

其中，$(.,.)$ 是张量的内积；$\boldsymbol{E}$ 是权函数。

对于双曲型的黏弹性本构微分方程，当对流项占主导时，采用标准的 Galerkin 法进行空间离散会出现应力场的虚假振荡，因此数值求解过程中需要考虑对流占优问题。目前，用来抑制本构方程对流占优的常用方法有 SUPG（streamline upwind/Petrov-Galerkin)[5, 41]、SU[42]、DG[43]等。SUPG 方法最初由 Brooks 和 Hughes 提出[5]，该方法将标准 Galerkin 插值形函数 N 修改为

$$W = N + \frac{\bar{k}v}{v \cdot v} \cdot \nabla N \tag{2-102}$$

其中，等号右边第二项称为迎风项，$\bar{k}$ 是一个依赖于单元尺寸的稳定参数。SUPG 法将 W 作用于整个本构方程，对于涉及自由表面的计算可以改善数值稳定性，但是在处理具有几何奇异点的流动问题时奇异点附近会出现虚假的应力振荡。对于这种情况，Marchal 和 Crochet 提出了 SU 方法[42]，该方法只将迎风项施加在本构

方程的对流项上。这里以 Oldroyd-B 模型为例[44]，本构方程为

$$\lambda \overset{\triangledown}{\tau} + \tau = 2\eta_{\mathrm{p}} D \qquad (2\text{-}103)$$

其中，等号左边第一项应力张量的物质导数包含对流项 $v \cdot \nabla \tau$。基于 SUPG 方法，上述本构方程的弱形式可以写为

$$\int_{\Omega} \left(\lambda \overset{\triangledown}{\tau} + \tau - 2\eta_{\mathrm{p}} D \right) : W \mathrm{d}\Omega = 0 \qquad (2\text{-}104)$$

而基于 SU 方法则为

$$\int_{\Omega} \left(\lambda \overset{\triangledown}{\tau} + \tau - 2\eta_{\mathrm{p}} D \right) : N \mathrm{d}\Omega + \int_{\Omega} (\lambda v \cdot \nabla \tau) : \left(\frac{\overline{k} v}{v \cdot v} \cdot \nabla N \right) \mathrm{d}\Omega = 0 \qquad (2\text{-}105)$$

由式（2-105）可以发现，虽然 SU 方法可以解决 SUPG 方法对于几何奇异点的数值振荡问题，但是 SU 方法得到的本构方程弱形式与原来的本构方程［式（2-103）］是"不一致"的，这是 SU 方法受到诟病的地方。

不连续的 Galerkin（DG）方法可以替代上面提到的 SUPG 或 SU 方法[43]。该方法中，附加应力张量从一个单元间断地近似到下一个单元，其迎风项稳定格式给出如下：

$$\left(N, \exp\left[\frac{\alpha\lambda}{\eta_{\mathrm{p}}} \mathrm{tr}(\tau) \right] \tau + \lambda \left[\left(1 - \frac{\xi}{2} \right) \overset{\vartriangle}{\tau} + \frac{\xi}{2} \overset{\vartriangle}{\tau} \right] - 2\eta_{\mathrm{p}} D \right)$$
$$- \sum_{e=1}^{N} \int_{\Gamma_e^{\mathrm{in}}} N_{\mathrm{q}} : u \cdot n(\tau - \tau^{\mathrm{ext}}) \mathrm{d}\Gamma = 0 \qquad (2\text{-}106)$$

其中，n 是边界单元 e 的外法向矢量；Γ_e^{in} 为单元 e 的边界部分；τ^{ext} 为相邻迎风单元的附加应力张量。Fortin 等首先在黏弹性格式下展示了该方法的数值实施策略[43]。需要指出的是，由于每个单元在流入边界上的积分需要邻近迎风单元的应力信息，因此，DG 方法在标准有限元代码中的实现相比 SUPG 及 SU 格式要复杂得多。

2.4　高分子薄膜加工中的数值模拟

在实际高分子薄膜工业加工中，各种加工方式如流延、拉伸、吹塑等，相关的流变学研究非常丰富。然而，考虑到涉及复杂高分子熔体/溶液的实验既昂贵又耗时，中断生产线操作来进行流变测量也是不现实的。因此，数值模拟随着计算机技术的发展已经成为研究高分子熔体/溶液加工过程的一个重要手段[17]。本节将基于本书作者团队所开展的薄膜加工中的数值模拟，包括薄膜流延、薄膜斜拉伸及涂布成膜来展示高分子薄膜加工过程模拟的基本流程。

2.4.1 薄膜流延模拟

薄膜流延是高分子薄膜加工工业中重要的加工方法之一，主要应用于包装、磁带和涉及涂层等高分子薄膜的生产。在实际加工中，为了生产厚度均匀的薄膜，高分子熔体在一定温度下以恒定的速率被挤出，然后经由牵引辊拉伸成膜。为了提高成膜质量，可以在"空气间隙"段对表面吹入热风来控制热交换[16, 45-47]。这里的空气间隙，即从口模到第一个流延辊之间的区域，如图 2-13（a）所示[简化的几何模型由图 2-13（b）给出]。这一区域内有大量有趣的流动现象，如薄膜宽度收缩的缩颈现象、边缘厚度高于中心的翘曲效应，以及薄膜宽度和厚度周期性变化的拉伸共振不稳定等。这些流动现象对加工效率和最终成膜产品的均匀性有显著影响，因此该区域是以往薄膜流延问题的研究重点[48-54]，同样也是本节所关注的区域。

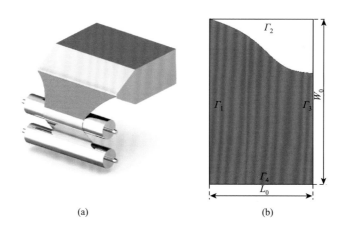

图 2-13 （a）薄膜流延的 3D 示意图；（b）简化后的 2D 示意图[55]

缩颈现象和边缘翘曲效应在薄膜流延中非常常见，Dobroth 和 Erwin 首先对这两种现象进行了实验和理论研究[56]。而前面所提到的拉伸共振则是一种动力学失稳现象，表现为：当拉伸比接近某个临界值时，薄膜宽度和厚度的周期性振荡。拉伸共振也是高分子加工中常见的不稳定现象之一，不仅在薄膜流延中，在熔体纺丝及吹膜中也经常观察到[57-62]。尽管在加工中更希望获得稳定的流延薄膜，但是从物理的角度，只有理解了失稳的动力学来源才能更好地指导加工。关于拉伸共振失稳已经有不少文献报道[63-66]，本节，将基于作者所在团队以往的研究工作对薄膜流延的稳定性及动力学失稳进行全面而深入的探讨。

本节将首先介绍薄膜流延模拟中所用的工艺条件与材料参数。然后，介绍模型及数值实施方法。在分析了 PTT 黏弹性本构模型的拉伸流变行为之后，从加工和流变性质两个方面讨论薄膜流延的稳定性。最后对模拟结果进行分析，给出影响薄膜流延稳定性的原因。

1. 工艺条件与材料参数

首先对一种常用的流延料等规聚丙烯（iPP）材料（由中国石化扬子石化公司提供)进行流变学测试。所测得的熔体流动指数为 2.9 g/min（条件为 200℃，2.16 kg 加载）。利用 ARES-G2 旋转流变仪（美国 TA 仪器公司），在 180～220℃的温度范围内对样品进行了三次小振幅振荡剪切（SAOS）测试，获得了 iPP 熔体的线性黏弹性特性。当参考温度为 200℃时，熔体的储存模量（G'）和损耗模量（G''）如图 2-14（a）所示。利用 Cox-Merz 规则[67]可以计算复数黏度，其结果如图 2-14（b）所示。表 2-1 汇总了在整个模拟过程中所采用的加工和材料参数。

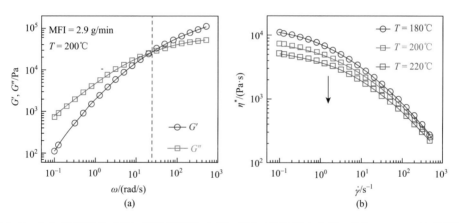

图 2-14 （a）储存模量（G'）和损耗模量（G''）在 200℃时的主曲线；（b）180～220℃的复数黏度 η^*

表 2-1 当前模拟中所用薄膜流延的加工条件及材料参数

参数	数值及单位	参数	数值及单位
空气间隙（L_0）	0.04 m	比热容（C_p）	2900 J/(kg·K)
半口模宽度（W_0）	0.08 m	活化能（E_a）	37 kJ/mol
口模间隙（e_0）	0.002 m	零剪切黏度（η_0）	8102 Pa·s
挤出速度（v_{in}）	0.002 m/s	松弛时间（λ_0）	0.04 s
口模温度（T_a）	473.15 K	传热系数（h）	10 W/(m²·K)

续表

参数	数值及单位	参数	数值及单位
环境温度（T_e）	293.15 K	PTT 模型非线性参数（α）	0.015
密度（ρ）	902 kg/m³	PTT 模型非线性参数（ξ）	0.6

需要说明的是，模拟中所用的终端松弛时间 $\lambda_0 = 0.04$ s 是由 G' 和 G'' 曲线交点对应的频率的倒数来确定的。至于传热系数 h 的计算可以参考 Zavinska 等的工作[68]。PTT 模型中两个非线性控制参数 α 和 ξ 采用 Lee 等的设置[69]。其余参数为 iPP 的基本材料参数。此外，还需要注意的是，尽管多模态模型可以更准确地预测聚合物熔体的流变行为，但是聚合物熔体的流动不稳定性通常在大应变速率下发生，当采用较长的松弛时间模式时，现有的数值算法会遇到收敛问题（也就是上面提到的高魏森贝格数问题）[70]。另外，对于与时间有关的流动问题，多模态模型的计算成本非常高[71]。基于以上两点考虑，本小节采用单模 PTT 模型来进行数值模拟。

2. 模型

1）数值模型

回顾图 2-13（a）可以看到，真实的薄膜流延是一个三维问题。但是，考虑到薄膜的厚度相比于薄膜宽度和口模间距非常小，因此，采用一个二维的简化模型是可行的。由于对称性，一般只需考虑一半的几何模型，如图 2-13（b）所示。基于 Agassant 等[72, 73]提出的薄膜模型及在 2.3 节给出的流体的基本方程，可以利用厚度平均导出如下一系列二维的薄膜模型的控制方程：

$$\begin{cases} \dfrac{\partial e}{\partial t} + \nabla \cdot e\boldsymbol{v} = 0 \\ \nabla \cdot e(\boldsymbol{\tau}_1 + 2\eta_s \boldsymbol{D}) = 0 \\ \rho C_p \left(\dfrac{\partial T}{\partial t} + \boldsymbol{v} \cdot \nabla T \right) = -\dfrac{2h}{e}(T - T_e) \end{cases} \tag{2-107}$$

其中，e 是薄膜的厚度；$\boldsymbol{v} = (u(x,y), v(x,y))$，是厚度平均的速度场；$\boldsymbol{\tau}_1$ 是总的额外应力的黏弹性分量，相应地，$\boldsymbol{\tau}_2 = 2\eta_s \boldsymbol{D}$；$\rho$ 是密度；C_p 是比热容；T 是厚度平均温度场；T_e 是环境温度；h 是自然对流及强制对流的传热系数。

由于在薄膜流延中涉及自由表面问题，因此还需要一个运动方程来定义自由表面：

$$\frac{\partial w}{\partial t} + v_x \frac{\partial w}{\partial x} = v_y \tag{2-108}$$

其中，w 是薄膜的半宽度；v_x 和 v_y 分别是 x 轴和 y 轴方向的速度分量。

为了求解上述方程，还需要添加一个本构方程。这里采用如下的 PTT 本构方程[21, 22]：

$$\exp\left[\frac{\alpha\lambda}{\eta_p}\mathrm{tr}(\boldsymbol{\tau})\right]\boldsymbol{\tau} + \lambda\left[\left(1-\frac{\xi}{2}\right)\overset{\triangledown}{\boldsymbol{\tau}} + \frac{\xi}{2}\overset{\triangle}{\boldsymbol{\tau}}\right] = 2\eta_p\boldsymbol{D} \tag{2-109}$$

其中随流导数的表达式参考式（2-38）和式（2-39）。

在非等温条件下，还需要考虑温度对流变性质的影响，黏度和松弛时间的温度依赖由 Arrhenius 方程来描述［式（2-34）］[16]：

$$\lambda = \lambda_0(T_\alpha)\cdot H(T),\ \eta = \eta_p(T_\alpha)\cdot H(T) \tag{2-110}$$

$$H(T) = \exp\left[\frac{E_a}{R}\left(\frac{1}{T-T_0} - \frac{1}{T_\alpha-T_0}\right)\right] \tag{2-111}$$

此外，还需要指定该物理模型具体的边界和初始条件：

（1）入口边界。

$v_x = v_{\mathrm{in}}$，$v_y = 0$，$e = e_0$，$w = W_0$，$T = T_\alpha$，$\boldsymbol{\tau} = \boldsymbol{\tau}_0$（在边界 $\varGamma_1$，在时刻 $t \geqslant 0$）。

（2）自由表面边界。

$\boldsymbol{v}\cdot\boldsymbol{n} = 0$，$\boldsymbol{\sigma}\cdot\boldsymbol{n} = 0$，$\boldsymbol{q}\cdot\boldsymbol{n} = 0$（在边界 $\varGamma_2$，$t \geqslant 0$）。

（3）出口边界。

$v_x = v_{\mathrm{in}}\cdot\mathrm{Dr}$，$v_y = 0$，$\boldsymbol{q}\cdot\boldsymbol{n} = 0$（在边界 $\varGamma_3$，$t = 0$）。

$v_x = v_{\mathrm{in}}\cdot\mathrm{Dr}\cdot(1+\delta)$，$v_y = 0$，$\boldsymbol{q}\cdot\boldsymbol{n} = 0$（在边界 $\varGamma_3$，$t > 0$）。

（4）对称边界。

$\sigma_{xy} = 0$，$\boldsymbol{q}\cdot\boldsymbol{n} = 0$（在边界 $\varGamma_4$，$t \geqslant 0$）。

其中，$\boldsymbol{n}$ 是边界法向量；$\boldsymbol{q}$ 是热流密度；Dr 是薄膜拉伸比。

2）数值实施

为了对薄膜流延问题进行数值模拟，需要对计算域进行空间-时间离散化。这里利用四边形单元进行空间离散，未知量 e、$\boldsymbol{v}$、$\boldsymbol{\tau}$、$\boldsymbol{d}$、T 及 H（Arrhenius 因子）依照拉格朗日基函数被离散：

$$e = \sum_{i=1}^{n} N_q^i e_i,\ \boldsymbol{v} = \sum_{i=1}^{n} N_q^i \boldsymbol{v}_i,\ \boldsymbol{\tau} = \sum_{i=1}^{m} N_b^i \boldsymbol{\tau}_i,\ \boldsymbol{d} = \sum_{i=1}^{m} N_b^i \boldsymbol{d}_i,$$

$$T = \sum_{i=1}^{n} N_q^i T_i,\quad H = \sum_{i=1}^{m} N_b^i H_i \tag{2-112}$$

其中，

$$\boldsymbol{N}_q = (N_q^1, N_q^2, \cdots, N_q^n)^{\mathrm{T}}\quad (n = 1, 2, 3, \cdots, 9) \tag{2-113}$$

和

$$\boldsymbol{N}_b = (N_b^1, N_b^2, \cdots, N_b^m)^{\mathrm{T}}\quad (m = 1, 2, 3, 4) \tag{2-114}$$

分别是二次和双线性形函数。指标 n 和 m 是单元节点总数，上标 T 表示转置。引入 DEVSS&SUPG&SU 方法对控制方程进行离散化。通过分部积分，可以得到如下控制方程的弱形式：

$$
\begin{cases}
\text{DEVSS\&SUPG\&SU:} \\[2mm]
\displaystyle\int_{\Omega} W\left(\frac{\partial e}{\partial t} + \boldsymbol{v}\cdot\nabla e + e\nabla\cdot\boldsymbol{v}\right)\mathrm{d}\Omega = 0 \\[3mm]
\displaystyle\int_{\Omega} \nabla N_{\mathrm{q}} e(\boldsymbol{\tau} + 2\eta_0\boldsymbol{D} - 2\eta_{\mathrm{p}}\boldsymbol{d})\mathrm{d}\Omega - \int_{\partial\Omega} N_{\mathrm{q}} e(\boldsymbol{\tau} + 2\eta_0\boldsymbol{D} - 2\eta_{\mathrm{p}}\boldsymbol{d})\cdot\boldsymbol{n}\mathrm{d}\partial\Omega = 0 \\[3mm]
\displaystyle\int_{\Omega}\left(N_{\mathrm{b}}\left\{\exp\left[\frac{\alpha\lambda}{\eta_{\mathrm{p}}}\mathrm{tr}(\boldsymbol{\tau})\right]\boldsymbol{\tau} + \lambda\left[\left(1-\frac{\xi}{2}\right)\overset{\Delta}{\boldsymbol{\tau}} + \frac{\xi}{2}\overset{\Delta}{\boldsymbol{\tau}}\right] - 2\eta_{\mathrm{p}}\boldsymbol{D}\right\} + \frac{\bar{k}\boldsymbol{v}\cdot\nabla N_{\mathrm{b}}}{\boldsymbol{v}\cdot\boldsymbol{v}}\boldsymbol{v}\cdot\nabla\boldsymbol{\tau}\right)\mathrm{d}\Omega = 0 \\[3mm]
\displaystyle\int_{\Omega} N_{\mathrm{b}}(\boldsymbol{D} - \boldsymbol{d})\mathrm{d}\Omega = 0 \\[3mm]
\displaystyle\int_{\Omega} N_{\mathrm{q}}\left[\rho C_p\left(\frac{\partial T}{\partial t} + \boldsymbol{v}\cdot\nabla T\right) - \frac{2h}{e}(T - T_{\mathrm{e}})\right]\mathrm{d}\Omega = 0 \\[3mm]
\displaystyle\int_{\Omega} N_{\mathrm{b}}[(T - T_0)(T_\alpha - T_0)\ln(H) + E_a(T - T_\alpha)]\mathrm{d}\Omega = 0
\end{cases}
$$

$$(2\text{-}115)$$

其中，$\boldsymbol{W}$ 为 SUPG 形函数[式（2-102）]。

考虑到时间离散，目前已经发展起来的时间步进算法有显式欧拉法、隐式欧拉法、Galerkin 法和 Crank-Nicolson 法等。所讨论的控制方程可以表述如下：

$$\boldsymbol{M}(\boldsymbol{X})\dot{\boldsymbol{X}} + \boldsymbol{K}(\boldsymbol{X})\boldsymbol{X} + \boldsymbol{F}(\boldsymbol{X}) = 0 \qquad (2\text{-}116)$$

其中，$\boldsymbol{M}$ 是质量矩阵；$\boldsymbol{K}$ 是刚度矩阵；$\boldsymbol{F}$ 是等效的节点力矢量；$\boldsymbol{X}$ 是未知节点矢量，如 e、$\boldsymbol{v}$、$\boldsymbol{\tau}$、$\boldsymbol{d}$、T 及 H。

一阶导 $\dot{\boldsymbol{X}}$ 通过一阶离散近似为

$$\dot{\boldsymbol{X}} = \frac{\boldsymbol{X}_{n+1} - \boldsymbol{X}_n}{\Delta t_n} \qquad (2\text{-}117)$$

其中，下标 n 和 $n+1$ 是两个相邻的时间步。为了加速迭代，引入了一个 θ 因子，从而可以得到下面的形式：

$$\boldsymbol{X}_{n+1} = \boldsymbol{X}_n + \Delta t[\theta \boldsymbol{X}_{n+1} + (1-\theta)\boldsymbol{X}_n] \qquad (2\text{-}118)$$

其中，$0 \leqslant \theta \leqslant 1$。$\theta$ 的不同取值对应不同的方法。在这里的计算中，$\theta = 1$ 对应隐式欧拉法，是无条件稳定的。在此背景下，式（2-116）可以改写为

$$\left[\frac{\boldsymbol{M}(\boldsymbol{X})}{\Delta t} + \boldsymbol{K}(\boldsymbol{X})\right]\boldsymbol{X}_{n+1} = \frac{\boldsymbol{M}(\boldsymbol{X})}{\Delta t}\boldsymbol{X}_n - \boldsymbol{F}_{n+1} \qquad (2\text{-}119)$$

式（2-115）是高度非线性的，要求解该方程组，需要对其进行线性化。采用

具备二次收敛的 Newton-Raphson 法：

$$\frac{\partial \boldsymbol{R}^i}{\partial \boldsymbol{X}_{n+1}^i} \Delta \boldsymbol{X} = -\boldsymbol{R}^i \tag{2-120}$$

其中，$\boldsymbol{R}$ 是残差矢量；上标 i 是迭代次数。于是方程式（2-120）可以重写为

$$\left(\frac{\tilde{\boldsymbol{M}}^{i+1}}{\Delta t} + \tilde{\boldsymbol{K}}^{i+1}\right)(\boldsymbol{X}_{n+1}^{i+1} - \boldsymbol{X}_{n+1}^i) = -\boldsymbol{R}_{n+1}^{i+1} \tag{2-121}$$

其中，

$$\boldsymbol{X} = [e, \boldsymbol{v}, \boldsymbol{\tau}, \boldsymbol{d}, T, H]^{\mathrm{T}} \tag{2-122}$$

以及

$$\begin{cases} \boldsymbol{v} = [u, v] \\ \boldsymbol{\tau} = [\tau_{xx}, \tau_{xy}, \tau_{yy}, \tau_{zz}] \\ \boldsymbol{d} = [d_{xx}, d_{xy}, d_{yy}, d_{zz}] \end{cases} \tag{2-123}$$

是当前问题的未知矢量，以及残差矢量为

$$\boldsymbol{R} = [\boldsymbol{R}_e, \boldsymbol{R}_v, \boldsymbol{R}_\tau, \boldsymbol{R}_d, \boldsymbol{R}_T, \boldsymbol{R}_H]^{\mathrm{T}} \tag{2-124}$$

此外，按照标准的 FEM 方法，每个单元的质量矩阵可以表示为

$$\tilde{\boldsymbol{M}}^E = \mathrm{diag}(\boldsymbol{M}_e^E, \boldsymbol{M}_v^E, \boldsymbol{M}_\tau^E, \boldsymbol{M}_d^E, \boldsymbol{M}_T^E, \boldsymbol{M}_H^E) \tag{2-125}$$

式中：

$$\begin{aligned} \boldsymbol{M}_e^E &= \int_{\Omega_E} W \boldsymbol{N}_{\mathrm{q}}^{\mathrm{T}} \mathrm{d}\Omega_E, \quad \boldsymbol{M}_v^E = \boldsymbol{M}_d^E = \boldsymbol{M}_H^E = 0 \\ \boldsymbol{M}_\tau^E &= \int_{\Omega_E} \lambda \boldsymbol{N}_{\mathrm{b}} \boldsymbol{N}_{\mathrm{b}}^{\mathrm{T}} \mathrm{d}\Omega_E, \quad \boldsymbol{M}_T^E = \int_{\Omega_E} \rho C_p \boldsymbol{N}_{\mathrm{q}} \boldsymbol{N}_{\mathrm{q}}^{\mathrm{T}} \mathrm{d}\Omega_E \end{aligned} \tag{2-126}$$

显然，$\tilde{\boldsymbol{M}}^E$ 是一个对角方阵，将在每一次迭代过程中更新。同样地，单元的刚度矩阵可以表示为

$$\tilde{\boldsymbol{K}}^E = \begin{bmatrix} \tilde{\boldsymbol{K}}_{ee}^E & \tilde{\boldsymbol{K}}_{ev}^E & 0 & 0 & 0 & 0 \\ \tilde{\boldsymbol{K}}_{ve}^E & \tilde{\boldsymbol{K}}_{vv}^E & \tilde{\boldsymbol{K}}_{v\tau}^E & \tilde{\boldsymbol{K}}_{vd}^E & 0 & 0 \\ 0 & \tilde{\boldsymbol{K}}_{\tau v}^E & \tilde{\boldsymbol{K}}_{\tau\tau}^E & 0 & 0 & \tilde{\boldsymbol{K}}_{\tau H}^E \\ 0 & \tilde{\boldsymbol{K}}_{dv}^E & 0 & \tilde{\boldsymbol{K}}_{dd}^E & 0 & 0 \\ \tilde{\boldsymbol{K}}_{Te}^E & \tilde{\boldsymbol{K}}_{Tv}^E & 0 & 0 & \tilde{\boldsymbol{K}}_{TT}^E & 0 \\ 0 & 0 & 0 & 0 & \tilde{\boldsymbol{K}}_{HT}^E & \tilde{\boldsymbol{K}}_{HH}^E \end{bmatrix} \tag{2-127}$$

其中部分子矩阵具体表达式为

$$\tilde{\boldsymbol{K}}_{ee}^E = \boldsymbol{K}_{ee}^E = \int_{\Omega_E} W \left[\left(u^E \frac{\partial \boldsymbol{N}_{\mathrm{q}}^{\mathrm{T}}}{\partial x} + v^E \frac{\partial \boldsymbol{N}_{\mathrm{q}}^{\mathrm{T}}}{\partial y} \right) + \left(\frac{\partial u^E}{\partial x} + \frac{\partial v^E}{\partial y} \right) \boldsymbol{N}_{\mathrm{q}}^{\mathrm{T}} \right] \mathrm{d}\Omega_E \tag{2-128}$$

$$\tilde{\boldsymbol{K}}_{ev}^E = [\boldsymbol{K}_{eu}^E, \boldsymbol{K}_{ev}^E] \tag{2-129}$$

$$K_{eu}^{E} = \int_{\Omega_E} W \left(\frac{\partial e^E}{\partial x} N_q^T + \frac{\partial N_q^T}{\partial x} e^E \right) d\Omega_E, \ K_{ev}^{E} = \int_{\Omega_E} W \left(\frac{\partial e^E}{\partial y} N_q^T + \frac{\partial N_q^T}{\partial y} e^E \right) d\Omega_E \quad (2\text{-}130)$$

$$\tilde{K}_{ve}^{E} = [K_{ue}^{E}, K_{ve}^{E}]^T \quad (2\text{-}131)$$

$$K_{ue}^{E} = \int_{\Omega_E} \eta_0 \left(4 \frac{\partial N_q}{\partial x} \frac{\partial u^E}{\partial x} + 2 \frac{\partial N_q}{\partial y} \frac{\partial u^E}{\partial y} + 2 \frac{\partial N_q}{\partial x} \frac{\partial v^E}{\partial y} + \frac{\partial N_q}{\partial y} \frac{\partial v^E}{\partial x} \right) N_q^T d\Omega_E$$
$$+ \int_{\Omega_E} \left[\frac{\partial N_q}{\partial x} \left(\tau_{11}^E - \tau_{33}^E \right) + \frac{\partial N_q}{\partial y} \tau_{12}^E \right] N_q^T d\Omega_E \quad (2\text{-}132)$$
$$- \int_{\Omega_E} \eta_p \left[\frac{\partial N_q}{\partial x} \left(d_{xx} - d_{zz} \right) + \frac{\partial N_q}{\partial y} d_{xy} \right] N_q^T d\Omega_E$$

$$K_{ve}^{E} = \int_{\Omega_E} \eta_0 \left(\frac{\partial N_q}{\partial x} \frac{\partial u^E}{\partial y} + \frac{\partial N_q^T}{\partial y} \frac{\partial u^E}{\partial x} + 4 \frac{\partial N_q}{\partial y} \frac{\partial v^E}{\partial y} + \frac{\partial N_q}{\partial x} \frac{\partial v^E}{\partial x} \right) N_q^T d\Omega_E$$
$$+ \int_{\Omega_E} \left[\frac{\partial N_q}{\partial y} \left(\tau_{22}^E - \tau_{33}^E \right) + \frac{\partial N_q^T}{\partial x} \tau_{12}^E \right] N_q^T d\Omega_E \quad (2\text{-}133)$$
$$- \int_{\Omega_E} \eta_p \left[\frac{\partial N_q}{\partial y} \left(d_{22} - d_{33} \right) + \frac{\partial N_q^T}{\partial x} d_{12} \right] N_q^T d\Omega_E$$

$$\tilde{K}_{vv}^{E} = \begin{bmatrix} K_{uu}^{E} & K_{uv}^{E} \\ K_{vu}^{E} & K_{vv}^{E} \end{bmatrix} \quad (2\text{-}134)$$

$$K_{uu}^{E} = \int_{\Omega_E} \left(4 \frac{\partial N_q}{\partial x} \frac{\partial N_q^T}{\partial x} + \frac{\partial N_q}{\partial y} \frac{\partial N_q^T}{\partial y} \right) d\Omega_E \quad (2\text{-}135)$$

$$K_{uv}^{E} = \int_{\Omega_E} \eta_0 \left(2 \frac{\partial N_q}{\partial x} \frac{\partial N_q^T}{\partial y} + \frac{\partial N_q}{\partial y} \frac{\partial N_q^T}{\partial x} \right) d\Omega_E \quad (2\text{-}136)$$

$$K_{vu}^{E} = \int_{\Omega_E} \eta_0 \left(\frac{\partial N_q}{\partial x} \frac{\partial N_q^T}{\partial y} + 2 \frac{\partial N_q}{\partial y} \frac{\partial N_q^T}{\partial x} \right) d\Omega_E \quad (2\text{-}137)$$

$$K_{vv}^{E} = \int_{\Omega_E} \eta_0 \left(4 \frac{\partial N_q}{\partial y} \frac{\partial N_q^T}{\partial y} + \frac{\partial N_q}{\partial x} \frac{\partial N_q^T}{\partial x} \right) d\Omega_E \quad (2\text{-}138)$$

其他子矩阵及残差矢量的表达式见参考文献[74]，这里不再赘述。

3）PTT 模型拉伸流变行为

薄膜流延本质上是一个熔体拉伸过程，因此，熔体的拉伸流变性质，特别是单向拉伸黏度（η_E）会显著影响流延的稳定性。然而，它们之间具体的关系目前仍然是不清楚的。因此，本小节首先从本构模型上探讨了材料参数对 η_E 的影响。在稳态单向拉伸情况下，η_E 可以通过式（2-139）～式（2-141）计算：

$$\eta_{\mathrm{E}}(\dot{\varepsilon}) = \frac{\tau_{11} - \tau_{22}}{\dot{\varepsilon}} \tag{2-139}$$

$$2\dot{\varepsilon}\lambda(\xi-1)\tau_{11} + \tau_{11}\exp\left[\frac{\alpha\lambda}{\eta_{\mathrm{p}}}(\tau_{11}+2\tau_{22})\right] = 2\eta_{\mathrm{p}}\dot{\varepsilon} \tag{2-140}$$

$$\dot{\varepsilon}\lambda(1-\xi)\tau_{22} + \tau_{22}\exp\left[\frac{\alpha\lambda}{\eta_{\mathrm{p}}}(\tau_{11}+2\tau_{22})\right] = -\eta_{\mathrm{p}}\dot{\varepsilon} \tag{2-141}$$

其中，偏应力分量 τ_{11} 和 τ_{22} 可以通过不动点迭代求得，相关的算法可以采用 MATLAB 编程。图 2-15（a）和（b）首先描述了 η_{E} 对非线性材料参数 α 和 ξ 的敏感性。随着 α 的增加，高分子熔体的流变特性经历了从拉伸增稠到拉伸变稀的演变过程。而拉伸增稠随着 ξ 的增加而逐渐减弱并延迟。实际上，在真实的薄膜流延过程中，拉伸应变速率（$\dot{\varepsilon}$）一般为 0～100 s^{-1}。根据模拟结果，$\dot{\varepsilon}$ 的最大值大约为 20 s^{-1}。因此对于薄膜流延，图 2-15 中蓝色虚线左侧是最有趣的区域。图 2-15（c）表明在所感兴趣的区域内，α 对 η_{E} 的影响比 ξ 更加显著。松弛时间（λ）对 η_{E} 的影响如图 2-15（d）所示。显然，随着 λ 的增加，η_{E}-$\dot{\varepsilon}$ 曲线向低 $\dot{\varepsilon}$ 处平移。考虑到黏度和松弛时间对温度的依赖性，图 2-15（e）表明 η_{E} 随着温度的降低而增加。

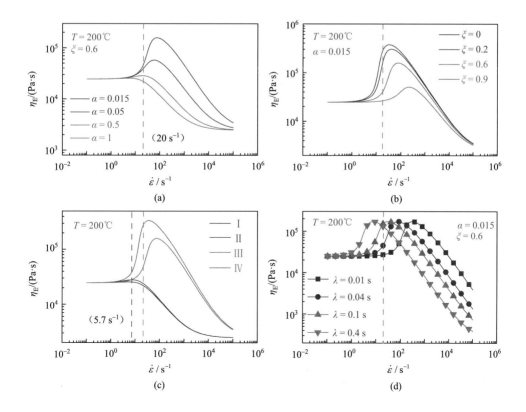

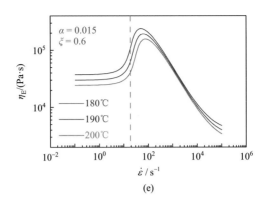

(e)

图 2-15 由 PTT 模型描述的单向拉伸黏度

（a）参数 α 对 η_E 的影响；（b）参数 ξ 对 η_E 的影响；（c）两个参数 α 和 ξ 对 η_E 的影响，Ⅰ：$\alpha = 0.5$，$\xi = 0.1$，Ⅱ：$\alpha = 0.5$，$\xi = 0.6$，Ⅲ：$\alpha = 0.015$，$\xi = 0.1$，Ⅳ：$\alpha = 0.015$，$\xi = 0.6$；（d）松弛时间对 η_E 的影响；（e）温度对 η_E 的影响，$\eta_p = 7291.8\ \text{Pa·s}$

3. 薄膜流延稳定性分析

1）加工参数的影响

首先定义流动不稳定性发生的标志是出现拉伸共振失稳现象。通过跟踪在收卷点中心线处的薄膜宽度（w）和厚度（e）的响应，可以确定发生拉伸共振的临界拉伸比（Dr_c）。图 2-16（a）首先给出了三个逐渐增加的 Dr 的薄膜宽度-时间曲线。所需的计算参数根据表 2-1 进行设置。此外，对流传热系数（h）暂时被设置为零，以便排除薄膜冷却的影响。图 2-16（a）表明，当 Dr = 32（高于 Dr_c）时，薄膜宽度的初始扰动会随着时间逐渐放大，并最终形成振幅恒定的周期性振荡。当 Dr = 15（低于 Dr_c）时，初始扰动表现为阻尼振荡，并最终达到稳态。当 Dr 接近 Dr_c（约 24）时，薄膜宽度的响应是简单的谐波振荡，这对应着不稳定性的开始[霍普夫（Hopf）分岔]。图 2-16（b）同时展示了薄膜厚度和宽度的周期性振荡。可以看出，这两个状态变量具有固定的相位差，并且具有 12.4 s 的相同周期。此外，根据非线性系统动力学的描述，拉伸共振是一种典型的 Hopf 分岔现象。对于 Dr = 32，薄膜的宽度和厚度的相空间轨迹在图 2-16（c）和（d）中给出，相位图从中心的焦点开始顺时针增长，并最终形成一个稳定的极限环。

从加工的角度出发，需要首先研究冷却速率对加工稳定性的影响。本书作者团队考虑了三种不同的对流传热系数，即 0 W/(m²·K)、10 W/(m²·K)、50 W/(m²·K)。图 2-17 给出了其中 $h = 10$ W/(m²·K) 和 50 W/(m²·K) 两种对流传热系数下的二维温度场等值线图。可以看到，从口模出口到收卷辊的空气间隙段，温度是逐渐降低。随着 h 从 10 W/(m²·K) 提高到 50 W/(m²·K)，模具与收卷辊之间的温度将从 6.7℃

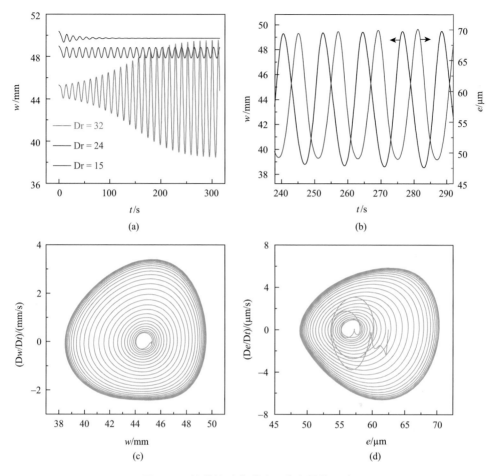

图 2-16 拉伸比对薄膜流延稳定性的影响

（a）不同 Dr 薄膜宽度的演化；（b）薄膜宽度和厚度的振荡相位和周期；（c）薄膜宽度的相空间轨迹；（d）薄膜厚度的相空间轨迹，$\alpha = 0.015$，$\xi = 0.6$，$v_{in} = 0.002$ m/s，$L = L_0$，$W = W_0$

增加到 29.6℃。不同的对流传热系数会影响薄膜宽度随时间的变化，如图 2-18（a）所示。很显然，h 值的增加显著降低了拉伸共振的幅度。此外，Shin 和 Silagy 等[75, 76]也研究了两种流体流动稳定性的差异，即拉伸增稠（当前模拟中 $\alpha \leqslant 0.1$，$\alpha = 0.015$，$\xi = 0.1$）和拉伸变稀（当前模拟中 $\alpha \geqslant 0.2$，$\alpha = 0.5$，$\xi = 0.6$）。为了进一步研究 h 对这两种流体稳定性的影响，图 2-18（b）给出了 Dr_c 随 h 从 0 W/(m² · K) 到 100 W/(m² · K) 的演变。从图中可以看出，无论流体的拉伸流变特性如何，增加 h 都可以改善流动稳定性。比较有趣的是，与拉伸变稀熔体相比，拉伸增稠熔体随着 h 的增加表现出更好的稳定性，特别是当 h 大于 50 W/(m² · K) 时。

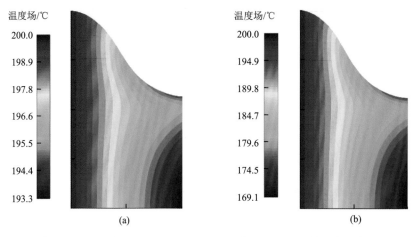

图 2-17　在 $h = 10$ W/(m^2·K)（a）和 $h = 50$ W/(m^2·K)（b）下的二维温度场等值线图

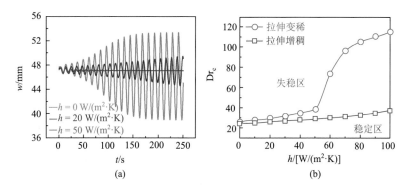

图 2-18　（a）薄膜宽度在三个对流传热系数下的演化，其中 $\alpha = 0.015$，$\xi = 0.6$，$v_{in} = 0.002$ m/s，$Dr = 32$，$L = L_0$，$W = W_0$；（b）两种不同类型的流体（拉伸增稠和拉伸变稀）的 Dr_c 随 h 的演化

　　已经有很多文献报道了德博拉数 $De = \lambda_0 v_{in} / L_0$ 对加工稳定性的影响[59, 75, 76]，但是仍然缺乏挤出速度 v_{in} 对薄膜稳定性的研究。从图 2-18（a）可以看出，h（冷却）对振荡周期几乎没有影响。而图 2-19（a）表明，增加 v_{in} 会导致振荡周期的显著降低。例如，当 $v_{in} = 0.002$ m/s 时，振荡周期为 12.4 s，而对于 $v_{in} = 0.008$ m/s 则降低至 2.8 s。以往的研究认为，在拉伸增稠流体中存在两个 Dr_c，分别命名为上 Dr_c 和下 Dr_c。但是，在本节的模拟中只观测到一个 Dr_c。如图 2-19（b）所示，对于拉伸增稠或拉伸变稀流体的 Dr_c 在 v_{in} 低于 0.007 m/s 时没有明显的区别。但是，当 v_{in} 超过 0.007 m/s 时，拉伸变稀流体与拉伸增稠流体的表现截然不同。拉伸变稀流体的 Dr_c 随着 v_{in} 的增加而逐渐降低；而对于拉伸增稠流体，Dr_c 则急剧增加，直到 v_{in} 为 0.012 m/s。在此之后，继续增加 v_{in} 将导致拉伸增稠流体的 Dr_c 出现轻微下降。

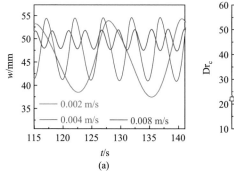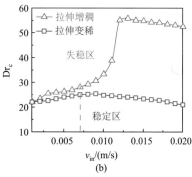

图 2-19 （a）薄膜宽度随不同 v_{in} 的演化；（b）两种不同流体的 Dr_c 随 v_{in} 的演化

接下来，还研究了纵横比（AR）（定义为 $AR = L_0 / W_0$）对加工稳定性的影响，这在之前的研究中已经被广泛讨论[75, 76]。AR 对稳定性的影响分析可以通过改变空气间隙即 L_0 来实现。图 2-20 给出了(Dr_c，AR)的中性稳定曲线。在本节的模拟中观测到两个 Dr_c 的峰值，这与之前所报道的仅在 AR = 1 处有一个峰值不同[76, 77]。为了理解这一现象，本节借鉴了 Kwon 等[65]所定义的平面变形（P）、过渡变形（T）和缩颈变形（N）。这三种变形通过流动方向和中心线的注流时间（θ_i）的比值来区分，首先定义

$$\theta_i = \frac{\displaystyle\int_0^{L_0} \frac{1}{v_{x,i}}\mathrm{d}x}{\displaystyle\int_0^{L_0} \frac{1}{v_{x,1}}\mathrm{d}x} \qquad (2\text{-}142)$$

其中，$v_{x,1}$ 是中心线处的速度；$v_{x,i}$ 是不同位置的沿流线方向的速度。三种变形所对应的 θ_i 如下：P：$0.99 \leqslant \theta_i \leqslant 1$；T：$\theta_i < 0.99$；N：$\theta_i > 1$。根据上述定义，收卷辊处的薄膜宽度分为三个区域（P、T、N），其宽度分别为 W_P、W_T 和 W_N，如图 2-21（a）所示。这些变形对应的薄膜宽度在收卷辊处所占的比值 Rdt_d 可以表示为

$$Rdt_d = \frac{W_d}{W_{\text{take-up}}} \times 100\% \qquad (2\text{-}143)$$

其中，下标 d 表示 P、T、N；$W_{\text{take-up}} = W_P + W_T + W_N$，为收卷辊处的薄膜宽度。

当 AR 小于 0.1 时，薄膜流延中以 P 类型为主，Rdt_P 约为 1。随着 AR 的增大，Rdt_P 先迅速减小，然后在 AR = 0.52 时进入平台区。随着 AR 值的进一步增大，Rdt_P 值在 AR = 0.7 处出现一个小高峰，随后在 AR 值较大时急剧下降。对于 Rdt_T，其在 AR 值约为 0.1 时出现，在 AR 值约为 0.5 时迅速增大到约为 0.6 的最大值。对于 $0.52 \leqslant AR \leqslant 0.7$，增加 AR 导致 Rdt_T 逐渐降低到零。而对于 Rdt_N，增加 AR 导致其连续增加，并在 AR = 0.7 处开始占据主要成分。结合图 2-20 和图 2-21，可以很容易看出三种变形类型 Rdt_d 的相对变化对薄膜流延稳定性有显著影响。

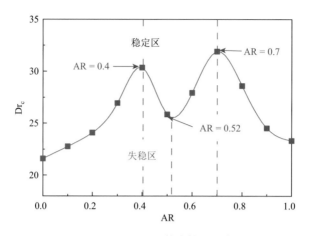

图 2-20　(Dr$_c$，AR)的中性稳定曲线

$v_{in} = 0.002$ m/s ， $\alpha = 0.015$ ， $\xi = 0.6$ ， $h = 0$ W/(m$^2 \cdot$ K)

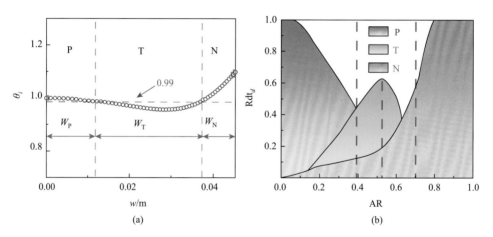

(a)　　　　　　　　　　　　　(b)

图 2-21　（a）在收卷点的薄膜宽度 $W_{take\text{-}up}$ 被分为三个变形区域（AR = 0.52）；（b）三种变形类型占取点的比值

2）拉伸流变参数的影响

上面讨论了加工参数对流延稳定性的影响，这里主要关注材料拉伸流变性质对稳定性的影响。根据图 2-15（c），选择曲线 II （ $\alpha = 0.5, \xi = 0.6$ ）和曲线 III（ $\alpha = 0.015, \xi = 0.1$ ）分别代表拉伸变稀和拉伸增稠流体。在这两种流体中的松弛时间对流延稳定性的影响如图 2-22 所示。对于拉伸变稀流体[图 2-22（a）]，Dr$_c$随着 λ 从 0 s 到 0.1 s（区域 I ）的增加而缓慢增加到约为 25 的最大值。在这个最大值之后，继续增加 λ 将导致 Dr$_c$ 的下降（区域 II ）。比较有趣的是，相应的 η_E 随 λ 的演化与 Dr$_c$ 非常相似。对于拉伸增稠流体[图 2-22（b）]，Dr$_c$ 随着 λ 的演化

可以被分为三个区域。在区域 I，Dr_c 随着 λ 从 0 s 到 0.08 s 几乎呈线性增加。随后，Dr_c 进入非线性急速增长区域（区域 II），在 λ 约为 0.22 s 时达到一个最大值（55 左右）。然而，进一步增加 λ 将使得 Dr_c 逐渐衰减（区域 III）。类似地，在同一张图上，η_E 也遵循相同的分区。在区域 I 中，增加 λ 将导致 η_E 的增加，其在区域 II 中近乎指数地增加到一个最大值（约为 3.2×10^5 Pa·s）。而在区域 III，可以观测到 η_E 的轻微降低。基于此图，可以认为，η_E 对薄膜流延的稳定性起着关键的作用。

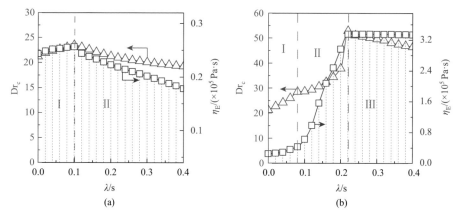

图 2-22　在拉伸变稀流体（a）和拉伸增稠流体（b）中 Dr_c 和 η_E 随 λ 演化的对比

$$v_{in} = 0.002 \text{ m/s} , \quad L = L_o , \quad W = W_o , \quad h = 0 \text{ W/(m}^2 \cdot \text{K)}$$

3）分析与总结

基于更加真实的 PTT 模型，早期报道的在拉伸增稠流体中发现的 Dr_c 上临界稳定区域没有被观测到，这可能与 UCM 流体模型不真实的应力演化有关[65]。由于实施了稳定化技术（DEVSS 和 SUPG），加工条件（Dr、AR、v_{in}、h）和拉伸流变性质 η_E 对稳定性的影响得以在更大的参数空间进行分析，从而观测到一些新的现象：①在（Dr_c，AR）平面上发现了中性稳定曲线的两个峰值，这意味着存在不止一个合适的加工窗口。②增加 η_E 可以使流延过程更加稳定，无论是拉伸增稠还是变稀熔体皆是如此。在薄膜流延过程中，工艺参数 v_{in}、h 和材料参数 λ 等，通过调节 η_E 从而影响薄膜流延的稳定性。关于这些有趣的发现，详细的讨论及可能的解释如下。

如图 2-22 所示，材料参数会通过影响 η_E 进而影响 Dr_c。而 η_E 的值对三个材料参数比较敏感：α、ξ 和 λ（图 2-15）。首先，在其他参数保持不变的情况下，在正常的薄膜流延应变速率窗口中，α 和 ξ 对 Dr_c 的影响相对较弱。请注意，Dr_c 的最大值为 28，对应的 $\dot{\varepsilon}$ 范围为 $0 \sim 5.7$ s^{-1}［图 2-15（c）中红色虚线的左侧区域］。

在此范围内，更改 α 和 ξ 的值对 η_E 的演化影响并不大，这也导致 Dr_c 不会发生显著变化。图 2-22 显示，η_E 的增加增强了薄膜流延的稳定性，而 η_E 的减小则削弱了稳定性。需要注意的是，即便是拉伸变稀流体，其 η_E 仍会随着 $\dot{\varepsilon}$ 的增加而略有抬升[参见图 2-15（c）中的蓝色曲线]，这会导致 I 区薄膜流延的稳定性略有增强（参见图 2-22）。而对于拉伸增稠流体，随着 λ 的增加会引起 η_E 的快速升高，这显著增强了薄膜流延的稳定性[图 2-22（b）中的区域 II]。显然，当 λ 超过图 2-22（a）和（b）中的临界值（拉伸变稀熔体为 0.1 s，拉伸增稠熔体为 0.22 s）时，流延膜的稳定性总是随着 λ 的增加而略微减弱。合理的解释是，λ 的增加（即增强黏弹性）会导致曲线 η_E-$\dot{\varepsilon}$ 向左移动[请参见图 2-15（d）]，并且相应地，η_E 的最大值向低 $\dot{\varepsilon}$ 移动。如果 η_E 的最大值对应的 $\dot{\varepsilon}$ 仍大于 $\dot{\varepsilon}$ 的加工窗口，则增大 λ 等同于增大 $\dot{\varepsilon}$ 并因此增大 η_E，从而增强了薄膜流延的稳定性。另一方面，如果增加 λ 或等效的 $\dot{\varepsilon}$ 超过最大值，将导致薄膜流延的稳定性降低（参见图 2-22 中的区域 III）。

尽管 λ 和 v_{in} 对流动稳定性的影响被分别研究，而不是耦合到 De 中，但是 λ 和 v_{in} 对流动稳定性的影响是类似的[参见图 2-19（b）和图 2-22（b）]。增加 v_{in} 会从整体上增加 $\dot{\varepsilon}$，导致 η_E-$\dot{\varepsilon}$ 曲线向左移动，从而产生与增加 λ 等效的效果。不过，有趣的是，图 2-19（b）表明，对于拉伸增稠流体，流延薄膜的稳定性在大约 v_{in} = 0.003 m/s 时开始迅速增加。为了理解这一特殊现象，在临界拉伸比（Dr_c）条件下计算了 h = 0 W/(m² · K) 时的拉伸应变速率（h 被设置为零以排除薄膜的冷却影响），如图 2-23（a）所示。最大拉伸应变速率和平均拉伸应变速率分别为 8.6 s⁻¹ 和 2.0 s⁻¹，它们位于 η_E 的指数增长区域，如图 2-23（b）所示。考虑到拉伸应变速率的分布，将平均值（2.0 s⁻¹）作为参考值，其对应于 η_E 的快速上升。显然，v_{in} 或者 $\dot{\varepsilon}$ 的进一步增加或将导致 η_E 的急剧增加，这是 Dr_c 或稳定性突然增加的原因[请参见图 2-19（b）]。

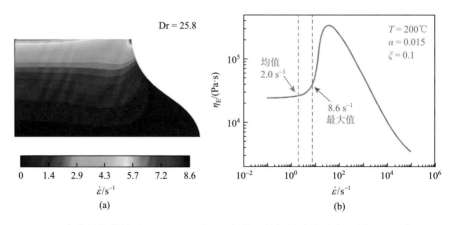

图 2-23 （a）在临界拉伸比及 h = 0 W/(m² · K) 条件下的拉伸应变速率云图；（b）在 T = 200℃ 时，拉伸增稠流体的 η_E 随 $\dot{\varepsilon}$ 的演化

基于以上讨论，h 对稳定性的影响也可以归因于 η_E。正如 Shin 等所预测的那样[75]，拉伸共振的发生会随着 h 的增加而被抑制。图 2-15（e）表明，在相同的拉伸应变速率下，增加 h 总是会提高 η_E，这无疑将提高拉伸变稀及拉伸增稠流体的稳定性。此外，类似于图 2-19（b），图 2-18（b）也展示出在大约 $h = 50$ W/(m$^2 \cdot$ K) 时拉伸增稠熔体薄膜流延的稳定性开始迅速增加，这也归因于 η_E 的迅速增加。

关于空气间隙 AR 对薄膜流延稳定性的影响，我们注意到 Kwon 等[65]最近也报道了类似的现象。在此基础上，本节也介绍了三种变形类型。对比图 2-20 和图 2-21，无论是 Rdt$_N$ 的增加还是 Rdt$_P$ 的降低都提高了薄膜流延的稳定性。特别是在 AR = 0.4 时，Rdt$_N$ = Rdt$_P$ 导致 Dr$_c$ 达到一个最大值。然而，一旦 T 类型起主导作用（$0.4 \leqslant$ AR $\leqslant 0.5$），薄膜流延的稳定性被减弱。在 AR 超过 0.5 之后，Rdt$_T$ 逐渐下降，这导致了在 AR = 0.7 处观察到另一个 Dr$_c$ 最大值，与 Rdt$_T$ 消失的情况相对应。这种现象的一种可能的解释是，当平面流动仍然主导变形（P 类型均匀流动）时，过渡流或缩颈流（T 类型和 N 类型流动，它们被视为非均匀流动）的存在稳定了薄膜流延过程。然而，一旦 T 类型或 N 类型非均匀流动占据主导地位，流动就会发生失稳。

总体来讲，本小节采用单模态 PTT 模型研究了非等温条件下 2D 薄膜流延过程的流动稳定性和非线性动力学。由于采用了包括 DEVSS 和 SUPG 在内的稳定算法的实现，在比较宽的参数空间中系统地研究了加工条件和流变性质对流动不稳定性的影响，发现了一些有趣的现象。模拟结果表明，增加拉伸黏度可以稳定拉伸增稠和拉伸变稀流体的流动。而冷却对于聚合物薄膜流延始终会产生稳定作用，这可以归因于温度降低提高了整体的拉伸黏度。不过，也应当指出，单模态的 PTT 本构方程仍不足以定量描述实际聚合物熔体的流变性质。更好的选择是采用多模式本构方程对真实材料的流变实验数据，特别是拉伸流变学数据进行拟合以获得更真实本构参数。

2.4.2　薄膜斜向拉伸模拟

拉伸是高分子薄膜后加工成型中一种常用的手段，根据拉伸方式可以简单分为：薄膜单向拉伸、双向拉伸及斜向拉伸等。一般，拉伸法生产的高分子薄膜具有以下特点：

（1）薄膜的拉伸强度、弹性模量明显增大；

（2）薄膜的光学性能提高，如光泽度、透明度等；

（3）薄膜的厚度均匀性明显改善等。

对薄膜拉伸过程进行有限元分析，有助于揭示高分子薄膜材料拉伸过程中的变形行为及其演化机理，从而指导高分子材料加工成型工艺和相应设备工作部件的设置与优化[78]。关于单向拉伸和双向拉伸在以往的流变学著作中都有涉及[7]，在此不再赘述。本节将主要介绍一种特殊的薄膜拉伸方式，即斜向拉伸的数值模拟。

斜向拉伸（oblique stretching）加工是工业生产显示器件中的核心组分——光学补偿膜的一种重要加工方式[79]。如图 2-24 所示，以有机发光二极管（OLED）显示结构为例，通常使用补偿膜改变环境光的偏振，以消除 OLED 单元对环境光的反射。这要求补偿膜在特定的倾斜方向上取向，同时也要求薄膜具有良好的厚度均匀性。为满足倾斜取向的要求，传统的方法是将单向拉伸取向的薄膜沿其倾斜方向切片，但这种加工方式显然无法进行连续的生产，且会造成材料的极大浪费。考虑到这一点，直接对薄膜进行斜向拉伸无疑是一个更好的选择。斜向拉伸是指高分子基膜在一定温度环境下由夹具夹持薄膜边缘，通过夹具的行进移动和速度调整实现对薄膜倾斜拉伸的一种连续加工过程。下面将分小节介绍其成型工艺及数值模拟。

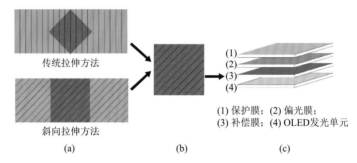

图 2-24　（a）补偿膜的传统拉伸方法和斜向拉伸方法；（b）补偿膜的特殊取向结构；
（c）OLED 显示结构示意图

1. 斜向拉伸加工工艺

斜向拉伸加工过程示意图如图 2-25 所示。x 轴为生产线行进方向（MD），y 轴为横向幅宽方向（TD）。以 MD 为参考方向，L_1 为左侧夹具加速起始点，L_2 为

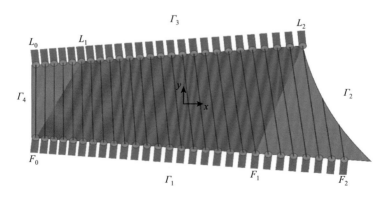

图 2-25　斜向拉伸加工过程示意图

左侧夹具加速完成点；F_0 为右侧夹具加速起始点，F_1 为右侧夹具加速完成点。从 L_0 到 L_1 的长度记为滞后距离 ΔL。基于上述操作方法，可以达到在输送高分子薄膜的同时对薄膜进行倾斜拉伸的效果。此外，斜向拉伸加工过程中通常同步伴随着薄膜 TD 的拉伸，即薄膜在 MD 和 TD 两个维度上同时拉伸。斜向拉伸薄膜成品的光轴取向方向和厚度均匀性至关重要，直接影响薄膜的光学和力学性能，因此，对斜向拉伸过程的有限元模拟能极大地节约实验资源，提高研发效率。

2. 斜向拉伸的有限元模拟

斜向拉伸过程是一种平面二维拉伸流动，根据其加工方式和构型特点，在 2.4.1 节所列举的控制方程、模拟格式推导及膜模型理论对于斜向拉伸同样适用。斜向拉伸模拟中所用到的结构方程组可以总结如下：

$$
\begin{cases}
\dfrac{\partial e}{\partial t} + \nabla \cdot e v = 0 \\[2mm]
\nabla \cdot e(\boldsymbol{\tau} + 2\eta_0 \boldsymbol{D} - 2\eta_p \boldsymbol{d}) = 0 \\[2mm]
(\boldsymbol{E}, \boldsymbol{d} - \boldsymbol{D}) = 0 \\[2mm]
\rho C_p \left(\dfrac{\partial T}{\partial t} + \boldsymbol{v} \cdot \nabla T \right) = -\dfrac{2h}{e}(T - T_e) \\[2mm]
\exp\left[\dfrac{\alpha\lambda}{\eta_p} \operatorname{tr}(\boldsymbol{\tau}) \right] \boldsymbol{\tau} + \lambda\left[\left(1 - \dfrac{\xi}{2} \right) \overset{\nabla}{\boldsymbol{\tau}} + \dfrac{\xi}{2} \overset{\Delta}{\boldsymbol{\tau}} \right] = 2\eta_p \boldsymbol{D} \\[2mm]
H(T) = \exp\left[\dfrac{E_a}{R} \left(\dfrac{1}{T - T_0} - \dfrac{1}{T_\alpha - T_0} \right) \right]
\end{cases} \tag{2-144}
$$

与薄膜流延的模拟方法类似，斜向拉伸过程的模拟也采用欧拉网格描述。由于不涉及自由边界，故不需要采用自由表面的处理和网格重划分等技术。斜向拉伸模拟的特点在于其独特的外载荷施加过程，体现在复杂的边界条件施加上，即在流动场边缘施加切向方向的速度边界条件。同时，两侧速度边界条件施加的异步性是实现斜向拉伸的关键。具体的边界条件设置如下：

$$
\begin{aligned}
\Gamma_1 &: \begin{cases} x : \begin{cases} v_0 \sim v_1 & F_0 \leqslant x < F_1 \\ v_1 & F_1 \leqslant x \leqslant F_2 \end{cases}, \ h = 0 \\ y : -v_y & F_0 \leqslant x \leqslant F_2 \end{cases} \\[4mm]
\Gamma_3 &: \begin{cases} x : \begin{cases} v_0 & L_0 \leqslant x < L_1 \\ v_0 \sim v_1 & L_1 \leqslant x \leqslant L_2 \end{cases}, \ h = 0 \\ y : v_y & L_0 \leqslant x \leqslant L_2 \end{cases} \\[4mm]
\Gamma_4 &: T = T_{\text{cons}}, \ e = e_{\text{cons}}, \ h = 0, \ \Omega : h = \overline{h}
\end{aligned} \tag{2-145}
$$

其中，$\Gamma_1 \sim \Gamma_4$ 是计算域的四个边界；v_0、v_1 分别是 x 方向加速前后的夹具运行速度；v_y 是 y 方向的夹具运行速度；T_{cons} 和 e_{cons} 分别是温度边界与厚度边界，其取值参考来自实际加工生产中的参数；$\overline{h}$ 是热对流交换系数，其值可根据 Zavinska 等[68]的理论公式近似计算得到。

薄膜两侧的不同步拉伸是斜向拉伸加工过程的一个重要特征，同时也是最终的高分子薄膜倾斜取向的根源所在。在薄膜斜向拉伸过程中，影响其最终取向结构的重要加工变量有滞后距离 ΔL、拉伸加载速度及加工温度场等。在实际工业生产中，滞后距离可以通过调整两侧的斜向拉伸起始点位置来改变，薄膜拉伸程度和加载速度可通过调整夹具组的间距及夹具组的运行速度来调控，温度场则一般由热风循环加热以确保其均匀性。

图 2-26 展示了无宽度方向拉伸的薄膜斜向拉伸的模拟结果，包括速度场、温度场和厚度分布。从图 2-26（a）和（b）可以看出，斜向拉伸速度场主要依赖于速度边界条件的设置。图 2-26（c）为斜向拉伸过程中温度的变化情况，温度从初始的 190℃ 逐渐降低到接近环境温度 185℃，并最终达到稳态。对于最终的薄膜产品，厚度均匀性是一个更为关键的指标。在图 2-26（d）中，厚度的分布呈现出一种 "bowing" 现象，即沿薄膜宽度方向的厚度分布变为弓形形状。这种弯曲现象是由薄膜中心区域相对于两侧的滞后效应造成的。Yamada 和 Nonomura[80]指出，这种现象不仅受温度场分布的影响，还与两侧夹钳产生的结合力在靠近薄膜中心处发生衰减密切相关。

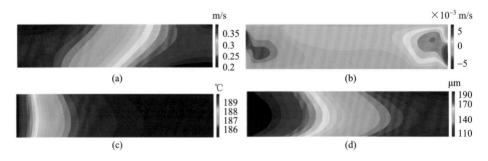

图 2-26　斜向拉伸状态下 x 方向速度（a）、y 方向速度（b）、温度（c）和厚度（d）分布云图

为了更好地显示薄膜厚度的演变，图 2-27 展示几个关键坐标位置（x 坐标）处的厚度分布图（沿 y 方向的厚度分布）。可以看到，在斜向拉伸开始时［图 2-27（a）］，由于施加的厚度边界条件，初始厚度是一个固定的值。随后厚度分布随着拉伸的开始而发生改变。在拉伸初期，膜的右侧比左侧要薄，如图 2-27（b）所示。这是由右侧的拉伸开始得更早导致的。随着斜向拉伸的进行，"bowing" 现象越来越显著，但两侧边缘的薄膜厚度逐渐接近。当薄膜行进到图 2-27（c）对应的位置，两侧的厚度已经基本相同。之后，两侧的厚度对比发生了反转，右侧厚度开始超过

左侧厚度，并一直保持到结束。回顾施加在两侧的边界条件，可推测这种两侧厚度分布的演化过程是由薄膜两侧的异步拉伸造成的。

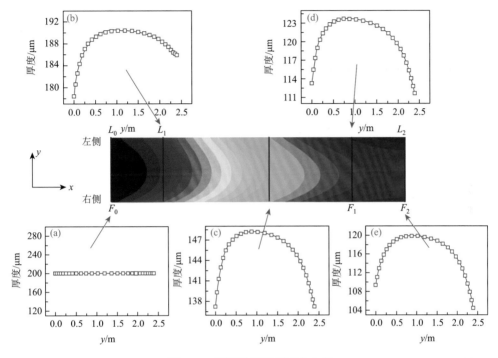

图 2-27　不同位置处厚度分布图

（a）～（e）对应不同 x 位置的厚度截面图

由上述计算结果可以看出，滞后距离 ΔL 是形成斜向拉伸的关键。因此，通过将 ΔL 设置为 0 可以进行对称拉伸测试，对应的模拟结果如图 2-28 所示。与斜向

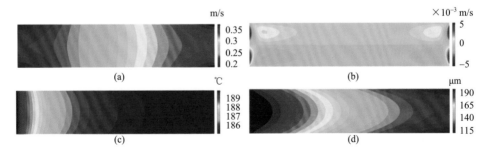

图 2-28　对称拉伸状态下计算结果云图

（a）x 方向速度；（b）y 方向速度；（c）温度分布；（d）厚度分布

拉伸（图 2-26）相比，对称拉伸的云图显示变量的分布上下对称。考虑到其边界条件设置都是对称的，这样的结果是显而易见的。为了进一步探究滞后距离 ΔL 对斜向拉伸薄膜最终厚度分布与厚度均匀性之间的关系，考虑一系列不同的 ΔL 值，其模拟结果如图 2-29 所示。仅从对称拉伸（$\Delta L = 0$）和初始斜向拉伸条件（$\Delta L = 1.44 \mathrm{~m}$）的结果来看，随着 ΔL 的增大，最终薄膜厚度变得更小并且薄膜的厚度均匀性也得到了提升。但是从总的结果来看，ΔL 与薄膜最终厚度和厚度均匀性之间的关系并非简单的线性关系。

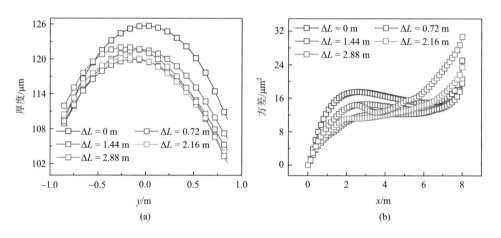

图 2-29 不同 ΔL 条件下终端薄膜厚度分布（a）和对应厚度分布方差（b）

补偿膜等精密光学膜对厚度均匀性有着严格的要求，然而根据图 2-26（d）厚度分布云图的模拟结果来看，只有薄膜中间位置，厚度相对均匀的区域可用。为了扩大斜向拉伸薄膜的可用面积，在实际工业生产中会适当地施加 y 方向（TD）的拉伸，以改善厚度均匀性。因此，这里进行了一系列施加不同程度的 y 方向拉伸的模拟（图 2-30），以探讨其对厚度均匀性的影响。图 2-30 给出了 y 方向速度边界条件分别为 {0, 0.015, 0.03, 0.045, 0.06, 0.075} m/s 下的厚度分布云图。结果表明：薄膜厚度的均匀性受 y 方向拉伸强度的影响。总体来讲，随着 y 方向拉伸强度的提高，末端位置薄膜的厚度逐渐变小。在一定的几何尺寸设置下，施加适当的 y 向拉伸可以显著提高厚度均匀性。为了量化厚度均匀性的差异，明确其演化规律，选择最终薄膜厚度分布和薄膜在宽度方向上的方差作为指标，结果如图 2-31 所示。

从图 2-31（a）可以看出，在末端位置处（$x = 8 \mathrm{~m}$）薄膜的厚度随着 y 方向拉伸的增加而逐渐减小。此外，"bowing"现象也得到了一定程度的缓解。图 2-31（b）绘制了在不同 y 方向速度边界条件下的厚度分布方差图，其中每一个点对应于

图 2-30 中一条曲线的方差。随着拉伸的进行，在初始时方差值迅速增加，然后下降，在最后阶段略有上升。因此，图 2-31（b）的曲线大致可以分为三个阶段（如图中标注可见）。在阶段 I 中，由于左侧应用了固定厚度的边界条件，方差必然随着拉伸的开始而增加。随着 y 方向速度的增大，方差也会显著增大。进入阶段 II 后，随着左侧拉伸的开始，两侧拉伸程度逐渐接近，方差也逐渐减小并趋于均衡。此外，y 方向拉伸的增加可以显著降低前一阶段中增加的方差。最后，在阶段 III 方差显示出重新增加的迹象，这源于右侧拉伸的结束而左侧仍在拉伸。如前所述，薄膜两侧的不同步拉伸改变了厚度分布，影响了薄膜厚度分布的方差。模拟结果表明，在斜向拉伸过程中引入 y 方向拉伸对最终薄膜厚度分布和厚度均匀性都有影响，适当程度的 y 方向拉伸可以改善厚度均匀性，从而提高斜向拉伸薄膜的有效利用率。

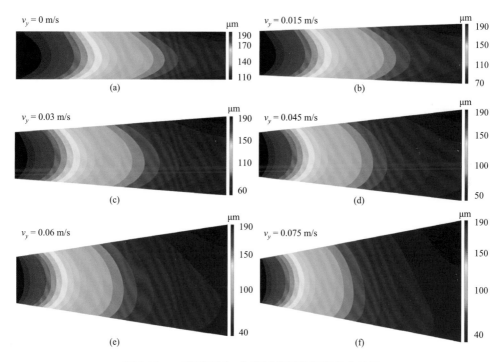

图 2-30　一系列不同 y 加载速度下的厚度分布云图

本小节通过有限元方法对黏弹性高分子薄膜斜向拉伸过程进行了数值模拟，展示了斜向拉伸过程中一些主要场变量（如速度、温度、厚度等）的分布情况与演化规律，进一步探讨了加工条件对薄膜厚度均匀性的影响，为复杂薄膜加工过程的数值模拟奠定了基础，同时也为工业生产取向光学薄膜产品提供了理论参考。

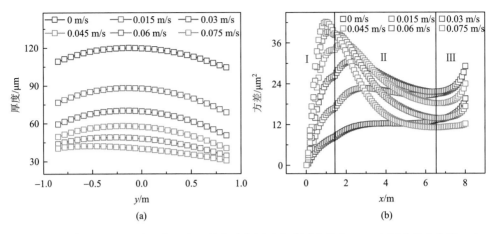

图 2-31　一系列不同 y 方向加载速度下的终端位置处薄膜厚度分布（a）和厚度分布方差（b）

2.4.3　涂布成膜模拟

高分子涂层膜是由高分子溶液涂布于基材上，经固化去除溶剂而制成的。高分子涂层膜的制备方法有很多，如钢带流延法、旋涂法等。其中，钢带流延法是一种应用广泛的制备大面积薄膜材料的方法。该方法用于薄膜生产时，通常的工艺是使高分子溶液经口模流出后在不锈钢钢带上固化成薄膜，其优点是可以获得厚度均匀、平整度和纯净度高、光学性能好的薄膜产品。钢带流延法制备的流延膜的使用性能不仅与成膜高分子的结构有关，而且与高分子溶液的固化成膜过程息息相关。溶剂的扩散过程对溶液的固化成膜起着主导作用。在溶液固化成膜的不同阶段，溶液内各个位置处溶剂的扩散能力不同[81]，溶液内溶剂浓度分布不同，且溶剂最终的残留浓度对流延膜透光度、雾度、硬度、最终结构性能有很大的影响。在涂层膜制备过程中，常采用实验的方法来优化溶剂含量、涂层厚度、烘干温度和时间等重要参数，而对固化过程中溶剂扩散的内在机理及其影响规律仍未解析清楚，因此对溶剂蒸发成膜的物理过程进行数值模拟研究具有重要意义。下面将以三醋酸纤维素酯（TAC）高分子溶液（溶质为 TAC，溶剂为二氯甲烷、甲醇）为实例来介绍利用有限元方法模拟流延蒸发过程，确定在溶剂蒸发过程中不同位置处的浓度、温度的空间分布。

钢带流延生产 TAC 薄膜的示意图如图 2-32 所示。特定配比的 TAC 溶液从口模均匀流出到移动的钢带上，在多外场（温度场、风场）作用下溶剂挥发干燥成膜。TAC 溶液干燥成膜是一个传热传质的过程，传质过程具体为二氯甲烷和甲醇的表面挥发，以及在溶液内部的扩散；传热过程具体为 TAC 溶液与底部钢带的热传导，以及溶液上表面与干燥风的强制对流传热。这一传热传质过程对最终产品的结构和性能有着关键的影响。如果表面干燥速率过快形成表皮，就不利于内部溶剂的蒸发逸出，影响整体成膜质量[82]。

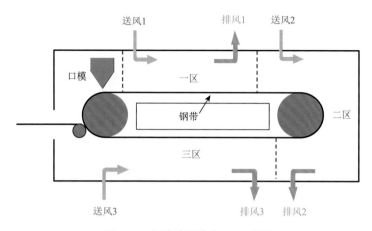

图 2-32　钢带流延生产 TAC 薄膜

研究挥发过程首先需要理解溶液的扩散，利用菲克定律来描述该扩散过程。菲克第一定律假设从高浓度区域往低浓度区域流的通量大小与浓度梯度成正比。通过这个假设，菲克第一定律把扩散通量与浓度联系起来。在一维空间下的菲克定律表述如下：

$$J = -D\frac{\partial \phi}{\partial x} \tag{2-146}$$

其中，J 是"扩散通量"，表示某单位时间内通过某单位面积的物质的量，$mol/(m^2 \cdot s)$；D 是扩散系数；ϕ 是浓度；x 是位置长度。根据斯托克斯-爱因斯坦关系，扩散系数 D 的大小取决于温度、流体的黏度与分子大小，并与扩散分子流动的平均速度成正比。在二维或三维情形下，菲克第一定律可以表示为

$$J = -D\nabla\phi \tag{2-147}$$

对于理想混合物而言，扩散的驱动力就是浓度的梯度。

菲克第二定律描述扩散会如何使得浓度随时间改变，即

$$\frac{\partial \phi}{\partial t} = D\frac{\partial \phi^2}{\partial x^2} \tag{2-148}$$

同样地，对于二维或三维的扩散问题，菲克第二定律表述为

$$\frac{\partial \phi}{\partial t} = D\nabla^2\phi \tag{2-149}$$

考虑所关注区域的几何特征，可以对钢带流延过程进行简化。如图 2-33 所示，从两个平面（y-z、x-z）对 TAC 溶液扩散、挥发、热传导等过程进行有限元模拟，

计算在挥发过程中沿厚度方向上各组分浓度和温度的分布及溶液厚度变化情况。根据菲克扩散定律及 Vrentas-Duda 自由体积理论建立了 TAC 高分子溶液固化过程中的传质模型[83-85]，基于 Galerkin 有限元方法对模型进行求解。利用二维热传导方程求解建模区域的温度分布，并根据涂层厚度与传质系数、界面分压之间的关系，求解任意时刻涂层厚度的变化。

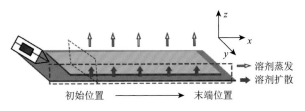

图 2-33　钢带涂布挥发示意图

这里以 y-z 平面为例，给出了挥发过程包含的传热、传质、厚度改变的控制方程。溶剂 i 的质量守恒方程为

$$\frac{\partial \varphi_i}{\partial t} = \sum_{j=1}^{2} D_{ij} \left(\frac{\partial^2 \varphi_j}{\partial y^2} + \frac{\partial^2 \varphi_j}{\partial z^2} \right) \tag{2-150}$$

二维热传导方程为

$$\rho C_p \frac{\partial T}{\partial t} - \left[\frac{\partial}{\partial y} \left(k \frac{\partial T}{\partial y} \right) + \frac{\partial}{\partial z} \left(k \frac{\partial T}{\partial z} \right) \right] = 0 \tag{2-151}$$

聚合物溶液厚度变化如下：

$$\frac{\mathrm{d}e}{\mathrm{d}t} = \sum_{j=1}^{2} -\mathrm{vb}_j \mathrm{k}_j \mathrm{g}(p_j - p_{jb}) \tag{2-152}$$

其中，φ_i 是溶剂 i 的浓度；t 是挥发时间；D_{ij} 是溶剂互扩散系数；ρ 是溶液密度；C_p 是溶液比热容；k 是溶液的导热系数；T 是溶液温度；e 是溶液厚度；vb_j 是溶剂 j 的偏摩尔体积；p_j 和 p_{jb} 分别是溶液上表面处溶剂 j 的平衡分压和空气中溶剂 j 的分压；$\mathrm{k}_j\mathrm{g}$ 是溶剂 j 的传质系数。

在给出控制方程之后，接下来给定该物理模型的边界条件和初始条件。关于该热传导问题施加的边界条件有两种：

（1）聚合物-钢带界面施加如下第一类边界条件（温度边界条件），溶液底部温度始终与钢带温度相同；

$$T\vert_{H=0} = T_{钢带} \tag{2-153}$$

（2）聚合物-气体界面施加对流传热，与计算区域相接触的空气温度 T_f 和对流传热系数 α。对流传热边界条件写为

$$-k\frac{\partial T}{\partial n}\bigg|_{\Gamma} = \alpha(t)[T_{\Gamma} - T_{\mathrm{f}}(t)]|_{\Gamma} \tag{2-154}$$

除了式（2-150）～式（2-152）之外，在聚合物-气体界面（顶部边界）上，基于跳跃式质量平衡，并充分考虑传质速率、薄膜收缩效应和溶剂扩散速率，可以建立如下的质量平衡方程：

$$\left(-\sum_{j=1}^{2} D_{ij}\frac{\partial \varphi_j}{\partial z}\right)\bigg|_{z=H(t)} = \sum_{j=1}^{2} -\varphi_j \mathrm{vb}_j \mathrm{k}_j \mathrm{g}(p_j - p_{jb}) + \mathrm{k}_i \mathrm{g}(p_i - p_{ib}) \tag{2-155}$$

同时，该方程在聚合物-钢带界面上满足边界条件：

$$\left(-\sum_{j=1}^{2} D_{ij}\frac{\partial \varphi_j}{\partial z}\right)\bigg|_{z=0} = 0 \tag{2-156}$$

上界面处溶剂 i 的界面平衡分压给出如下：

$$p_i = \mathrm{pv}_i \cdot \phi_i \cdot \gamma_i \tag{2-157}$$

其中，pv_i 是溶剂 i 的饱和蒸气压；ϕ_i 是组分 i 的体积分数；γ_i 是活性常数。空气中溶剂 j 的分压 p_{jb} 忽略不计。

根据 Vrentas-Duda 自由体积理论[①]，自扩散系数可以通过式（2-158）计算[86, 87]：

$$D_i = D_{0i}(1-\phi_i)^2(1-2\chi\phi_i)\exp\left(-\frac{E_i}{RT}\right)\exp\left[-\left(\omega_1 V_1^* + \omega_2 V_1^*\frac{\xi_{13}}{\xi_{23}} + \omega_3 V_3^*\xi_{13}\right)\bigg/\frac{V_{\mathrm{FH}}}{\gamma}\right] \tag{2-158}$$

其中，空穴自由体积为

$$\frac{V_{\mathrm{FH}}}{\gamma} = \omega_1\frac{K_{11}}{\gamma}(K_{21} - T_{\mathrm{g1}} + T) + \omega_2\frac{K_{12}}{\gamma}(K_{22} - T_{\mathrm{g2}} + T) + \omega_3\frac{K_{13}}{\gamma}(K_{23} - T_{\mathrm{g3}} + T) \tag{2-159}$$

其中，D_{0i} 是指数前因子；χ 是 Flory-Huggins 二元相互作用参数；E_i 是体系扩散所需要的活化能；R 是摩尔气体常数；ω_i 是组分 i 的质量分数；V_i^* 是组分 i 的临界自

---

① 自由体积理论的核心内容是认为混合体系有"孔洞"，孔是开通的，其体积尺度为分子量级。环境温度下降，研究体系体积减小且黏度增大，小分子体系将发生结晶，高分子化合物逐渐形成玻璃态。自由体积理论最早由 Cohen 和 Turnbull 提出，认为液相物质的体积由分子占有体积和自由体积两部组成。自由体积包括间隙自由体积和孔洞自由体积，前者重新分布需要外界提供能量，后者不需要提供，且发生扩散现象主要由于体系空洞自由体积的产生和增大。自由体积理论认为：混合体系发生扩散需要满足两个条件：第一，扩散分子周围需要有足够大的空洞；第二，扩散分子获得足够的能量以使其克服邻近分子之间的引力。这两个条件同时满足，混合体系才有可能发生扩散现象。

由体积；ξ_{ij} 是组分 i 和组分 j 跃迁单元摩尔体积的比值；V_{FH}/γ 是体系的空穴自由体积；K_{1i} 和 K_{2i} 是自由体积参数；T_{gi} 是组分 i 的玻璃化转变温度。

在多组分体系中，溶剂在某一位置的通量不仅取决于其浓度梯度，而且还取决于其他组分的浓度梯度。溶剂的扩散系数与其自身浓度梯度相结合称为主项系数，与其他溶剂的浓度梯度相结合的扩散系数称为交叉项系数，主项系数和交叉项系数统称为互扩散系数。对于两种溶剂体系，需要四个扩散系数来描述每个组分的扩散和热力学相互作用，这是由 Alsoy 和 Duda 提出的[85]。式（2-160）中 D_i 和 μ_i 分别是溶剂 i 的自扩散系数和化学势：

$$
\begin{aligned}
D_{11} &= D_1 \frac{\varphi_1}{\mathrm{vb}_1}(1-\varphi_1)\frac{1}{RT}\frac{\partial \mu_1}{\partial \rho_1} - D_2 \frac{\varphi_1}{\mathrm{vb}_1}\varphi_2 \frac{1}{RT}\frac{\partial \mu_2}{\partial \rho_1} \\
D_{12} &= D_1 \frac{\varphi_1}{\mathrm{vb}_1}(1-\varphi_1)\frac{1}{RT}\frac{\partial \mu_1}{\partial \rho_2} - D_2 \frac{\varphi_1}{\mathrm{vb}_1}\varphi_2 \frac{1}{RT}\frac{\partial \mu_2}{\partial \rho_2} \\
D_{21} &= D_2 \frac{\varphi_2}{\mathrm{vb}_2}(1-\varphi_2)\frac{1}{RT}\frac{\partial \mu_2}{\partial \rho_1} - D_1 \frac{\varphi_2}{\mathrm{vb}_2}\varphi_1 \frac{1}{RT}\frac{\partial \mu_1}{\partial \rho_1} \\
D_{22} &= D_2 \frac{\varphi_2}{\mathrm{vb}_2}(1-\varphi_2)\frac{1}{RT}\frac{\partial \mu_2}{\partial \rho_2} - D_1 \frac{\varphi_2}{\mathrm{vb}_2}\varphi_1 \frac{1}{RT}\frac{\partial \mu_1}{\partial \rho_2}
\end{aligned}
\tag{2-160}
$$

TAC 溶液各组分初始浓度设置如下：TAC 的浓度为 0.2 g/cm³；二氯甲烷的浓度为 0.76 g/cm³；甲醇的浓度为 0.04 g/cm³。溶液密度为 1.1 g/cm³，溶液内部的导热系数为 2 W/(m²·K)，溶液与外界空气的强制对流传热系数设为 10 W/(m²·K)，溶液上方干燥风温为 353 K，溶液初始温度和钢带的温度都为 370 K，挥发过程中溶液底部温度始终等于钢带的温度。

对于 y-z 平面建模，假设沿 y 方向上各时刻挥发条件相同，并考虑 y-z 平面尺寸为 0.01 m×0.01 m 的正方形区域（横轴为钢带移动方向，纵轴为 TAC 溶液厚度方向）。采用四边形二次单元对该区域进行网格离散。有限元计算实现如下，首先对待求变量进行插值，单元内任意位置的温度、浓度、厚度表示为节点数据与插值函数的乘积，表达式为

$$
\begin{aligned}
\varphi_1 = \sum_{i=1}^{9} \varphi_{1i} N_i^* = \boldsymbol{N}^{*\mathrm{T}} \boldsymbol{\varphi}_{1l}^{E}, \quad &\varphi_2 = \sum_{i=1}^{9} \varphi_{2i} N_i^* = \boldsymbol{N}^{*\mathrm{T}} \boldsymbol{\varphi}_{2l}^{E}, \\
T = \sum_{i=1}^{9} T_i N_i^* = \boldsymbol{N}^{*\mathrm{T}} \boldsymbol{T}_l^{E}, \quad &e = \sum_{i=1}^{9} e_i N_i^* = \boldsymbol{N}^{*\mathrm{T}} \boldsymbol{e}_l^{E}
\end{aligned}
\tag{2-161}
$$

其中，$\boldsymbol{\varphi}_{1l}^{E}$ 是单元内各节点二氯甲烷浓度组成的向量；$\boldsymbol{\varphi}_{2l}^{E}$ 是单元内各节点甲醇浓度组成的向量；$\boldsymbol{T}_l^{E}$ 是单元内各节点温度组成的向量；$\boldsymbol{e}_l^{E}$ 是单元内各节点厚度组成的向量。插值函数 $\boldsymbol{N}^*$ 的表达式参考式（2-90）。

采用 Galerkin 有限元方法,其权函数与插值函数一致,将式(2-150)、式(2-151)、式(2-152)与权函数相乘,在计算区域内积分,则得到

$$
\begin{bmatrix}
\boldsymbol{K}_{\varphi_1\varphi_1} & \boldsymbol{K}_{\varphi_1\varphi_2} & 0 & 0 \\
\boldsymbol{K}_{\varphi_2\varphi_1} & \boldsymbol{K}_{\varphi_2\varphi_2} & 0 & 0 \\
0 & 0 & \boldsymbol{K}_{TT} & 0 \\
0 & 0 & 0 & \boldsymbol{K}_{ee}
\end{bmatrix}
\begin{Bmatrix}
\Delta\varphi_1 \\
\Delta\varphi_2 \\
\Delta T \\
\Delta e
\end{Bmatrix}
=
\begin{Bmatrix}
\boldsymbol{R}_{\varphi_1} \\
\boldsymbol{R}_{\varphi_2} \\
\boldsymbol{R}_T \\
\boldsymbol{R}_e
\end{Bmatrix}
\tag{2-162}
$$

其中的子矩阵和残差的具体表达式为

$$
\begin{cases}
\boldsymbol{K}_{\varphi_1\varphi_1} = \iint_\Omega \boldsymbol{N}^* \boldsymbol{N}^{*\mathrm{T}} \mathrm{d}y\mathrm{d}z + \Delta t\theta D_{11}\left(\iint_\Omega \dfrac{\partial \boldsymbol{N}^*}{\partial y}\dfrac{\partial \boldsymbol{N}^{*\mathrm{T}}}{\partial y}\mathrm{d}y\mathrm{d}z + \iint_\Omega \dfrac{\partial \boldsymbol{N}^*}{\partial z}\dfrac{\partial \boldsymbol{N}^{*\mathrm{T}}}{\partial z}\mathrm{d}y\mathrm{d}z\right) \\[3mm]
\boldsymbol{K}_{\varphi_1\varphi_2} = \Delta t\theta D_{12}\left(\iint_\Omega \dfrac{\partial \boldsymbol{N}^*}{\partial y}\dfrac{\partial \boldsymbol{N}^{*\mathrm{T}}}{\partial y}\mathrm{d}y\mathrm{d}z + \iint_\Omega \dfrac{\partial \boldsymbol{N}^*}{\partial z}\dfrac{\partial \boldsymbol{N}^{*\mathrm{T}}}{\partial z}\mathrm{d}y\mathrm{d}z\right) \\[3mm]
\boldsymbol{K}_{\varphi_2\varphi_1} = \Delta t\theta D_{21}\left(\iint_\Omega \dfrac{\partial \boldsymbol{N}^*}{\partial y}\dfrac{\partial \boldsymbol{N}^{*\mathrm{T}}}{\partial y}\mathrm{d}y\mathrm{d}z + \iint_\Omega \dfrac{\partial \boldsymbol{N}^*}{\partial z}\dfrac{\partial \boldsymbol{N}^{*\mathrm{T}}}{\partial z}\mathrm{d}y\mathrm{d}z\right) \\[3mm]
\boldsymbol{K}_{\varphi_2\varphi_2} = \iint_\Omega \boldsymbol{N}^* \boldsymbol{N}^{*\mathrm{T}} \mathrm{d}y\mathrm{d}z + \Delta t\theta D_{22}\left(\iint_\Omega \dfrac{\partial \boldsymbol{N}^*}{\partial y}\dfrac{\partial \boldsymbol{N}^{*\mathrm{T}}}{\partial y}\mathrm{d}y\mathrm{d}z + \iint_\Omega \dfrac{\partial \boldsymbol{N}^*}{\partial z}\dfrac{\partial \boldsymbol{N}^{*\mathrm{T}}}{\partial z}\mathrm{d}y\mathrm{d}z\right) \\[3mm]
\boldsymbol{K}_{TT} = \rho C_p \iint_\Omega \boldsymbol{N}^* \boldsymbol{N}^{*\mathrm{T}} \mathrm{d}y\mathrm{d}z + \Delta t\theta\left(k\iint_\Omega \dfrac{\partial \boldsymbol{N}^*}{\partial y}\dfrac{\partial \boldsymbol{N}^{*\mathrm{T}}}{\partial y}\mathrm{d}y\mathrm{d}z + k\iint_\Omega \dfrac{\partial \boldsymbol{N}^*}{\partial z}\dfrac{\partial \boldsymbol{N}^{*\mathrm{T}}}{\partial z}\mathrm{d}y\mathrm{d}z\right) \\[3mm]
\boldsymbol{K}_{ee} = \iint_\Omega \boldsymbol{N}^* \boldsymbol{N}^{*\mathrm{T}} \mathrm{d}y\mathrm{d}z
\end{cases}
\tag{2-163}
$$

$$
\begin{aligned}
\boldsymbol{R}_{\varphi_1} =& \iint_\Omega \boldsymbol{N}^* \frac{\partial \varphi_1}{\partial t}\mathrm{d}y\mathrm{d}z + D_{11}\iint_\Omega \frac{\partial \boldsymbol{N}^*}{\partial y}\frac{\partial \varphi_1}{\partial y}\mathrm{d}y\mathrm{d}z + D_{11}\iint_\Omega \frac{\partial \boldsymbol{N}^*}{\partial z}\frac{\partial \varphi_1}{\partial z}\mathrm{d}y\mathrm{d}z \\
&+ D_{12}\iint_\Omega \frac{\partial \boldsymbol{N}^*}{\partial y}\frac{\partial \varphi_2}{\partial y}\mathrm{d}y\mathrm{d}z + D_{12}\iint_\Omega \frac{\partial \boldsymbol{N}^*}{\partial z}\frac{\partial \varphi_2}{\partial z}\mathrm{d}y\mathrm{d}z \\
&- \iint_{\partial\Omega} \boldsymbol{N}^*\left(D_{11}\frac{\partial \varphi_1}{\partial n} + D_{12}\frac{\partial \varphi_2}{\partial n}\right)\mathrm{d}\partial\Omega
\end{aligned}
\tag{2-164}
$$

$$
\begin{aligned}
\boldsymbol{R}_{\varphi_2} =& \iint_\Omega \boldsymbol{N}^* \frac{\partial \varphi_2}{\partial t}\mathrm{d}y\mathrm{d}z + D_{21}\iint_\Omega \frac{\partial \boldsymbol{N}^*}{\partial y}\frac{\partial \varphi_1}{\partial y}\mathrm{d}y\mathrm{d}z + D_{21}\iint_\Omega \frac{\partial \boldsymbol{N}^*}{\partial z}\frac{\partial \varphi_1}{\partial z}\mathrm{d}y\mathrm{d}z \\
&+ D_{22}\iint_\Omega \frac{\partial \boldsymbol{N}^*}{\partial y}\frac{\partial \varphi_2}{\partial y}\mathrm{d}y\mathrm{d}z + D_{22}\iint_\Omega \frac{\partial \boldsymbol{N}^*}{\partial z}\frac{\partial \varphi_2}{\partial z}\mathrm{d}y\mathrm{d}z \\
&- \iint_{\partial\Omega} \boldsymbol{N}^*\left(D_{21}\frac{\partial \varphi_1}{\partial n} + D_{22}\frac{\partial \varphi_2}{\partial n}\right)\mathrm{d}\partial\Omega
\end{aligned}
$$

$$R_T = \iint_\Omega N^* \left[\rho C_p \frac{\partial T}{\partial t} - \frac{\partial}{\partial y}\left(k \frac{\partial T}{\partial y} \right) - \frac{\partial}{\partial z}\left(k \frac{\partial T}{\partial z} \right) \right] \mathrm{d}y\mathrm{d}z$$

$$R_e = \iint_\Omega N^* \left[\frac{\mathrm{d}e}{\mathrm{d}t} - (-vb_1 \cdot p_{1i} \cdot k_1 g - vb_2 \cdot p_{2i} \cdot k_2 g) \right] \mathrm{d}y\mathrm{d}z$$

根据编写的 MATLAB 程序计算随着溶剂的蒸发沿着厚度（y-z 平面）方向上 TAC 的浓度分布。图 2-34 展示了四个不同时间的 TAC 浓度分布，由于两种溶剂的蒸发，计算区域内的 TAC 浓度一直在增加，顶部的 TAC 浓度最高。在实际的涂布加工中，由于表面 TAC 浓度较高会形成表皮，从而减慢溶剂的进一步蒸发速度。不过，目前的模拟暂未考虑表面结皮的影响。

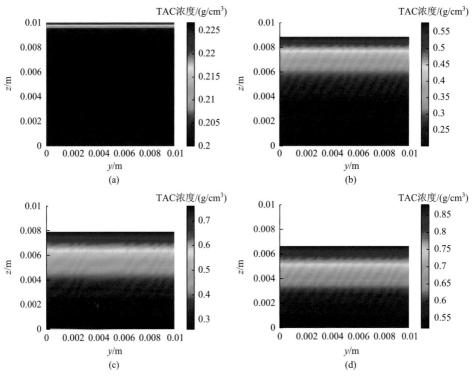

图 2-34　不同时刻下 TAC 在 y-z 平面的浓度分布

（a）$t = 0.1\,\mathrm{s}$；（b）$t = 10\,\mathrm{s}$；（c）$t = 20\,\mathrm{s}$；（d）$t = 40\,\mathrm{s}$

此外，图 2-35 展示了 TAC 的浓度和温度沿钢带（x-z）方向上的分布。横坐标为计算时间与钢带移动速度的乘积，即溶液的涂布距离，纵坐标为 TAC 溶液的厚度。图 2-35（a）为沿钢带方向 TAC 的浓度分布，初始时刻 TAC 浓度为 $0.2\,\mathrm{g/cm}^3$，随着两种溶剂的蒸发，溶液的厚度逐渐减小，初始均匀分布的 TAC

浓度逐渐增大，在溶液厚度方向上呈现梯度分布（表面浓度大，底部浓度小），40 s 后涂层表面 TAC 浓度达到 0.8 g/cm³。图 2-35（b）为钢带上 TAC 溶液的温度分布。干燥风的速度和温度影响溶剂的传质系数进而影响溶剂蒸发速度，根据溶液的比热容、密度、传质系数和传热系数，即可得出溶液沿厚度方向上的温度分布。溶液蒸发是一个吸热过程，溶液整体的温度降低，由于溶液底部和钢带直接接触，溶液底部温度恒等于钢带的温度，溶液内部出现温度梯度，热量由溶液底部传导到溶液顶部。

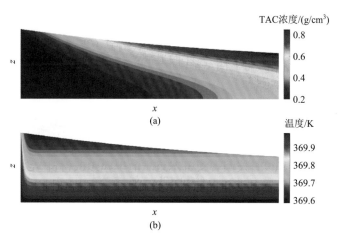

图 2-35　TAC 溶液在钢带平面（x-z）的浓度分布（a）和温度分布（b）

通过将干燥区间分为多个干燥区域，调整各区域的温度分布可以降低溶液厚度方向的梯度，抑制表面过快结膜现象[88]。在实际工业生产中关于 TAC 的固化成膜就是采用多区域段干燥来提高整体的成膜质量。

通过有限元方法对聚合物溶液蒸发成膜过程进行模拟，利用建立的固化模型预测了 TAC 溶液在钢带上的浓度和温度分布，揭示了固化成膜过程中溶剂扩散和成膜机理，为溶剂扩散过程中的研究和控制提供理论基础，为工业生产涂层产品提供参考。

参 考 文 献

[1]　Wang S Q. Nonlinear Polymer Rheology：Macroscopic Phenomenology and Molecular Foundation. New York：John Wiley & Sons，2018.

[2]　Oden J T. Finite Elements of Nonlinear Continua. New York：McGraw-Hill，1972.

[3]　Belytschko T，Liu W K，Moran B，et al. Nonlinear Finite Elements for Continua and Structures. New York：John

Wiley & Sons，2014.

[4] Anderson J D，Wendt J. Computational Fluid Dynamics. New York：McGraw-Hill，1995.

[5] Brooks A N，Hughes T J. Streamline upwind/Petrov-Galerkin formulations for convection dominated flows with particular emphasis on the incompressible Navier-Stokes equations. Computer Methods in Applied Mechanics and Engineering，1982，32：199-259.

[6] Hatzikiriakos S G，Migler K B. Polymer Processing Instabilities：Control and Understanding. New York：Marcel Dekker，2005.

[7] 吴其晔，巫静安. 高分子材料流变学. 北京：高等教育出版社，2002.

[8] Barnes H A，Hutton J F，Walters K. An Introduction to Rheology. Amsterdam：Elsevier，1989.

[9] Ostwald W. About the rate function of the viscosity of dispersed systems. Kolloid-Zeitschrift，1925，36：99-117.

[10] Carreau P J，MacDonald I F，Bird R B. A nonlinear viscoelastic model for polymer solutions and melts：Ⅱ. Chemical Engineering Science，1968，23：901-911.

[11] Bingham E. An investigation of the laws of plastic flow. US Bureau of Standards Bulletin，1916，13：309-353.

[12] Cross M M. Rheology of non-Newtonian fluids：a new flow equation for pseudoplastic systems. Journal of Colloid Science，1965，20：417-437.

[13] Waele A D. The manifestation of interfacial forces in dispersed systems. Journal of the American Chemical Society，1926，48：2760-2776.

[14] Yasuda K，Armstrong R，Cohen R. Shear flow properties of concentrated solutions of linear and star branched polystyrenes. Rheologica Acta，1981，20：163-178.

[15] Williams M L，Landel R F，Ferry J D. The temperature dependence of relaxation mechanisms in amorphous polymers and other glass-forming liquids. Journal of the American Chemical Society，1955，77（14）：3701-3707.

[16] Lomellini P. Williams-Landel-Ferry versus Arrhenius behaviour：polystyrene melt viscoelasticity revised. Polymer，1992，33（23）：4983-4989.

[17] Owens R G，Phillips T N. Computational Rheology. London：Imperial College Press，2002.

[18] Bird R B，Armstrong R C，Hassager O. Dynamics of polymeric liquids. Vol. 1：Fluid Mechanics. New York：John Wiley & Sons，1987.

[19] Oldroyd J G. On the formulation of rheological equations of state. Proceedings of the Royal Society of London，Series A：Mathematical Physical Sciences，1950，200：523-541.

[20] White J，Metzner A. Development of constitutive equations for polymeric melts and solutions. Journal of Applied Polymer Science，1963，7：1867-1889.

[21] Phan-Thien N，Tanner R I. A new constitutive equation derived from network theory. Journal of Non-Newtonian Fluid Mechanics，1977，2：353-365.

[22] Phan-Thien N. A nonlinear network viscoelastic model. Journal of Rheology，1978，22：259-283.

[23] Giesekus H. A simple constitutive equation for polymer fluids based on the concept of deformation-dependent tensorial mobility. Journal of Non-Newtonian Fluid Mechanics，1982，11：69-109.

[24] Bird R，Dotson P，Johnson N. Polymer solution rheology based on a finitely extensible bead-spring chain model. Journal of Non-Newtonian Fluid Mechanics，1980，7：213-235.

[25] McLeish T C B，Larson R. Molecular constitutive equations for a class of branched polymers：the Pom-Pom polymer. Journal of Rheology，1998，42：81-110.

[26] McLeish T C B. Tube theory of entangled polymer dynamics. Advances in Physics，2002，51（6）：1379-1527.

[27] Verbeeten W M H，Peters G W M，Baaijens F P T. Differential constitutive equations for polymer melts：the

extended Pom-Pom model. Journal of Rheology，2001，45：823-843.

[28] Clemeur N，Rutgers R，Debbaut B. Numerical simulation of abrupt contraction flows using the Double Convected Pom-Pom model. Journal of Non-Newtonian Fluid Mechanics，2004，117：193-209.

[29] Clemeur N，Debbaut B. A pragmatic approach for deriving constitutive equations endowed with Pom-Pom attributes. Rheologica Acta，2007，46：1187-1196.

[30] Papanastasiou A，Scriven L，Macosko C. An integral constitutive equation for mixed flows：viscoelastic characterization. Journal of Rheology，1983，27：387-410.

[31] de Gennes P G. Scaling Concepts in Polymer Physics. Ithaca：Cornell University Press，1979.

[32] Doi M，Edwards S F. The Theory of Polymer Dynamics. Oxford：Oxford University Press，1988.

[33] Hulsen M A，Fattal R，Kupferman R. Flow of viscoelastic fluids past a cylinder at high Weissenberg number：stabilized simulations using matrix logarithms. Journal of Non-Newtonian Fluid Mechanics，2005，127：27-39.

[34] Favero J，Secchi A，Cardozo N，et al. Viscoelastic flow analysis using the software OpenFOAM and differential constitutive equations. Journal of Non-Newtonian Fluid Mechanics，2010，165：1625-1636.

[35] Baaijens F P. Mixed finite element methods for viscoelastic flow analysis：a review. Journal of Non-Newtonian Fluid Mechanics，1998，79：361-385.

[36] 罗振东. 混合有限元法基础及其应用. 北京：科学出版社，2006.

[37] 王勖成. 有限单元法. 北京：清华大学出版社，2003.

[38] 毕超. 计算流体力学有限元方法及其编程详解. 北京：机械工业出版社，2013.

[39] Rajagopalan D，Armstrong R C，Brown R A. Calculation of steady viscoelastic flow using a multimode Maxwell model：application of the explicitly elliptic momentum equation（EEME）formulation. Journal of Non-Newtonian Fluid Mechanics，1990，36：135-157.

[40] Guénette R，Fortin M. A new mixed finite element method for computing viscoelastic flows. Journal of Non-Newtonian Fluid Mechanics，1995，60（1）：27-52.

[41] Hughes T J R. Recent progress in the development and understanding of SUPG methods with special reference to the compressible Euler and Navier-Stokes equations. International journal for numerical methods in fluids，1987，7（11）：1261-1275.

[42] Marchal J M，Crochet M J. A new mixed finite element for calculating viscoelastic flow. Journal of Non-Newtonian Fluid Mechanics，1987，26：77-114.

[43] Fortin M，Fortin A. A new approach for the FEM simulation of viscoelastic flows. Journal of Non-Newtonian Fluid Mechanics，1989，32：295-310.

[44] Oldroyd J G. On the formulation of rheological equations of state. Proceedings of the Royal Society of London，Series A：Mathematical and Physical Sciences，1950，200（1063）：523-541.

[45] Sollogoub C，Demay Y，Agassant J F. Cast film problem：a non isothermal investigation. International Polymer Processing，2003，18（1）：80-86.

[46] Sollogoub C，Demay Y，Agassant J F. Non-isothermal viscoelastic numerical model of the cast-film process. Journal of Non-Newtonian Fluid Mechanics，2006，138：76-86.

[47] Smith S，Stolle D. Nonisothermal two-dimensional film casting of a viscous polymer. Polymer Engineering & Science，2000，40（8）：1870-1877.

[48] Barq P，Haudin J M，Agassant J F，et al. Instability phenomena in film casting process. International Polymer Processing，1990，5（4）：264-271.

[49] Beaulne M，Mitsoulis E. Numerical simulation of the film casting process. International Polymer Processing，

1999，14（3）：261-275.

[50] Silagy D，Demay Y，Agassant J F. Numerical simulation of the film casting process. International Journal for Numerical Methods in Fluids，1999，30（1）：1-18.

[51] Ito H，Doi M，Isaki T，et al. A model of neck-in phenomenon in film casting process. Journal of the Society of Rheology Japan，2003，31（3）：157-163.

[52] Smith S，Stolle D. Numerical simulation of film casting using an updated lagrangian finite element algorithm. Polymer Engineering & Science，2003，43：1105-1122.

[53] Hagen T. On the membrane approximation in isothermal film casting. Zeitschrift für Angewandte Mathematik und Physik，2014，65：729-745.

[54] Shiromoto S. The mechanism of neck-in phenomenon in film casting process. International Polymer Processing，2014，29：197-206.

[55] Tian F，Tang X，Xu T，et al. Nonlinear stability and dynamics of nonisothermal film casting. Journal of Rheology，2018，62：49-61.

[56] Dobroth T，Erwin L. Causes of edge beads in cast films. Polymer Engineering & Science，1986，26：462-467.

[57] Jung H W，Lee J S，Hyun J C. Sensitivity analysis of melt spinning process by frequency response. Korea-Australia Rheology Journal，2002，14：57-62.

[58] Kim B M，Hyun J C，Oh J S，et al. Kinematic waves in the isothermal melt spinning of Newtonian fluids. AIChe Journal，1996，42：3164-3169.

[59] Lee J S，Jung H W，Kim S H，et al. Effect of fluid viscoelasticity on the draw resonance dynamics of melt spinning. Journal of Non-Newtonian Fluid Mechanics，2001，99：159-166.

[60] van der Walt C，Hulsen M A，Bogaerds A C B，et al. Stability of fiber spinning under filament pull-out conditions. Journal of Non-Newtonian Fluid Mechanics，2012，175：25-37.

[61] Fleissner M. Elongational flow of HDPE samples and bubble instability in film blowing. International Polymer Processing，1988，2：229-233.

[62] Laffargue J，Parent L，Lafleur P G，et al. Investigation of bubble instabilities in film blowing process. International Polymer Processing，2002，17：347-353.

[63] Lee J S，Jung H W，Song H S，et al. Kinematic waves and draw resonance in film casting process. Journal of Non-Newtonian Fluid Mechanics，2001，101：43-54.

[64] Lee J S，Jung H W，Hyun J C. Stabilization of film casting by an encapsulation extrusion method. Journal of Non-Newtonian Fluid Mechanics，2004，117：109-115.

[65] Kwon I，Jung H W，Hyun J C. Stability windows for draw resonance instability in two-dimensional Newtonian and viscoelastic film casting processes by transient frequency response method. Journal of Non-Newtonian Fluid Mechanics，2017，240：34-43.

[66] Kim J M，Lee J S，Shin D M，et al. Transient solutions of the dynamics of film casting process using a 2-D viscoelastic model. Journal of Non-Newtonian Fluid Mechanics，2005，132：53-60.

[67] Manero O，Bautista F，Soltero J F A，et al. Dynamics of worm-like micelles：the Cox-Merz rule. Journal of Non-Newtonian Fluid Mechanics，2002，106：1-15.

[68] Zavinska O，Claracq J，van Eijndhoven S. Non-isothermal film casting：determination of draw resonance. Journal of Non-Newtonian Fluid Mechanics，2008，151：21-29.

[69] Lee J S，Shin D M，Jung H W，et al. Transient solutions of the dynamics in low-speed fiber spinning process accompanied by flow-induced crystallization. Journal of Non-Newtonian Fluid Mechanics，2005，130：110-116.

[70] Walters K，Webster M F. The distinctive CFD challenges of computational rheology. International Journal for Numerical Methods in Fluids，2003，43：577-596.

[71] Béraudo C，Fortin A，Coupez T，et al. A finite element method for computing the flow of multi-mode viscoelastic fluids：comparison with experiments. Journal of Non-Newtonian Fluid Mechanics，1998，75：1-23.

[72] Silagy D，Demay Y，Agassant J F. Study of the stability of the firm casting process. Polymer Engineering & Science，1996，36：2614-2625.

[73] D'Halewyu S，Agassant J F，Demay Y. Numerical simulation of the cast film process. Polymer Engineering & Science，1990，30：335-340.

[74] 田富成. 连续体损伤断裂与动力学失稳的数值研究. 合肥：中国科学技术大学，2020.

[75] Shin D M，Lee J S，Kim J M，et al. Transient and steady-state solutions of 2D viscoelastic nonisothermal simulation model of film casting process via finite element method. Journal of Rheology，2007，51：393-407.

[76] Silagy D，Demay Y，Agassant J F. Stationary and stability analysis of the film casting process. Journal of Non-Newtonian Fluid Mechanics，1998，79：563-583.

[77] PisLopez M E，Co A. Multilayer film casting of modified Giesekus fluids. 2. Linear stability analysis. Journal of Non-Newtonian Fluid Mechanics，1996，66：95-114.

[78] Wang S，Makinouchi A，Okamoto M，et al. Viscoplastic modeling of ABS material under high-strain-rate uniaxial elongational deformation. Journal of Materials Science，1999，34：5871-5878.

[79] Motohiro I，Takashi S，Sato T. Method for producing long obliquely stretched film：8208105. 2012-06-26.

[80] Yamada T，Nonomura C. An attempt to simulate the bowing phenomenon in tenter with simple models. Journal of Applied Polymer Science，1993，48：1399-1408.

[81] Hansen C M. Measurement of concentration-dependent diffusion coefficients. Exponential case. Industrial & Engineering Chemistry Fundamentals，1967，6（4）：609-614.

[82] Wong S S，Altinkaya S A，Mallapragada S K. Understanding the effect of skin formation on the removal of solvents from semicrystalline polymers. Journal of Polymer Science，Part B：Polymer Physics，2005，43：3191-3204.

[83] Wong S S，Altinkaya S A，Mallapragada S K. Drying of semicrystalline polymers：mathematical modeling and experimental characterization of poly(vinyl alcohol) films. Polymer，2004，45：5151-5161.

[84] Arya R K. Finite element solution of coupled-partial differential and ordinary equations in multicomponent polymeric coatings. Computers & Chemical Engineering，2013，50：152-183.

[85] Alsoy S，Duda J L. Modeling of multicomponent drying of polymer films. AIChe Journal，1999，45：896-905.

[86] Vrentas J，Duda J，Ling H C，et al. Free-volume theories for self-diffusion in polymer-solvent systems. II. Predictive capabilities. Journal of Polymer Science：Polymer Physics Edition，1985，23：289-304.

[87] Hong S U. Prediction of polymer/solvent diffusion behavior using free-volume theory. Industrial & Engineering Chemistry Research，1995，34：2536-2544.

[88] Wong S S，Altinkaya S A，Mallapragada S K. Multi-zone drying schemes for lowering the residual solvent content during multi-component drying of semicrystalline polymers. Drying Technology，2007，25：985-992.

第3章

流动场诱导高分子结晶

　　常见的高分子薄膜材料主要是半晶高分子，如聚乙烯（PE）、等规聚丙烯（iPP）、聚对苯二甲酸乙二醇酯（PET）、聚酰胺（PA）、聚乙烯醇（PVA）、三醋酸纤维素酯（TAC）等。半晶高分子在吹膜、流延和双拉等薄膜加工过程中，先熔融或溶解，再经口模挤出，最后在拉伸过程中冷却固化成型。这一过程除了涉及第 2 章中介绍的加工流变，还包括流动场诱导高分子结晶和相分离等科学问题。

　　高分子结晶是高分子科学和工业界研究的核心问题，虽然经过近一个世纪的努力，至今仍缺乏一个广为接受的高分子结晶理论。2017 年，*Macromolecules* 期刊前主编 Lodge 教授在庆祝 *Macromolecules* 创刊 50 周年时发文，将高分子结晶理论列为当前高分子科学的十大挑战之一[1]。高分子特有的长链结构和链柔顺性，赋予其很多区别于小分子的物理特性和相行为，如流变、结晶等。长链结构对应多尺度松弛时间，链柔顺性赋予其构象转变能力。在流动场作用下，高分子链可发生构象有序、取向和伸展等结构转变，进而降低成核位垒，加速晶体成核。在流动场诱导结晶的实验和计算机模拟研究中，除了观察到加速结晶，还观察到区别于静态结晶获得的晶体形态和晶型，以及预有序结构和中间相的出现。这些结构的演化动力学和最终形态结构将决定高分子制品的力、热、光、电等性能。因此，构建包含高分子长链结构和链柔顺性，并能定量解释流动场诱导结晶过程的高分子结晶理论，既是高分子领域的科学挑战，也是高分子薄膜等工业的迫切需要。

　　本章将从经典成核理论出发，首先简要介绍高分子静态结晶（3.1 节）和流动场诱导结晶（3.2 节）的研究背景。然后在 3.3 节和 3.4 节介绍两个广为接受的流动场诱导结晶模型：解释晶体形态转变的分子模型（串晶生成机理，3.3 节）和解释加速结晶动力学的热力学模型（3.4 节）。另外，这两节也将重点介绍本书作者团队在这两方面所做的研究与思考，尤其是所提出的既能说明流动场加速结晶、改变晶体形态和结构，又能解释中间态的流动场诱导结晶热力学模型。3.5～3.7 节介绍流动场诱导高分子结晶领域现存的挑战及本书作者团队的相关研究进展。其中，3.5节聚焦预有序结构和中间相，基于实验证据讨论高分子结晶的多步有序过程。3.6节介绍流动场诱导结晶的非平衡特点和非平衡相图构建，以及多维流动场诱导晶体三维取向，为高分子材料精准加工和服役提供路线图。3.7节讨论高分子的两个特性，即链柔顺性和连接性对结晶的影响。

3.1　高分子静态结晶基础

高分子从过冷熔体或者缠结溶液中结晶，通常生成球晶。例如，图 3-1 中给出的 iPP 在 132℃下，由质量比为 50∶50 的 iPP 与聚丁烯-1（PB-1）共混体系中生成球晶的光学显微镜照片。高分子晶体具有双折射性，通常采用偏光显微镜跟踪高分子球晶的生长过程，但也可采用相差显微镜或者非偏光显微镜。针对共混体系，相差显微镜具有独特的优势。

图 3-1　iPP 在 132℃下由质量比为 50∶50 的 iPP 与 PB-1 共混体系中静态结晶的光学显微镜照片

（a）～（c）相差显微镜结果；（d）～（f）偏光显微镜结果

高分子球晶由片晶层和无定形层构成，片晶的厚度在几纳米到几十纳米之间，侧向尺寸在几十纳米到微米量级。单个片晶层可由稀溶液缓慢结晶得到，图 3-2（a）

给出了溶液生长的 PE 单晶[2]。在流动场作用下会生成取向片晶，图 3-2（b）给出了流动场作用下熔体生长的 iPP 取向片晶。

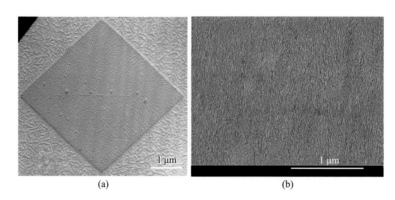

图 3-2 溶液生长的 PE 单晶[2]（a）和熔体生长的 iPP 取向片晶（b）的扫描电子显微镜照片

高分子结晶过程可以分为成核和生长两步。鉴于空间分辨率限制，光学显微镜一般只能观察到球晶的生长过程。高分子晶体临界核的尺寸一般在几纳米，且成核是在热涨落等驱动下的随机过程。因此，即便采用空间分辨率更高的电子显微镜或原子力显微镜，也很难观察到成核过程。近期，单分子原子级空间分辨的原位电子显微镜实现了对小分子晶体成核的追踪[3]。然而，目前实验上仍难以观察到高分子成核，而更多采用分子动力学模拟来实现对高分子晶体成核的追踪。

3.1.1　经典成核理论

成核不仅是结晶的第一步，晶体生长也可看成表面成核过程。因此，理解成核是认识结晶的关键。虽然面临很多质疑，经典成核理论（classical nucleation theory，CNT）仍是目前接受度最高的成核理论。CNT 可以从热力学和动力学两方面来进行分类。最早的热力学描述始于 19 世纪 70 年代 Gibbs 提出的热力学涨落理论，成核的热力学驱动力是液体和固体之间的自由能差[4]。随后，Volmer 和 Weber[5]提出了从动力学方向理解成核；Farkas[6]，Volmer[7]，Becker 和 Döring[8]，Frenkel[9]，Turnbull 和 Fisher[10]等从动力学方向进一步发展了 CNT。CNT 为结晶现象提供了很好的理论框架。基于合理假设，CNT 成功地预测了许多体系的成核速率。本小节将简要介绍 CNT。

CNT 的一个关键假设是毛细管近似（capillary approximation），即假定晶核的宏观性质（密度、组成、结构）与晶体相同，固体晶核与液体之间的密度不存在过渡，而是突变，如图 3-3（a）所示。

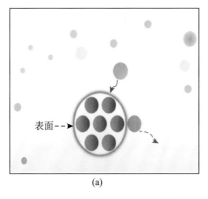 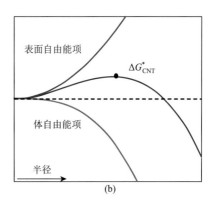

图 3-3 （a）经典成核理论示意图，晶核具有与晶体相同的性质，晶核与液体之间存在尖锐的边界，粒子在一步内沉积或脱离晶核；（b）根据式（3-1）绘制的自由能分布图，Gibbs 自由能为表面自由能项和体自由能项之和[11]

假定均相成核过程中形成半径为 r 的球形晶核，此过程引起的 Gibbs 自由能变化 ΔG_{CNT} 可表示为

$$\Delta G_{\mathrm{CNT}} = -\frac{4\pi r^3}{3}\Delta g + 4\pi r^2 \sigma \qquad (3\text{-}1)$$

其中，Δg 和 σ 分别是晶核与周围液体之间的体自由能密度差和表面自由能密度。图 3-3（b）给出了体自由能项和表面自由能项及 $\Delta G_{\mathrm{CNT}}^*$ 随晶核半径变化的示意图，体自由能和表面自由能作用相反。临界核半径 r^* 可以通过 $\mathrm{d}\Delta G_{\mathrm{CNT}} / \mathrm{d}r = 0$ 获得：

$$r^* = \frac{2\sigma}{\Delta g} \qquad (3\text{-}2)$$

$$\Delta G_{\mathrm{CNT}}^* = \frac{16\pi\sigma^3}{3(\Delta g)^2} \qquad (3\text{-}3)$$

其中，$\Delta G_{\mathrm{CNT}}^*$ 是临界核引起的自由能变化或者成核位垒。在高分子体系中，晶体通常为片晶，一般假定晶核为长方体形状。基于长方体的几何形状，可以推导出相应的成核位垒和临界核尺寸，感兴趣的读者可以参考由 Wunderlich 编著的 *Macromolecular Physics* 中的第二卷"晶体生长、成核与退火"[12]。

假设成核是可逆反应，依据成核位垒 $\Delta G_{\mathrm{CNT}}^*$ 可以获得成核速率（I）的数学表达式。Becker 和 Döring[8]首先提出了 I 的半定量计算方法，Turnbull 和 Fisher[10]后续根据绝对反应速率理论继续推导得到

$$I \approx \frac{Nk_{\mathrm{B}}T}{h}\exp\left(-\frac{\Delta G_{\mathrm{CNT}}^* + \Delta G_{\eta}}{k_{\mathrm{B}}T}\right) \qquad (3\text{-}4)$$

其中，ΔG_{η} 是生长前端单个粒子扩散一个原子距离的活化能；N 是粒子总数；k_{B} 是玻尔兹曼常数；T 是温度；h 是普朗克常数。

上述成核速率公式可以定性地反映成核过程，但获得的成核速率与很多实验结果不符[13, 14]。主要是由于 CNT 的三大假设：①即使体系接近旋节相分离状态，能垒依然存在；②固体晶核的宏观性质（密度、组成、结构）与晶体相同，固体晶核与液体之间的密度不存在过渡，而是直接突变；③用一个无限大平面来表示晶核的曲面。为了解决这些问题，后续研究者又提出和发展了许多理论，如非经典成核理论中的扩散界面理论（diffuse interface theory）[15, 16]和密度泛函理论（density functional theory）[17]等，在此不再一一详细介绍。

3.1.2 高分子晶体生长模型

高分子在生长前端的附着是一个非常复杂的过程，涉及链段扩散、缠结效应、生长前端吸附/解吸附的竞争等因素。Lauritzen 和 Hoffman 简化了这些复杂的细节，假定高分子每个伸直链段（stem）吸附到生长前端的过程都需要克服一个成核位垒，并将片晶生长看作是一个表面成核或者二次成核过程。Lauritzen-Hoffman（LH）理论最初是针对高分子稀溶液折叠链晶体生长，后期被逐步拓展到高分子熔体结晶[18-20]。虽然 LH 理论在发展过程中不断受到质疑，一些假设不能被验证，也无法解释很多实验现象，但在没有更好的理论模型建立前，LH 理论目前还是应用最广的高分子结晶模型。在此只概述 LH 理论的基本框架。

相较于 CNT 以小分子体系的初级成核为研究对象，LH 理论针对的是高分子的二次成核，即晶体生长过程。LH 理论仍延续了 CNT 的很多假定，其中最重要的一点是假定高分子链序列作为一个整体，以类似于小分子成核的形式在高分子晶体生长前端吸附或解吸附。

LH 理论的基本模型如图 3-4 所示。在二次成核过程中，已有稳定的片晶存在，其厚度为 l_s，侧向尺寸为 L。假设高分子以伸直链段的形式附着到生长前端，每个伸直链段的长度均为片晶厚度 l_s。每条高分子第一步是将其第一条伸直链段吸附到生长前端，然后折叠回来吸附第二条伸直链段。重复这一过程，实现表面或者二次成核，表面成核速率为 I_{sn}。形成稳定的表面核后，伸直链段继续吸附向外侧生长，覆盖整个生长面，表面生长速率为 I_{sg}。伸直链段的侧向厚度为 a_0，生长方向厚度为 b_0，晶体生长速率为 I_G。

第一条与片晶生长前端厚度同等长度的伸直链段作为一个整体吸附到生长前端，这一过程中新增的晶体部分带来体自由能的减少为 $a_0 b_0 l_s \Delta g$；新增的两个侧表面带来自由能的增加为 $2 b_0 l_s \sigma_1$，σ_1 为侧表面自由能密度。因为第一条伸直链段在折叠端表面上不产生任何链折叠，所以折叠端表面对自由能的贡献可以忽略不计。由此，第一条伸直链段吸附过程中的自由能变化可以表示为

$$\Delta G_1 = -a_0 b_0 l_s \Delta g + 2 b_0 l_s \sigma_1 \qquad (3\text{-}5)$$

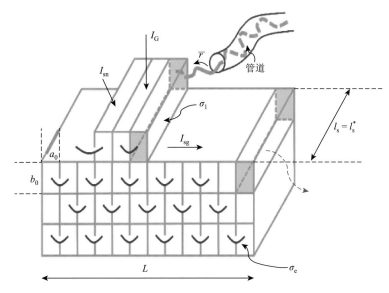

图 3-4 LH 理论中描述的高分子二次成核模型图[20]

假设第一条伸直链段吸附过程的初态和终态间存在一个自由能垒，正向过程自由能垒是侧表面自由能（$2b_0l_s\sigma_1$）减去一定比例的晶体自由能（$a_0b_0l_s\Delta g$），为

$$\Delta G_1^* = -\psi a_0 b_0 l_s \Delta g + 2b_0 l_s \sigma_1 \tag{3-6}$$

反向过程的自由能垒是 $(1-\psi)a_0b_0l_s\Delta g$。$\psi$ 为"分配"参数。悬挂在无定形区的伸直链段再返回吸附到生长前端就涉及高分子链的折叠，这一过程新增的晶体部分带来的体自由能减少与吸附第一条伸直链段相同，新增的两个折叠端表面带来的自由能增加为 $2a_0b_0\sigma_e$，σ_e 为折叠端表面自由能密度；第二条伸直链段吸附过程中的自由能变化（即第一次链折叠）即为

$$\Delta G_2 = -a_0 b_0 l_s \Delta g + 2a_0 b_0 \sigma_e \tag{3-7}$$

与第一条伸直链段的吸附过程类似，第二条伸直链段吸附过程中的正向自由能垒可表示为

$$\Delta G_2^* = -\psi a_0 b_0 l_s \Delta g + 2a_0 b_0 \sigma_e \tag{3-8}$$

反向过程的自由能垒是 $(1-\psi)a_0b_0l_s\Delta g$。为简化处理，$\psi$ 可假定不变。其他伸直链段的侧向附着引起的自由能变化与第二条伸直链段相同。从自由能角度出发，第一条伸直链段的吸附速率与 $\exp(-\Delta G_1^*/k_BT)$ 相关，可表示为

$$A_0 = \beta \exp\left(-\frac{-\psi a_0 b_0 l_s \Delta g + 2b_0 l_s \sigma_1}{k_B T}\right) \tag{3-9}$$

其中，β 是生长前端高分子链段的趋近速率。β 通常可表示为与低分子量过冷液体相同的形式，为

$$\beta = DT\exp\left[\frac{-U^*}{k_B(T - T_0)}\right] \tag{3-10}$$

其中，D 是常数前置因子；U^* 是重复单元局部动力学的自由能垒；T_0 是高分子链停止扩散的温度。β 还可以写成其他唯象表达式，反映过冷高分子熔体的动力学。由于对过冷高分子熔体动力学本身并没有明确的理解，因此经常选用式（3-10）就足够了。

第一条伸直链段的解吸附速率可以表示为

$$B = \beta\exp\left[\frac{(1 - \psi)a_0 b_0 l_s \Delta g}{k_B T}\right] \tag{3-11}$$

成核位垒中"分配"参数 ψ 的特定选择，使得 B 可以表示任何伸直链段的解吸附速率（无论是第一条伸直链段还是其他任何伸直链段）。第二条伸直链段或后续其他伸直链段的吸附速率可以表示为

$$A = \beta\exp\left(-\frac{-\psi a_0 b_0 l_s \Delta g + 2a_0 b_0 \sigma_e}{k_B T}\right) \tag{3-12}$$

基于吸附和解吸附速率，可以获得伸直链段的稳态吸附通量：

$$S(l_s) = N_0 A_0 (1 - B / A) \tag{3-13}$$

其中，N_0 是参与吸附的伸直链段数目。基于 $S(l_s)$，LH 理论成功给出片晶厚度的表达式为

$$\langle l_s \rangle = l_s^* = \frac{\int_{l_0}^{\infty} l_s S(l_s)\mathrm{d}l_s}{\int_{l_{s0}}^{\infty} S(l_s)\mathrm{d}l_s} = l_{s0} + \frac{k_B T}{2b_0 \sigma} \frac{2 + (1 - 2\psi)\dfrac{a_0 \Delta g}{2\sigma}}{\left(1 - \dfrac{a_0 \psi \Delta g}{2\sigma}\right)\left[1 + \dfrac{a_0(1 - \psi)\Delta g}{2\sigma}\right]} = l_{s0} + \delta l_s$$

$$\tag{3-14}$$

其中，$l_{s0} = \dfrac{2\sigma_e}{\Delta g}$。$\delta l_s$ 与 σ_e 无关，但与 T、Δg、a_0、b_0、ψ 及 σ 相关。δl_s 代表片晶厚度波动。

基于 $S(l_s)$，可以推导表面成核速率 I_{sn} 和生长速率 I_{sg}，再通过表面成核和生长速率进一步获得晶体生长速率 I_G。根据过冷度大小，LH 理论预测高分子结晶可存在 I、II 和 III 三个晶体生长速率的温区。在低过冷度 I 区，表面成核速率慢，所以其控制晶体的生长速率；而在高过冷度 III 区，表面成核速率远大于表面生长速率，表面生长控制晶体的生长速率；在中间过冷度 II 区，表面成核速率和表面生长速率相当，两者都影响晶体的生长速率。

3.2　流动场诱导结晶基础

静态下结晶，高分子通常形成各向同性的球晶。施加流动场主要带来三方面效应：①改变晶体形态，从静态下的球晶到取向的晶体甚至串晶（shish-kebab）结构；②诱导产生新晶型，如 PE 的六方晶相；③提高成核密度，加速结晶。以下将分别介绍这三个方面的具体案例。

3.2.1　流动场改变晶体形态

1965 年，Pennings 和 Kiel 在帝斯曼（Dutch State Mines，DSM）实验室中发现，在流动场作用下，PE 可以从其稀溶液中形成串晶结构[21]。由于串晶核（shish）具有高熔点，被认为是伸直链晶体。理论预测表明伸直链晶体具有超高模量和强度，因此串晶的发现掀起了流动场诱导结晶研究的热潮。经过后续约 30 年的不断努力，帝斯曼成功实现超高分子量聚乙烯超强纤维的工业化生产。

基于高分子的长链特点，流动场可以显著影响最终晶体形态。在静态条件下，半晶高分子由浓溶液析出或者由熔体中冷却结晶都更倾向于形成各向同性球晶[图 3-5（a）和（d）]。施加外场后，晶体形态将发生改变。在弱流动场下，高分子链取向，形成低取向的片晶堆叠（lamellar crystal stacks），球晶可能变为椭球，并且晶核的数目相对于静态条件下显著提高，如图 3-5（b）和（e）所示。在强流动场下，高分子链被显著拉伸，形成高取向甚至棒状晶核，进而生成串晶结构，如图 3-5（c）和（f）所示。为了简化起见，文献中一般根据高分子材料

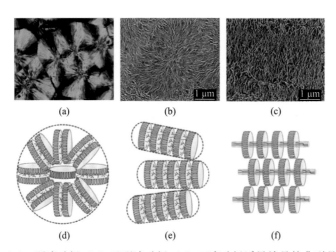

图 3-5　静态（a）、弱流动场（b）及强流动场（c）下流动场诱导结晶的典型晶体形态照片；（d）～（f）对应的结构示意图[22]

固化后的形态，将流动场诱导生成的晶核划分为两类：点状晶核与取向晶核。实际上，随着流动场下高分子链变形的增加，会产生更加复杂的晶核形态。例如，拉伸交联聚乙烯熔体时，随着应变的增加，体系中会出现 4 种不同种类的晶核：点状晶核、框架-网络晶核（network nuclei）、微串晶核及串晶核。

晶体形态与流动场直接相关，其本质是流动场诱导的分子链变形与松弛的竞争。高分子链的松弛速率由其链长决定，分子链越长，松弛时间越长。为此，流变上引入了魏森贝格数 $Wi = \dot{\varepsilon}\tau$ 来表征流动场的强度。其中，$\dot{\varepsilon}$ 为宏观流动场应变速率；τ 为高分子链的特征松弛时间。根据分子链的两个特征松弛时间，即终端松弛时间 τ_{d} 和 Rouse 时间 τ_{R}，Wi 可进一步细分为 $Wi_{0} = \dot{\varepsilon}\tau_{d}$ 和 $Wi_{s} = \dot{\varepsilon}\tau_{R}$，前者与分子链取向相关，后者与分子链拉伸相关。以此为据，可以将流动场诱导结晶空间划分为以下三个区间[23]。

（1）当 $\dot{\varepsilon} < 1/\tau_{d}$ 时，流动场的作用不明显，高分子链仍处于无规线团状态，以类似于静态条件下的方式结晶，生成球晶。在此区间，Wi_{0} 与 Wi_{s} 同时小于 1。

（2）当 $1/\tau_{d} < \dot{\varepsilon} < 1/\tau_{R}$ 时，流动场会引起高分子链整链取向，而局部链段仍处于无规线团状态。链取向导致的熵减会增加点状晶核密度，即在典型非热成核（athermal nucleation）的基础上还额外出现散点成核（sporadic nucleation），但球晶的形态未被改变。散点核的数量多少取决于流动场的强度及持续时间。在此区间，$Wi_{0} \geq 1$，$Wi_{s} < 1$。

（3）当 $\dot{\varepsilon} > 1/\tau_{d}$ 且 $\dot{\varepsilon} > 1/\tau_{R}$ 时，高分子链同时被拉伸和取向，流动场诱导产生取向晶核，甚至串晶核（shish）。随后分子链围绕串晶核继续生长，生成片晶（kebab）。串晶核的数量取决于流动场的强度及持续时间。在此区间，Wi_{0} 与 Wi_{s} 同时大于 1。

其中，第三区间可根据整链构象（global configuration of the chain）及旋转异构（rotational isomerization，RI）化程度进一步划分为两个区间：分子链拉伸比（Λ）较小时，链构象仍为高斯分布，RI 含量低；分子链 Λ 较大时，链构象变为非高斯分布，RI 含量高。两区间存在一个临界拉伸比（Λ^{*}），Λ^{*} 的大小取决于链刚性 $C_{\infty}(T)$、链长及分子量分布（MWD）。根据经验，Λ^{*} 的大小为

$$\Lambda^{*} = (0.3 \sim 0.5)\Lambda_{\max} \tag{3-15}$$

其中，

$$\Lambda_{\max} = \sqrt{N_{e}} = \frac{b}{l_{b}(C_{\infty} + 1)} \tag{3-16}$$

其中，N_{e} 是相邻缠结点间的库恩单元数目；b 是管道模型定义的管道直径；l_{b} 是键长；C_{∞} 是 Flory 特征比。由此可以定性给出高分子链在一定温度下拉伸时的构象及旋转异构变化趋势。

此外，对于单分散高分子熔体，理论上 τ_R 及 τ_d 分别为[24, 25]

$$\tau_R = \tau_e Z^2 \tag{3-17}$$

$$\tau_d = 3\tau_e Z^3 \left[1 - \eta(1/Z)^{0.5}\right]^2 \tag{3-18}$$

其中，Z 是缠结点数目，定义为 $Z = M_w / M_e$，M_w 是高分子链的重均分子量，M_e 是缠结分子量；τ_e 是缠结链段的松弛时间；$\eta = 1.53 \pm 0.05$，是常数[26]。τ_e 可由动态线性流变测试得到，具体方法可参见何曼君版的《高分子物理》教科书[27]。

以上重点讨论了流动场诱导形成不同结构的初始晶核。例如，相比于静态结晶，弱流动场下结晶会形成高密度的点晶核，中等强度流动场下会形成取向的球晶，而高强度流动场下会产生串晶结构。这些不同结构的初始晶核决定了最终加工制品结构的形成及最终性能。

3.2.2 流动场诱导新晶型

多晶型普遍存在于半晶高分子材料。大部分半晶高分子都能形成多种晶体结构，如 PE 存在正交、单斜及六方三种不同晶型。不同晶型对应不同的宏观性能。施加流动场可以调控不同晶型的生成，从而改变材料最终性能。相比于静态结晶，流动场诱导结晶是一个典型的远离平衡条件的相变过程，因此动力学因素常常在其中扮演重要角色。由于热力学与动力学之间的竞争与协同作用，静态下的亚稳结构在流动场下可能优先出现。借助于高时间分辨的同步辐射 X 射线散射技术，本书作者团队系统研究了不同温度下流动场诱导轻度交联 PE 的结晶，发现流动场可以诱导产生静态下亚稳的六方相。图 3-6（a）和（b）给出了 PE 在拉伸外场下生成的正交晶（O-crystal）和六方晶（H-crystal）的宽角 X 射线散射（WAXS）

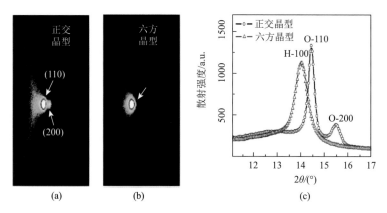

图 3-6 拉伸诱导轻度交联 PE 实验中获得的 X 射线散射图[28]

正交晶（a）和六方晶（b）的 WAXS 二维图；（c）相应的一维散射曲线

二维图[28]。其中，正交晶以两个位置间隔很近的衍射点为特征，而六方晶只对应一个衍射点。它们的一维强度积分曲线见图3-6（c），其中红色曲线中 $2\theta = 13.9°$ 的单峰归属于六方晶(100)晶面衍射，蓝色曲线中 $2\theta = 14.4°$ 和 $2\theta = 15.5°$ 的双峰则分别归属于正交晶(110)和(200)晶面衍射（X 射线波长为 0.103 nm）。

流动场下生成的新晶相，也可能在流动场去除后发生转化。例如，133℃下对轻度交联 PE 进行拉伸-应力松弛，拉伸流动场首先诱导生成了正交相，进一步拉伸，正交相转变为六方相。而在应力松弛过程中，六方相又重新转变回正交相。图3-7 给出了这一实验过程的原位 WAXS 一维图。这一实验结果显示，静态下亚稳的六方相在拉伸流动场的作用下，可能转变为热力学稳定的结构，而静态下稳定的正交相则成为亚稳结构，表明流动场可以调控不同晶型的热力学稳定性。

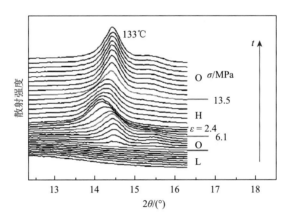

图 3-7　轻度交联 PE 在 133℃下拉伸-应力松弛过程中的 WAXS 一维曲线[28]

L 表示熔体；O 表示正交晶；H 表示六方晶

流动场诱导新晶型的现象也存在于其他高分子材料中，例如，iPP 的亚稳 β 相[29] 和 PB-1 的Ⅲ型晶体等都曾在流动场诱导结晶的实验中观察到。系统构建流动场-温度二维空间晶体相图，可以为如何在实际高分子材料成型加工中选取合适加工外场提供帮助，以获得目标材料性能。这部分内容将在 3.6 节中进行重点介绍。

3.2.3　流动场加速结晶动力学

流动场不仅会改变高分子晶体形态和晶型，还会呈数量级地加速结晶动力学。流动场加速高分子结晶也是相关实验和模拟中普遍观察到的现象。为了简单起见，流动场诱导结晶的模型实验一般在等温条件下进行。测定高分子等温结晶速率的方法很多，原理都是对结晶过程热力学参数或结构变化进行测量，如膨胀计法、热分析法、散射技术。此外，体系的储能模量、黏度等物理量变化也常被用来表征结晶过程。通常用结晶过程进行到一半所需的时间（$t_{1/2}$）表示结晶的快慢。在流动场诱导结晶的实验中，常采用激光、X 射线散射等与流动场原位样品装置联用的检测技术来表征结晶过程。随着同步辐射高亮度光源技术的发展，小角 X 射线散射（SAXS）和宽角 X 射线散射（WAXS）被广泛用于跟踪流动场诱导高分子结晶过程。高亮度同步辐射 X 射线散射技术提供了流动场诱导结晶实验所需的高时间分辨，同时由于硬 X 射线穿透性强和同步辐射实验站大的样品台空间，为流动场样品环境的设计提供了更高的自由度和便利性。对于结晶速率较慢的高分子体系，常规实验室 X 射线光源也能满足所需的时间分辨要求。图 3-8 给出了一个流动场加速结晶的研究案例。其中，图 3-8（a）给出了在 203℃下剪切诱导聚对苯二甲酸丁二醇酯（PBT）结晶过程的 SAXS 一维曲线，通过散射不变量 Q 或者散射的相对强度变化，可以表征结晶动力学。图 3-8（b）和（c）分别给出了在 198℃经过不同剪切历史后 SAXS 相对强度的演化曲线和半结晶时间 $t_{1/2}$。$t_{1/2}$ 随剪切速率或应变的增加而减少，证实了流动场加速结晶。

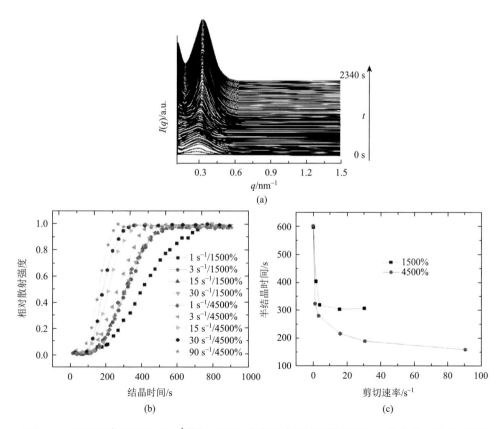

图 3-8　（a）PBT 在 203℃、3 s^{-1} 剪切 1500%应变后结晶过程的 SAXS 一维曲线；在 198℃下不同剪切历史后结晶过程中 SAXS 相对散射强度（b）和对应的半结晶时间 $t_{1/2}$（c）

3.3 流动场诱导结晶的分子机理

由前面的介绍，读者应该对流动场诱导的晶体形态、晶型改变和加速结晶等现象有了大致了解。为了解释这些实验现象，研究者提出了不同模型和解释。本小节将首先介绍接受度最高的两个模型。第一个是 Mackley 和 Keller[30]提出的卷曲-伸展转变（coil-stretch transition，CST）模型，从分子链形变解释流动场诱导的晶体形态改变，如串晶结构的形成。第二个是 Flory 提出的熵减模型，从热力学的角度解释流动场加速结晶动力学。这两个模型虽然直观、容易理解，方便实验工作者解释一些现象，但仍存在诸多缺陷。本节和后续 3.4 节将分别介绍这两个模型，并进一步介绍本书作者团队提出的相关修正及建立的新模型。

3.3.1 串晶生成的卷曲-伸展转变模型

针对高分子溶液中串晶生成的机理，Mackley 和 Keller[30]采用自制的拉伸流动场实验装置（由两副对喷嘴组成的流动池），结合原位双折射检测，发现当应变速率 $\dot{\varepsilon}$ 超过一定临界值 $\dot{\varepsilon}_c$ 时，PE 稀溶液的双折射率发生突变，沿两个射流孔的中心线出现了一条尖锐的双折射信号，解释为高分子发生链伸展。这一结果与 de Gennes[31]的 CST 理论相符，即当应变速率 $\dot{\varepsilon}$ 超过临界应变速率 $\dot{\varepsilon}_c$ 时，高分子链从卷曲无规线团构象转变成伸展的链构象。需要强调的是，CST 理论指出，卷曲-伸展转变是两种构象间的突变，即流动场作用下高分子链只存在卷曲和伸展两种构象状态，不存在稳定的中间态链构象。随后，Mackley 和 Keller[30]在可结晶温度下进行实验，发现只有在双折射亮线出现的局部区域才会产生串晶结构。在这些结果的基础上，Mackley 和 Keller 构建起了初始链构象与最终晶体形态之间的相关性，提出了 CST 模型。CST 串晶生成模型指出伸展的高分子链形成串晶核，而无规线团形成折叠链片晶，如图 3-9 所示。实验结果也给出了临界应变速率 $\dot{\varepsilon}_c$ 与分子量之间的关系，$\dot{\varepsilon}_c \propto M^{1.5}$，即分子量

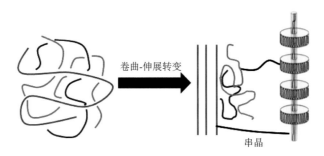

卷曲-伸展转变

串晶

图 3-9 Mackley 和 Keller 的卷曲-伸展转变串晶生成模型

伸展和卷曲构象的链分别对应形成串晶核和折叠链片晶

越大的链越容易被拉伸，长链更容易形成串晶核结构。CST 串晶生成模型将处于伸展和卷曲两种构象的链分别与串晶核和折叠链片晶这两种晶体形态完美对应。这一物理图像的直观性，让 CST 串晶生成模型被广泛接受。

　　CST 串晶生成模型最初是基于高分子稀溶液提出来的，在此之后，科研工作者尝试将该模型应用于浓溶液甚至是高分子熔体。然而，浓溶液及熔体中的分子链相互重叠并缠结，这就意味着流动场诱导高分子形态变化的对象是高分子链网络而并非单根高分子链。基于双折射实验，Keller 和 Kolnaar[32]指出，拉伸流动场下的浓溶液中存在两个临界应变，$\dot{\varepsilon}_c$ 与 $\dot{\varepsilon}_n$，分别对应 CST 及高分子链网络的拉伸变形。对于缠结高分子溶液而言，当施加的应变速率达到 $\dot{\varepsilon}_c$ 时，高分子链解缠结并拉直；当施加的应变速率达到 $\dot{\varepsilon}_n$ 时，高分子链将以类似于交联网络的形式进行变形，且溶液的黏度会急速增加。这意味着，对于缠结高分子溶液，$\dot{\varepsilon}_c$ 与 $\dot{\varepsilon}_n$ 之间存在一个应变速率窗口，在这个窗口中，分子链以单链的形式发生 CST。$\dot{\varepsilon}_c$ 与 $\dot{\varepsilon}_n$ 均随高分子溶液浓度的增加而降低，但 $\dot{\varepsilon}_n$ 降低的速度比 $\dot{\varepsilon}_c$ 快，即 $\dot{\varepsilon}_c$-$\dot{\varepsilon}_n$ 窗口随着高分子溶液浓度的增加而变窄。Keller 和 Kolnaar[32]讨论了在高浓度时 $\dot{\varepsilon}_c$ 与 $\dot{\varepsilon}_n$ 是否存在交叉这个问题。若 $\dot{\varepsilon}_c$ 与 $\dot{\varepsilon}_n$ 随浓度的变化曲线无交叉，CST 既适用于稀溶液又适用于熔体，即使在高分子熔体（$C=1$）中 CST 也成立，如图 3-10（a）所示；当 $\dot{\varepsilon}_n$ 与 $\dot{\varepsilon}_c$ 随浓度的变化曲线有交叉时，定义相交点处的溶液浓度为 C^*。CST 适用于溶液浓度小于 C^* 的体系而不再适用于溶液浓度大于 C^* 的体系，如图 3-10（b）所示。对于溶液浓度大于 C^* 的体系，高分子链不能以单链形式发生 CST，而是以网络的形式整体变形。后期的大量实验证据表明，CST 串晶生成模型并不适用于高分子熔体或者高缠结溶液体系，以下小节将基于这些实验证据进行详细讨论。

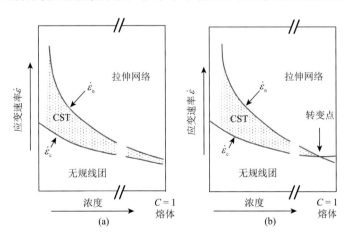

图 3-10　应变速率与高分子溶液浓度空间中的 CST 临界应变速率 $\dot{\varepsilon}_c$ 及拉伸网络临界应变速率 $\dot{\varepsilon}_n$ 曲线

（a）和（b）分别表示了 $\dot{\varepsilon}_c$ 与 $\dot{\varepsilon}_n$ 无交点和存在交点的情况

3.3.2　CST 在高缠结体系中的适用性

由于原位研究技术和样品装置等限制，早期针对高分子熔体或者高缠结溶液的流动场诱导结晶的研究主要采用剪切流动场，如 Janeschitz-Kriegl，Konfield 和 Peters 团队采用压力驱动剪切，Hsiao 团队采用 Linkman 平板剪切。相比于剪切流动场，拉伸流动场对链的取向和拉伸效应更强，不存在链翻转等现象。de Gennes 的 CST 理论是基于拉伸流动场，Keller 的流动场诱导高分子溶液结晶实验也主要采用拉伸流动场。针对流动场诱导结晶的研究需要，本书作者团队采用双辊拉伸模式开发了拉伸流变仪，具体参见第 7 章。在拉伸过程中，拉伸流变仪通过扭矩传感器采集应力，得到应力-应变流变曲线，如图 3-11（a）所示。通过应力-应变流变曲线，可以推测高分子链网络的构象和其他结构转变。在拉伸过程中及停止拉伸后，都可以采用 SAXS 和 WAXS 跟踪结构转变。图 3-11（b）给出了一幅典型的串晶结构的 SAXS 二维图。其中，水平方向（沿拉伸方向）的椭圆散射信号源于折叠链片晶（kebab），而竖直方向的条纹状（streak）信号是串晶核（shish）的散射。结合拉伸过程中的应力-应变流变曲线与 X 射线散射信号，可以分析链构象演化与串晶生成的关系。

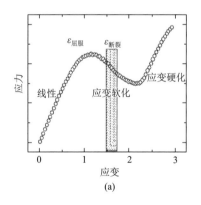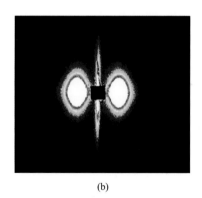

(a)　　　　　　　　　　　　　　(b)

图 3-11　（a）拉伸流变仪得到的应力-应变流变曲线；（b）原位采集的典型的串晶结构的小角 X 射线散射图

图 3-12（a）是 PE 过冷熔体在 125℃下，相同拉伸应变速率（6.3 s^{-1}）不同拉伸应变下的工程应力-时间曲线。因为拉伸停止后应力松弛过程也记录下来，所以 x 轴采用时间而非应变。图中采用工程应力（拉力与原始横截面积之比）而不是真应力（拉力与瞬时横截面积之比），主要从两点考虑：①当应变速率足够快时，可以克服链松弛，高分子熔体的表现更接近固体，而工程应力更适合定义高分子固体的屈服；②交联橡胶网络或者缠结熔体网络的模量取决于交联或者缠结密度，而不是样品的横截面积。若体系在拉伸过程中还未发生解缠结，通过除以样品横

截面积来获得真应力并不恰当。在拉伸前期，PE 熔体表现得更像固体的线弹性行为，偏离线性主要源于 Rouse 松弛，随后经历屈服，对应的屈服应变 $\varepsilon_y = 1.76$。注意，这里采用双辊的拉伸模式，得到的是 Hencky 应变，也是真应变。在屈服点，高分子链开始滑移和解缠结。图 3-12（b）给出了三个不同应变速率拉伸过程中的工程应力-时间曲线，随着应变速率的增加，屈服应变也增加。图 3-12（c）是屈服应变 ε_y 对应变速率的依赖关系，表现为一个指数关系。拉伸停止后，采用原位同步辐射 SAXS 跟踪等温结晶过程，可以得到不同拉伸应变速率下串晶形成所需的临界应变。结果发现串晶生成所需的临界应变为 1.57，几乎不随应变速率变化。

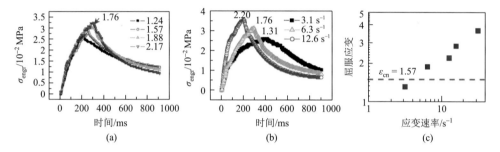

图 3-12 高密度聚乙烯（HDPE）熔体在相同应变速率（6.3 s^{-1}）但不同应变（a）和不同应变速率（b）下的工程应力-时间曲线，最大应力处的数字表示屈服应变；（c）拉伸屈服应变随应变速率的演化[33]

对比屈服应变和串晶生成的临界应变可以得出以下几点结论：①串晶生成的临界应变为 1.57，对应的拉伸比为 4.8，还远不能将实验中采用的 PE 分子链拉直（重均分子量 $M_w = 823\,000$，由完全伸直分子链与无规线团尺寸比值估算得到分子链拉直所需的应变约为 25）；②应变速率大于 6.3 s^{-1} 后，串晶生成的临界应变都小于屈服应变。屈服应变是高分子解缠结的起点，所以串晶生成并不需要链解缠结，此时链显然没有发生卷曲-伸展转变。从以上结果可以得出，在高分子熔体中，卷曲-伸展转变不是串晶生成的必要条件。

为了进一步确定以上结论，本书作者团队采用小角中子散射（SANS）来研究拉伸诱导的分子链形变[34]。在图 3-12 实验中所采用 PE 材料的基础上，添加了 5 wt%（质量分数，后同）的氘代 PE。由于 SANS 测试需要的时间较长，该实验中采用伽马射线辐照使共混 PE 轻度交联。图 3-13（a）是在 170℃下拉伸该交联 PE 共混网络到不同应变下的应力和 SANS 二维图。对平行和垂直拉伸方向的 SANS 信号进行分析，可以得到不同拉伸比下分子链在不同方向的均方回转半径 $R_{g\parallel}$（平行于拉伸方向）和 $R_{g\perp}$（垂直于拉伸方向）。分子链的拉伸比定义为拉伸后与拉伸前的

$R_{g//}$ 之比，为 $\lambda_{//}^{*} = R_{g//} / R_{g0//}$，可以用来表征分子链微观形变。图 3-13（b）给出在不同宏观拉伸比下的分子链微观拉伸比 $\lambda_{//}^{*}$。结合原位同步辐射 SAXS 对该共混体系进行检测，发现应变硬化（宏观拉伸比为 2.72）出现时，串晶就产生了，其对应的分子链拉伸比仅为 1.26。即便在更大的宏观拉伸比 4.06 条件下，分子链的拉伸比也仅为 1.39。显然，此时分子链不可能被完全拉直。这一结果进一步证实串晶生成不需要分子链发生卷曲-伸展转变。

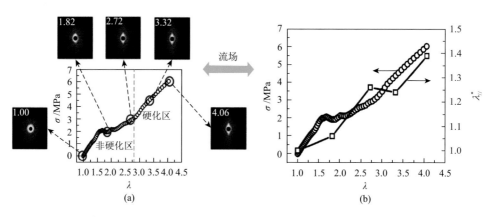

图 3-13 （a）轻度交联 PE 网络在不同拉伸应变下的 SANS 二维图谱和拉伸过程中的应力-应变曲线；（b）通过 SANS 测试计算出来的链拉伸比[34]

有研究者提出[35]，串晶生成不需要整链发生 CST，而只需要部分链段，如两个缠结点间的链段发生 CST。这种观点显然不符合 CST 的物理机理，链段被拉直不等于发生了 CST。实际上，de Gennes[31] 的 CST 理论基于稀溶液，高缠结高分子溶液和熔体不具备 CST 所需要的流体动力学效应这一物理机理。图 3-14 给出了稀溶液中 CST 的概念图[36]。在稀溶液中，高分子链遵循 Zimm 模型。在低于 CST 的临界应变速率下，高分子无规线团内部的溶剂小分子被屏蔽，感受不到流动场的效应，此时溶剂小分子与高分子一起运动。当应变速率高于 CST 的临界值时，高分子无规线团不能再包裹内部的溶剂分子，从初始的卷曲构象突变为伸展构象状态。因此，在 CST 的理论框架下，只存在无规线团和伸展链两种状态，没有稳定的中间构象状态。采用 CST 理论去解释稀溶液或者低缠结溶液体系中串晶生成具有合理性，两种构象态正好对应串晶核和片晶两种晶体形态。但在高缠结熔体中，所有分子链运动能力近乎相同，流体动力学相互作用可以忽略，Zimm 模型不再适用于描述高分子链的动力学行为。而基于管道模型的 Doi-Edwards 动力学理论更适合描述熔体高分子链的行为。因此，在高缠结溶液和熔体中，CST 缺乏该理论框架的物理前提，自然不能用于解释这些体系中的串晶生成。

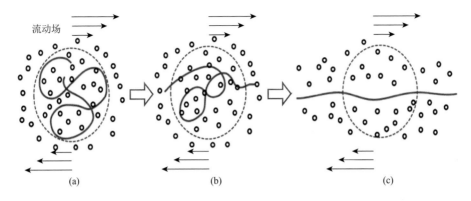

图 3-14　高分子稀溶液中单链 CST 的物理示意图[36]

3.3.3　串晶形成的拉伸网络模型

通过上述实验分析和讨论可以得出，CST 不可能在高分子熔体中发生，不能用于解释高缠结熔体中串晶的形成。在理解串晶形成的研究中，可能过度强调流动场作用，认为只有把链拉直了才能形成串晶。实际上，在高缠结高分子体系中，流动场很难将高分子链完全拉直，而结晶过程就是把链段拉直的过程。串晶的形成更有可能是流动场将链网络拉伸取向到一定程度，而结晶的热力学驱动力进一步使链段伸直。因此，理解串晶形成的机理需要从外场作用效果和结晶热力学两个方面同时考虑。本小节将讨论串晶的形成需要高分子链网络拉伸到什么程度。

针对串晶生成的拉伸网络模型，本书作者团队专门设计了长短链共混体系[37]。实验中选用的低分子量（LMW）PE 的数均分子量（M_n）和重均分子量（M_w）分别是 42000 和 823000，超高分子量（UHMW）PE 的重均分子量是 6000000。这里的低分子量只是相对于超高分子量而言，其分子量并不低。LMWPE 和 UHMWPE 通过二甲苯溶液共混来达到分子级别的混合。所有添加 UHMWPE 的共混样品中的 UHMWPE 浓度（1 wt%、2 wt%、5 wt%和 10 wt%，样品分别标记为 B1、B2、B5 和 B10）都高于其临界重叠浓度（c^*），目的是在 LMWPE 的基体中构建 UHMWPE 的缠结网络。图 3-15（a）给出了拉伸停止时不同应变和不同 UHMWPE 浓度样品的 SAXS 信号。以红色的虚线为界，散射信号可以分为两种类型。在红色虚线的右边，垂直于拉伸方向出现了串晶核的特征条纹状散射（streak scattering）信号。所有样品都观察到了串晶核的散射信号，只是生成串晶核的临界应变随 UHMWPE 浓度增加而降低。图 3-15（b）汇总了不同 UHMWPE 浓度样品中串晶核生成的临界应变。

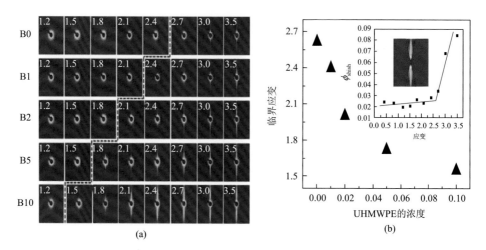

图 3-15 （a）131℃下拉伸停止时不同 UHMW 组分浓度和应变的 SAXS 二维图，散射图左上方的数字代表对样品施加的应变，红色的虚线用于指示串晶核生成的边界；（b）不同 UHMW 组分浓度下串晶核生成的临界应变，内插图给出串晶核生成临界应变的求取方法[37]

需要多大的网络拉伸形变才能诱导串晶生成？在实验应变速率（$3.14\ \text{s}^{-1}$）下，体系中 LMW 和 UHMW 组分由于 τ_R 的不同会发生不同类型的形变。LMW 组分只发生链取向（$Wi = \dot{\varepsilon}\tau_R < 1$），而 UHMW 组分会发生链拉伸（$Wi = \dot{\varepsilon}\tau_R \geqslant 1$）。也就是说，体系中除了 LMW 形成的缠结网络，UHMW 组分会形成另外一个缠结网络。UHMW 组分间的缠结分子量可以通过如下的标度关系获得

$$M_e(\phi) \approx [M_e(l_k)]^{-1.3} \tag{3-19}$$

其中，ϕ 是 UHMW 组分的浓度；$M_e(l_k)$ 是本体中的缠结分子量。在静态条件下，该缠结点之间链段末端距为

$$\sqrt{R_{ee}^2} = \sqrt{N_k} l_k \tag{3-20}$$

其中，$N_k = M_e / M_{\text{kuhn}}$，是缠结点之间库恩链段的数目；$l_k$ 是库恩链段的长度。对于伸直链构象，该链段末端距为

$$R_{\max} = N_k l_k \tag{3-21}$$

因此，将缠结点之间链段从高斯构象转变为伸直链构象所需的拉伸比为

$$\lambda_{\max} = R_{\max} / (R_{ee}^2)^{1/2} = \sqrt{N_k} \tag{3-22}$$

考虑到 UHMW 组分网络缠结点之间的链段长度是其浓度的函数，式（3-22）可以表达为

$$\lambda_{\max}(\phi) = \sqrt{N_k(\phi)} = \sqrt{\frac{M_e(\phi)}{M_{\text{kuhn}}}} = \sqrt{\frac{M_e(l_k)}{M_{\text{kuhn}}}} \times \phi^{-0.65} \tag{3-23}$$

为了评估串晶核形成时网络缠结点之间的链段拉伸程度，将 $\lambda_{\text{shish}}(\phi)$ 定义为串晶核形成的临界拉伸比。如图 3-16 所示，实验结果可以定量分析 $\lambda_{\text{shish}}(\phi)$ 对 UHMW 组分浓度的依赖性，并且可以用式（3-24）来拟合：

$$\lambda_{\text{shish}}(\phi) = \alpha \sqrt{\frac{M_{\text{e}}(l_{\text{k}})}{M_{\text{kuhn}}}} (\phi + \phi_0)^{-0.65} \tag{3-24}$$

其中，α 是描述 $\lambda_{\text{shish}}(\phi)$ 相对 λ_{max} 大小的一个常数。ϕ_0 定义为未添加 UHMW 组分的样品（B0）中自身包含的 UHMW 组分的有效浓度。B0 样品分子量分布较宽，含有一定量的 UHMW 组分。PE 体系中的 $M_{\text{e}}(l_{\text{k}}) / M_{\text{kuhn}} = 6.9$，由此可以得出 α 和 ϕ_0 两个拟合参数，分别为 0.46 和 0.025。$\alpha = 0.46$ 意味着串晶核的形成只需要达到链段最大拉伸程度的 0.46，表明 PE 熔体中串晶核的形成不需要 UHMW 缠结网络被完全拉直。这一结果说明串晶核的形成取决于网络的形变程度而不是单个参量（如应变或 UHMW 组分浓度）。此外，拟合结果 $\phi_0 = 2.5$ wt% 与 B0 样品通过凝胶渗透色谱法（GPC）测试得到的 UHMW 组分浓度 4 wt% 相符合，也进一步证实了 PE 熔体中串晶核的形成来自网络拉伸，并且网络的拉伸只需要形变到一定程度而不是完全拉直。

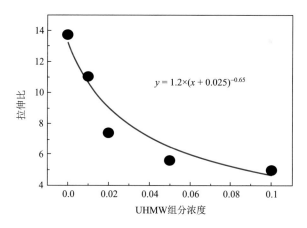

图 **3-16**　串晶核形成的临界拉伸比与 UHMW 组分浓度的关系[37]

红线为用内插公式拟合的结果

3.3.4　串晶形成的魅影-成核模型

上一小节讨论串晶生成的拉伸网络模型是基于流动场施加过程中没有生成有序凝聚态结构这一前提条件。实际加工和流动场诱导结晶的实验中，过冷度较大，流动场施加过程中可能产生了晶核或者其他有序结构。这些有序结构会在后续流动场作用下影响串晶生成和其他结晶行为。在这种情况下，就不能简单地采用 3.3.3 节中的拉伸网络模型来解释流动场诱导结晶的行为。

本书作者团队在研究 140℃ 下拉伸流动场诱导 iPP 结晶的实验中，发现流变行为上存在三个区域，如图 3-17 所示，分别命名为小应变区、断裂区和大应变区[38]。在小应变区和大应变区，拉伸停止后样品仍然显示为均匀变形。但在小应变区和大应变区中间存在一个断裂区，这个区域内样品在拉伸停止后会发生断裂。图 3-17 中的插图给出了这三个区域样品状态的光学照片。

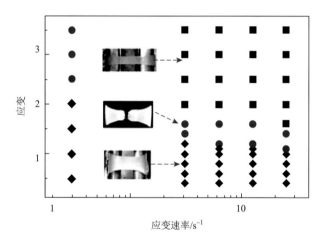

图 3-17　iPP 熔体在不同应变速率和应变下的拉伸流变实验，拉伸停止后的样品进行了原位 X 射线测试，黑色的菱形区域代表小应变区，在此区域时拉伸停止后样品保持完整，红色的圆形区域代表断裂区，在此区域时拉伸停止后样品断裂，蓝色的方形区域代表大应变区，在此区域时拉伸停止后样品仍能保持完整，插图给出样品在三个区域拉伸停止后的代表性图片[38]

此外，半结晶时间 $t_{1/2}$ 随应变的变化也可以分为三个区域[图 3-18（a）][38]，正好与图 3-17 中流变区域相对应。当应变小于断裂应变时，增加应变只是使 $t_{1/2}$ 微弱下降。例如，当应变速率为 12.6 s^{-1}、应变为 1.0 时，$t_{1/2}$ 从静态时的 7860 s 减小为 6000 s。一旦应变到达大应变区，$t_{1/2}$ 迅速下降。例如，应变速率同为 12.6 s^{-1}，增加应变到 2.0 时，会导致 $t_{1/2}$ 降低三个量级。图 3-18（b）给出了不同应变和应变速率下拉伸停止时的 SAXS 二维图。在小应变区，SAXS 图只显示出弥散散射，表明体系中没有生成可探测的结构。图 3-18（b）中给出应变为 1.0 的样品散射图作为小应变区的示例。当应变在大应变区（应变从 2.0 到 3.5 时），在垂直于流动场方向出现了条纹状散射，这是典型的串晶核结构生成信号。

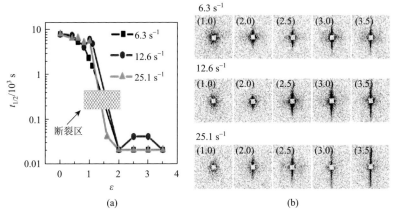

图 3-18 （a）140℃三个不同应变速率下 iPP 样品半结晶时间随应变的变化；（b）不同应变和应变速率拉伸停止时的 SAXS 二维图，图片左上角的数字代表对样品施加的应变[38]

小应变区的加速结晶动力学可以用微流变模型来解释，该模型基于Doi-Edwards 的链动力学模型和经典成核理论。这里忽略具体的推导细节，直接给出最终的表达式，详情参见文献[38]。流动场下的成核速率（I_f）和静态下的成核速率（I_0）的比值可表达为

$$\frac{I_f}{I_0} = (1 + \Delta G_f / \Delta G_0)\exp\left\{\frac{K_1}{T_c\Delta G_0}\left[1 - \frac{1}{(1 + \Delta G_f / \Delta G_0)}\right]\right\} \qquad (3\text{-}25)$$

其中，ΔG_0 是静态结晶时的热力学驱动力，也就是晶体和熔体的自由能之差；ΔG_f是施加流动场导致的熔体自由能增加量；K_1 是包含晶核自由能和几何因子的常量；T_c 是结晶温度。上述方程中的所有参数都可获得并与实验结果比较。例如，当应变速率为 12.6 s^{-1}、应变为 1 时，基于式（3-25）可以得到流动场下的成核速率是静态条件下的 1.53 倍，这与实验观察到的 1.31 倍相符合。当应变速率不变而应变增加到 2 时，式（3-25）预测其成核速率是静态时的 4.02 倍，这比实验结果小了两个数量级。理论计算和实验结果的巨大差异表明微流变模型在大应变区不适用，可能存在其他机理控制成核。

为了解释熔体破裂和大应变区流动场对成核速率的极大增强，本书作者团队提出了如图 3-19 所示的成核模型[38]。高分子熔体开始是缠结网络（图 3-19 中 A），应变导致网络发生形变，分子链发生取向或拉伸（图 3-19 中 B）。当应变达到屈服应变时，缠结点开始发生滑移并最终导致网络解缠结。在这个阶段，如果停止拉伸，由于没有前驱体或晶核形成，样品最终会发生断裂。如果不停止而是进一步拉伸，形成的前驱体或晶核能稳固已经发生部分解缠结的熔体，从而使样品能够承受更大的形变，并保持样品完整。这一物理机理对吹膜加工中膜泡稳定性至关重要，详细介绍请见第 8 章。

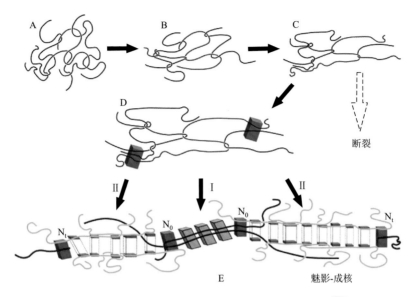

图 3-19 小应变区和大应变区流动场诱导成核模型[38]

A 代表缠结网络，B 代表小应变下网络形变，C 代表网络出现力的不平衡，D 代表前驱体或晶核形成，E 代表结构体系拉伸。在 E 中，初始核 N_0 在拉伸过程中移动到 N_t，其轨迹如虚线矩形块所示。虚线矩形块上下表面灰色的部分代表由表面诱导成核产生的子核

大应变下强加速结晶效应来自前驱体形成导致的结构流动。前驱体形成之后进一步施加流动场，可通过两种途径对结晶加速，将其命名为"自加速"。第一种途径是点晶核或前驱体作为交联点，如图 3-19E 中（Ⅰ）所示。被交联的分子链由于松弛时间增加更容易发生取向或拉伸，进而降低成核位垒加速成核。

第二种途径是表面或二次成核，这种途径结合了外延成核机理和流动场效果，如图 3-19E 中（Ⅱ）所示。晶核或前驱体形成后，进一步施加拉伸会导致点晶核或前驱体与周围的熔体发生相对移动。相对移动留下的轨迹如图 3-19E 中 N_0—N_t 所示。这些点晶核或前驱体不仅会驱动周围的链发生取向，而且会在它们移动的过程中沿移动轨迹诱导新晶核生成。由于初始母核诱导子核是一个连续动态过程，本书作者团队将其命名为"魅影-成核"（"ghost nuclei"或"ghost nucleation"）模型。"魅影-成核"模型能够解释强流动场下成核速率数量级的提高和流动场停止后串晶核的继续生长，且与最近的实验结果"串晶核中不但含有长链而且含有短链"的观点一致[39]。

3.3.5 小结

取决于分子链化学结构和外场环境，串晶核的形成可能由不同的机理控制。基于目前的实验现象，可以总结为以下几类：①在高分子稀溶液中，流动场下只

有完全伸展和无规线团两种链构象存在，因此 CST 主导串晶核的形成机理；②在高缠结溶液和熔体中，网络拉伸是串晶核形成的主要机理；③在高速大应变高过冷度条件下，"魅影-成核"机理似乎更适合解释串晶核的形成，并且可以外推到其他一些体系，如含有填充剂或添加剂的熔体。"魅影-成核"可能常发生在真实的高分子加工过程中。

3.4　流动场诱导结晶的热力学模型

3.4.1　流动场加速结晶的熵减模型

流动场加速结晶可以用 Flory 的熵减模型来解释[40]。1947 年，Flory 在解释天然橡胶应变诱导结晶时，提出了拉伸引起熵减的概念，即熵减模型（entropic reduction model，ERM）。当一个高分子的两端被固定时，该高分子可以实现许多不同的构象，并能够自由地在这些不同的构象间切换，这种行为贡献的熵称为构象熵。在平衡状态下，熔体中的高分子呈无规线团状态，符合高斯分布。当施加流动外场时，由于高分子的长链特性，熔体不再是各向同性，偏离了初始的无规线团状态或高斯分布，构象数目减少，即构象熵减小。图 3-20 给出了链网络拉伸形变的示意图。

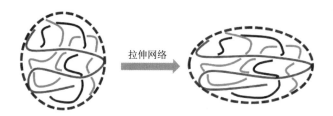

图 3-20　流动场诱导的高分子链网络形变示意图

ERM 简单地将形变诱导的高分子链构象熵减 $\Delta S_{con}(\lambda)$ 引入 CNT[图 3-21（a）和（b）]，将拉伸条件下的成核位垒 ΔG_f^* 表示为

$$\Delta G_f^* = \Delta G_0^* + T\Delta S_{con}(\lambda) \qquad (3-26)$$

其中，ΔG_0^* 是静态条件下的成核位垒；$\Delta S_{con}(\lambda)$ 是拉伸诱导的构象熵减。由于 $\Delta S_{con}(\lambda)$ 是负值，因此 $\Delta G_f^* < \Delta G_0^*$，即成核位垒减小。相应地，流动场条件下晶体的等效平衡熔点温度 T_{mf}^0 增大，可表示为

$$\frac{1}{T_{mf}^0} = \frac{1}{T_m^0} - \frac{\Delta S_{con}(\lambda)}{\Delta H} \qquad (3-27)$$

其中，T_m^0 和 ΔH 分别是晶体在静态条件下的平衡熔点温度和结晶焓变。T_{mf}^0 增大意味着过冷度 $\Delta T = T_{mf}^0 - T_c$ 的增加，从而加速成核速率。

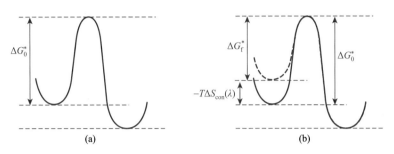

图 3-21 不同条件下高分子成核势垒变化的热力学示意图[41]

（a）静态条件下；（b）流动场条件下，由于流动场引起构象熵降低，初态熔体的 Gibbs 自由能发生改变

与天然橡胶不同，高分子熔体或溶液中的分子链存在松弛。因此，准确获得构象熵减 $\Delta S_{con}(\lambda)$ 是定量化处理流动场诱导结晶（FIC）的关键。虽然后续有一些改进的模型，譬如引入链松弛的微流变模型，但其核心思想还是流动场诱导的构象熵减，由此导致成核位垒降低并加速结晶。在流动场作用下，构象转变和链段伸展实际上是单链行为，而结晶显然是多链的协同作用，需要考虑链段伸展和平行排列两个要素。除了分子链的结构转变外，流动场还会诱导产生新晶型、新形态。因此，建立高分子结晶理论模型，需要同时引入链伸展、链取向、新晶型和新形态等要素。以下小节将具体讨论这四大要素及结晶模型的构建。

3.4.2 流动场诱导链伸展与取向

流动场诱导结晶的实验研究过去主要采用单向拉伸流动场。在单向拉伸流动场作用下，分子链的伸展和取向同步发生[图 3-22（a）]，因此，很难单独区分链伸展和取向对流动场诱导结晶的贡献。Flory 的熵减模型只考虑链伸展导致的构象熵减，没有考虑链段取向。采用 Flory 熵减模型去拟合实验数据，掩盖了取向的作用。双向拉伸流动场可成功解耦链伸展和取向的作用[图 3-22（b）][41]。等速双向拉伸流动场作用下，分子链只伸展，在拉伸平面内保持无规取向。调控两个拉伸方向的拉伸速率，可实现不同拉伸比，进而调控分子链伸展与取向。本书作者团队以硫化天然橡胶为研究对象，将双向拉伸实验装置与同步辐射 WAXS 联用，原位研究了双向拉伸诱导天然橡胶的结晶行为。图 3-23 给出了 x 和 y 两个方向不同拉伸比条件下的 WAXS 二维图。单向自由拉伸（x 方向进行单向拉伸，拉伸比为 5.2，y 方向自由收缩）和受限拉伸（x 方向进行单向拉伸，拉伸比为 5，y 方向样品宽度保持不变，样品只在厚度方向收缩变薄，5×1）条件下，WAXS 显示拉

伸诱导天然橡胶结晶。随着 y 方向拉伸比的增加，天然橡胶晶体的衍射信号逐渐
变弱并最终消失，这表明双向拉伸抑制结晶。因此，分子链取向对结晶的影响至
关重要。

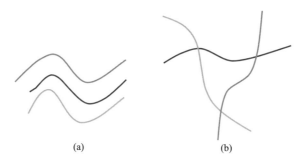

（a）　　　　　　　　　　　　　　　　（b）

图 3-22　单向拉伸（a）和双向拉伸（b）流动场作用下分子链伸展和取向的示意图

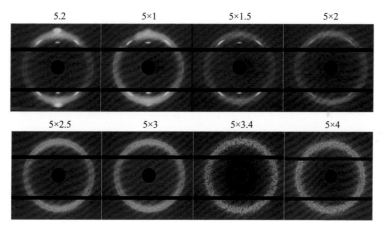

图 3-23　双向拉伸诱导天然橡胶结晶的 WAXS 二维图[42]

散射图上方的数字表示 x 和 y 两个方向上各自的拉伸比

基于不同拉伸比下原位采集的 WAXS 信号，可以计算出结晶度、无定形链取
向度和取向无定形相的含量，分别汇总在图 3-24（a）、（b）和（c）中。拉伸过程
中的构象熵减无法直接从实验中获得，可基于仿射形变近似，以宏观拉伸比代入
Flory 的构象统计理论中计算获得[图 3-24（d）]。对比结晶度在 λ_x-λ_y 平面中的结
晶度分布与无定形链取向度、取向无定形相的含量及构象熵减分布可以看出，结晶
度更依赖于无定形链取向度及其含量，而构象熵减的影响小。定量化的理论解释将
在 3.4.4 节中进一步给出。

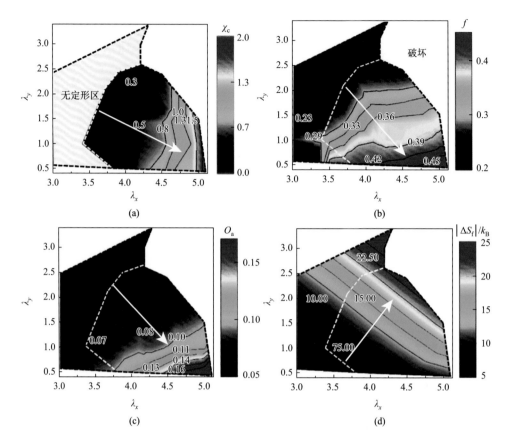

图3-24 双向拉伸诱导天然橡胶结晶过程中结晶度（a）、无定形链取向度（b）、取向无定形相的含量（c）和构象熵减（d）[41]

分子动力学模拟可进一步从分子层次上探究取向与结晶的关系。本书作者团队采用分子动力学模拟研究了双向拉伸诱导结晶[43]。平面拉伸比（$\lambda_x \times \lambda_y = 9$）固定的条件下，通过改变 x 轴和 y 轴两个方向的拉伸速率比可以获得 x 轴和 y 轴两个方向上不同拉伸比的体系，实现分子链伸展和取向的解耦。图3-25给出了受限拉伸［图3-25（a）］和双向拉伸［拉伸速率比 $v_x/v_y = 1/0.1$、$1/0.3$、$1/0.5$、$1/0.7$、$1/1$，图3-25（b）～（f）］诱导结晶过程中的晶核。图3-25（a′）～（f′）是对应的结晶前的取向参数。对比拉伸诱导的晶核和链段取向分布，可以直观地发现成核都发生在取向度高的区域。

为了考察分子链伸展程度及取向有序与结晶的关系，有必要引入两个参数，第一个参数为分子链伸直参数 R_p：

$$R_p = (R_{gx}^2)^{0.5} \times (R_{gy}^2)^{0.5} \tag{3-28}$$

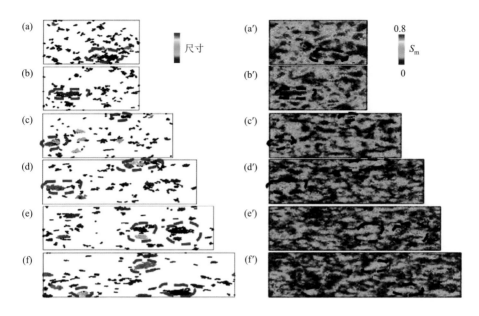

图 3-25　受限拉伸（a）和双向拉伸[拉伸速率比 $v_x/v_y = 1/0.1$、$1/0.3$、$1/0.5$、$1/0.7$、$1/1$，（b）~（f）]诱导结晶过程中的晶核；（a′）~（f′）对应的结晶前的取向参数，所有体系都经历相同的平面拉伸比[43]

其中，R_{gx} 和 R_{gy} 分别是分子链均方回转半径在 x 方向和 y 方向上的分量。第二个参数为取向参数 S，S 为取向张量 $\boldsymbol{Q}_{\alpha\beta} = \dfrac{1}{N_P}\sum\limits_{j=1}^{N_P}\left(\dfrac{3}{2}\boldsymbol{e}_{j\alpha}\boldsymbol{e}_{j\beta} - \dfrac{1}{2}\delta_{\alpha\beta}\right)$ 的最大特征值，其中 $\alpha, \beta \in (x, y, z)$，$\boldsymbol{e}_j$ 为单体 j 的单位弦矢量，由同条链上第 $j-1$ 单体指向 $j+1$ 单体。在此基础上定义单体的局部取向参数 S_m，$\boldsymbol{e}_j$ 为第 i 单体周围截断半径 $r_{cut} = 2.23\sigma$ 内的 N_P 个单体的单位弦矢量。通过统计 x 方向和 y 方向的链均方回转半径、链段取向和成核诱导期 t_i，就可以分别建立链伸展、取向与成核动力学的关系。图 3-26（a）和（b）分别给出了双向拉伸条件下成核诱导期 t_i 对链拉伸参数和体系平均取向参数（$\bar{S}_m$，所有单体的局部取向参数的平均值）的依赖关系。随着链拉伸参数的增加，成核诱导期增加，这与 Flory 的熵减加速结晶矛盾。实际上，并不是链伸展程度越高越难结晶。图 3-26（a）中的反常现象是由于在双向拉伸情况下，伴随链伸展程度的增加，链取向度下降，由此导致成核诱导期不降反增的现象。图 3-26（b）显示，随着取向度的增加，成核诱导期降低，成核加速。模拟中还考察了生长前端链段的取向与晶体生长速率的关系，同样发现取向越高生长速率越快。这些结果进一步证明，与链伸展相比，链取向在流动场诱导高分子结晶中扮演着更重要的角色。

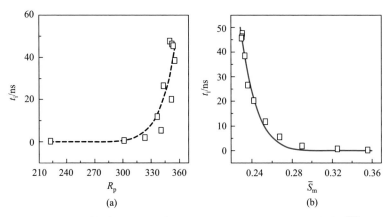

图 3-26　成核诱导期与链伸展（a）和取向（b）的依赖关系图[43]

3.4.3　流动场诱导新晶型与新形态

　　流动场诱导产生新晶型和新形态是非常普遍的实验现象，但非常遗憾，Flory 的熵减模型和其他流动场诱导结晶的理论模型中几乎都没有考虑新晶型和新形态。本小节将基于实验证据，进一步强调流动场对晶型和形态的调控作用。

　　本书作者团队系统研究了拉伸诱导轻度交联 PE 的结晶行为[44]。图 3-27（a）和（b）分别给出辐照 50 kGy 的 PE 样品在不同温度下拉伸到不同应变时原位采集到的 SAXS 和 WAXS 二维图。SAXS 和 WAXS 测试结果显示，在温度-应变二维空间中，可以获得不同的晶型和形态。基于晶型和形态，可以分为四个区：①在较低温度（129℃）下，拉伸诱导产生正交片晶核；②136℃时，拉伸过程中形成了正交串晶核；③提高拉伸温度到 154℃，形成了六方串晶核；④193℃时，则产生了取向的无定形串晶核前驱体。图 3-27（c）在温度-拉伸二维空间中给出了这些晶型和形态的空间分布示意图。

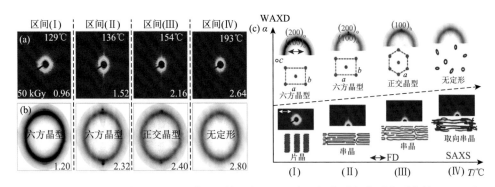

图 3-27　（a）和（b）辐照 50 kGy 的 PE 样品在不同温度下拉伸过程中原位采集的 SAXS 和 WAXS 二维图；（c）温度-拉伸二维空间中晶型和形态分布示意图[44]

3.4.4 统一 FIC 的热力学唯象模型

本节将介绍本书作者团队发展的耦合了链伸展、链取向、新晶型和新形态等关键物理机理的统一流动场诱导结晶（unified flow induced crystallization，uFIC）热力学模型，见图 3-28[41]。该模型中，针对链伸展和链取向引入了构象熵变 ΔS_{con}、取向熵变 ΔS_{ori} 和与取向相关的内能变化 ΔH_f^l；对于新晶型和新形态，引入了静态和流动场条件下不同晶型焓的差值 ΔH_f^c，晶体形态由片晶向串晶核转变晶体折叠端表面自由能密度的改变，即由折叠链面 σ_e 向伸直链面 σ_e^f 转变。此外，该模型引入链间相互作用，用以涵盖中间态形成的可能性。流动场诱导产生的有序结构或前驱体在 FIC 实验中已被广泛报道，这在下一节将进行详细讨论。预有序或前驱体的出现表明流动场不仅改变了熵，也改变了分子间的相互作用或焓，因此引入了流动场诱导高分子熔体或者溶液的相互作用改变或焓变 ΔH_f。以下将简单介绍 uFIC 的推导过程。

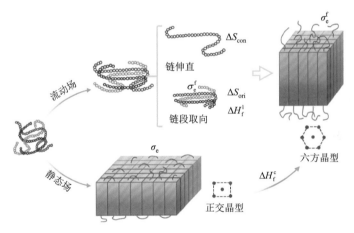

图 3-28 流动场引起的 FIC 物理参数的变化[41]

ΔS_{con} 和 ΔS_{ori} 分别为熔体流动引起的构象和取向的熵变；ΔH_f^l 为高分子熔体中有序链段相互作用引起的焓变；ΔH_f^c 为 PE 的两种晶体结构，如流动场诱导的正交相和六方相之间的焓差；σ_e 和 σ_e^f 分别为静态及流动场下晶体端表面自由能密度

首先，体系的化学势 $\mu = H - TS$，流动场条件下高分子晶体与熔体相（液相）单位体积化学势为

$$\Delta \mu_f = \Delta H_f - T\Delta S_f = (\Delta H + \Delta H_f^c - \Delta H_f^l) - T[\Delta S - (\Delta S_{con} + \Delta S_{ori})] \quad (3-29)$$

其中，ΔH 和 $\Delta H_f = \Delta H + \Delta H_f^c - \Delta H_f^l$ 分别是静态和流动场下高分子成核的焓变；ΔS 和 $\Delta S_f = \Delta S - (\Delta S_{con} + \Delta S_{ori})$ 分别是静态和流动场下成核的熵变。此处分别考虑了构象和取向对熔体熵变的贡献。式（3-29）中，假设静态和流动场下的晶相熵

差可忽略不计。在平衡熔点温度 T_{mf}^0，两相的化学势相等，$\Delta\mu_f = 0$，由此可以进一步细化流动场对平衡熔点的影响，为

$$T_{mf}^0 = \frac{\Delta H_f}{\Delta S_f} = \frac{\Delta H + \Delta H_f^c - \Delta H_f^1}{\Delta S - (\Delta S_{con} + \Delta S_{ori})} \qquad (3\text{-}30)$$

式（3-29）可被表示为

$$\Delta\mu_f = \Delta H_f \left(1 - \frac{T}{T_{mf}^0}\right) = \frac{\Delta H_f \Delta T_f}{T_{mf}^0} \qquad (3\text{-}31)$$

其中，ΔT_f 是流动场条件下的过冷度，将 $T_m^0 = \dfrac{\Delta H}{\Delta S}$ 代入式（3-30）可以进一步获得

$$\frac{1}{T_{mf}^0} = \frac{\Delta H}{\Delta H_f T_m^0} - \frac{\Delta S_{con} + \Delta S_{ori}}{\Delta H_f} \qquad (3\text{-}32)$$

最终，得到流动场下高分子成核位垒为

$$\Delta G_f^* = K\left[1 + \frac{1}{\Delta\mu_0}(\Delta H_f^c - \Delta H_f^1) + \frac{1}{\Delta\mu_0}T(\Delta S_{con} + \Delta S_{ori})\right]\Delta G_0^* \qquad (3\text{-}33)$$

其中，ΔG_0^* 是静态条件下晶体和熔体相（液体）的临界核成核势垒。这里引入了一个形状因子 K，$K = K_L K_R^2 = \dfrac{V_{cf}}{V_c}$，$V_c$ 和 V_{cf} 分别为静态和流动场下的临界圆柱体晶核体积。单是考虑流动场导致熔体的构象和取向变化，而不考虑后面结晶的情况下，如果 $\Delta H_f^1 - T(\Delta S_{con} + \Delta S_{ori}) < 0$，流动场可以诱导热力学稳定地预有序生成，反之则是亚稳预有序结构。

明确 uFIC 模型中主要参数的计算方式是获得定量化数据的基础，流动场诱导的构象熵变 ΔS_{con} 可以参考 Flory 的模型，这里给出链段取向相关的 ΔH_f^1 和 ΔS_{con} 的定量化计算模型。考虑到取向对初始熔体自由能的影响，局部拉伸链段的平行排列导致链段自由度的变化，为熵效应。同时，平行取向使得链段之间的相互作用改变，表现为对焓的影响。根据统计力学和借鉴 Maier-Saupe 液晶，将取向链段引起的熔体熵变化定义为取向熵，可以表示为

$$\Delta S_{ori} = -N_s k_B \ln f(\phi) = -\frac{a_N}{V_m^2}\frac{N_s}{T}f^2 + N_s k_B \ln\left\{\int_0^1 \exp\left[-\frac{u(\nu, f)}{k_B T}\right]dx\right\} \qquad (3\text{-}34)$$

其中，N_s 是取向链段数目；$f(\phi)$ 是链段与拉伸方向间夹角的分布函数；a_N 是与平均场相关的一个常数；V_m 是高分子的摩尔体积；f 是赫尔曼取向参数；$u(\nu, f)$ 是链段内能；ν 是链段矢量；高分子熔体在变形时的体积变化可忽略，流动场引起熔体焓的变化可以表示为 N_s 个链段取向引起的内能变 $\Delta H_f^1 = \dfrac{1}{2}N_s\dfrac{a_N}{V_m^2}f^2$。因此，流动场诱导的与取向相关的熔体自由能变化可以表示为

$$\Delta G_{\text{ori}}^{1} = \Delta H_{\text{f}}^{1} - T\Delta S_{\text{ori}} = c_1 f^2 + c_2 f^3 + c_3 f^4 \qquad (3\text{-}35)$$

其中，c_1、c_2、c_3 是与压强和温度相关的常数。另外，流动场条件下出现不同形态和结构的晶体引起的晶体焓变化 $\Delta H_{\text{f}}^{\text{c}}$ 具体数值可以查阅不同晶体的熔化焓得到。

下面将以图 3-24 中双向拉伸诱导天然橡胶结晶为例，展示 uFIC 在描述流动场诱导结晶中的效果。采用 uFIC 拟合实验数据需要两个前提条件：①结晶是一个成核控制的过程，几乎没有晶体生长，因此结晶度直接与成核动力学相关；②结晶是高分子取向链段向晶体转变，而无规链段不参与这个过程。图 3-24 中拉伸诱导天然橡胶结晶刚好符合这两个条件。基于图 3-24（b）、（c）和（d）中的数据，uFIC 可以重现体系的结晶度[图 3-29（a）]。理论重现出来的结晶度与实验获得的结晶度吻合非常好，误差在 2.6% 以内，证明这一模型的合理性。并且，通过 uFIC 还可以得到构象熵减（链伸展）和取向分别对结晶的贡献，两者对自由能的贡献分别在图 3-29（b）和（c）中给出，结果显示取向的贡献明显更大。

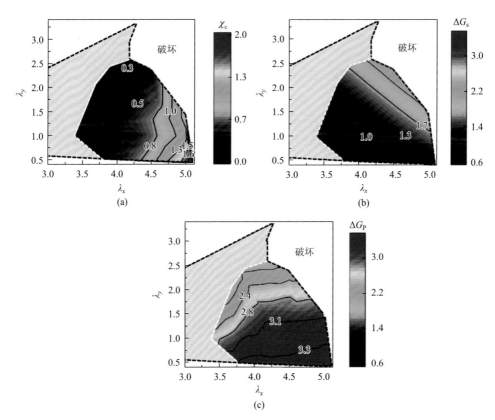

图 3-29 （a）基于无定形链取向、取向无定形相含量和构象熵减理论计算的结晶度；构象熵减（b）和链段取向（c）对成核位垒的贡献[42]

3.4.5 小结

Flory 的熵减加速结晶理论和后续在这个框架下的修正，都只考虑了整链构象变化导致的构象熵减，而没有引入流动场诱导的其他效应。在经典成核的无定形-晶体两相模型框架下，流动场诱导结晶的过程中，流动场的作用可以归纳为两点：①初态高缠结溶液或者熔体：整链尺度的伸展、链段尺度的构象有序和取向；②终态晶体：晶型和晶体形态改变。uFIC 模型不仅考虑了 Flory 模型中构象熵的变化，还引入流动场诱导的链取向、有序链段间的相互作用、晶核自由能和晶体形态自由能的贡献，可以有效地解释流动场加速成核现象，也能阐明决定临界晶核尺寸的参数、有序结构，以及不同晶体形态和结构的出现。

3.5 ▶ 多步成核分子模型

以上讨论仍基于经典成核的两相模型框架，即结晶是从初态溶液或者熔体到终态晶体的一步结构转变过程。流动场诱导熵减结晶理论也是基于经典成核模型，只是在其基础上考虑了流动场对初态构象熵的改变。本书作者团队提出的 uFIC 还仅是热力学唯象模型，引入了流动场诱导的链取向、有序链段间的相互作用、晶核和晶体形态对自由能的贡献，其中，$\Delta H_{\mathrm{f}}^1 - T(\Delta S_{\mathrm{con}} + \Delta S_{\mathrm{ori}})$ 是正还是负，决定预有序结构是中间的亚稳结构还是热力学稳定态。但 uFIC 是热力学唯象理论，未涉及具体的微观分子图像，如链段尺度的构象有序，如无规线团-螺旋转变（coil-helix transition，CHT）和旁式-反式转变（gauch-trans transition，GTT）等。

近 30 年，大量实验和计算机模拟结果显示，高分子结晶可能不是从溶液或者熔体到晶体的一步转变，实则经历了不同中间态或者预有序，如图 3-30 所示。近

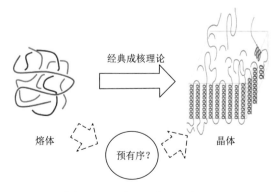

图 3-30 经典的高分子结晶图像与新的高分子结晶图像

年来出现的一些新的高分子表征手段为更深入地理解这一问题提供了宝贵机遇。本节将总结近期本书作者团队利用同步辐射显微红外、高空间分辨的同步辐射微聚焦 X 射线散射、高时间分辨的同步辐射 X 射线散射及红外-SAXS-WAXS 联用技术在研究高分子结晶前预有序时获得的一些实验证据，包括记忆效应、生长前端预有序、流动场诱导构象转变、多尺度耦合等物理过程。

3.5.1 流动场诱导熔体记忆效应

流动场作用后的高分子熔体，若未即刻降温到结晶温度，而是在较高的温度下弛豫，流动场的作用会随着弛豫时间的延长而逐渐消失；温度越高，消失得越快。长久以来，到底是什么导致了熔体记忆效应仍存在较多争议。一种观点认为，流动场诱导产生的部分晶核是熔体记忆效应的来源；另一种观点认为，流动场诱导高分子熔体形成的无定形有序结构是记忆效应的来源[45]。

近年来发展的同步辐射微聚焦 X 射线散射技术为检验这两种观点提供了便利。同步辐射微聚焦 X 射线散射技术能够逐点扫描一个微区内的高分子样品，进而绘制结晶过程的空间分布图。由于同步辐射微聚焦 X 射线散射技术是逐点扫描的，它给出的晶核分布也具有时间分辨性。本书作者团队研制了与同步辐射微聚焦 X 射线散射配套的纤维拉伸装置，如图 3-31 所示[45]，详细介绍见第 7 章。纤维拉伸之后，同步辐射微聚焦 X 射线散射技术能够在纤维拉伸的轨迹周围连续逐点扫描，以此了解矩形区域内的晶体分布情况。

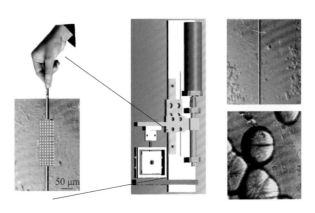

图 3-31　纤维拉伸装置示意图[45]

本书作者团队基于纤维拉伸装置研究了不同温度下剪切的 iPP 熔体[45]。结果表明，在 160℃剪切时，流动场能够直接诱导晶核生成[图 3-32（a）]。随着剪切温度的升高，晶体在纤维周围出现的概率不断减小，晶体衍射峰强度变弱。在 165℃时，纤维拉伸轨迹周围只有少数几个微区内存在微弱的晶体衍射峰。继续提高剪切温度，扫描区域内未发现晶体信号。然而，当温度降到138℃时，结晶诱导期较自由熔体明显变短[图3-32（b）和（c）]。这一结果说明，这些剪切后的熔体中虽然不存在晶体有序，但存在其他无定形有序结构，仍能促进结晶。这里需要注意的是，尽管高温剪切后产生的微小晶核可能仍然存在，但微聚焦X射线衍射的灵敏度不足以分辨出来。在175℃下剪切再降温到138℃进行等温结晶过程中，虽然加速了结晶，但仍存在明显的诱导期。诱导期的存在支持剪切诱导产生无定形预有序结构。如果是晶体核，降温到138℃时晶核应直接生长，而不应存在成核诱导期。相较于自由熔体成核，从预有序结构转变为晶体的诱导期明显缩短[图3-32（c）]。虽然记忆效应支持静态和流动场条件下都可能存在无定形的预有序结构，但并没有提供预有序的具体结构信息。

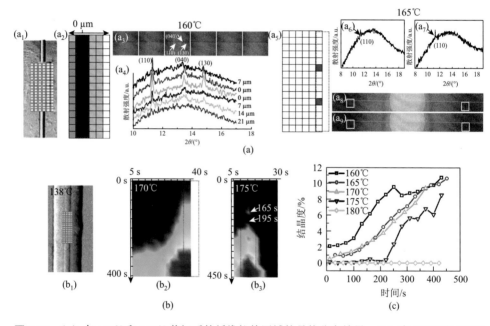

图3-32 （a）在160℃和165℃剪切后的纤维拉伸区域的晶体分布结果；（b）在170℃和175℃剪切后降到138℃后纤维拉伸区域的晶体分布结果；（c）在不同温度下剪切，然后降到138℃的结晶度变化[45]

3.5.2 流动场诱导构象有序

前面提到高分子与小分子最本质的区别在于高分子长链结构和链柔顺性两个特点。结晶需要柔性链段转变为刚性单元，这个转变即构象有序过程，如无规线团-螺旋转变（CHT）和旁式-反式转变（GTT）。高分子结晶研究中就构象有序能否独立发生仍存在争论[11]，独立发生还是与结晶的位置有序协同才能发生？前者定义的不依赖于结晶独立发生，是指单根链段或者多根链段协同但不具有晶体有序的情况下发生构象有序；而后者指构象有序发生在结晶过程，必须与位置（密度）、取向等有序协同才能发生，或者说构象有序不是一个独立的转变。

单链构象有序结构在生物大分子如蛋白质和多糖中普遍存在，这主要源于生物大分子链内强氢键的稳定作用。Zimm-Bragg 模型[46]是描述 CHT 的理论模型，其假定高分子链上的链段只存在两种状态，即无规线团和螺旋构象。长链的状态可以用一个简单的链段状态序列（cchhcchccchh…）来描述，其中 c 和 h 分别代表无规线团和螺旋构象。螺旋内的单体通过形成氢键获得势能 ΔH_m，但损失熵 ΔS_m。每个单体在螺旋态下的自由能可以用 $\Delta G_m = \Delta H_m - T\Delta S_m$ 来估算。位于无规线团-螺旋界面上的链段熵减少，但不形成氢键，引起的自由能增加为 $\Delta G_t = -\Delta H_t$。通过了解整条链的微观状态和各链段的能量贡献，可以用统计力学方法求得总自由能 ΔG，从而判定 CHT 是否发生。

合成高分子如等规聚丙烯（iPP）、等规聚苯乙烯（iPS）和聚环氧乙烷（PEO）晶体都采用特殊的螺旋构象，但大多数合成高分子不具有分子链内强氢键，因此缺乏 Zimm-Bragg 模型中稳定螺旋结构的机理。由于链构象分布本身就是随机的，短螺旋结构或者构象有序链段在合成高分子体系中也存在，并且随着温度降低其含量和长度都有所增加。但如果没有其他机理，如拉伸和链间相互作用，合成高分子体系很难形成长螺旋结构。Tamashiro 和 Pincus[47]及 Buhot 和 Halperin[48]将 Zimm-Bragg 模型拓展到流动场存在的条件下（图 3-33）。他们忽略结构域重排的混合熵及界面能，将高分子链简化为由无规线团和螺旋结构域组成，界面能为 Δf_t 的两嵌段高分子。由此，总自由能可表示为

$$\Delta G_{ch} = \phi N\Delta f + 2\Delta f_t + \frac{3}{2} k_B T \frac{(R_{ee} - \gamma a N\phi)^2}{(1-\phi)Na^2} \tag{3-36}$$

其中，N 是总单体数；ϕ 是螺旋段的浓度。最后一项描述了无规线团的自由能，其中 R_{ee} 是高分子链末端距离；γ 是螺旋的形成导致有效高分子长度缩短的一个表征参数；a 是单体单元长度。式（3-36）表明，即使是合成高分子，在强外场拉伸下仍然可能形成螺旋结构。此外，该模型提供了螺旋含量与分子变形之间的定量关联。

红外光谱是目前常见的探测构象有序手段。由于偶极矩的存在，中红外波段是主要的振动波段。此外，即使基团振动模式相同，不同的螺旋长度和局部环境也可以改变吸收带的波数。螺旋的长度和浓度是无规线团-螺旋转变的两个重要参

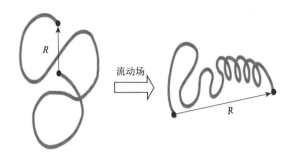

图 3-33　流动场诱导单链 CHT[36]

数，可以通过特征吸收峰的位置和强度来表征。以具有 31 螺旋构象的 iPP 为例，链段的螺旋长度与傅里叶变换红外光谱（FTIR）的吸收谱带之间存在着一一对应关系。不同长度的 iPP 螺旋红外吸收谱带存在差异：单体数为 14、12、10、8 和 5 的螺旋长度在红外光谱中分别对应 1220 cm^{-1}、841 cm^{-1}、998 cm^{-1}、900 cm^{-1} 和 973 cm^{-1}。这些吸收峰可以用来追踪构象有序和结晶过程。图 3-34 比较了 iPP 在 140℃下静态结晶和 FIC 的红外光谱。iPP 在静态下结晶的诱导期约为 4 h，而 FIC 中结晶的诱导期仅约为 20 min，这表明流动场加速了结晶动力学。静态熔体在 841 cm^{-1} 和 998 cm^{-1} 处出现了红外吸收峰，表明熔体状态下存在短螺旋。剪切场下这些吸收峰强度突然增加，说明外部流动场加速了螺旋的形成，特别是长螺旋的形成。进一步研究发现，流动场对新形成的螺旋长度也存在影响。超过 12 个单体的螺旋只有在流动场下才能形成，且需要应变速率超过一定临界值。基于这些实验结果，本书作者团队提出了三种流动场诱导无规线团-螺旋转变路径（图 3-35）：①对于熔体中已经存在的短螺旋，流动场诱导其生长为长螺旋；②流动场诱导无规线团成核和生长为螺旋；③流动场诱导短螺旋合并成长螺旋[49]。

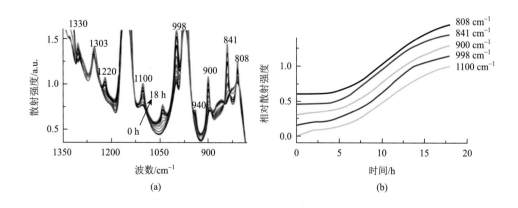

(a)　　　　　　　　　　　　　　　(b)

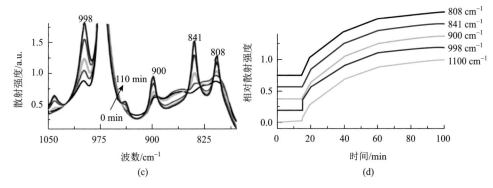

图 3-34　iPP 在结晶过程中的原位红外光谱图[49]

（a）、（b）静态 140℃下结晶；（c）、（d）剪切场 140℃下结晶

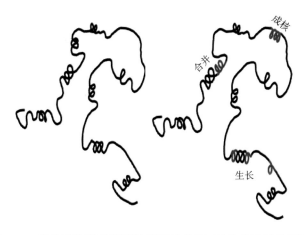

图 3-35　流动场诱导无规线团-螺旋转变的三种生长路径示意图[49]

　　流动场诱导的螺旋结构会因松弛而消失还是会因结晶而进一步增加取决于温度。螺旋结构的稳定性可通过跟踪松弛动力学判别。图 3-36（a）给出了 177℃下剪切停止后不同时间内 iPP 的 FTIR 图，表征构象有序的 998 cm⁻¹ 处吸收峰强度随时间不断减弱。图 3-36（b）是统计获得的不同温度下该峰强度随时间的演化曲线。通过一阶指数衰减函数拟合，可以获得螺旋构象的特征松弛时间。图 3-36（c）汇总了不同温度下的特征松弛时间。在温度较高的区域，松弛时间与温度的倒数几乎呈指数关系，表明构象以 Arrhenius 模式松弛。在温度接近通常 iPP 晶体熔点（165℃）处，松弛时间偏离线性且显著增加，间接说明了在这一温度区间剪切诱导产生的不仅有孤立的螺旋结构，还有螺旋结构的聚集体（前驱体）或结晶的预有序结构。此时，链间相互作用能够稳定螺旋结构，导致松弛时间变长。采用二阶指数衰减函数能更好地拟合接近结晶熔点的松弛曲线，如图 3-36（d）所示，拟

合的松弛时间分别为 315 s 和 16428 s。如果后者来源于结晶前聚集体中的螺旋结构，如此长的松弛时间表明流动场诱导的前驱体非常稳定。

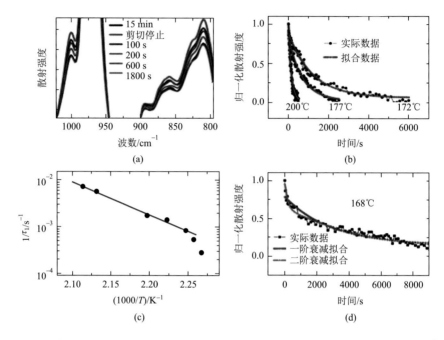

图 3-36 （a）在 177℃剪切 iPP 后不同时间的 FTIR 图；（b）不同温度下归一化的 998 cm^{-1} 处的峰强度随时间的演化曲线；（c）不同温度下 998 cm^{-1} 处峰的松弛时间；（d）在 168℃下 998 cm^{-1} 处的峰强度随时间的演化及拟合结果[50]

3.5.3 多尺度有序结构间的耦合

由于缺乏链内氢键等稳定构象有序结构的相互作用，大部分合成高分子需要外场或者链间相互作用才能稳定。如图 3-36 的原位 FTIR 结果显示，当流动场停止后，高温下 iPP 的螺旋结构会发生松弛。在流动场作用下，构象有序可能与密度耦合，形成结晶前驱体或者预有序结构。

基于拉伸流变仪与 SAXS/WAXS 联用，本书作者团队发现 PE 体系存在无定形串晶核结构（δ 相）。δ 相在 SAXS 图中表现为条纹状信号，但 WAXS 图上没有晶体的衍射信号，说明 δ 相与周围熔体存在密度差但无晶体的长程有序。在拉伸过程中，PE 易发生旁式-反式（*gauche-trans*）构象转变，δ 相的形成可归于流动场诱导的构象有序与密度耦合的结果。因此，δ 相是典型的流动场诱导的结晶前预有序。为了弄清 δ 相的稳定性，通过原位 SAXS/WAXS 跟踪了轻度交联 PE 在 172℃

下拉伸-卸载过程中的结构演化[28]。图 3-37（a）是拉伸-卸载实验中的应力-时间曲线，图 3-37（b）和（c）分别为原位采集的 SAXS/WAXS 二维图和 WAXS 一维曲线。在拉伸过程中，首先形成的是无定形串晶核结构（δ 相），进一步拉伸，无定形串晶核结构转变为六方晶（hexagonal crystal，H 晶）。在卸载过程中，随着应力的减小，H 晶又转变回无定形 δ 相，最后 SAXS 图中条纹状信号消失，δ 相转变为熔体（L）。有趣的是，卸载过程中，H-δ 和 δ-L 相变的临界应力小于在拉伸过程中 δ-H 和 L-δ 相变的临界应力，说明 δ-H 和 L-δ 是两对具有应力滞后的非平衡相变。此外，即使温度在 200℃ 以上，也可以单独观察到没有晶体衍射信号的 δ 相，并且 δ 相在应力-温度空间中的转变具有明确的方向和路径，因此可以认为流动场下的无定形串晶核或 δ 相是一个热力学相，其稳定性取决于应力和温度场。

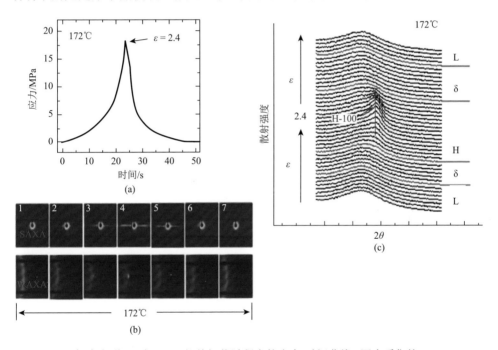

图 3-37　（a）轻度交联 PE 在 172℃拉伸卸载过程中的应力-时间曲线；同步采集的 SAXS/WAXS 二维图（b）及 WAXS 一维曲线（c）[28]

此外，利用超快同步辐射 X 射线散射原位研究了施加流动场过程中 iPP 的结构变化。图 3-38（a）及（b）给出了 iPP 熔体在 140℃下拉伸的应力-时间曲线及相应的原位 SAXS 和 WAXS 二维图。140℃时 SAXS 二维图中的串晶核信号与 WAXS 二维图中的晶体衍射弧同时出现，表明流动场诱导晶体的形成。当温度低于 160℃时，流变测量中的应力上升与 SAXS 二维图中出现条纹状信号的应变一样。因此，应力上升的起始应变可以推测为流动场诱导产生有序结构的临界应变。图 3-38（c）

总结了不同结构出现的温度区间。在130～155℃区间，同时观察到了应力上升、串晶核信号和晶体信号，表明生成了晶态串晶核。在155～160℃区间，观察到了应力上升和串晶核信号，但没有晶体信号，表明生成了无定形串晶核。在160～170℃区间，只观察到了应力上升，表明生成了无定形前驱体。如图3-38（d）所示，流动场诱导无定形前驱体的临界应变不随温度的升高而变化，这与ERM的预测相反。在ERM中，由于应变-温度等效，高温下需要更大的应变才能诱导成核。

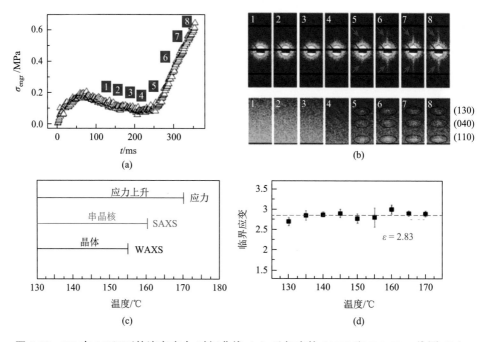

图 3-38　iPP 在 140℃下的流变应力-时间曲线（a）及相应的 SAXS 和 WAXS 二维图（b）；（c）流动场施加过程中特征结构信号形成的温度依赖性；（d）应力上升的临界应变[51]

　　为了解释这一反常现象，本书作者团队提出了一个包含拉伸诱导构象有序（在 iPP 体系中为 CHT）和各向同性-液晶转变（isotropic-nematic transition）的成核模型[37]，该模型成功阐明了成核是由流动场而非温度驱动。这个动力学成核模型的物理图像是：无规线团（coil）⟶刚性链段（stiff segment 或 helix）⟶前驱体（precursor）⟶晶体（crystal）。由于拉伸诱导构象有序主要与末端距或分子链应变相关，这些构象有序链段的平行排列也主要由应变驱动，因此这两个转变会同时在应变达到其结构转变的临界应变时立即发生。因为在这两个转变中应变比热涨落的作用更重要，这也解释了为什么形成预有序结构的临界应变在不同温度下保持不变。

为了直接建立不同有序结构之间的耦合关系，采用轻度交联的 iPP 样品，在拉伸过程中分别通过 FTIR、SAXS 和 WAXS 跟踪构象有序、密度涨落和晶体有序。图 3-39 中汇总了三种检测技术在不同温度下获得的结构转变的临界应变。FTIR 检测出的构象有序与 SAXS 获得的密度涨落发生的临界应变近乎重合，表明构象有序和密度涨落存在直接耦合关系。在温度低于 160℃时，WAXS 检测到的晶体有序明显滞后于构象有序和密度涨落，证实结晶前拉伸诱导前驱体或预有序结构的发生。基于图 3-38（c）中的应力上升、SAXS 和 WAXS 信号随温度变化趋势，推测升高温度将扩大预有序和结晶发生的应变窗口。然而，图 3-39 却给出相反结果。这源于在拉伸交联 iPP 的实验中，应变速率为 $0.02\ \mathrm{s}^{-1}$，与图 3-38（c）中采用的 $12.6\ \mathrm{s}^{-1}$ 相差 3 个数量级。高速拉伸中，链构象转变主要由应变驱动，温度的影响较小，但能否转变为晶体主要受温度影响。因此，预有序与结晶的应变或者时间窗口随温度升高而增加。在低应变速率下，应变和温度对构象有序和结晶的作用同样明显，发生构象有序与密度的耦合，需要足够高浓度的构象有序链段，而低温更能满足这个条件。

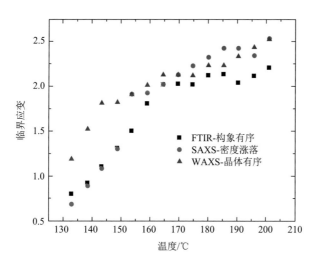

图 3-39　不同温度下拉伸诱导 iPP 的构象有序、密度涨落和晶体有序的临界应变[52]

3.5.4　小结

基于以上实验结果，本书作者团队提出了图 3-40 中描绘的流动场诱导结晶的多尺度多步骤有序图像[51]。高缠结溶液或者熔体在流动场作用下，首先在链段尺度上发生构象有序，当构象有序的长度和浓度达到一定值后，发生构象有序与取向或者密度的耦合，形成预有序结构。在单向拉伸流动场作用下，构象有序的链段倾向于沿拉伸方向取向，因此，取向有序更容易发生。如果温度低于结晶温度，预有序结构将通过结构调整转变为晶体。预有序结构可以是亚稳结构或者热力学相。在应力-温度空间中，也可能以稳定相的形式存在。这些结论与 3.4.4 节中提出的 uFIC 理论一致。

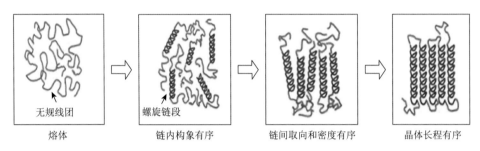

图 3-40 流动场诱导结晶的多尺度多步骤有序模型[37]

3.6 流动场诱导结晶的非平衡特性和多维流动场调控晶体三维取向

3.6.1 流动场诱导结晶非平衡相图

构建相图是归纳总结相变行为的重要模式，也是指导实际加工的有效工具。流动场诱导结晶的相图是典型的非平衡相图。流动场施加方式不同，高分子材料的分子量及其分布、支化度、等规度及是否交联等分子参数差异，都会影响相图中各相是否出现及出现的区域。即便有这些影响，在温度-流动场二维空间中构建流动场诱导结晶的基础相图对理解这一非平衡相变和指导加工都具有不可替代的意义。基于这一思考，本书作者团队系统研究了 PE、iPP 和 PB-1 三种最重要的聚烯烃的流动场诱导结晶行为，在温度-流动场二维空间中构建出流动场诱导结晶的相图，如图 3-41 所示。PE 相图中包含了无定形相、无定形δ相，以及六方和正交两个晶相。构建 PE 相图采用的是轻度交联的样品，可以采用应力来代表流动场，体现了应变速率和应变的叠加效应。无定形δ相出现在高温和高应力区，正交相出现在其平衡熔点以下，并且随应力的增加出现的温度进一步降低；六方相则介于无定形δ相和正交相中间的区域。这里有两点需要强调：①正交与六方相区界线在应力-温度空间中斜率为负。这说明在与六方相的竞争中，正交相的稳定性随应力的增加而下降。这是典型的应力诱导无序化，与应力诱导熔体到晶体的有序化（结晶，斜率为正）正好相反。②拉伸诱导六方相的生成只需要大约 3 MPa 的应力，而采用施加压强的方式，出现六方相的三相点压强大约是 300 MPa。由此可见，压缩诱导六方相生成比拉伸所需应力高出两个量级！显然，流动非平衡外场能更有效地诱导亚稳结构形成，这可能与高分子的长链特性相关。施加单轴流动场更容易改变链构象和取向，而链构象和取向改变后再耦合密度，可能更有利于诱导亚稳结构和加速晶，这点将在 3.7 节中再进行详细讨论。而施加压强，直接改变的是密度，通过密度再来改变构象和取向显然不容易，这可能是其与流动场作用效果不同的原因。

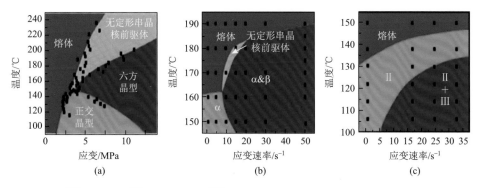

图 3-41　PE[28]（a）、iPP[29]（b）和 PB-1[53]（c）在温度-拉伸二维空间中的流动场诱导结晶的非平衡相图

iPP 和 PB-1 结晶实验都是直接采用高分子熔体，由于熔体强度的限制，只能跟踪不同应变速率下的结构演化，因此其相图展现在应变速率-温度二维空间中。iPP 的相图中包括熔体、无定形串晶核前驱体、α相及α相与β相共存这四个区域。热力学稳定相α晶体出现在较低温度和低应变速率区，而α相与β相共存于较高温度和高应变速率区。在α相与β相共存区和熔体区之间，存在一个无定形串晶核前驱体区。PB-1 的相图中只观察到三个相区，即熔体、晶型Ⅱ和晶型Ⅱ与Ⅲ共存区。晶型Ⅱ和Ⅲ都是亚稳结构，晶型Ⅱ通常在静态结晶中出现，而晶型Ⅲ一般是由溶液结晶获得。这里强流动场也能诱导产生晶型Ⅲ，但不稳定，在后续等温过程或者拉伸过程中会逐渐消失。PB-1 的稳定晶相是晶型Ⅰ，晶型Ⅱ在室温下会逐步转变为晶型Ⅰ。在流动场诱导结晶的实验中，没有观察到晶型Ⅰ的生成，也印证了流动场更倾向促进亚稳或非稳定晶相产生。图 3-42 给出了聚二甲基硅氧烷（PDMS）在低温下拉伸诱导结晶的相图，包含无定形（OA）、亚稳相、α′、β′、α和β六个相区，这些相的出现与否以及在应变-温度空间中的相区会受到填料含量、应变速率、交联度等各种因素影响，体现了流动场诱导结晶非平衡相图的复杂性[54]。

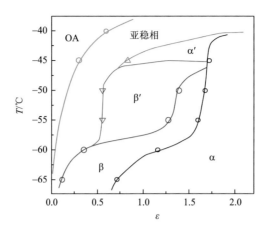

图 3-42　PDMS 在温度-拉伸应变二维空间中的流动场诱导结晶的非平衡相图[54]

3.6.2　多维流动场调控晶体三维取向

薄膜加工中常涉及在 x 和 y 两个轴方向施加流动场，譬如吹膜通过吹胀比和牵引比调节两个轴方向的流动场强度。在单轴流动场作用下，熔体中分子链沿流动场方向取向，结晶后晶体中分子链的方向（通常定义为 c 轴）也是沿流动场取向，而晶体的其他两个轴（a 和 b）随机取向。这种情况在纤维中很常见，其衍射信号被定义为纤维衍射。如果施加双轴流动场，高分子链沿最强流动场方向取向，a 轴和 b 轴是否还是随机取向？如果能实现晶体的三维取向控制，将为设计具有光、电等功能的高分子薄膜带来新机遇。

本书作者团队以天然橡胶为测试对象对以上设想进行验证。图 3-43（a）和（b）给出了受限单向拉伸诱导天然橡胶结晶的样品在不同 ψ 角度下测试的 WAXS 二维图，ψ 为样品沿拉伸轴/受限轴旋转的角度。与单向自由拉伸诱导结晶的样品相比，其(120)衍射峰强度非常弱。通过分析在不同 ψ 角度下测试的(200)和(120)强度比[图 3-43（c）]，以及它们与无定形的强度比[图 3-43（d）]，发现(200)晶面（a 轴）沿受限方向取向，而 b 轴倾向于沿样品厚度方向取向。虽然受限拉伸获得的是多晶结构，但所有晶体却都表现为类似单晶的三维取向，如图 3-43（e）所示。

进一步分析发现，这种特殊的晶体三维取向源于不同晶面的模量不同。天然橡胶晶体的(200)和(120)晶面的模量分别为 1.57 GPa 和 0.36 GPa，因此(200)晶面更能承受应力[55]。粗略估算 a 轴沿受限方向取向比 b 轴沿受限方向取向对晶体自由能的增加少约 4.4%。从成核位垒角度考虑，在拉伸诱导结晶过程中，晶体成核更愿意选择成核位垒更低的 a 轴沿受限方向取向的模式。

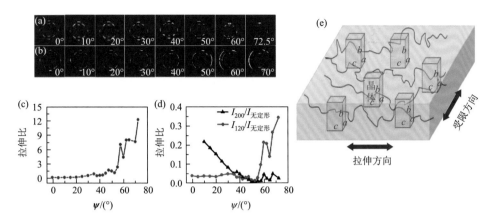

图 **3-43** 不同旋转角度（ψ）下的受限单向拉伸诱导天然橡胶结晶的 WAXS 二维图，其中（a）旋转轴为拉伸方向，（b）旋转轴为受限方向，图中标出了 ψ 角度值；（c）旋转轴为拉伸方向条件下，(120)与(200)衍射峰强度比随 ψ 的变化；（d）旋转轴为拉伸方向条件下，(120)和(200)衍射峰与无定形散射强度比随 ψ 的变化[55]；（e）类似单晶的多晶体三维取向示意图[36]

3.6.3 小结

流动场可以诱导不同晶型和晶体形态的生成。流动场诱导结晶的非平衡相图，实际上就是半晶高分子材料加工和服役行为的微观结构演化规律图，或者是精准加工和服役的路线图。因此，系统构建流动场-温度空间中流动场诱导结晶的非平衡相图对于指导高分子材料加工极为重要。天然橡胶受限拉伸获得多晶结构但所有晶体的三维取向一致的例子，为采用多维流动场调控高分子晶体（三维）取向带来了很大的想象空间。例如，具有压电性的聚偏氟乙烯（PVDF）β晶，如果所有晶体的强偶极方向都沿薄膜面的法向方向取向，预计会大幅度提升薄膜的宏观压电性能。

3.7 链柔顺性和连接性对高分子成核的影响

高分子链是由一个个重复单元经共价键连接起来的，强共价键意味着连接的原子必须协同运动，未连接的原子间通过范德瓦耳斯力、氢键、静电等进行相互作用，这赋予了高分子链区别于小分子的柔顺性和连接性特点。高分子链的柔顺性和连接性使得高分子结晶涉及的空间尺度范围从单体、整链线团到晶体的近宏观尺寸；对应的时间尺度跨度大，从单体弛豫时间（约 1 ns）到结晶时间尺度（低过冷度时可达数小时）。尽管近年来同步辐射 X 射线散射等技术飞速发展，时间分辨率从分钟提高到毫秒，但实验上原位追踪高分子结晶过程仍不能全面满足高分子结晶研究的需求，特别是分子尺度上的结构演化。鉴于分子动力学模拟方法在微观尺度上的优势，近年来分子动力学模拟已成为高分子结晶行为研究的重要方法之一[56]。以下不对具体的模拟方法进行展开，而将重点介绍基于分子动力学模拟方法研究的链柔顺性和连接性对高分子成核的影响。

3.7.1 链柔顺性对高分子成核的影响

由于高分子的链柔顺性，其结晶过程中必然伴随链内构象有序转变，这是高分子区别于小分子结晶最典型的特点之一。无论是初级成核还是二次成核，现有的高分子结晶模型都将构象有序链段（COS）作为一个前提条件，或是将 COS 的形成归结为分子内或分子间相互作用的结果，但都没有从动力学的角度回答构象有序是如何发生的。对于大多数合成高分子，构象有序必须依赖于外场或链间相互作用的帮助。因此，高分子结晶理论需要回答哪些链间相互作用有助于链内构象有序。根据高分子晶体的对称性，高分子结晶过程中可能涉及密度、取向、键取向有序（BOO）和构象有序四个有序参数。这些序参量中，密度和取向是全局的，而键取向有序和构象有序是局域的。考虑到构象有序的局域特性，与 BOO 相似的局域有序才可能耦合分子链内构象有序，进而诱发高分子晶体成核。近期 PE 成核的全原子分子动力学（AA-MD）模拟在一定程度上给出了证据。本小节将以此为例，介绍高分子柔性链究竟是如何转化成构象有序的刚性链段。为了方便读者理解，以下将首先介绍如何构建局域序参量，再在此基础上给出静态成核及流动场诱导成核过程中的构象有序研究。

1. 局域序参量定义

识别 PE 分子链内构象有序链段，可以简单地通过二面角来定义，而针对链间的局域有序，需引入新的局域序参量 O_{CB}。结晶前的预有序结构是同时满足链内构象有序和链间局域有序两个序参量的结构单元。接下来，将简要介绍如何定义序参量 O_{CB}。

构建局域序参量的第一步是选择参考结构，如图 3-44（a）[57]所示，引入 PE 理想正交和六方晶体结构作为参考结构。第二步是构造数学表达式，以便将多维结构转换为一个标量或相似的指标。最后是通过比较未知结构与参考结构之间局域序参量 O_{CB} 的值来实现结构识别。参考 Steinhardt 等[58]序参量的定义方式，定义 PE 的局域序参量为

$$Q_{nm} = \sum_{m=0}^{n} \left| Y_{nm}(\theta_{ij}, \phi_{ij}) \right|^2 \tag{3-37}$$

$$O_{CB} = \frac{1}{N_{(i)}} \sum_{j=1}^{N_{(i)}} \left(\frac{2\pi}{n+1} Q_{nm} \right)^{1/2} \tag{3-38}$$

式（3-37）中，Q_{nm} 是 $n=4$ 和 $m \in [0,n]$ 的球谐函数 Y_{nm} 的和；θ_{ij} 和 ϕ_{ij} 分别是极角和方位角。考虑到球谐函数在 $m=+n$ 和 $m=-n$ 的不变性，其在自相关函数计算中得到相同的值，所以仅计算 $m \in [0,n]$ 的阶数。式（3-38）中，$N_{(i)}$ 是 r_{cut} 内与中心粒子 i 相邻粒子 j 的数目。采用 $r_{cut} = 5.4$ Å，基于式（3-38）对 Q_{nm} 求平均，计算出 PE 的标准正交和六方结构的 O_{CB} 值，以此作为标准进行结构判定。图 3-44（b）显示了不同标准结构的 O_{CB} 值，$O_{CB} = 0.130$，$O_{CB} = 0.150$ 和 0.165 分别对应于正交晶体结构和六方晶体结构的中心原子。进一步将 O-O_{CB} 和 H-O_{CB} 结构定义为中心原子及其周围 5.8 Å 范围内的碳原子。以下小节将基于 PE 成核模拟过程中的局域序参量 O_{CB}，识别 AA-MD 模拟 PE 成核中的有序结构。

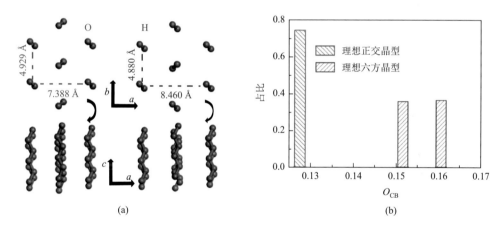

图 3-44　（a）PE 的理想正交晶体（左）和六方晶体（右）；（b）正交晶体和六方晶型的 O_{CB} 值，正交结构的 O_{CB} 约等于 0.130，而六方结构的 O_{CB} 约等于 0.150 或 0.165[57]

2. PE 静态成核

PE 静态成核的 AA-MD 模拟结果显示，六方团簇（hexagonal cluster，H-O_{CB}）首先出现，并随时间动态增长，如图 3-45 所示。当 H-O_{CB} 达到一定尺寸后，在其内部会形成稳定的正交晶核 [图 3-45（b）]。图 3-45（c）给出了结晶过程中 H-O_{CB} 和 O-O_{CB} 中包含的原子数的演化过程。H-O_{CB} 团簇在温度达到 375 K 后立即出现，而 O-O_{CB} 晶核的出现需要大约 15 ns 的诱导期。这表明，PE 正交晶体成核是一个以 H-O_{CB} 为结构中间体，也可以看作局域有序结构涨落辅助的两步成核过程。

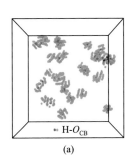
(a)

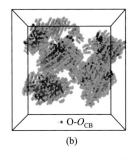
(b)

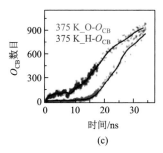
(c)

图 3-45 （a）和（b）PE 在 375 K 成核过程中不同时刻的构象，其中不同类型的原子以不同颜色表示，橙色和青色（红色和黄色）分别对应于中心原子和 H-O_{CB}（O-O_{CB}）结构的相邻原子，而蓝色原子同时属于两者；（c）O_{CB} 结构数目在 375 K 处的变化[57]

　　对不同阶段局域有序结构的 Voronoi 体积进行跟踪，可以阐明局域结构有序是否与密度耦合。图 3-46 展现了 375 K 等温结晶模拟过程中的 O_{CB} 结构（右列）及其碳原子的 Voronoi 体积（左列）。H-O_{CB} 团簇中碳原子的 Voronoi 体积与熔体基本一致（绿色表示 Voronoi 体积值约等于 30），说明六方结构的出现并未伴随着密度变化。而正交晶核区域 Voronoi 体积降到较低值（蓝色表示 Voronoi 体积值小于 25），显示正交晶核的形成耦合了密度变化。因此，H-O_{CB} 局域结构有序和密度是两个相互独立的有序过程，彼此不耦合；而正交晶核的形成是密度与局域结构有序的耦合过程。

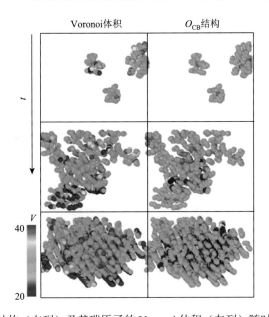

图 3-46　O_{CB} 结构（右列）及其碳原子的 Voronoi 体积（左列）随时间的演化图[57]

其中 Voronoi 体积高意味着密度低，H-O_{CB} 结构的出现与密度之间似乎没有直接关系，局域有序结构的着色与图 3-45 相同，Voronoi 体积的颜色标尺位于左下角

3. 流动场诱导 PE 成核

静态下，PE 通过局域有序结构涨落促进成核，此处的局域有序结构 O_{CB} 耦合了链内构象有序。或者说，链内构象有序需要链间有序的耦合才能克服熵减而发生，也称为 O_{CB} 辅助成核。流动场下，无论是理论还是实验都表明拉伸可以诱导无规线团-螺旋转变（CHT）或链内构象有序，促进柔性链到刚性棒状结构的转变。流动场诱导结晶实验中的 FTIR 和 SAXS 结果表明，结晶前的预有序是构象有序和密度涨落耦合。近期的分子动力学模拟结果表明，熔点温度以上剪切诱导结晶过程中，晶核是由密度涨落而非 O_{CB} 辅助形成的。

在分子动力学模拟剪切诱导 PE 结晶的研究中，分别选取了平衡熔点 T_m^0 以下（400 K）、熔点附近（450 K）及熔点以上（500 K）三个不同剪切温度。当 $T_s = 400$ K[图 3-47（a）和（a′）]时，H-O_{CB} 结构（蓝色）在剪切开始时出现，而 Voronoi 体积显示其密度与熔体没有任何区别。O-O_{CB} 晶核（红色）在剪切大约 3 ns 后出现，此时晶核原子的 Voronoi 体积低于熔体。这一过程与静态成核相似，表明在此温度下流动场诱导成核是 O_{CB} 辅助的两步成核过程。当 $T_s = 450$ K 时，剪切过程中仅形成少量 H-O_{CB} 及 O-O_{CB} 结构[图 3-47（b）]。而当 $T_s = 500$ K 时，剪切过程中无 H-O_{CB} 和 O-O_{CB} 结构出现[图 3-47（c）]。然而，淬冷至 390 K 后，

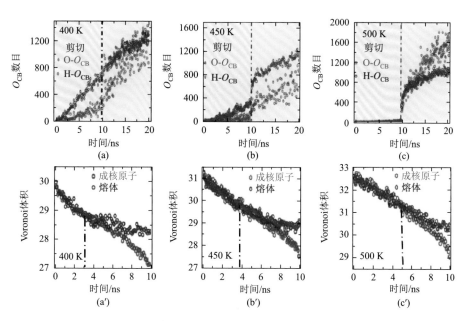

图 3-47　（a）～（c）O-O_{CB}（红色）和 H-O_{CB}（蓝色）结构数目的演化，粉色阴影表示剪切阶段，蓝色阴影对应于淬冷至 390 K 后的 NPT 等温模拟过程，剪切温度 T_s 标记在左上角；（a′）～（c′）剪切期间熔体（蓝色圆圈）和成核（红色六边形）原子 Voronoi 体积的演变[59]

H-O_{CB} 和 O-O_{CB} 结构含量均急剧增加，表明流动场加速了成核。因此，在平衡熔点 T_m^0 以上温度下，剪切诱导成核可能经历与静态成核不同的动力学路径。在 450 K 和 500 K 剪切过程中，熔体和成核原子 Voronoi 体积演化过程的比较[图 3-47（b'）和（c'）显示成核原子在剪切约 3.6 ns 后显示出低于熔体的 Voronoi 体积]表明在成核之前，剪切引起了密度涨落。

进一步研究表明在平衡熔点以上温度下，剪切诱导 PE 成核过程中的构象有序与密度涨落耦合。由于流动场可以诱导链内构象有序并促使有序链段的平行排列，研究中引入参数 CO 表征流动场诱导分子链构象和取向有序，以进一步阐明剪切引起的高密度区域结构。CO 参数由以下公式定义：

$$P(\theta) = \frac{3\cos^2\theta - 1}{2} \tag{3-39}$$

$$\mathrm{CO} = l_t^2 \times [2P(\theta) + 1] \tag{3-40}$$

其中，l_t 是全反式 PE 链段的长度（以碳原子数计算）；$P(\theta)$ 是取向参数；θ 是构象有序链段和剪切方向之间的夹角。CO 值越大表明构象有序链段更长且取向程度更高，而这些链段的空间分布表示构象有序链段浓度。$T_s = 500$ K 下施加剪切场，降温后正交晶体成核的位置[图 3-48（a）]与降温前的高密度[图 3-48（b）]和高 CO 值[图 3-48（c）]区域完全对应。由此可以看出，不同于静态条件下局域有序结构辅助的两步成核，在流动场下则可能是构象有序、取向有序和密度涨落三者的耦合辅助的两步成核。

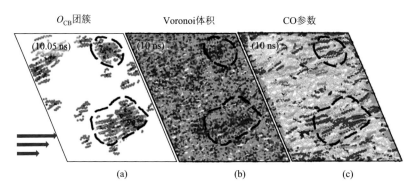

图 3-48　500 K 下剪切诱导正交晶核形成过程的模拟体系切片图[59]

O_{CB} 团簇、Voronoi 体积和 CO 参数分别备注在（a）、（b）和（c）中

4. 小结

在流动场条件下，即便没有链间相互作用的辅助，柔性链也可以通过外场功补偿构象有序的熵减，实现柔性链到刚性的构象有序链段（COS）的转变，因此，

流动场诱导结晶（FIC）与静态结晶存在本质区别。PE 的 FIC 模拟过程中，流动场诱导构象有序首先发生。当 COS 浓度和长度超过一定值时，构象有序、取向有序和密度涨落相互耦合，首先导致液-液相分离（liquid-liquid phase separation，LLPS），然后形成晶核。实验上已通过原位红外与小角及宽角 X 射线散射结合，验证了该多级（构象有序、取向有序/密度涨落）FIC 过程。静态结晶和 FIC 的区别与柔性链如何转化为刚性 COS 密切相关。在静态条件下，构象有序必须借助于链间相互作用，局部有序结构或拓扑约束可能是补偿熵减的有效方法。流动场可以直接将高分子链拉伸成刚性 COS，即使没有特定的链间相互作用，此过程中的熵减也能被外力平衡。由此看来，FIC 遵循的动力学路径与静态结晶完全不同。在高分子结晶理论的发展中，应考虑适用于静态和流动外场条件下的不同模型。

3.7.2 链连接性对高分子成核的影响

链连接性为高分子带来了许多特殊的行为，在高分子结晶理论的发展中需特别注意。高分子从熔体或高度缠结的溶液中结晶总是形成无定形与晶态纳米层交替排列的层状堆叠（lamellar stacks），从本质上来讲，此现象源于高分子链的连接性。例如，图 3-49（a）和（b）分别是堆叠 PE 片晶的电子显微镜照片和原理模型。这些堆叠片晶在力学性能、取向等方面都具有很强的相关性，表明这些分离的晶体层通过层间无定形链实现紧密连接。从实际应用的角度来看，无定形层对高强和韧性相结合的半晶材料力学性能至关重要。因此，高分子结晶的最终理论不仅要描述晶体的形成，同时要能解释片晶层间的无定形层是如何形成的。然而，受限于有限的表征手段，此研究方向的进展仍十分有限。近期，本书作者团队对这一理论发展方向进行了深度剖析，感兴趣的读者可以阅读近期发表在期刊 *Macromolecules* 上的展望[11]。

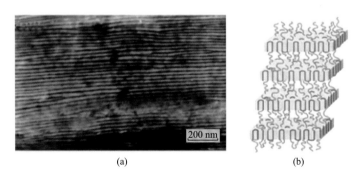

(a)　　　　　　　　　　　　　（b）

图 3-49　低过冷度（128℃）下获得的堆叠 PE 晶体的电子显微镜照片（a）[60]和原理模型（b）[11]

柔性高分子长链间可相互穿插，形成网状结构，即拓扑缠结。由柔性长链组成的熔体或浓溶液中，缠结限制了链的运动，进而限制高分子结晶速率。已有研究证明缠结显著降低成核速率。然而，根据经典成核理论[5]，$I = I_0 \exp\left(-\dfrac{\Delta G_\eta}{RT} - \dfrac{\Delta G_{CNT}^*}{RT}\right)$，成核速率由动力学扩散项 ΔG_η 和热力学自由能垒 ΔG_{CNT}^* 两项共同决定，有必要进一步区分缠结是如何影响成核速率的。针对这一问题，近期本书作者团队采用粗粒化分子动力学模拟方法研究了不同初始缠结密度高分子熔体体系的成核过程。本小节将以此为例，介绍缠结对成核动力学与热力学的影响，并提出一种新的耦合了缠结的高分子成核模型。

1. 缠结对成核中链段扩散动力学的影响

具有不同初始缠结密度的高分子熔体体系的成核行为表现出明显差异。缠结密度较小的体系，晶核在淬冷之后迅速形成，且参与成核的分子链少。相比之下，缠结密度较大体系成核需要长的诱导期，并且每个晶核涉及多条分子链。这直接证明了缠结对成核的阻碍作用。通过计算单体和链质心的方均位移（mean square displacement，MSD），可评估缠结对成核动力学的影响。单体和链质心的 MSD 可分别表示为

$$g_1(t) = \left[r_i(t) - r_i(0)\right]^2 \tag{3-41}$$

$$g_3(t) = \left[r_{cm}(t) - r_{cm}(0)\right]^2 \tag{3-42}$$

其中，r_i 和 r_{cm} 分别是第 i 个单体的坐标和链质心的坐标。模拟结果表明所有缠结密度体系的 $g_1(t)$ 曲线近乎重叠，$g_3(t)$ 在短时间尺度上近乎重叠，而长时间尺度上互相偏离，如图 3-50 所示。这表明缠结影响分子链扩散，而对单体扩散影响很小。晶体进入生长阶段后，整链扩散为调控生长动力学的主要因素。而进入生长阶段之前，成核作为在单体尺度上发生的行为，其动力学与单体扩散能力密切相关，与整链扩散关系较小。依据 CNT，成核速率由熔体与晶核表界面输运活化能（ΔE）及成核势垒（ΔG^*）共同决定。由此可以得出，缠结密度对成核速率的影响主要在于 ΔG^* 而非 ΔE。不同缠结密度体系的成核势垒可进一步证实这一结论。

2. 缠结对成核势垒的影响

利用改进的平均首次通过时间（mean first-passage time，MFPT）方法[61]，可以获得成核自由能垒 ΔG^* 及临界核尺寸 n^*，如图 3-51 所示。随着初始缠结长度 $\langle N_{e0} \rangle$ 的增加，ΔG^* 和 n^* 呈现相同的下降趋势，且下降趋势在 $\langle N_{e0} \rangle > 64$ 后放缓。ΔG^* 和 n^* 近似呈线性关系，假定不同系统的体自由能密度 Δg 相同，这与 CNT 的预测一致。

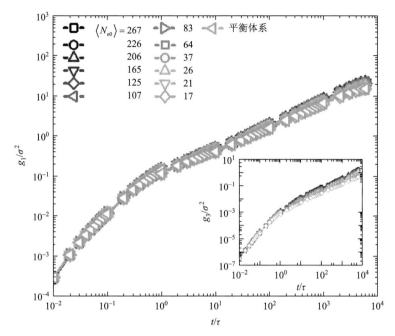

图 3-50 不同缠结度体系的单体的 MSD（g_1）

插图是对应体系的高分子链质心（g_3）的 MSD

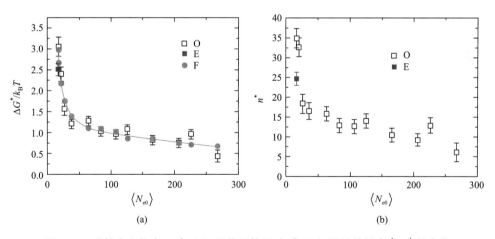

(a)

(b)

图 3-51 成核自由能垒 ΔG^*（a）及临界核尺寸 n^*（b）随缠结长度 $\langle N_{e0} \rangle$ 的变化

蓝色实心符号和黑色空心符号分别代表平衡体系、模拟中构建的不同缠结密度的非平衡体系，橙色圆实心符号
代表考虑了缠结影响的成核自由能垒表达式拟合的结果

基于 CNT，圆柱核的成核自由能垒 $\Delta G^*_{\text{CNT}} = 2\sigma_1^2 \sigma_e / \Delta g^2$，其中 σ_1 和 σ_e 分别表示侧表面自由能密度和端表面自由能密度；Δg 为体自由能密度，对缠结密度不敏

感。侧表面自由能密度 σ_l 取决于晶格和无定形之间的势能差，与高分子体系的缠结状态无关，可认为是一个独立于 $\langle N_{e0} \rangle$ 的常数。晶核端表面自由能密度 σ_e 取决于端表面上无定形结构[包括环（loop）、尾链（tail）及连接链（tie）]的自由能，可依据 Muthukumar 的理论计算获得[62]。低缠结密度体系中，晶核端表面环链数量高于高缠结体系。由于环链自由能高于尾链和连接链，因此低缠结密度体系的晶核端表面自由能更高，σ_e 随 $\langle N_{e0} \rangle$ 增加而增加。这表明，模拟结果[图 3-51（a）]与基于 CNT 框架获得的成核自由能垒随缠结密度的变化趋势相反。由此看来，缠结在高分子成核中的作用不可忽略。为了量化缠结对高分子成核的影响，本书作者团队进一步提出了高分子熔体成核的缠结自由能模型。

3. 缠结自由能模型

缠结自由能模型给出了如何统计体系缠结自由能（G_z）。G_z 源于缠结点滑移引起的缠结长度的重新分布，可以表示为 $G_z = U_z - TS_z$。缠结能（U_z）描述了缠结点之间的排斥相互作用，缠结熵（S_z）反映了纠缠密度及其空间分布。高分子成核过程中，无定形链段转变为晶体中的有序链段，自由度降低。考虑到晶体有序链段施加的拓扑约束类似于缠结，且初级成核中晶体有序链段的长度远小于缠结长度，可将该链段作为一个新增缠结点处理。因此，无定形链段的缠结状态在成核过程中发生改变。高分子成核前后的缠结自由能变化能够很好地反映这一变化。以下将分别介绍 U_z 和 S_z。

缠结能（U_z）的形式是基于滑移链（slip-link）[63]及限制滑移（local-kont）[64]模型建立的。假设缠结点均匀分布在高分子链中，同一条链上的相邻缠结点之间存在弹簧排斥力，每个缠结点具有的本征弹簧势能为：$U_z = \zeta_2 N k_B T / N_e^2$，其中 ζ_2 是一个前置常数因子；N 是分子链的链长；N_e 是相邻缠结点间的链段长度。由于成核过程中形成的链序列被看作缠结点，链序列所在链段的缠结长度 N_e 将发生改变，U_z 也随之变化。假设 t_1 到 t_2 时间段内，一长度为 N_e 的无定形链段的中点处发生成核并形成一个晶体有序链段，那么原长度为 N_e 的无定形链段将被该晶体有序链段形成的新缠结点切分成两个长度为 $N_e / 2$ 的链段。原长度为 N_e 的无定形链段两侧缠结点的本征缠结能将由 $U_{z,t_1} = \zeta_2 2 N k_B T / N_e^2$ 变为 $U_{z,t_2} = \zeta_2 8 N k_B T / N_e^2$，即一个晶体有序链段形成所带来的 U_z 变化可表示为 $\Delta U_z = U_{z,t_2} - U_{z,t_1} = \zeta_2 6 N k_B T / N_e^2$。

缠结熵（S_z）的形式是基于两体过量熵的概念建立的。过量熵给出了原子体系与理想气体体系之间的构型熵差[65]：$S^2 = -2\pi \rho k_B \int_0^\infty [f(r) \ln f(r) - f(r) + 1] r^2 dr$，其中 r 是距离；ρ 是体系的原子密度；$f(r)$ 是体系的径向分布函数。缠结点之间的联系可被视作一种特殊的两体相互作用，为了方便捕捉这种特殊的两体关系，可以将缠结点投射到一个只包含缠结点的假想空间，称之为 Z 空间。实际体系中的同一条链上任意两相邻缠结点间链段，长度为 N_e，也称为无缠链段，都被

投影为 Z 空间中一个径坐标 $r = N_e$ 的点，这种对应关系可见图 3-52。由于体系中每个无缠链段都对应着 Z 空间中的一个点，Z 空间中点的分布即为缠结长度的概率密度分布 $g(r)$。假设有一个理想的完全无缠结体系，其包含的 N_{chain} 条长度为 N 的分子链投影到 Z 空间后对应着在 $r = N$ 处的 N_{chain} 个点，Z 空间中点的概率密度函数 g_0 即为 $g_0(r = N) = 1$。缠结熵的定义为给定体系与对应理想无缠体系在 Z 空间中点的过量熵之差，只是其中的径向分布函数被概率密度函数取代：$S_z = \zeta_3 k_B \int_1^N [g(r) \ln g(r) - g_0(r) \ln g_0(r) + g(r) - g_0(r)] r^2 \mathrm{d}r$。理想无缠体系的缠结熵为 0，缠结高分子熔体体系的缠结熵为一正值。同以上缠结能讨论一样，假设 t_1 到 t_2 时间段内，一长度为 N_e 的无缠链段的中点处发生成核并形成一个晶体有序链段，该过程带来的 S_z 变化为：$\Delta S_z \approx \zeta_3 k_B N_e \left(\dfrac{1}{2} \ln N_e - 0.0623 \right)$。

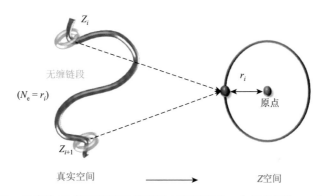

图 3-52　长度为 N_e 的无缠链段投影至 Z 空间形成一个径坐标为 $r_i = N_e$ 的点

晶体有序链段的形成所带来的缠结自由能变化为成核过程增加了额外自由能变化，将缠结自由能引入到经典成核理论后，可以获得高分子熔体的成核自由能。假定一圆柱形晶核包含 ϖ 个长度为 l_s 的晶体有序链段，其成核自由能可由经典成核理论部分 ΔG_{CNT} 和缠结部分 ΔG_z 组成：

$$\Delta G = \Delta G_{CNT} + \Delta G_z = -\varpi l_s \Delta g + \sqrt{\varpi} l_s \sigma_1 + 2\varpi \sigma_e + \Delta G_z \qquad (3\text{-}43)$$

对其求极值得到新的成核自由能垒：

$$\Delta G^* = 2\sigma_1^2 M / (\Delta g)^2 \qquad (3\text{-}44)$$

其中

$$M = \sigma_e + \frac{1}{2} k_B T \left[\zeta_2 \frac{6N}{N_e^2} - \zeta_3 N_e \left(\frac{1}{2} \ln N_e - 0.0623 \right) \right] \qquad (3\text{-}45)$$

考虑缠结影响的成核自由能垒表达式能够很好地描述模拟计算中得到的成核自由能垒随缠结的变化趋势，如图 3-51（a）中的拟合结果所示。

缠结是高分子链柔顺性及连接性综合作用的产物，是高分子链连接性的一个具体表现。缠结对高分子成核影响的研究为最终建立既包含晶体形成又能解释片晶间无定形层如何形成的高分子结晶理论奠定了基础，并进一步引出其他亟待解决的科学问题，包括生长前端的动力学、二次成核和一次成核的竞争机理等。

参 考 文 献

[1] Lodge T P. Celebrating 50 years of Macromolecules. Macromolecules，2017，50：9525-9527.

[2] Wittmann J C，Lotz B. Polymer decoration：the orientation of polymer folds as revealed by the crystallization of polymer vapors. Journal of Polymer Science，Part A-2：Polymer Physics，1985，23：205-226.

[3] Nakamuro T，Sakakibara M，Nada H，et al. Capturing the moment of emergence of crystal nucleus from disorder. Journal of the American Chemical Society，2021，143：1763-1767.

[4] Gibbs J W. A method of geometrical representation of the thermodynamic properties of substances by means of surfaces. Transactions of the Connecticut Academy，1873，2：382-404.

[5] Volmer M，Weber A. Keimbildung in übersättigten Gebilden. Zeitschrift Für Physikalische Chemie，1926，119：277-301.

[6] Farkas L. Keimbildungsgeschwindigkeit in übersättigten dämpfen. Zeitschrift Für Physikalische Chemie，1927，125U（1）：236-242.

[7] Volmer M. Über Keimbildung und keimwirkung als spezialfälle der heterogenen katalyse. Zeitschrift Für Elektrochemie，1929，35：555-561.

[8] Becker R，Döring W. Kinetische behandlung der keimbildung in übersättigten dämpfen. Annalen Der Physik，1935，416：719-752.

[9] Frenkel J. Statistical theory of condensation phenomena. The Journal of Chemical Physics，1939，7：200-201.

[10] Turnbull D，Fisher J C. Rate of nucleation in condensed systems. The Journal of Chemical Physics，1949，17：71-73.

[11] Tang X，Chen W，Li L. The tough journey of polymer crystallization：battling with chain flexibility and connectivity. Macromolecules，2019，52：3575-3591.

[12] Wunderlich B. Macromolecular Physics，Volume 2：Crystal Nucleation，Growth，Annealing. New York：Elsevier，1976.

[13] Laaksonen A，Talanquer V，Oxtoby D W. Nucleation：measurements，theory，and atmospheric applications. Annual Review of Physical Chemistry，1995，46：489-524.

[14] Karthika S，Radhakrishnan T K，Kalaichelvi P. A review of classical and nonclassical nucleation theories. Crystal Growth and Design，2016，16：6663-6681.

[15] Spaepen F. Homogeneous nucleation and the temperature dependence of the crystal-melt interfacial tension. Solid State Physics：Advances in Research and Applications，1994，47：1-32.

[16] Gránásy L，Egry I，Ratke L，et al. On the diffuse interface theory of nucleation. Scripta Metallurgica et Materiala，1994，30：621-626.

[17] van der Waals J D. The thermodynamik theory of capillarity under the hypothesis of a continuous variation of density. Journal of Statistical Physics，1979，20：197-200.

[18] Lauritzen J I，Hoffman J D. Theory of formation of polymer crystals with folded chains in dilute solution. Journal of Research of the National Bureau of Standards Section A：Physics and Chemistry，1960，64A：73.

[19] Stéphan P，Dodet G，Tardieu I，et al. Dynamique pluri-décennale du trait de côte en lien avec les variations des forçages météo-océaniques au nord de la Bretagne（baie de Goulven，France）. Géomorphologie：Relief，Processus，Environnement，2018，24：79-102.

[20] Hoffman J D，Miller R L. Kinetic of crystallization from the melt and chain folding in polyethylene fractions revisited：theory and experiment. Polymer，1997，38：3151-3212.

[21] Pennings A J，Kiel A M. Fractionation of polymers by crystallization from solution，Ⅲ. On the morphology of fibrillar polyethylene crystals grown in solution. Kolloid-Zeitschrift & Zeitschrift für Polymere，1965，205：160-162.

[22] Swartjes F H M. Stress induced crystallization in elongational flow. Netherlands：Eindhoven University of Technology，2001.

[23] van Meerveld J，Peters G W M，Hütter M. Towards a rheological classification of flow induced crystallization experiments of polymer melts. Rheologica Acta，2004，44：119-134.

[24] Doi M，Edwards S F. Theory of Polymer Dynamics. Oxford：Oxford University Press，1986.

[25] McLeish T C B，Milner S T. Entangled Dynamics and Melt Flow of Branched Polymers. Berlin：Springer，1999.

[26] Ketzmerick R，Ottinger H C. Simulation of a Non-Markovian process modelling contour length fluctuation in the Doi-Edwards model. Continuum Mechanics and Thermodynamics，1989，1：113-124.

[27] 何曼君，张红东，陈维孝，等. 高分子物理. 3 版. 上海：复旦大学出版社，2000.

[28] Wang Z，Ju J，Yang J，et al. The non-equilibrium phase diagrams of flow-induced crystallization and melting of polyethylene. Scientific Reports，2016，6：1-8.

[29] Ju J，Wang Z，Su F，et al. Extensional flow-induced dynamic phase transitions in isotactic polypropylene. Macromolecular Rapid Communications，2016，37：1441-1445.

[30] Mackley M R，Keller A. Flow induced polymer chain extension and its relation to fibrous crystallization. Philosophical Transactions of the Royal Society of London，Series A：Mathematical and Physical Sciences，1975，278：29-66.

[31] de Gennes P G. Coil-stretch transition of dilute flexible polymers under ultrahigh velocity gradients. The Journal of Chemical Physics，1974，60：5030-5042.

[32] Keller A，Kolnaar J W H. Chain extension and orientation：fundamentals and relevance to processing and products. Orientational Phenomena in Polymers，1993，92：81-102.

[33] Yan T，Zhao B，Cong Y，et al. Critical strain for shish-kebab formation. Macromolecules，2010，43：602-605.

[34] Yang H，Liu D，Ju J，et al. Chain deformation on the formation of shish nuclei under extension flow：an *in situ* SANS and SAXS study. Macromolecules，2016，49：9080-9088.

[35] Hsiao B S，Yang L，Somani R H，et al. Unexpected shish-kebab structure in a sheared polyethylene melt. Physical Review Letters，2005，94：1-4.

[36] Wang Z，Ma Z，Li L. Flow-induced crystallization of polymers：molecular and thermodynamic considerations. Macromolecules，2016，49：1505-1517.

[37] Cui K，Ma Z，Wang Z，et al. Kinetic process of shish formation：from stretched network to stabilized nuclei. Macromolecules，2015，48：5276-5285.

[38] Cui K，Meng L，Tian N，et al. Self-acceleration of nucleation and formation of shish in extension-induced crystallization with strain beyond fracture. Macromolecules，2012，45：5477-5486.

[39] Kimata S，Sakurai T，Nozue Y，et al. Molecular basis of the shish-kebab morphology in polymer crystallization. Science，2007，316：1014-1017.

[40] Flory PJ. Thermodynamics of crystallization in high polymers. Ⅰ. Crystallization induced by stretching. The Journal of Chemical Physics，1947，15：397-408.

[41] Nie C，Peng F，Xu T Y Y，et al. A unified thermodynamic model of flow-induced crystallization of polymer. Chinese Journal of Polymer Science（English Edition），2021，39：1489-1495.

[42] Chen X，Meng L，Zhang W，et al. Frustrating strain-induced crystallization of natural rubber with biaxial stretch. ACS Applied Materials and Interfaces，2019，11：47535-47544.

[43] Nie C，Peng F，Xu T，et al. Biaxial stretch-induced crystallization of polymers：a molecular dynamics simulation study. Macromolecules，2021，54：9794-9803.

[44] Liu D，Tian N，Huang N，et al. Extension-induced nucleation under near-equilibrium conditions：the mechanism on the transition from point nucleus to shish. Macromolecules，2014，47：6813-6823.

[45] Su F，Zhou W，Li X，et al. Flow-induced precursors of isotactic polypropylene：an *in situ* time and space resolved study with synchrotron radiation scanning X-ray microdiffraction. Macromolecules，2014，47：4408-4416.

[46] Zimm B H，Bragg J K. Theory of the phase transition between helix and random coil in polypeptide chains. The Journal of Chemical Physics，1959，31：526-535.

[47] Tamashiro M N，Pincus P. Helix-coil transition in homopolypeptides under stretching. Physical Review E，2001，63：021909.

[48] Buhot A，Halperin A. On the helix-coil transition in grafted chains. Europhysics Letters，2000，50：756-761.

[49] An H，Zhao B，Zhe M，et al. Shear-induced conformational ordering in the melt of isotactic polypropylene. Macromolecules，2007，40：4740-4743.

[50] An H，Li X，Geng Y，et al. Shear-induced conformational ordering，relaxation，and crystallization of isotactic polypropylene. Journal of Physical Chemistry B，2008，112：12256-12262.

[51] Cui K，Liu D，Ji Y，et al. Nonequilibrium nature of flow-induced nucleation in isotactic polypropylene. Macromolecules，2015，48：694-699.

[52] Su F，Ji Y，Meng L，et al. Coupling of multiscale orderings during flow-induced crystallization of isotactic polypropylene. Macromolecules，2017，50：1991-1997.

[53] Wang Z，Ju J，Meng L，et al. Structural and morphological transitions in extension-induced crystallization of poly(1-butene) melt. Soft Matter，2017，13：3639-3648.

[54] Zhao J，Chen P，Lin Y，et al. Stretch-induced intermediate structures and crystallization of poly (dimethylsiloxane)：the effect of filler content. Macromolecules，2020，53：719-730.

[55] Zhou W，Meng L，Lu J，et al. Inducing uniform single-crystal like orientation in natural rubber with constrained uniaxial stretch. Soft Matter，2015，11：5044-5052.

[56] Piorkowska E，Rutledge GC. Handbook of Polymer Crystallization. Hoboken：John Wiley & Sons，2013.

[57] Tang X，Yang J，Xu T，et al. Local structure order assisted two-step crystal nucleation in polyethylene. Physical Review Materials，2017，1：073401.

[58] Steinhardt P J，Nelson D R，Ronchetti M. Bond-orientational order in liquids and glasses. Physical Review B，1983，28：784-805.

[59] Tang X，Yang J，Tian F，et al. Flow-induced density fluctuation assisted nucleation in polyethylene. The Journal of

Chemical Physics，2018，149：224901.

[60] Grubb D T，Keller A. Lamellar morphology of polyethylene：electron microscopy of a melt-crystallized sharp fraction. Journal of Polymer Science：Polymer Physics Edition，1980，18：207-216.

[61] Wedekind J，Strey R，Reguera D. New method to analyze simulations of activated processes. The Journal of Chemical Physics，2007，126：134103.

[62] Muthukumar M，Povey M J W，Edwards S，et al. Molecular modelling of nucleation in polymers. Philosophical Transactions of the Royal Society A：Mathematical，Physical and Engineering Sciences，2003，361：539-556.

[63] Schieber J D，Neergaard J，Gupta S. A full-chain，temporary network model with sliplinks，chain-length fluctuations，chain connectivity and chain stretching. Journal of Rheology，2003，47：213-233.

[64] Iwata K，Edwards S F. New model of polymer entanglement: localized Gauss integral model. Plateau modulus G_N, topological second virial coefficient A_2^0 and physical foundation of the tube model. The Journal of Chemical Physics，1989，90：4567-4581.

[65] Nafar Sefiddashti M H，Edwards B J，Khomami B. A thermodynamically inspired method for quantifying phase transitions in polymeric liquids with application to flow-induced crystallization of a polyethylene melt. Macromolecules，2020，53：10487-10502.

第4章

高分子薄膜加工中的相分离

在高分子薄膜加工过程中，无论是共混高分子熔融挤出流延，还是高分子溶液湿法流延，又或是高分子溶液浇铸或涂覆成膜，其中可能都涉及多种高分子或高分子与塑化剂混合体系的相分离过程，直接关系着最终所制备的薄膜材料的形貌结构和性能。因此，相分离的理论和实验研究对于调控高分子薄膜材料的结构和性能具有十分重要的意义和价值。相分离的研究始于冶金行业，并拓展到液体混合物、高分子体系等，发展形成了较为完善的理论模型。基于 Flory-Huggins 理论[1, 2]及 Cahn-Hilliard 提出的平均场理论[3, 4]，有关高分子体系中的相分离行为及其机理也有了较为深入的研究。

高分子由于长链特性，具有黏度高、松弛时间长等特点。相比于小分子体系，高分子的相分离动力学过程慢，更便于研究相分离热力学和动力学。相分离在高分子共混物、高分子溶液和嵌段共聚物中都可以发生。在嵌段共聚物中，由于不同高分子的链段通过化学键连接，不能实现大尺度的分离，因此嵌段共聚物的相分离被定义为微相分离，可以形成周期性排列的球、圆柱、片层，以及其他更为复杂的纳米有序结构。常见的高分子薄膜加工主要涉及高分子共混体系和高分子溶液相分离。高分子共混物是包含两种或多种不同链化学结构的高分子混合在一起的体系，高分子之间可表现为相容和不相容。相容性高分子共混物（miscible polymer blend）的组分相互均匀分散可达到分子水平，它的混合自由能变化为负值，$\Delta F_m \approx \Delta H_m < 0$，混合自由能变化二阶导数为一正值，即 $\partial^2 \Delta F_{mix}/\partial \Phi^2 > 0$。不混容性高分子共混物（immiscible polymer blend）的组分间混合自由能变化为正值，$\Delta F_m \approx \Delta E_m > 0$。高分子溶液是高分子以单链的状态溶解在某种溶剂中形成的均匀混合物，通过调控温度、外场作用（如剪切）或者改变溶剂性质，可以诱导均匀高分子溶液体系发生相分离。在实际高分子薄膜加工中，相分离过程可能与其他有序过程（如结晶）竞争或者耦合。当结晶先于液相分离发生时，相分离是结晶驱动的相分离。实例如 PVA 偏光膜基膜加工，PVA/水溶液从口模挤出后，在流延辊上冷却干燥过程中结晶，发生 PVA 晶体与水的相分离。

由于结晶的基础理论已经在第 3 章中介绍，本章只介绍相分离相关的内容。首先简要介绍相分离的热力学和动力学理论，然后列举一些薄膜加工中的相分离现象和常见的湿法薄膜加工中的相图，最后给出三个薄膜加工中相分离的具体案例。

4.1 相分离热力学

4.1.1 高分子混合体系相分离热力学原理

1. 基本公式

在讨论高分子混合体系相分离热力学之前，先通过小分子混合体系的混合及相分离热力学过程，结合格子模型，给出相关的热力学基本公式，如图 4-1 和图 4-2 所示。

图 4-1　小分子混合体系示意图

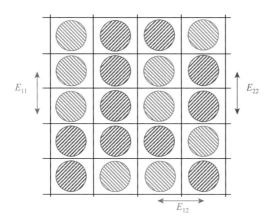

图 4-2　小分子混合体系格子模型示意图

n_1 个小分子 1 和 n_2 个小分子 2 形成混合物的前提是混合自由能变化小于零 [式（4-1）]。在随机混合体系中，由于随机体系的不可压缩性，不同组分之间相互作用的能量分别为 E_{11}、E_{12} 和 E_{22}。依据格子模型（图 4-2），$n_1 + n_2 = n_0$，假定每个分子所占格子具有相同的体积，则每种分子的体积分数（或浓度）为：
$\Phi_1 = n_1 / n_0$，$\Phi_2 = n_2 / n_0 = 1 - \Phi_1$。

$$\Delta F_m = F_{final} - F_{initial} = F_f - F_i < 0 \tag{4-1}$$

体系自由能表达式为

$$F = E - TS \tag{4-2}$$

混合前后自由能变化为

$$\Delta F_m = \Delta E_m - T\Delta S_m \tag{4-3}$$

能量变化为

$$\Delta E_m = E_f - E_i \tag{4-4}$$

混合熵变为

$$\Delta S_m = S_f - S_i \tag{4-5}$$

由于初态混合熵 $S_i = 0$，则混合熵变为

$$\frac{\Delta S_m}{k_B} = -n_1 \ln \Phi_1 - n_2 \ln \Phi_2 > 0 \tag{4-6}$$

定义：ν_{11}、ν_{12} 和 ν_{22} 分别为体系中分子 1 和分子 2 之间发生相互作用的数量，其中 $\nu_{12} = Z\Phi_2 n_1$，$\nu_{11} = \dfrac{Z}{2}\Phi_1 n_1$，$\nu_{22} = \dfrac{Z}{2}\Phi_2 n_2$，$Z$ 为配位数。

体系终态能量为

$$E_f = Z\left(n_1 \Phi_2 E_{12} + \frac{1}{2} n_1 \Phi_1 E_{11} + \frac{1}{2} n_2 \Phi_2 E_{22} \right) \tag{4-7}$$

体系初态能量为

$$E_i = Z\left(\frac{1}{2} n_1 E_{11} + \frac{1}{2} n_2 E_{22} \right) \tag{4-8}$$

可得混合前后体系能量变化为

$$\Delta E_m = Z\left[E_{12} - \frac{1}{2}(E_{11} + E_{22}) \right] n_0 \Phi_1 \Phi_2 = k_B T \chi n_0 \Phi_1 \Phi_2 \tag{4-9}$$

其中，Flory-Huggins 相互作用参数（也可称为化学不匹配参数）为

$$\chi = \frac{Z}{k_B T}\left[E_{12} - \frac{1}{2}(E_{11} + E_{22}) \right] \tag{4-10}$$

Flory-Huggins 相互作用参数 χ 反映了混合体系不同组分间在混合时的相互作用能的变化。$\chi k_B T$ 表示其中某一组分的一个分子混合到另一组分中时所引起的能量变化。

综上，随机混合体系混合前后自由能变化表达式可改写为

$$\frac{\Delta F_m}{k_B T} = \chi n_0 \Phi_1 \Phi_2 + n_1 \ln \Phi_1 + n_2 \ln \Phi_2 \tag{4-11}$$

结合式（4-3）和式（4-11），由于混合熵变部分 $-T\Delta S_m < 0$，如不考虑体系能量变化，则熵驱动的体系永远倾向于混合。能量变化的正负则取决于 χ 的正负，依据其定义，最终取决于不同组分之间相互作用的能量 E_{12}、E_{11} 和 E_{22} 的大小。

基于以上基本公式的分析，可以得到 Bragg-Williams 理论[5]：

如果 $\chi < 0$，两种分子具有相容性或者说可混溶性。

存在临界值 χ_c，用以区分可混溶性与不混溶性：

如果 $\chi > \chi_c$，两种分子不具有相容性或者说它们具有不混溶性。

如果 $\chi_c > \chi > 0$，两种分子也具有相容性或者说可混溶性。

2. 高分子共混体系

基于上面小分子混合体系所得出的基本公式进行推导，可以得到高分子混合体系的热力学理论公式。针对高分子共混体系的特点，首先给出基本参数：n_1 个高分子链 1，每条链具有 N_1 个链段；n_2 个高分子链 2，每条链具有 N_2 个链段；这两种高分子链形成随机的高分子共混物（polymer blend）。依据 Flory-Huggins 理论，参考小分子混合物的分析结果，高分子共混物混合前后自由能变化表达式也为

$$\frac{\Delta F_m}{k_B T} = \chi n_0 \Phi_1 \Phi_2 + n_1 \ln \Phi_1 + n_2 \ln \Phi_2 \qquad (4\text{-}12)$$

其中，$\Phi_1 = \dfrac{n_1 N_1}{n_1 N_1 + n_2 N_2}$；$n_1 N_1 + n_2 N_2 = n_0$；$\Phi_2 = \dfrac{n_2 N_2}{n_1 N_1 + n_2 N_2} = 1 - \Phi_1$。

假定共混体系是对称高分子共混体系，聚合度 $N_1 = N_2 = N$，每条高分子链的自由能变化的表达式为

$$\frac{\Delta F_m}{k_B T}(高分子链) = \frac{\Delta F_m}{k_B T n_0 N} = \chi N \Phi_1 \Phi_2 + \Phi_1 \ln \Phi_1 + \Phi_2 \ln \Phi_2 \qquad (4\text{-}13)$$

由于 Flory-Huggins 相互作用参数 χ 是温度相关的参数，则：

$$\chi N = \frac{ZN}{k_B T}\left[E_{12} - \frac{1}{2}(E_{11} + E_{22}) \right] \qquad (4\text{-}14)$$

不同于小分子混合体系，对于高分子共混体系，决定体系是否相容的关键参数为 χN。对于高分子链，N 值一般很大，故而 χN 的值也会比较大，高分子共混体系更倾向于表现为不混溶性。因此，$\dfrac{N}{T}$ 是高分子相容性的关键控制参数。高分子 N 值增加、体系温度 T 下降是等效的。

3. 高分子溶液体系

进一步推广至高分子溶液体系，首先给出基本参数：n_1 个溶剂分子，聚合度

$N_1 = 1$；n_2 个高分子链段，聚合度 $N_2 = N$。假定溶剂与高分子形成随机的高分子溶液体系，溶剂的体积等于高分子链段的体积且等于每一个格子位点的体积。根据之前所用格子模型，随机混合的高分子溶液体系可用图 4-3 表示。

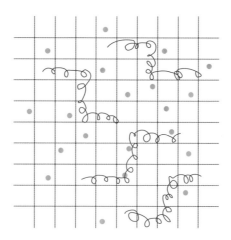

图 4-3 高分子溶液体系类格子模型示意图

依据 Flory-Huggins 理论，高分子溶液混合前后自由能变化表达式为

$$\frac{\Delta F_m}{k_B T} = \chi n_0 \Phi_1 \Phi_2 + n_1 \ln \Phi_1 + n_2 \ln \Phi_2 \qquad (4\text{-}15)$$

其中，Flory-Huggins 相互作用参数 χ 前面已讨论过，体积分数为：$\Phi_1 = \dfrac{n_1}{n_0}$

（$n_1 + n_2 N_2 = n_0$）$\Phi_2 = \dfrac{n_2 N_2}{n_0}$。

式（4-15）等号两边除以格子数 n_0，则每个格子中的自由能变化表达式为

$$\frac{\Delta F_m}{k_B T}(格子) = \frac{\Delta F_m}{k_B T n_0} = \chi \Phi_1 \Phi_2 + \Phi_1 \ln \Phi_1 + \frac{\Phi_2}{N} \ln \Phi_2 \qquad (4\text{-}16)$$

有些情况下，$\Phi_2 = \dfrac{n_2 N_2}{n_0} = \Phi$，$\Phi_1 = 1 - \Phi$，其中 Φ 为高分子体积分数。此时，式（4-16）可改写为

$$\frac{\Delta F_m}{k_B T n_0} = \chi \Phi(1 - \Phi) + (1 - \Phi)\ln(1 - \Phi) + \frac{\Phi}{N} \ln \Phi \qquad (4\text{-}17)$$

对于高分子溶液体系，Flory-Huggins 相互作用参数 χ、高分子体积分数 Φ 和聚合度 N 是决定是否可以形成随机分散的高分子溶液的关键参数。高分子链 N 值一般很大，$\Phi < 1$，故而 χ 值的大小，也就是溶剂对高分子的溶解性对高分子溶

体系的相容性起着决定性的作用。

4. 高分子混合体系热力学理论汇总

为方便读者对高分子混合体系热力学理论部分有更加清晰的理解，表 4-1 对各种不同混合体系的重点内容进行了汇总。注意讨论的基础是各个体系形成随机混合体系。

表 4-1　高分子混合体系热力学理论汇总

分类	基本参数	自由能变化公式	关键参数
小分子混合体系	n_1 个小分子 1 和 n_2 个小分子 2。不同组分之间的相互作用的能量分别为 E_{11}、E_{12}、E_{22}。$n_1 + n_2 = n_0$，每种分子的体积分数为 $\Phi_1 = n_1 / n_0$，$\Phi_2 = n_2 / n_0 = 1 - \Phi_1$	$\dfrac{\Delta F_{\mathrm{m}}}{k_{\mathrm{B}}T} = \chi n_0 \Phi_1 \Phi_2 + n_1 \ln \Phi_1 + n_2 \ln \Phi_2$ $\chi = \dfrac{Z}{k_{\mathrm{B}}T}\left[E_{12} - \dfrac{1}{2}(E_{11} + E_{22}) \right]$	Flory-Huggins 相互作用参数 χ：如果 $\chi < 0$，两种分子具有相容性或者说可混容性；存在临界值 χ_{c}，用以区分可混容性与不混容性：如果 $\chi > \chi_{\mathrm{c}}$，两种分子不具有相容性或者说它们具有不混容性；如果 $\chi_{\mathrm{c}} > \chi > 0$，两种分子也具有相容性或者说可混容性
高分子共混体系	n_1 个高分子链 1，每条链具有 N_1 个链段，n_2 个高分子链 2，每条链具有 N_2 个链段。$\Phi_1 = \dfrac{n_1 N_1}{n_1 N_1 + n_2 N_2}$，$n_1 N_1 + n_2 N_2 = n_0$，$\Phi_2 = \dfrac{n_2 N_2}{n_1 N_1 + n_2 N_2} = 1 - \Phi_1$	$\dfrac{\Delta F_{\mathrm{m}}}{k_{\mathrm{B}}T}(\text{高分子链}) = \dfrac{\Delta F_{\mathrm{m}}}{k_{\mathrm{B}}T n_0 N} = \chi N \Phi_1 \Phi_2 + \Phi_1 \ln \Phi_1 + \Phi_2 \ln \Phi_2$ $\chi N = \dfrac{ZN}{k_{\mathrm{B}}T}\left[E_{12} - \dfrac{1}{2}(E_{11} + E_{22}) \right]$	关键参数为 χN：$\dfrac{N}{T}$ 是高分子相容性的关键控制参数。高分子 N 值增加、体系温度 T 下降是等效的
高分子溶液体系	n_1 个溶剂分子，聚合度 $N_1 = 1$，n_2 个高分子链段，聚合度 $N_2 = N$。$\Phi_2 = \dfrac{n_2 N_2}{n_0} = \Phi$，$\Phi_1 = 1 - \Phi$，$\Phi$ 为高分子体积分数，溶剂的体积 = 高分子链段的体积 = 每一个格子位点的体积	$\dfrac{\Delta F_{\mathrm{m}}}{k_{\mathrm{B}}T n_0} = \chi \Phi(1-\Phi) + (1-\Phi)\ln(1-\Phi) + \dfrac{\Phi}{N}\ln \Phi$ $\chi = \dfrac{Z}{k_{\mathrm{B}}T}\left[E_{12} - \dfrac{1}{2}(E_{11} + E_{22}) \right]$	相互作用参数 χ，高分子体积分数 Φ，聚合度 N：对于高分子链，N 值一般很大，$\Phi < 1$，故而 χ 值的大小，也就是溶剂对高分子的溶解性对高分子溶液体系的相容性起着决定性的作用

4.1.2　高分子混合体系相分离热力学相图

以上对高分子混合体系的相分离热力学原理进行了分析和讨论，接下来进一步对各个不同体系的相分离热力学过程进行描述和讨论。

随机混合体系经历哪种过程达到两相分离的状态？想要描述清楚这一问题，

首先需要明确：在一个处于平衡状态的混合体系中，不存在化学势梯度，体系中任意组分的化学势应该是相同的。通过计算混合体系中各组分的化学势的变化，可以对相分离热力学相图进行描述和讨论。

各组分的化学势（μ_i）可以通过混合体系的自由能得到。固定温度不变，其通用的表达式如下：

$$\frac{\mu_1(\Phi_2) - \mu_1(\Phi_2 = 0)}{k_B T} = \left[\frac{\partial(\Delta F_m / k_B T)}{\partial n_1}\right]_{T, n_2} = \chi N_1 \Phi_2^2 + \ln(1 - \Phi_2) + \left(1 - \frac{N_1}{N_2}\right)\Phi_2$$

$$(4\text{-}18)$$

$$\frac{\mu_1(\Phi_2) - \mu_1(\Phi_2 = 1)}{k_B T} = \left[\frac{\partial(\Delta F_m / k_B T)}{\partial n_2}\right]_{T, n_1} = \chi N_2 (1 - \Phi_2)^2 + \ln \Phi_2 + \left(1 - \frac{N_2}{N_1}\right)(1 - \Phi_2)$$

$$(4\text{-}19)$$

对于高分子溶液体系，基本参数：n_1 个溶剂分子，聚合度 $N_1 = 1$；n_2 个高分子，聚合度 $N_2 = N$。代入基本参数，化学势（μ_i）的表达式可改写为

$$\frac{\mu_1(\Phi_2) - \mu_1(\Phi_2 = 0)}{k_B T} = \chi \Phi_2^2 + \ln(1 - \Phi_2) + \left(1 - \frac{1}{N}\right)\Phi_2 \quad (4\text{-}20)$$

化学势难以直接测量，但是可以通过可测量的渗透压（π）进行计算得到，关系式如下：

$$-\left[\frac{\mu_1(\Phi_2) - \mu_1(\Phi_2 = 0)}{k_B T}\right] = \frac{\pi v_1}{k_B T} = -\chi \Phi_2^2 - \ln(1 - \Phi_2) - \left(1 - \frac{1}{N}\right)\Phi_2 \quad (4\text{-}21)$$

其中，v_1 是溶剂分子的体积。

在稀溶液中，$\Phi_2 \ll 1$，式（4-21）可改写为

$$\frac{\pi v_1}{k_B T} = -\chi \Phi_2^2 + \Phi_2 + \frac{\Phi_2^2}{2} - \Phi_2 + \frac{\Phi_2}{N} + \cdots = \frac{\Phi_2}{N} + \left(\frac{1}{2} - \chi\right)\Phi_2^2 \quad (4\text{-}22)$$

$$A_2 = \left(\frac{1}{2} - \chi\right) \quad (4\text{-}23)$$

其中，A_2 是第二位力系数，且基于 Flory-Huggins 理论推导可得以下关系式（下标示意区分）：

$$(A_2)_{\text{F-H}} \rightarrow \left(\frac{1}{2} - \chi\right) \quad (4\text{-}24)$$

A_2 的物理意义是高分子链段与链段间的内排斥，或高分子链段与溶剂分子间能量上相互作用、互相竞争的一个量度。它与溶剂化作用和高分子在溶液中的形态有密切关系。在良溶剂中，$\chi < 0.5$，A_2 是正值，高分子链段由于溶剂化作用而扩张，高分子线团伸展；随着温度下降或者不良溶剂的加入，χ 值逐渐增大，当 $\chi > 0.5$

时，A_2 是负值，高分子链塌缩；当 $\chi = 0.5$ 时，A_2 是 0，此时高分子溶液符合理想溶液的性质。通过选择溶剂和温度使高分子溶液符合理想溶液的条件称为 θ 条件或 θ 状态，此时溶剂称为 θ 溶剂，温度称为 θ 温度，两者密切相关且互相依存。必须注意，在高分子科学中的理想溶液是一种具有热效应的假的理想溶液，读者需注意其与真正理想溶液的区别。

Flory-Huggins 理论因为随机混合假设而无法应用于稀溶液中，但是当高分子浓度 $C > C^*$（C^* 为高分子的交叠浓度）时，以上假设可以使用，因此 Flory-Huggins 理论可以应用于浓度较高的高分子溶液体系中。

在浓度较高的高分子溶液体系中，基于式（4-21）和式（4-22），可以给出渗透压 π 与高分子体积分数 Φ_2 之间的关系示意图。首先假定体系中高分子的聚合度 $N = 1000$，则当 χ 值不同时，可以得到不同的曲线，如图 4-4（a）所示。

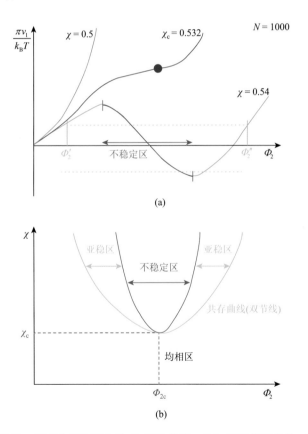

图 4-4　（a）渗透压 π 随高分子体积分数 Φ_2 变化曲线；（b）相互作用参数 χ 随高分子体积分数 Φ_2 变化曲线

（1）当 $\chi = 0.5$ 时，渗透压 π 随高分子体积分数 Φ_2 的增加而增大，如图 4-4（a）中深蓝色曲线所示。

（2）当 $\chi > 0.5$ 时，如 $\chi = 0.54$，渗透压 π 随高分子体积分数 Φ_2 变化的曲线如图 4-4（a）中浅蓝色曲线所示。该曲线存在两个拐点，两拐点之间渗透压 π 随高分子体积分数 Φ_2 的增加而减小，与物理原理不符，此两点所对应的高分子体积分数范围内的体系都不稳定。该曲线上有意义的部分是渗透压 $\pi > 0$，且随高分子体积分数 Φ_2 的增加而增大的部分。渗透压 π 与化学势 μ_i 相互关联，体系平衡状态中任意组分的化学势应该是相等的，因而渗透压 π 也相等。分析图中曲线可知，存在高分子体积分数不同的两相具有相同的化学势，也就是说可以从一个初始相得到两个具有不同组成但具有相同化学势的终态相，如图 4-4（a）中所示，体积分数分别为 Φ_2' 和 Φ_2''。

（3）$\chi = 0.532$ 为临界相互作用参数，用 χ_c 表示。χ 值小于临界相互作用参数，形成均匀的混合溶液体系；大于临界相互作用参数则会发生相分离形成不同的分相。改变 χ 值的大小（改变体系温度），可以得到一系列的拐点和相同化学势所对应的体积分数，进而可以得到图 4-4（b）。拐点所对应的体积分数连成的曲线以内区域为不稳区（红色，该曲线称为旋节线）。任意组分具有相同化学势所对应的体积分数连成的曲线为共存曲线（绿色，该曲线称为双节线）。两条曲线之间的区域为亚稳区，此区间内高分子溶液中只有其中某一组分的化学势相等。两条曲线的交点为临界相互作用参数和临界体积分数所在；共存曲线下方的区域为均匀的高分子溶液。

旋节线上所有点的数学判别式是混合自由能变化的二阶导数为零：

$$\frac{\partial^2 \Delta F_m}{\partial \Phi_2^2} = 0 \qquad (4\text{-}25)$$

双节线上所有点的数学判别式是不同组分体积分数不同的两相具有相同的化学势：

$$\mu_1(\Phi_2') = \mu_1(\Phi_2''), \quad \mu_2(\Phi_2') = \mu_2(\Phi_2'') \qquad (4\text{-}26)$$

临界点的数学判别式是化学势的一阶和二阶导数均为零：

$$\frac{\partial \mu_1}{\partial \Phi_2} = 0 = \frac{\partial^2 \mu_1}{\partial \Phi_2^2} \qquad (4\text{-}27)$$

由此推导得到临界相互作用参数和临界体积分数：

$$\chi_c = \frac{\left(\sqrt{\sqrt{N_1} + \sqrt{N_2}} \right)^2}{2N_1 N_2} \qquad (4\text{-}28)$$

$$\Phi_{2c} = \frac{\sqrt{N_1}}{\sqrt{N_1} + \sqrt{N_2}} \qquad (4\text{-}29)$$

针对小分子混合体系，$N_1 = N_2 = 1$，相互作用参数随体积分数的变化曲线如图 4-5 所示，临界相互作用参数 $\chi_c = 2$，临界体积分数 $\Phi_{2c} = 1/2$。

针对高分子溶液体系，$N_1 = 1$，$N_2 = N$，相互作用参数随体积分数的变化曲线如图 4-6 所示，临界相互作用参数 $\chi_c = \dfrac{1}{2} + \dfrac{1}{\sqrt{N}} + \cdots$，临界体积分数 $\Phi_{2c} = \dfrac{1}{\sqrt{N}}$。

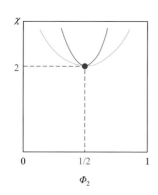

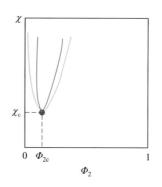

图 4-5　小分子混合体系相互作用参数 χ 随高分子体积分数 Φ_2 变化曲线

图 4-6　高分子溶液体系相互作用参数 χ 随高分子体积分数 Φ_2 变化曲线

针对匀称的高分子共混体系，$N_1 = N_2 = N$，相互作用参数随体积分数的变化曲线如图 4-7 所示，临界相互作用参数 $\chi_c = \dfrac{2}{N}$，临界体积分数 $\Phi_{2c} = \dfrac{1}{2}$。

总体来讲，当 Flory-Huggins 相互作用参数 χ 大于临界相互作用参数 χ_c 时，混合体系将发生相分离，Flory-Huggins 相互作用参数 χ 是混合体系是否发生相分离的关键参数。如果能够准确定义并测量 Flory-Huggins 相互作用参数 χ，依据以上分析，就可以制备均匀分散的混合体系，并通过对 Flory-Huggins 相互作用参数 χ 的调控，精确控制体系的相分离过程，这对于高分子材料的制备和结构调控十分重要。

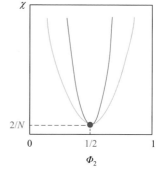

图 4-7　匀称的高分子共混体系相互作用参数 χ 随高分子体积分数 Φ_2 变化曲线

Flory-Huggins 相互作用参数 χ 如何准确定义，是调控其大小并最终调控相分离过程的前提。通过 Ornstein-Zernicke 理论（也称为 Landau-Ginzberg 理论）[6]进行推导可得其计算公式。推导原理如图 4-8 所示。对于平衡均相体系，在任意空间位置 r，有与之相对应的体系体积分数 $\Phi_2(r)$，体系的平均体积分数与体系的平衡体积分数相等：

$$\bar{\Phi}_2 = \Phi_{2e} \tag{4-30}$$

则体系任意位置的体积分数的涨落幅度可称为有序参量 ψ，其数学表达式为

$$\psi(r) = \Phi_2(r) - \Phi_{2e} \tag{4-31}$$

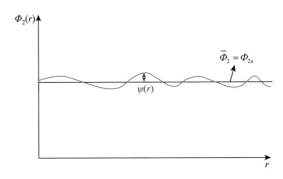

图 4-8　Flory-Huggins 相互作用参数 χ 推导原理示意图

考虑 Ornstein-Zernicke 理论适用于致密体系，针对高分子共混体系，可得到以下表达式：

$$\frac{\Delta F_m}{k_B T n_0} = \int \frac{\mathrm{d}^3 r}{V} \left\{ \frac{A}{2} \psi^2 + \cdots + \frac{K}{2} (\nabla \psi)^2 \right\} \tag{4-32}$$

其中，A 的表达式如下，可由此推导出 χ：

$$A = \left[\frac{\partial^2 (\Delta F_m / k_B T n_0)}{\partial \Phi_2^2} \right]_{\Phi_2 = \Phi_{2e}} = \frac{1}{N_1 \Phi_1} + \frac{1}{N_2 \Phi_1} - 2\chi \tag{4-33}$$

K 是与界面张力有关的参数，在体积分数涨落的过程中，会形成稀相与浓相的界面，界面间存在浓度梯度 $\nabla \psi$，因此存在界面张力。

进一步关联体积分数涨落与散射强度 I 及结构参数 ξ，$\mathbf{k}$ 为散射矢量，可以给出以下表达式：

$$\xi^2 = \frac{K}{A}, \quad \xi \sim \frac{1}{\sqrt{A}}, \quad \frac{1}{I(\mathbf{k}=0)} = A \tag{4-34}$$

由以上分析确定 A 值后，可根据式（4-33）计算得到相应的相互作用参数 χ。

特别地，对于旋节线，A 值等于零，令 $\Phi_2 = \Phi$，$\Phi_1 = 1 - \Phi$，Φ 为高分子体积分数，即：

$$A = \frac{1}{N_1 \Phi} + \frac{1}{N_2 (1-\Phi)} - 2\chi_S = 0 \tag{4-35}$$

所得 χ_S 为旋节线相互作用参数。

关联式（4-33）和式（4-35）可知：

$$A = 2(\chi_s - \chi) \tag{4-36}$$

因为：

$$\chi \sim \frac{1}{T} \tag{4-37}$$

所以：

$$A \sim \left(\frac{1}{T_s} - \frac{1}{T}\right) \sim \frac{T - T_s}{T_s} \tag{4-38}$$

A 是与体系温度有关的参数，给定任意一个体系，降低温度时体系由均相到达旋节线从而进行相分离，T_s 为旋节线上的体系温度，这一过程具体如何发生可经由散射强度 I 的变化得到一些信息。由以上分析可得通用表达式

$$I(\boldsymbol{k} \to 0) \sim \frac{1}{|T - T_s|^\gamma} \tag{4-39}$$

$$\xi \sim \frac{1}{|T - T_s|^\nu} \tag{4-40}$$

对于小分子混合体系，其 UCST（上临界溶液温度）相图如图 4-9 所示，$\gamma = 1$，$\nu = \frac{1}{2}$，即

$$I(\boldsymbol{k} \to 0) = \frac{1}{A} \sim \frac{1}{|T - T_s|} \tag{4-41}$$

$$\xi \sim \frac{1}{\sqrt{A}} \sim \frac{1}{|T - T_s|^{\frac{1}{2}}} \tag{4-42}$$

当相分离终点十分接近临界点时，$T_s \approx T_c$，则 $\gamma = 1.26$，$\nu = 0.63$。

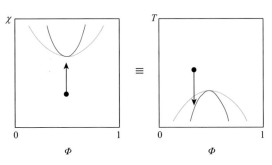

图 4-9　小分子混合体系 UCST 相图

实验上可以得到以下通用的经验表达式：

$$\chi(T) = A + \frac{B}{T} + \frac{C}{T^2} \tag{4-43}$$

相互作用参数 χ 表现出温度依赖性，其中 A、B、C 无实际物理意义，依据其具体的大小变化，可以得到以下四种相图形式，如图 4-10 所示：

（1）上临界溶液温度（upper critical solution temperature，UCST）［图 4-10（a）］。

（2）下临界溶液温度（lower critical solution temperature，LCST）［图 4-10（b）］。

（3）下-上临界溶液温度（LCST-UCST）［图 4-10（c）］。

（4）上-下临界溶液温度（UCST-LCST）［图 4-10（d）］。

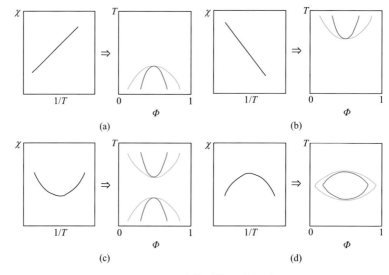

图 4-10　混合体系的四种相图

相图中有两条曲线：旋节线和双节线。在旋节线内的亚稳极限分解区，混合体系会自发地发生相分离；在旋节线和双节线之间的亚稳区，即使体系某一组分浓度涨落引发某种相分离，它也不会稳定地发展下去，只有组成涨落形成的驱动力足以克服界面能增加的不利因素，引发成核，才会发生相分离。有关成核生长引发的相分离，其热力学机理与结晶相似，由于在第 3 章进行了详细的论述，请参考阅读，此处不再赘述。双节线以外，混合体系是均匀混合的状态。混合体系中组分间的相互作用参数 χ 的大小及其与温度的依赖性是决定混合体系相图形式的关键参数。进一步地，体系中任意组分的聚合度是决定相互作用参数 χ 大小的关键参数。聚合度越大，相互作用参数 χ 越小且趋近于零，体系表现为不混容性的可能性增加。

综上所述，通过 Flory-Huggins 热力学理论简要阐明了高分子共混合溶液体系的相分离热力学基本问题。同时，Flory-Huggins 热力学理论存在局限性，不能预示一些热致高分子共混体系的相分离，这是因为它没有考虑高分子共混体系的可压缩性。

4.2　相分离动力学

二元混合体系的相分离过程一般可以分为早期、中期和后期三个阶段。在早期阶段，新生成的相还比较小，边界弥散，浓度趋向平衡；在后期阶段，相的浓度趋于固定，有明显的界面边界，通过微小畴区的合并，相区不断粗化最后形成稳定的相形态。相分离后期每相的总体积保持不变。相分离中期则为早期和后期的过渡阶段。均匀高分子混合体系发生相分离后最终相的浓度或体积分数是由热力学决定的，但其相分离的具体过程可以不同，这取决于体系是经历临界点淬冷还是偏离临界点淬冷。临界点淬冷将体系从单一液相区直接淬冷至亚稳极限分解区，无须通过亚稳，亚稳极限分解区是不稳定的，也被称为不稳区。在亚稳极限分解区，处于特定温度下的混合体系（混合相）会自发地分解为两个平衡浓度的相。相分离机理为旋节相分离。偏离临界点淬冷则是体系通过进入两相共存曲线（双节线）与亚稳极限线（旋节线）之间的亚稳区而发生相分离。在亚稳区，需要由自由能和浓度的涨落以克服成核势垒，从而诱导相分离。相分离机理为成核生长。针对相分离的不同机理，展开以下讨论。主要需要解释清楚的问题是：旋节相分离与成核生长这两个过程的区别。

4.2.1　旋节相分离

1. 温度诱导浓度涨落

高分子混合体系的代表性 UCST 相图如图 4-11（a）所示。降温过程中体系从均相区通过临界点进入亚稳极限分解区，即临界点淬冷。旋节相分离的主要特点是没有自由能的能垒，整个过程涉及超过一个临界波长的小幅度体积分数（浓度）涨落的生长。旋节相分离的相界面是不清晰的，不稳定相的生成是通过小幅度、长波长的浓度涨落实现自发生长的。其物理原理是整个相分离过程中体系中任意组分的体积分数（浓度）随时间会有自发的涨落。体积分数随时间变化的波动如图 4-11（b）所示。当初始时间为零时，均相区涨落的幅度可称为有序参量 ψ，均相体系平衡状态下的体积分数为 Φ_e，体系中任意组分的体积分数随空间位置 r 和时间 t 变化的表达式为

$$\Phi(r,t) = \Phi_e + \psi(r,t) \qquad (4\text{-}44)$$

具体讨论体系某一位置体积分数随时间变化的过程及数学表达式，首先给出以下模型（图 4-12）：体系从均相状态随着时间的增加出现浓度差异，并最终经历相分离达到两相平衡状态。

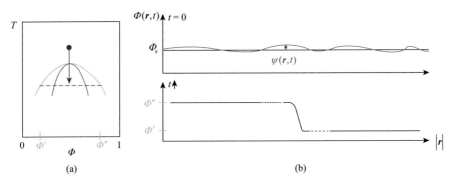

图 4-11 高分子混合体系的代表性 UCST 相图及体积分数波动随时间变化示意图

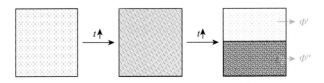

图 4-12 体系某一位置体积分数随时间变化的过程模型示意图

根据质量守恒定律，单位时间内体积分数的变化量为单位时间内进入或离开这一体系的组分的质量，因此可以给出以下表达式：

$$\frac{\partial \Phi(\boldsymbol{r},t)}{\partial t} = -\nabla \boldsymbol{J} \tag{4-45}$$

式（4-45）称为质量守恒或连续方程。其中，∇ 是微分梯度算子；$\boldsymbol{J}$ 是通量，其表达式如下：

$$\boldsymbol{J} = -\Lambda \nabla \left(\frac{\mu}{k_{\mathrm{B}}T} \right) \tag{4-46}$$

其中，Λ 称为 Onsager 系数，表示链的扩散能力，与化学势的梯度有关；化学势 $\mu \sim \dfrac{\partial \Delta F_{\mathrm{m}}}{\partial \Phi}$。

同时，基于式（4-44），结合散射实验和傅里叶变换，可以给出某一位置波动的另一表达式：

$$\psi(\boldsymbol{r},t) = \sum_k \psi_k \mathrm{e}^{-\mathrm{i}\boldsymbol{k}\boldsymbol{r}} \tag{4-47}$$

结合之前推导的式（4-31）、式（4-32）、式（4-33）及式（4-47），得到以下自由能的表达式：

$$\frac{\Delta F_{\mathrm{m}}}{k_{\mathrm{B}}T} = \frac{1}{2}\sum_k (A + Kk^2)\left|\psi_k\right|^2 \tag{4-48}$$

且已推导得到

$$A = \frac{1}{N_1\Phi} + \frac{1}{N_2(1-\Phi)} - 2\chi \tag{4-49}$$

$$A = 2(\chi_s - \chi) \tag{4-50}$$

$$A \sim \left(\frac{1}{T_S} - \frac{1}{T}\right) \sim \frac{T - T_S}{T_S} \tag{4-51}$$

基于以上分析，继续推导可以得出以下表达式：

$$\frac{\partial \psi_k(t)}{\partial t} = -\Lambda k^2 \frac{\delta \Delta F_m}{\delta \psi_k} = -\Lambda k^2 [A + Kk^2]\psi_k(t) = \Omega_k \psi_k(t) \tag{4-52}$$

其中，Ω_k 为浓度涨落增长速率。

2. 浓度涨落增长速率

已知：

$$\psi_k(t) = \psi_k(0)e^{\Omega_k t} \tag{4-53}$$

对该体系进行散射实验，则散射强度 I 可以给出如下表达式：

$$I(k,t) = \psi_k^2(t) = \psi_k^2(0)e^{2\Omega_k t} \tag{4-54}$$

而从式（4-52）出发，可以得出浓度涨落幅度的表达式：

$$\Omega_k = -\Lambda k^2(A + Kk^2) \tag{4-55}$$

依据图 4-11 所示相图，$T < T_S$，故而 $A < 0$。因此，浓度涨落增长速率 Ω_k 随 k 值的变化曲线如图 4-13 所示。Ω_k 在临界点时 k 值的大小为

$$k_c = \sqrt{\frac{|A|}{K}} \sim |T_S - T|^{\frac{1}{2}} \tag{4-56}$$

当 Ω_k 取最大值时，k 值的大小为

$$k_m = \frac{1}{\sqrt{2}} k_c \sim |T_S - T|^{\frac{1}{2}} \tag{4-57}$$

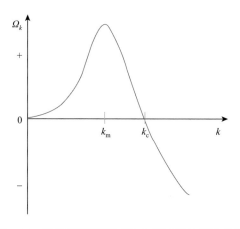

图 4-13　浓度涨落增长速率 Ω_k 随 k 值的变化曲线

基于散射强度与浓度涨落之间的关系，结合浓度涨落增长速率 Ω_k 的定义，可以得到不同时间散射强度与链扩散能力 Λ 的相关性。以图 4-11 给出的相图为例，对于某一确定组分的体系，在体系处于均相状态时，降低温度给予体系相分离的驱动力，体系温度 $T < T_S$，随着时间的增加，体系趋于完成相分离。在这一过程中，散射强度增大，浓度涨落增长速率 Ω_k 变大，涨落幅度，即有序参数 $\psi_k(t)$ 增加，链扩散能力 Λ 增加，k_m 值减小。当时间足够长时，体系的浓度涨落幅度趋近于相分离后两相体积分数（浓度）与均相体积分数（均相浓度）的差值。

根据以下分析，给出判别是否为旋节相分离的依据。

依据式（4-55），可以得到以下表达式：

$$\frac{\Omega_k}{\Lambda k^2} = -(A + Kk^2) = |A| - Kk^2 \tag{4-58}$$

进而可以给出 $\dfrac{\Omega_k}{\Lambda k^2}$ 与 k^2 的关系，如图 4-14 所示，两者线性相关，斜率为 K。因此，针对具体的共混体系相分离过程，依据散射实验的结果，给出 $\dfrac{\Omega_k}{\Lambda k^2}$ 与 k^2 的关系，若为线性相关，则此相分离过程为旋节相分离。

上面讨论过，如果时间足够长，随着时间的增加，k_m 值减小。针对这一规律，可以给出如下关系示意图（图 4-15）。在相分离早期阶段，k_m 值基本不变；随着时间的增加，中期和后期两个不同的阶段，斜率分别为 $-1/3$ 和 -1。值得注意的是，k 值与相畴尺寸的倒数正相关。因此，当 k_m 值很小时，相畴尺寸很大，说明已经完成相分离，且相分离的双连续区域已经达到了平衡浓度。从相形态来看，体系发生旋节相分离会生成双连续的形态，具有一个特征长度，且其取决于最快生长的涨落波长，即与 k_m 值相关。实际情况下，相形态变化的观测结果可以看作相分离机理变化的证据。

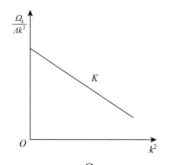 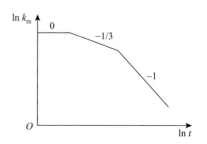

图 4-14　旋节相分离 $\dfrac{\Omega_k}{\Lambda k^2}$ 与 k^2 的关系示意图　图 4-15　旋节相分离 $\ln k_m$ 值与 $\ln t$ 的关系示意图

4.2.2　流动场诱导相分离

在高分子共混体系或湿法工艺的薄膜加工过程中，除温度诱导浓度涨落之外，流动场或者应力也是诱导浓度涨落实现相分离的重要机理。如图 4-16 所示，两种组分的特征松弛时间或者自扩散系数相近的共混体系，如两种小分子或者聚合度相近的两种高分子，被称为动力学对称体系，而特征松弛时间或者自扩散系数差异大的共混或者溶液体系则被称为动力学不对称体系。

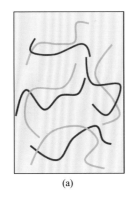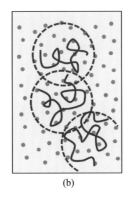

（a）　　　　　　　　　　　（b）

图 4-16　（a）动力学对称的高分子共混体系；（b）动力学不对称的高分子溶液体系

在发生旋节相分离的浓度涨落时，对称混合体系中不同组分间具有相同的自扩散系数 D，应力可以平均地分配给两个组分，在结构生长的过程中应力松弛速率也保持一致，因此不会产生因为应力松弛不同导致的局部应力集中。在不对称混合体系中不同的组分具有不同的自扩散系数。具有较高自扩散系数的组分松弛速率快，因此较低自扩散系数的组分会存在局部应力集中。应力分布不均进而影响体系的自由能分布，并最终反馈到浓度涨落的动力学和结构生长过程。该机理被称为应力-扩散耦合。

高分子溶液相分离，由于浓度涨落带来的局部应力，弹性力平衡可能决定区域形态而不是界面张力，进而影响高分子的浓度涨落和体系相分离的形态，形成与经典相分离相反的结构，如体积分数小的相也会瞬间形成连续的网络结构，这类相分离命名为"黏弹性相分离"（viscoelastic phase separation，VPS）。在这种情况下，浓度涨落通过缠结高分子的长程重排形成时，所产生的应力将完全松弛，因此，应力扩散耦合效应被完全屏蔽，从而引出了应力扩散耦合效应的"屏蔽长度" ξ_{ve}，被命名为黏弹性长度；当浓度涨落的特征长度 $\xi > \xi_{\text{ve}}$ 时，应力扩散耦合效应被屏蔽；当 $\xi < \xi_{\text{ve}}$ 时，应力扩散耦合效应起主要作用。这个屏蔽长度取决于高分子组分的动态特性。

Doi 和 Onuki[7-10]给出了相分离动力学的理论表达式，即

$$\frac{\partial}{\partial t}\delta\Phi(r,t) = -\Lambda\nabla\left[\nabla\frac{\delta F}{\delta\Phi} - \alpha_1\nabla\cdot\sigma(r,t)\right] + \xi(r,t) + \text{流体动力项} \quad (4\text{-}59)$$

其中，$\delta\Phi(r,t) \equiv \Phi(r,t) - \Phi_e$，是在某一位置 r 和某一时间 t 时，混合体系中某一组分的局部组成浓度涨落；$F = F\{\delta\Phi\}$ 是 $\delta\Phi(r,t)$ 的自由能泛函；$\dfrac{\delta F}{\delta\Phi}$ 是自由能对 $\delta\Phi(r,t)$ 的变分导数；$\alpha_1 = |D_1N_1 - D_2N_2| / (D_1N_1\Phi_2 + D_2N_2\Phi_1)$，是动力学不对称参数。对于溶液体系，$\alpha_1 = \Phi_1^{-1}$，$\Phi_1$ 为聚合物体积分数。$\sigma(r,t)$ 是局部应力张量。$\xi(r,t)$ 是用涨落-耗散定理表示的随机热动力，$\xi(r,t)\xi(r',t') = 2k_BT\nabla^2\delta(r-r')\delta(t-t')$。

Cahn、Hilliard、Cook（CHC）三人，以及 Ginzburg、Landau（GL）二人分别最初给出了式（4-59）右边的第一项和第三项的表达式。Kawasaki 和 Ohta 给出了流体动力项的表达式。Doi 和 Onuki 将与动力学不对称相关的应力项和应力扩散耦合项结合起来给出了第二项的表达式[11]。

对于动力学对称体系，两个组分的扩散程度相等（$D_1N_1 = D_2N_2$），动力学不对称参数为零（$\alpha_1 = 0$），则式（4-59）的第二项消失，这个方程的变形式就是众所周知的 CHC 方程或时间依赖的 GL 方程。如果浓度涨落 $\delta\Phi(r,t)$ 很小且流体动力项可被忽略，则式（4-59）可被线性化。线性化之后可以给出黏弹性长度 ξ_{ve} 的数学表达式：

$$\xi_{ve} \equiv \left[\frac{4}{3}\alpha_a\Lambda(0)\eta_0\right]^{\frac{1}{2}} \quad (4\text{-}60)$$

其中，η_0 是零剪切黏度；Onsager 系数 $\Lambda(0) = \Phi_1\Phi_2(D_1N_1\Phi_2 + D_2N_2\Phi_1)v_0 / k_BT$，$v_0 \equiv (\Phi_1/v_1 + \Phi_2/v_2)^{-1}$，$v_1$ 和 v_2 是两组分的单体摩尔体积。

注意：当散射矢量 $k \ll 1/\xi_{ve}$，或浓度涨落的特征长度 $\xi \gg \xi_{ve}$，或诱导时间 $t \gg \tau_{ve} \equiv \xi_{ev}^2/D$（$\tau_{ve}$ 为黏弹性时间，D 为自扩散系数）时，动力学不对称的作用消失，因此，动力学不对称效应在大时空尺度的流体动力学观察中不重要。

流动场可以调控相分离行为并改变最终的形态，可以诱导相分离体系成为单一均匀相，也可以诱导均匀相发生相分离。在动力学对称体系，两相体系通过剪切诱导的弱界面张力最终形成单相体系，即剪切诱导单相形成。在动力学不对称体系，剪切作用会使得均匀混合体系发生相分离最终形成两相体系，即剪切诱导相分离。

高分子薄膜湿法加工中主要是高分子和塑化剂或者溶剂，因此是典型的动力学不对称体系。由于应力扩散耦合和黏弹性效应会抑制其浓度涨落生长速率或者松弛速率，且随着动力学不对称参数 α_1 的增加，这种抑制作用导致非对称体系对

流动场的敏感性增加[12]。处于平衡态的单相溶液受制于热浓度涨落（温度诱导），存在高分子浓相和稀相，浓相具有更多的缠结高分子。当施加剪切流动作用时，由于高分子链与溶剂小分子的承力不同，高分子浓相所在区域具有更大的局部应力，并导致体系的局部应力发生变化。如果剪切速率 $\dot{\gamma}$ 小于解缠结速率 Γ_{dis}，则这种局部应力可以通过高分子解缠结得到松弛，从而保持体系的均一性。当 $\dot{\gamma} > \Gamma_{\mathrm{dis}}$，被溶剂溶胀的缠结网络因应力产生的形变没有足够的时间解缠结而松弛时，其只能通过渗透压从具有较高弹性能量的高分子浓相区域挤压溶剂到高分子稀相区域，导致浓相更浓，稀相更稀，促进相分离从而与外场达到平衡。该过程可形象地描述为"溶剂挤压模型"（图 4-17）。

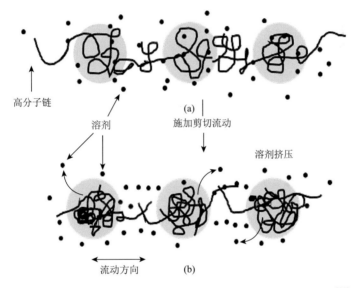

图 4-17　应力扩散耦合驱动的剪切增强浓度波动的溶剂挤压模型[12]

　　加深理解高分子流体对流动场的响应，对于开发合理的加工操作以定制具有特定性能的高分子材料产品至关重要。然而，这个问题十分复杂，流动中强烈的分子变形导致了一系列流动场诱导现象，包括混合、相分离，以及第 3 章中介绍的流动场诱导结晶等。

4.2.3　奥斯特瓦尔德熟化

　　在相分离的形态发生粗化过程的后期阶段，奥斯特瓦尔德（Ostwald）提出了一个相分离粗化动力学的简单处理方法，称为"奥斯特瓦尔德熟化"（Ostwald ripening）。如果一个体系在相分离时包含具有明显界面边界的两个液相，则新生成的少数相小液滴会分散在多数相的基体中，且这些小液滴并不处于热力学平衡态。在这样的液-液相分离体系中，通过小液滴的合并从而增大少数相的尺寸，与界面相关的总体自由能会减小。从统计上讲，若这个少数相中的小液滴存在一个尺寸分布，则较大的液滴会吸收更小的液滴完成粗化生长。奥斯特瓦尔德熟化包括两个过程：①液滴间通过扩散进行质量传输；②发生在两相界面上的附着-脱离过程。液滴间的质量传输是一个受多数相液体中扩散场控制的过程。另外，发生在两相界面上的附着-脱离过程的速率最慢时会成为限制粗化速率的步骤，是一个反应控制的过程，与成核生长过程具有类似的特征。

针对以上两个过程，扩散控制的液滴生长过程中的平均液滴尺寸 $r(t)$ 与时间的关系如下：

$$r(t) = (K_1 t)^{1/3} \qquad\qquad (4\text{-}61)$$

其中，K_1 是粗化速率常数，其大小取决于扩散常数和周围的环境。在三维本体体系的情况下，称为 Lifshitz-Slyozov-Wagner 定律[13, 14]。

反应控制的液滴生长过程中的平均液滴尺寸 $r(t)$ 与时间的关系如下[13, 15]：

$$r(t) = (K_2 t)^{1/2} \qquad\qquad (4\text{-}62)$$

其中，K_2 是粗化速率常数，其大小取决于反应常数和周围的环境。

以上分析仍有不足之处，Lifshitz-Slyozov-Wagner 定律忽略了液滴体积分数和液滴间相互作用的影响。研究引入"有效介质"理论，发现体积分数并不改变 Lifshitz-Slyozov-Wagner 定律的时间粗化指数，但是会改变粗化速率常数。Baldan[16] 所撰写的综述对 20 世纪后半叶奥斯特瓦尔德粗化理论方面的研究成果进行了全面的总结，建议感兴趣者自行查找阅读。

4.3　薄膜加工中的相分离

在高分子薄膜加工过程中，涉及高分子溶液和高分子共混体系相分离。高分子溶液的相分离与日常生活和工业生产息息相关。生活中常常利用相分离（包含沉淀）将可溶与不可溶的高分子分开。工业生产中，合成纤维的溶液纺丝制备过程中利用调节溶剂挥发、相分离和拉伸速率来控制高分子的取向，以便获得所需的力学性能；多孔中空纤维和多孔滤膜的制备过程中控制相分离速率可以调节孔径分布；PVA 偏光膜制备过程中控制相分离和溶剂挥发可以调节其光学性能；高分子溶液的相分离应用十分广泛，不胜枚举。

共混是高分子改性的主流方法之一，通过调控高分子共混体系的相分离行为，可实现不同高分子材料的性能互补与协同，获得综合性能优异的材料。高分子共混物与高分子和溶剂混合的情况不同，由于高分子链的互相牵连，高分子共混物的混合熵很小。混合过程又常为吸热过程，使得 $\Delta F_{mix} = \Delta E_{mix} - T\Delta S_{mix} > 0$。所以绝大多数共混物不能达到分子水平或链段水平的互容。实验证实大多数具有不同链化学结构的高分子混合物是热力学不相容的，但也有实验发现越来越多的具有不同链化学结构的高分子混合物呈现为热力学相容。

相分离过程对高分子共混溶液的形态结构与物理性能有很大影响。例如，遵循成核生长相分离机理，会形成一种相分布在另一种相中的"海岛"结构；遵循旋节相分离机理，也称为亚稳极限分解，则形成的是一种"网络状"的相分布在另一种相中的双连续结构，这种结构相对比较均一。相分离过程相形态演化示意图见图 4-18。

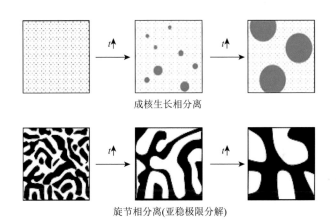

成核生长相分离

旋节相分离(亚稳极限分解)

图 4-18　相分离过程相形态演化示意图

在实际薄膜加工过程中，不同的相分离诱导方法和相分离机理会形成不同的高分子薄膜形态和结构。基于以上章节基本原理的分析和讨论，温度、相互作用参数和浓度是高分子共混和溶液体系相分离过程最为关键的三个参数，调整这三个参数能够有效控制体系的相分离机理。接下来简要介绍基于此的几种相分离诱导方法及其对应的薄膜制备方法。

4.3.1　热致相分离（温度诱导）

20 世纪 80 年代，Castro 首次在其申请的专利中提出了热致相分离（thermally induced phase separation，TIPS）的高分子微孔膜制备方法，扩展了微孔膜的材料制备范围，并且提升了微孔膜材料的制备水平。热致相分离适用于很多在室温下难以溶解或没有适宜溶剂的结晶或具有强氢键作用的高分子。热致相分离制备微孔膜的过程主要分为三个部分：①溶液制备：在高温下制备高分子与溶剂的均相溶液；②浇铸成型：依据需求将溶液浇铸成不同形状的膜；③后处理：冷却相分离成膜后去除溶剂和萃取剂。图 4-19 为典型的可工业化应用的热致相分离制备微孔膜的流程示意图[17]。高分子溶液浇铸在可控温的滚筒上冷却固化成膜，去除溶剂后检测收卷。热致相分离方法的热力学理论基础是高分子-溶剂二元体系平衡相图[17, 18]。热致相分离成膜的动力学原理是本章前面介绍的相分离热力学和动力学，Ostwald 熟化理论和流体动力学原理等，如相分离中耦合结晶过程，则结晶的必要条件是过冷度[19]，有关结晶的原理可以参考第 3 章。热致相分离成膜过程中的相分离方式可以分为液-液相分离（L-L 相分离）、液-固相分离（L-S 相分离）和固-固相分离（S-S 相分离）三类。图 4-20 为高分子-溶剂体系相图一般存在的两种形式[20]。高分子初始浓度、高分子分子量、溶剂种类及其流动性、冷却速率、萃取剂及其抽提方式、成核剂等因素对热致相分离过程的热力学相图、成膜动力学和膜形态结构都有影响[20, 21]。

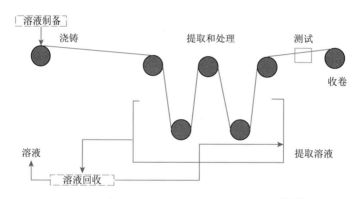

图 4-19　热致相分离制备微孔膜流程示意图[17, 19]

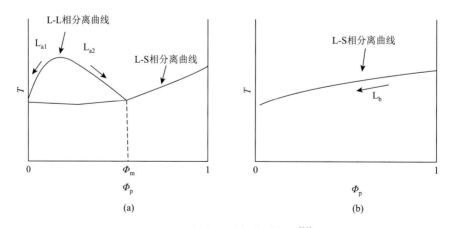

图 4-20　高分子-溶剂体系相图[20]

L_{a1}、L_{a2} 和 L_b 代表图中不同相分离路径

相较于传统的高分子微孔膜制备方法，热致相分离方法具有以下优点：

（1）适用的高分子范围更加广泛，尤其适用于很多在室温下难以溶解或没有适宜溶剂的结晶或具有强氢键作用的高分子；

（2）制备过程所需控制参数较少，稳定性高且容易连续化制备，所得微孔膜结构控制重复性好；

（3）通过调控相分离路径，可控制备不同结构的微孔膜，满足不同的实际应用需求；

（4）所制备的微孔膜孔径分布均匀、孔隙率高、孔结构保存完整、力学性能良好。

与此同时，热致相分离方法同样存在一些缺点：

（1）所制备微孔膜由于较快的相分离速度容易形成皮层，影响膜的通量；

（2）大量使用有机溶剂增加了后续萃取成本和环境污染；

（3）所制备微孔膜大多数为疏水性膜，实际使用中会因蛋白质类物质的附着而影响使用寿命；

（4）制膜材料局限于结晶型和具有强氢键的高分子[22]。

热致相分离方法已被广泛用于制备各种高分子微孔膜，如聚乙烯、聚丙烯、聚偏氟乙烯、聚（乙烯-乙烯醇）、尼龙和聚丙烯腈。

4.3.2　非溶剂致相分离（非溶剂诱导）

不同于热致相分离（TIPS）工艺温度变化诱导相分离成膜的过程，非溶剂致相分离（non-solvent induced phase separation，NIPS）工艺是指由高分子和浸没的非溶剂之间的不混溶性诱导的成膜过程，也可称为非溶剂浸没沉淀法。NIPS 工艺一般包括两部分：①通过铸造或挤压将均匀的高分子溶液制成所需形状的高分子膜；②将高分子膜浸入非溶剂混凝剂中，通过溶剂和非溶剂交换引起的相分离而使高分子膜固化，之后去除溶剂和非溶剂得到不同结构的高分子微孔膜。通常，NIPS 方法需要通过改变掺杂成分、添加物、混凝介质、凝固浴温度、蒸发时间等工艺参数，对溶剂交换速率进行复杂的控制，才能使高分子微孔膜获得理想的形貌和良好的性能。由于高分子微孔膜在第一步制备过程中溶剂的部分蒸发，NIPS方法生成的不同孔径的高分子微孔膜通常为具有致密皮层的非对称结构。影响相分离过程的因素如下：溶剂选择、高分子浓度、添加剂种类和浓度、凝固浴组成及其温度、蒸发时间和温度、后处理等，且最终影响高分子微孔膜形貌。其中添加剂的选择和凝固浴组成是研究较为集中的方向。NIPS 方法无须高温高压，操作简单方便，具有巨大的工业化应用优势。目前 NIPS 方法制备的高分子微孔膜已被广泛应用于气体分离、正向渗透、纳滤、超滤及蒸馏等领域。

4.3.3 非溶剂热致相分离（协同作用诱导）

非溶剂致相分离法制备的高分子微孔膜由于液滴状结构和大孔的形成而导致机械强度较弱。相比之下，热致相分离法制备的高分子微孔膜具有更高的机械强度和更低的制造成本。然而，热致相分离法制备的微孔膜孔径相对较大，不利于大多数微孔膜的应用。为了将非溶剂致相分离和热致相分离的优点结合起来，Matsuyama 等[23]在 2002 年首次通过非溶剂致相分离和热致相分离相结合的方法使用水溶性溶剂制备聚甲基丙烯酸甲酯（PMMA）多孔膜。后续科研人员将这一方法推广至制备不同结构的其他高分子微孔膜。考虑溶剂与高分子的相容性和相互作用，选择合适的溶剂与非溶剂能够制备具有稳定的双连续网络结构的高分子微孔膜。

已有研究使用非溶剂热致相分离（non-solvent thermally induced phase separation，NTIPS）制备聚偏氟乙烯（PVDF）微孔膜。所得 PVDF 微孔膜具有较理想的孔结构：超薄的致密表层，短的手指状大孔过渡层和连通良好的双连续大孔块状结构层。研究表明相分离过程为 L-S 相分离，所制备微孔膜表现出更高的整体孔隙度和特殊的机械强度，证明了该方法可用于制备较理想结构的微孔膜，然而膜的结构形成机理和影响因素，如浇铸条件、溶剂蒸发时间、冷却时间和冷却速率等，还需要进一步研究[24]。此项研究对聚丙烯腈微孔膜的制备具有指导意义，使用非溶剂热致相分离方法制备聚丙烯腈微孔膜目前研究较少，尚未有成熟的相分离机理和制备参数。

4.3.4 凝胶化（化学键或物理相互作用诱导）

聚合物凝胶是一种交联的聚合物网络，由化学键（化学凝胶）或来源于分子间作用力所引起的物理相互作用（物理凝胶）连接而成，凝胶内部可以充满溶剂或非溶剂的一类弹性体。常见的聚合物凝胶有聚乙烯醇（PVA）、聚丙烯酸（PAA）、聚丙烯腈（PAN）、聚乙烯（PE）、聚氯乙烯（PVC）、明胶、纤维素及纤维素衍生物等。一般由共价键交联形成的化学凝胶是不可逆的，一旦形成凝胶就无法再变回溶液状态。相反，由较弱的相互作用（氢键、偶极力）和物理缔合作用（拓扑缠结、疏水缔合）形成的交联可以被破坏，因此物理凝胶是可逆的。在聚合物分子量、温度等条件不变的情况下，溶液的浓度越高就越容易发生凝胶化转变。而在聚合物溶液浓度和其他条件不变的情况下，温度降低会使溶液发生凝胶化转变。当体系的浓度或温度达到临界值以后，聚合物分子形成的团簇可以贯穿整个体系，即所谓的体系的分子量趋于"无穷大"，说明此时体系已发生凝胶化转变。多数聚合物可以在不同的溶剂中发生可逆的凝胶化反应，如聚丙烯腈等。研究认为溶质大分子与溶剂分子之间的强偶极-偶极相互作用可以形成比较稳定的连接点，使溶液发生凝胶化而形成聚合物凝胶。也有研究认为凝胶化是由微晶的成核-生长过程引起的，凝胶网络的连接点是由于聚合物的结晶作用产生的。

聚合物浓度的变化（从熔体状态到半稀溶液）对最终形成的凝胶的性质有很大影响。在一些情况下，物理凝胶可以由聚合物在溶剂中的溶解能力下降引起。溶解能力的下降可以由温度的改变或是在聚合物溶液中添加了不良溶剂引起。这种凝胶通常是可逆的。如果一种聚合物能够在一定条件下快速结晶，那么结晶可能是这种聚合物凝胶形成的原因，构成凝胶结构的交联点是聚合物的微晶。随着晶粒的生长凝胶网络结构逐渐形成，而溶剂则大多数停留在无定形区域内。聚乙烯/二甲苯浓溶液冷却后形成的凝胶就属于这种情况，且这种凝胶是热可逆的。另外一个情况相反的例子是，各向异性的液晶聚合物溶液，如苯甲基-L-谷氨酸/二氧杂环乙烷溶液可以在聚合物溶液浓度升高的情况下形成凝胶。在这种情况下，构成凝胶的原因是聚合物液晶的有序排列。

流变学方法是研究聚合物材料凝胶化行为和微结构变化的有力工具。尤其对于高浓度的聚合物溶液体系，由于透光度低，静态和动态光散射等测试手段无法发挥作用，而流变是非常合适的表征方法。关于聚合物凝胶在溶胶-凝胶转变点附近黏弹性特点的研究已经有很多的报道。凝胶点，又称溶胶-凝胶转变点，被看作是体系由溶液（溶胶）状态向凝胶状态转变的临界点。导致体系发生凝胶化转变的原因不同，凝胶点的含义也不同，例如，凝胶点可以用凝胶化温度、凝胶化时间、凝胶化浓度等来表示。通过动态剪切测试得到的黏弹性能，如动态储能模量 G'、动态损耗模量 G''、损耗角正切 $\tan\delta$、复数黏度 η^{*}等，对聚合物凝胶形成过程中的结构变化是非常敏感的。因此，体系凝胶点的测量通常可以采用动态流变的方法，例如，在动态流变测量中将储能模量 G'开始突然增大或者是 $G'>G''$对应的临界点作为凝胶点。在不同剪切频率下得到的所有损耗角正切对温度的曲线都交于一点，这一点即为代表临界凝胶化转变温度的凝胶点。换句话讲，凝胶点就是当损耗角正切变得与频率无关时所对应的点。经过实验验证后提出的 Winter-Chambon 模型给出了凝胶点的定义[25, 26]，即对于凝胶化体系在凝胶点处存在以下幂律关系：

$$G'(\omega)\sim G''(\omega)\sim \omega^{n} \quad (0<n<1) \tag{4-63}$$

$$\tan\delta=G''(\omega)/G'(\omega)=\tan\left(\frac{n\cdot\pi}{2}\right)=c \tag{4-64}$$

其中，ω 是剪切频率；n 是材料特征常数，松弛指数，可以用来表征凝胶结构的一些特点。n 值的大小很大程度上取决于体系的分子结构和微观结构的特点。不同体系的 n 值具有一定的取值范围，例如，聚氯乙烯溶液的 n 值范围为 $0.75\sim0.8$，

聚己酸内酯的 n 值范围为 0.34～0.67，纤维素溶液的 n 值为 0.891。由于众多因素影响体系的凝胶化行为，因此除了最常用的凝胶化转变温度（T_x）以外，还应该以临界凝胶浓度（c_x）、凝胶化转变时间（t_x）、频率等参数来定义和描述凝胶点。不同温度下体系的临界凝胶浓度不同，温度越高，临界凝胶浓度越大，且浓度较大的聚合物溶液具有较高的临界凝胶化转变温度和临界凝胶强度因子 S。虽然不同温度下体系的临界凝胶浓度不同，但是临界点处的松弛指数 n 却几乎保持不变，而具有不同临界凝胶化转变温度的体系也具有相似的松弛指数。由此可以得出结论，在一定条件下形成的聚合物凝胶具有特有的结构，且不随体系中聚合物的浓度和外界温度的变化而变化。

聚合物溶液在恒温熟化过程中会发生溶胶-凝胶转变这一现象早已得到广泛的认同。在熟化过程中，熟化温度越低，体系的凝胶化速率越快，临界凝胶化转变时间越短，且临界松弛指数不随临界凝胶化转变时间的变化而变化。体系中非溶剂的存在对体系的凝胶化行为有明显影响。体系的临界凝胶化转变温度随非溶剂含量的提高而升高，而 n 值却几乎不变。这说明在一定条件下形成的聚合物凝胶结构不受体系中非溶剂含量的影响。非溶剂的存在加速了体系的凝胶化过程，表现为临界凝胶化转变时间的缩短。

4.4　薄膜加工中的相分离相图

高分子薄膜通常是半晶高分子材料，在实际加工中液-液相分离和结晶都可能发生，相分离和结晶之间的竞争耦合对薄膜最终的形态和力学性能都有着重要的影响。相分离相图是指导高分子共混和溶液体系加工中形体结构设计的基础。针对工业加工的实际需求，相图的构建与严格热力学意义上的相图存在矛盾。第一，构建平衡相图需要温度、溶剂等驱动参数准静态的缓慢变化，而高分子的长链特性对应慢的相变动力学，因此，构建高分子体系的平衡相图极为困难。第二，实际工业加工过程中，为了提高生产效率和获得产品需要的特定形态结构，温度变化、溶剂交换等一般都追求高的速率。结合这两点考虑，在合适的降温或者溶剂交换速率下，获得相变点的温度或者浓度等参数，构建的相图虽然不是严格意义上的热力学相图，但对工业加工有直接的指导意义。可以把这种相图定义为"加工相图"。以下给出实验得出的几种典型的高分子薄膜混合体系的加工相分离相图。

4.4.1　iPP/iPB-1

尽管热力学上对高分子共混体系相容性及判定有明确的论述，但在实际实验中，共混体系相容性的判定是很复杂的问题，而且在相容尺度的界定上也存在争议。依靠光学显微镜这一种检测方法很难准确地判定体系的相行为，但根据其结果可以大致推测 iPP/iPB-1 的相图。在此先简要介绍与这个体系相关的其他实验结果：①3/7（质量比，下同）共混样品从 200℃降温到 120℃时，发现相分离先于结晶发生的现象；②在 220℃处理能诱导 iPP/iPB-1 体系中 iPB-1 晶型 I′ 的直接生成，并且其相对含量随高温处理时间延长而增加。晶型 I′ 的生成需要严苛的条件，那么其直接生成必然与 iPP 组分的加入有关，而且二者还要有较强的作用才可能产生这一现象。如果在高温处理时体系发生了相分离，那么 iPP 与 iPB-1 分离，使得共混样品中的 iPB-1 更接近于普通熔体状态，显然，不利于晶型 I′ 的生成，与实验中观测到的晶型 I′ 的相对含量随高温处理时间延长而增加这一结果不符。综合以上实验结果，在 220℃时，体系相容：在 200℃时，3/7 和 5/5 样品发生旋节线机理相分离，6/4 和 7/3 样品发生成核与生长机理相分离；iPP 和 iPB-1 熔融温度随组分比变化几乎保持不变，分别为 145℃和 128℃。半定量地绘制了 iPP/iPB-1 体系的相图，如图 4-21 所示，该体系具有 UCST 特性，临界浓度偏向 iPB-1 一侧，临界温度为 200～220℃。

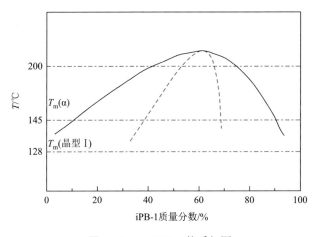

图 4-21　iPP/iPB-1 体系相图

　　组分比对 iPP 和 iPB-1 结晶温度的影响如图 4-22 所示。相比于纯料 iPB-1，iPP 组分的加入提高了共混样品中 iPB-1 的结晶温度。少量 iPP 的加入即可明显提升 iPB-l 的结晶温度。当加入 10%的 iPP 时，iPB-1 的结晶温度由纯料 iPB-1 的 56.7℃提高到 71.9℃。当 iPP 含量达到 30%时，iPB-1 的结晶温度最高，之后随 iPP 含量的增加，iPB-1 的结晶温度开始降低。所有共混样品中 iPB-1 的结晶温度均高于纯料 iPB-1。共混样品中 iPP 组分的结晶温度随 iPB-1 含量的增加一直降低。当 iPB-1 的含量达到 90%时，DSC 降温测试中检测到 iPP 的放热峰。

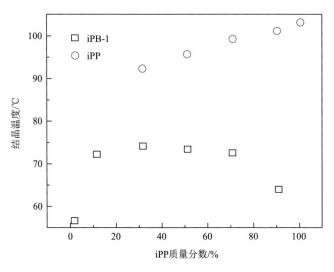

图 4-22　不同组分比共混样品 iPP 和 iPB-1 的结晶温度变化

4.4.2　UHMWPE 与白油混合体系

超高分子量聚乙烯（UHMWPE）锂离子电池隔膜的制备方法，包括热致相分离法、挤出拉伸法。在不加其他助剂的情况下，热致相分离过程一般发生的是固-液相分离，即聚乙烯分子链通过结晶的方式从白油中分离出来形成晶体。可以通过加入添加剂二亚苄基山梨醇（DBS）纤维来诱导并促进液-液相分离的发生，即聚乙烯分子链与白油先发生相分离后进行结晶。UHMWPE 的湿法流延成膜可以分为两步：①熔融挤出：UHMWPE 原料与塑化剂白油经挤出机熔融混合形成均匀熔体混合物，后经口模挤出；②冷却成型：经口模挤出的熔体经冷却辊冷却形成 UHMWPE 凝胶膜，在此过程中 UHMWPE 与塑化剂白油发生相分离，聚乙烯分子链也会发生结晶形成片晶，相分离过程与相分离温度及降温速率之间的相图如图 4-23 所示。相图利用常规 DSC 技术，以湿法流延得到的 UHMWPE 带油铸片为样品（UHMWPE 含量为 25 wt%），以 10℃/min 的速率升温至 160℃，等温 5 min，然后分别以 5℃/min、10℃/min、20℃/min、50℃/min 的速率降温至室温 25℃，记录不同降温速率下 UHMWPE 的结晶温度之后绘制。尽管 DSC 仪器所能测试的降温速率低于实际流延过程的降温速率，但是该相图依旧能够给到实际生产一些指导。图中以初始结晶温度和完全结晶温度为基准，可分为三部分，随着降温速率的增加，初始结晶温度有所降低但影响不大，完全结晶温度下降明显。不同的降温速率直接影响结晶速率，进而影响薄膜的形貌结构和性能。

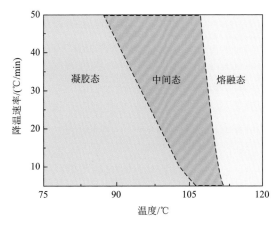

图 4-23　不同降温速率下 UHMWPE 与白油共混体系相态变化温度

4.4.3　PVA 与水混合体系

为了研究 PVA 与水混合体系的降温结晶过程，采用耐高温高压的不锈钢坩埚，通过 DSC（美国 TA 仪器公司，DSC250）实验分析并绘制了 PVA 结晶相图。实验采用商用 PVA 基膜薄膜，制备不同含水量（20 wt%～75 wt%）样品，并保证样品含水量的均匀性。DSC 程序为：以 10℃/min 升至 150℃（或更高，视含水量而定）；等温 5 min；以 2℃/min 缓慢降至 20℃，统计不同含水量样品降温过程中开始结晶的温度（初始结晶温度），如图 4-24 所示。图中以初始结晶温度为基准，可分为两个部分，随着 PVA 含量的增加（含水量的下降），初始结晶温度整体呈上升趋势。当 PVA 含量大于 70 wt%时，初始结晶温度随浓度变化十分明显，而在小于 70 wt%时，初始结晶温度随浓度变化较为平缓。在相同的降温速率之下，聚合物浓度影响体系的初始结晶温度，进而影响薄膜的形貌结构和性能。

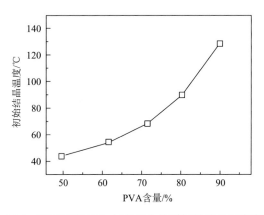

图 4-24　不同浓度 PVA 与水混合体系初始结晶温度变化

4.4.4 TAC 与二氯甲烷混合体系

TAC 与二氯甲烷混合体系的降温相分离过程没有明显的结晶行为，更加接近于凝胶化的相分离过程。为了研究这一体系在降温过程中的凝胶化行为，采用密封性好且可低温使用的密封盘，通过 DSC（美国 TA 仪器公司，DSC250）实验分析并绘制了 TAC 相分离相图。实验采用商用 TAC，以化学纯的二氯甲烷为溶剂，依据工业 TAC 薄膜制备工艺浓度范围，制备不同 TAC 含量（10 wt%、15 wt% 和 20 wt%）的样品。DSC 程序为：以 10℃/min 的速率升温至 100℃，等温 5 min，然后分别以 2℃/min、5℃/min、10℃/min、20℃/min、30℃/min 的速率降温至–50℃，记录不同降温速率下 TAC 相分离温度之后绘制，结果如图 4-25 所示。图中以体系热流对温度变化的一阶导数为零时的相分离温度为基准，可分为两部分：随着降温速率的提高，相分离温度明显降低，且无结晶峰，体系发生凝胶化转变；TAC 含量的影响不明显，不同的降温速率下不同浓度的 TAC 溶液具有基本相同的相分离温度。不同的降温速率直接影响凝胶化速率，进而影响薄膜的形貌结构和性能。

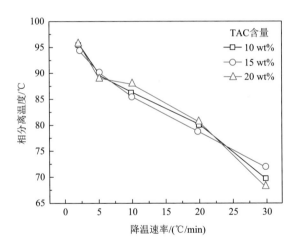

图 4-25　不同浓度 TAC 与二氯甲烷混合体系在不同降温速率下的相分离温度

4.4.5 PAN 与 DMSO 混合体系

PAN 与二甲基亚砜（DMSO）混合体系的降温相分离过程同样没有明显的结晶行为，但由于溶剂的低温结晶行为，PAN 溶液的相分离过程较为复杂，存在凝胶化和结晶相分离的耦合，同样采用 DSC 进行研究并绘制了 PAN 相分离相图。实验采用商用 PAN，以化学纯的二甲基亚砜为溶剂，依据常规纺丝方法的浓度范围，制备不同 PAN 含量（10 wt%、15 wt%和 20 wt%）的样品。DSC 程序为：以 10℃/min 的速率升温至 100℃，等温 5 min，然后分别以 2℃/min、5℃/min、10℃/min、20℃/min、30℃/min 的速率降温至–50℃，记录不同降温速率下 PAN 相分离温度之后绘制，结果如图 4-26 所示。图中以体系吸热峰顶点的相分离温度为基准，可分为两部分：随着降温速率的增加，相分离温度明显降低，且存在转折点，吸热峰的存在表明有结晶行为的发生，此体系发生凝胶化和结晶耦合作用下的相分离。PAN 含量的影响在高降温速率下较为明显，低降温速率下不同含量的 PAN 溶液的相分离温度差较小，提高 PAN 含量可以在一定程度上缓和降温速率增大的影响。不同的降温速率和 PAN 含量都会直接影响凝胶化速率和结晶速率，进而影响薄膜的形貌结构和性能，对这两个因素的耦合作用还有待进一步系统研究。

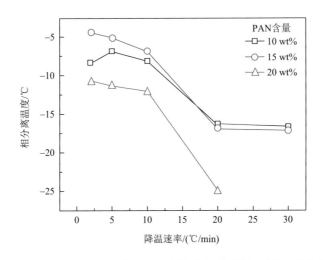

图 4-26　不同浓度 PAN 与二甲基亚砜混合体系在不同降温速率下的相分离温度

4.5　应用实例

4.5.1　高分子共混体系——消光膜

利用高分子共混体系的基础知识和相图，通过高分子共混进行改性已成为高分子改性的主流之一，高分子共混改性要求人们进行更加有效的设计和控制，其核心所在也是如何有效地设计和控制高分子共混物的相分离和相结构。因此，高分子共混物的结构与性能具有十分重要的研究意义。基于此，针对具体的应用方向，通过高分子共混制备消光膜可谓是一个比较适宜的实际应用案例[27]。消光膜具有粗糙的表面微观结构，可以形成漫反射或者散射，具有低光泽、高雾度、表面反射柔光等特点。其在使用上具有手感舒适、印刷色彩逼真等性质，被广泛应用在包装、广告等领域，是一种高附加值包装膜。通过高分子共混制备消光膜的原理是利用高分子本身的性质产生消光，具体是利用两种具有不同折射率的高分子混合，在薄膜的表面形成微小的相区，小相区间折射率和几何尺寸上的不均匀性，使其内部发生多次折射，造成光强损失，散射增加。因此，调节消光膜光学性能的基本方法就是对共混体系中相区形貌的调控。

研究体系以聚乙烯-聚丙烯（PE-PP）这一在室温下为热力学不相容共混体系为例。PE 具有平面锯齿形的分子链构象，而 PP 具有螺旋构象，不同的分子链构象一方面导致了两种高分子会发生相分离，另一方面两种高分子具有不同的结晶热力学和动力学。因此，体系的降温过程是一个相分离和结晶耦合过程，可以通过调节热历史和分子链运动的能力来调节相分离所得到的微观结构，从而进行性能的调控和设计。对于 PE-PP 共混体系消光特性，PE-PP 薄膜的表面形貌对雾度有着决定性影响。不同配比的 PE-PP 共混薄膜相分离后出现不同的形貌特征，加之后续结晶过程中结晶区密度变大、体积收缩，这两个过程共同决定了消光膜表面形貌。但是之前的工作尚未将形貌参数与雾度性能进行定量的关联，无法用于指导消光膜的设计。为了揭示消光母料组分-结构-性能关系，该工作分为三个层次：首先将拉伸制备的消光膜表面结构与初始流延膜表面结构进行比较，发现拉伸过程中消光层表面结构发生仿射形变，拉伸比对微相区的形貌特征不产生影响，消光母料通过静态结晶得到的两相结构对消光膜光学性能至关重要；其次通过静态结晶实验，表征了不同母料配比下微相区形貌的结构演化路径模型和结构特征；最后对微相区相畴尺寸进行定量统计，最终建立了微相区尺寸与消光性能的关系。

1. 不同拉伸比下消光膜表面结构

图 4-27 展示了用光学显微镜在反射模式下采集的不同 MD、TD 拉伸比下薄膜的表面形貌，双向拉伸比（MD×TD）标于右上角。在不同拉伸比下，消光层均表现出由相分离导致的结构，而这种结构决定了薄膜表面崎岖的形貌，是薄膜呈现消光性能的关键因素。对比图 4-27 中平面拉伸比分别为 1×1 和 5×1 的两个样品，可以看到单向拉伸比增加，表面结构未发生取向，表明消光层的结构形变机理与宏观的拉伸场不同。同时，随着 TD 拉伸比增加，PE 相畴间距增大，小的相畴消失，消光层互穿双连续的特征形貌未被破坏，且相畴间距随着拉伸比呈现线性放大的关系。以上数据表明，随着拉伸比增加，决定消光性能的结构关键特征没有改变。因此，对 PE-PP 共混消光膜铸片在流延膜成型过程中的相分离及后续结晶过程的控制，是调控结构形貌的关键。

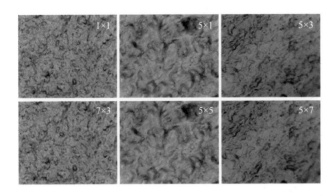

图 4-27　不同 MD、TD 拉伸比下薄膜表面形貌的光学显微镜照片

双向拉伸比（MD×TD）标于右上角，混合质量比：40∶60（PE-PP）

2. 降温过程的相畴演化路径

为了研究近加工条件下的结构演化，利用自制温控热台与偏光显微镜联用的方法，对不同 PE-PP 配比的消光料进行了等速降温实验，代表性的形貌如图 4-28 所示。从图中可以看出，在 PE 质量分数为 0%～30%时，PP 为连续相，PE 为分散相；体系温度下降到 127℃，表现出偏光性质，相区颜色变暗，说明 PP 相区开始结晶，可以观察到 PE 作为熔体呈海岛状分布在 PP 连续相中；在 120℃附近，PE 开始结

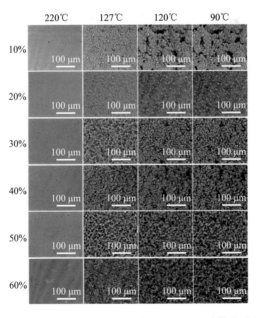

图 4-28　不同 PE-PP 配比的消光料等速降温至不同温度的代表性的形貌图片

晶，因为体积收缩，受力不均导致相界面边缘出现表面粗糙的形貌。但是，在 PE 含量为 40%～60%，127℃时，PP 开始结晶，表现出非常明显的双连续相形貌；在 120℃时 PE 开始结晶，球晶互相挤压，表面粗糙程度大幅增加。从结构演化中可以看出，表面粗糙程度主要取决于 PE、PP 两相在相分离以后结晶过程的体积收缩。

从图 4-28 展现的降温过程的结构演化可以看到，随着温度下降，体系相结构在 127℃时分相结构最为清晰。图 4-29 给出了 127℃时不同配比下典型的分相结构。图中亮的部分为 PE 相区，暗的部分为 PP 相区。从图中可以看到，在 PE 含量为 10%～30%的范围内，PE 相畴呈海岛状分布在 PP 连续相中，含量越高，海岛平均尺寸越大，表面形貌不均匀性越高。在 40%～60%范围内，PE 的含量越高，结晶后表面形貌越均匀。

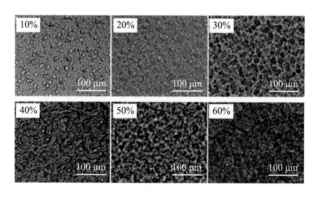

图 4-29　127℃时不同 PE-PP 配比下典型的分相结构

图中 10%、20%、30%、40%、50%和 60%均表示 PE 含量

利用共混-挤出-流延-双向拉伸手段制备了消光膜样品，通过表面形貌的观测，双向拉伸过程中织态结构主要发生等比放大，拉伸比对微相区的形貌特征不产生影响，静态结晶过程形成的织态结构对消光膜表面形貌至关重要。

4.5.2　UHMWPE 湿法流延

电池隔膜是锂电池的重要组成部分。根据隔膜的结构特点，锂电隔膜可分为聚烯烃隔膜、无纺布隔膜及无机复合隔膜。目前商业化的电池隔膜主要是聚烯烃隔膜，以聚乙烯（PE）、聚丙烯（PP）为主。

聚烯烃电池隔膜主要是通过干法或湿法工艺加工而成，干法工艺又包括干法单拉和干法双拉。干法单拉工艺主要包括熔融挤出、拉伸冷却、退火、冷拉、热拉及热定型等步骤。干法单拉工艺制备得到的电池隔膜中的微孔具有扁长结构，孔径均匀性较好，孔隙直通性较好，制备过程绿色环保，可制备得到多层聚烯烃复合膜。

　　湿法工艺用于制备超高分子量聚乙烯（UHMWPE）电池隔膜，由于 UHMWPE 分子量高，致使熔体黏度过大，无法正常挤出，需在熔融挤出过程中加入塑化剂，同时作为成孔剂，故称为湿法工艺。其制备工艺主要包括：挤出流延、双向拉伸、萃取干燥和扩幅定型。湿法隔膜在两个方向上的拉伸倍率相当，分子链在两个方向均取向，使得湿法隔膜两个方向上的力学强度均很高，力学性能优异，同时孔径均一性好，在隔膜中的应用越来越广泛。UHMWPE 湿法隔膜产品形貌如图 4-30 所示：萃取前的隔膜半成品为半透明的均质薄膜，代表性的扫描电子显微镜（SEM）照片表明成品隔膜为不同取向的纳米纤维相互连接成孔，表层孔径不均匀，孔隙度较高。

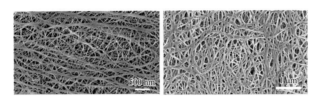

图 4-30　UHMWPE 湿法隔膜表面形貌图

　　湿法锂电池隔膜挤出温度一般在 180～220℃之间，挤出机的螺杆转速在 100 r/min 左右。流延冷却主要起到冷却溶液形成预制铸片的作用，同时急冷溶液能够防止大尺寸球晶的形成，流延冷却过程 UHMWPE 与成孔剂混合物溶液发生热致相分离；流延辊急冷铸片表面，使已产生相分离的大部分成孔剂被锁在铸片内部，成孔剂不容易流走和渗出。关于电池隔膜性能的描述及表征详见第 10 章。

　　考虑流延加工工艺的相分离过程对薄膜形貌的影响，图 4-31 给出了不同降温速率相分离完成后铸片及最终所制备隔膜的形貌对比。降温速率是直接通过设置

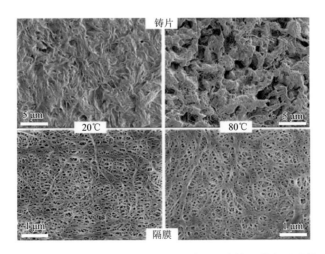

图 4-31　不同流延辊温铸片表观形貌及对应的隔膜表观形貌

流延辊的温度来实现，分别为20℃和80℃。高的降温速率和过冷度导致相分离后相畴尺寸较小，结晶晶体轮廓更加清晰，同时，最终制备的隔膜的纤维直径也会更小。而低降温速率（过冷度）下，热致相分离获得的相畴尺寸大，经过后续加工获得的隔膜中纤维直径更大。

4.5.3 PAN 溶液涂覆成膜

聚丙烯腈薄膜在水处理和其他领域有广泛应用。下面给出本书作者团队研究溶液制备聚丙烯腈薄膜多孔膜的案例。涂膜所用溶液组成为聚丙烯腈（10 wt%）-二甲基亚砜（80 wt%）-水（10 wt%）。聚丙烯腈薄膜溶液涂覆制备的各个参数，如相分离温度（T_{ps}）、相分离时间（t_{ps}）、降温速率（V）、冷却温度（$T_{cooling}$）和冷却时间（$t_{cooling}$）对预制膜的形貌和结构具有重要影响。调控以上制备工艺参数，可以制备得到各种结构、不同孔径大小的聚丙烯腈薄膜。同时，定性地总结出高的相分离温度、长的相分离时间、大的降温速率和较低的冷冻温度下完全冷冻制备得到的聚丙烯腈薄膜具有更高的致密度、更小的孔径和更均匀的孔径分布。进一步地，利用 SEM 照片获得的数据来分析薄膜形貌和孔径结构与制备工艺参数之间的关系。图4-32给出了不同冷冻条件制备得到的聚丙烯腈薄膜的表面形貌。

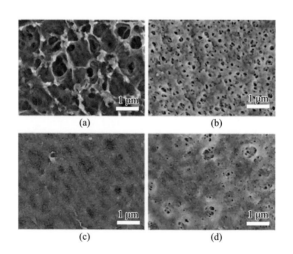

图 4-32　不同冷冻条件下制备得到的聚丙烯腈薄膜表面形貌 SEM 照片

（a）0℃；（b）–30℃；（c）–40℃；（d）–50℃

图4-33给出了不同条件下制备的聚丙烯腈薄膜孔径变化曲线。图4-33（a）为未采用冷冻步骤，不同相分离温度下不同相分离时间制备的薄膜孔径变化。从图中可以看出，不同相分离温度下的薄膜孔径随相分离时间的变化规律基本一致：相分离温度越高，相分离时间越短就能够得到孔径越小、孔径分布越窄的聚丙烯腈薄膜；

30℃下相分离 2 min 制备的薄膜平均孔径只有(16.2±3.3) nm。图 4-33（b）为未采用冷冻步骤，不同降温速率降温至不同相分离温度进行完全相分离制备的薄膜孔径变化。从图中可以看出，不同相分离温度下的薄膜孔径随降温速率的变化规律基本一致：相分离温度越低，聚丙烯腈薄膜孔径随降温速率的变化波动越小；降温速率大于 20℃/min 的情况下，相分离温度对薄膜孔径大小及分布的影响变弱，不同相分离温度制备的薄膜形貌和结构相似。图 4-33（c）为在 24℃下相分离不同时间后于–60℃进行完全冷冻制备的薄膜孔径变化。从图中可以看出，相分离时间越长，所得到的薄膜孔径越小，结构越均匀；相分离时间大于 4 min 后制备的薄膜结构基本相似。图 4-33（d）为在 75℃相分离 5 min 后在不同冷冻温度下进行完全冷冻制备的薄膜孔径变化。从图中可以看出，随着冷却温度的下降，薄膜结构均匀性提高，孔径降低。结合 SEM 形貌照片，冷却温度为–40℃时，已经出现轻微的由于溶剂和非溶剂体系低温结晶引起的结晶结构，温度再下降时，结晶结构趋于明显，同时引发孔径变大及分布变宽（–50℃的平均孔径是–40℃的近三倍）。最后，定量地给出相分离温度为 75℃、相分离时间为 5 min、降温速率为 30℃/min、冷却温度为–40℃时，完全冷冻制备得到的聚丙烯腈薄膜具有更高的致密度，平均孔径只有(25.8±21.8) nm。

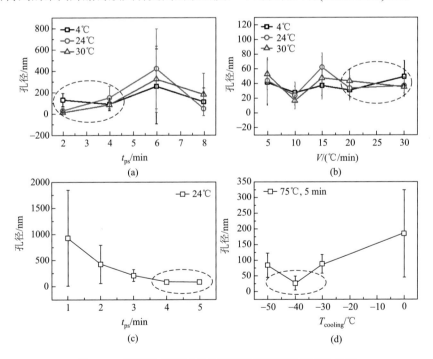

图 4-33　不同条件下制备的聚丙烯腈薄膜孔径变化曲线

（a）未采用冷冻步骤，不同相分离温度下不同相分离时间；（b）未采用冷冻步骤，不同降温速率降温至不同相分离温度进行完全相分离；（c）在 24℃不同相分离时间后–60℃进行完全冷冻；（d）在 75℃相分离 5 min 后在不同冷冻温度下进行完全冷冻

参 考 文 献

[1]   Flory P J. Thermodynamics of high polymer solutions. The Journal of Chemical Physics，1942，10：51-61.

[2]   Ulrich R D，Bovey F A. Macromolecular Science. Boston：Springer，1978.

[3]   Cahn J W，Hilliard J E. Free energy of a non-uniform system Ⅰ：interfacial energy. The Journal of Chemical Physics，1958，28：258-266.

[4]   Cahn J W，Hilliard J E. Free energy of a non-uniform system Ⅲ：nucleation in a two-component incompressible fluid. The Journal of Chemical Physics，1959，31：688-699.

[5]   Bragg W L，Williams E J. The effect of thermal agitation on atomic arrangement in alloys. Proceedings of the Royal Society of London，Series A，Containing Papers of a Mathematical and Physical Character，1934，145：699-730.

[6]   Blum L，Torruella A J. Invariant expansion for two-body correlations：thermodynamic functions，scattering，and the Ornstein-Zernike equation. The Journal of Chemical Physics，1972，56：303-310.

[7]   Onuki A. Phase Transition Dynamics. Cambridge：Cambridge University Press，2002.

[8]   Doi M，Onuki A. Dynamic coupling between stress and composition in polymer solutions and blends. Journal de Physique Ⅱ，EDP Sciences，1992，2：1631-1656.

[9]   Onuki A. Theory of phase transition in polymer gels. Advances in Polymer Science，1993，109：63-121.

[10]   Onuki A. Dynamic scattering and phase separation in viscoelastic two-component fluids. Journal of Non-Crystalline Solids，1994，172-174：1151-1157.

[11]   Hashimoto T. "Mechanics" of molecular assembly：real-time and *in-situ* analysis of nano-to-mesoscopic scale hierarchical structures and nonequilibrium phenomena. Bulletin of the Chemical Society of Japan，2005，78：1-39.

[12]   Saito S，Matsuzaka K，Hashimoto T. Structures of a semidilute polymer solution under oscillatory shear flow. Macromolecules，1999，32：4879-4888.

[13]   Wagner C. Theorie der alterung von niederschlägen durch umlösen（Ostwald-Reifung）. Zeitschrift für Elektrochemie，Berichte der Bunsengesellschaft für Physikalische Chemie，1961，65：581-591.

[14]   Lifshitz M，Slyozov V V. The kinetics of precipitation from supersaturated solid solutions. Journal of Physics and Chemistry of Solids，1961，19：35-50.

[15]   Schmalzried H. Solid State Reactions. Weinheim：Verlag Chemie，1981.

[16]   Baldan A. Progress in Ostwald ripening theories and their applications to nickel-base superalloys. Part Ⅰ：Ostwald ripening theories. Journal of Materials Science，2002，37：2171-2202.

[17]   潘波，李文俊. 热致相分离聚合物微孔膜. 膜科学与技术，1995，12（1）：1-7.

[18]   张翠兰，王志，李凭力，等. 热致相分离法制备聚丙烯微孔膜. 膜科学与技术，2000，20（6）：36-54.

[19]   操建华，朱宝库，左丹英，等. 热诱导相分离法制备聚合物微孔膜研究进展. 高分子材料科学与工程，2004，20（5）：10-14.

[20]   苏仪，李永国，陈翠仙，等. 热致相分离法制备聚合物微孔膜的研究进展. 膜科学与技术，2007，27（5）：89-96.

[21]   阮文祥，王建黎，计建炳，等. 热致相分离法制备聚合物微孔材料. 高分子通报，2006，（2）：24-29.

[22]   陈承,朱利平,朱宝库,等. 热致相分离法制备聚合物微孔膜的研究进展. 功能材料,2011,42(12):2124-2129.

[23]   Matsuyama H，Takida Y，Maki T，et al. Preparation of porous membrane by combined use of thermally induced

phase separation and immersion precipitation. Polymer，2002，43：5243-5248.

[24] Xiao T，Wang P，Yang X，et al. Fabrication and characterization of novel asymmetric polyvinylidene fluoride（PVDF）membranes by the nonsolvent thermally induced phase separation（NTIPS）method for membrane distillation applications. Journal of Membrane Science，2015，489：160-174.

[25] Lin Y G，Mallín D T，Chien J C W，et al. Dynamic mechanical measurement of crystallization-induced gelation in thermoplastic elastomeric poly(propylene). Macromolecules，1991，24：850-854.

[26] Gunasekarana S，Akb M M. Dynamic oscillatory shear testing of foods：selected applications. Trends in Food Science & Technology，2000，11：115-127.

[27] 陈晓伟，陈商涛，孟令蒲，等. 聚丙烯-聚乙烯消光膜体系织态结构形成机理. 高分子材料科学与工程，2019，35（5）：13-19.

第5章

薄膜后拉伸加工中的结构重构

5.1　引言

　　高分子薄膜后拉伸加工是对流延成型后的预制铸片施加拉伸的过程，基于拉伸方向一般包括纵向拉伸和横向拉伸两种基本拉伸模式。其中，纵向拉伸方向，即机器方向（machine direction，MD），指的是薄膜沿着生产线移动的方向；而横向拉伸方向（transverse direction，TD）则是其垂直方向（薄膜幅宽方向）。不同的薄膜产品，采用的拉伸工艺各不相同。例如，干法单向拉伸工艺主要用于聚丙烯（polypropylene，PP）电池隔膜、聚丙烯/聚乙烯/聚丙烯（polypropylene/polyethylene/polypropylene，PP/PE/PP）三层复合电池隔膜的加工。其预制铸片需要经历冷拉和热拉两步纵向拉伸才能获得需要的微孔结构。对于聚乙烯醇（PVA）偏光膜的加工则涉及在室温附近碘溶液中进行的预制铸片单向拉伸过程。双向拉伸工艺可用于加工双向拉伸聚丙烯（BOPP）薄膜、双向拉伸聚对苯二甲酸乙二醇酯（BOPET）薄膜、超高分子量聚乙烯（UHMWPE）电池隔膜等。在双向拉伸过程中，既涉及纵向拉伸，也涉及横向拉伸，其中横向拉伸的温度一般低于纵向拉伸温度（通常在熔点附近）。双向拉伸可以是异步拉伸，也可以是同步拉伸。不同的后拉伸方式对应着不同的薄膜结构重构过程，这些结构重构对于理解后拉伸加工的机理，指导工业生产十分重要。参考薄膜工业生产的实际背景，本章将对薄膜后拉伸加工过程中的结构重构进行集中讨论。

5.2　拉伸过程中的屈服行为

　　高分子材料在拉伸外力作用下通常先发生弹性形变。当应力随应变增加并超过弹性极限后，可能发生两种情况，脆性断裂或是屈服等塑性形变。前者多发生于玻璃态高分子为代表的脆性材料，在脆性断裂时材料中往往形成大量银纹，应力-应变呈线性关系。后者则多发生于以半晶高分子为代表的韧性材料，当拉伸温度高于玻璃化转变温度但低于熔点温度时，其典型的工程应力-应变曲线如图 5-1 所示，主要包括线弹性区、屈服、应变软化、应力平台和应变硬化等不同阶段。其中，线弹性区（即屈服点前）应力与应变呈线性增长关系，去除外力后，形变可完全恢复。单向拉伸条件下线弹性区的斜率定义为杨氏模量 E，计算公式为

$$E = \frac{\mathrm{d}\sigma}{\mathrm{d}\varepsilon} \tag{5-1}$$

其中，σ 和 ε 分别是材料拉伸的应力和应变。E 本质上代表着材料对形变的弹性抵抗能力。E 越大，材料越不容易变形。

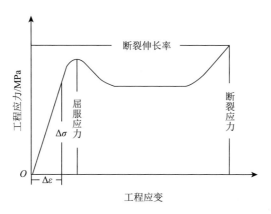

图 5-1　高分子材料单向拉伸时的应力-应变曲线

　　屈服发生后，应力随应变增长呈现复杂的非线性变化，这一阶段定义为高分子的非线性形变过程。此时外力卸除后，材料不能再恢复到初始状态。屈服点对应的应力定义为屈服应力，屈服点后应力随应变增大而减小的现象称为应变软化。应变软化后应力不再随应变增长而变化，应力-应变曲线进入应力平台阶段。通常认为，应变软化和应力平台分别对应着高分子的细颈形成与扩展过程。当细颈扩展完全后，继续拉伸将进入应变硬化阶段，此时应力随应变增加呈显著增长趋势，直至材料断裂。断裂点对应的应力称为断裂应力，断裂伸长率则是高分子材料在断裂时的相对伸长，计算公式如下：

$$D_\mathrm{f} = \frac{S_\mathrm{f} - S_0}{S_0} \times 100\% \tag{5-2}$$

其中，S_f 和 S_0 分别是拉伸断裂时的最大长度和拉伸前的长度。

　　高分子材料的拉伸行为取决于高分子链的运动和松弛动力学行为。在拉伸过

程中，通过改变温度和应变、应变速率等拉伸外场因素可以改变分子链的松弛动力学，从而影响其结构重构对外场的响应。由于高分子的长链特性，在半晶高分子材料中，晶体链和无定形链共存的现象是不可避免的。两者的本征松弛动力学行为在不同的外场下有明显差异，并共同决定高分子材料的宏观力学行为。如图 5-2 所示，以玻璃化转变温度（T_g）和熔点（T_m）作为临界温度，高分子中无定形链存在三种不同的本征状态，包括玻璃态、橡胶态和黏流态。相比之下，晶体链存在 α 松弛行为，当温度高于 T_α 时晶体链的运动能力被激发，松弛动力学加快，可触发链滑移等行为。除温度外，应变速率同样也是调控链运动能力的关键因素之一。微观结构的松弛动力学与应变速率的匹配程度决定着微观结构转变与相转变的路径和快慢程度。低应变速率下，分子链的松弛动力学及时响应拉伸外场，材料宏观形变行为表现出良好的延展性；而高应变速率下，晶体和无定形的松弛动力学都来不及响应拉伸外场，导致分子链不能及时调整、重排而发生材料断裂。因而高速或低温条件下，分子链松弛跟不上拉伸外场，应力-应变曲线更容易表现为脆性断裂特征，拉伸性能较差；而低速或高温时，无定形和晶体分子链有足够的时间对拉伸外场进行响应，两者的松弛动力学对外场响应快慢的竞争结果决定了材料的宏观非线性力学行为和对应的结构转变过程。这也是高分子薄膜固体后拉伸加工中亟待解决的关键科学问题。

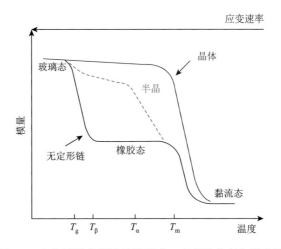

图 5-2　高分子链理想模量随温度、应变速率变化示意图

5.3　拉伸诱导半晶高分子结构重构经典模型

半晶高分子材料具有典型的多尺度结构特点，微米甚至到毫米尺度下，其

结构为球晶；每个球晶都包括多个微米尺度的球晶扇区；球晶扇区则是由几十到上百纳米尺度的片晶簇组成（每个片晶簇由尺度为数个片晶/无定形层的间隔排列而成）；对于单个片晶而言，其最小重复单位为分子链三维有序排列的晶格。图 5-3 给出不同尺度结构的照片和结构示意图。不同尺度结构需要采用不同的表征技术，球晶可以采用光学显微镜（OM）和小角激光散射（SALS）等技术来研究，观测球晶扇区、片晶簇和片晶则需要更高空间分辨的扫描电子显微镜（SEM）或原子力显微镜（AFM）等技术。小角 X 射线散射（SAXS）是研究片晶簇中片晶和片晶间无定形的有效手段，而要获得晶体中分子链三维排列结构信息，则可采用宽角 X 射线散射（WAXS）或者电子衍射（ED）。

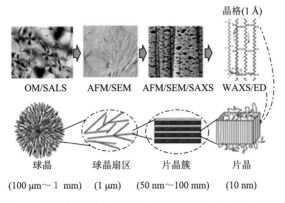

图 5-3　半晶高分子多尺度结构显微镜照片和模型示意图

　　在拉伸条件下，半晶高分子材料的多尺度结构都存在各自的形变和结构转变机理，但具体哪种机理占主导，不仅取决于材料本身的结构特点，也受拉伸等外场参数的影响。虽然大多数有关拉伸诱导半晶高分子结构重构的机理研究都聚焦到片晶尺度，但微米尺度球晶在拉伸过程中的变形和破坏同样不可忽视。图 5-4（a）给出了一组拉伸诱导聚丁烯-1（polybutylene-1，PB-1）球晶（晶型 I）形变过程的光学显微镜照片（拉伸方向为水平方向）。拉伸导致的结构破坏从球晶的中心开始，垂直于拉伸方向的扇区逐渐沿拉伸方向扩展变形，球晶从最初的球形变为椭球形。而采用原位偏振显微红外光谱技术，可以跟踪拉伸中晶体分子链取向的演化过程，如图 5-4（b）所示。在高分子球晶中，晶体分子链通常垂直于球晶径向。图 5-4（b）中定义的取向轴是水平方向（拉伸方向），因此在拉伸前，垂直于拉伸方向的球晶扇区为高取向区，而水平方向扇区取向参数为负值。随着球晶在拉伸过程中垂直扇区的形变，该方向取向区域逐步扩展，而水平方向形变小，晶体分子链还保持垂直于拉伸方向。当然，如果样品能够具有更大形变而未断裂，最终所有区域的分子链都可能沿拉伸方向取向。

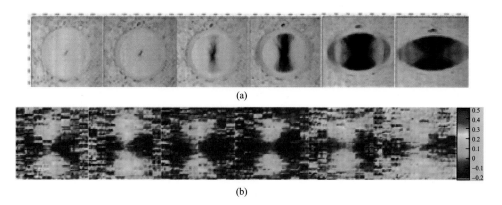

图 5-4   拉伸过程中（从左到右）PB-1 球晶形变过程的光学显微镜照片（a）和对应的偏振显微
红外光谱测试的取向分布图（b）

　　拉伸诱导的球晶形变虽然容易直观观察，但要理解半晶高分子材料在后拉伸
加工中的形变机理，还需要从片晶簇和片晶尺度着手。半晶高分子具有两相结构，
由晶相和无定形相组成（无定形又可分为硬无定形和软无定形，具体见第 6 章）。
其中，由晶体和无定形层间隔排列组成的片晶簇是半晶高分子中最基本的结构单
元，如图 5-5 所示。鉴于半晶高分子结晶的链折叠过程，除晶体链外，无定形区
分子链可以以不同形式存在，包括连接链（tie）、尾链（tail）、环（loop）等。其
中，贯穿相邻片晶的连接链和多种链之间的缠结（如互相穿绕的两个环）起到在
片晶与无定形相之间传递应力的作用。

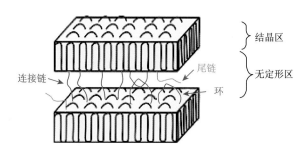

图 5-5   高分子片晶簇结构示意图

　　由于晶体是保证半晶高分子材料完整性的主要骨架结构，以屈服为代表的非
线性力学行为通常被归因于晶体而非无定形区的不可逆塑性形变。半晶高分子材
料的屈服和塑性形变与力学性能间关系有非常丰富的研究历史，也形成了一些广
为接受和使用的机理，包括晶体滑移、晶体-晶体转变、熔融再结晶等，以下小节
将基于案例对这些模型进行逐一介绍。

5.3.1　晶体滑移

传统晶体塑性形变理论可用于解释高分子晶体的屈服行为。早期 Keller 等借助显微镜和 X 射线散射等技术在聚乙烯等半晶高分子材料中率先观察到片晶间和片晶内滑移现象[1-4]。Young 等随后借用金属材料经典的位错理论[5]，发展和推广了高分子晶体滑移理论[6, 7]。晶体中位错指分子链折叠或者排列不完善所形成的缺陷部分，位错的成核和扩展即形成晶体滑移。

根据晶体中沿链方向的滑移程度、链方向（c）和滑移面法向方向（n）的不同，滑移粗略分为精细滑移（fine slip）和粗滑移（coarse slip）两种形式[8]，如图 5-6 所示。实验中可通过宽角和小角 X 射线散射实验分别确定 c 和 n 的方向来判定发生的哪种滑移。精细滑移的主要特征在于链方向存在很多位错，且可造成链方向与片晶端表面形成一定角度。片晶的精细滑移主要发生在原子面密度最大的平面，这一点曾由 Argon 等在高密度聚乙烯（HDPE）的相关工作中证实过[9, 10]。不同于精细滑移位错均匀发生的特点，粗滑移时位错主要集中在局部位点上。粗滑移的标志性特征是链滑移方向与片晶法向方向依然保持平行，位错可能发生在相邻晶粒间或者间隔几个晶面的情况。通常认为当精细滑移进展到极限后，粗滑移才发生，对应着屈服行为，触发了材料塑性形变[7, 11-14]。而在大形变下，精细滑移和粗滑移可以共存。

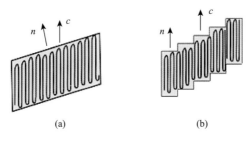

(a)　　　　　　　　　　　(b)

图 5-6　不同晶体滑移形式：精细滑移（a）和粗滑移（b）

屈服是高分子形变不稳定性的起始点。当应力达到发生屈服的临界应力时，通常对应着滑移、相变等塑性形变的发生。借鉴金属材料形变理论，半晶高分子材料的屈服行为通常涉及晶体中螺旋位错的热激发。但相比金属材料而言，半晶高分子材料的屈服行为更容易受到温度和拉伸外场等因素的影响。拉伸前期小应变时，形变通常涉及片晶晶体间分子链的滑动。链方向滑移是[001]螺旋位错形成的结果。形成位错所需的剪切应力与屈服应力密切相关。20 世纪 70 年代 Crist 等提出的位错模型（图 5-7）表明，半晶高分子的屈服应力是由晶体内位错成核所需的能量决定的。在特定温度下，触发位错形成的应力和晶体厚度相关。

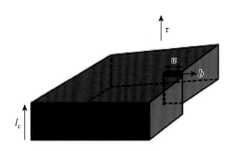

图 5-7 晶体[001]螺旋位错示意图[15]

位错长度等于晶体厚度

拉伸过程中体系内 Gibbs 自由能变化 ΔG 为

$$\Delta G = \frac{\kappa b^2 l_c}{2\pi} \ln\left(\frac{u}{r_0}\right) - l_c bu\tau \qquad (5\text{-}3)$$

其中，u 是核尺寸；b 是位错的 Burgers 矢量的模；r_0 是位错半径；l_c 是晶体厚度；τ 为剪切应力；κ 是滑移时晶体剪切模量对应的函数，即 $\kappa = c_{44}c_{55}$，c_{44} 和 c_{55} 是晶体中弹性劲度矩阵中的元素。式（5-3）第一项为与位错相关的弹性应变能，第二项是所施加剪切应力做的功。剪切应力所做功的引入可能打破静态条件下的热力学平衡并引发结构转变。由 $\mathrm{d}\Delta G / \mathrm{d}u = 0$，可获得克服成核位垒和激发位错所需的临界核尺寸为

$$u_c = \frac{\kappa b}{2\tau_y \pi} \qquad (5\text{-}4)$$

其中，τ_y 是临界剪切应力。形成临界核尺寸所需的成核位垒为

$$\Delta G_c = \frac{\kappa b^2 l_c}{2\pi}\left[\ln\left(\frac{u_c}{r_0}\right) - 1\right] \qquad (5\text{-}5)$$

一般，ΔG_c 数值处于 $40\,k_B T$ 到 $80\,k_B T$ 之间，这里 k_B 是 Boltzmann 常量，T 是实验测试温度（K）。结合式（5-4）和式（5-5），计算得到临界剪切应力，即屈服时的剪切应力：

$$\tau_y = \frac{\kappa}{4\pi}\left[\exp\left(\frac{2\pi\Delta G_c}{l_c\kappa b^2} + 1\right)\right]^{-1} \qquad (5\text{-}6)$$

由 Tresca 准则可计算得到临界拉伸应力，即屈服应力 $\sigma_y = 2\tau_y$。式（5-6）同时考虑了晶体厚度和测试温度的影响，在一定参数条件内可以很好地预测材料的屈服强度。

　　如果发生晶体滑移，晶体的侧向尺寸将减小。采用原位 WAXS 检测，拟合对应晶面的衍射峰半高峰宽，再通过谢乐公式可以获得片晶侧向尺寸在拉伸过程中

的演化规律。图 5-8（a）给出了在不同温度下拉伸超高分子量聚乙烯原丝的过程中(200)晶面方向片晶尺寸随应变的演化规律。为了便于比较，图 5-8（b）给出了这一过程中相应的结晶度的演化规律。由于该样品是萃取后的湿法加工原丝，在样品宏观屈服前，片晶的侧向尺寸就开始下降，而对应的结晶度保持不变，这表明片晶通过晶体滑移破坏成更小的片晶。进一步拉伸至超过屈服应变，片晶侧向尺寸加速降低，同时伴随结晶度的下降。因此，大应变区内片晶尺寸的降低可能主要源于拉伸诱导的晶体无序化或者熔化。

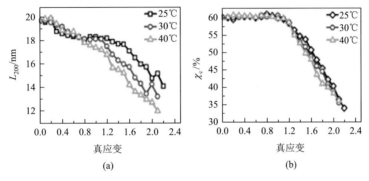

图 5-8 超高分子量 PE 原丝在 25～40℃拉伸过程中晶体(200)方向的尺度（a）和结晶度（b）的演化规律[16]

5.3.2 晶体-晶体转变

晶体-晶体转变是半晶高分子材料在拉伸过程中常见的结构重构。通过温度或者压力的变化，一种晶体可以直接转化为另一种晶体。在这一过程中，晶体堆积方式发生变化导致了体积、熵和焓在相变过程中都发生着不连续的变化。

拉伸诱导的晶体-晶体转变在聚烯烃中十分常见。其中 PB-1 由于具有多个晶型（Ⅰ、Ⅰ′、Ⅱ、Ⅲ），常常作为研究晶体-晶体转变的理想材料。其中，最具代表性的研究是 PB-1 的晶型Ⅱ（form Ⅱ）到晶型Ⅰ（form Ⅰ）转变。这种亚稳相到稳定相的转变，虽然静态下也能发生，但施加拉伸可以大幅度加速这一过程。图 5-9（a）给出了在室温下拉伸 PB-1 中晶型Ⅱ向晶型Ⅰ转变的原位 WAXS 实验结果。图 5-9（b）给出了晶型Ⅰ和晶型Ⅱ对应的结晶度随拉伸的变化过程。图 5-9（c）和（d）则给出了加载温度为 80℃时对应的结果。该晶体-晶体转变发生的起点都对应于力学屈服点，显示结构重构与力学行为的直接对应关系。在室温拉伸，晶型Ⅱ可以完全转变成晶型Ⅰ；而在 80℃时，直到拉伸断裂，样品中还存在大量初始的晶型Ⅱ晶体，表明温度在拉伸诱导的晶体-晶体转变中具有重要的作用。

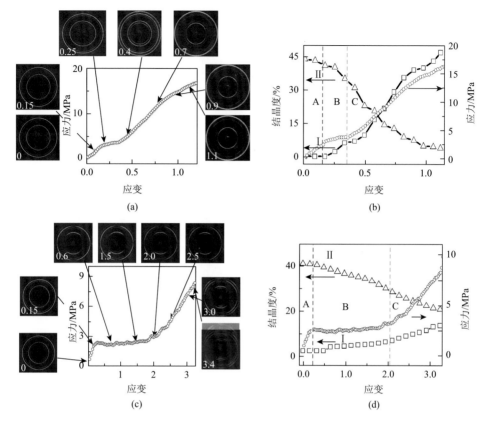

图 5-9 不同温度下拉伸诱导 PB-1 晶型 II 向晶型 I 转变的原位 WAXS 实验结果[17]

室温时力学曲线与 WAXS 二维散射花样（a）和结晶度演化（b）；80℃时力学曲线与 WAXS 二维散射花样（c）和结晶度演化（d），A 表示线弹性阶段；B 表示应力平台阶段；C 表示应变应化阶段

晶体-晶体转变也是一些薄膜加工中需要重点考虑的因素。例如，双向拉伸聚己内酰胺（biaxially oriented polyamide 6，BOPA6）薄膜加工过程中，挤出流延铸片经快速降温，形成的是不完善的 α 晶体，后续拉伸加工可诱导晶型转变，获得更为完善的结构。如果降温速率慢，形成较为完善的 α 晶体，拉伸将导致破膜，无法进一步加工。这一后拉伸过程中晶体-晶体转变可由 WAXS 直接观察到。图 5-10 给出了尼龙 6 分别在 27℃、115℃和 166℃三个温度下拉伸过程中的 WAXS 强度一维积分曲线。在 27℃下，样品主要由不完善的 α 晶体和少量 β 晶体组成，拉伸过程中，α 晶体逐渐转变为 β 晶体。而在 115℃和 166℃下，由于高温退火效应，铸片中不完善的 α 晶体逐步转变成 β 晶体。在 166℃下拉伸，衍射峰从 β 晶体的单峰逐渐转变为 α 晶体的双峰，进一步拉伸则发现双峰又转变为单峰，回到 β 晶体结构。

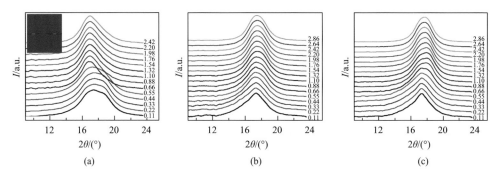

图 5-10 尼龙 6 在 27℃（a）、115℃（b）和 166℃（c）下拉伸过程中 WAXS 强度曲线[18]

基于原位 WAXS 获得的不同温度下拉伸实验过程中的相结构重构，可以构建应变-温度二维空间非平衡相图，如图 5-11 所示。图 5-11 相图中包含 PA 的 α 和 β 两种晶型，却有 4 个相区，这似乎存在晶体相变中"再进入"（re-entrance）的现象。然而实际情况并非如此，虽然都被定义为 α 相或者 β 相，从图 5-10 的 WAXS 曲线可以看出，低温和高温拉伸诱导相的衍射峰形明显不同。低温小应变处的 α 晶体是由淬冷得到，不完善，而高温拉伸获得的更完善。因此，拉伸诱导的晶体-晶体转变，不仅是晶体对称性的变化，也涉及晶体完善度的差异。所以，图 5-11 中的相图不是真正意义上的热力学相图，但实际薄膜生产过程中就存在晶体完善度这个变量，因此，该结果对加工仍具有指导意义。

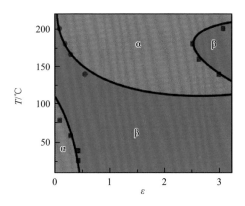

图 5-11 尼龙 6 在应变-温度二维空间中晶相的非平衡相图[18]

Brill 转变是尼龙共性的结构转变，即在升温过程中，较小的晶面间距逐渐增加，最终与较大的间距变为一致。在 WAXS 中表现为两个衍射峰逐渐靠近，并最终合并成一个峰。在尼龙 46 中，施加拉伸产生与升温相反的作用，两个峰的峰位间距随拉伸应变的增加而增加。图 5-12（a）和（b）分别给出在 112℃和 185℃下拉伸过程中的 WAXS 一维曲线，对应的晶面间距分别汇总在图 5-12(c) 和 (d) 中。在低温（112℃）时，初始样品 WAXS 曲线出现两个衍射峰，归属于 α 相。在拉伸过程中，两个峰位间距逐渐增大，表现为升温中 Brill 转变的逆过程。在温度高于 Brill 转变温度（185℃）时，初始晶体为假六方的 γ 晶型，WAXS 强度曲线中只有单峰；在拉伸过程中，单峰劈裂为双峰（峰变宽，需要双峰拟合），γ 晶体转变为 α' 晶体；在拉伸后期双峰又逐渐合并，单峰可以很好地拟合 WAXS 曲线，又回到假六方结构[19]。

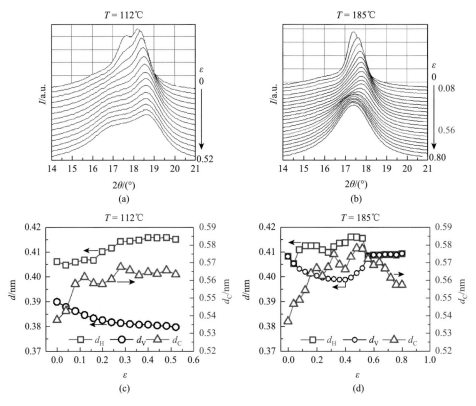

图 5-12　尼龙 46 在 112℃（a）和 185℃（b）下拉伸过程中的 WAXS 一维曲线；（c）和（d）为对应的晶面间距变化[19]

d_H 表示尼龙 46 的 α 相中 (100) 晶面间距；d_V 表示尼龙 46 的 α 相中 (010)/(100) 晶面间距；d_C 表示尼龙 46 的 α 相中 (002) 晶面间距

在拉伸诱导晶体-晶体转变过程中，还常形成一些过渡晶体结构。图 5-13 以尼龙 12 为例：图 5-13（a）和（b）是在室温拉伸过程中的 WAXS 一维曲线，图 5-13（c）和（d）是对应的晶面间距，为方便比较，拉伸过程中的应力-应变曲线也画在其中。初始晶体为尼龙 12 的 γ 晶型，当拉伸偏离线弹性区起点到屈服点之间，$d_{(020)}$ 和 $d_{(001)}$ 都发生了突变。特别是 $d_{(020)}$，表现为一个明显的非单调演化过程，这表明此区域形成了一个不稳定的过渡相，定义为 α″ 相，而继续拉伸过屈服点后 α″ 相又转变为 γ′ 相[20]。

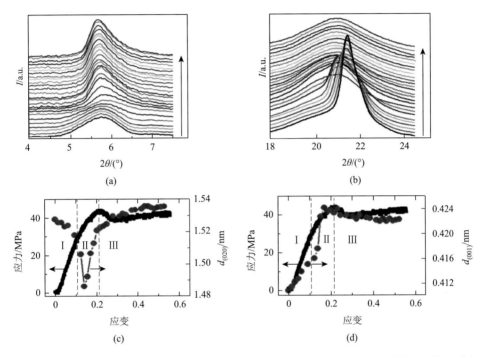

图 5-13　尼龙 12 在室温拉伸过程中的 WAXS 一维曲线［（a）和（b）］及对应的晶面间距和拉伸过程中的工程应力-应变曲线［（c）和（d）］[20]

由于氢键和范德瓦耳斯力的协同与竞争关系，尼龙晶体结构非常复杂，并存在完善程度的差异，至今尼龙的一些晶体结构还未完全确立。拉伸与温度都可以诱导结构转变，但两者作用效果不同，虽然衍射信号相近，但结构存在差异。同一尼龙，采用 α、α′ 和 α″ 代表的三种晶型在 WAXS 中存在共性的双衍射峰，但获得的方式不同，结构可能存在区别。考虑到酰胺基团的氢键和亚甲基之间的范德瓦耳斯力，拉伸和温度的作用效果可以简单归纳为：①温度升高导致亚甲基碳链构象无序化，氢键变弱，由此引发 Brill 转变；②拉伸诱导亚甲基链段伸展，有助于形成反式（trans）构象或者构象有序，相应地促进 α 相的稳定性；③在高应力（大拉伸比）作用下，即便亚甲基保持反式构象，由于氢键在应力作用下的失稳，可能导致 α 相的形变或者转变为氢键无序排列的 γ 相。

拉伸诱导的晶体-晶体转变可能是固-固直接转变，也可能存在中间过渡相。从理论上认识拉伸诱导晶体-晶体转变不仅需要考虑拉伸前后晶型、晶体大小和晶体周围环境等材料自身的结构参数，同时也要引入不同晶面的受力情况和温度等外场因素。但由于晶体的完善性、各向异性特点和晶粒取向分布等问题，构建拉伸诱导高分子晶体-晶体转变的定量理论模型还需要更多努力。

5.3.3 熔融再结晶

除晶体滑移外，在半晶高分子的塑性形变过程中，通常会发生从无规取向的片晶向高度取向的纤维晶的转化。考虑屈服后半晶高分子材料的塑性形变可能涉及折叠链片晶到伸直链纤维结构的转变，Flory[21]提出了拉伸应力诱导熔融再结晶这一机理，如图 5-14 所示。其中，应力诱导熔融是在局部出现的，拉伸过程中类似熔体的中间态持续时间比较短，这样整个体系仍基本维持于固态。实验上，Peterlin 和 Corneliussen[22]应用 SAXS 观察到取向 PE 纤维晶的片晶长周期变化只与拉伸温度有关，而与片晶初始的长周期无关。由此，他们描述了 PE 在拉伸过程中的熔融再结晶现象：在小应变时发生马赛克晶粒的滑移，当马赛克晶粒之间达到临界应变时，所有的小晶粒发生破坏，并且通过瞬间发生的微细颈（micronecking），转化成沿着拉伸方向的纤维晶。另外，高分子的缠结情况在熔融再结晶的过程中没有改变，进而可以知道：微纤数量随分子量增加而增大，微纤拉伸比和轴向分离度随着微纤间距增加而减小，随分子量增加而减小[23-29]。而 Men 等[30-33]同样根据 SAXS 的结果，指出小应变下半晶高分子材料发生小块晶体滑移，大应变下由熔融再结晶支配。此外也有研究者提出，低温拉伸时以晶体滑移占主导[34, 35]，升高温度逐渐被熔融再结晶所取代[36-38]。

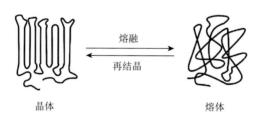

图 5-14　熔融再结晶示意图

本书作者团队[39]通过原位傅里叶变换红外光谱（Fourier transform infrared spectrum，FTIR）成像技术成功为半晶高分子的熔融再结晶过程提供了直接证据。图 5-15（a）是其对 iPP 薄膜在大应变拉伸后拍摄的实物照片，拉伸后的样品可看作由三部分组成，分别是细颈区（NR）、转变区（TF）及非细颈区（NNR）。图 5-15（b）中显示的是细颈扩展前端的光学显微镜照片，非细颈区的偏光显微镜照片显示是微小的球晶，而细颈区是取向的纤维结构。初始样品中的微小球晶可以被当成一个均匀的体系，其分辨率是几微米。图 5-15（c）是对应的力学曲线，此时样品处于形变过程的应力平台区域。

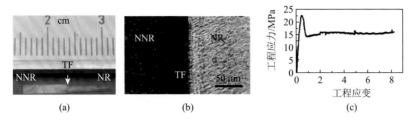

(a) (b) (c)

图 5-15　（a）实验中样品照片左边部分，尺子的单位是 cm；（b）拉伸后 iPP 薄膜的偏光显微镜照片；（c）工程应力-应变曲线[40]

图 5-16（a）展示了 iPP 薄膜在应变为 3.3 处的光学照片，此时应力也处于平台区，细颈正稳定地扩展着。分别在非细颈区和细颈区内的 I 和 II 点被作为采样点进行对比。这两个点的 FTIR 图如图 5-16（b）所示。实线对应于平行拉伸方向的 FTIR 信息，而虚线对应垂直于拉伸方向的光谱信息，998 cm^{-1} 和 1153 cm^{-1} 处的两个吸收峰用来计算结晶度和取向度的值。在非细颈区的 I 点处，998 cm^{-1} 处的吸收强度和 1153 cm^{-1} 处的吸收强度在平行于拉伸方向（$A_{//}$）时比垂直于拉伸方向（$A_{\perp}$）时大一些。这个现象在细颈区的点 II 处更为明显。偏振光平行和垂直于拉伸方向吸收上的巨大差异表明拉伸后在细颈区晶体和无定形相的取向度都很大。取向度的定量化计算由式（5-7）给出，其中 $R = A_{//}/A_{\perp}$，为 998 cm^{-1} 和 1153 cm^{-1} 的二向色性比。

$$f = (R+1)(R+2) \tag{5-7}$$

结晶度由式（5-8）计算，其中 A 为结构吸收度，$A = (A_{//} + 2A_{\perp})/3$，$k_1$ 为校正 WAXS 结果的系数，$k_1 = 2.75$。

$$\chi_c = \frac{A_{998}}{A_{998} + k_1 A_{1153}} \tag{5-8}$$

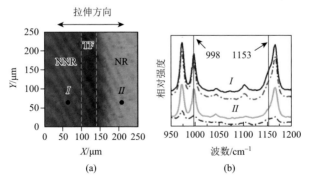

(a) (b)

图 5-16　（a）iPP 薄膜在宏观应变为 3.3 处的光学显微镜照片，虚线将拉伸区域划分为非细颈区（NNR）、转变区（TF）、细颈区（NR）；（b）在波数 950 cm^{-1} 至 1200 cm^{-1} 范围内，点 I 和点 II 相应的 FTIR 图，实线和虚线分别是偏振光平行和垂直于拉伸方向的 FTIR 单谱[40]

图 5-17（a）和（b）分别显示了在微区 250 μm×250 μm 范围内 998 cm^{-1} 和 1153 cm^{-1} 的结构吸收度，并由此计算了在细颈扩展前端区域结晶度的分布，如图 5-17（c）所示。有趣的是，在细颈转化前端结晶度最小，然而细颈和非细颈区的结晶度都比较大，为 42%。纵向的结晶度平均值如图 5-17（d）所示，结晶度最小值为 37%，表明结晶度值比初始值小了 5%左右。这就是熔融再结晶最直接的证据。在细颈扩展前端拉伸诱导的熔融造成了结晶度的最小值，然而再结晶使得在细颈区结晶度又增大了。值得注意的是，样品的厚度并不影响最终结果的准确性，因为结晶度是晶体和无定形相的结构吸收度的比值，在计算公式中厚度的影响被抵消了。

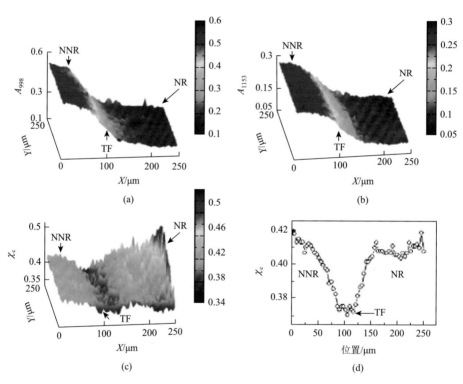

图 5-17　在 998 cm^{-1} 波数处（a）和 1153 cm^{-1} 波数处（b）的结构吸收度在样品中的空间分布；（c）结晶度在样品中的空间分布；（d）结晶度沿样品拉伸方向的分布[40]

另外，如图 5-18（a）和（b）所示，拉伸诱导的熔融再结晶过程与晶体和无定形链取向的变化规律吻合得很好。从非细颈区到细颈区，晶体的取向度连续增大，并且在转变区取向度的增大非常迅速。同时，无定形链取向度先增加后减小。通过对晶体和无定形链取向度纵向平均[图 5-18（c）和（d）]，发现在转变区的前端，晶体取向度陡然增加，在细颈区和非细颈区晶体取向度变化较缓。最终，晶体取向度达到 0.7。在细颈转化前端，无定形链取向度增大到 0.3，在细颈区无定形链取向度减小到 0.2。有趣的是，无定形链取向度的减小与结晶度的增加相对应，如图 5-18（d）所示。无定形链取向度的降低存在两种可能：①结晶优先消耗取向的无定形相，这样就会使得无定形分子链取向度变小。细颈区更大的取向会使无定形分子链更好结晶。所以，余下的无定形分子链取向度会降低。②再结晶的分子链会沿着拉伸方向取向，这样无定形分子链所受到的力就会变小，取向度就会降低。

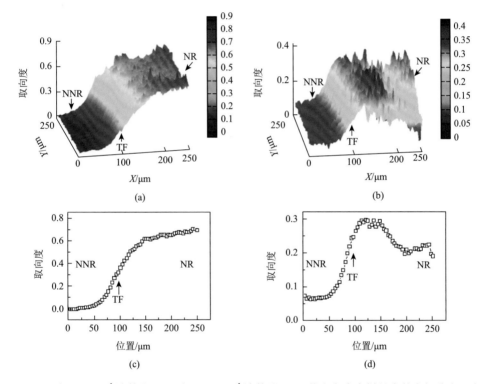

图 5-18　在 998 cm^{-1} 波数处（a）和 1153 cm^{-1} 波数处（b）的取向度在样品中的空间分布；在 998 cm^{-1} 波数处（c）和 1153 cm^{-1} 波数处（d）的取向度沿样品拉伸方向的分布[40]

此外，本书作者团队[41]通过同步辐射原位 WAXS 实验发现，在由冻胶纺丝制成的超高分子量聚乙烯纤维的形变过程中，当实验温度处于 α_{II} 松弛温度（大约 80℃）与初始熔融温度之间时 [图 5-19（a）] 或更高时 [图 5-19（b）]，结晶度在屈服后存在明显的下降现象，但是在硬化点附近可以看到结晶度又再次明显上升，发生此类现象的根源即为熔融再结晶。

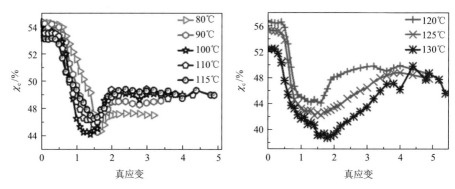

图 5-19　不同温度区间内超高分子量聚乙烯纤维拉伸过程中的结晶度（χ_c）演化曲线[41]

　　本书作者团队[42]还通过同步辐射 X 射线散射原位跟踪高密度聚乙烯-增塑剂共混薄膜在单向拉伸过程中的结构演变。根据结晶度在拉伸过程中的演变过程，证明出现了熔融再结晶这样的破坏重构过程[43]。图 5-20（a）为薄膜在 90℃下形变过程中 SAXS 与 WAXS 二维图。在屈服点，SAXS 二维图显示典型的四点散射图案。随后在应变软化区域，散射最大值逐渐向高的方位角偏移，并且接近

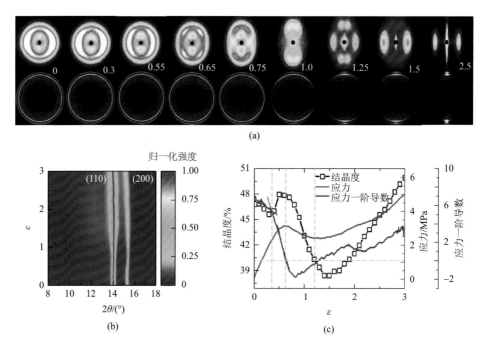

图 5-20　（a）拉伸过程中代表性的 SAXS 和 WAXS 二维图，SAXS 图案的右下方标有相应的应变，拉伸方向是水平的[43]；（b）WAXS 二维等高图；（c）结晶度和应力随应变的变化

赤道（垂直方向），最终位于方位角 70° 处，称为近赤道四点散射图案。在应变硬化点处，双叶瓣信号在子午线（水平/拉伸方向）中出现，与近赤道四点信号一起形成六点散射图案。最后在应变硬化区开始以后，近赤道四点信号完全消失，伴随着赤道线方向的散射信号强度增加。屈服点处四点图案的出现源于子午线散射强度的大幅下降，这意味着子午线方向的片晶首先大量破坏。同时，四点信号的移动表明破坏区扩展到更高的方位角。子午线方向两个叶瓣的出现表明在此方向的片晶重构。基于这些证据，可以推测拉伸过程中发生的是高分子晶体的熔融再结晶。

至于 WAXS 结果，初始样品(110)和(200)晶面在赤道线方向上的衍射强度比其在子午线稍高，表明流延膜在拉伸前只有较低的取向，这与上面 SAXS 结果一致。当应变达到 1.0 时，子午线方向(110)衍射峰消失，表明赤道线方向上片晶完全破坏。当应变超过 1.0 时，沿赤道线方向的晶体衍射强度和沿 2θ 方向的宽度都有非常大幅度的增加，这归因于纤维晶的形成。图 5-20（b）给出了以 2θ 为 x 轴、ε 为 y 轴的 WAXS 积分强度等高线图，其中为了突出相对强度，积分曲线已经进行了归一化。当应变超过屈服点时，(110)和(200)衍射峰的半高峰宽增加，这表明了纤维晶的形成及由应力引起的晶格畸变[24, 44]。此外，如图 5-20（c）所示，从结晶度演化来看，拉伸应变达到屈服点附近后结晶度的增加可归因于增塑剂的蒸发，反过来，弹性极限也可以看作晶体熔化开始的标志。在应变软化区，结晶度大幅降低。直到当应变超过硬化点时，结晶度又开始单调增加，这表明新晶体的形成。

如前所述，晶体的熔融是应力诱导的，通过以下分析，可以对这一过程定量化。式（5-9）给出了图 5-21 中所示单层片晶的应力-应变关系，其中 ε_{ij} 表示晶体应变，S_{ij} 表示晶体的柔量，σ_{ij} 表示施加在片晶上的应力。下标 i 和 j 分别表示变形的晶格平面（i）和变形方向（j），其中晶胞中 a、b 和 c 方向分别用 1、2 和 3 表示。晶体应变定义为晶格平面的变形比例。在这里，ε_{11} 和 ε_{22} 的计算过程如下：体系中各方向晶面应变的计算方法是根据布拉格公式，即式（5-10），其中 $d_{(hkl)}$ 为(hkl)晶面的间距。通过不同(hkl)衍射环的角度偏移可以求得不同晶面间距 $d_{(hkl)}$ 变化，联立不同(hkl)晶面所得环的衍射峰位移[式（5-11）]，可以求得高分子在链方向的形变（c）和垂直链方向的形变（a 和 b）。式（5-12）给出了各方向正应变（ε_{11}、ε_{22} 和 ε_{33}）。

$$\begin{pmatrix} \varepsilon_{11} \\ \varepsilon_{22} \\ \varepsilon_{33} \\ \varepsilon_{12} \\ \varepsilon_{13} \\ \varepsilon_{23} \end{pmatrix} = \begin{pmatrix} S_{11} & S_{12} & S_{13} & 0 & 0 & 0 \\ S_{21} & S_{22} & S_{23} & 0 & 0 & 0 \\ S_{31} & S_{32} & S_{33} & 0 & 0 & 0 \\ 0 & 0 & 0 & S_{44} & 0 & 0 \\ 0 & 0 & 0 & 0 & S_{55} & 0 \\ 0 & 0 & 0 & 0 & 0 & S_{66} \end{pmatrix} \cdot \begin{pmatrix} \sigma_{11} \\ \sigma_{22} \\ \sigma_{33} \\ \sigma_{12} \\ \sigma_{13} \\ \sigma_{23} \end{pmatrix} \tag{5-9}$$

$$2d_{(hkl)} \sin\theta = \lambda \tag{5-10}$$

$$\frac{1}{d^2_{(hkl)}} = \frac{h^2}{a^2} + \frac{k^2}{b^2} + \frac{l^2}{c^2} \tag{5-11}$$

$$\varepsilon_{11} = \frac{a_\varepsilon}{a_{\varepsilon=0}}, \quad \varepsilon_{22} = \frac{b_\varepsilon}{b_{\varepsilon=0}}, \quad \varepsilon_{33} = \frac{c_\varepsilon}{c_{\varepsilon=0}} \tag{5-12}$$

在图 5-21 所示的单层片晶情况下，σ_{11} 和 σ_{22} 等于 σ_{edge}。根据式（5-9），可以得到式（5-13），导出在片晶法线方向上施加的应力：

$$\sigma_{\text{flat}} = \frac{\dfrac{\varepsilon_{11}}{S_{11} + S_{21}} - \dfrac{\varepsilon_{22}}{S_{21} + S_{22}}}{\dfrac{S_{31}}{S_{11} + S_{21}} - \dfrac{S_{32}}{S_{21} + S_{22}}} \tag{5-13}$$

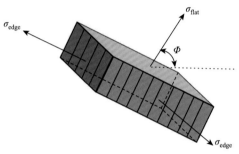

图 5-21　方位角为 Φ 的单个片晶上三轴应力分量的示意图[43]

图 5-22（a）和（b）分别给出了方位角为 x 轴、真应变为 y 轴，晶体应变为 ε_{11} 和 ε_{22} 的等高图。x 轴的方位角是图 5-21 中所示意片晶方位角（Φ）的补角（$90° - \Phi$）。在宏观应变 ε 达到 0.3 以前，晶体应变呈线性增加，表明晶体变形完全服从线性弹性行为。当应变超过 0.3 时，晶体应变随宏观应变增加而减小，表明塑性形变的激活[45]。如图 5-22（c）中的应力等高线图所示，在 90℃下，σ_{flat} 均在弹性极限点以前线性增加，到弹性极限点达到最大值。在拉伸温度为 80℃、100℃时也观察到了类似的现象。将各个温度下所对应的微观应力最大值总结于图 5-22（d）中，可以对比各温度下晶体发生熔融所对应的晶体应变。仍然以 90℃为代表，可以看出 σ_{flat} 的最大值在 Φ 从 0°到 20°时恒定在 6 MPa；而当 Φ 从 30°增加到 60°时，σ_{flat} 的最大值单调下降到 2 MPa；在赤道线方向附近（从 70°到 90°），晶体应力保持在 3 MPa 左右。由此可以发现，发生晶体熔融的临界应变 $\varepsilon_{\text{onset}}$ 的演化与方位角为 0°到 60°的 σ_{flat} 密切相关：当 σ_{flat} 的最大值超出临界值时，可以激活晶体的熔融，当 σ_{flat} 低于临界值时，晶体的熔融对应的应变较大，因此可以推导方位角为 0°～60°时的正应力引起了片晶熔化。然而，在赤道线方向，$\varepsilon_{\text{onset}} = 0.3$，且 σ_{flat} 的值较低，这可能源于在不同角度的片晶熔融前微观形变机理上的区别。针对此，可以猜测由于赤道线方向上片晶中无定形相和片晶是并联模型，片晶侧向承力，故晶面分离在其中占主导地位。

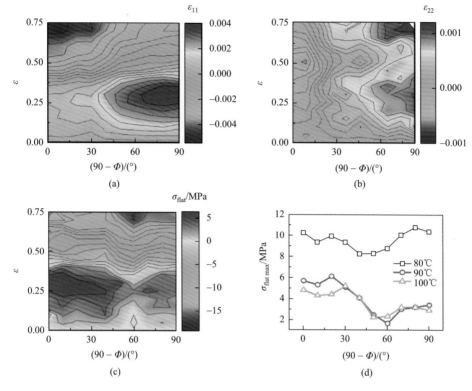

图 **5-22**　沿着[100]（a）和[010]（b）的晶体应变；（c）片晶法向应力与应变和方位角的等高线图；（d）在 80℃、90℃和 100℃时的最大平面应力[43]

根据 Odajima 的理论计算[46-48]，晶体的柔量 S_{uv}^{C} 在式（5-14）中给出，这由 Matsuo 等的实验证明[49, 50]。此外，实验数据和理论计算都表明 PE 晶体的柔量矩阵在玻璃化转变温度（T_g）和熔融温度（T_m）之间基本保持不变[51-53]。通过将 ε_{11} 和 ε_{22}[图 5-22（a）和（b）]代入式（5-9），可以得到 σ_{flat} 的等高线图，方位角为 x 轴，应变为 y 轴，如图 5-22（c）所示。然而，由于塑性变形的发生，计算的 σ_{flat} 在超过 0.3 的应变情况下不准确。

$$S_{uv}^{C} = \begin{pmatrix} 21.4 & -2.76 & -0.15 & 0 & 0 & 0 \\ -2.76 & 12 & -0.246 & 0 & 0 & 0 \\ -0.15 & -0.246 & 0.396 & 0 & 0 & 0 \\ 0 & 0 & 0 & 3.53 & 0 & 0 \\ 0 & 0 & 0 & 0 & 128.2 & 0 \\ 0 & 0 & 0 & 0 & 0 & 48.5 \end{pmatrix} \times 10^{-2} \, \text{GPa} \quad (5\text{-}14)$$

拉伸诱导熔化的热力学驱动力（$f_{c \to m}$）表示为式（5-15），其中 g^e 是晶体的弹性能；g_m^e 是熔体的弹性能；$\Delta g_{c \to m}$ 是晶体与熔体之间的吉布斯自由能差；$V_m \Delta \Gamma_{c \to m} / z$ 为表面自由能随摩尔体积 V_m 变化，$\Delta \Gamma_{c \to m}$ 是从晶体到熔体的表面自由能变化，z 是界面厚度。当单层片晶熔融以后，弹性能释放，晶体-无定形网络中晶体消失，暂态熔体无法储存弹性能，故 g_m^e 等于 0 J/mol；$\Delta \Gamma_{c \to m}$ 等于侧向和端表面所有自由能的总和；z 等于片晶长周期（L_m）。当净驱动力为 0 J/mol 时，弹性能引发的相变才可以发生，因此 g^e 等于吉布斯自由能与表面自由能的总和，可以写作：$g_{req}^e = \Delta g_{c \to m} + V_m \Delta \Gamma_{c \to m} / z$。用以前本书作者团队的工作中所给出的自由能、表面能，并代入提取片晶长周期等参数[54, 55]，计算结果为 40.7 J/mol。

$$f_{c \to m} = g^e - g_m^e - \Delta g_{c \to m} - \frac{V_m \Delta \Gamma_{c \to m}}{z} \geqslant 0 \qquad (5\text{-}15)$$

为了验证晶体应变所储存的弹性能是否足以克服相变的能量势垒，本书作者团队利用 Eshelby 方程来计算在固定晶体应变下的弹性能，其公式如式（5-16）所示。其中，基于各向异性体系，Eshelby 方程的物理意义是用来描述晶体在受限情况下发生整体的晶格形变，同时储存弹性能，当晶体储存的总弹性能达到一定临界值时，相变可以在晶体内以椭球体缺陷的形式发生[56, 57]。对于此工作中不同取向方向的片晶，以其中最先发生拉伸诱导熔融的赤道线和子午线片晶为例，其计算模型图分别在图 5-23（a）和（b）中给出。

$$G^e = -0.5 \sum_{i=1}^{3} \sum_{i=1}^{3} \sigma_{ij} \varepsilon_{ij}^t \qquad (5\text{-}16)$$

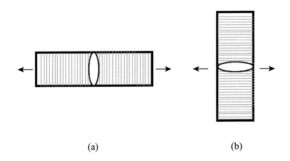

(a)   (b)

图 5-23　赤道线（a）和子午线（b）方向的 Eshelby 椭球体浸润体储能方式示意图[43]

考虑到相变体积为 V_m，长轴为 a，短轴为 b 的一个椭球，其宽高比 $n = a/b$。因此，Eshelby 解可用于获得该晶体内部所储存的弹性能。体积 V_m 中由拉伸外场诱导的晶体应变所对应的应力张量，各个分量为

$$\frac{\sigma_{11}}{2\mu} = \frac{-\nu}{1-\nu}(\varepsilon_{11}^t + \varepsilon_{22}^t) - \varepsilon_{11}^t + n\frac{\pi}{32(1-\nu)}[13\varepsilon_{11}^t + (16\nu-1)\varepsilon_{22}^t - 4(2\nu+1)\varepsilon_{33}^t] \quad (5\text{-}17)$$

$$\frac{\sigma_{22}}{2\mu} = \frac{-\nu}{1-\nu}(\varepsilon_{11}^t + \varepsilon_{22}^t) - \varepsilon_{22}^t + n\frac{\pi}{32(1-\nu)}[(16\nu-1)\varepsilon_{11}^t + 13\varepsilon_{22}^t - 4(2\nu+1)\varepsilon_{33}^t] \quad (5-18)$$

$$\frac{\sigma_{33}}{2\mu} = -n\frac{\pi}{8(1-\nu)}[(2\nu-1)(\varepsilon_{11}^t + \varepsilon_{22}^t) + 2\varepsilon_{33}^t] \quad (5-19)$$

$$\frac{\sigma_{23}}{2\mu} = n\frac{\pi(\nu-2)}{4(1-\nu)}\varepsilon_{23}^t \quad (5-20)$$

$$\frac{\sigma_{31}}{2\mu} = n\frac{\pi(\nu-2)}{4(1-\nu)}\varepsilon_{31}^t \quad (5-21)$$

$$\frac{\sigma_{12}}{2\mu} = -\varepsilon_{12}^t + n\frac{\pi(7-8\nu)}{16(1-\nu)}\varepsilon_{12}^t \quad (5-22)$$

其中，μ 是剪切模量；ν 是体积泊松比；垂直于片晶法线方向的下标为 1 和 2，而平行于片晶法线方向的下标为 3。由于变形处于线弹性区域，所储存的弹性能在式（5-16）给出。将上述式（5-17）～式（5-22）代入，由于椭球体缺陷最早在晶面间产生，故其长轴尺寸远远大于短轴，即 $a \gg b$，所以可以将带有 n 的项忽略，获得此时每摩尔体积所储存的弹性能量（g^e）：

$$g^e = \frac{V_m\mu[(\varepsilon_{11}^t)^2 + (\varepsilon_{22}^t)^2 + 2\nu\varepsilon_{11}^t\varepsilon_{22}^t + 2(1-\nu)(\varepsilon_{12}^t)^2]}{1-\nu} \quad (5-23)$$

下标 11、22 用于法向应变；而下标 12 用于剪切应变。

对于如图 5-23（a）所示沿赤道线方向取向的片晶，泊松比和剪切模量分别根据式（5-24）和式（5-25）获得[7]

$$\nu = \frac{S_{21} + S_{31}}{S_{11}} \quad (5-24)$$

$$\mu = \frac{C_{11}}{2(1+\nu)} \quad (5-25)$$

其中，C_{11} 是弹性张量分量。

对于沿着赤道线方向取向的片晶，弹性能通过晶格平面分离储存，即对于沿晶格的 a 轴拉伸，由 Eshelby 解给出的弹性能方程为

$$g_{edge}^e = \frac{V_m\mu[\varepsilon_{22}^2 + \varepsilon_{33}^2 + 2\gamma\varepsilon_{22}\varepsilon_{33} + 2(1-\nu)\varepsilon_{23}^2]}{1-\nu} \quad (5-26)$$

对于在图 5-23（b）中给出的沿子午线方向取向的片晶，泊松比和剪切模量分别根据式（5-27）和式（5-28）获得：

$$\nu = \frac{S_{31} + S_{32}}{S_{33}} \quad (5-27)$$

$$\mu = \frac{C_{33}}{1+\nu} \quad (5-28)$$

其中，C_{33} 是弹性张量分量。

沿子午线取向的片晶的弹性能通过晶格剪切的形式储存。针对沿着晶格的 c 轴拉伸的剪切形变，给出 Eshelby 解的弹性能方程，如式（5-29）所示。其中 ε_{31} 和 ε_{32} 是晶格变形的剪切分量。

$$g_{\text{flat}}^{e} = \frac{V_{m}\mu[2(1-\nu)\varepsilon_{31}^{2} + 2(1-\nu)\varepsilon_{32}^{2}]}{1-\nu} \tag{5-29}$$

以 90℃ 为例，将发生片晶熔融时的微观应变[图 5-22（a）和（b）]代入式（5-26）和式（5-29）中，可以得到 $g_{\text{edge}}^{e} = 40.5 \text{ J/mol}$，同时 $g_{\text{flat}}^{e} = 41.0 \text{ J/mol}$，与晶体熔融所需的自由能（$g_{\text{req}}^{e} = 40.7 \text{ J/mol}$）相近。数据证明，在变形晶体中储存的弹性能等于晶相向无定形相转变的能垒。因此，拉伸诱导片晶熔化的物理本质被证明是弹性能驱动晶相到无定形相转变。

5.3.4 无定形相结构转变

除晶相外，半晶高分子中晶体间的无定形相有时占据接近一半甚至更多的体积比例，其形变特征同样不可忽略。通常薄膜加工中，半晶高分子中无定形分子链处于玻璃化转变温度以上，具有流动性。由于片晶簇局部受力差异，片晶间的无定形分子链可能发生片晶间滑移、剪切、分离和片晶簇的旋转等，如图 5-24 所示[58]。

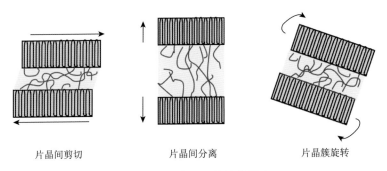

片晶间剪切   片晶间分离   片晶簇旋转

图 5-24 无定形相的结构转变

（1）片晶间滑移。片晶间滑移指的是在剪切力作用下，无定形分子链协助片晶沿着平行于片晶的方向进行剪切、滑移等行为，与片晶间的连接链密切相关。有证据表明，弹性区的形变中可逆的片晶间滑移占绝大部分，形变时连接链在剪切力的作用下伸展，而应力松弛后连接链可以将晶体拽回初始位置。

（2）片晶间分离。片晶间分离同样涉及连接链在应力作用下的伸展，但此时伸展方向是沿着片晶法向方向，所受外力为平行于片晶法向方向的拉伸应力。小角 X 射线散射实验发现取向高分子（如 HDPE、iPP 等）周期性排列的晶体在拉伸过程中长周期随应变增加而增大的实验现象可以证明片晶间分离的存在。

（3）片晶簇旋转。片晶簇旋转指的是片晶簇在应力作用下发生的旋转行为，可从小角 X 射线散射花样的片晶散射信号的变化和不同方向长周期的演化综合判断。此时无定形分子链承担了大部分形变。

上述这几种形变方式均伴随着片晶的相对移动，因而可借助无定形相和晶体相间的散射密度差，利用小角 X 射线散射技术观察到。但由于无定形区内分子链和聚集结构相对无序和快速松弛的特点，无定形区内部链的结构重构相比于晶体部分的形变来说更难以解析，现有技术手段难以直接观察到内部分子链的实际分布或运动[59-62]。

5.3.5　小结

本节介绍了晶体滑移、晶体-晶体转变和熔融再结晶等拉伸诱导半晶高分子材料结构重构模型。晶体滑移主要发生在较低温度的拉伸过程中，此时应力驱动占主导，而熔融再结晶一般发生在较高温度区，应力和温度都发挥重要作用。晶体-晶体转变具有一定的特殊性，过去讨论较少，但大多数高分子材料都具有多晶型，因此，拉伸诱导的晶体-晶体转变也是半晶高分子材料的普遍行为。针对以上模型的实验工作大多数采用各向同性或者取向度低的样品，并且包括球晶等大尺度织构。虽然通过应力分析可以估算片晶的受力情况，但应力张量的各个分量和不同晶面的屈服强度之间耦合显然是一个复杂问题，并且由于球晶等大尺度织构的影响，从宏观应力分解到片晶的微观受力也是一个挑战。采用 X 射线衍射可以获得晶体的微观形变，但由于受力环境的复杂性，从微观应变去推测应力张量也具有难度。因此，建立微观结构重构与宏观应力的定量关系至今还是一个高分子材料科学的挑战。

5.4　拉伸诱导半晶高分子结构重构新模型

为了减小球晶等大尺度织构对分析力学行为与微观结构重构关系带来的不便，采用高取向片晶样品是一个构建力学与片晶簇、片晶等结构关系的有效方法。本节将介绍采用高取向片晶簇样品，研究获得的晶体链构象无序化、片晶簇屈曲失稳和片晶间无定形相微相分离三个半晶高分子材料失稳模型。

5.4.1　拉伸诱导晶体链构象无序化

在高时间分辨（50 ms）同步辐射 WAXS 技术的支持下，本书作者团队[63]针对片晶取向参数达 0.71 的 HDPE 薄膜在不同温度下沿预取向方向单向拉伸过程中的结构重构过程开展了系统的原位研究。实验采用双辊的拉伸流变仪施加恒应变速率拉伸，样品在整个拉伸过程中没有出现细颈现象。图 5-25（a）给出不同温度下拉伸过程中的工程应力-应变曲线。基于同步采集的 WAXS 结果，在温度-应变空间中构建出详细的结构重构相图[图 5-25（b）]。温度低于 110℃，拉伸诱导了正交（O）晶相到单斜（M）晶相的 O-M 晶相转变，O-M 晶相转变起始点正好对应于样品的屈服点。随着应变增加，M 晶相含量表现为先增加后减少并最终消失，M 晶相消失的应变点与 O 晶相再结晶的起始点一致。而在高温区（大于 110℃），没发生拉伸诱导 O-M 晶相转变，在应变硬化后直接出现拉伸诱导的熔融再结晶现象。图 5-25（b）的相图包含了前面介绍的晶体-晶体转变和熔融再结晶两个拉伸诱导的结构重构模型。分析 WAXS 晶体衍射峰宽，也发现存在晶体滑移现象。因此，在半晶高分子拉伸形变过程中，常常是多种结构重构机理都存在，不同机理主导不同的温度或应变区。

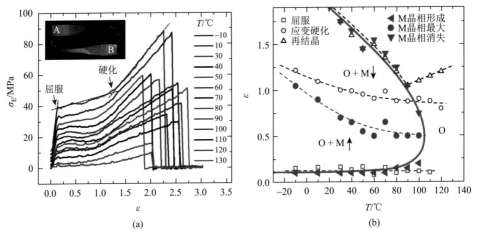

图 5-25 （a）不同温度下拉伸过程中的工程应力-应变曲线，插图为样品断裂后的两部分；
（b）温度-应变空间中拉伸诱导结晶演化相图[64]

详细分析正交晶体在拉伸过程中 a 轴和 b 轴的晶格常数的演化还发现一个有趣现象。在拉伸受力情况下，晶格发生弹性形变。图 5-26（a）～（d）分别给出在–10℃、40℃、60℃和 110℃下拉伸过程中 a 轴和 b 轴晶格常数的演化曲线。由于晶体是高度取向，c 轴（分子链）平行于拉伸方向，ab 平面垂直于拉伸方向。在这样的受力条件下，通常情况下 a 和 b 受剪切和压缩应力作用，应该同时减小。然而图 5-26 的结果显示 a 轴和 b 轴晶格常数在大部分应变区间都表现为相反的趋势，存在晶格膨胀的现象。图 5-27 给出不同温度下拉伸过程中 a 和 b 的比值 $\varphi_{a/b}$。在拉伸前，$\varphi_{a/b}$ 随温度的增加而增加，显示 a 轴的热膨胀系数大于 b 轴的。基于 $\varphi_{a/b}$ 在拉伸过程中的演化规律，可以定义 4 个区域。在屈服前弹性形变区（Ⅰ），b 减小，a 增大，$\varphi_{a/b}$ 随应变增加而增加，推测是局部反式构象链段发生旋转，而旋转的方向取决于晶面能。a 轴方向的晶面能低，对旋转的约束较小，因此，旋转导致其膨胀，如图 5-26 和图 5-27

所示。屈服后（Ⅱ）在所有测试温度下，a 减小，b 增加，对应的 $\varphi_{a/b}$ 下降。在低温区，三个参数的值都高于拉伸前的初始值，显然这个过程不是简单的弹性回弹，更何况屈服后应力都保持继续上升。鉴于此时 M 晶体的生成，表明应力足以让 O 晶体失稳，晶体中所有链段活化旋转，导致 b 增大。低温拉伸还存在 $\varphi_{a/b}$ 的平台区（Ⅲ，对应应力的平台区），这个过程外场施加的能量主要被 O-M 晶体转变和其他塑性形变耗散了。进入应变-硬化区后，除了 -10℃ 和 10℃ 最低温度的两个点，$\varphi_{a/b}$ 都存在一个大幅度增加的现象，对应的是 a 增大和 b 减小。O 晶体的 $\varphi_{a/b} = 1.50$，PE 的六方结构（H 晶体）$\varphi_{a/b} = 1.73$。该实验中拉伸导致 O 晶体的 $\varphi_{a/b}$ 达到 1.61，虽然还与 H 晶体的值有一定差距，但已经远大于 O 晶体的平衡值。因此，推测此时发生拉伸诱导构象无序化，部分反式构象转变为旁式构象。如果样品不断裂，应力能进一步提高（或者能在更高温度拉伸），拉伸诱导的固-固转变就可能与拉伸诱导结晶的相图对接，而在拉伸诱导结晶的相图中确实观察到 O 晶相转变为 H 晶相的发生。图 5-28 展示了取向 HDPE 晶格不同温度下从一维到三维的多尺度结构重构示意图。

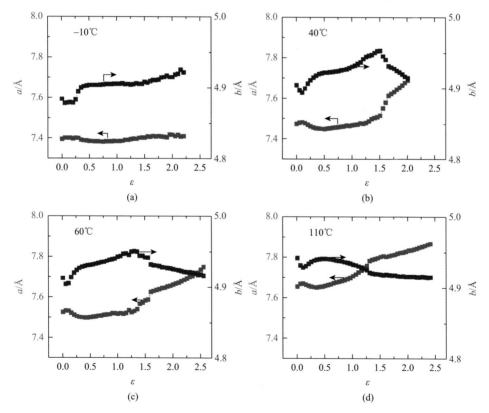

图 5-26　-10℃（a）、40℃（b）、60℃（c）和 110℃（d）下拉伸过程中 a 轴和 b 轴晶格常数的演化曲线[64]

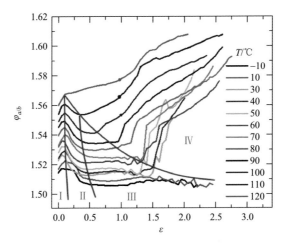

图 5-27 不同温度下拉伸过程中 a 和 b 的比值 $\varphi_{a/b}$[64]

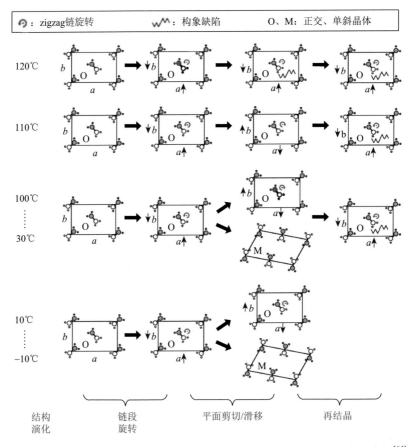

图 5-28 取向 HDPE 晶体不同温度下从一维到三维的多尺度结构重构示意图[64]

拉伸诱导的晶体链构象无序化在其他高分子中也观察到，前面介绍的尼龙中就存在。在不同应变速率下拉伸 PB-1，对晶型Ⅱ到晶型Ⅰ晶体转变的研究中也发现这一现象。在低应变速率（0.01 s^{-1}和 0.1 s^{-1}）下，无论是原来的晶型Ⅱ还是新生成的晶型Ⅰ，垂直于拉伸方向（链方向）的(200)和(110)晶面间距都随应力增加而减小，如图 5-29（a）和（b）所示。但在较高应变速率[图 5-29（c）的 10 s^{-1}]下，新生成的晶型Ⅰ晶体(110)晶面间距随应力增加而下降，但晶型Ⅱ的(200)间面间距却反向增加。进一步增加应变速率到 100 s^{-1}[图 5-29（d）]，晶型Ⅰ(110)和晶型Ⅱ(200)晶面间距都随应力增加而增加。显然，在高应变速率下，不再是应力诱导的晶体拉伸弹性形变，晶面间距的增加应该归因于构象无序化导致的晶格膨胀。

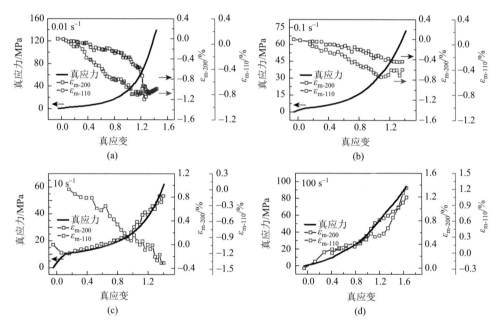

图 5-29　PB-1 在不同应变速率下拉伸过程中的晶格应变演化规律

（a）0.01 s^{-1}；（b）0.1 s^{-1}；（c）10 s^{-1}；（d）100 s^{-1}

5.4.2　拉伸诱导片晶簇屈曲失稳

由片晶和无定形纳米片层间隔排列的片晶簇结构是半晶高分子最基本的结构和形变单元。在温度高于玻璃化转变温度下，晶体模量比无定形相模量高了至少 2 个数量级，片晶簇可视为一种典型的软-硬片层纳米复合结构。考虑到片晶簇作为形变的基本单元是包埋其他无定形区，本书作者团队针对半晶高分子提出了一个三相形变单元模型，如图 5-30（a）～（c）所示，包括片晶簇内部的片晶（Cry）

层和无定形（Am）层，以及片晶簇周围的其他无定形（Am′）层。其中，Am′层相比于 Am 层来说连接链密度较低而尾链密度较高。基于取向片晶簇的模型体系，将 Read 等[65]和 Makke 等[66,67]提出的两相模型（硬/软）屈曲理论推广到三相（硬/软Ⅰ/软Ⅱ）模型。结合原位实验结果和线性稳定性分析方法，计算出微屈曲发生的临界应变，结果与原位 SAXS 实验获得的临界应变吻合，证实片晶簇的弹性微屈曲是触发屈服行为的一种可能形变方式[68]。

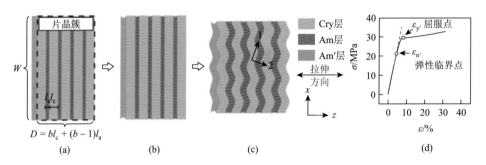

图 5-30 （a）～（c）半晶高分子简化后的重复形变单元（片晶簇）及其屈曲形变模型示意图；
（d）典型片层复合材料的应力-应变曲线[68]

W 表示片晶或片晶簇的侧向宽度尺寸；D 表示片晶簇的厚度；l_c 表示片晶层厚度；l_a 表示片晶间无定形层厚度

假定一个基本形变单元由 b 层片晶（Cry），（$b-1$）层片晶间 Am 和外围的 1 层片晶簇间 Am′层组成。Cry 层的模量至少比另外两种无定形层高了 2 个数量级，而由于片晶簇内部模量无定形相 Am 中含有较高的连接链和缠结密度，其模量大于 Am′（片晶簇外部的无定形相）。基于微屈曲剪切模型和材料三相结构模型的假设，片晶簇的应变能密度主要涉及弹性应变能密度（U_{strain}^{2D}）、弯曲应变能密度（$U_{buckling}$）和 Am′层的收缩应变能密度（$U_{Am'}$）。

基于弹性理论，二维空间内的应变能密度可以写成：

$$U_{strain}^{2D} = \frac{1}{2}(Q_{11}\varepsilon_{11}^2 + 2Q_{12}\varepsilon_{11}\varepsilon_{22} + Q_{22}\varepsilon_{22}^2 + G\varepsilon_{12}^2) \qquad （5-30）$$

其中，ε_{ij} 和 Q_{ij} 分别是应变矩阵分量和一个平面应力状态下对称的简化刚度矩阵分量；G 是复合剪切模量。指数 1 和 2 分别指的是平行和垂直于片层法向方向。弹性系数分量 Q_{ij} 是通过给定的两方向的弹性模量和泊松比（Poisson ratio）得到的：

$$Q_{11} = E_{11} / (1-\nu_{12}\nu_{21})$$
$$Q_{22} = E_{22} / (1-\nu_{12}\nu_{21}) \qquad （5-31）$$
$$Q_{12} = \nu_{12}E_{11} / (1-\nu_{12}\nu_{21})$$

其中，E_{ii} 是片晶簇整体横向方向和法向方向的杨氏模量，而泊松比 ν_{ij} 则定义为当

在 i 方向施加外力时，j 方向应变与 i 方向应变比值的负数。计算片晶簇复合材料整体模量和泊松比时，Voigt（并联）模型适用于沿着 1 方向拉伸的情况，而 Reuss（串联）模型则适用于沿着 2 方向拉伸的情况。因此，片晶簇的整体模量和泊松比可由下列表达式给出：

$$E_{11} = E_{c1}\phi_c + E_a\phi_a$$
$$E_{22} = 1/(\phi_c/E_{c2} + \phi_a/E_a) \tag{5-32}$$
$$\nu_{12} = \nu_{c2}\phi_c + \nu_a\phi_a$$

无定形层和片晶层的含量分别为 $\phi_a = (b-1)l_a/D$ 和 $\phi_c = bl_c/D$。$D = bl_c + (b-1)l_a$，D、b、l_c、l_a 分别对应于图 5-30 所标示的尺寸。而基于正交体系的 Maxwell 理论，有 $\nu_{21} = E_{22}\nu_{12}/E_{11}$。如果已知 E_{c1}、E_{c2}、E_a、ν_c、ν_{c2} 和 ν_a 以及其他在特定温度下的结构参数，即可计算体系中不同温度下的弹性系数分量 Q_{ij}。

考虑到旋转和其他扰动形变的可能性，局部变量（下标为 1、2）应通过转换矩阵转换为全局坐标系下的变量（下标为 x、z）。旋转转换矩阵（$\boldsymbol{R}$）和剪切转换矩阵（$\boldsymbol{S}$）表达式如下所示：

$$\boldsymbol{R} = \begin{bmatrix} \cos\theta & -\sin\theta \\ \sin\theta & \cos\theta \end{bmatrix}; \qquad \boldsymbol{S} = \begin{bmatrix} 1+\varepsilon_{11} & \varepsilon_{12} \\ 0 & 1+\varepsilon_{22} \end{bmatrix} \tag{5-33}$$

全局坐标系的位移矢量 $\boldsymbol{d} = (d_x, d_z)$ 对应的偏导数矩阵为

$$\begin{bmatrix} \nabla_x d_x & \nabla_z d_x \\ \nabla_x d_z & \nabla_z d_z \end{bmatrix} = \boldsymbol{R} \cdot \boldsymbol{S} - \boldsymbol{I} \tag{5-34}$$

因此，局部变量可以以全局坐标系下 d 的偏导数给出，其表达式如下：

$$\sin\theta = P\nabla_x d_z$$
$$\varepsilon_{11} = 1/P - 1$$
$$\varepsilon_{22} = P\left[(1+\nabla_z d_z)(1+\nabla_x d_x) - (\nabla_z d_x)(\nabla_x d_z)\right] - 1 \tag{5-35}$$
$$\varepsilon_{12} = P\left[(\nabla_z d_x)(1+\nabla_x d_x) + (\nabla_x d_z)(1+\nabla_z d_z)\right]$$

其中，$P = \left[(\nabla_x d_z)^2 + (1+\nabla_x d_x)^2\right]^{1/2}$。

若在一个片晶簇体系中忽略宏观的剪切行为，则全局坐标系下的位移矢量 $\boldsymbol{d}$ 可以写成：

$$d_x = \varepsilon_{xx}x; \qquad d_z = \varepsilon_{zz}z + u_z(x,z) \tag{5-36}$$

其中，ε_{xx} 和 ε_{zz} 分别是一个片晶簇沿着 x 轴和 z 轴方向的微观应变值；$u_z(x,z)$ 是沿 z 轴方向的小局部偏移（扰动），这里假定屈曲的形式引入了一个正弦扰动，即 $u_z(x,z) = u_0\sin(kx)$，波数 $k = 2n\pi/W$，满足收敛的边界条件。将上述表达式都代入式（5-30）中，利用 Taylor 公式展开略去极小量后，可以得到平均弹性应变能密度如下：

$$\left\langle U_{\text{strain}}^{\text{2D}} \right\rangle = \frac{1}{2} \left(Q_{11}\varepsilon_{xx}^2 + 2Q_{12}\varepsilon_{xx}\varepsilon_{zz} + Q_{22}\varepsilon_{zz}^2 + Q_{22}\left\langle (\nabla_z u_z)^2 \right\rangle \right.$$

$$+ \left\langle (\nabla_x u_z)^2 \right\rangle \{ -Q_{12}\varepsilon_{xx} + Q_{11}\varepsilon_{xx}(1+\varepsilon_{xx})$$

$$+ [Q_{12} - Q_{22}(1+\varepsilon_{zz})]\varepsilon_{zz} + G(1+\varepsilon_{zz})^2 \} / (1+\varepsilon_{xx})^2 \right) \quad (5\text{-}37)$$

$$= \frac{1}{2} \left(Q_{11}\varepsilon_{xx}^2 + 2Q_{12}\varepsilon_{xx}\varepsilon_{zz} + Q_{22}\varepsilon_{zz}^2 \right) + \frac{n^2\pi^2 u_0^2}{W^2(1+\varepsilon_{xx})^2} \{ -Q_{12}\varepsilon_{xx}$$

$$+ Q_{11}\varepsilon_{xx}(1+\varepsilon_{xx}) + [Q_{12} - Q_{22}(1+\varepsilon_{zz})]\varepsilon_{zz} + G(1+\varepsilon_{zz})^2 \}$$

其中，角括号 $\langle \cdots \rangle$ 代表积分后取平均值的结果。与平板弯曲力学理论[69]类似，片晶簇正弦弯曲（屈曲）的非线性弹性能为

$$U_{\text{buckling}} = \frac{1}{2} K (\nabla_{xx} u_z)^2 \quad (5\text{-}38)$$

其中，K 是一个片晶簇对应的弯曲模量。这里假定弯曲能由片晶层为主导，其弯曲模量 $K = \phi_c^3 E_c l_m^2 \big/ [12(1-v_c^2)]$，其中，$\phi_c$、$E_c$ 和 v_c 分别是片晶层的含量、模量和泊松比。通过积分和取平均，得到微屈曲对应的平均能量密度为

$$\left\langle U_{\text{buckling}} \right\rangle = 4Kn^4\pi^4 u_0^2 \big/ W^4 \quad (5\text{-}39)$$

以上计算的两个能量项[式（5-37）和式（5-39）]中没有包含 Am′层对应的应变能。由于受拉伸的片晶簇之间的强共价键连接，模量最小的 Am′区域也由于泊松效应受到了很强的侧向收缩作用，储存了能量。Am′对应的位移矢量 $\boldsymbol{d}_a (d_{xa}, d_{za})$ 表达式为

$$d_{xa} = \varepsilon_{xxa} x \; ; \qquad d_{za} = \varepsilon_{zza} z + u_z(x, z) \quad (5\text{-}40)$$

采用类似的方法，取应变能的积分区域为 $-l_{a2}/2$ 到 $l_{a2}/2$，而后取平均值计算得到 $\left\langle U_{\text{Am}'} \right\rangle$。这里 Am′的初始厚度 l_{a2} 假定等于 l_a。故用于表示 Am′层的纵向拉伸和横向收缩储存的应变能 $\left\langle U_{\text{Am}'} \right\rangle$ 为

$$\left\langle U_{\text{Am}'} \right\rangle = \frac{1}{2} C_{a2}(\varepsilon_{xxa}^2 + \varepsilon_{zza}^2) + C_{a2'}\varepsilon_{xxa}\varepsilon_{zza} + G_{a2}\frac{n^2\pi^2 u_0^2}{W^2} \quad (5\text{-}41)$$

其中，C_{a2}、$C_{a2'}$和 G_{a2} 是 Am′层对应的弹性常数。由于无定形区和橡胶力学性能类似，假定无定形区为各向同性，弹性常数可以写成下面的表达式：

$$C_{a2} = E_{a2} + \frac{4v_{a2}^2 E_{a2}}{3(1-2v_{a2})} \; ; \quad C_{a2'} = \frac{E_{a2}v_{a2}}{(1-2v_{a2})(1+v_{a2})} \; ; \quad G_{a2} = \frac{E_{a2}}{2(1+v_{a2})} \quad (5\text{-}42)$$

至此，综合式（5-37）、式（5-39）和式（5-41），得到以片晶簇微观应变和屈曲振幅 u_0^2 为自变量的总能量密度在特定温度下的表达式：

$$\langle U_{\text{total}} \rangle = \frac{D}{bL}\Big(\langle U_{\text{strain}} \rangle + \langle U_{\text{buckling}} \rangle\Big) + \frac{l_{\text{a2}}}{bL}\langle U_{\text{Am}'} \rangle$$

$$= F(\varepsilon_{xx}, \varepsilon_{zz})u_0^2 + \frac{D}{2bL}\Big(Q_{11}\varepsilon_{xx}^2 + 2Q_{12}\varepsilon_{xx}\varepsilon_{zz} + Q_{22}\varepsilon_{zz}^2\Big) \qquad (5\text{-}43)$$

$$+ \frac{l_{\text{a2}}}{2bL}\Big(C_{\text{a2}}\varepsilon_{zza}^2 + 2C_{\text{a2}'}\varepsilon_{xxa}\varepsilon_{zza} + C_{\text{a2}}\varepsilon_{xxa}^2\Big)$$

其中，不稳定系数 $F(\varepsilon_{xx}, \varepsilon_{zz})$ 表达式如下：

$$F(\varepsilon_{xx}, \varepsilon_{zz}) = \frac{n^2\pi^2}{bLW^4}\Big(G_{\text{a2}}W^2 l_{\text{a2}} + 4Kn^2\pi^2 D\Big) + \frac{n^2\pi^2 D}{bLW^2(1+\varepsilon_{xx})^2}[Q_{11}\varepsilon_{xx}(1+\varepsilon_{xx})$$

$$- Q_{12}\varepsilon_{xx} + Q_{12}\varepsilon_{zz} - Q_{22}\varepsilon_{zz}(1+\varepsilon_{zz}) + G(1+\varepsilon_{xx})^2] \qquad (5\text{-}44)$$

$F(\varepsilon_{xx}, \varepsilon_{zz})$ 在拉伸前（$\varepsilon_{xx} = \varepsilon_{zz} = 0$）是正值。$F(\varepsilon_{xx}, \varepsilon_{zz})$ 为负值时说明体系在拉伸中失稳，在理论上与正弦式微屈曲失稳相符。基于泊松效应，假定在屈曲发生前 $\varepsilon_{xx} = -v_{zx}\varepsilon_{zz}$。当 $F(\varepsilon_{xx}, \varepsilon_{zz}) = 0$ 时，$\varepsilon_{zz}^{\text{critical}}$ 为片晶簇发生屈曲的临界应变。

用于制备干法聚烯烃锂电池隔膜的 iPP 硬弹性预制膜的微观结构是由一系列高度平行排列的片晶簇组成，其取向度高达 0.9 以上，如图 5-31（a）所示。在较低温度条件下，晶体内聚能相比于无定形层足够大，微屈曲的确有可能发生。图 5-31（b）绘制了不同温度条件下沿片晶取向方向拉伸的力学曲线。图 5-31（c）以 30℃ 为例给出了对应微观应变 ε_{m} 和应变差值 $\Delta\varepsilon = \varepsilon - \varepsilon_{\text{m}}$ 随宏观应变 ε 增长的演化过程。其中微观应变 $\varepsilon_{\text{m}}(\varepsilon) = [L_{\text{m}}(\varepsilon) - L_{\text{m}}(0)]/L_{\text{m}}(0) \times 100\%$，长周期 L_{m} 是通过 SAXS 实验测试的结果。而应变差值则是由宏观应变 ε 减去微观应变 ε_{m} 计算得到（$\Delta\varepsilon = \varepsilon - \varepsilon_{\text{m}}$）。在线弹性区，$\Delta\varepsilon$ 大于 0，且随宏观应变 ε 不断增长，说明在这一阶段的确存在片晶簇外 Am' 的形变。如图 5-31（c）中红色箭头所示，片晶簇失稳的临界应变 $\varepsilon_{\text{m}}^{\text{critical}}$ 是在宏观应变 ε_n 处对应的 ε_{m} 值。利用同样的办法，可得到所有实验温度下的 $\varepsilon_{\text{m}}^{\text{critical}}$。

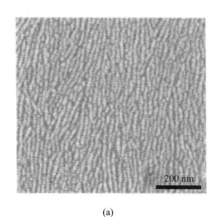

(a)

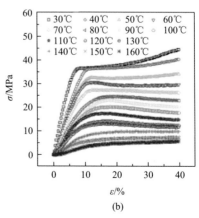

(b)

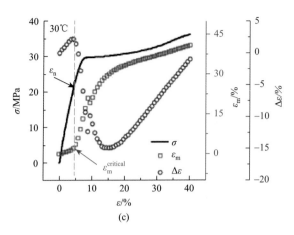

(c)

图 5-31 （a）硬弹性 iPP 薄膜的表面形貌；（b）iPP 薄膜在不同温度下的应力-应变曲线；
（c）30℃下的应力-应变曲线及对应的微观应变 ε_m 和应变差值 $\Delta\varepsilon$ 的演化过程[68]

图 5-32 对比了微屈曲临界应变的理论计算值和实验值，发现理论值 $\varepsilon_{zz}^{critical}$ 在温度从 30℃ 到 70℃ 范围内（小于 α 松弛温度 $T_\alpha \approx 80℃$）和实验值 $\varepsilon_m^{critical}$ 符合得很好。因此，当温度低于 T_α 时，片晶簇的初始非线性行为很可能来源于微屈曲的不稳定性。当温度高于 T_α 时，对应着晶体链活动性的激活，$\varepsilon_{zz}^{critical}$ 和 $\varepsilon_m^{critical}$ 的变化趋势相同，但它们之间有一定的偏移量，说明此时可能还有其他的形变机理，如晶体滑移或是熔融再结晶，相比于微屈曲来说更容易发生而引发非线性力学行为[70]。

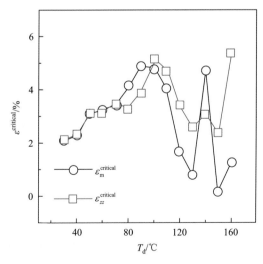

图 5-32 微屈曲发生的临界应变的实验值（$\varepsilon_m^{critical}$）和理论值（$\varepsilon_{zz}^{critical}$）的演化[68]

5.4.3　拉伸诱导片晶间无定形相微相分离

无定形相的泊松收缩效应不仅可能引发片晶簇发生微屈曲，也可能诱导无定形相发生其他结构转变。由于半晶高分子结晶行为的非平衡特征，连接链及环链、尾链等组成的缠结链，这些不同形态的分子链段在片晶间无定形层内共存，并且存在空间分布。不同形态分子链的松弛动力学差异大，是典型的动力学非对称（dynamic asymmetry）体系。正如第 4 章中介绍，在动力学非对称的溶液或者共混体系中，流动场会导致应力-浓度耦合（stress-concentration coupling），进一步流动场诱导相分离（flow-induced phase separation）。的确，半晶高分子在拉伸过程中，连接链和缠结链起到片晶间应力传递的角色。因此，类比于动力学非均匀溶液或共混体系，施加拉伸可能诱导连接链与非缠结的尾链和环链发生相分离。但由于尾链和环链端部被片晶约束，无法远距离扩散，因此，这种相分离仅导致纳米尺度的连接链与尾链、环链的浓度差，类似于嵌段共聚物中的微相分离，如图 5-33 所示。下面将通过拉伸 iPP 硬弹性体过程中同步辐射 SAXS 和 WAXS 原位检测结果探讨片晶间无定形相的微相分离。

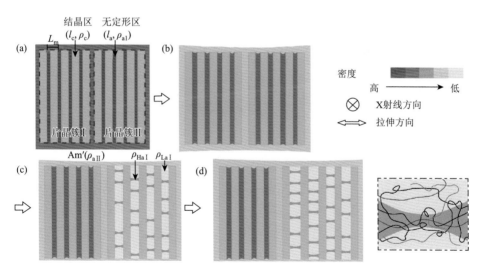

图 5-33　取向片晶簇的形变模型示意图[71]

其中绿色区域代表片晶层，不同程度的橙色区域代表不同密度的无定形区域

本书作者团队[70]采用高时间分辨的同步辐射 SAXS 和 WAXS 联用技术系统研究了硬弹性 iPP 薄膜在 40℃往复形变中的结构重构过程。图 5-34 给出了第一次和第二次拉伸回复形变过程中代表性 SAXS 和 WAXS 二维图，发现散射花样在回复

过程中基本回复到初始状态，且第二次循环拉伸的二维图演化与第一次演化趋势基本相同。详细分析各微观结构参数在拉伸回复过程中的演化趋势，不仅可以证实取向片晶簇形变的可逆性，同时还发现另一个有趣的现象。图 5-35（a）给出了第一次拉伸过程中片晶簇的长周期（L_m），对应的应变差值（$\Delta\varepsilon$）和取向参数（f_{LS}）随应变的演化过程，发现长周期随应变增加而呈非线性增长，且片晶簇微观应变在屈服之后明显大于宏观应变。这说明片晶间无定形的伸展不仅受外力驱动，还可能源于拉伸前期储存的弹性能的释放或一种自发发生的结构转变。与此同时，如图 5-35（b）所示，赤道线方向一维小角积分曲线上可观测到一个宽肩峰，说明在垂直于拉伸方向形成了周期性的结构。

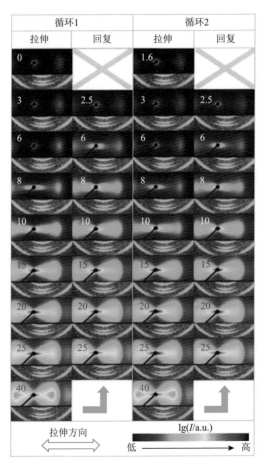

图 5-34　iPP 流延膜在 40℃下第一次和第二次拉伸回复形变过程中具有代表性的 SAXS 和 WAXD 二维图[71]

左上角的数字代表具体的宏观应变（%），拉伸方向为水平方向

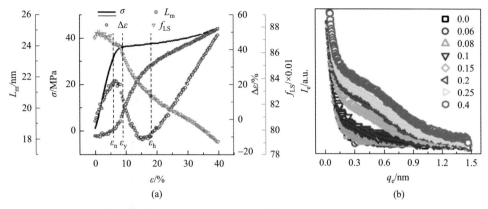

图 5-35 （a）片晶簇的长周期（L_m）、对应的应变差值（$\Delta\varepsilon$）和取向参数（f_{LS}）随应变增加的演化过程，图中也绘制了对应的应力-应变曲线，黑色虚线标明了三个特征应变点（ε_n、ε_y 和 ε_h）；（b）拉伸过程中赤道线方向一维小角积分曲线[71]

图 5-36 绘制了第二次循环拉伸过程中的微观结构参数的演化趋势图。散射强度、长周期、晶格参数等在拉伸回复后都基本可恢复到初始值，且沿 iPP (040)晶面的相关长度和宏观拉伸应力在循环往复拉伸过程中的演化趋势基本保持一致。这些都支持整个拉伸过程中片晶经历弹性形变而几乎没有发生晶体破坏，宏观非线性力学行为源于应力诱导的片晶间无定形相发生微相分离。这种微相分离是源自片晶间无定形相内的链密度和局部应力的分布，是一种应力诱导的可逆非平衡相转变。当施加外力达到相分离成核所需能垒对应的临界应力，发生片晶间无定形相微相分离，对应拉伸过程中长周期增长的骤然加速。

考虑到片晶簇长周期（L_m）、片晶层厚度（l_c）、片晶间无定形层厚度（l_a）及连接链的密度在空间上都有一定的分布，微相分离的成核是一个随机过程，因而微相分离不会同时发生在所有的 Am 层中。当 Am 层的微相分离发生在某些片晶簇中，应力的增长将减缓而进入平台区。保持低应力水平降低在剩余片晶簇中触发微相分离成核的速率，故这部分片晶簇将继续保持线弹性区的弹性形变。在此基础上，初始非线性形变区 $\Delta\varepsilon$ 和 I_{low} 的演化过程就能得到合理的半定量解释。定义一个形变单元的初始长度为 $L(0)$，由 n 个周期的片晶-无定形相组成的片晶簇[长周期 $L_m(0)$]和其外厚度为 $L_{Am'}(0)$ 的无定形相组成，即 $L(0) = nL_m(0) + L_{Am'}(0)$。假定微相分离发生在形变基本单元内的 m 个周期中，此时有 $n>m$。相应地（$n-m$）个片晶周期没有发生微相分离，其长周期 $L_x(\varepsilon)$ 小于发生微相分离片晶簇的长周期 $L_m(\varepsilon)$。计算可以得到 $\Delta\varepsilon$ 的表达式：$\Delta\varepsilon = \varepsilon-\varepsilon_m \approx [(n-m)[L_x(\varepsilon) - L_m(\varepsilon)] + L_{Am'}(\varepsilon)] / nL_m(0)$。考虑到 $n>m$ 和 $L_x(\varepsilon)<L_m(\varepsilon)$，（$n-m$）$[L_x(\varepsilon) - L_m(\varepsilon)]$ 在屈服后片晶长周期加速的非线性区间内是个负值。当它的绝对值大于 $L_{Am'}(\varepsilon)$ 时，$\Delta\varepsilon$ 在该区间内为负值，这和实验结果一致。未发生微相分离的片晶簇在 SAXS 二维图中也贡献了一个散射峰，

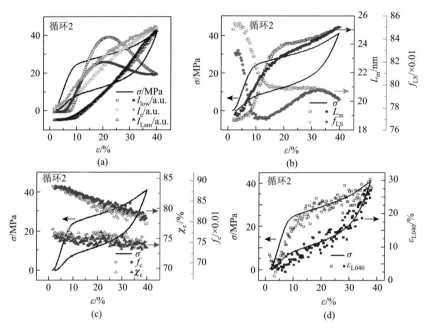

图 5-36 （a）第二次往复拉伸过程中片晶簇的散射强度（I_{Lam}）、赤道线方向强度（I_e）和中心光束遮挡器（beamstop）附近散射信号强度（I_{low}）随应变变化的演化过程；（b）片晶簇的长周期（L_m）和取向参数（f_{LS}）随应变变化的演化过程；（c）结晶度（χ_c）和晶体取向（f_c）随应变的演化过程；（d）晶粒相关长度变化率随应变的演化过程，为方便对照，图中也绘制了相应的应力-应变曲线，空心和实心的点分别代表拉伸和回复的过程[71]

但其散射强度比发生微相分离的片晶簇弱得多，因此，SAXS 所检测到的散射信号主要由微相分离的片晶簇决定。进一步拉伸，应力诱导的微相分离持续进行，m 继续增大；同时，伴随 $L_x(\varepsilon)$ 和 $L_{Am}(\varepsilon)$ 随应力增加而继续增加，$L_m(\varepsilon)$ 的增长速度减缓，两者的结合导致 $\Delta\varepsilon$ 从随应变减小转而变成增加的趋势，并最终回到正值[70]。

如图 5-37 所示，在 40℃拉伸后的薄膜经进一步热定型和热拉伸后，可通过 SEM 观察到微孔膜分离的片晶簇骨架间存在均匀分布的细长形孔洞和纳米纤维架桥，也支持低温拉伸诱导微相分离。

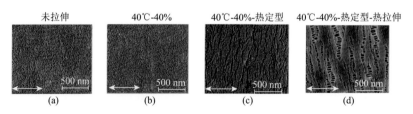

图 5-37 不同条件下制备得到的聚丙烯薄膜样品的 SEM 表面形貌照片[71]

（a）未拉伸；（b）40℃第一次往复拉伸后，设定应变为40%；（c）40℃冷拉至40%后再在 130℃下热定型 5 min；（d）在步骤（c）后再在 130℃下热拉伸 20%

5.4.4　多种形变机理的协同——干法单拉 iPP 隔膜加工

　　干法单拉聚丙烯微孔隔膜是由高取向 iPP 薄膜经冷拉、热拉等多个拉伸过程制备而得，是不同温度、拉伸外场条件下多种形变机理协同作用的结果。本书作者团队采用同步辐射 SAXS 和 WAXS 的超快原位检测技术，系统研究了由高取向片晶簇组成的 iPP 薄膜在宽温度范围（30～160℃）拉伸形变过程中的结构重构机理。发现不同晶体链活性与不同结构重构相对应，拉伸温度区间可分为三段：温域 I、II 和III，其边界对应于 α 松弛温度（$T_\alpha \approx 80℃$）和熔融起始点温度（$T_{onset} \approx 135℃$）。而应变空间也可以粗略分为三个区间，即线弹性形变区，区域 A（$0 < \varepsilon < \varepsilon_n$）；初始非线性力学区，区域 B（$\varepsilon_n < \varepsilon < \varepsilon_h$，包括屈服、应力平台和应变软化段）；应变硬化区，区域 C（$\varepsilon > \varepsilon_h$）。图 5-38 是不同温度下拉伸过程中不同应变条件下对应的薄膜 SAXS 二维图。SAXS 二维图的演化特征，特别是片晶、微纤等结构信号在三个温度区间有所差异，对应不同的结构转变机理。图 5-39 绘制了高取向 iPP 薄膜在拉伸过程中应力、微观应变、应变差值、结晶度、晶粒尺寸变化率和取向等参数在温度-应变二维空间中的等高线图。图 5-40 给出了不同拉伸条件下制备的样品的 SEM 表面形貌照片。①在温域 I，微观应变 ε_m 在线性区 A 略有增长，而当应变超过 ε_n 进入区域 B 时其增长速度大幅度增加，甚至超过宏观应变（应变差值 $\Delta\varepsilon > 0$）。过度增长的微观应变 ε_m 和 $\Delta\varepsilon < 0$ 源于微相分离的自加速行为。结晶度在整个拉伸过程中无明显变化，晶粒相关长度变化量来自应力导致的弹性形变。同时，SEM 检测显示拉伸前后表面形貌基本相同。因此，此温度段下晶体形变以弹性形变为主。②在温域 II 拉伸，微观应变 ε_m 在不同应变区间内以不同斜率单调增加，进入区域 C 后基本保持不变，其总的增量维持在较低水平，微观应变始终小于宏观应变。对应 SAXS 二维图中微纤信号的出现，拉伸后薄膜表面存在纤维架桥（fibrillar bridge）和孔洞（cavities），说明此时晶体形变已不可逆，大应变时薄膜表面出现晶体滑移（crystal slip）的痕迹。③温域III，宏观应变始终大于微观应变，此时片晶间无定形相的拉伸形变已不再重要。SEM 获得的表面形貌特征表明，尽管拉伸过程中大多数晶体依旧维持着高取向的状态，但局部区域已出现无序化区域（disordered area），给出了拉伸诱导晶体熔融的证据。而伴随纤维晶（fibrillar crystal）的生成，结晶度在区域 B 后增长明显，甚至在拉伸停止时可获得比初始结晶度更大的值，说明熔融再结晶在这一温度区间已占主导地位。

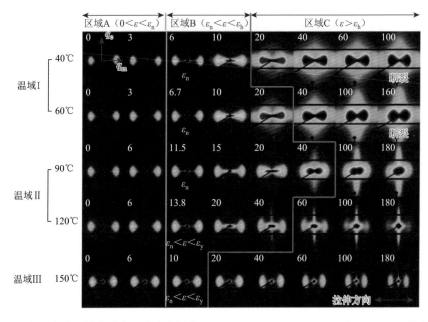

图 5-38 高取向聚丙烯薄膜在五个选定温度（40℃、60℃、90℃、120℃和150℃）下拉伸过程中测得的代表性的 SAXS 二维散射花样[72]

左上角的数字代表的是宏观应变（%）

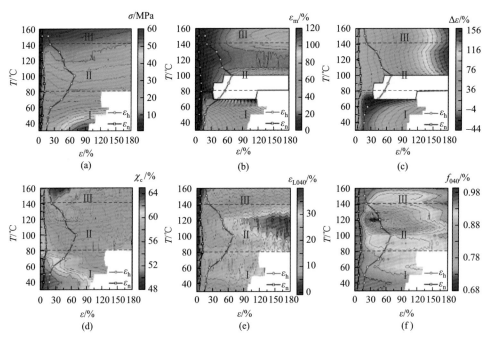

图 5-39 高取向聚丙烯薄膜的结构和力学参数在温度-应变二维空间的总结图[72]

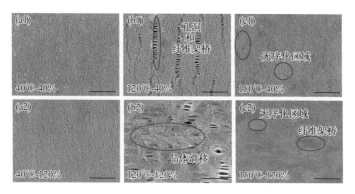

图 5-40　在不同拉伸条件下制备得到的样品的 SEM 表面形貌照片[72]

（a1）40%，40℃；（b1）40%，120℃；（c1）40%，150℃；（a2）120%，40℃；（b2）120%，120℃；
（c2）120%，150℃，图中比例尺均为 500 nm

综上，基于力学、结构参数的演化趋势和拉伸前后薄膜表面形貌特征，建立起不同温度下不同形变机理触发初始非线性力学行为（区域 B）并决定后期应变硬化行为（区域 C）的规律。图 5-41 总结了温度-应变二维空间中取向片晶簇的形变机理模型。①低温域Ⅰ，屈服可能是微屈曲诱导的失稳，区域 B 内的超弹性行为来自片晶间无定形相发生微相分离；②中温域Ⅱ，分子链从片晶中抽出的晶体滑移及纤维架桥的再结晶主导失稳和形变，导致区域 B 中塑性形变产生孔洞，进一步滑移引发区域 C 内微纤的生成；③高温域Ⅲ，熔融再结晶决定了区域 B 和 C 的非线性形变行为，生成了新的纤维晶体[70]。

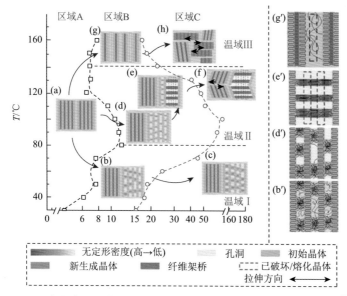

图 5-41　高取向 iPP 片晶簇在温度-应变二维空间的结构重构路径图[72]

事实上，不同温度区间内不同的形变机理是无定形相和晶体相内聚力大小竞争的结果。随着温度的升高，相对内聚力发生变化，拉伸诱导片晶间无定形相微相分离、晶体滑移和熔融再结晶等依次在不同温度区间主导片晶簇的形变。外力在低温区起主要作用，而温度则是驱动熔融再结晶发生的首要元素。

（1）$T < T_\alpha$，晶体内聚力足以抵抗晶体破坏的发生，屈服等非线性力学行为主要由片晶簇微屈曲失稳和片晶间无定形相微相分离触发，两者的物理来源都是泊松收缩效应。由于片晶和无定形层的纵横比大，且模量相差 2～3 个数量级，沿着法向方向的拉伸使无定形层发生侧向泊松收缩。其结果使与片晶层化学连接的连接链受到强的空间限制。在这个温度区间内，晶体内聚力大，足以阻止晶体发生滑移或者熔融等塑性形变。由此，片晶簇弹性屈曲和片晶间无定形相微相分离成为其失稳的两个可能选择。微相分离通过链段的局部扩散使无定形区宏观的泊松收缩变成高低密度不同的纳米相区，释放泊松收缩储存的弹性能。

（2）$T_\alpha < T < T_{onset}$，非线性力学行为归因于晶体滑移和熔融再结晶或者成孔。此时，晶体和无定形相的内聚力均明显降低，链动力学加速，特别是晶体的 α 松弛得以激活，结构重构路径取决于两者的相对内聚力强度。当晶体的内聚力仍然大于无定形区的结合力（可能是 80℃，略高于 T_α），初始的微相分离结构可能将会进一步发展成为无定形相中的孔，此时无定形相首先发生破坏。而如果晶体内的内聚力小于无定形相的内聚力（可能是 120℃，明显高于 T_α），晶体链在无定形相形成孔前被拉出，主要发生在应力集中点，此时片晶骨架仍能保持一定的完整性。由于过冷度较高，熔融再结晶可能同时在纳米尺度发生。当进一步拉伸进入硬化区后，可能诱导大片区的晶体滑移，并伴随着孔的生成。

（3）$T_{onset} < T < T_m$，晶体内聚力急剧减弱，应力分布相对更均匀。非线性力学行为主要取决于晶体内的链扩散和熔融再结晶过程。当拉伸进入非线性区时，应力诱导的晶体熔融在整个片晶尺度发生，而非像中温区仅仅在应力集中点将链从晶体中拉出。因此，即便熔融再结晶在中温区和高温区都发生，应力在中温区起主要作用，而温度效应则在高温区起决定性作用。进一步拉伸进入应变硬化区，新的纤维晶在应力和温度的共同作用下开始生成。

干法单拉 iPP 微孔隔膜的性能取决于后拉伸加工过程。由高取向片晶簇组成的硬弹性 iPP 预制膜经退火后获得近 100% 的弹性回复率，所经历的第一步冷拉是在 $T < T_\alpha$ 条件下进行。冷拉后的薄膜升温至较高温度下进行热拉伸，通过控制热拉拉伸比和热拉伸温度来协同温度和应力的耦合作用，最终获得微孔均匀分布的隔膜。冷拉过程中主要涉及晶体弹性形变和片晶间无定形相微相分离，在无定形层中形成分别由连接链和尾链富集的高、低密度区。这种高、低密度无定形区的存在即为广义上的缺陷，为后期升温形成均匀成孔提供条件。为了更好地理解冷拉伸和热拉伸过程中的不同形变机理的协同效应，图 5-42

给出了高取向 iPP 预制膜在 40℃冷拉 40%后升温至 130℃热拉伸至不同应变的表面形貌图。经过冷拉-热定型后可以明显观察到片晶簇分离的现象,均匀分布的纤维架桥和孔洞在热拉伸前已形成,孔洞尺寸相对较小。冷拉时发生了片晶间无定形相微相分离,在应力作用下热定型放大了微相分离的效果,形成了周期性分布的纤维架桥和孔洞。此时,纳米纤维和狭长形的孔分别对应微相分离得到的高密度和低密度区域。进一步施加热拉伸,孔洞尺寸和纤维架桥长度明显增大,但仍保持相对均匀的分布状态。这一过程对应拉伸诱导片晶-纤维晶转变,涉及晶体滑移和熔融再结晶两种形变机理。

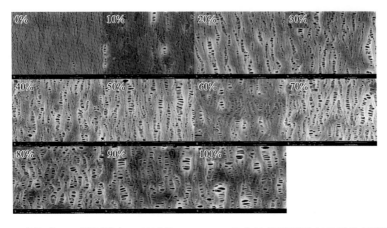

图 5-42　高取向 iPP 预制膜在 40℃冷拉 40%、130℃热拉伸至不同应变后的表面形貌图

5.5　双向拉伸 iPP 微孔膜形成机理

双向拉伸薄膜常用的加工方法为平面拉伸法,即采用异步或同步双向拉伸机在一定条件下单次或多次在预制膜片材的相互垂直的两个方向进行拉伸取向,后续经过必要的热定型等处理制成双向拉伸薄膜。目前工业生产中双向拉伸主要有三种模式:异步拉伸、同步拉伸和斜向拉伸模式。其中,异步拉伸一般涉及两个步骤,即先进行纵向拉伸后进行横向拉伸;同步拉伸是同时对高分子薄膜横向和纵向方向进行拉伸加工;斜向拉伸则是在同步拉伸的过程中通过调控拉伸速率梯度来实现。本节将以双向拉伸 iPP 微孔膜为例,介绍双向拉伸中的一些结构重构规律。

双向拉伸 iPP 微孔膜加工采用 β 成核剂,流延加工形成含 β 晶体的铸片。图 5-43 给出流延铸片的 SEM 照片[图 5-43(a)]和 WAXS 一维积分曲线[图 5-43(b)]。铸片中主要是 β 片晶,仅有极少量的 α 晶体。主要含 β 片晶的流延铸片分别在不同温度下进行横向和纵向拉伸形成微孔结构。在纵向拉伸过程中，β 晶体转变为 α 晶体。由于 β 晶体的密度（0.92 g/cm³）低于 α 晶体的密度（0.946 g/cm³），β-α 晶体转变过程中发生的体积收缩被推测为双向拉伸 iPP 微孔膜成孔的微观机理。

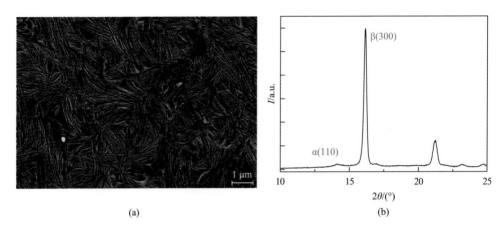

图 5-43　双向拉伸 iPP 微孔膜加工过程中流延铸片的 SEM 照片（a）和 WAXS 一维曲线（b）

为了探测晶型转变在微孔膜成孔过程的作用，本书作者团队采用同步辐射 SAXS 和 WAXS 原位跟踪拉伸过程中 iPP 预制铸片的结构重构规律。图 5-44（a）和（b）分别给出 110℃拉伸过程中 SAXS 和 WAXS 的二维图，拉伸方向沿水平方向。从 SAXS 图可以看出，流延过程中牵引辊对铸片施加了一定的拉伸比，片晶具有一定的取向。WAXS 图中只观察到 β 晶体的衍射信号。图 5-44（c）是对应的应力-应变曲线，屈服应变约为 14%。图 5-44（d）中汇总了基于原位 SAXS 和 WAXS 检测分析的结果。SAXS 中心光束遮挡器（beamstop）附近子午线方向（沿拉伸方向）的散射强度用来代表微孔的演化，赤道线方向强度是微纤化的信号；WAXS 的晶体衍射峰强代表 β 和 α 晶体的演化。在偏离线弹性区（10%，屈服发生前），子午线方向的微孔信号就已经产生，虽然 β 晶体的信号有所降低，但此时并没有观察到 α 晶体信号增强，说明成孔并不一定直接源于 β-α 晶体转变。α 晶体信号的增强在更大应变（约 16%）才观察到。正如前面介绍的，在较低温度拉伸半晶高分子材料过程中，晶体滑移常是诱导屈服失稳的机理，微孔一般在此过程中伴生。因此，无论是否存在晶体-晶体转变，都可以产生微孔。加工微孔膜不仅是要产生孔，更重要的是微孔结构均匀。拉伸诱导的 β-α 晶体转变在控制微孔均匀性中具有重要作用。一方面，β-α 晶体转变具备微孔成核的内在自发驱动力（外在驱动力是拉伸应变），自发驱动力赋予微孔成核的随机性，保障微孔成核的均匀性；另一方面，由于 α 晶体具有更高的模量，β-α 晶体转变是一个自增强过程，由 α 晶体构筑的微孔框架具有更高模量不易变形，从而抑制微孔的生长。从图 5-44（a）和（d）中的结果可以看出，纵向拉伸后期 SAXS 赤道线方向微孔的散射信号变弱，子午线方向的微纤散射信号在不断增强，显示纵向拉伸获得的是沿拉伸方向取向的微纤结构，而孔隙率并不高。

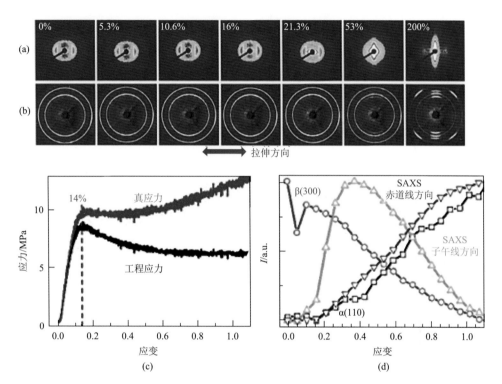

图 5-44　在 110℃拉伸过程中 SAXS（a）和 WAXS（b）的二维图，对应的应力-应变曲线（c）；基于 SAXS 和 WAXS 测试结果分析的微孔结构和 β-α 晶体转变规律（d）

图 5-45 中给出了不同横向拉伸比 λ_{TD} 拉伸后的 iPP 微孔膜的 SEM 照片。横向拉伸的作用是将纵向拉伸形成的微纤撕裂并逐渐拉开，微纤之间形成纳米网状微孔结构。随着 λ_{TD} 的增加，微纤之间的距离增大，微孔孔隙率增加。如果 λ_{TD} 过大，微纤不再是简单拉开，而是发生扭曲，这源于连接微纤之间的纳米纤维网结构对其的限制作用。从横向拉伸过程中微孔膜结构的演化规律，推测纵向拉伸后形成的微纤内部结构是不完善的，存在纳米孔等缺陷，这些缺陷可能就是纵向拉伸中 β-α 晶体转变导致的。在横向拉伸过程中，这些纳米孔生长扩大，表现为微纤的撕裂。以上分析表明，双向拉伸 iPP 微孔膜的加工，纵向拉伸可能对孔隙均匀性的控制更为关键，而横向拉伸则是一个对纵向拉伸微纤的机械撕裂过程。

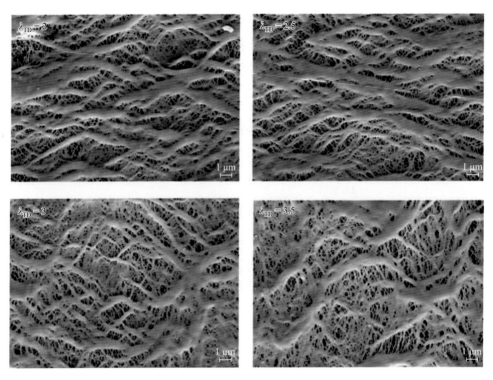

图 5-45　不同横向拉伸比λ_{TD}拉伸后的 iPP 微孔膜的 SEM 照片

5.6　高分子薄膜在反应拉伸中的结构重构

　　高分子薄膜加工中单向拉伸和双向拉伸通常只涉及物理过程，即通过高分子链运动和扩散发生的结构转变过程。倘若薄膜内存在进一步反应的机理，或是将高分子薄膜置于反应溶液中进行拉伸，拉伸过程将引入化学过程，包括高分子与溶液发生的化学反应，或是高分子、溶剂等不同组分间的互相交换。此时，拉伸形变不仅引入所施加的机械功，同时还在体系中引入化学势，从而构建了一个复杂的非保守能量物质交换体系。故溶液中高分子薄膜拉伸过程中复杂的非线性力学行为主要由拉伸诱导高分子结构转变和不同组分（一般指高分子和溶剂）间的物理化学反应共同决定。

　　工业生产加工中，PVA 偏光膜的后拉伸过程就是反应拉伸的一个典型例子。为制备得到具有良好二向色性的一维平行排列的 PVA-碘复合结构，PVA 预制膜在制备过程中需经历在水中溶胀、碘化钾与碘（KI/I_2）混合溶液中的拉伸、硼酸稀溶液中交联反应三种不同液体环境。在水溶液中拉伸时，PVA 晶体在拉伸前期线弹性区发生拉伸诱导熔融或溶解过程，随后通过晶体熔融-重构的方式进行片晶-纳米纤维晶的结构转变。拉伸后期进入应变硬化区时，纳米纤维晶进行周期性排列，并且由于拉伸应力作用将凝胶内的水挤出，纤维晶间的间隔越来越小。拉伸温度的升高则可以观察到纳米纤维排列更为规整，且纤维间隔相对更大。在 PVA 偏光膜的拉伸染色阶段，与水溶液不同的是，KI/I_2 和硼酸可与 PVA 分子链发生络合和交联反应，因而在高分子相中引入新的化学势。KI/I_2 浓度不同，由 PVA 分子链的羟基和碘间的相互作用形成的络合反应也有所差异。低 KI/I_2 浓度下，碘离子和 PVA 无定形链的作用形成棒状的碘线；而高浓度下碘离子可以迁移进入 PVA 晶格中，形成 PVA-I_3^- 晶体[73-77]。

采用原位溶液拉伸装置与同步辐射 SAXS 和 WAXS 联用，可以原位跟踪拉伸过程中 PVA 与碘的络合反应过程。图 5-46 是 PVA 薄膜在 0.04 mol/L 和 1.0 mol/L KI/I_2 水溶液中拉伸-回复过程中的力学曲线。在 KI/I_2 水溶液中，PVA 表现为高分子凝胶的力学行为，瞬态模量在拉伸过程中先持续降低，然后进入一个平台区，拉伸后期表现为应变硬化。

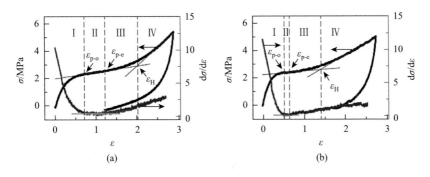

图 5-46　PVA 薄膜在 0.04 mol/L（a）和 1.0 mol/L（b）KI/I_2 水溶液中拉伸的应力-应变曲线[78]

图 5-47 给出 PVA 薄膜在碘溶液拉伸过程中检测的 SAXS 二维图，拉伸沿水平方向。初始样品的 SAXS 散射环代表了各向同性的片晶结构。随着拉伸的进行，片晶信号取向并逐渐靠近中心光束遮挡器，进入硬化区，垂直于拉伸方向出现条纹状散射信号，在高浓度 KI/I_2 溶液中明显能看到该条纹状信号中存在散射峰极大值，表明形成的微纤是周期性排列。随着薄膜回复到应力为 0，散射峰极大值变得越来越明显，微纤排列的周期性变好。随着浓度的增大，微纤的条纹状散射形态及其散射峰极大值越来越明显，尤其是在浓度为 1.0 mol/L 回复后，靠近子午线方向出现了四点散射信号，表明此时片晶簇沿对角线排列。通过纳米纤维散射峰的极大值估算，其周期在高 KI/I_2 浓度下拉伸可以达到 10 nm 的量级。

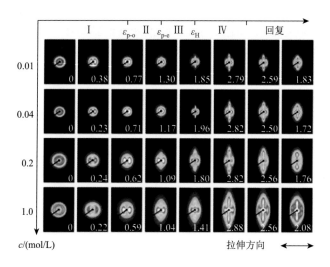

图 5-47　PVA 薄膜在不同 KI/I$_2$ 浓度的水溶液中拉伸过程的 SAXS 二维图[78]

　　图 5-48 展示了 PVA 薄膜在碘溶液中拉伸原位检测的 WAXS 二维图，它反映了在不同应变和浓度下样品中的分子排布结构信息。当碘浓度为 0.01 mol/L 时，随着拉伸进行，PVA 晶体衍射产生的各向同性的德拜环逐渐向赤道线集中，其 c 轴向拉伸方向取向。当碘浓度为 0.04 mol/L 和 0.2 mol/L 时，在较大应变下，子午线方向出现了纤细的衍射弧，对应于取向无定形 PVA 和 PVA-聚碘离子结构。当碘浓度为 1.0 mol/L 时，聚碘离子的衍射信号更加明显，可以观察到该信号从弧状转变成子午线竖条状的过程，生成 PVA-I$_3^-$ 晶体。

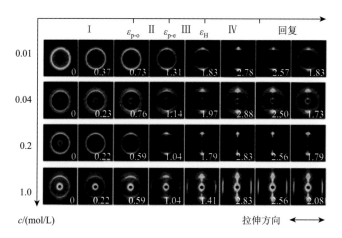

图 5-48　不同浓度下拉伸过程中 WAXS 二维图的演化过程[78]

从 SAXS 和 WAXS 检测结果可以获得纳米纤维结构和 PVA-I 复合体两种决定偏光膜性能的关键结构。图 5-49（a）中绘制出微纤化起始点、纳米微纤周期性排列出现和纳米微纤网络受到拉伸形变的三个应变点；而图 5-49（b）中则分别给出 PVA 晶体、PVA-I_5^- 无定形络合结构和 PVA-I_3^- 晶体在应变-碘浓度二维空间中的相区。在实际偏光片加工中，由于 PVA-I_5^- 无定形络合结构和 PVA-I_3^- 晶体的吸收光谱存在差异，因此可以通过调节两者的相对含量实现对偏光片色调的调控。

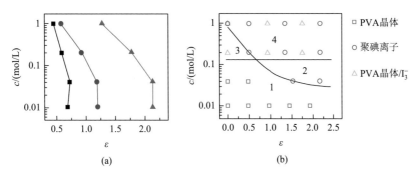

图 5-49 （a）纳米微纤结构转变点随应变与浓度演变，其中方形、圆形和三角形分别代表的是微纤化的起始点、纳米微纤周期性排列出现的应变和纳米微纤网络受到拉伸时的应变；（b）PVA 和碘关于应变和碘浓度的相图[79]

新的组分硼酸的加入可以增强 PVA 无定形分子链的取向，并促进拉伸过程中高取向碘复合物的形成。一定程度上增加硼酸浓度可以在加速形成纳米纤维的同时降低 PVA 的结晶度。高硼酸浓度可以在片晶间诱导形成足够的化学交联点，从而阻止晶体网络在后续拉伸中破裂，这些化学交联点大幅降低体系的熵。纳米纤维的形成是一个拉伸诱导的成核、生长过程，适当增加交联密度可以促进 PVA 与碘的络合反应。然而，由于分子链的活动性同时被硼酸交联点所限制，硼酸浓度的过高会抑制纳米纤维的生长。只有同时控制好拉伸外场、KI/I_2 和硼酸的浓度等参数，综合考虑机械功和化学势的耦合作用效果，才能制备出高性能 PVA 偏光膜。

5.7　拉伸诱导无定形高分子薄膜结构转变与性能

无定形玻璃态高分子由于非晶特性，在宏观上常常表现为明显的脆性，即在较小的应变（小于 10%）下就发生脆性断裂，这种宏观脆性在实际应用中会导致结构组件在一定载荷下的迅速失效和破坏。因此，脆性断裂在实际工业应用中需要尽力避免，由此而来的高分子增韧方法及机理也是学术和工业界长期以来重要的课题之一。工业上常采用薄膜后拉伸的方式，通过诱导无定形高分子链的取向来提高薄膜产品的韧性。这种脆性-韧性的转变行为被称为无定形高分子的脆韧转变。基于高分子的长链特点，除分子取向外，高分子的脆韧转变行为还受到如分子量及其分布、塑化剂、交联，以及加载环境如温度、应变速率、静水压的影响。掌握无定形高分子的脆韧转变机理及脆韧转变前后结构重构行为十分重要，有助于预测及优化无定形高分子薄膜产品的服役性能。

较早用来解释高分子脆韧转变机理的是 LDWO 假说[80, 81]，其根据金属材料的断裂行为衍生而来。其中，脆性断裂和韧性断裂被认为是两个相互独立的过程，脆性断裂主要由共价键能决定，而韧性断裂主要受分子间相互作用力主导。随着人们对断裂过程中裂纹的结构重构的研究，以往的采用平均应力和平均强度来判定高分子脆性或韧性行为的方法被进一步定量化。裂纹的引发、合并、扩展被认为直接决定着高分子的断裂行为，包括脆性断裂、韧性断裂及疲劳断裂等[82]。在拉伸过程中，玻璃态高分子的形变机理主要包括银纹化（crazing）和剪切带（shear banding）变形。二者都是活化过程，其引发需要克服不同的活化能。与由孔隙形成的裂纹不同，银纹内部还包含部分高分子形成的微纤。在高分子形变过程中，银纹的生成被视作脆性断裂的先兆，银纹中微纤的破坏进一步造成裂纹的生成和扩展，从而发生断裂。在韧性形变中，剪切带变形主要在屈服点开始出现，其产生和发展同样伴随着大量的能力吸收。与银纹不同的是，剪切带内部不存在孔隙，因此形变过程中不会出现明显的体积变化。

聚甲基丙烯酸甲酯（PMMA）是一种典型的无定形聚合物，常温下表现出明显的脆性。如图 5-50（a）所示，对于添加增韧粒子的 PMMA 薄膜，随着温度升高，其断裂行为由脆性转变为韧性。通常将脆性断裂的断裂强度和韧性断裂的屈服强度分别拟合，其交点定义为脆韧转变临界点，对应样品的脆韧转变温度和脆

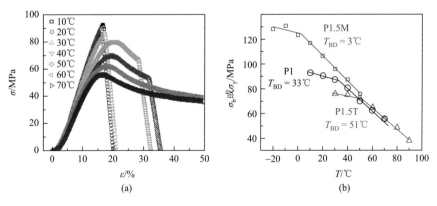

图 5-50 （a）不同温度下 PMMA 的工程应力-应变曲线（以 P1 样品为例）；（b）熔体预拉伸前后 PMMA 的脆韧转变相图，其中，P1 为熔体预拉伸前的样品；P1.5M 为熔体预拉伸后的样品沿 MD 拉伸；P1.5T 为熔体预拉伸后的样品沿垂直于 MD 拉伸[83]

韧转变强度。如图 5-50（b）所示，在经过熔体预拉伸后，沿预拉伸方向（pre-stretching direction，machine direction，MD），脆韧转变温度（T_{BD}）下降（3℃），沿垂直于预拉伸方向，T_{BD} 升高（51℃），反映出明显的各向异性脆韧转变行为。

利用原位同步辐射小角 X 射线散射（SAXS），可以实现对样品在拉伸过程中银纹及剪切带的结构重构行为的在线研究，尤其是形变早期的银纹及剪切带引发阶段，因其直接关系到样品的脆性或韧性响应。图 5-51 分别为 P1、P1.5T、P1.5M 节选的 SAXS 二维图（P1.5 代表熔体预拉伸 1.5 倍）。对于未进行熔体预拉伸的 P1，拉伸进行至非线性点时（ε_n，屈服点之前），子午线方向（拉伸方向，stretching direction，SD）才开始出现尖锐的条纹状散射，赤道线方向的条纹状散射随后出现。随着形变的进一步进行，SAXS 轮廓发展为十字交叉条纹状散射信号，对应典型的银纹散射花样。到达屈服点（ε_y）后，强烈的子午线条纹状散射逐渐向光束中心收缩，而赤道线条纹状散射继续扩大，这主要是由基体的塑性剪切变形引起的。经过熔体预拉伸后，沿 TD，与 P1 类似，P1.5T 在达到非线性起始点时也开始出现子午线条纹状散射，但不同的是其子午线条纹状散射要比 P1 强烈得多，而赤道线条纹状散射要比 P1 弱得多，反映出更具破坏性的银纹化行为。沿 MD，拉伸至非线性起始点时，子午线方向和赤道线方向均无明显条纹状散射产生，子午线条纹状散射仅存在于屈服点之后的一个小的应变窗口范围内，并随着进一步拉伸消失，表明银纹化在形变过程中被抑制，剪切屈服占据主导。

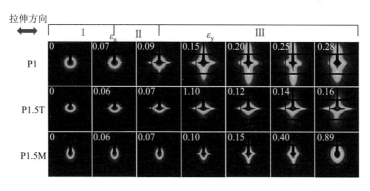

图 5-51　不同应变下 PMMA 薄膜的 SAXS 二维图[83]

如图所示，标记每个图案对应的应变，拉伸方向为水平方向

为分析变形过程中银纹的产生和扩展，图 5-52 给出了沿子午线 $(I_\varepsilon/I_0)_{me}$ 和赤道线 $(I_\varepsilon/I_0)_{eq}$ 的 SAXS 相对散射强度比，其定义为拉伸过程中散射积分强度（I_ε）与变形前强度（I_0）的比值。如图所示，P1 的 $(I_\varepsilon/I_0)_{me}$ 在区域 II 快速增长，斜率约为 596，对应于银纹的萌生和生长。在区域 III 发生屈服后，$(I_\varepsilon/I_0)_{me}$ 的增长急剧放缓，斜率约为 60，这是屈服后变形中，结构重构由银纹为主转变为以剪切带变形为主所导

致。随着应变的进一步增加，$(I_\varepsilon/I_0)_{me}$ 达到最大值后逐渐减小，直至断裂，表明在韧性断裂中以塑性剪切变形为主。P1.5T 的银纹引发和生长使$(I_\varepsilon/I_0)_{me}$在区域Ⅱ急剧增加，其斜率约为 942。尽管随着基体的剪切变形，$(I_\varepsilon/I_0)_{me}$ 的增长放缓，但在断裂前，$(I_\varepsilon/I_0)_{me}$ 的斜率仍在 165 左右。而在区域Ⅲ，P1.5T 的$(I_\varepsilon/I_0)_{eq}$在拉伸过程中先平稳增大后保持不变。不同的是，P1.5M 的$(I_\varepsilon/I_0)_{me}$和$(I_\varepsilon/I_0)_{eq}$在区域Ⅱ均无明显变化。其散射强度比从屈服点才开始增大，表明剪切带主导变形，而银纹在屈服前被抑制。在区域Ⅲ，P1.5M 的$(I_\varepsilon/I_0)_{me}$ 先增大，斜率约为 107，然后逐渐减小，而 P1.5M 的$(I_\varepsilon/I_0)_{eq}$ 则随着拉伸而不断增大。在变形的最后阶段，P1.5M 的$(I_\varepsilon/I_0)_{eq}$由于基体在大变形下的纤维化而迅速增加，此时主要由基体的微纤化贡献，而不是银纹化所产生的微纤。对比上述三种不同韧性的样品，在区域Ⅱ，P1.5T（斜率为 942）的相对散射强度$(I_\varepsilon/I_0)_{me}$的增长速度远高于 P1（斜率为 596）和 P1.5M（斜率为 0），且在屈服后仍保持较大的斜率，约为 165。此外，$(I_\varepsilon/I_0)_{me}$ 在 P1.5T 中最大值约为 30，也远大于 P1 的 18 和 P1.5T 的 9。这些结果表明，P1.5T 中银纹的引发和生长速率均非常快，从而剪切带无法阻止银纹的进一步扩展和防止银纹导致的过早断裂。虽然 P1 在屈服前也发生银纹化，但在区域Ⅲ剪切带取代银纹成为主要变形机理，导致塑性变形，表现出更大的断裂伸长率。

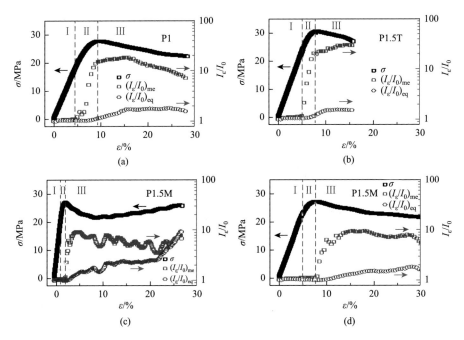

图 5-52　P1（a）、P1.5T（b）、P1.5M 沿子午线方向$(I_\varepsilon/I_0)_{me}$（c）和赤道线方向$(I_\varepsilon/I_0)_{eq}$（d）的相对 SAXS 散射强度随应变的演化规律及相应的应力-应变曲线，将应变区以 ε_n 和 ε_y 分为区域Ⅰ、区域Ⅱ、区域Ⅲ并分别用紫色虚线隔开[83]

　　基于上述结果和进一步的定量分析，结合无定形高分子的动力学及结构非均匀性，从银纹及剪切带引发界面能的角度讨论了无定形高分子的脆韧转变机理。形成银纹所需的界面能（Γ_c）和剪切带所需的界面能（Γ_s）分别如式（5-45）和式（5-46）所示，其中 γ 和 u_d 分别是单位面积的范德瓦耳斯表面能和解纠缠能；r 和 l 对应于非均匀性高分子相畴的尺寸[84]。其简化模型如图 5-53 所示。

$$\Gamma_c = \mathrm{d}\Gamma_c A_c = (\gamma_c + u_d) \cdot 2\pi r^2 \tag{5-45}$$

$$\Gamma_s = \mathrm{d}\Gamma_s A_s = \gamma_s \cdot 2\pi r l \tag{5-46}$$

　　当外力所做的功高于弹性储能与其临界界面能之和时，体系内就会引发银纹或剪切带。样品的最终韧性是由银纹和剪切带在初始和生长阶段之间的竞争决定的。在 $\Gamma_c < \Gamma_s$ 的情况下，银纹在屈服之前先出现。如果银纹扩展速度与剪切带相当或更慢，则可以通过剪切带有效地稳定银纹扩展并延迟银纹破坏，获得一定的韧性（如 P1）。然而，当银纹增长率远高于剪切带时，这种稳定效果减弱，导致样品宏观韧性降低（如 P1.5T）。事实上，当 $\Gamma_c > \Gamma_s$ 时，剪切带在形变早期占优势。

通过稳定的塑性变形，可以抑制银纹的产生（如聚碳酸酯的形变过程）或控制银纹的破坏性扩展（如 P1.5M）。因此，通过介观尺度的形变机理的研究，无定形高分子脆韧转变行为的关键主要由银纹和剪切带之间的动力学竞争所决定。而熔体预拉伸诱导的分子取向通过影响二者的界面活化能最终导致上述各向异性的脆韧转变。

图 5-53　拥有非均匀结构的无定形高分子材料计算银纹和剪切带界面能的简化模型[83]

参 考 文 献

[1]　Hay I L，Keller A. Polymer deformation in terms of spherulites. Kolloid-Zeitschrift und Zeitschrift für Polymere，1965，204：43-74.

[2]　Peterlin A. Crystalline character in polymers. Journal of Polymer Science，Part C：Polymer Symposia，1965，9：61-89.

[3]　Peterlin A. Folded chain concept of fiber structure. Kolloid-Zeitschrift und Zeitschrift für Polymere，1967，216-217：129-136.

[4]　Cowking A，Rider J G. On molecular and textural reorientations in polyethylene caused by applied stress. Journal of Materials Science，1969，4：1051-1058.

[5]　Hull D，Bacon D J. Introduction to Dislocations. Oxford：Butterworth-Heinemann，2001.

[6]　Young R. A dislocation model for yield in polyethylene. Philosophical Magazine，1974，30：85-94.

[7]　Shadrake L，Guiu F. Dislocations in polyethylene crystals：line energies and deformation modes. Philosophical

Magazine，1976，34：565-581.

[8]　Young R J，Bowden P B，Ritchie J M，et al. Deformation mechanisms in oriented high-density polyethylene. Journal of Materials Science，1973，8：23-36.

[9]　Lin L，Argon A. Structure and plastic deformation of polyethylene. Journal of Materials Science，1994，29：294-323.

[10]　Lee S，Rutledge G C. Plastic deformation of semicrystalline polyethylene by molecular simulation. Macromolecules，2011，44：3096-3108.

[11]　O'Kane W，Young R. The role of dislocations in the yield of polypropylene. Journal of Materials Science Letters，1995，14：433-435.

[12]　Bartczak Z，Galeski A. Yield and plastic resistance of α-crystals of isotactic polypropylene. Polymer，1999，40：3677-3684.

[13]　Wilhelm H，Paris A，Schafler E，et al. Evidence of dislocations in melt-crystallised and plastically deformed polypropylene. Materials Science and Engineering：A，2004，387：1018-1022.

[14]　Lin Y，Chen W，Meng L，et al. Recent advances in post-stretching processing of polymer films with *in situ* synchrotron radiation X-ray scattering. Soft Matter，2020，16：3599-3612.

[15]　Crist B，Fisher C J，Howard P R. Mechanical properties of model polyethylenes：tensile elastic modulus and yield stress. Macromolecules，1989，22：1709-1718.

[16]　Lv F，Chen X，Wan C，et al. Deformation of ultrahigh molecular weight polyethylene precursor fiber：crystal slip with or without melting. Macromolecules，2017，50：6385-6395.

[17]　刘艳萍. 同步辐射 X 射线原位研究拉伸诱导聚烯烃的相转变. 合肥：中国科学技术大学，2014.

[18]　张前磊. 高分子薄膜的拉伸加工物理研究. 合肥：中国科学技术大学，2019.

[19]　安敏芳. 含氢键半结晶高分子拉伸加工的物理研究. 广州：华南理工大学，2020.

[20]　Wang D，Shao C，Zhao B，et al. Deformation-induced phase transitions of polyamide 12 at different temperatures：an *in situ* wide-angle X-ray scattering study. Macromolecules，2010，43：2406-2412.

[21]　Flory P J. Molecular morphology in semicrystalline polymers. Nature，1978，272：226.

[22]　Corneliussen R，Peterlin A. The influence of temperature on the plastic deformation of polyethylene. Macromolecular Chemistry and Physics，1967，105：193-203.

[23]　Peterlin A，Baltá-Calleja F J. Plastic deformation of polypropylene. III. Small-angle X-ray scattering in the neck region. Journal of Applied Physics，1969，40：4238-4242.

[24]　Balta-Calleja F，Peterlin A. Plastic deformation of polypropylene. VI. Mechanism and properties. Journal of Macromolecular Science，Part B：Physics，1970，4：519-540.

[25]　Peterlin A. Molecular model of drawing polyethylene and polypropylene. Journal of Materials Science，1971，6：490-508.

[26]　Meinel G，Peterlin A. Plastic deformation of polyethylene II. Change of mechanical properties during drawing. Journal of Polymer Science，Part A-2：Polymer Physics，1971，9：67-83.

[27]　Peterlin A. Morphology and properties of crystalline polymers with fiber structure. Textile Research Journal，1972，42：20-30.

[28]　Peterlin A. Plastic deformation of crystalline polymers. Polymer Engineering & Science，1977，17：183-193.

[29]　Peterlin A. Drawing and annealing of fibrous material. Journal of Applied Physics，1977，48：4099-4108.

[30]　Men Y，Rieger J，Strobl G. Role of the entangled amorphous network in tensile deformation of semicrystalline polymers. Physical Review Letters，2003，91：095502.

[31] Jiang Z，Tang Y，Rieger J，et al. Structural evolution of tensile deformed high-density polyethylene at elevated temperatures：scanning synchrotron small- and wide-angle X-ray scattering studies. Polymer，2009，50：4101-4111.

[32] Sun Y，Fu L，Wu Z，et al. Structural evolution of ethylene-octene copolymers upon stretching and unloading. Macromolecules，2013，46：971-976.

[33] Jiang Z Y，Tang Y J，Men Y F，et al. Structural evolution of tensile-deformed high-density polyethylene during annealing：scanning synchrotron small-angle X-ray scattering study. Macromolecules，2007，40：7263-7269.

[34] Vincent P. The necking and cold-drawing of rigid plastics. Polymer，1960，1：7-19.

[35] Kestenbach H J，Petermann J. Plastic deformation of thin films of ultra-high-molecular-weight polyethylene. Polymer，1994，35：5217-5224.

[36] Sadler D，Barham P. Structure of drawn fibres：1. Neutron scattering studies of necking in melt-crystallized polyethylene. Polymer，1990，31：36-42.

[37] Sadler D，Barham P. Structure of drawn fibres：2. Neutron scattering and necking in single-crystal mats of polyethylene. Polymer，1990，31：43-45.

[38] Tian Y，Zhu C，Gong J，et al. Lamellae break induced formation of shish-kebab during hot stretching of ultra-high molecular weight polyethylene precursor fibers investigated by *in situ* small angle X-ray scattering. Polymer，2014，55：4299-4306.

[39] 李静. 聚偏氟乙烯及其共聚物在拉伸外场作用下晶体交形及结晶行为. 合肥：中国科学技术大学，2017.

[40] Li J，Li H，Meng L，et al. *In-situ* FTIR imaging on the plastic deformation of iPP thin films. Polymer，2014，55：1103-1107.

[41] 吕飞. 超高分子量聚乙烯拉伸机理研究和形态结构相图构建. 合肥：中国科学技术大学，2019.

[42] 陈晓伟. 薄膜拉伸加工过程中的形变机理研究从定性结构表征到定量模型计算. 合肥：中国科学技术大学，2018.

[43] Chen X，Lv F，Lin Y，et al. Structure evolution of polyethylene-plasticizer film at industrially relevant conditions studied by *in-situ* X-ray scattering：the role of crystal stress. European Polymer Journal，2018，101：358-367.

[44] Ran S，Zong X，Fang D，et al. Novel image analysis of two-dimensional X-ray fiber diffraction patterns：example of a polypropylene fiber drawing study. Journal of Applied Crystallography，2000，33：1031-1036.

[45] Xiong B，Lame O，Chenal J M，et al. Critical stress and thermal activation of crystal plasticity in polyethylene：influence of crystal microstructure and chain topology. Polymer，2017，118：192-200.

[46] Odajima A，Maeda T. Calculation of the elastic constants and the lattice energy of the polyethylene crystal. Journal of Polymer Science Polymer Symposia，1967：55-74.

[47] Tashiro K，Kobayashi M，Tadokoro H. Calculation of three-dimensional elastic constants of polymer crystals. 1. Method of calculation. Macromolecules，1978，11：908-913.

[48] Tashiro K，Kobayashi M，Tadokoro H. Calculation of three-dimensional elastic constants of polymer crystals. 2. Application to orthorhombic polyethylene and poly(vinyl alcohol). Macromolecules，1978，11：914-918.

[49] Xu C，Matsuo M. Crystal Poisson's ratios of polyethylene and poly(vinylalcohol) estimated by X-ray diffraction using the ultradrawn films. Macromolecules，1999，32：3006-3016.

[50] Matsuo M，Sawatari C. Elastic modulus of polyethylene in the crystal chain direction as measured by X-ray diffraction. Macromolecules，1986，19：2036-2040.

[51] Sawatari C，Matsuo M. Temperature dependence of crystal lattice modulus and dynamic mechanical properties of ultradrawn polypropylene films. Macromolecules，1989，22：2968-2973.

[52] Matsuo M，Sawatari C. Temperature dependence of the crystal lattice modulus and the Young's modulus of polyethylene. Macromolecules，1988，21：1653-1658.

[53] Karasawa N，Dasgupta S，Goddard W A. Mechanical properties and force field parameters for polyethylene crystal. Journal of Chemical Physics，1991，95：2260-2272.

[54] Hoffman J D，Lauritzen J I，Jr. Crystallization of bulk polymers with chain folding：theory of growth of lamellar spherulites. Journal of Research of the National Bureau of Standards，Section A：Physics and Chemistry，1961，65（4）：297.

[55] Hoffman J D，Miller R L. Kinetic of crystallization from the melt and chain folding in polyethylene fractions revisited：theory and experiment. Polymer，1997，38：3151-3212.

[56] Michler G H. Micromechanics of polymers. Journal of Macromolecular Science：Physics，1999，38：787-802.

[57] Shojaei A，Li G. Viscoplasticity analysis of semicrystalline polymers：a multiscale approach within micromechanics framework. International Journal of Plasticity，2013，42：31-49.

[58] Bowden P B，Young R J. Deformation mechanisms in crystalline polymers. Journal of Materials Science，1974，9：2034-2051.

[59] Lin Y，Meng L，Wu L，et al. A semi-quantitative deformation model for pore formation in isotactic polypropylene microporous membrane. Polymer，2015，80：214-227.

[60] Li X，Meng L，Lin Y，et al. Preparation of highly oriented polyethylene precursor film with fibril and its influence on microporous membrane formation. Macromolecular Chemistry and Physics，2016，217：974-986.

[61] Wang Y，Lu Y，Zhao J，et al. Direct formation of different crystalline forms in butene-1/ethylene copolymer via manipulating melt temperature. Macromolecules，2015，47：8653-8662.

[62] Lu Y，Wang Y，Chen R，et al. Cavitation in isotactic polypropylene at large strains during tensile deformation at elevated temperatures. Macromolecules，2015，48：5799-5806.

[63] 王震. 流动场诱导高分子非平衡结晶相变. 合肥：中国科学技术大学，2017.

[64] Wang Z，Liu Y，Liu C，et al. Understanding structure-mechanics relationship of high density polyethylene based on stress induced lattice distortion. Polymer，2019，160：170-180.

[65] Read D J，Duckett R，Sweeney J，et al. The chevron folding instability in thermoplastic elastomers and other layered materials. Journal of Physics D：Applied Physics，1999，32：2087.

[66] Makke A，Perez M，Lame O，et al. Nanoscale buckling deformation in layered copolymer materials. Proceedings of the National Academy of Sciences，2012，109：680-685.

[67] Makke A，Lame O，Perez M，et al. Nanoscale buckling in lamellar block copolymers：a molecular dynamics simulation approach. Macromolecules，2013，46：7853-7864.

[68] Lin Y，Tian F，Meng L，et al. Microbuckling：a possible mechanism to trigger nonlinear instability of semicrystalline polymer. Polymer，2018，154：48-54.

[69] Groenewold J. Wrinkling of plates coupled with soft elastic media. Physica A：Statistical Mechanics and its Applications，2001，298：32-45.

[70] 林元菲. 等规聚丙烯取向片晶的本征形变机理研究. 合肥：中国科学技术大学，2018.

[71] Lin Y，Li X，Meng L，et al. Stress-induced microphase separation of interlamellar amorphous phase in hard-elastic isotactic polypropylene film. Polymer，2018，148：79-92.

[72] Lin Y，Li X，Meng L，et al. Structural evolution of hard-elastic isotactic polypropylene film during uniaxial tensile deformation：the effect of temperature. Macromolecules，2018，51：2690-2705.

[73] Choi Y S，Oishi Y，Miyasaka K. Change of poly(vinyl alcohol) crystal lattice by iodine sorption. Polymer Journal，

1990，22：601-608.

[74]　Sakuramachi H，Choi Y S，Miyasaka K. Poly(vinyl alcohol)-iodine complex in poly(vinyl alcohol) films soaked at high iodine concentrations. Polymer Journal，1990，22：638-642.

[75]　Takahama T，Saharin S M，Tashiro K. Details of the intermolecular interactions in poly(vinyl alcohol)-iodine complexes as studied by quantum chemical calculations. Polymer，2016，99：566-579.

[76]　Keizo Miyasaka. PVA-iodine complexes：formation，structure，and properties. Structure in Polymers with Special Properties，1993，32：91-129.

[77]　Tashiro K，Kitai H，Saharin S M，et al. Quantitative crystal structure analysis of poly(vinyl alcohol)-iodine complexes on the basis of 2D X-ray diffraction，Raman spectra，and computer simulation techniques. Macromolecules，2015，48：2138-2148.

[78]　Zhang R，Zhang Q，Ji Y，et al. Stretch-induced complexation reaction between poly(vinyl alcohol) and iodine：an *in situ* synchrotron radiation small- and wide-angle X-ray scattering study. Soft Matter，2018，14：2535-2546.

[79]　张瑞. 同步辐射 X 射线研究聚乙烯醇薄膜在碘液中拉伸. 合肥：中国科学技术大学，2017.

[80]　Ludwik P. Die bedeutung des gleit-und reißwiderstandes für die werkstoffprüfung. Zeitschrift des Vereines Deutscher Ingenieure，1927，71：1532-1538.

[81]　Davidenkov N，Wittman F. Mechanical analysis of impact brittleness. Technical Physics of the U. S. S. R，1937，4：3-17.

[82]　Kramer E J，Berger L. Fundamental Processes of Craze Growth and Fracture. Crazing in Polymers Vol. 2，Berlin Heidelberg：Springer，1990.

[83]　Yan Q，Zhang W，Wu T，et al. Understanding the brittle-ductile transition of glass polymer on mesoscopic scale by *in-situ* small angle X-ray scattering. Polymer，2020，209：122985.

[84]　Griffith A A. The phenomena of rupture and flow in solids. Philosophical Transactions of the Royal Society of London. Series A，Containing Papers of a Mathematical or Physical Character，1921，221：163-198.

第6章

高分子薄膜退火

退火（annealing）是高分子薄膜加工中常见且重要的工艺步骤，是对已经固化后的材料在玻璃化转变温度（T_g）到熔点（T_m）之间的温度范围内进行一定时间的热处理。这里固化后的材料既可以是还未结晶的无定形相，也可以是已经结晶的高分子材料。因此，退火处理既可以诱导高分子冷结晶，也可以导致晶体形态结构的完善和晶体-晶体的相变等结构转变。

在高分子薄膜加工中，退火处理可以是专门设定的一个必要的工艺步骤，也可以是在加工流程中环境温度对结构的自然调控。在干法单拉聚烯烃微孔膜的加工过程中，流延铸片就需要进行退火处理来完善片晶结构，保证后续冷拉、热拉加工获得均匀的微孔结构。在该工艺中，退火温度通常接近熔融温度，分子链活动性大，能够调整晶体形态、改善片晶规整性、增加片晶层厚度等[1]。退火后预制膜的屈服应力明显下降，同时 DSC 升温曲线一般会在退火温度附近出现一个小的熔融肩峰。目前的研究认为，这些现象对应于退火过程中片晶间无定形区的二次结晶行为[2]，以及原始片晶在高取向和高温环境下的熔融再结晶。随着退火温度升高和时间延长，预制膜中片晶增厚，取向程度增加，继而得到更高的弹性回复[3]。

对于工业中最常见的 BOPET 薄膜加工，热定型退火需要根据实际需求选择不同的温度。当作为一般保护膜使用时，热定型阶段退火程序为先在 220～240℃退火，接着在 150℃退火。此时如果第一步退火温度小于 210℃，服役中发生较大的热收缩，影响使用；而当其作为偏光片中的保护基膜时，需要考虑光轴方向，退火温度不宜过高，所加工的薄膜热收缩可能较大。

此外，在高分子薄膜加工过程中，如下处理实质上也是退火过程：①对一些吸水性强的树脂粒料熔融挤出前的干燥脱水处理；②薄膜加工各工艺段过渡区间的预热；③生产线加工成型的卷膜一般都需要在一定温度、湿度环境中放置一定时间去达到平衡，以使产品的结构进一步完善和应力得到释放。综上所述，高分子薄膜加工是高分子材料经历热、力、溶剂等复杂耦合作用的过程，退火贯穿从原料干燥到最终产品服役全流程。因此，研究退火过程中高分子结构演化机理对薄膜加工极为重要。

6.1 节将介绍冷结晶，然后 6.2～6.4 节聚焦退火处理中的结构转变。6.5 节主要介绍半晶高分子材料的三相模型，6.6 节以 iPP 硬弹性体冷拉前退火处理、BOPET 薄膜加工中 PET 除湿干燥、预拉伸与退火协同调控 PET 晶粒尺寸为案例，介绍如何将退火的基础原理用于实际工业加工。

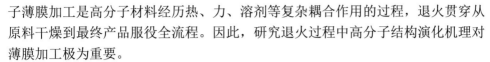

6.1　冷　结　晶

在 T_g 到 T_m 之间的较宽温度范围，可以通过不同方式实现高分子结晶。从高分子熔体冷却后在较高温度下结晶称为热结晶，而从玻璃态加热升温后的低温区结晶称为冷结晶。冷结晶是将熔融的高分子迅速冷却至 T_g 以下，得到无定形的玻璃态样品，然后将其加热到 T_g 以上温度引发的结晶。对于 T_g 远低于室温的半晶高分子材料，如聚乙烯（PE）和聚丙烯（PP），在工业生产中一般在冷却过程中就发生热结晶。而对于 T_g 远高于室温的半晶高分子材料，如 PLA、PET 和 iPS 等，由于结晶动力学过程慢，冷却过程可以冻结成玻璃态，在后续升温过程中再发生冷结晶。冷结晶行为与分子结构、分子量、组分、温度、外场作用等多个因素有关。

6.1.1　高分子的冷结晶过程及原理

差示扫描量热法（DSC）是研究高分子热结晶和冷结晶的常用手段，通过热流变化可以方便地判断冷结晶的发生。图 6-1 给出了在 280℃熔融保温 3 min 后经液氮淬冷制得的完全无定形 PET 以 2℃/min 升温的热流曲线。随着温度升高，链段运动能力逐渐升高，75℃附近出现玻璃化转变造成的热流台阶，代表着体系由玻璃态向橡胶态转变。继续升温到 110℃后，开始出现放热峰，对应于冷结晶过程。当温度进一步升高，晶体开始发生大范围的熔融，在 250℃附近出现熔融吸热峰，材料逐渐变成熔体。

冷结晶与热结晶过程都可分为晶体成核和生长两个阶段。结晶过程不仅需要克服成核自由能位垒，也与高分子链的扩散运动有关，这两个因素共同决定了结晶速率。在低温条件下，高分子链运动能力低，结晶主要受扩散控制，而在高温条件下，成核位垒高，结晶主要受成核控制。Turnbull 和 Fisher[4]提出了成核速率公式：

$$I = I_0 \exp\left(-\frac{\Delta E + \Delta G^*}{k_B T}\right) \tag{6-1}$$

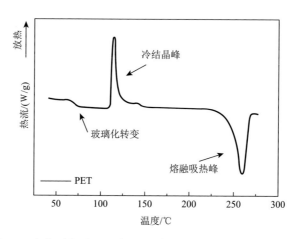

图 6-1　完全无定形 PET 在 DSC 中以 2℃/min 升温的热流曲线

其中，I_0 是指前因子；ΔE 是链扩散的活化能；ΔG^* 是临界核生成的自由能位垒。链扩散的活化能主要由分子内和分子间链运动的活化能两部分组成，对于高分子，为分子内构象转变时翻越的自由能位垒和链运动时克服分子间黏结作用所需的活化能。成核位垒和链扩散活化能都与温度有关，前者随温度升高而增大，后者随温度升高而减小，使得成核速率与温度的函数关系呈现为钟形曲线的形式，如图 6-2 所示。晶体生长一般定义为表面成核或者二次成核过程，其位垒比原始成核的位垒低，生长速率随温度也呈现为钟形曲线，但其最大生长速率对应的温度比原始成核最大速率对应的温度更高。

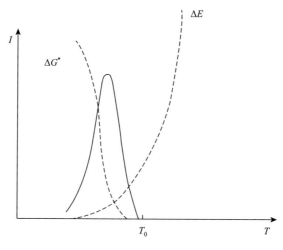

图 6-2　不同温度下的成核速率

6.1.2 结晶动力学

从宏观现象层面,常用 Avrami 方程[5-7]描述结晶动力学。Avrami 方程描述了等温条件下如何从一个相转变为另一个相,实际上是一个体积填充的动力学方程。通过求解方程中的 Avrami 因子可以得出结晶成核的类型和晶体生长的维度。高分子等温结晶过程由两个阶段组成:初级结晶阶段和二次结晶阶段。如果 t 时刻的相对结晶度[$\chi(t)$]随着结晶时间的增加而增加,则可以用 Avrami 方程来研究等温结晶过程:

$$\chi(t) = 1 - \exp(-Zt^n) \tag{6-2}$$

其中,n 是 Avrami 指数;Z 是结晶速率常数。

图 6-3 中给出 DSC 测试的 PET 在不同温度下冷结晶的动力学曲线。在相对结晶度为 0.1~0.6 区间,上升基本为线性,该阶段一般称为初级结晶。结晶后期相对结晶度增加趋于稳定,该阶段对应于二次结晶,初级结晶和二次结晶共存。图 6-4 展示了 PET 在不同结晶温度下等温结晶的 $\lg\{-\ln[1-\chi(t)]\}$-$\lg t$ 曲线,通过对其线性段进行线性拟合,可以得到式(6-2)中的 n 和 Z。n 和 $\lg Z$ 分别对应于曲线的斜率和截距,见表 6-1。

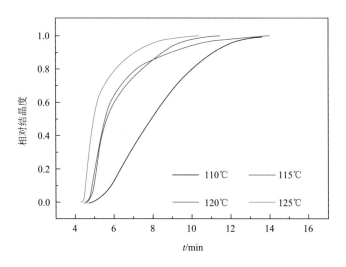

图 6-3 PET 在 110~125℃等温结晶的相对结晶度随时间的变化

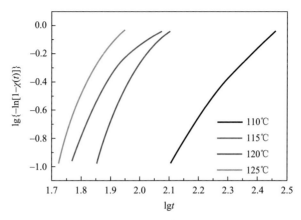

图 6-4　PET 在不同结晶温度下等温结晶的 Avrami 分析

表 6-1　PET 在不同温度下的等温结晶动力学参数

温度/℃	n	Z	温度/℃	n	Z
110	2.52	6.16×10^{-7}	120	3.48	5.24×10^{-6}
115	2.77	2.04×10^{-6}	125	3.98	1.94×10^{-5}

　　PET 等温结晶中包含初级结晶及二次结晶，Avrami 基本方程可以很好地描述一次结晶动力学过程，但是对于复杂的二次结晶及一次结晶和二次结晶耦合的过程不能够准确描述。Lu 和 Hay[8]认为二次结晶发生在初级结晶停止后很长一段时间内，这两种结晶都遵循自己的 Avrami 动力学方程。对于初级结晶：

$$\chi_p = w_1 \{1 - \exp[-Z_1(t - t_{0.1})^{n_1}]\} \tag{6-3}$$

其中，$t_{0.1}$ 是初级结晶诱导时间；n_1 是初级结晶的 Avrami 常数；Z_1 是初级结晶的速率常数。对于二次结晶：

$$\chi_s = w_2 \{1 - \exp[-Z_2(t - t_{0.2})^{n_2}]\} \tag{6-4}$$

其中，$t_{0.2}$ 是二次结晶的诱导时间；n_2 是二次结晶的 Avrami 常数；Z_2 是二次结晶的速率常数。

　　w_1 和 w_2 表示这两个过程的相对权重因子，$w_1 + w_2 = 1$。因此，随时间发展的总结晶度为

$$\chi_t = w_1 \{1 - \exp[-Z_1(t - t_{0.1})^{n_1}]\} + w_2 \{1 - \exp[-Z_2(t - t_{0.2})^{n_2}]\} \tag{6-5}$$

　　用于 PET 的结晶分析，两个过程 w_1 和 w_2 的相对重要性分别体现在初级结晶结束时的结晶度 $\chi_{p,\infty}$ 和二次结晶结束时的结晶度 $\chi_{s,\infty}$ 上。假设二次结晶过程是从初级结晶结束时开始，则 $t_{0.2}$ 为初级结晶结束，二次结晶开始的时间。

　　t 时刻的总结晶度有两个时间依赖性，即初始时，$\chi_t < \chi_{p,\infty}$：

$$\chi_t = \chi_p = \chi_{p,\infty} \{1 - \exp[-Z_1(t - t_{0.1})^{n_1}]\} \tag{6-6}$$

当 $X_t > X_{p,\infty}$ 时：

$$\chi_t = \chi_{p,\infty} + \chi_s = \chi_{p,\infty} + \chi_{s,\infty}\{1 - \exp[-Z_2(t - t_{0.2})^{n_2}]\} \tag{6-7}$$

6.2　退火中的二次结晶

初级结晶之后结晶度继续增加的现象称为二次结晶过程，Johnson-Mehl-Avrami 方程不适用于这一过程。二次结晶的晶体结构通常被认为有缺陷、不完整，其熔点一般低于初级结晶晶体的熔点。

二次结晶发生的形式一直广受争议，目前主要有混合堆垛模型、薄片插入模型、等厚片晶插入模型等[9]，如图 6-5 所示。其中，薄片插入模型和等厚片晶插入模型是目前广为认可的模型，这两种模型都属于内插模型，即二次结晶发生在初级片晶之间。薄片插入模型主要是在初级片晶之间插入较薄的晶体，比较符合结晶动力学后期，即 Avrami 指数小于 3 的部分。但是薄片插入模型难以解释某些等温结晶实验中的结果，例如，通过原位 SAXS 观测到的长周期逐渐减小而片晶层厚度不变的情况，以及在快速 DSC 中熔融峰只存在一个峰的情况[10]。因此，基于这种现象，部分学者提出等厚片晶插入模型[9]，即插入的片晶与初级片晶等厚。等厚片晶插入模型虽然能较好地解释上述中的情况，但具体机理仍不清楚。总之，学者们对二次结晶的研究很多，但至今还没有明确的结构模型。

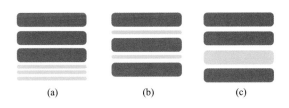

图 6-5　二次结晶的几种理论模型

（a）混合堆垛模型；（b）薄片插入模型；（c）等厚片晶插入模型。其中，深色代表初级片晶，浅色代表二次晶体

二次结晶的研究一般都基于等温结晶过程。图 6-6 中给出了 PET 在 205℃等温结晶 0.5～3 h 后升温过程中的 DSC 曲线，其中峰 I 为二次结晶晶体的熔融峰，峰 II 为初级结晶晶体的熔融峰，峰III为熔融再结晶形成的晶体的熔融峰。二次结晶生成的晶体的熔点要低于初级结晶生成的晶体的熔点，这表明二次结晶的晶体比初级结晶的晶体有较大的缺陷或完善程度不够，热稳定性更低。此外，在 205℃等温结晶过程中，峰 II 在 0.5 h 已经存在，而峰 I 在结晶 1.5 h 之后才存在。随着结晶时间的进一步延长，峰 I 的面积逐步增加，并且峰位向高温移动。这表明结晶过程中，随着初级结晶的完成会逐步开始二次结晶，并生成具有和初级片晶一

定结构差异的二次晶体，其可能是更薄的片晶，或者是缺陷更多的晶体。并且二次结晶形成的晶体同初级结晶一样，也会随着结晶时间的延长变得更稳定。

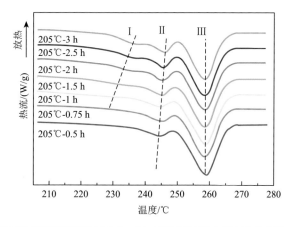

图 6-6　PET 在 205℃等温结晶 0.5～3 h 后升温过程中的 DSC 曲线（熔融峰）

退火温度对于 PET 二次结晶过程的影响也十分明显。图 6-7 中给出了 PET 在 225℃等温结晶 0.5～3 h 后升温过程中的 DSC 曲线。其中峰 I 和峰 II 的变化趋势与在 205℃结晶的规律相似，随着结晶时间的延长熔点逐步增加。但是相比于低温结晶，高温结晶的峰 II 面积大幅度增加，峰III的面积大幅度减小甚至存在直接消失的情况。峰III的消失表明了等温结晶过程中形成的晶体足够稳定，升温中不再经历熔融再结晶过程。因此，随着结晶温度的升高，形成的晶体更为稳定，具有更高的熔点。

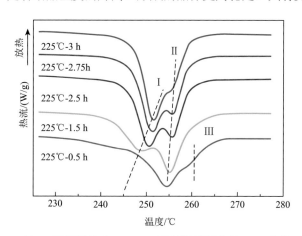

图 6-7　PET 在 225℃等温结晶 0.5～3 h 后升温过程中的 DSC 曲线（熔融峰）

二次结晶不仅仅只发生在等温结晶过程中，在已有的晶体中插入新的晶体也被称为二次结晶，这种状态下的二次结晶过程在很大程度上受到原有晶体限制。图 6-8

为在不同热历史结晶的 PET 的升温 DSC 热流曲线，展示了原有晶体结构对二次结晶过程的影响。黑色与红色升温曲线分别为 PET 在 180℃等温结晶 1 h 和在 180℃等温结晶 1 h 后继续在 150℃等温结晶 1 h。这里主要关注二次结晶的变化（低温熔融峰），其中黑色箭头代表的峰 I 是 180℃生成二次晶体的低温熔融峰，而蓝色箭头代表的峰 II 是 150℃形成的二次晶体的低温熔融峰。在图 6-8 中，黑色曲线中只有一个低温熔融峰，而红色曲线存在两个低温熔融峰，熔点都在其对应的等温结晶温度以上 10～20℃，这与文献记载的低温熔融峰的特性相符[11]。PET 在经过 150℃退火处理 1 h 后，其峰 I 的熔点相对于未经过 150℃退火处理的样品明显要高，这说明 150℃退火对原有的二次晶体结构有完善作用，促使其更稳定。此外，峰 II 的面积明显小于峰 I 的面积，这表明在 150℃下新生成的二次晶体受到原有晶体的限制，只能有限地生长。

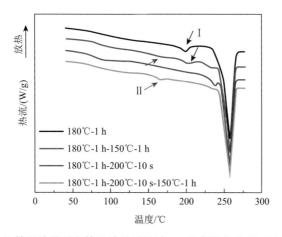

图 6-8　PET 在 180℃等温结晶后和等温结晶后经过 200℃高温热处理（黑色、蓝色曲线），以及 180℃等温结晶后于 150℃退火 1 h 和经过 200℃高温热处理后于 150℃退火 1 h（红色、绿色曲线）的 DSC 热流曲线

为了更好地理解这个过程，在 180℃等温结晶后的 PET 进一步在 200℃处理 10 s 以熔融二次晶体，接着在 150℃退火 1 h。蓝色升温曲线是在 200℃处理 10 s 样品的热流曲线，其中不存在低温熔融峰。而当在 150℃退火 1 h 后，峰 II 出现了，并且面积相对于红色曲线的峰 II 面积明显要大一些。这与上述结果相符合，当在 180℃形成的二次晶体于 200℃熔融后，在 150℃新形成的二次晶体受到的限制就会减少，从而生成更多的二次晶体。

6.3　初始结构对退火中结晶的影响

高分子薄膜加工中热处理（退火）之前，材料中常常已经有不同的取向和形态结构。例如，BOPET 薄膜热处理前，由于经历纵向拉伸、横向拉伸等工艺过程（可参考第 11 章），会产生不同的取向结构，并显著影响后期退火中的结构演化。本节以经历不同预拉伸过程的 PET 薄膜的热处理过程为例，对此影响进行说明。

图 6-9 为预拉伸后热处理的实验流程图。无定形流延铸片被裁剪成长为 50 mm、宽度为 10 mm 的矩形状，然后放置在自制的单向拉伸装置中。在拉伸时，PET 样品被固定在初始间距为 25 mm 的夹具中，在 90℃下保持 5 min 以平衡温度，使整个样品温度均匀，然后以 0.5 mm/s 的拉伸速率拉伸至不同的应变来获得不同取向和结晶的初始结构，再在保持应变恒定的情况下以平均 14℃/min 的升温速率升温至 130℃ 以对样品进行热处理。实验流程图如图 6-9 所示。应变 $\varepsilon = (L - L_0)/L_0$，其中 L 为试样拉伸过程中两个夹具之间的长度，L_0 为两个夹具之间的初始长度。

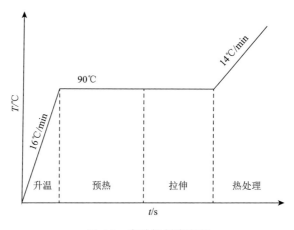

图 6-9　实验控制流程图

图 6-10（a）以时间为横坐标，绘制了 PET 在预拉伸及后续升温热处理整个过程中的应力曲线。在拉伸过程中，力学行为经历弹性区、屈服、应变软化和应变硬化等阶段。拉伸停止后，应力出现松弛，而在升温退火过程中，应力进一步加速松弛，最终降低至 0。图 6-10（b）给出了整个拉伸及退火过程中原位检测的 WAXS 二维图。拉伸结束时，PS0.0、PS0.5、PS1.0 和 PS1.5（符号后面的数字代表样品的预拉伸应变）四个样品的 WAXS 图中都未出现晶体衍射峰，表明未发生拉伸诱导结晶，而 PS2.0 和 PS5.0 的 WAXS 图中均出现了晶体衍射信号，表明发生了拉伸诱导结晶。图 6-11 给出预拉伸之后退火过程中 WAXS 一维积分曲线。预拉伸应变为 0.0～1.5 的样品，晶体衍射在退火过程中逐渐出现，显示退火诱导结晶发生；而预拉伸应变为 2.0 和 5.0 的样品，拉伸过程中结晶就已经发生了，退火过程中晶体进一步生长和完善。

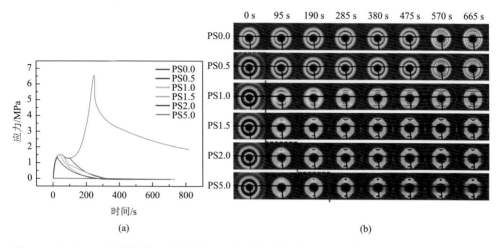

图 6-10　（a）PET 在预拉伸及后续热处理过程中的应力响应；（b）整个拉伸及退火过程中原位检测的 WAXS 二维图，图中红色虚线表示预拉伸过程

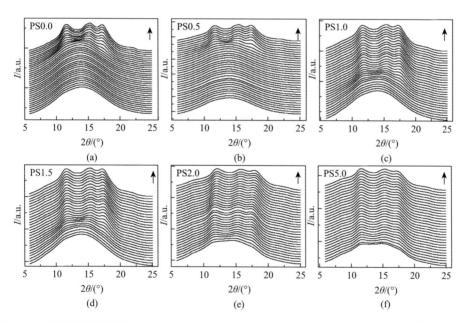

图 6-11　预拉伸不同应变 0.0（a）、0.5（b）、1.0（c）、1.5（d）、2.0（e）、5.0（f）样品退火过程的一维积分曲线随时间的演化规律

　　基于图 6-11 中的 WAXS 一维曲线分峰拟合，可以获得结晶度的演化规律。图 6-12 给出了预拉伸和退火过程中结晶度随温度的变化曲线，x 轴为时间。预拉伸至应变 0.0、0.5、1.0、1.5、2.0 和 5.0 分别需要 0 s、25 s、50 s、75 s、100 s 和 250 s，对应图 6-9 中温度在 90℃保持不变的部分。在预拉伸至应变 0.0、0.5、

1.0 和 1.5 的过程中没有发生结晶，结晶在退火过程中出现。其中，PS0.0 和 PS0.5 退火约 475 s 在 120℃结晶开始发生。预拉伸小应变的样品，结晶主要与退火的时间和温度相关。当预拉伸应变为 1.0 和 1.5 时，晶体分别在退火 50 s/100℃、0 s/90℃ 出现。结果表明，在更大预拉伸应变的情况下，有利于退火过程结晶的发生。预应变 1.5 是拉伸诱导结晶发生的临界应变，退火过程中晶体的快速出现证明分子链预有序程度与预拉伸应变直接相关。PS2.0 和 PS5.0 在拉伸过程中就已经出现了结晶，退火过程中晶体进一步生长和完善，最终结晶度分别为 16% 和 18%。显然拉伸诱导产生的晶体结构不同，对退火过程的晶体完善也有明显的影响。

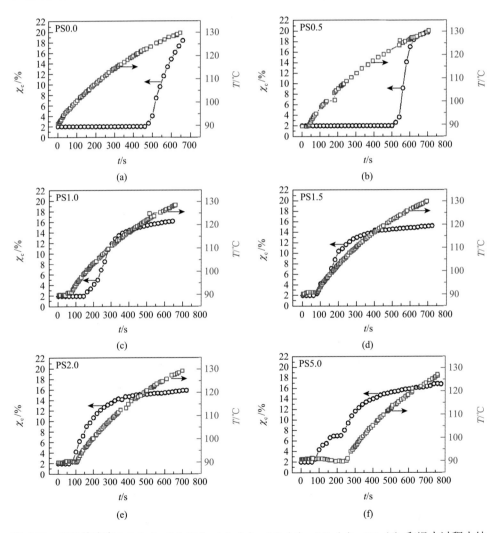

图 6-12 预拉伸应变 0.0（a）、0.5（b）、1.0（c）、1.5（d）、2.0（e）、5.0（f）和退火过程中结晶度和温度随时间的变化曲线

图 6-13 为(100)晶面衍射峰沿方位角的强度分布曲线。退火处理后，PS0.0 和 PS0.5 产生的晶体几乎无明显取向，在(100)晶面方位角强度分布曲线中没有明显峰出现。PS1.0、PS1.5 和 PS2.0 退火处理产生了低取向的晶体，其(100)晶面方位角强度分布曲线以 90°为中心出现了两个对称的宽峰，峰宽随预拉伸应变的增大而变窄，峰位逐渐向 90°靠近。进一步增大预拉伸应变到 5.0，预拉伸和退火产生的晶体具有高度取向，方位角强度分布曲线只出现一个峰位在 90°的窄峰。

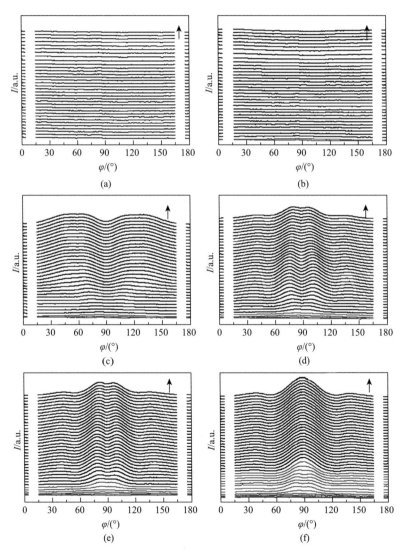

图 6-13　预拉伸不同应变 0.0（a）、0.5（b）、1.0（c）、1.5（d）、2.0（e）、5.0（f）及退火过程中(100)晶面的方位角积分曲线随时间的演化规律，其中红色表示预拉伸过程，黑色表示退火过程

6.4 退火中的晶型转变

上述小节中介绍了单一晶型 PET 在退火过程中的结晶行为，而对于多晶型的高分子，实际结构演化更为复杂，不但涉及片晶的完善、熔融再结晶等结构演化，还有可能发生晶体-晶体转变等复杂过程。

尼龙是一个典型的多晶型体系[12]。尼龙 12（PA 12）在 175℃结晶获得 α′晶体，在升降温过程中会发生晶体相变。图 6-14（a）和（b）分别给出了尼龙 12 在 175℃结晶样品升温过程中采集的 WAXS 一维强度曲线和两个峰对应的晶面间距 d。为了能更好地辨别峰位，图 6-14（a）中 WAXS 曲线沿 x 轴做了平移。图 6-14（b）中的两个晶面间距分别对应氢键面内和氢键面间的间距。在升温过程中，氢键面内分子链间距随温度呈线性增大。而氢键面间的间距在 120℃附近出现一个明显的非连续拐点，高于 120℃，斜率变得更大。在 120℃附近，两个晶面间距相等，此时尼龙 12 的晶体结构可归为 γ 相，而在 40℃的双峰则可能对应与 α′相似的单斜或者正交晶体[12]。

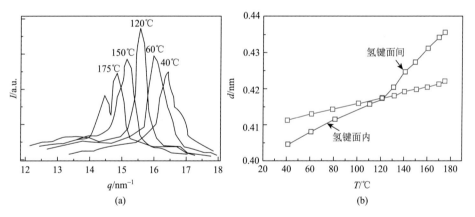

图 6-14　尼龙 12 在 175℃等温结晶后不同温度下的 WAXS 分布图（加热过程）（a）；氢键面内和面间间距随温度的演化规律（b）[12]

除了晶型转变以外，升降温过程中也导致片晶结构变化。升温过程中，长周期 L_m、片晶层厚度 l_c 和片晶间无定形层厚度 l_a 都增加，而降温则导致了相反的演化趋势，如图 6-15（a）所示。这一趋势在大多数半晶高分子材料中都能观察到，通常被归因于薄片晶在升温过程中的熔化和降温过程中的二次结晶。与 WAXS 检测到的晶面间距类似，在 120℃附近，片晶层厚度 l_c 也呈现一个奇异平台区。图 6-15（b）为放大后的片晶层厚度随温度演化图，可见在 120℃附近的平台区域更为明显。由于结晶度在整个升降温过程中连续变化，并没有出现片晶层厚度 l_c 这样一个平台区。因此，将片晶层厚度 l_c 的平台区归因于尼龙 12 晶体表面的熔融和再结晶（图 6-16）。尼龙 12 分子中氢键间的亚甲基链段较长，在降温过程中，悬挂在晶体表面的亚甲基可以结晶，从而导致片晶增厚，而在升温过程中，这层晶体又发生表面熔化。这一表面结晶和熔化现象刚好与 120℃ 附近的特殊晶体结构协同。WAXS 结果显示，在 120℃ 附近，尼龙 12 为（假）六方 γ 晶体结构，氢键处于随机混乱状态，晶体内分子链运动能力强，降低了对其表面链段的约束，或者说晶体内部的链可以适当调整以满足表面的结晶和熔化。

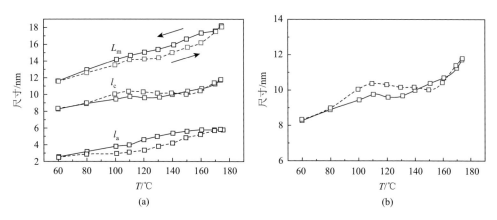

(a)　　　　　　　　　　　　　(b)

图 6-15　（a）尼龙 12 在 175℃ 等温结晶后再降温、升温过程中长周期、片晶层厚度、片晶间无定形层厚度变化趋势；（b）放大后的片晶层厚度随温度演化图[12]

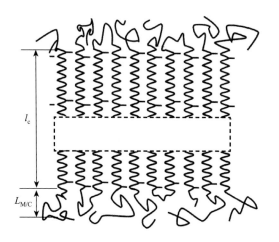

图 6-16　尼龙 12 在 120℃ 附近表面熔化和结晶的模型图[12]

在升降温过程中，尼龙体系存在一个普遍的结构转变，即 Brill 转变。在升温过程中，WAXS 双峰逐渐靠近，并最终变成一个单峰，而在降温过程中，这个单峰又逐渐劈裂为双峰，如图 6-17（a）和（b）所示。尼龙 6 流延铸片中主要含有不完善的 α 晶体，升温过程中其双峰逐渐靠近并在 100℃ 附近合并成单峰，转变为假六方 γ 相。而在降温过程中，单峰立即劈裂为双峰回到 α 相，两者的间距也很快拉开，并且明显大于升温过程中的间距，如图 6-17（c）所示。实际上，升降温过程不仅存在 α 相和 γ 相之间的相互转变，还存在晶体的不断完善，这也是升温和降温过程中晶体衍射峰强度、双峰/单峰对应的温度区间，以及双峰的间距都存在明显差异的原因。一般而言，双峰的间距越大，对应的 α 晶体越完善。双峰中晶面间距小的峰对应氢键面间间距，大的对应氢键面内分子间距，两者间距增大主要是氢键面间间距的减小，氢键面之间堆积越密，链构象缺陷越少。

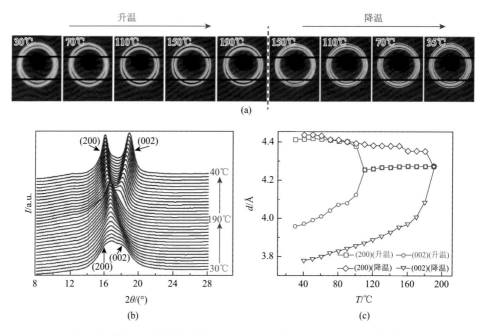

图 6-17　尼龙 6 流延铸片在升降温过程中的 WAXS 二维图（a）和一维强度曲线（b），以及晶面间距（c）[13]

与其他尼龙相似，尼龙 46 在升温过程中也发生了 Brill 转变，转变温度在 180℃ 附近，如图 6-18 所示[14]。在 Brill 转变温度，沿分子链方向的晶面间距 d_C 从低温段的增加进入一个平台区，表现为一个非连续的转变。WAXS 检测还发现，在 60℃ 附近尼龙 46 还存在一个结构转变，主要涉及(100)晶面间距 d_H 和(002)晶面间距 d_C 的变化，推测为晶体内结构的微调。

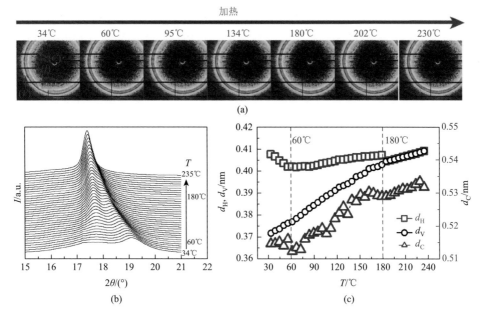

图 6-18　尼龙 46 在升温过程中的代表性 WAXS 二维图（a），积分获得的 WAXS 一维强度曲线（b）和(100)晶面间距 d_H，(010/110)晶面间距 d_V，(002)晶面间距 d_C（c）[14]

　　PE、iPP 和 PB-1 等也是典型的多晶型高分子材料。第 5 章中介绍了拉伸诱导 PE 和 iPP 不同晶型之间的转变，而在不受任何应力条件下，它们的不同晶型

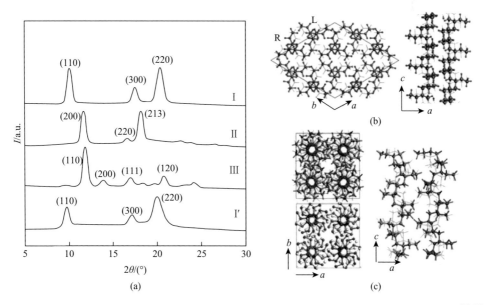

图 6-19　（a）PB-1 四种晶型的 WAXS 一维强度曲线；晶型Ⅰ（b）和晶型Ⅱ（c）的晶体结构[15, 17]

之间一般不发生转变。而 PB-1 比较特别，其亚稳的晶型 II 在不受任何外力下就可以转变为稳定的晶型 I。已有研究发现 PB-1 可生成四种晶型，分别为 I、I′、II 和 III 晶型，其中最常见的是晶型 I 和 II。从熔体结晶，PB-1 一般都形成亚稳的晶型 II，具有 11/3 螺旋的四方晶型，$a = 14.65$ Å，$c = 21.2$ Å。晶型 II 在熔体结晶过程中具有显著的动力学优势，但热力学为亚稳，在室温下会自发转变为稳定的晶型 I[15]。PB-1 的晶型 I 是自由能最低的稳定晶型，为六方堆积的 3/1 螺旋结构，晶胞参数为 $a = b = 17.53$ Å，$c = 6.477$ Å，$\gamma = 120°$。晶型 I′ 与晶型 I 晶体结构相似，直接从熔体或溶液中结晶得到，存在较多缺陷。晶型 III 主要从溶液结晶或者高速剪切条件下出现，其晶体是具有 4/1 螺旋的正交晶型，$a = 12.38$ Å，$b = 8.88$ Å，$c = 7.56$ Å[16]。图 6-19 给出了 PB-1 四种晶型的 WAXS 一维强度曲线，以及晶型 I 和晶型 II 的晶格中链的构象。

6.5　退火中的三相结构

6.5.1　半晶高分子三相模型

半晶高分子材料早期主要被认为由晶体和无定形相两相组成，对应的模型称为两相模型。随着对高分子结晶理论研究的深入，一些结晶过程中的现象无法很好地用两相模型进行解释。因此，Flory 等提出在结晶区与无定形区间存在一个过渡区，称为中间相[18]。以 PE 为例，其片晶层厚度为 10～20 nm，而在晶体和无定形相之间还存在一个厚度为 1.0～1.2 nm 的过渡区，被定义为中间相[18]。随后许多学者都力图用实验的方法证明 Flory 的猜想。

Wunderlich 等于 1985 年在研究聚甲醛玻璃化转变时提出三相模型[19]，在晶相和无定形相两相模型的基础上，将无定形相进一步分为软无定形相（mobile amorphous fraction，MAF）和硬无定形相（rigid amorphous fraction，RAF）两部分。软无定形相与晶体完全分离，在玻璃化转变温度 T_g 以上可以自由活动，同两相模型中对于无定形相的描述一致。而硬无定形相是由于高分子链长度远大于晶体厚度，部分结晶的高分子链在晶体-无定形相边界上的延续而产生的。硬无定形相与晶体紧密连接，其活动能力受晶体限制，活化温度范围通常位于软无定形相的玻璃化转变温度和晶体的熔融温度之间。由于未结晶的链段与晶体可能存在不同程度的耦合，通常很难确定硬无定形相活化的准确温度，从而导致一个非常宽的活化温度范围。研究发现，硬无定形相几乎在所有半晶高分子中都存在，如 iPP、iPS、PET、PLLA 等[20-23]。此外，硬无定形相在一些其他特殊体系中也存在，如纳米层高分子、嵌段高分子和高分子纳米复合物。

6.5.2　三相含量的计算方法

目前对于三相含量的计算方法已经比较成熟。首先结晶度用来表示高分子中结晶区所占的比例，高分子结晶度变化的范围很宽，一般为 30%～85%。结晶度的算法多样，如 DSC、WAXS、SAXS、密度法等，可以直接通过对应的方法计算得出。而软无定形相含量的计算方法较少，目前常采用的方法是基于温度调制 DSC（TMDSC）数据中可逆比热容的数值来计算。其原理类似于结晶度的计算，即在 T_g 处根据半晶高分子材料的比热容除以完全无定形时的比热容计算得出[24]：

$$\chi_{\mathrm{MAF}} = \Delta C_{p,1} / \Delta C_{p,2} \tag{6-8}$$

其中，$\Delta C_{p,1}$ 是半晶高分子材料的比热容值，由图 6-20 中的方法可得，$\Delta C_{p,1} = C_{p,s+1} - C_{p,s}$；$\Delta C_{p,2}$ 是结晶前完全无定形时比热容值，为 0.349 J/(g·℃)。

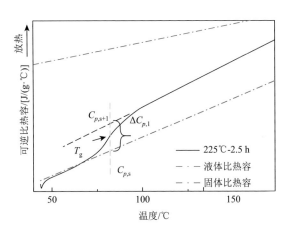

图 6-20　在可逆热容曲线中，半晶高分子材料比热容值 $\Delta C_{p,1}$ 计算方法

蓝色虚线为 PET 纯液体在不同温度下的理论值，红色虚线为纯固体在不同温度下的理论值；$C_{p,s+1}$ 为 PET 实测样品在 T_g 处的比热容值，$C_{p,s}$ 为 PET 纯固体在 T_g 处的比热容理论值

而硬无定形相含量的计算通常是难以直接得到的，一般需要基于结晶度和软无定形相含量来计算：

$$\chi_{\mathrm{RAF}} = 1 - \chi_{\mathrm{MAF}} - \chi_c \tag{6-9}$$

因此对于三相含量的计算，TMDSC 是十分理想的手段，可以在得到结晶度的基础上同时计算出软无定形相的含量，再通过计算得到硬无定形相的含量。

6.5.3　极限温度

在 PET 中，结晶温度低于 215℃时，硬无定形相活化温度高于等温结晶温度

10~20℃。当温度大于 215℃时，PET 晶体对硬无定形相的限制急剧减小，硬无定形相活动能力大大加强，因此硬无定形相活化温度最大值也就是 215℃[25]，这个温度被称为 PET 的极限温度。当温度大于 215℃时，硬无定形相可以自由活动，并且不受晶体限制。极限温度难以确定，目前只有三种高分子的极限温度被确定，分别是 PET、聚 β-羟基丁酸酯（PHB）和聚左旋乳酸（PLLA），它们对应的极限温度分别是 215℃、70℃和 130℃[25-27]。

由于硬无定形相在极限温度附近的活动性差异，高分子在极限温度上下分别等温退火会表现出明显的差异。例如，Wunderlich 等发现 PET 热容随温度的变化趋势以 215℃为转折[28]；Tang 等[29]发现 PET 在 180~230℃温度区间内退火后，其介电性能的显著变化。图 6-21 是 PET 分别在 205℃、210℃、220℃、225℃等温结晶时三相含量随结晶时间的变化。PET 在 215℃以下结晶时，硬无定形相含量逐渐增加，此时排入结晶区的链主要来源于软无定形相。PET 在 215℃以上结晶时，硬无定形相含量会呈现下降趋势，这表明在结晶后期，硬无定形相同软无定形相一样可以参与结晶。而且 225℃时硬无定形相含量下降的趋势比 220℃出现得早，这说明硬无定形相即使可以活动，其与软无定形相的相对活动能力在不同温度下是有差异的，温度越高，硬无定形相相对软无定形相活动能力越强。

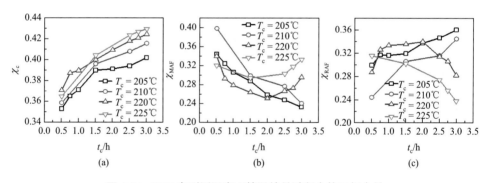

图 6-21　PET 在不同温度下等温结晶过程中的三相含量

（a）结晶度 χ_c；（b）软无定形相含量 χ_{MAF}；（c）硬无定形相含量 χ_{RAF}

6.5.4　三相含量的温度调控

结晶度是半晶高分子的重要性能，影响因素比较多，如温度、压力、成核剂、拉伸等。这里主要介绍温度调控。首先，半晶高分子一般在 T_g 到 T_m 之间都可以结晶，但是结晶速率有明显差别，主要是成核过程和生长过程的温度依赖性不同。对于 PET，其 T_g 约为 72℃，T_m 约为 260℃，低温情况下，成核较快，生长较慢；而高温情况下，成核较慢，生长较快。因为二者的相互作用，最快结晶速率在 180~

190℃之间[8]。但是最大结晶度不仅依赖于结晶速率，温度越接近熔点，理论上结晶度也会越高，且片晶也会越完善，不过结晶速率会非常慢。所以结晶度的调控主要根据实际需求，如果想要结晶度尽可能大，则结晶温度需要尽量接近熔点，而需要短时间内得到高结晶度，则需要测出该高分子的最大结晶速率对应的温度。

硬无定形相的含量变化依赖于结晶过程，不过硬无定形相含量并不与结晶度直接关联。虽然一般情况下，在某一温度下结晶，随着结晶度变大，硬无定形相含量也随之升高，但是对于随着结晶温度升高结晶度变大的情况，硬无定形相含量反而有可能降低。即高温下结晶比低温下硬无定形相含量低。对于具有极限温度的高分子，硬无定形相含量变化更为复杂，不再是单调变化，而是呈现出先增加后减小的趋势。因此对于没有极限温度的高分子，可以通过结晶温度和时间调节，对于存在极限温度的高分子，则需要注意这个界限。

软无定形相的调控同硬无定形相的调控基本一致，在极限温度以下，软无定形相含量是单调递减的，因为此时软无定形相是作为结晶及硬无定形相的唯一来源，向这两相进行转化。但是在极限温度以上时，由于硬无定形相可以参与结晶，甚至可以转换成软无定形相，所以软无定形相会出现含量增加的情况。因此，对于软无定形相的调控也要格外注意极限温度的存在。

6.5.5　三相含量对高分子材料性能的影响

基于半晶高分子两相模型，通常认为结晶度越高，材料的模量和强度越高，这是由于结晶区高分子链段排列有序，相互作用较强；结晶度越低，材料的韧性越高，这是因为无定形区中分子无规排列，运动能力强，它们的存在有助于增加高分子材料的柔韧性。但是随着三相模型的提出，学者们发现材料的力学性能受三相含量调控。

在本书作者团队开展的实验中，通过将单向拉伸的 PET 薄膜分别置于 150℃、190℃、230℃退火，退火时间为 1 min、5 min、10 min、30 min、60 min、100 min，可以获得具有不同三相含量的样品，如图 6-22 所示。在 150℃ 和 190℃退火时，硬无定形相与软无定形相的含量比例随着结晶度的上升逐渐增加，而在 230℃时，硬无定形相与软无定形相的含量比例却呈现出先增加而后减小的趋势。这两种现象的原因主要在于，PET 在极限温度以上时硬无定形相被激活。

对上述具有不同三相含量的样品沿着拉伸方向进行力学性能测试发现，在 150℃ 和 190℃退火的样品，随着退火时间的增加，对应的屈服强度逐步增加，如图 6-23（a）和（b）所示。而在 230℃退火的样品[图 6-23（c）]，随着退火时间的延长，屈服强度却是先增加再减小。除了屈服强度，应变硬化段对应的应力值也呈现出相同规律。对于屈服强度的理解，通常的观点是结晶度越高，屈服强度越大，很明显这里在极限温度发生了变化。这种变化趋势与图 6-22 中硬无定形相和软无定形相的含量变化相似，因此进一步将屈服强度与三相含量联系起来。

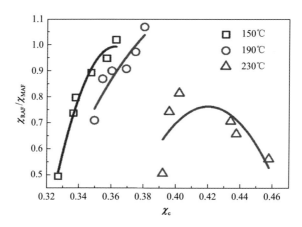

图 6-22 硬无定形相和软无定形相含量比例（χ_{RAF}/χ_{MAF}）与结晶度 χ_c 的关系

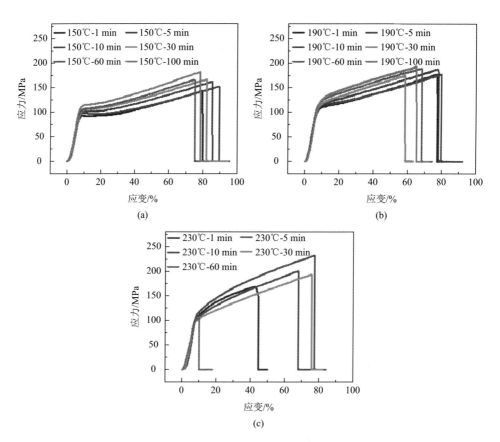

图 6-23 单向拉伸 PET 薄膜在不同温度退火 1～100 min 的应力-应变曲线

（a）150℃；（b）190℃；（c）230℃

图 6-24（a）和（b）分别给出了屈服强度随退火时间和三相含量的依赖关系。在极限温度以下，屈服强度随着结晶时间增加呈现单调变化，而在极限温度（215℃）以上，屈服强度却出现了转折。这种变化趋势与图 6-22 中三相含量的变化类似。图 6-24（b）将屈服强度与无定形相联系起来，可以发现，屈服强度与无定形相的比例呈现一种正相关的关系。由此可见，极限温度以上，硬无定形相的活动带来软无定形相和硬无定形相的含量改变，从而进一步影响其性能。研究表明，硬无定形相的弹性模量接近晶体的弹性模量。对于聚乙烯，通过蒙特卡罗模拟和微观力学建模对硬无定形相的力学性能进行了理论估计[30, 31]，表明硬无定形相的模量介于晶体和软无定形相之间，由此证明了硬无定形相对晶体与软无定形相之间的应力传递起着重要作用。

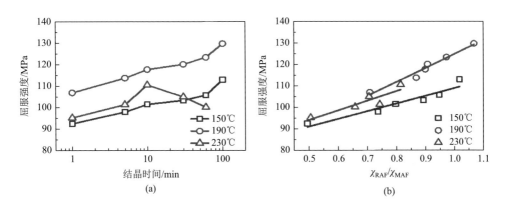

图 6-24　（a）屈服强度随结晶时间的变化；（b）屈服强度随 χ_{RAF}/χ_{MAF} 的变化

对 PET 的微观力学模拟表明，界面刚度约为软无定形相模量的 1.6 倍[32]，这主要是硬无定形相受晶体限制而活动能力大大降低造成的，如图 6-25（a）所示。也有研究发现硬无定形相具有较大的自由体积[33, 34]，在聚合物体系中自由体积大小呈现硬无定形相＞软无定形相＞晶体的规律，如图 6-25（b）所示。Olson 等将正电子湮没寿命谱（positron annihilation lifetime spectra）作为一种可靠的技术来测量 PET 各无定形相的自由体积[34]，结果显示 PET 软无定形相自由体积约为 11.88 Å^3，而 PET 在经过冷结晶和熔体结晶后，体系中硬无定形相自由体积分别为 17.09 Å^3 和 24.64 Å^3，这表明无论是冷结晶还是熔体结晶，PET 的硬无定形相自由体积都高于软无定形组分。与冷结晶 PET 相比，熔体结晶样品中硬无定形相的自由体积更大。氧气分子和自由基在高硬无定形相含量和对应的大自由体积的薄膜中更容易扩散。基于这种特性，可以通过调控硬无定形相的含量来调控它的渗透性能。

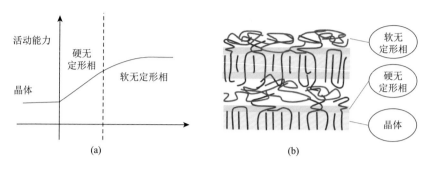

图 6-25　三相结构活动能力差异（a）与自由体积差异（b）

　　此外，在高分子介质材料中，无定形链弛豫是造成介电损耗的主要原因。因此，抑制这些松弛是减少损失的有效方法。一般的做法通常是热处理，使高分子结晶，通过限制邻近结晶区的无定形链段的运动和减少参与这些弛豫的无定形物质的比例来抑制这些弛豫。对于硬无定形相，由于较低的活动能力，弛豫过程很慢，可以有效降低介电损耗。

6.6　退火处理应用案例

6.6.1　iPP 硬弹性体的退火

　　在干法单拉 iPP 微孔隔膜加工中，流延预制膜需要经过长时间高温退火处理后才能进行后续的冷拉和热拉加工，否则难以获得均匀的微孔结构。该退火工艺需要在保持薄膜沿流延方向恒定长度的情况下开展，避免薄膜中晶体的取向发生松弛，从而失去部分硬弹性体的拉伸回复率。如第 5 章中讲到的，经过退火处理的 iPP 硬弹性体在拉伸比为 40%时，弹性回复率仍然可以达到接近 100%，比未退火前明显提高[35-37]。图 6-26 给出了退火前后 iPP 硬弹性体在拉伸过程中的工程应力-应变曲线。退火处理后，预制膜的屈服强度明显降低，但屈服后的应力平台区的应变窗口拓宽，而后的应变硬化比未退火预制膜更为明显。在微孔隔膜加工中，冷拉诱导微孔成核的区域主要在应力平台区，其应变窗口的拓宽为加工带来便利。同时，应力-应变曲线中的几个特征区域，即屈服、应力平台和应变硬化，更为清晰地区分开，对应预制膜加工中微观结构转变的区域更能分开，这有利于通过拉伸应变来调控微观结构。

　　退火对宏观力学行为的改变来自对微观结构的改变。图 6-27（a）是退火前后 iPP 硬弹性体在升温过程中的 DSC 曲线。退火并没有明显改变 iPP 晶体的主熔融峰的位置和强度，结晶度几乎保持不变。然而仔细观察 DSC 曲线的低温段，还是

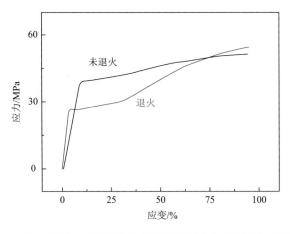

图 6-26　退火前后 iPP 硬弹性体在拉伸过程中的工程应力-应变曲线

发现有一些细节上的变化。图 6-27（b）是对该段放大后的图，从中可以看到，退火处理后在 120℃附近出现一个小的宽峰，在主熔融峰的低温侧还有一个小的肩峰。低温熔融峰来自退火过程中产生的薄片晶。实际上，预制膜在加工中是一个快速的非等温结晶过程，因此退火处理前也包含薄片晶，只是这些薄片晶厚度分布更宽，缺陷更多，所以在升温中可能表现为逐步熔融再结晶过程，在 DSC 曲线中熔融峰不明显。而高温退火是将这些初始的薄片晶熔化后高温再结晶，薄片晶的厚度分布变窄，从而退火处理后薄膜的 DSC 曲线中观察到两个明显的低温熔融峰。片晶的完善和厚度分布变窄，使应力-应变曲线中几个特征力学行为的区分度变得更明显。

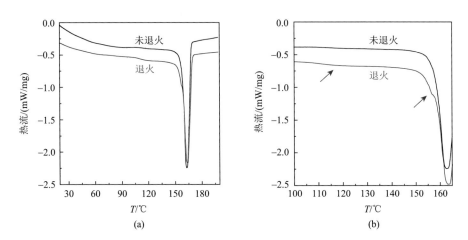

图 6-27　退火前后 iPP 硬弹性体在升温过程中的 DSC 曲线（a）和高温段放大后的曲线（b）

高温退火处理让片晶完善可以从 SEM 照片中获得印证。图 6-28 是退火前后 iPP 硬弹性体表面的 SEM 照片。图中片晶主要按侧向（edge-on）生长排列，虽然一些细节无法辨认，但退火前后的样品还是存在明显差别。最大的区别是退火处理后，片晶的边界更为清晰，这种对比度的提升支持高温退火处理是片晶完善的过程。片晶越完善，其密度与周围无定形相的差异越大。

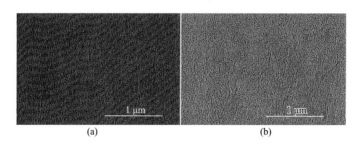

图 6-28　退火前（a）和退火后（b）iPP 硬弹性体表面的 SEM 照片

参考工业干法单拉微孔隔膜的加工工艺，退火前后的样品经过室温冷拉 0.3 应变后，再在 130℃施加 1 应变的热拉。图 6-29（a）和（b）分别给出退火前后经过这一工艺处理的样品的 SEM 照片。很明显，经过相同的冷拉和热拉工艺处理，退火处理后的硬弹性体 iPP 膜形成更为均匀的微孔结构。这一结果直观地展示退火处理在干法单拉微孔隔膜加工中的重要性。

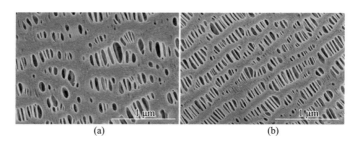

图 6-29　室温冷拉 0.3 应变再在 130℃热拉 1 应变的 iPP 微孔膜 SEM 照片
（a）未退火处理样品；（b）退火处理样品

6.6.2　PET 除湿干燥

除湿干燥是 PET 熔融挤出加工前的重要工艺之一。PET 中含有大量极性基团，如酯基、端羟基、端羧基等，吸水性强，在室温下饱和含水量约为 0.8%，但是酯基对水分非常敏感，在高温下极易发生水解、氧化降解等反应，致使分子量下降，出现产品黄化等产品质量问题[38-40]。因此，在使用没有排气的单螺杆挤出机进行加工之前必须对原料进行除湿干燥，工业生产中一般要求含水量为 50～100 ppm（1 ppm = 10^{-6}）。PET 的除湿干燥过程通常分两步进行：第一步，对原料进行预结晶处理以提高切片粒子的结晶度和去除原料中大部分水分，从而避免原料粒子之间发生粘连。在第一步中，原料粒子被输送至预结晶器中（沸腾床），在具有一定压力的热风和振动筛的作用下，受热发生结晶。原料在沸腾床中的停留时间是 10～20 min。预结晶过程是典型的 PET 冷结晶过程（如 6.1 节中所介绍）。经过预结晶后，切片的结晶度可以达到 35%左右。预结晶之后，原料逐渐进入填充式干燥塔中，与由塔底通向塔顶的干热空气进行对流、热交换，将物料中的水分带走。

冷结晶行为是无定形聚酯切片最典型的特征行为，预结晶温度要高于该温度才能保证在短时间内快速地提升结晶度，完成预结晶。因此，预结晶温度的选择应在 PET 冷结晶温度（T_{cc}）与熔融温度之间，实际操作一般在其最大结晶速率温度 180℃附近的温度区间（150～210℃）。当将无定形的聚酯切片置于该温度区域时，无定形聚酯切片就会自发地快速结晶。

预结晶时间也是工业生产上需要控制的主要因素之一，其原因有四点：①BOPET 薄膜加工是一个连续化生产过程，保证一定的结晶效率才能供应后续工艺段的物料使用；②结晶工艺时间太长会造成 PET 在高温下发生氧化、水解行为，影响熔体、产品质量；③结晶工艺是在沸腾床中进行，当原料发生结晶后变脆，原料在沸腾过程中的碰撞会产生大量粉尘，给产品质量造成影响；④结晶时间越久，相对能耗越高。实际生产中，PET 预结晶过程无法原位跟踪含水量，工业上对聚酯切片含水量的表征通常使用失重法，其原理是将原料放置在某一固定温度下一定时间后，质量的损失量与原料初始质量的比值即为含水量。这其实是原料在干燥后剩余的水分在固定条件下的一种表现，与测试时选择的温度及时间长度有密切关系，该测试方式严重受季节、气候因素影响。

通过图 6-30 所示的装置，可以原位跟踪聚酯切片在特定温度下随着结晶时间的增加，排出水分的质量。在样品结晶室 2 中放置一定质量的 PET 切片，然后放入可以精确控温的加热炉 1 中；从氮气源 3 中流出的高纯氮气经过氮气除湿系统（干燥系统）4 进入样品结晶室 2 中，将其中因高温和结晶产生的水蒸气经过导管带入反应腔 5；反应腔中装有特定的只能与水反应的试剂，计量数显系统会根据试剂反应速率计算含水量并在界面中显示出来。因此，样品在不同温度下的不同时刻所排出水分的总量能够计量下来。

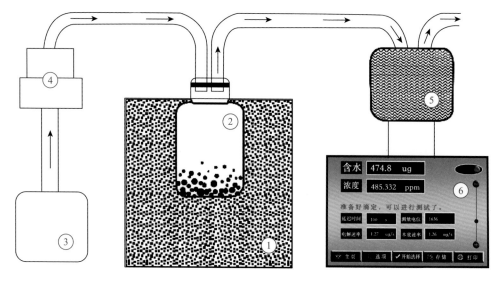

图 6-30　原位检测水分挥发装置

①加热炉；②样品结晶室；③氮气源；④氮气除湿系统；⑤反应腔；⑥计量数显界面

　　基于上述装置对 160℃下聚酯切片的水分去除动力学行为进行了跟踪。如图 6-31 所示，聚酯切片中挥发出的含水量随着时间的增加而单调增加，并呈现出指数衰减的趋势。对 PET 聚酯切片在结晶中的含水量进行了一阶指数拟合：

$$y = A_m \times e^{\frac{-x}{t_m}} + y_0 \tag{6-10}$$

其中，y_0 是每一温度下当时间趋于无穷大时挥发出水分的平衡值，衡量了温度对干燥效果的能力；t_m 是时间常数，或称为特征时间，代表函数靠近平衡值的速度；A_m 是振幅，表达的意思是初始状态即时间为 0 时含水量偏离稳定值的数值。从图中可以看到，水分挥发动力学曲线与拟合曲线非常吻合，这也表明 PET 预结晶过程符合干燥动力学模型中的减速阶段中的一阶指数模型，即 PET 预结晶中干燥速率是受内部扩散速率控制的过程。

　　在 PET 预结晶过程中，材料结晶和水分去除同时发生，受材料结构影响的内部扩散速率必然会随着晶体的出现及晶体尺寸的大小等材料结构变化而发生改变。如图 6-32 所示，能够表征温度对结晶过程中水分去除影响的关键参数 y_0 和 t_m 对温度具有较强的依赖性。随着温度的增加，y_0 的数值基本呈现单调上升的趋势，在 165℃以前上升的速度明显快于在 165℃以后的上升速度。y_0 随温度的单调上升趋势表明高温能去除更多的水分，或者实现最终 PET 中更低的含水量。t_m 则在 165℃前后表现出两种截然不同的趋势，先前呈现单调上升的趋势，在 165℃达到

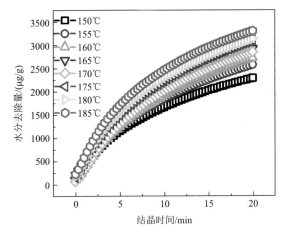

图 6-31 结晶过程中水分挥发动力学过程

最大值 11.6 min，当温度高于 165℃时则呈现单调下降的行为。一般而言，升高温度会加速水分挥发，t_m 在高温段单调下降的趋势符合这个规律。但在低于 165℃时，t_m 随温度的增加，这可能与结晶引起的结构变化相关，另一方面 y_0 随温度的增加也可能让水分挥发达到平衡值的时间变长。

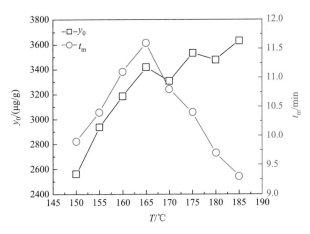

图 6-32 结晶温度对于聚酯切片水分挥发中关键参数的影响

　　虽然未能够同时原位表征结晶过程和水分挥发的动力学过程，但是通过对不同温度下聚酯切片在 20 min 以后的结晶结果来看，不同温度下的结晶度都在 30% 左右，这表明 PET 聚酯切片已经基本完成结晶。晶粒尺寸的结果仍能反映出干燥对结晶的一些影响规律。如图 6-33 所示，温度在 150℃和 155℃时，$(\bar{1}10)$ 晶面的晶粒尺寸随着温度增加从约 3.9 nm 逐渐增加至 4.7 nm，在温度高于 165℃时随着温度的增加，($\bar{1}$10)晶面的晶粒尺寸稳定在 4.8 nm 左右不再增加，这一转折点与图 6-32 中水分挥发中的参数转折点对温度的响应一致。因此推测，在高于 160℃结晶时，晶粒尺寸更大，而较大的晶粒尺寸降低了体系中水分子的扩散速率。除湿干燥过程中 PET 的结晶度、晶粒尺寸与测得的含水量的变化能够较好对应，这对于理解水分挥发对 PET 内部结构的影响具有指导意义，提供了新思路。

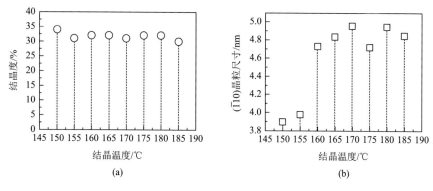

图 6-33　聚酯切片在不同温度下结晶 20 min 后的结晶度（a）和晶粒尺寸（b）

6.6.3　预拉伸与退火协同控制 PET 晶粒尺寸

在双向拉伸 PET 薄膜加工中，纵向拉伸和横向拉伸后结晶度保持在较低水平，增加结晶度需要进一步升温退火处理。而结合预拉伸和退火两种工艺处理，可以有效调控 PET 的性能。下面介绍一种获得高韧单向拉伸 PET 薄膜的案例。正如 6.2 节中介绍，无定形态 PET 在高于其 T_g 进行拉伸，超过拉伸比的阈值发生结晶，而在低于这一阈值则可以让 PET 保持在取向的无定形态。如果预拉伸只是让链取向而不发生分子链缠结网络的解缠结，后续退火结晶就在缠结网络受限的情况下发生，理论上推测，可以获得均匀分布的更小尺寸晶体。图 6-34（a）给出了在 85℃预拉伸后，再在 100℃退火获得的 PET 薄膜的 WAXS 二维图和一维积分曲线，显示退火处理产生了较宽的晶体衍射峰，表明产生了较小的晶粒尺寸[41]。图 6-34（b）为沿 SAXS 散射最大值方位角区域积分得到强度分布，计算得到 PET 晶体的长周期 L_m 为 7.5 nm，该值低于文献中报道的相同温度结晶 PET（长周期值为 8～14 nm）[42]。为进一步证明预拉伸在退火过程中对晶粒尺寸的调控作用，通过原位 WAXS 和 SAXS 跟踪了预处理的样品在 100℃下退火过程的结晶行为，退火过程中的结晶度和长周期如图 6-35 所示。在温度稳定之前，随着温度快速升高，结晶度快速增加，长周期迅速减小，当温度稳定在 100℃之后，随着退火时间的增加，结晶度缓慢上升至约 23%，长周期逐渐下降至约 7.3 nm。图 6-36 为退火过程中(100)和(010)晶面的晶粒尺寸的演化，晶粒尺寸在 2.2～3 nm 范围内，低于未预拉伸处理的 PET 在相同温度结晶获得的晶粒尺寸（3～5 nm）[40]。因此，WAXS 获得的晶粒尺寸和 SAXS 检测的长周期都表明，预拉伸处理有效地降低退火过程中的晶粒尺寸，而更小的晶粒通常对应于韧性更好的材料。

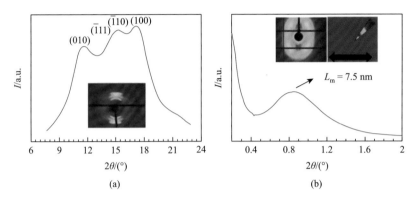

图 6-34　PET 纳米晶体 X 射线散射一维强度取向，插图为对应的二维图，（a）为 WAXS 数据，（b）为 SAXS 数据[41]，拉伸方向为水平方向

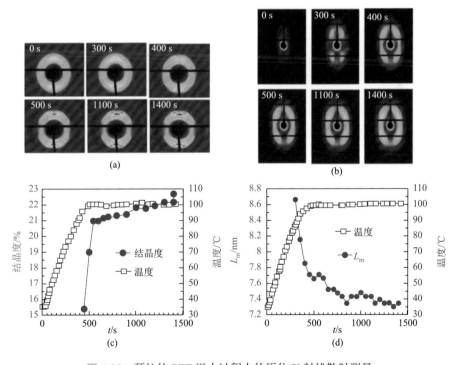

图 6-35　预拉伸 PET 退火过程中的原位 X 射线散射测量

（a）WAXD 二维图；（b）SAXS 二维图；（c）结晶度演变；（d）长周期 L_m 演变

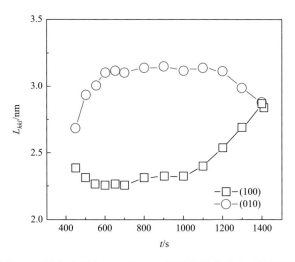

图 6-36 预拉伸 PET 退火过程中(100)和(010)晶面的晶粒尺寸（计算方法见第 7 章）

对比预拉伸和各向同性的半晶 PET 的力学行为，发现预拉伸样品的断裂伸长率大幅度提升（图 6-37），证实其韧性的提高，并具有更高的透明性。

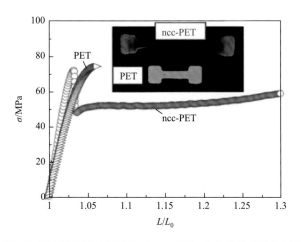

图 6-37 室温结晶 PET 和纳米限制结晶 PET（ncc-PET）单向拉伸实验的工程应力 σ 与拉伸比 L/L_0 的关系

插图对比了两种半晶 PET（不透明的半晶 PET 与透明的 ncc-PET）的外观

参 考 文 献

[1] Lei C H，Xu R J. Melt-Stretching Polyolefin Microporous Membrane//Bettotti P. Submicron Porous Materials. Cham：Springer International Publishing，2017.

[2] Xu R，Chen X，Cai Q，et al. *In situ* study of the annealing process of a polyethylene cast film with a row-nucleated

crystalline structure by SAXS. RSC Advances，2015，5：27722-27734.

[3] Lee S Y，Park S Y，Song H S. Effects of melt-extension and annealing on row-nucleated lamellar crystalline structure of HDPE films. Journal of Applied Polymer Science，2007，103：3326-3333.

[4] Turnbull D，Fisher J C. Rate of nucleation in condensed systems. Journal of Chemical Physics，1949，17：71-73.

[5] Avrami M. Kinetics of phase change. Ⅰ. General theory. Journal of Chemical Physics，1939，7：1103-1112.

[6] Avrami M. Kinetics of phase change. Ⅱ. Transformation-time relations for random distribution of nuclei. Journal of Chemical Physics，1940，8：212-224.

[7] Avrami M. Granulation，phase change，and microstructure kinetics of phase change. Ⅲ. Journal of Chemical Physics，1941，9：177-184.

[8] Lu X F，Hay J N. Isothermal crystallization kinetics and melting behaviour of poly(ethylene terephthalate). Polymer，2001，42：9423-9431.

[9] Ivanov D A，Amalou Z，Magonov S N. Real-time evolution of the lamellar organization of poly(ethylene terephthalate) during crystallization from the melt：high-temperature atomic force microscopy study. Macromolecules，2001，34：8944-8952.

[10] Lee B，Shin T J，Lee S W，et al. Secondary crystallization behavior of poly(ethylene isophthalate-*co*-terephthalate)：time-resolved small-angle X-ray scattering and calorimetry studies. Macromolecules，2004，37：4174-4184.

[11] Righetti M C，di Lorenzo M L，Tombari E，et al. The low-temperature endotherm in poly(ethylene terephthalate)：partial melting and rigid amorphous fraction mobilization. Journal of Physics Chemistry B，2008，112：4233-4241.

[12] Li L，Koch M H J，de Jeu W H. Crystalline structure and morphology in nylon-12：a small-and wide-angle X-ray scattering study. Macromolecules，2003，36：1626-1632.

[13] 张前磊. 高分子薄膜的拉伸加工物理研究. 合肥：中国科学技术大学，2019.

[14] An M，Zhang Q，Lin Y，et al. Stretch-induced reverse Brill transition in polyamide 46. Macromolecules，2020，53：11153-11165.

[15] Tashiro K，Hu J，Wang H，et al. Refinement of the crystal structures of forms Ⅰ and Ⅱ of isotactic polybutene-1 and a proposal of phase transition mechanism between them. Macromolecules，2016，49：1392-1404.

[16] Cojazzi G，Malta V，Celotti G，et al. Crystal structure of form Ⅲ of isotactic poly-1-butene. Die Makromolekulare Chemie，1976，177：915-926.

[17] Nakamura K，Aoike T，Usaka K，et al. Phase transformation in poly(1-butene) upon drawing. Macromolecules，1999，32：4975-4982.

[18] 喻龙宝，张宏放，莫志深. 结晶聚合物中间层理论与实验佐证. 功能高分子学报，1997，10（1）：90-101.

[19] Suzuki H，Grebowicz J，Wunderlich B. Glass transition of poly(oxymethylene). British Polymer Journal，1985，17：1-3.

[20] Zia Q，Mileva D，Androsch R. Rigid amorphous fraction in isotactic polypropylene. Macromolecules，2008，41：8095-8102.

[21] Xu H，Cebe P. Heat capacity study of isotactic polystyrene：dual reversible crystal melting and relaxation of rigid amorphous fraction. Macromolecules，2004，37：2797-2806.

[22] Lin J，Shenogin S，Nazarenko S. Oxygen solubility and specific volume of rigid amorphous fraction in semicrystalline poly(ethylene terephthalate). Polymer，2002，43：4733-4743.

[23] Righetti M C，Prevosto D，Tombari E. Time and temperature evolution of the rigid amorphous fraction and differently constrained amorphous fractions in PLLA. Macromolecular Chemistry and Physics，2016，217：2013-2026.

[24] Remy R，Wei S，Campos L M，et al. Three-phase morphology of semicrystalline polymer semiconductors：a quantitative analysis. ACS Macro Letters，2015，4：1051-1055.

[25] Righetti M C，Laus M，di Lorenzo M L. Temperature dependence of the rigid amorphous fraction in poly(ethylene terephthalate). European Polymer Journal，2014，58：60-68.

[26] di Lorenzo M L，Gazzano M，Righetti M C. The role of the rigid amorphous fraction on cold crystallization of poly(3-hydroxybutyrate). Macromolecules，2012，45：5684-5691.

[27] Righetti M C，Tombari E. Crystalline，mobile amorphous and rigid amorphous fractions in poly(L-lactic acid) by TMDSC. Thermochimica Acta，2011，522：118-127.

[28] di Lorenzo M L，Righetti M C，Cocca M，et al. Coupling between crystal melting and rigid amorphous fraction mobilization in poly(ethylene terephthalate). Macromolecules，2010，43：7689-7694.

[29] Tang R，Liggat J J，Siew W H. Partial discharge behaviour of biaxially oriented PET films：the effect of crystalline morphology. Polymer Degradation and Stability，2018，155：122-129.

[30] in't Veld P J，Hütter M，Rutledge G C. Temperature-dependent thermal and elastic properties of the interlamellar phase of semicrystalline polyethylene by molecular simulation. Macromolecules，2006，39（1）：439-447.

[31] Sedighiamiri A，van Erp T B，Peters G W M，et al. Micromechanical modeling of the elastic properties of semicrystalline polymers：a three-phase approach. Journal of Applied Polymer Science，2010，48：2173-2184.

[32] Gueguen O，Ahzi S，Makradi A，et al. A new three-phase model to estimate the effective elastic properties of semi-crystalline polymers：application to PET. Mechanics of Materials，2010，42：1-10.

[33] Zekriardehani S，Jabarin S A，Gidley D R，et al. Effect of chain dynamics，crystallinity，and free volume on the barrier properties of poly(ethylene terephthalate) biaxially oriented films. Macromolecules，2017，50：2845-2855.

[34] Olson B G，Lin J，Nazarenko S，et al. Positron annihilation lifetime spectroscopy of poly(ethylene terephthalate)：contributions from rigid and mobile amorphous fractions. Macromolecules，2003，36：7618-7623.

[35] Lin Y，Li X，Meng L，et al. Structural evolution of hard-elastic isotactic polypropylene film during uniaxial tensile deformation：the effect of temperature. Macromolecules，2018，51：2690-2705.

[36] Lin Y，Li X，Meng L，et al. Stress-induced microphase separation of interlamellar amorphous phase in hard-elastic isotactic polypropylene film. Polymer，2018，148：79-92.

[37] 林元菲. 等规聚丙烯取向片晶的本征形变机理研究. 合肥：中国科学技术大学，2018.

[38] 黄永生，马云华，任小龙，等. 光学领域用双向拉伸聚酯基膜成型技术研究进展. 中国塑料，2017，31（7）：1-8.

[39] 姚英林，佟承宁. BOPET 薄膜原料真空干燥技术. 塑料科技，1997，（1）：31-34.

[40] Zhang W，Yan Q，Ye K，et al. The effect of water absorption on stretch-induced crystallization of poly(ethylene terephthalate)：an *in-situ* synchrotron radiation wide angle X-ray scattering study. Polymer，2019，162：91-99.

[41] Razavi M，Zhang W，Khonakdar H A，et al. Inducing nano-confined crystallization in PLLA and PET by elastic melt stretching. Soft Matter，2021，17：1457-1462.

[42] Baldenegro-Perez L，Navarro-Rodriguez D，Medellín-Rodríguez F，et al. Molecular weight and crystallization temperature effects on poly(ethylene terephthalate)（PET）homopolymers，an isothermal crystallization analysis. Polymers，2014，6：583-600.

第7章

高分子薄膜加工同步辐射原位研究装置与方法

　　得益于高亮度特性赋予的高时间、高空间的分辨优势，同步辐射 X 射线在高分子薄膜的研究中得到越来越广泛的应用。以硬 X 射线为例，同步辐射宽角、小角和超小角 X 射线散射（WAXS/SAXS/USAXS）是研究高分子晶体和其他凝聚态结构的重要表征手段，三者结合能够实现 0.1～1000 nm 空间尺度的结构检测，同时配合超快探测器的使用，可以实现亚毫秒时间尺度的检测。研制与同步辐射 X 射线散射联用的原位研究装置，是实现在线跟踪高分子材料在加工过程中微观结构演化的关键。近年来，本书作者团队通过自主研制一系列与同步辐射实验站联用的原位研究装置和装备，充分发挥同步辐射 X 射线散射在高分子加工物理研究领域的优势，对高分子材料在力、温度等多维外场作用下的多尺度结构演化过程进行了系统的原位研究，加深了对远离平衡条件下的高分子材料加工基础理论的认识，同时对高分子材料的工业加工也有直接的指导作用。7.1 节将简要概述同步辐射，让读者初步了解什么是同步辐射及其用途。7.2～7.4 节将分别介绍与同步辐射 X 射线散射联用的高分子材料原位研究装置和装备，包括流动场诱导高分子结晶原位研究装置、高分子薄膜后拉伸原位研究装置和模拟高分子薄膜加工的大型原位研究装备。7.5 节将介绍其他高分子材料同步辐射原位研究技术，包括同步辐射显微红外成像技术和同步辐射纳米 X 射线计算机断层扫描成像技术。同步辐射 X 射线散射原位实验的数据处理直接关系着对高分子材料微观结构演化规律的认识，因此 7.6 节将简要介绍同步辐射宽角、小角 X 射线散射数据的处理。

7.1 同步辐射

7.1.1 同步辐射简介

同步辐射本质上是由储存环中高速运动的带电粒子（电子或正电子）所产生的轫致辐射[1]。同步辐射光源是产生、增强并利用同步辐射的大科学装置，主要包括四个部分：①注入器。注入器的主要功能是将电子束加速至同步辐射光源要求的额定能量，然后注入到电子储存环内。以我国的第三代同步辐射光源上海同步辐射光源（SSRF，简称上海光源）为例，首先由电子枪产生能量为 100 keV 的电子束，被约 40 m 长的电子直线加速器加速到 0.15 GeV 后，注入到周长约 180 m 的增强器中继续加速到 3.5 GeV，再经过注入/引出系统注入到电子储存环。②储存环。储存环是同步辐射装置的主体和核心，带电粒子在其中进行圆周运动产生轫致辐射，其性能直接决定了同步辐射光源性能的优劣。电子储存环并不是一个完整的圆形，而是包含多边形的结构。为了保证电子沿着轨道中心运动，电子在每一个弯转磁铁处都会得到加速。当直线运动的电子在磁铁中发生偏转时，电子在轨道平面内沿轨道切线方向很小的角度范围发出同步辐射光。③光束线。光束线沿着电子储存环的外侧分布，是用户实验站与电子储存环之间的"桥梁"，对从电子储存环引出的同步辐射光，按用户需求进行再处理，如分光、单色化、准直、聚焦等，并输送到用户实验站。④用户实验站。实验站是研究人员利用同步辐射开展科学研究的平台，各类原位实验都是在实验站完成的。在这里，由光束线引入的 X 射线照射到实验样品上，产生的实时吸收、散射等信号由探测器记录并保存。通过分析散射等图谱，研究人员就能够获得样品微观结构变化的规律。图 7-1 给出了同步辐射装置的主要组成及用户实验站内部的示意图。

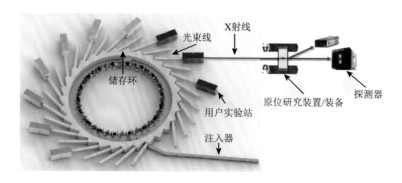

图 7-1　同步辐射装置主要组成及实验站内部示意图

同步辐射光主要有以下几个特点：

（1）光谱具有连续性（由波荡器产生的同步辐射光除外）。同步辐射光的波长覆盖范围宽，具有从远红外、紫外到 X 射线范围内的连续光谱，并且可以根据用户需求获得特定波长的光。

（2）高准直性。同步辐射光的发射集中在以电子运动方向为中心的一个很窄的圆锥内，发射角度非常小，几乎是平行光束。

（3）偏振性好。从弯转磁铁引出的同步辐射光在电子轨道平面上是完全的线偏振光，通过设计特殊的插入件，可以得到任意偏振状态的光。

（4）高亮度。同步辐射光源是高强度光源，具有很高的辐射功率和功率密度。例如，第三代同步辐射光源的 X 射线亮度是普通 X 光机的上千亿倍。

（5）可精确计算。同步辐射光的光子通量、角分布和能谱等均可精确计算，因此它可以作为标准光源，特别是真空紫外到 X 射线波段。

目前，我国的同步辐射光源的发展已经经历了三代，并正在积极建设和规划第四代光源。其中，北京同步辐射装置是第一代同步辐射光源，是高能物理的副产物，同步辐射模式每年只对外开放 2～3 个月，在满足高能物理学研究需要的运行计划和模式下，较难完成不受干扰的同步辐射应用研究[2]。为此，专门为同步辐射应用而设计建设的第二代光源应运而生。第二代同步辐射光源在设计时，充分考虑了电子束截面、角发散等问题，并落实到储存环结构的优化设计，使得同步辐射的性能得以大幅提高，为材料、能源和生命等领域的科学研究提供了广阔的平台。合肥光源是我国第一台专用光源，也是典型的第二代光源，经过一期和二期的建设及重大升级改造，现有 11 条光束线及实验站，全时对国内外用户开放[3]。到了 20 世纪 90 年代，随着技术的快速进步及科学研究的需要，可设置多个插入件的同步辐射光源的建造也得以开始，即第三代光源。上海光源是我国第一台中能区第三代同步辐射光源，于 2009 年 5 月正式对用户开放，共有 15 条光束线 19 个实验站开放运行[4]。图 7-2 是我国正在运行的北京同步辐射装置、合肥光源和上海光源的内部实景图。

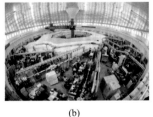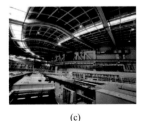

(a) (b) (c)

图 7-2　北京同步辐射装置（a）、合肥光源（b）和上海光源（c）内部实景图

数十年来，北京同步辐射装置、合肥光源和上海光源的建设和运行围绕科学前沿、国家重大需求与产业核心问题支撑用户开展创新研究，聚焦重大基础科学突破和关键核心技术发展，为广大用户提供了一个跨学科、综合性、多功能的大科学研究平台，在生命科学、凝聚态物理、材料科学、化学、能源与环境科学等多个学科前沿基础研究和高新技术研发领域产生了一批具有国际影响力的研究成果，有力地推动了相关学科和产业的发展，成为我国科学家参与国际竞争的强大助力。

当前，我国正处于建设创新型国家的关键时期，前瞻谋划和系统部署同步辐射光源等重大科技基础设施建设，对于增强我国原始创新能力、实现重点领域跨越、保障科技长远发展、实现从科技大国迈向科技强国的目标具有重要意义。目前，我国正在建设第四代高能同步辐射光源项目 HEPS[图 7-3（a）]，预计将于 2025 年底建成并投入运行[5]。合肥先进光源[HALF，图 7-3（b）]也正式启动，目标是建设世界上综合性能最先进的低能区第四代同步辐射光源，其波谱覆盖红外至软韧 X 射线波段，是拥有最高亮度的全辐射谱段空间相干性衍射极限光源。国家同步辐射实验室建设的红外和太赫兹自由电子激光装置，与合肥光源（HLS）和合肥先进光源（HALF）共同构成了"合肥先进光源"集群，成为国际上在低能区最领先的光源中心。对于同步辐射光源，不同的能区各有所长。低能区侧重于功能研究，主要针对超导电性、化学反应、生命活动微观机制、轻元素材料结构等领域的研究。中高能区侧重于结构研究，可用来破解如单晶生长、蛋白质分子结构、航空发动机单晶叶片的结构缺陷等领域的重大问题。待这批新光源系统装置建成投入运行后，将全面覆盖高（HEPS）、中（SSRF）、低（HALF）能区，面向我国在未来 30～50 年的重大战略需求，对众多基础和应用科学问题的研究发挥关键支撑作用。

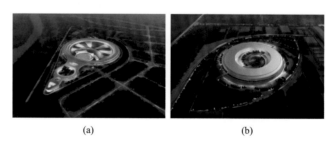

(a) (b)

图 7-3 （a）高能同步辐射光源设计效果图；（b）合肥先进光源设计效果图

7.1.2 同步辐射与高分子薄膜

同步辐射光的优异性能使其在高分子材料研究中得到越来越广泛的应用。同步辐射宽角、小角和超小角 X 射线散射（WAXS/SAXS/USAXS）技术是研究高分子材料中晶体和其他凝聚态结构的有力实验手段，可实现 0.1～1000 nm 的跨尺度结构检测。高分子薄膜在加工和服役过程中涉及的结构大多数是在这个尺度范围内。同时，高分子薄膜加工是典型的非平衡多尺度结构快速演化过程，结构演化往往在 1 s 内完成。高亮度同步辐射 X 射线具有高时间、高空间分辨的技术优势，这为原位跟踪高分子薄膜在加工和服役过程中的结构形成和演化提供了可能。当然，为了充分发挥同步辐射的优势，还需要根据高分子薄膜加工和服役的特点，针对性地设计研制样品环境控制的原位装置。

同步辐射不仅在高分子薄膜加工物理的基础研究中发挥重要作用，也是解决高分子薄膜加工生产等工业问题不可替代的平台。事实上，国外的高分子科学研究群体早已是同步辐射光源的重要用户群，其中既包括来自高校和科研院所的研究人员，也包括来自企业的研发人员。杜邦公司、埃克森美孚公司等 230 余家公司利用美国先进光子源（APS）等同步辐射装置开发产品，欧洲同步辐射光源（ESRF）的工业用户超过 150 家，日本工业界更是与原子能机构联合建设工业用同步辐射光束线站。近年来，国内工业界已逐渐认识到同步辐射在产品研发方面的优势，并付诸行动。例如，中国石油化工集团有限公司正在上海光源建设专用 3 线 5 站，将用于采油、炼化、石化等相关产品的研发。值得一提的是，上海光源于 2022 年正式投入运行的时间分辨超小角-工业应用实验站（BL10U1，图 7-4），是一条原位实时研究薄膜和纤维等高分子材料工业生产过程中结构演变及软物质自组装过程的实验站，建设背景和目标十分明确，就是为解决高分子材料加工等工业生产问题提供研究平台，服务国家重大战略需求[6]。

图 7-4　上海光源 USAXS 工业线站 BL10U1 实景图

7.1.3　小角散射实验站

近年来，本书作者团队自主研制了一系列与同步辐射 X 射线联用的高分子薄膜原位研究装置，主要依托上海光源 BL16B1、BL19U2 小角散射实验站和 BL10U1

工业线站，以及北京同步辐射装置 1W2A 小角散射实验站开展原位实验，分析了高分子薄膜在复杂加工和服役外场下的结构形成与演化等基本物理问题。前面已简要介绍了 BL10U1 工业线站。下面介绍 BL16B1、BL19U2 和 1W2A 这三条小角散射实验站的基本情况。

BL16B1 是上海光源一期建设的 7 条线站之一，于 2009 年 5 月正式对用户开放。该线站是一条弯铁光源线站，其设计技术参数和指标主要是针对高分子材料及其他软物质（如胶体系统），具有 WAXS/SAXS 联用功能。除了常规的透射模式，该线站还可实现掠入射小角 X 射线散射（GISAXS）、掠入射宽角 X 射线散射（GIWAXS）和反常小角 X 射线散射（ASAXS）等多种测量模式。BL19U2 是生物 X 射线小角散射线站（BioSAXS），于 2015 年 3 月完成建设并投入使用。BL19U2 虽主要面向生物溶液体系结构和生物学方向的研究，是生物小角散射线站，但也同时兼顾高分子、纳米材料等研究体系的 SAXS 实验需求。与 BL16B1 相比，其光亮度和光通量更高，具有更强的时间分辨能力，适宜开展对时间分辨要求高的原位实验。例如，本书作者团队完成的高分子薄膜原位高速拉伸实验就是在 BL19U2 完成的（应变速率最高达 250 s^{-1}）。1W2A 小角散射实验站于 2007 年建成，位于北京同步辐射装置（BSRF）15 号大厅，可开展常规小角、宽角、掠入射小角等实验模式，应用于纳米材料、介孔材料、高分子等领域。通过对小角散射图样的分析，获得样品在纳米尺度范围内（1～100 nm）的几何结构，包括形状、相关长度、回转半径、平均粒度（孔径）及其分布、比表面、不均匀线长度、平均壁厚、分形维数、分子量、孔隙率等结构信息。表 7-1 给出了 BL16B1、BL19U2、BL10U1 和 1W2A 实验站的基本情况[6]。

表 7-1　上海光源 BL16B1、BL19U2 和 BL10U1 及北京同步辐射装置 1W2A 实验站基本情况一览表

实验站	光源类型	能量范围/keV	光通量/ (photons/s)	光斑尺寸/ (mm×mm)	最大可探测尺度/nm	开放时间/年
BL16B1	弯铁	5～20	～10^{11}	0.16×0.24	240	2009
BL19U2	波荡器	7～15	～10^{12}	0.33×0.05	200	2015
BL10U1	波荡器	8～15	～10^{13}	0.38×0.34	1500	2022
1W2A	扭摆器	～8	～10^{11}	1.4×0.2	100	2007

7.2　流动场诱导高分子结晶原位研究装置

高分子熔体或溶液的剪切、拉伸是高分子薄膜加工过程中十分关键的一个步骤。在流动场作用下，高分子链发生解缠结、取向、伸展等构象变化，从而形成

预有序结构、加速结晶、产生新晶型、改变晶体形貌等。本节将介绍本书作者团队为研究流动场诱导高分子结晶行为研制的原位研究装置，包括原位纤维剪切流变装置、多维流动场原位挤出流变装置和原位伸展流变装置。

7.2.1　原位纤维剪切流变装置

同步辐射微焦点 X 射线衍射（SR-μXRD）能获得高分子材料的晶体结构信息及其空间分布。同时，光源和聚焦导致的高亮度特性，使得 SR-μXRD 可用于研究结构演化动力学。国际上，欧洲同步辐射光源（ESRF）、日本 Spring-8 同步辐射光源都建有微焦点小角和广角 X 射线散射实验站。上海光源硬 X 射线微聚焦及应用实验站（BL15U1），通过 KB 镜聚焦，微焦点 X 射线的光斑尺寸可以达到 100 nm 量级，光通量保持在 10^{11} photons/s。

高亮度的同步辐射微聚焦宽角 X 射线衍射具有高灵敏度、高时空分辨本领，是探究流动场诱导预有序结构的理想手段。一是其空间分辨能力。流动场诱导的预有序结构在熔体中一般是非均匀分布的。常规的同步辐射光斑尺寸较大（亚毫米量级），预有序结构的有序度低，信号比较微弱，而且会被周围体积大于自身数倍的无序熔体信号所平均，因此大光斑的常规同步辐射 X 射线散射检测难以分辨。SR-μXRD 的空间分辨能力可以直接检测预有序所在的微区，避免信号的平均化，提高了检测灵敏度。二是其时间分辨能力。由于流动场诱导的预有序结构热力学稳定性可能较差，存在时间短，其检测需要高的时间分辨能力。鉴于上述 SR-μXRD 的技术优势，意大利的 Alfonso[7]及日本的 Kanaya[8]先后将其应用到预有序的研究中，但却得出了相反的结论。Alfonso 认为串晶核由一束并行排列的分子链组成，分子链束后期可以形成晶体；而 Kanaya 从实验结果得出预有序中含有少量的晶体，且其结晶度比一般晶体更高。这可能是由于实验条件等因素的不同，因此需要在更宽的温度范围内，使用具有时空分辨能力的 SR-μXRD 原位跟踪流动场诱导的预有序结构来回答这一争论性问题，即预有序和结晶出现的先后。为了充分发挥 SR-μXRD 的高空间分辨特性，本书作者团队研制了可在特定空间位置施加剪切场的原位纤维剪切装置，研究剪切诱导熔体预有序结构[9]。

图 7-5（a）给出了研制的原位纤维剪切装置实物图。该装置配有热台，可控温度区间为室温至 300℃，温度控制精度为±0.1℃，可以对样品进行消除热历史的操作并精确控制样品的温度，装置同时配有电机，玻璃纤维一端包埋在计划研究的高分子熔体中，另一端固定在夹具内，电机控制玻璃纤维以设定的速度在熔体中竖直滑移，从而和熔体发生相对滑动。图 7-5（b）是装置研制成功后与同步辐射实验站进行联用的实景图。

 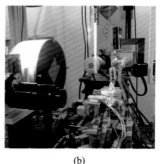

(a)   (b)

图 7-5 （a）原位纤维剪切装置实物图；（b）装置与同步辐射实验站联用的实景图

原位实验在 BL15U1 进行，X 射线波长为 0.123 nm，光斑大小为 4.9 μm×5.3 μm，所用探测器为 Mar165 CCD。实验所用的 iPP 首先经过模压成型得到厚度 50 μm 左右的薄膜，然后将直径约为 20 μm 的玻璃纤维夹在两片 iPP 薄膜中，得到类似于三明治的结构，之后加热到 220℃使三层结构进一步融合并消除热历史。为避免 iPP 降解，整个过程在氮气氛围中进行。样品制备的难点在于保证单根纤维笔直地夹在样品中。装载样品时，使用带有橡胶垫片的夹具夹住伸出样品的玻璃纤维，使其平行于拉伸方向，以保证拉伸时在样品内部产生剪切场。实验时，先以 10℃/min 的升温速率将样品加热至 220℃，保持 10 min 以消除热历史；然后，以 10℃/min 的降温速率降至设定的剪切温度 T_s，牵拉纤维对 iPP 熔体进行剪切，剪切完成后立即用 SR-μXRD 对样品选定区域进行逐点扫描。如图 7-6 所示，方框表示探测点，扫描从左上角开始沿 x 方向向右测试 6 个或 8 个点，然后回到最左边再次向右扫描，如此类推沿 z 方向共扫描 15 排或 10 排，每两个测试点的中心距离为 7 μm，因此整个扫描区域为 42 μm×105 μm 或 56 μm×70 μm。在 T_s 完成扫描检测后，再将样品降温至 138℃等温结晶，同时用 SR-μXRD 进行第二次逐点扫描跟踪等温结晶过程，检测预有序结构对后续结晶过程的影响。

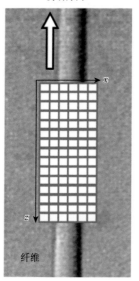

剪切方向

纤维

图 7-6 SR-μXRD 对样品选定区域进行逐点扫描示意图

实验中不同样品间的变量是剪切温度

T_s。由于 iPP 的熔点为 165℃，选取的剪切温度为 160℃、165℃、170℃、175℃ 及 180℃，相应地将不同剪切温度对应的样品命名为 S_{160}、S_{165}、S_{170}、S_{175} 及 S_{180}。样品降温至 138℃等温结晶之后，则分别命名为 $S_{160-138}$、$S_{165-138}$、$S_{170-138}$、$S_{175-138}$ 及 $S_{180-138}$。下面简述样品 S_{160} 的实验结果。图 7-7（a）中灰色与浅灰色方框表示该探测点有晶体散射信号，颜色越深代表该点的结晶度越高，白色方框代表无晶体散射信号。可以看到，以玻璃纤维为中心，距离玻璃纤维越远，结晶度越低。当距离大于或等于 21 μm 时，无晶体生成。这表明纤维剪切引起的流动场非常集中。距离玻璃纤维越远，剪切场强度越低，但沿纤维方向几乎没有差别。图 7-7（b）和（c）分别给出了衍射花样和一维积分。可以看到，所有衍射信号均出现在赤道线方向，且衍射弧非常窄，表明晶体沿拉伸方向高度取向。由于衍射信号非常微弱，一维曲线积分时屏蔽了没有晶体信号的区域，只对有信号的区域进行积分。从一维曲线中可以看到三个尖锐的晶体衍射峰，散射角分别为 11.2°、13.5° 及 14.8°，说明生成的是 iPP 的 α 晶。此外，通过一维积分曲线对结晶度进行了估算，结果表明结晶度最高的探测点的结晶度为 0.29%±0.03%。常规 X 射线的检测灵敏度为 1% 左右，无法测得如此低的结晶度。可以看到，同步辐射 X 射线微聚焦技术的发展大大提高了探测晶体的灵敏度。

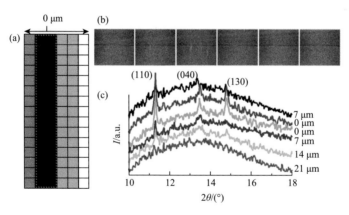

图 7-7　（a）样品 S_{160} 的 SR-μXRD 逐点扫描示意图，玻璃纤维位置如图中红色虚线所示，灰色方框与浅灰色方框分别代表检测到晶体衍射信号强与弱的点，而白色方框代表没有晶体的检测点；图（a）中其中一行从左到右检测点的 SR-μXRD 二维衍射图（b）及对应的一维积分曲线（c）

7.2.2　多维流动场原位挤出流变装置

高分子材料在加工中通常会经历复杂多维流动场（multi-dimensional flow field，MDFF）的作用。多维流动场如何影响高分子链的构象变化及材料的力学性能一直是学术界和工业界想要弄清楚的科学问题。解决这一问题的关键在于获取高分子材料在多维流动场作用下的流变和微观结构演化信息。目前，在流动场诱导高分子结晶的原位研究中，施加的流动场主要还是简单一维流动场。然而，理想的一维流动场并不能模拟高分子加工中的真实复杂流动场，也无法准确反映实际加工过程中的真实结构演变。为此，本书作者团队研制了可与同步辐射 X 射线散射联用的多维流动场原位挤出流变装置[10]。

图 7-8 给出了多维流动场原位挤出流变装置的三维整体示意图。该装置配置了两台高精度伺服电机。其中，挤出电机通过滚珠丝杠驱动活塞将高分子熔体挤出至样品腔。在挤出过程中，高分子熔体受到轴向剪切作用；旋转电机通过旋转芯轴产生环向剪切场。连接在芯轴上的高精度扭矩传感器实时记录环向剪切力，获得样品的流变信息。腔体壁上对称装有四根加热棒，实现对样品的加热。通过在腔体内安装两根热电偶并与温度控制器相连接，可实现腔体内温度的精确控制。该装置的可调温度范围为室温至 230℃，能够满足聚乙烯（PE）、等规聚丙烯（iPP）和聚丁烯（PB）等常见聚烯烃的实验需求。整套装置质量仅为 5 kg，易于携带至同步辐射实验站开展原位实验。

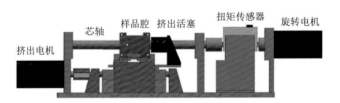

芯轴　样品腔　挤出活塞　　扭矩传感器　　旋转电机

挤出电机

图 7-8　多维流动场原位挤出流变装置三维整体示意图

下面介绍多维流动场原位挤出流变装置的研制细节和工作原理。原位研究装置首先要确保入射 X 射线能够顺利通过，因此在芯轴上设计有两个直径为 5 mm 的贯通孔，如图 7-9（a）所示。如此，X 射线可以在角度为 0°、90°、180°、270° 和 360°时穿过旋转的芯轴。此外，为防止熔体进入贯通孔，在芯轴外包裹一层厚度约为 125 μm 的聚酰亚胺薄膜。为避免高分子熔体剪切时发生壁面滑移，将聚酰亚胺薄膜表面进行了粗糙处理。在进行原位宽角 X 射线散射实验时，高分子熔体充斥在样品腔与芯轴间厚度为 1 mm 的间隙，因此 X 射线实际上穿过的是两层熔体。由于芯轴直径（20 mm）远大于贯通孔尺寸，宽角探测器仅能接收到后一层样品的散射信号。另外，出光孔被设计成角度为 60°的圆锥孔，以满足绝大多数高分子宽角 X 射线散射实验对散射角 2θ 的要求。精确计算表明前后两层样品散射信号在 $2\theta < 7°$ 时发生重叠。在这种情况下，利用该装置仍然可以确定某些特征衍射峰的出现或消失，但定量信息的获取则需要进一步的处理。因此，所研制的多维流动场原位挤出流变装置的散射角的有效表征范围为 $7° < 2\theta < 30°$。如图 7-9（b）所

示，为了将熔体顺利挤入至样品腔与芯轴间的间隙，样品腔入口设计成锥形孔道，其总长度为 13 mm，进出口的直径分别为 34 mm 和 22 mm。样品腔内壁粘上一层厚度约为 50 μm 的聚酰亚胺薄膜以密封样品腔并允许 X 射线通过。同时，用铜片固定薄膜以防止其在挤出过程中脱落。此外，活塞表面涂有一层厚度约为 25 μm 的聚四氟乙烯以防止高分子熔体在挤出过程中的黏附。利用该装置开展实验的基本过程如下：首先，如图 7-9（c）左侧所示，对放置在锥形孔道入口处的高分子粒料进行加热以获得高分子熔体；然后，通过活塞将熔体挤入至样品腔与芯轴间的间隙，如图 7-9（c）右侧所示。该装置的主要技术参数如表 7-2 所示。通过调整旋转电机与挤出电机的线速度，可产生具有不同参数的多维流动场。当然，通过将相应的旋转电机或挤出电机线速度设置为 0，也可以利用该装置产生单一的挤出剪切场或共轴环向剪切场。

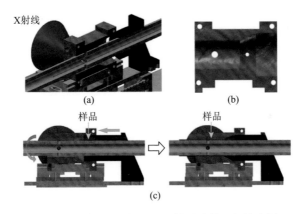

图 7-9　装置与 X 射线散射联用的挤出部分（a）及样品腔的局部放大图（b）；（c）装置挤出前后示意图，其中绿色箭头分别表示挤出活塞和芯轴的运动方向

表 7-2　多维流动场原位挤出流变装置的主要技术参数

缝隙尺寸/mm	最大旋转线速度/(mm/s)	最大挤出线速度/(mm/s)	最大挤出距离/mm
1	314	150	40

如图 7-10 所示，该装置研制成功后，本书作者团队在上海光源 BL16B1 实验站实现其与同步辐射宽角 X 射线散射（WAXS）的联用，并研究了多维流动场诱导的 iPP 结晶。实验时首先以 10℃/min 的速率升温至 210℃，保持 2 min 使 iPP 粒料完全熔融，再以 5 mm/s 的挤出线速度将熔体挤入至样品腔与芯轴间的间隙，并在 210℃下继续保持 5 min 以消除热、力历史，然后以 5℃/min 的降温速率将熔体冷却至 140℃（此温度下，样品仍可保持足够的流动性，且结晶速率适中）。当温度降至 140℃时，立即在样品上施加多维流动场以研究样品在其作用下的结晶

行为，挤出线速度保持在 7.85 mm/s，旋转线速度在 0～31.41 mm/s 范围内可调以产生具有不同参数的多维流动场。

图 7-10　多维流动场原位挤出流变装置与同步辐射实验站联用的实景图

原位实验时，以 10 s 的时间分辨率采集 WAXS 二维信号直至结晶完成。图 7-11（a）给出了 iPP 在多维流动场诱导下结晶初始过程阶段（结晶开始后的 20～30 s）的 WAXS 二维图，其中红色箭头标出了 iPP (040)晶面的衍射信号。对 WAXS 二维图进行进一步处理后可得到 iPP (040)晶面衍射信号的方位角积分曲线，如图 7-11（b）所示。由图 7-11（c）可以看出，随着旋转线速度与挤出线速度比值的增大，iPP (040)晶面方位角的峰位明显向低方位角度移动。

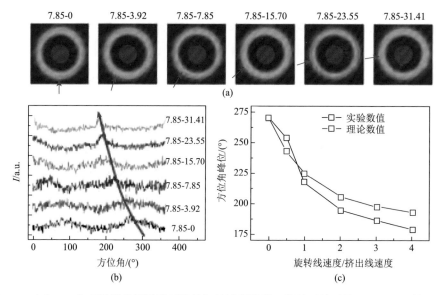

图 7-11　（a）iPP 在多维流动场诱导下结晶初始过程阶段（结晶开始后的 20～30 s）的 WAXS 二维图，其中红色箭头标出了 iPP (040)晶面的衍射信号；（b）iPP (040)晶面衍射信号的方位角积分曲线；（c）方位角峰位随旋转线速度与挤出线速度比值的变化

图中 7.85 代表挤出线速度，单位为 mm/s；0、3.92、7.85、15.70、23.55 和 31.41 代表旋转线速度，单位为 mm/s

7.2.3　原位伸展流变装置

高分子材料熔体的拉伸性能对于高分子的加工具有重要意义。例如，纺丝、吹膜等的加工过程都涉及高分子材料熔体的拉伸。然而，由于工业加工装备通常比较庞大，并且加工过程中流动场非常复杂，因此不适合用作伸展流动诱导高分子结晶理论研究的工具。伸展流动场诱导高分子结晶不仅要求装置轻型化，还要有专门的光通道供入射和散射 X 射线的通过，以实现与同步辐射 X 射线散射的联用。另外，为了研究伸展流动诱导高分子结晶的机理，通常需要单一的伸展流动场，尽可能减少剪切等其他流动场的干扰。因此，理想的研究伸展流动诱导高分子结晶的装置应该具有以下方面的特点：①转动轴的拉伸方式使得样品卷绕在转动轴上，而不是通过移动样品两端的方式将样品拉长。这样，一方面可以得到高的拉伸变形，另一方面可以保证恒应变速率的拉伸。并且，样品变形处总是在拉伸轴的中心，可保证 X 射线的检测位置保持不变。②装置应该轻便以方便携带，体积小，适合与同步辐射实验站进行联用。③由于不同的样品在不同温度时的加工特性相差悬殊，因此要求装置有足够大的转矩量程和拉伸速率范围，以满足多种样品实验需求。

目前，文献上报道的伸展流变装置主要有细丝拉伸流变仪（filament stretching extensional rheometer，FiSER^{TM}）[11]、美国 TA 仪器公司的伸展黏度装置（extensional viscosity fixture，EVF）[12]，以及 Xpansion 仪器公司开发的 Sentmanat 伸展流变仪（Sentmanat extensional rheometer，SER）[13]。其中，细丝拉伸流变仪的固定轴是水平移动的，可拉伸的范围非常有限，且拉伸速率无法保证恒定，因而这种伸展流变仪不利于伸展流动诱导高分子结晶的研究。相比之下，EVF 改进了样品固定端的拉伸方式，将样品卷在转动轴上进行拉伸，这样高分子样品可被无限拉伸至断裂。EVF 的缺点在于固定样品的一个转动轴是围绕其轴心转动，而另一个转动轴必须以第一个转动轴为中心进行转动，从而导致其无法与同步辐射光源进行联用。SER 是 Martin Sentmanat 博士在 2003 年开发的流变仪，具有很多优势：首先，它的样品拉伸方式是通过转动轴将高分子缠绕在辊轴上使高分子熔体伸展变形，使得高分子熔体可以无限伸展形变直至断裂。其次，由于两个轴都是固定地沿其中心轴进行转动，可以保证 X 射线的检测位置保持不变。然而，SER 通常是内置在剪切流变仪平台上，整套装置较笨重，不方便携带至同步辐射实验站开展原位实验。此外，由于高分子熔体自身的重力，在拉伸过程中熔体容易下垂，SER 也并没有解决这一问题。为此本书作者团队在 SER 设计思路的基础上，结合研究需求研制了可与同步辐射 X 射线散射联用的原位伸展流变装置[14]。

图 7-12 给出了原位伸展流变装置的三维整体效果图和装置拉伸机构的局部放大示意图。可以看到，装置的拉伸机构为伺服电机驱动的两个以相同速率反向旋

转的辊。样品被固定在两辊之间，并随着辊的旋转以恒定的应变速率被逐渐拉长。高精度的扭矩传感器可实时记录样品在拉伸过程中的扭矩，经过处理后可得到应力-应变等流变学信息。为了便于在同步辐射实验站开展在线实验，装置需要便于装样和换样。为此，设计了楔形导轨结构，并将样品池放置在导轨上。装样时，将样品池往外抽出即可，装样后可精确回到原位。在装置四个拐角处安装加热棒实现对样品池的加热。以高沸点（＞400℃）、低蒸气压和热稳定性优异的离子液体作为传热介质，可使得样品池内部温度均匀。同时，离子液体作为支撑介质使得高分子熔体不再处于悬空状态，从而可以克服其自身重力导致的预变形带来的不利影响。这一设计很好地解决了 SER 的固有缺陷。需要注意的是，离子液体的选择对高分子熔体流变和结构演变信息的准确获取十分关键，要求与所研究的 iPP 等高分子材料不相容，黏度低，对 X 射线的吸收率低等。这里所选用的是咪唑类离子液体。它与高分子材料不相容，黏度约为 10^{-3} Pa·s，比所研究的高分子材料黏度（约 $5×10^5$ Pa·s）低 8 个数量级，密度约为 1.13 g/cm³，对 X 射线的吸收率低。波长为 0.124 nm 的 X 射线穿过 1 mm 厚的离子液体仍可保持 60%的强度。

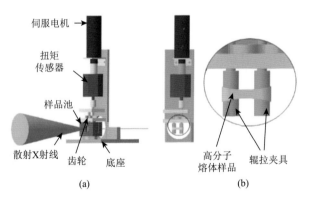

伺服电机

扭矩传感器

样品池

散射X射线　齿轮　底座

(a)

高分子熔体样品　辊拉夹具

(b)

图 7-12　（a）原位伸展流变装置三维整体示意图；（b）装置拉伸机构局部放大示意图

原位研究装置的微型化和轻质化是装置研制时需重点考虑的方面。所研制的整套装置尺寸为 300 mm×90 mm×50 mm，净重仅为 1.5 kg，方便携带。如图 7-13（a）所示，该装置研制成功后，本书作者团队在上海光源 BL16B1 实验站实现了其与同步辐射小角 X 射线散射（SAXS）的联用，原位研究了伸展诱导 iPP 熔体结晶。所用的探测器为 Mar165 CCD，探测器与样品的距离为 5.045 m。实验前将厚度为0.8 mm 的 iPP 薄片切成长 25 mm，宽 18 mm 的矩形样条。实验时，将样条固定在两辊之间后，首先以 10℃/min 的速率升温至 210℃，保持 5 min 以使样条完全熔融并消除热、力历史，然后以 10℃/min 的速率将熔体冷却至 140℃，再以 5℃/min 的速率继续降温至 133℃（此温度下样品在无拉伸下不发生结晶）。整个升温和降温过程中，由于离子液体的支撑作用，样条并没有发生明显的预变形，见图 7-13（b）中最左侧的样条。当温度降至 133℃时，开启探测器收集 SAXS 信号，并以 18.8 s^{-1} 的 Hencky 应变速率开始拉伸样条。图 7-13（b）给出了样条被拉伸至不同应变时的瞬时图。图 7-13（c）是 Hencky 应变为 1.8 的样条 SAXS 二维图。图 7-13（d）是拉伸过程中 SAXS 散射强度随时间的一维演化曲线。从中可以看到，拉伸后约 150 s（即结晶诱导期）开始出现片晶的 SAXS 信号，峰位 q 约为 0.185 nm^{-1}，对应的长周期约为 34 nm。此外，还研究了其他应变速率（12.6 s^{-1}、25.1 s^{-1}）下的伸展诱导 iPP 结晶行为，发现应变速率越高，结晶诱导期越短，表明强流动场可显著加快结晶动力学。

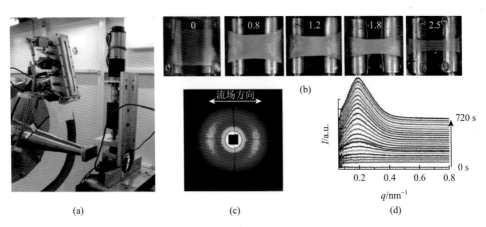

图 7-13　（a）高分子熔体原位伸展流变装置与同步辐射实验站联用实景图；（b）133℃下，拉伸至不同 Hencky 应变的 iPP 样品；（c）133℃下，以 18.8 s^{-1} 的 Hencky 应变速率将 iPP 样品拉伸至 Hencky 应变为 1.8 时的 SAXS 二维图；（d）SAXS 散射强度随时间的演化

7.3　高分子薄膜后拉伸原位研究装置

　　薄膜后拉伸加工的重要性及其原理已在第 5 章中进行了介绍。同步辐射是研究薄膜在后拉伸过程中结构演变的有力手段。这一小节将介绍本书作者团队研制的一系列可与同步辐射 X 射线散射联用的高分子薄膜后拉伸原位研究装置。这些原位拉伸装置能够实现不同的外场环境，对高分子薄膜施加不同的后拉伸方式，包括快速拉伸、低温拉伸、高温高压拉伸、单轴受限拉伸和溶液拉伸等。

7.3.1　原位快速拉伸流变装置

　　高速形变除了发生在高分子加工过程外，一些特殊的服役环境也涉及高速形变。汽车、航空航天等行业的快速发展对高分子材料的性能提出了更高的要求，特别是在服役环境较为苛刻的情况下。因此，理解高分子材料在极端服役条件（如低温、高速形变）下的力学性能和结构演化关系至关重要。在过去的几十年，研究者致力于研制能够表征高分子材料在不同应变速率下力学响应的实验装置。例如，传统的伺服液压和螺杆驱动的机器足以满足准静态测试（$10^{-4} \sim 10^{0}\ \text{s}^{-1}$）的要求。中等应变速率（$10^{0} \sim 10^{2}\ \text{s}^{-1}$）的实验通常是在基于液压、落锤或飞轮的机器上完成的。而高应变速率（$10^{2} \sim 10^{6}\ \text{s}^{-1}$）的实现，则需要分离式的霍普金森压杆和泰勒冲击等实验装置。然而，由于高速形变过程持续的时间非常短，对实验和检测技术要求极高，因此鲜有关于高分子材料在高速形变过程中微观结构演化方面的研究。

为了实现高分子材料在快速拉伸过程中的微观结构演化的在线研究，本书作者团队研制了一套与同步辐射 X 射线散射联用的快速拉伸结构检测系统[15]，包括原位快速拉伸流变装置[16]、超高时间分辨探测器和高速 CCD 相机。原位快速拉伸流变装置的三维效果如 7-14（a）所示。探测器、高速 CCD 相机和配套的 VERITAS 面光源通过采购直接获得，分别如图 7-15 （a）、（b）和（c）所示。

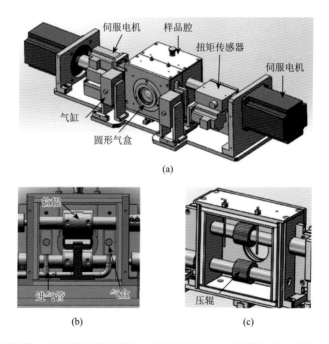

(a)

(b)　　　　　　　(c)

图 7-14 （a）原位快速拉伸流变装置整体三维效果图；（b）装置拉辊示意图；（c）装置压辊示意图

(a)　　　　　　　(b)　　　　　　　(c)

图 7-15　（a）超高时间分辨探测器 Lambda 750K；（b）高速 CCD 相机图；（c）VERITAS 面光源

　　如图 7-14（b）所示，该装置利用上下两个拉辊固定高分子薄膜样品，两个伺服电机分别控制两转轴反向旋转对样品施加拉伸。同时，为了保证样品在拉伸过程中不打滑，除了在拉伸辊的表面做滚花处理外，还利用气缸控制压辊对样品施加一定压力，如图 7-14（b）所示。为了保证压辊与高分子薄膜之间不因摩擦而升高温度，两个压辊也由伺服电机驱动为主动辊。在拉伸时，四台电机同步启动，并在 10 ms 内加速到设定的应变速率。目前，该装置覆盖的应变速率范围为 0.001～250 s^{-1}。高精度扭矩传感器可实时记录高分子薄膜在拉伸过程中的应力信息。在温度控制方面，以热风枪为热源，通过空压机施加压力并利用不锈钢进气管将热风导入分布于样品腔内左右两侧的气盒，如图 7-14（b）所示。通过调节热风枪的加热温度和空压机的输出气压达到控温的目的；制冷则通过液氮和氮气实现，与制热方式相似，利用氮气将液氮导入气盒，通过调节液氮和氮气流量达到控温的目的，同时可以排出样品腔内部的空气，防止窗口内侧结霜。进行低温实验时，由于装置整体内外温差较大，窗口外表面易凝结水汽，在入射和出射光窗口上安装有圆形气盒[图 7-14（a）]。将氮气通入气盒，可排出外层窗口处的空气，防止外部窗口结霜。目前，该装置所能实现的温度范围为–60～300℃。假设拉伸辊被加速至设定转速 n，则施加在样品上的应变速率可按照 $\dot{\varepsilon} = 2n \times 2\pi R / l_0$ 计算。其中，n 为转速，R 为拉伸辊半径，l_0 为拉伸前的样品长度。最终的装置参数为 $n = 3000$ r/min（伺服电机的额定转速），$R = 15$ mm，$l_0 = 45$ mm，由此可计算得到 $\dot{\varepsilon} = 209$ s^{-1}，表明该装置可实现高速拉伸的设计功能。该装置可同时满足不同温度不同速率范围的高分子薄膜的单轴辊拉实验，装置的主体体积小，重约 15 kg，方便携带至同步辐射光源线站联用。

　　如前所述，BL19U2 小角 X 射线散射实验站的光通量高达 10^{12} photons/s 量级，为高速拉伸实验提供了条件。尽管同步辐射光源的光通量已可满足高速拉伸下材料结构演化的检测需求，但是实验站常规配置的大部分探测器依然无法实现超高时间分辨率的信号采集。近年来，超快探测器的研发和应用扫除了这一障碍。例如，上海光源小角 X 射线散射实验站 BL16B1 配置的 Pilatus 200K 探测器，最高时间分辨率为 2 ms，已可满足大多数原位研究的需要。然而，在高速拉伸实验中，假定断裂应变仅为 1 个应变，在较高应变速率（如 100 s^{-1}）条件下薄膜样品的实际拉伸时间只有 10 ms 左右。若采用 2 ms 的时间分辨率，只能采集约 5 幅散射图，可在一定程度上揭示高分子薄膜在高速拉伸过程中的微观结构演化。然而，某些关键应变处的信号仍无法精确采集。为此，本书作者团队在原位实验时使用 Lambda 750K 探测器[图 7-15（a）]以获得更高的时间分辨率，其最高时间分辨率为 0.5 ms，且可实现连续采集。在相同的实验条件下，拉伸过程中采集到的图幅数是此前的 4 倍，可满足原位高速拉伸实验对时间分辨率的要求。

由于样品在拉伸过程中可能出现打滑等现象，难以获得样品在高速拉伸过程中的真应变。通过高速 CCD 相机的校正，可准确获得样品的真应变。具体方法为：在样品的相应位置用油墨盖上间距相等的数道条纹，利用高速 CCD 相机（采用 1 ms 甚至 0.1 ms 的时间分辨率）拍摄薄膜样品的拉伸过程，最后用计算机图像识别技术对拍摄到的视频进行处理，提取两道相邻条纹在拉伸过程中间距的变化，即可获得材料在任意时刻的真应变。以 iPP 流延膜的高速拉伸实验为例，直观地给出了计算样品真应变的过程。如图 7-16（a）所示，在拉伸前，薄膜样品中心位置处两条相邻的条纹距离为 d_1；而在拉伸过程中的某一时刻，两条蓝色条纹之间的距离变成 d_2，如图 7-16（b）所示。因此，此时薄膜的真应变可以根据应变的定义，即 $\varepsilon = \ln(d_2 / d_1)$ 直接进行计算。需要指出的是，上述相邻条纹的识别及条纹间距的测量均是通过计算机图像识别和处理实现的。由于高速 CCD 相机拍摄的视野很小，为了使视频清晰，需用配套的 VERITAS 面光源[图 7-15（c）]进行补光。为了避免因长时间照射引起的材料结构变化甚至破坏，原位实验时采用侧面补光模式。

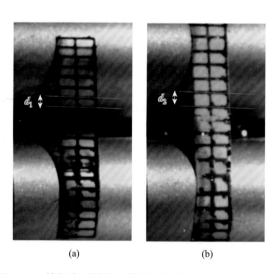

(a)   (b)

图 7-16　等规聚丙烯流延膜高速拉伸过程中的视频截图
（a）拉伸前；（b）拉伸后

　　如图 7-17 所示，该装置研制成功后，本书作者团队在 BL19U2 实验站实现了其与同步辐射 X 射线散射的联用，并研究了线形低密度聚乙烯（LLDPE）在室温和宽应变速率（$0.005\sim250\ \text{s}^{-1}$）条件下拉伸过程中的晶体结构转变。图 7-18 给出了 LLDPE 薄膜在真应变-应变速率空间中 WAXS 二维图的演化。可以看到，由于高速拉伸的持续时间非常短，样品的曝光时间有限，采集到的 WAXS 信号信噪比要比中低应变速率差。然而，通过对 WAXS 二维图进行一维积分后，并结合同步记录的真应力-真应变曲线，仍能得到丰富的晶体结构演化信息，如晶型转变（屈服点附近发生由正交相-单斜相的马氏体相变，硬化点附近出现六方相），正交、单斜和六方三种不同晶型的含量，以及晶粒尺寸在拉伸过程中的变化情况。综上所述，所研制的原位快速拉伸流变装置可实现高分子薄膜样品在高速拉伸过程中微观结构演变的在线检测，是揭示高分子材料在极端服役条件下力学性能与微观结构关系的有力实验手段。

图 7-17　原位快速拉伸流变装置与上海光源 BL19U2 实验站联用实景图

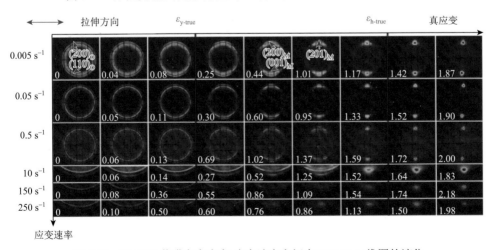

图 7-18　LLDPE 薄膜在真应变-应变速率空间中 WAXS 二维图的演化

7.3.2 原位低温拉伸流变装置

在进行原位实验时，不同高分子材料所要求的样品环境截然不同。天然橡胶和硅橡胶等弹性体在低温拉伸或压缩过程中的微观结构演变直接关系到其在苛刻工况下的服役能力，也在很大程度上决定了相关装备系统的可靠性。1986 年，美国挑战者号航天飞机在发射时就由于气温过低（约−0.5℃），导致火箭助推器 O 型环密封圈失效，进而造成相邻的外部燃料仓在泄漏的高温火焰下灼烧发生爆炸，最终导致 7 名宇航员全部罹难。总结经验教训，充分研究和了解橡胶材料在低温环境下的结晶行为是十分必要的。

要开展橡胶在低温拉伸过程中的微观结构演变研究，首先需要解决样品环境的控制问题，即能与同步辐射 X 射线散射联用的原位低温拉伸流变装置。调研发现已有相关的商业化低温拉伸设备，例如，英国 Linkam 科学仪器公司配置液氮制冷系统的拉伸热台 TST350 及 Instron 3366 型万能拉伸机。然而，这些商业化设备都存在一定的局限性。例如，TST350 虽可实现与同步辐射联用，然而为了提高升降温速率，其样品空间很小，所能达到的应变范围十分有限，因此很难将具有较高断裂伸长率的橡胶类样品拉伸至大应变乃至断裂；采用局部辐射控温，难以保证样品温度均匀。此外，TST350 采用按压式夹具，样品在拉伸过程中存在严重的打滑现象，即样品从夹具处滑脱。Instron 3366 型万能拉伸机能实现低温拉伸，但不能直接与同步辐射 X 射线散射联用。因此，本书作者团队自主研制了与同步辐射 X 射线散射联用的原位低温拉伸流变装置[17]。

研制过程中需要解决的主要难点问题有[18]：①单向拉伸至断裂，即实现大应变；②低温环境的实现（−110℃至室温）；③样品的打滑现象；④考虑上海光源实验站的空间限制，装置尺寸要尽可能小，质量需要尽可能轻。同样，受 SER 启发，通过采用伺服电机驱动两个反向旋转的辊夹具对样品施加拉伸以实现大应变，如图 7-19 所示。同时，腔体体积小也有利于样品腔内部温度的均一可控，以及整个装置质量和尺寸的控制。通过使用安川电机（中国）有限公司生产的伺服电机，并配置减速机和运动控制器，再通过 MPE720 软件编写控制程序，装置能够实现较宽的应变速率范围（$0.0025 \sim 30\ \mathrm{s}^{-1}$）。低温环境的实现参考低温热台和差示扫描量热仪等仪器常用的降温模块，采用液氮降温的方法，使用自增压液氮罐将液氮注入低温腔体。样品不能直接与液氮接触，需要在样品腔外部设计液氮流道。样品腔采用导热性较好的 304 不锈钢，流道和样品腔采用一体式加工设计，避免焊接可能带来的缝隙。此外，还利用有限元方法模拟了样品腔内温度，结果表明当环境温度为室温时，样品腔内部温度最低能够达到−150℃。这一温度已经足以满足包括橡胶在内的绝大多数高分子材料使用环境温度的要求。为了解决低温环境实验过程中窗口的结霜问题，将装置样品腔内部充入干燥氮气，外部则采用吹风的方式，排除 X 射线窗口附近的水蒸气，从而避免窗口结霜对 X 射线散射实验产生不利影响。根据锥形散射计算 X 射线的窗口尺寸，并采用聚酰亚胺薄膜（杜邦公司 Kapton 系列薄膜）作为窗口材料。

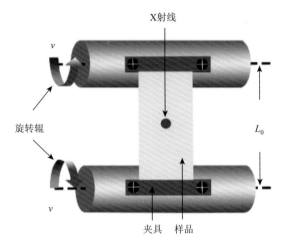

图 7-19　原位低温拉伸流变装置中两个反向旋转的辊夹具对样品施加拉伸

虽然采用辊夹具可以很好地实现大应变，但也存在样品打滑等问题。在研制装置时通过对辊表面做滚花、喷砂和布基胶带处理，增加了其表面粗糙度，打滑问题得到较好抑制。同样地，采用高速 CCD 相机实时记录样品的拉伸过程以彻底消除打滑问题的影响，同时可准确获得样品的真应变。

装置的整体设计效果图如图 7-20（a）所示。该装置研制成功后，本书作者团队在 BL16B1 实验站实现了其与同步辐射 X 射线散射的联用，并研究了聚二甲基硅氧烷（PDMS）在低温（$-75\sim-35$℃）和宽应变速率（$0.002\sim2\ \mathrm{s}^{-1}$）条件下的拉伸诱导结晶和晶型转变［图 7-20（b）］[19]。图 7-21 给出了在 -65℃条件下，PDMS

(a)　　　　　　　　(b)

图 7-20　（a）原位低温拉伸流变装置整体设计效果图；（b）装置与上海光源 BL16B1 实验站
联用的实景图

在真应变-应变速率空间中 WAXS 二维图的演化。可以看到，所研制的原位低温拉伸流变装置可在线检测样品在低温拉伸过程中的微观结构演变，对低温宽应变速率下的 PDMS 结晶和服役行为的理解具有重要意义。

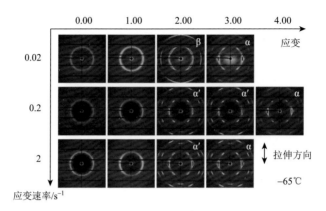

图 7-21　PDMS 在真应变-应变速率空间中 WAXS 二维图的演化

7.3.3　原位高温高压拉伸流变装置

对于含强氢键相互作用的高分子薄膜或者纤维，如尼龙（PA）薄膜、聚丙烯腈（PAN）纤维和三醋酸纤维素酯（TAC）薄膜等，由于氢键对分子链运动强烈的限制作用，很难达到较大的拉伸比，影响这类高分子薄膜或纤维的加工和产品性能。由于水分子对氢键有破坏作用，工业上普遍采用的解决方法是：将高分子样品在水中或者水蒸气气氛下进行拉伸。在水中进行拉伸的缺点是拉伸温度受水的沸点的限制，常压下最高只能达到 100℃，仍无法满足产品加工的要求。在水蒸气气氛下，不仅存在充足的水分子，在设备允许的条件下，可及的温度范围也大大增加，更易实现分子链的高取向，提升高分子材料的综合性能。然而，如何减弱纤维分子链间氢键相互作用，提高纤维取向程度是工业界亟须解决的问题。这涉及高分子拉伸加工过程中的多个关键科学问题，如分子链间氢键相互作用强度随温度及蒸气压的演化规律，拉伸诱导的高分子构象有序和结晶，拉伸诱导的晶体形变、取向和相变等。

为研究上述关键科学问题，亟须发展相应的实验方法和检测手段。为此，本书作者团队成功研制了一套原位高温高压拉伸流变装置[20]。该装置具有以下几个特点：①可为样品提供不同温度的水蒸气气氛；②样品加热腔的密封性良好，水蒸气气氛可在较长时间内（实验时间尺度）保持稳定；③轻便易携，尺寸小，设置有用于散射光通过的通光孔，可实现与同步辐射 X 射线散射的联用；④能够采集拉伸过程中样品的实时应力-应变信息。图 7-22 给出了该装置的主要构成部分、整体三维示意图和样品加热腔细节的三维示意图。各部分的主要作用简述如下：样品加热腔通过加热水槽中的水产生水蒸气气氛；利用液封和密封圈及样品加热腔的一体化加工实现对样品加热腔的密封，维持水蒸气的蒸气压；样品加热腔温度由双通道温度控制器精确控制，样品加热腔设置两个热电阻，探测的温度信息反馈到温度控制器，温度控制器自动调节工作状态以达到精确控制温度和压强的目的；通过窗口加热腔对 X 射线出光孔的加热，消除 X 射线出光孔内壁的水珠；两台高精度伺服电机以连续可调的速度分别驱动两个辊夹具进行反向旋转，对样品施加拉伸；扭矩传感器跟踪拉伸过程应力变化；安全阀保证样品加热腔内蒸气压在安全值范围内；压力表实时反馈腔体内部的蒸气压；实验结束后，水和水蒸气分别从放水阀和放气阀实现排出；利用 X 射线入光孔和出光孔，X 射线可依次通过入光孔、样品、出光孔、窗口加热腔，实现对样品在水蒸气气氛下拉伸过程的结构演化行为的原位跟踪。

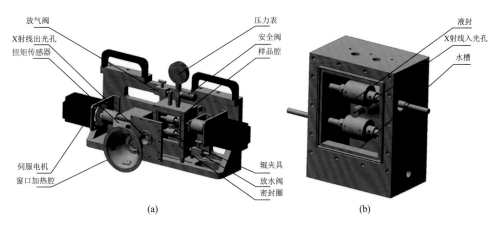

图 7-22　（a）原位高温高压拉伸流变装置的整体三维示意图；（b）样品加热腔细节的三维示意图

　　本书作者团队利用该装置开展了同步辐射 X 射线散射原位实验，在线研究了饱和蒸气压对尼龙 6（PA6）氢键分布及晶型的影响。图 7-23 是该装置与上海光源 BL16B1 实验站联用的实景图。PA6 作为一种常用的工程塑料，广泛应用于汽车、军事及食品包装上。PA6 由于分子链构象及氢键分布的多样性，具有不同的晶型。晶型往往决定了材料的性能及用途，例如，β 晶因氢键分布的多向性、随机性，具有良好的可延展性及气体阻隔性，广泛应用于食品真空包装。考虑到 PA6 晶型是由氢键的分布所决定，利用同步辐射 X 射线散射研究加工参数（如温度、饱和蒸气压等）对 PA6 分子链氢键的分布及晶型转变的影响，对理解水蒸气拉伸加工背后的科学问题及高性能高分子产品的开发具有十分重要的意义。

图 7-23　原位高温高压拉伸流变装置与上海光源 BL16B1 实验站联用的实景图

将裁剪好的 PA6 薄膜样品装夹在双辊夹具上，密封好之后开启温度控制器，温度设定为 140℃并开始加热，同时开启同步辐射 X 射线光源，原位跟踪升温及蒸气压改变过程中 PA6 晶体结构的演化过程。图 7-24 给出了单纯升温及同时升高温度和蒸气压时 PA6 薄膜样品的 WAXS 二维图的演化过程。结果表明，在升温的同时，水蒸气的存在会导致 PA6 分子链间氢键的破坏和重构，此时发生的晶型演化与单纯升温时的晶型演化存在明显区别。具体表现为初始样品中不完善的 α 晶逐渐变得完善，并随着蒸气压的升高，其完善程度也在逐渐增加。

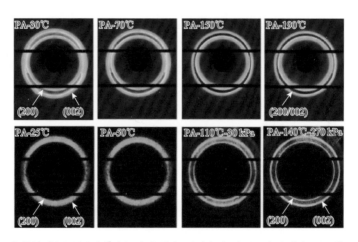

图 7-24　PA6 在单纯升温及同时升高温度和蒸气压过程中不同温度和蒸气压下的 WAXS 二维图

7.3.4　原位单轴受限拉伸流变装置

为了跟踪高分子薄膜在单轴受限拉伸过程中的多尺度结构演化，本书作者团队研制了可与同步辐射 X 射线散射联用的原位单轴受限拉伸流变装置[21]。该装置在实现常规的单轴不受限拉伸方式的同时，通过在垂直于拉伸方向上设置剪叉式机构，实现对高分子薄膜的单轴受限拉伸，如图 7-25 所示。利用该装置可实时跟踪高分子薄膜在不同温度下单轴受限拉伸过程中的多尺度结构演化。该装置安装有拉力传感器，能够实时获取薄膜在拉伸过程中的应力信息，从而可以将加工参数与薄膜结构和性能直接关联，在揭示加工基本原理的同时，也能为薄膜实际加工参数的优化提供理论指导。

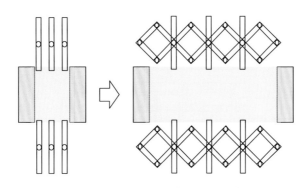

图 7-25　通过在垂直于拉伸方向设置剪叉式机构实现单轴受限拉伸

图 7-26 给出了与同步辐射 X 射线散射联用的单轴拉伸装置三维效果图和二维机械装配图。装置运行时，两台伺服电机以相同转速反向转动，驱动滚珠丝杆转动，带动两个夹具反向移动，从而对夹具之间的薄膜样品施加拉伸。与普通的单轴拉伸装置一端夹具固定，一端夹具运动不同，两个夹具反向移动的方式能够对样品施加对称的位移，保证在原位实验过程中 X 射线始终穿过样品的中心，即 X 射线检测位置不随拉伸的进行而变化。为了实时记录拉伸过程中应力的演化，该装置的一端夹具上安装有高精度拉力传感器，结合设定的拉伸速率和拉伸时间，能够得到拉伸过程中完整的应力、应变信息。在垂直于拉伸方向（横向）上安装有剪叉式机构，随着样品的纵向拉伸移动，既不干扰样品的拉伸，又可保证样品宽度恒定，从而实现单轴受限拉伸，如图 7-25 所示。这里，受限的含义是样品拉伸时长度变化，但宽度保持不变。纵向和横向夹具均安装在温度控制腔体内，可精确控制样品的拉伸温度，同时可设定不同的升降温速率。考虑到该装置需要实现与同步辐射 X 射线散射的联用，在设计时已充分考虑了与同步辐射实验站的尺寸配合问题，结合实验站的现场测绘，确定该装置的机械尺寸。考虑到原位实验过程中，需将装置从同步辐射实验站平台上取下，完成样品装夹，专门设计了与平台配合的样品台。样品台上安装有燕尾槽，使得装置可沿燕尾槽轻松滑动。同时在样品台上设计安装了定位块，保证每次完成样品装夹后，装置均滑到同一位

置，实验时 X 射线能穿过样品的中心。研制的原位单轴拉伸流变装置的技术参数和对应拉伸样品的原始尺寸总结如表 7-3 所示。

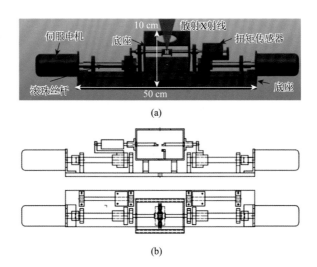

(a)

(b)

图 7-26　与同步辐射 X 射线散射联用的原位单轴拉伸流变装置的三维效果图（a）和二维机械装配图（b）

表 7-3　原位单轴拉伸流变装置的技术参数和拉伸样品的原始尺寸

技术参数			样品原始尺寸	
最大拉伸比	最大拉伸速率	最高使用温度	最大样品厚度	最小样品尺寸
10	78 mm/s	300℃	3 mm	14 mm×24 mm

该拉伸装置主要由三个系统组成：动力系统、力学数据采集系统和样品环境温度控制系统。动力系统选用高精度伺服电机，配合滚珠丝杆的使用，可将电机的转动转化成夹具的直线运动，具有运行平稳、响应快速、位置控制精确等优点。采用 LabVIEW 软件对电机进行控制，可实现恒定拉伸速率和恒定应变速率两种拉伸方式。当纵向夹具以恒定拉伸速率运行时，瞬时应变速率在拉伸开始时最大，并随拉伸的进行不断减小。当拉伸速率为 78 mm/s 时，最大的应变速率可达 5.6 s^{-1}。当纵向夹具以恒定应变速率运行时，被拉伸样品的长度随拉伸的进行呈指数形式增大，夹具的线速度也将不断增大。对于横向夹具而言，样品两侧夹具安装在直线导轨上，且每侧夹具均采用"剪叉式"机构连接，这样拉伸时每个夹具能够沿着导轨等比例均匀分开。

该拉伸装置选用中国航天空气动力技术研究院生产的扭矩传感器（BK-2A），最大量程为 100 N，采集精度为 0.05%。拉力传感器将应力信号转化成电压信号，经放大器放大后由高速数据采集卡采集并通过 LabVIEW 软件处理，得到可处理的文本数据。为了便于操作，将控制伺服电机转动的程序和拉力采集程序进行了集成，集成后的程序不仅可控制装置的运行，还能获得薄膜拉伸时的应力、应变信息。

样品环境温度控制腔体由固定的腔体和可移动的盖板构成。更换样品时将盖板移开，完成样品装夹后，将盖板移回并固定在腔体上形成密闭的空间，对腔体进行加热。为减少加热过程中的热量损失，腔体表面和盖板均铺设云母板进行隔热处理。由于该装置需实现与同步辐射实验站的联用，因而要在腔体两侧分别开设 X 射线的入射孔和散射孔，并以聚酰亚胺薄膜（Kapton 系列薄膜）作为窗口材料。为保证腔体温度的精度控制和温度均匀性，研制时设计了特殊的腔体温度控制系统。图 7-27 是样品腔体的整体布局示意图。腔体两侧的铜板分别安装一根加热棒。工作时加热棒对铜板进行加热，通过辐射传热将腔体内样品加热到设定的温度。腔体内温度传感器与自制的双通道温度控制器连接，将探测到的温度信息实时反馈至温度控制器，对加热棒的加热功率和工作状态进行调控，以实现对温度的精确控制。温度控制器通过调整比例积分微分（proportion integration differentiation，PID）参数使得腔体能快速达到所设定的温度，且温度过冲较小。采取以下两个措施来保证腔体温度均匀性：第一，在样品对角的位置安装了两个温度传感器（图 7-27），每个温度探头可及时反馈调节对应铜板的加热功率和工作状态。因此，将两个探头目标加热温度设定为相同值，当腔体温度稳定后，样品对角位置温度相同，则整个样品的温度分布较均匀。第二，向腔体内通入氮气，在加热时实现腔体内气体的强制对流，使得腔体内温度更加均匀。样品环境温度控制腔体的使用温度范围是室温到 300℃，温度波动范围是±1℃。

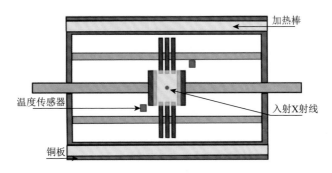

图 7-27 原位单轴拉伸流变装置样品整体腔体布局示意图

该装置研制成功后，本书作者团队在上海光源 BL16B1 实验站实现了其与同步辐射 X 射线散射的联用。下面以轻度交联的高密度聚乙烯（HDPE）的原位单轴（受限）拉伸实验为例，展示利用该装置开展高分子薄膜在单轴（受限）拉伸过程中多尺度结构演化的原位研究。图 7-28 是该装置安装在上海光源 BL16B1 实验站的实景图。原位实验时用二维探测器 Mar165 CCD 采集 SAXS 散射花样。将片材裁剪成尺寸为 20 mm×30 mm 的样条后用纵向、横向夹具装夹，然后将腔体温度升至 200℃并保持 12 min 以消除样品的热历史，保证样条在拉伸前具有相同的微观结构。随后，将腔体温度迅速降至 125℃，待腔体温度稳定后立即对样品进行拉伸，拉伸速率和拉伸比分别设定为 40 mm/s 和 7.5。在拉伸过程中，拉力传感器实时记录应力的演化信息，SAXS 原位跟踪拉伸过程中的微观结构演化。

图 7-28　原位单轴拉伸流变装置与上海光源 BL16B1 实验站联用的实景图

图 7-29（a）给出了轻度交联 HDPE 在拉伸过程中的应力-应变曲线。可以看到，在拉伸过程中样品发生明显的屈服和应力软化。拉伸完成后，可以得到厚度约 100 μm 的均匀薄膜，如图 7-29（b）所示。可以看到，由于横向夹具的

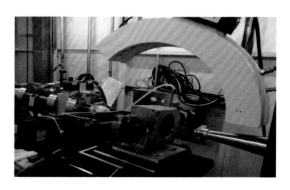

(a)　　　　　　　　　　(b)

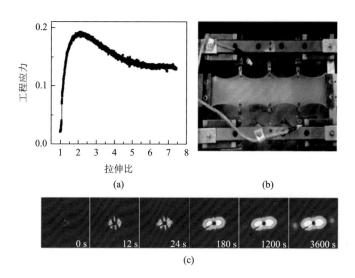

(c)

图 7-29　（a）轻度交联 HDPE 薄膜样品在单轴受限拉伸过程中的应力-应变曲线；（b）拉伸后的薄膜实物图；（c）样品在拉伸过程中的同步辐射 SAXS 二维图

限制，薄膜未发生横向收缩，表明该装置很好地实现了单轴受限拉伸的设计功能。图 7-29（c）给出了薄膜在拉伸过程不同时刻的 SAXS 二维图，通过对散射花样进行进一步处理和计算，可以了解样品片晶长周期等微观结构参数在拉伸过程中是如何变化的。通过改变拉伸条件，如拉伸速率和温度，可以将微观结构参数与加工参数关联起来，从而为薄膜的实际工业生产提供理论指导。

7.3.5　原位溶液拉伸流变装置

高分子薄膜在溶液环境中的拉伸加工在工业上具有重要的应用。例如，聚乙烯醇（PVA）偏光膜是新型显示的关键材料，其生产过程是在 KI/I_2 与硼酸的混合溶液中对 PVA 偏光膜基膜进行单轴拉伸，使得 PVA 分子链沿拉伸方向取向，促进吸附的碘离子与分子链发生络合反应，形成有序排列的纳米碘线。这种有序排列的纳米碘线能够吸收与其平行的光，使得与拉伸方向垂直的光透过，从而实现光的偏振选择性透过。PVA 偏光膜基膜在 KI/I_2 与硼酸混合溶液中的拉伸过程涉及拉伸诱导的纤维化和络合反应等关键科学问题。为有效地研究这些关键科学问题，本书作者团队研制了能与同步辐射 X 射线散射联用的原位溶液拉伸流变装置，以模拟工业上溶液环境中高分子薄膜的拉伸加工过程[22]。

为尽可能贴近工业上高分子薄膜在实际溶液环境中的拉伸加工过程，同时考虑到实验操作的便捷性，所设计的装置须满足以下几个要求：①可以实现高分子薄膜样品在不同温度和溶液浓度下的拉伸；②夹具需要实现三个功能，即上样方便、避免上样过程中的样品损伤及样品在拉伸过程中脱夹；③为实现与同步辐射 X 射线散射的联用，装置应方便拆卸安装，且设置有入光孔及出光孔，并尽量减少溶液对 X 射线的吸收；④装置应能够实时采集高分子薄膜拉伸过程中的力学信息。根据上述要求，确定了装置的整体研制方案。如图 7-30 所示，该装置主要包括溶液样品腔、样品夹具、高精度伺服电机、正反牙滚珠丝杆、夹具支撑杆、加热板、热电偶、高精度力学传感器、X 射线通光孔、样品腔保温盖、夹具上下夹块、夹具固定杆和蝴蝶头螺钉等。

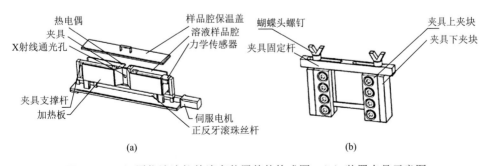

图 7-30　（a）原位溶液拉伸流变装置整体构成图；（b）装置夹具示意图

下面简要介绍各部件的作用。溶液样品腔用于盛放溶液，由耐腐蚀的316L 不锈钢材料制成。用加热板对溶液样品腔进行加热，温度由双通道温度控制器精确控制。具体来讲，在溶液样品腔内设置两个热电偶（固定在薄膜样品附近），热电偶将探测到的温度信息反馈至温度控制器，温度控制器自动调节工作状态以达到精确控温的目的。样品腔保温盖的作用是对加热中或加热后的溶液进行保温，减少溶液的热量散失和溶剂挥发。夹具上下夹块的作用是对样品进行固定，并通过夹具固定杆和蝴蝶头螺钉固定两夹块的相对位置，以避免在夹具拆卸、安装及转移过程对样品造成损伤。高精度伺服电机配有减速机，其转速连续可调，动力传递至正反牙滚珠丝杆后驱动两个夹具支撑杆反向运动，实现对夹具中样品的拉伸或回复。高精度力学传感器用于采集高分子薄膜在拉伸过程中的应力变化信息。X 射线通光孔包括入光孔和出光孔，实现对样品在溶液环境中拉伸过程微观结构演化的原位跟踪。当 X 射线透过某物质时，该物质会吸收一部分 X 射线，对散射实验产生不利影响。吸收程度可由该物质的质量吸收系数 μ_m 表征。μ_m 与 X 射线的波长 λ 及吸收物质的原子序数 Z 有关，近似关系式为 $\mu_m \approx k\lambda^3 Z^3$，其中 k 为常数。PVA 偏光膜基膜是在碘液中进行碘染和拉伸，溶液中的碘离子对 X 射线的吸收非常强，在装置研制时需充分考虑这一点。为此，X 射线的入光孔和出光孔的设计距离仅为 3 mm，可有效降低溶液对 X 射线的吸收。同时，这一距离也不影响夹具的拆卸和安装。

以同步辐射 X 射线散射原位研究 PVA 膜在碘溶液中的拉伸为例，说明所研制的原位溶液拉伸流变装置在研究和揭示高分子薄膜在拉伸过程中微观结构演化发挥的作用。通过实时获取拉伸过程中 PVA 膜的 WAXS/SAXS 信号及应力、应变信息，可以加深对 PVA 膜拉伸加工关键科学问题的理解。图 7-31 为原位溶液拉伸流变装置与上海光源 BL16B1 实验站联用的实景图。PVA 原料由安徽皖维高新材料股份有限公司提供。首先，用高压溶解釜制备 PVA 溶液，然后通过溶液流延制备得到厚度约为 80 μm 的 PVA 偏光膜基膜。为确保拉伸前的薄膜处于吸附平衡状态，需要事先将待拉伸的薄膜样品浸泡在碘和硼酸混合溶液中20 h。实验时，将 8 层碘染后的 PVA 膜叠加在一起以提高散射信号强度。用夹具将 8 层薄膜样品夹好后，放入夹具支撑杆，盖上溶液样品腔保温盖，开启温度控制器，溶液温度设置为 30℃，拉伸速率设定为 0.2 mm/s。为了降低碘离子对 X 射线吸收的影响，所用的 X 射线波长应尽可能短，因此此次原位实验所用的 X 射线波长为 0.103 nm。待溶液温度达到设定值并稳定后，启动电机，对样品进行拉伸，同时开启同步辐射 X 射线散射检测，原位跟踪拉伸过程中 PVA 膜的微观结构演变。

图 7-31　原位溶液拉伸流变装置与上海光源 BL16B1 实验站联用的实景图

图 7-32 给出了 PVA 膜在拉伸过程中不同应变时的 WAXS 和 SAXS 二维图。BxIy 表示在不同硼酸和碘浓度溶液中碘染的 PVA 膜样品，其中 x 和 y 分别代表硼酸的质量分数和碘的摩尔浓度。例如，B03I001 指的是硼酸质量分数为 0.3%，碘浓度为 0.01 mol/L。通过分析 WAXS 和 SAXS，可以看到随着应变的增大，PVA 膜中的晶体逐渐取向，大应变时 SAXS 图中的条纹状（streak）信号表明形成了微纤结构。第 5 章有关于结构演化的详细介绍，此处不再赘述。综上所述，所研制的原位溶液拉伸流变装置是揭示高分子薄膜在特殊溶液环境中微观结构演化的有力实验手段。

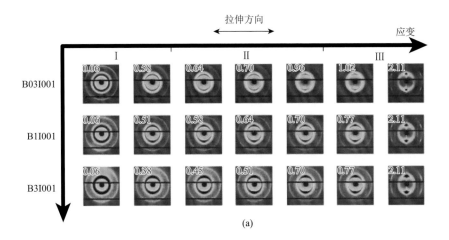

(a)

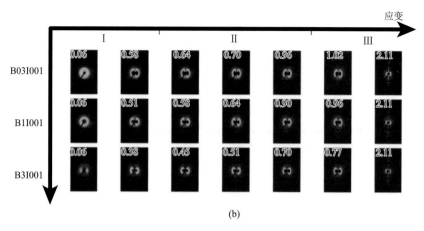

图 7-32　碘吸附平衡的 PVA 膜在 30℃下不同浓度碘溶液中原位拉伸过程中的 WAXS（a）和 SAXS（b）二维图

拉伸方向为水平方向

7.4　模拟高分子薄膜加工的大型原位研究装备

7.4.1　原位双向拉伸流变装备

　　双向拉伸高分子薄膜制品是通过将高分子流延预制膜沿纵向拉伸方向（machine direction，MD，薄膜长度方向或者流延方向）和横向拉伸方向（transverse direction，TD，薄膜幅宽度方向）进行拉伸制备的。通过双向拉伸技术制备的高分子薄膜在两个方向上的性能较为均衡，因而在生产和生活中具有广泛的应用，许多高分子薄膜产品是通过双向拉伸方法获得的，包括聚酰胺（polyamide）、聚酯（polyester）、聚烯烃（polyolefin）、聚苯乙烯（polystyrene）和聚乳酸［poly(lactic acid)］等。它们在性能上各有优势，适用于不同的应用场景。例如，双向拉伸聚丙烯（BOPP）薄膜具有质轻、无毒、印刷性能良好、透明度高等优点，广泛用于食品包装、香烟外包装和胶带等；双向拉伸聚对苯二甲酸乙二醇酯（BOPET）薄膜具有强度高、透明、韧性好、光泽度高等特点，常用作显示器件中的光反射膜、光扩散膜和光学保护膜以及食品药品包装膜；双向拉伸聚酰胺（BOPA）薄膜具有优异的抗撕裂、抗穿刺和阻氧性能，在食品包装行业有重要的应用价值，近年来其产量保持着较高的增长速率。利用双向拉伸工艺制造的高分子薄膜制品在现代生产生活中是不可或缺的，因此有必要深入研究高分子薄膜双向拉伸加工工艺背后的内在机理。

　　双向拉伸工艺在实际工业生产中主要有两种不同的方式，即异步双向拉伸和同步双向拉伸。在异步双向拉伸中，首先将高分子流延预制膜沿 MD 拉伸，高分子链沿这一方向伸展取向,进而改变高分子薄膜的凝聚态物理结构(结晶或取向)。然后沿 TD 对预拉伸膜进行二次拉伸。由于在 MD 拉伸时, 高分子链已经发生取向或结晶,因此 TD 的拉伸通常需要在更高的温度下进行。此外, 由于薄膜在 MD 和 TD 的拉伸比往往不同,其在两个方向上的性能存在差异。在同步双向拉伸中,高分子流延预制膜在 MD 和 TD 被同时拉伸,因此薄膜在两个方向上的物理性质十分相似。然而, 在现有的材料研发模式中, 因为缺少相关的原位表征手段和仪器设备,一般只能对拉伸定型完成的高分子薄膜进行离线测试表征,有关双向拉伸加工过程中加工-结构-性能的研究鲜有报道,高分子材料在双向拉伸过程中的多尺度结构演化规律并不清楚,薄膜在拉伸过程中的结构-性能变化是一个"黑箱"过程。薄膜企业在开发新的工艺和产品时,大多数依赖于不断尝试与试错,阻碍了相关薄膜加工工艺的研发与改进。

在薄膜产品的研发过程中, 直接利用薄膜拉伸生产线进行实验试错的成本太高,一般选择利用小型薄膜双向拉伸试验机进行初步的实验探究。常见的商业化薄膜双向拉伸试验机主要有美国 Inventure Laboratories 有限公司的 T. M. Long 和德国 Brückner 公司的 Karo IV[23]。然而, T. M. Long 和 Karo IV 的拉伸机构均为水平布局,无法与同步辐射 X 射线散射联用。针对这一问题, 本书作者团队专门研制了采用立式布局的原位双向拉伸流变装备,并实现了与同步辐射实验站的联用[24]。图 7-33 给出了该装备的机械结构设计示意图,以及与同步辐射实验站联用时的布局示意图。考虑到同步辐射实验站的最大尺寸限制, 该装备采用单加热腔设计,拉伸机构直接置于加热腔中间,同时在夹具、导轨和菱形机构等各类零件的小型化方面做了大量努力。该装备双向拉伸比最大可达 6.4 (MD) ×4.6 (TD),可实现拉伸速率 0.01～50 mm/s,稳定运行温度范围为室温至 230℃。

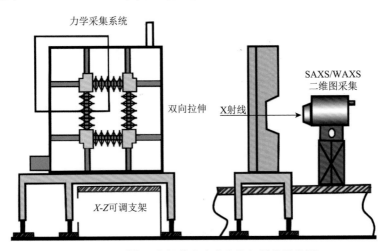

图 7-33　原位双向拉伸流变装备的机械设计总图

下面介绍该装备的具体细节。拉伸机构由伺服电机驱动。伺服电机具有快速响应、位置控制精确和运行平稳等优点，同时其控制系统相对简单，因而选择两个高精度伺服电机用于拉伸机构的驱动。该装备共有两组相对独立的"井"字形导轨，在无声链系统的驱动下，两个方向独立运动，可实现与高分子薄膜双向拉伸工艺相关的所有可能拉伸方式：单轴受限拉伸（UCW）、单轴不受限拉伸（UFW）、同步双向拉伸（SB）、异步双向拉伸（SEQ）等。每根导轨上安装有 5 个高压气动夹具，4 根导轨上的 20 个夹具在同一平面上。在菱形机构驱动下，一个方向拉伸和回缩时，垂直方向上夹具等比例伸缩，随薄膜均匀移动，既不干扰该方向的拉伸，又能防止薄膜沿垂直方向收缩。此外，菱形机构使得同一导轨上夹具相互关联，保证薄膜不同位置的形变量相同，薄膜各部分被均匀拉伸。拉伸均匀性可以通过一个简单方法进行检验：在未拉伸膜表面刻画网格，双向拉伸后，薄膜上所有网格均匀放大，则说明整个薄膜是被均匀拉伸的。通过在 MD 和 TD 中间的夹具上安装两个高精度弓形拉力传感器（精确度 0.05%，量程 500 N），可实时采集薄膜在双向拉伸过程中两个方向上的应力信息，同时应变信息可由拉伸时间和拉伸速率计算得到。

装备腔体的加热采用热风循环加热方式，高温工业热风机作为加热源，热风机功率 20 kW，出风口温度最高可达 800℃。高温热风通过特殊设计的三通管道分流后分别进入腔体的前半部分和后半部分。腔体前后两部分均布有通风管道，且管道上均匀分布着孔径为 5 mm 的出风口，保证腔体中的薄膜均匀受热。同时，将热风机的热电偶直接置于腔体内实时反馈温度信号给控制器，从而调节热风机的加热功率与工作状态，控制腔体温度。为了监测拉伸过程中腔体的温度均匀性，在"井"字形导轨中点处各装有一个热电偶，可随"井"字形导轨移动而移动，用于检测样品拉伸至不同拉伸比时腔体内不同位置的温度。腔体的四周及热风管道均采用云母板或保温棉进行隔热处理，减少热量损失。为实现该装备与同步辐射实验站的联用，在腔体两侧分别开设 X 射线的入射孔和散射孔。为减少热量从入射孔和散射孔散失，以厚度为 25 μm 聚酰亚胺薄膜（Kapton 系列薄膜）作为窗口材料，尽量减少腔体与外界的热交换，保证腔体温度的控制精度和温度均匀性。该装备组装完成后，现场实测的最高拉伸温度可达 230℃，夹持的样品前后温度差±1℃，空间温度差±1℃，满足需采用双向拉伸工艺加工的高分子材料的加工温度。

高压气动夹具为自制的微型气缸。通过底座将夹具安装在"井"字形导轨上，并在菱形机构驱动下均匀伸缩。4 根导轨上 20 个夹具通过高压气管形成串联的封闭气路。工作时，待样品在夹具上平铺后，打开氮气减压阀，开启进气电磁阀，关闭排气电磁阀，使得夹具依次闭合，压紧样品。通过调节氮气减压阀可调整压紧样品的压力。样品完成拉伸后，关闭进气电磁阀，开启排气电磁阀，夹具在弹簧的作用下弹起，取出样品。夹具串联在一起的优势是，通入高压气体时，夹具依次夹紧样品，可防止样品四周所有夹具同时夹紧样品导致起皱。采用高压气动夹具的优势是既方便装夹，又具有压力补偿作用，可以有效防止拉伸过程中样品因变薄而脱夹。

　　装备的控制系统高度集成。温度控制及反馈、拉伸机构控制和气动夹具的控制全部集成在一个控制柜中，并且可直接通过触摸屏面板进行参数设置与调节，力学信息采集通过控制柜上的 USB 接口外接数据采集计算机实现，操作方便。同时，为了便于装备在同步辐射实验站的安装和调试，专门设计了 X-Z 方向可调位移平台。图 7-34 是装备在上海光源 BL16B1 实验站联用时的实景图，利用 PLC 通信技术进行远程控制，实现在实验站棚屋外对装备的实时操控。基于两个方向上的应力信息，可获取薄膜的力学性能。再结合 X 射线散射技术对薄膜微观结构的检测，如晶型、结晶度和取向度等，可建立加工-结构-性能关系。这一关系不仅有助于理解薄膜拉伸加工过程中的基础科学问题，也可为薄膜企业开发新产品和新工艺，解决现有生产线的工程技术问题提供理论指导。本书作者团队利用该装备研究了 βPP 在同步双向拉伸过程中的结构演化。如图 7-35 所示，当 MD：TD = 1：0.4 时，随着拉伸的进行，长轴拉伸方向出现了孔洞信号；而当 MD：TD = 1：0.7 时，纤维晶的生成明显受抑制，同时孔洞的侧向尺寸增加。

图 7-34　原位双向拉伸流变装置与上海光源 BL16B1 实验站联用的实景图

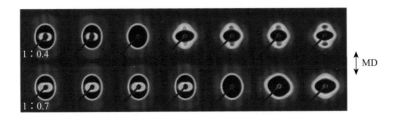

图 7-35　βPP 同步双向拉伸过程中的 SAXS 二维图演化

7.4.2 原位挤出吹膜装备

吹膜加工是一个在多轴拉伸和温度等非均匀外场作用下的多尺度结构快速演化的非线性、非平衡过程。这些特点决定了其加工控制的复杂性。因此，系统研究加工参数对膜泡结构演化的影响是改善吹膜加工工艺和开发新型吹膜用料的关键。基于此，本书作者团队研制了与同步辐射 X 射线联用的原位挤出吹膜装备，发展了利用同步辐射技术原位研究吹膜加工过程的研究系统和方法。通过发挥同步辐射光源高亮度、高时空分辨、全尺度检测的优势，获得了吹膜加工过程中多尺度结构演化规律，揭示了流动场分布与结晶动力学之间的关系。通过对吹膜加工过程更深层次的理解，确定了原材料加工及使用性能好坏的判断标准，为原材料改性及加工过程中参数的优化提供了理论依据。下面简要介绍原位挤出吹膜装备的设计制造原理。

吹膜加工过程中，熔体拉伸、吹胀和降温主要发生在熔体出口模至霜线的前后阶段。这一阶段也是决定材料吹膜加工性能和薄膜使用性能最为关键的阶段（吹膜膜泡不稳定就发生在该阶段）。因此，针对吹膜加工、结构与性能的研究不能仅仅依靠结晶完成后样品终态的结构与性能的简单对应，还应该关注吹膜过程中尤其是从出口模至到达霜线前后膜泡结构的形成及演化。此前，由于实验设备及检测技术的限制，很少有这方面研究工作的报道，而仅有的少数工作也都存在一定的局限性。为此，在考虑同步辐射实验站空间条件等限制性因素的基础上，本书作者团队通过研制与同步辐射 X 射线联用的原位挤出吹膜装备，并配合升降机、红外测温、高速 CCD 相机等单元组成了吹膜加工原位检测系统，发展了一套完整的利用同步辐射技术原位研究吹膜加工过程的研究系统和方法[25]。

图 7-36 是与同步辐射 X 射线散射联用的原位挤出吹膜装备整体结构示意图。其中，挤出机使用单螺杆挤出机，其功能是熔融、挤出。同步辐射 X 射线的光路固定不动，吹膜机放置在光路下的支撑平台上。通过升降机的上下移动实现以空间换时间的目的，即保证一次实验 X 射线检测的是膜泡同一位置，最终实现不同位置膜泡结构的检测。为了增大膜泡的检测范围，需要尽可能缩小吹膜机口模出口距离底板的高度。同时，整套吹膜装置的尺寸也需要满足实验站的空间限制。为此，根据实际情况，对吹膜机结构和流道进行了设计，最终成功研制出满足要求的吹膜机。吹膜机长宽高仅为 2.2 m×0.5 m×1.1 m，X 射线可探测膜泡的垂直高度约为 200 mm，质量仅为 200 kg，安装及拆卸方便，且无须水冷。

前面提到，高分子熔体从出口模至到达霜线前后阶段的微观结构演变极为重要。然而，由于商业吹膜机所用风环有扰流环，包覆了部分膜泡使得这一阶段的检测无法实现。为此，本书作者团队重新设计了风环，可以在保证冷却效率和气流均匀性的前提下 X 射线的通过，实现了熔体从出口模到霜线整个过程的结构检测。

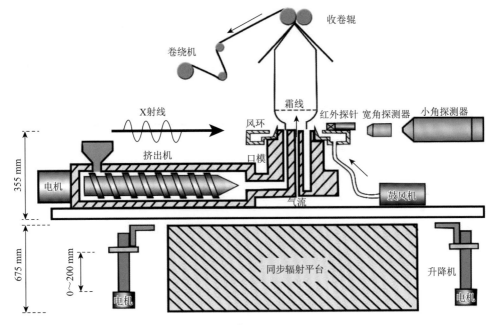

图 7-36　原位挤出吹膜装置整体结构示意图

　　该装备通过自制升降机实现吹膜机相对 X 射线光路的上下移动。自制升降机由升降系统和控制系统组成，如图 7-37 所示。升降系统由两套承重升降机的运动控制器控制两套伺服电机，进而可实现零延迟的电机转动和停止，最大承重为400 kg，升降速率精确可调，最小速率为 0.05 mm/s，丝杠两端安装限位开关以保证运动安全。本书作者团队基于研制的原位挤出吹膜装备发展了吹膜加工原位研究系统。该系统包含多种在线检测单元，包括同步辐射宽角/小角 X 射线散射（WAXS/SAXS）、红外测温单元和高速 CCD 相机。X 射线光斑与红外测温探头汇

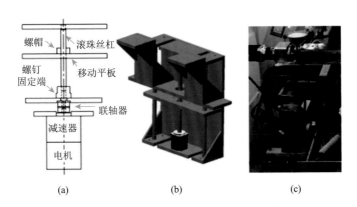

图 7-37　升降装置二维机械图（a）、模型图（b）和实物图（c）

聚在相同位置。WAXS/SAXS 可得到膜泡不同位置处的多尺度结构信息，测温单元得到相应位置的膜泡温度。利用高速 CCD 相机（1000 Hz）示踪技术，获得熔体出口模后的流动场信息。分析不同位置的结构信息，获得吹膜加工过程膜泡中前驱体、晶核和片晶等结构的形成及演化（片晶层厚度、长周期、取向度、结晶度等的变化）信息，从而理解流动场、温度场与结构形成及演化的关系。图 7-38 是利用该装备在上海光源 BL16B1 实验站进行同步辐射原位实验时的实景图，研究了不同分子结构/加工参数下聚乙烯（PE）棚膜、聚己二酸/对苯二甲酸丁二醇酯（PBAT）地膜等吹膜过程中的多尺度结构演化。

图 7-38 原位吹膜挤出装置与上海光源 BL16B1 实验站联用的实景图

7.5 其他高分子材料同步辐射原位研究技术

同步辐射光的光谱具有连续性，波长覆盖从远红外、紫外到 X 射线范围内的连续光谱。除了利用同步辐射硬 X 射线散射开展原位实验外，其他波段的同步辐射光如红外、软 X 射线在高分子材料结构的研究中也大有用处。其中，显微红外成像技术及 X 射线成像技术就是研究高分子材料结构的有力工具，这一小节将简要介绍本书作者团队利用这两种技术开展的研究工作，让读者对同步辐射技术在高分子材料研究中的应用有更全面的认识。

7.5.1　同步辐射显微红外成像技术

红外谱学能够提供包括晶体结构、重复单元、链段、分子链构象等丰富的结构信息。结合偏振技术，可以得到基团或者分子的取向信息。将其和显微技术相结合，可以对微区进行研究，通过选择特征的吸收谱带积分成像，同时将分子信息和空间分布信息进行耦合，是研究高分子聚集态和多相体系的理想工具。根据红外光的波长，其显微的空间分辨极限为 3～8 μm。当然使用近场显微的方式，可以将空间分辨率推进到纳米量级。相比于常规光源，同步辐射红外光源的高亮度特点使得红外显微可以在衍射限制空间分辨率上进行研究，并可以将测试波长范围延伸至远红外的波数区域。与传统的红外光谱仪相比，同步辐射显微红外成像技术有很多优势[26]：①测试时间短。几分钟内可同时得到 64×64 个探测点的信息，比传统的红外光谱仪节约了大量的时间，数据采集时间大大减少。②空间定位能力强。由于显微镜的光路和红外光谱分析是同一条光路，因此可以通过显微镜对样品需要分析的部位进行精准定位。③具有微区分析能力。可以控制显微镜测量孔径到 4 μm，利用显微镜观察，可方便地选择样品的不同部分进行分析。对于非匀相的样品，可在显微镜下直接测量各个相的红外光谱图，然后进行对比。④具有结构空间分布的能力。由于使用了焦平面阵列探测器，能够得到一个 250 μm×250 μm 的二维红外数据，结构解析之后就能够得到某一结构的空间分布。

下面介绍本书作者团队利用同步辐射显微红外成像技术原位研究高密度聚乙烯（HDPE）细颈扩展过程[27]。实验所用的 HDPE 原料数均分子量和重均分子量分别为 $1.0×10^5$ 和 $2.5×10^5$，熔点为 136.3℃，结晶度约为 65%。为了使所有的 PE 样品具有相同的热历史，将在 180℃模压成型的厚度为 80 μm 左右的 PE 薄膜加热到 200℃，放置 10 min 后以 10℃/min 的降温速率将温度降至 120℃，并等温结晶 20 min。将等温结晶后的薄膜样品切割成 20 mm×3 mm 的矩形样条用于单轴拉伸实验。如图 7-39 所示，拉伸实验在本书作者团队自行研制的微型拉伸装置结合傅里叶变换红外光谱仪（FTIR）上进行。实验时，将矩形样条固定在拉伸装置的两个夹具之间，然后将该装置安装至 FTIR 样品台上。原位 FTIR 测试在合肥光源 BL01B 实验站完成。测试系统由 IFS66v 型 FTIR、红外显微镜（HYPERION 3000）、64×64 矩阵的水银碲化镉（MCT）焦平面阵列 FPA 探测器和偏振片（SpecacKRS5）组成。每个 250 μm×250 μm 的图像都采用透射模式得到，且在 5 min 内测试完成，测试分辨率为 4 cm^{-1}，光谱范围是 4000～800 cm^{-1}，扫描 128 次。得到的光谱数据使用 Bruker 公司的软件 OPUS5.5 进行分析。

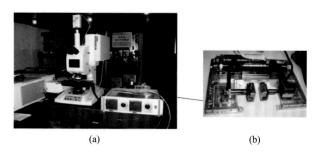

(a) (b)

图 7-39 （a）显微红外实验仪器；（b）本书作者团队自制的微型拉伸装置

拉伸在室温下进行，拉伸速率为 18 μm/min。由于拉伸速率较低，拉伸过程可视为一个准稳态过程，并且在这一过程中 FTIR 的测试区域保持相对稳定。原位 FTIR 测试过程的示意图见图 7-40。拉伸前，在样品中间两侧各打开一个弧形缺口以保证细颈在样品中间产生，观察区域固定在缺口的左边，见图 7-40（a）。拉伸开始后，细颈首先在缺口区域产生，并沿着拉伸方向两边扩展，观察区域在拉伸形变过程中经历了非细颈区域、细颈边缘和细颈区域三个阶段，见图 7-40（b）和（c）。

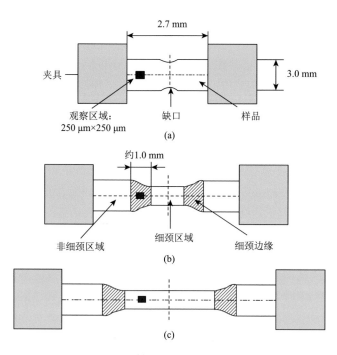

图 7-40　原位红外测试过程示意图

光斑被固定在非细颈区域（a）、细颈边缘（b）和细颈区域（c）

　　图 7-41（a）给出了 PE 薄膜样品在宏观应变达到 88%时在细颈边缘的光学显微镜图。由于 PE 的球晶很小，所以并不能清楚地观察到。在显微镜图的不同区域标出了三个点（Ⅰ、Ⅱ和Ⅲ），并将相应的 FTIR 曲线在图 7-41（b）中标记出来。对于处于非细颈区域的点Ⅰ，偏振光方向与拉伸方向垂直时得到的 1472 cm^{-1} 和 1463 cm^{-1} 吸收谱带的强度（实线）比偏振光方向与拉伸方向平行时得到的 1472 cm^{-1} 和 1463 cm^{-1} 吸收谱带的强度（虚线）要大。对于点Ⅱ和点Ⅲ，这一现象被放大了。垂直方向和水平方向上差距的增大预示着分子链沿着拉伸方向取向，并且取向度从高到低是：点Ⅲ、点Ⅱ和点Ⅰ。

　　1472 cm^{-1} 吸收谱带偏振方向与拉伸方向垂直和平行时的红外吸收强度图分别在图 7-41（c）和（d）中给出。可以看到，1472 cm^{-1} 谱带的吸收强度在观察区域内从左到右逐渐降低。1463 cm^{-1} 谱带的吸收强度图也可以通过相同的方法得到。1472 cm^{-1} 和 1463 cm^{-1} 吸收谱带的圆二色率 R_{1472} 和 R_{1463} 可以通过公式计算得到，其中 $A_{//}$ 和 $A_{\perp}$ 分别是通过偏振光的方向与拉伸方向相平行和垂直时的吸光度。据此可以根据公式计算 a、b 晶轴的取向函数 η_a 和 η_b，以及沿着 c 轴的取向函数 η_c。图 7-41（e）和（f）分别给出了二维和三维的 η_c 取向度分布。可以看到，晶体取向度从左到右逐步增加，这与图 7-41（b）的结果相一致。

$$R = A_{//} / A_{\perp} \tag{7-1}$$

$$\eta_a = (R_{1472} - 1) / (R_{1472} + 2) \tag{7-2}$$

$$\eta_b = (R_{1463} - 1) / (R_{1463} + 2) \tag{7-3}$$

$$\eta_a + \eta_b + \eta_c = 0 \tag{7-4}$$

　　图 7-42 给出了 PE 薄膜单轴拉伸形变过程中的工程应力-应变曲线，图中插入了在不同应变时的三维取向度分布图 η_c。在应变为零时，取向度分布图在整个图像中几乎是均匀的且为零，表明样品在拉伸之前是各向同性的。在屈服点（应变为 0.24），η_c 增至 0.1 左右，但是在整个图像内 η_c 仍然是均匀分布的。屈服之后，应力首先迅速下降而后缓慢增加，直到应变达到 0.72 可以看到，在应力-应变曲线的应力软化区域相应的三维取向度分布 η_c 开始变得不再均匀，例如，图中应变为 0.56 时的取向度分布图。在应变为 0.72 和 0.88 时，相应的三维取向度分布图 η_c 在样品的细颈区域内迅速增加，然而在非细颈区域晶体取向度仍然保持相对比较低的值。当应变进一步增加到 1.20，细颈扩展到整个观察区域，导致取向度再次分布均匀，取向度约为 0.64。

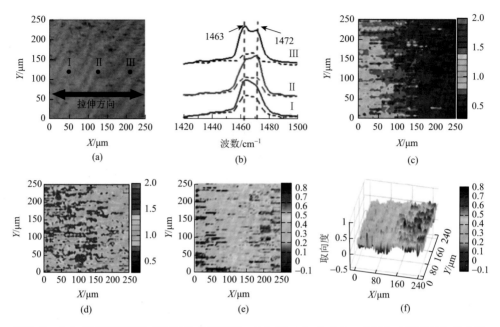

图 7-41 （a）样品在应变为 88% 时的显微镜图；（b）图（a）中点 I、点 II 和点 III 处的红外光谱图，范围为 1420～1500 cm^{-1}；为了和点 I 的光谱图进行对比，点 II 和点 III 光谱的基线被向上平移，图中实线和虚线分别是偏振光方向垂直和平行于拉伸方向时得到的红外光谱图；1472 cm^{-1} 谱带在偏振光方向平行（c）和垂直（d）于拉伸方向的二维吸收图；二维（e）和三维（f）取向度分布图，（c）和（d）中的色条棒是从 0.5 到 2.0，而（e）和（f）中的色条棒是从 -0.1 到 0.8

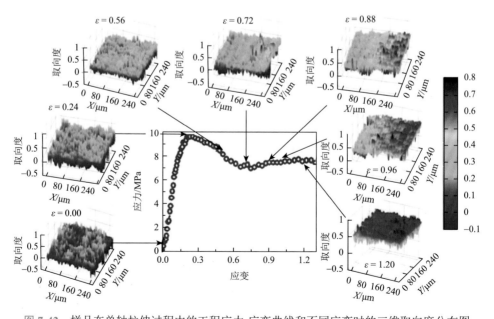

图 7-42 样品在单轴拉伸过程中的工程应力-应变曲线和不同应变时的三维取向度分布图

综上所述，利用同步辐射显微红外成像技术，原位研究了 PE 薄膜在单轴拉伸测试过程中的形变行为。通过计算得到了拉伸过程中特别是在细颈轮廓前端的晶体取向分布 η_c，结果显示在细颈扩展的过程中取向度分布沿着拉伸方向发生不均匀变化。

7.5.2　同步辐射纳米 X 射线计算机断层扫描成像技术

20 世纪 70 年代第一台 X 射线计算机断层扫描（computed tomography，CT）成像设备的问世，开启了以无损方式精确探测物体内部结构的序幕。经过几十年的研究探索，CT 成像技术得到了长足的进步，扫描时间大大缩短，空间分辨率已有了显著提高。特别是以高亮度的同步辐射源为射线源的 CT 的空间分辨率可达到数十纳米甚至纳米量级，是研究高分子材料数十纳米至几微米尺度结构演变的有力工具[28, 29]。目前世界上多数的同步辐射光源都配备了高端 Nano-CT 成像装置，包括中国的合肥光源、北京同步辐射装置和上海光源。例如，合肥光源的 Nano-CT 的空间分辨率为 20～30 nm。

图 7-43 给出了 X 射线 Nano-CT 的工作原理。同步辐射装置产生单色 X 射线通过毛细管聚焦镜聚焦，一个介于 X 射线聚焦器和样品之间的小孔用于阻挡聚焦元件产生的零级光和高级衍射，通过这个小孔的聚焦 X 射线照射到位于焦点附近的样品上，然后通过高分辨率的波带片进行放大成像，X 射线探测器接收到的是成像的二维投影。当需要进行三维成像时，可以将样品放置在旋转台上，每隔一段时间以 0.5° 的幅度改变一次倾斜角即可得到一系列二维投影。然后，基于一定的算法就能够重建出三维图像。

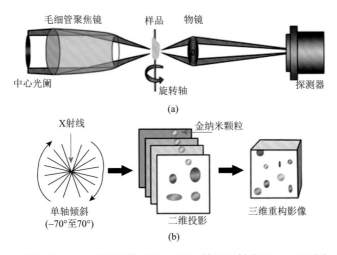

图 7-43　（a）X 射线 Nano-CT 装置工作原理；（b）利用 X 射线 Nano-CT 进行三维成像原理

天然橡胶/炭黑复合材料在人们的生产生活中十分重要，最常见就是各式各样的轮胎。将炭黑添加到天然橡胶后，其力学性能会得到极大增强。然而，力学增强机理至今没有定论。一个主要原因就在于天然橡胶/炭黑复合材料优异的力学性能是其从亚纳米（填料表面）到几微米（填料聚集体）的多层级结构耦合的结果。在多层级结构中，填料的三维结构是理解复合材料宏观力学性能的关键。为此，本书作者团队通过在合肥光源 BL07W 实验站和北京同步辐射装置 4W1A 实验站利用同步辐射 X 射线成像技术原位研究了天然橡胶/炭黑纳米复合材料中填料网络结构的破坏和重构，以及填料网络结构对材料应力恢复的贡献[30]。实验所用的天然橡胶为烟片胶（RSS No. 1），数均分子量和重均分子量分别为 2.2×10^5 和 3.0×10^5，玻璃化转变温度约为–72℃。所用炭黑为橡胶级炉黑（牌号 N330），比表面积为 81 m^2/g，尺寸约 30 nm。实验所用的是厚度为 1 mm 的薄膜状天然橡胶/炭黑复合材料，其中炭黑含量为 10 phr（phr 表示每 100g 树脂要添加的物质的质量）和 50 phr，将相应样品分别命名为 CB10 和 CB50。

图 7-44（a）和（b）分别是利用同步辐射 X 射线 Nano-CT 得到的 CB50 和 CB10 复合材料中炭黑聚集体的分布。用 Amria 软件将炭黑聚集体染红以便识别。可以看到，单个尺寸约 30 nm 的炭黑粒子逐渐聚集形成更大的聚集体。图 7-44（c）给出了重构的三维炭黑填料网络示意图，得到的三维填料网络结构可用于后续的定量分析。

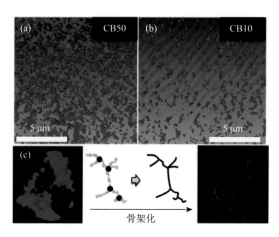

图 7-44　利用同步辐射 X 射线 Nano-CT 得到的 CB50（a）和 CB10（b）中炭黑聚集体的分布；
（c）重构三维炭黑填料网络的示意图

图 7-45 给出了 CB50 和 CB10 在首次拉伸回复后，其中的炭黑填料网络结构随回复时间的演化。可以看到，炭黑在未拉伸的 CB50 中就已经形成了三维填料网络结构。首次拉伸回复后，三维填料网络结构局部被破坏，但整体上仍保持完整。随着回复时间的增加，被破坏的三维填料网络结构逐渐恢复。相比之下，炭黑在未拉伸的 CB10 未形成完整的三维填料网络结构，拉伸后被破坏。同样地，

随着回复时间的增加，被破坏的填料网络结构也逐渐恢复。进一步定义了网络连结性参数 P_{net} 来定量化分析填料网络结构的恢复情况，结果如图 7-46 所示。未拉伸的 CB50 的网络连结性参数 $P_{net0} = 95.7\%$。CB50 拉伸回复后，P_{net} 降至 83.1%，表明填料网络结构在拉伸过程中遭到了破坏。恢复 50 h 后，P_{net} 增至 96.4%，几乎与未拉伸样品相同。与此同时，回复应力也随着回复时间的增加而增加。未拉伸的 CB10 的网络连结性参数 $P_{net0} = 37.5\%$，表明样品中填料结构的连接非常微弱。CB10 拉伸回复后，P_{net} 降至 34.5%，同样表明填料网络结构在拉伸过程中遭到了破坏。随着回复时间的增加，P_{net} 在开始阶段快速增加，然后在 40 h 后达到 $P_{net} \approx 40\%$ 的平台，表明填料网络结构的逐渐恢复。综上所述，同步辐射 X 射线 Nano-CT 可对天然橡胶/炭黑复合材料中的填料网络进行三维成像，并在此基础上获取填料网络结构破坏和恢复的定量化信息，以及填料网络结构对材料应力恢复的贡献。

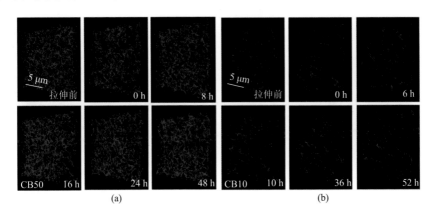

图 7-45　天然橡胶/炭黑复合材料首次拉伸回复后，其中的炭黑填料网络结构随回复时间的演化
（a）CB50；（b）CB10

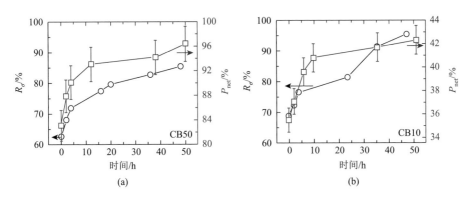

图 7-46　天然橡胶/炭黑复合材料首次拉伸回复后，不同回复时间下的炭黑填料网络回复应力（R_σ）和网络连结性参数（P_{net}）
（a）CB50；（b）CB10

同步辐射 X 射线散射数据处理

7.6.1 宽角 X 射线散射数据处理

半晶高分子中包含晶体，晶体中具有规律排列的原子。原子间距与 X 射线波长具有相同的数量级。当一束 X 射线入射到结晶高分子样品时，规律排列的原子衍射的 X 射线互相干涉叠加，可以在某些特殊方向上产生较强的 X 射线衍射信号，如图 7-47 所示。衍射方向与晶胞的形貌尺寸有关，强度与原子在晶胞中的排列方式有关。

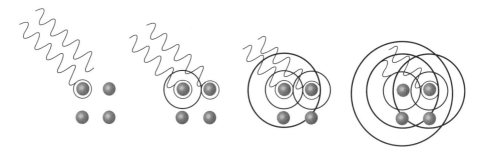

图 7-47　X 射线与晶体中的原子相互作用示意图

布拉格父子于 1913 年首次提出布拉格衍射（Bragg diffraction），即著名的布拉格公式[31]：

$$n\lambda = 2d\sin\theta \tag{7-5}$$

布拉格衍射是劳厄衍射的一个特例，给出了波长和散射角之间的严格关系。这说明，当波长为 λ 的 X 射线被与射线波长具有相当原子层间距 d 的晶体系统以镜面反射方式散射并经历干涉相长时，发生散射角为 θ 的布拉格衍射。图 7-48 给出了布拉格衍射示意图。因此，通过分析宽角 X 射线衍射信号的衍射角度 θ，就可以得到晶体的晶面间距 d。

对于理想的无限大晶体而言，它的某一晶面的衍射信号峰值就出现在其布拉格角 θ 处，理论上是一个非常尖锐的衍射峰。但是对于实际晶体，总是会因为衍射角偏离布拉格角而产生衍射峰的展宽。衍射峰展宽的原因除了微晶尺寸小而形成的相干衍射外，还包括内应力、点阵畸变，以及实验条件中无法达到完全的准直性、单色性所带来的仪器展宽。据此，如果可以排除其他展宽因素的影响，就可以通过分析 X 射线衍射峰的宽度,将实验测得的衍射线形和真实的高分子晶体的衍射线形利

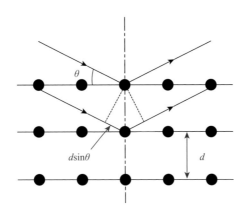

图 7-48　布拉格衍射示意图

两条波长和相位相同的射线入射一个晶体，在其中两个原子作用下发生散射，下方的射线穿过的额外长度为 $2d\sin\theta$，当该长度为射线波长的整数倍时，发生相长干涉

用某一具有待定常数的近似函数来拟合，并确定其中的待定函数。1918 年，保罗·谢乐（Paul Scherrer）确定了 X 射线衍射峰的宽度与微晶尺寸之间的反比关系，即用于测定粉末晶体尺寸（微晶尺寸）的谢乐公式（Scherrer equation）[32]：

$$L_{hkl} = \frac{K\lambda}{\beta\cos\theta} \tag{7-6}$$

其中，L_{hkl} 是垂直于 (hkl) 晶面的平均微晶尺寸；K 是一个无量纲的形状因子，其典型值为 0.89，会随微晶的实际形状而变化；β 是减去仪器展宽后的最大强度一半处的谱线宽度（FWHM）。根据谢乐公式，通过分析宽角 X 射线衍射的衍射峰位置和展宽就可以获得对应的微晶尺寸，是比较常用且简单地确定微晶尺寸的方法。但同时也应该注意谢乐公式提供了相干散射域尺寸的下限，仅限于纳米级微晶，或更严格地说，相干散射域尺寸可能小于微晶尺寸，它不适用于尺寸大于 0.1 μm 量级的晶粒。除了前面提到的影响因素外，还有多种因素可影响衍射峰的宽度，位错、堆垛层错、孪晶、微应力、晶界、子边界、相干应变、化学异质性等，诸如此类的缺陷可能导致峰位移、峰不对称、各向异性峰展宽或其他峰形效应。谢乐公式的推导是基于一组等距平面结构因子，即以完美晶体为模型，因此，利用谢乐公式计算微晶尺寸本质上是属于近似函数法，实际的微晶尺寸可能大于谢乐公式预测的尺寸。

高分子在外场作用下会在链段、长链、晶体等不同尺度上出现不同程度的取向，在实际的工业生产和加工过程中，如挤出、拉伸、注塑、吹塑等工艺中均会导致高分子材料的取向。利用宽角 X 射线衍射可以表征高分子样品结晶区的取向度。定义取向因子 f 为分子链轴方向在纤维轴方向平均值与垂直纤维轴方向平均值之差，表示取向单元与外力方向之间的平行程度：

$$f = \cos^2\varphi - \sin^2\varphi\cos^2\psi \qquad (7\text{-}7)$$

其中，φ 是分子链轴方向与参考方向也就是拉伸方向所夹的纬度角；ψ 是分子链轴方向在垂直于参考方向的赤道平面上的投影所夹的经度角。$\langle\cos^2\varphi\rangle$ 称为取向参数。

在单轴拉伸过程中有 $\langle\cos^2\varphi\rangle = 1/2$，取向因子可简化为

$$f = \frac{3\langle\cos^2\varphi\rangle - 1}{2} \qquad (7\text{-}8)$$

因此，只需求得取向参数 $\langle\cos^2\varphi\rangle$ 就可得知高分子样品的取向因子 f。在单轴拉伸过程中，根据 (hkl) 晶面随 φ 变化的衍射强度，$I_{hkl}(\varphi)$ 取向参数可以表示为

$$\cos^2\varphi_{hkl} = \frac{\int_0^{\pi/2} I_{hkl}(\varphi)\sin\varphi\cos^2\varphi\,\mathrm{d}\varphi}{\int_0^{\pi/2} I_{hkl}(\varphi)\sin\varphi\,\mathrm{d}\varphi} \qquad (7\text{-}9)$$

进一步，可以在此基础上推导出各个晶轴方向上的取向关系，在此不作赘述。

很多常见的高分子材料，如 PE、PP、PET 等都具有部分结晶的特征，又被称为半晶高分子。其中晶体的含量对其加工和实用性能有着重要的影响，因此，对结晶度这一重要参数的表征也是揭示高分子材料结构与性能联系的重要渠道。宽角 X 射线散射正是表征高分子材料结晶度的重要手段。

利用 X 射线表征高分子的结晶度是基于总的相干散射强度只与参与散射的原子种类及数目有关，与聚集状态无关这一规律。据此，设 $I(q)$ 为倒易空间某位置 q 处局部散射强度，散射矢量 $\boldsymbol{q}$，则结晶度 $W_{c,x}$ 可以写作：

$$W_{c,x} = \frac{\int_0^\infty q^2 I_c(q)\mathrm{d}q}{\int_0^\infty q^2 I_t(q)\mathrm{d}q} \qquad (7\text{-}10)$$

$I_t(q) = I_c(q) + I_a(q)$ 表示总的相干散射强度，其中 $I_c(q)$ 为结晶区散射强度，$I_a(q)$ 为无定形区散射强度。需要注意的是上面公式所计算的散射强度都应是相干散射强度，因此需要在总的散射强度中减去非相干散射和来自空气的背底散射，同时还应考虑对原子的吸收及偏振因子校正。因此，引入校正常数 K_x，将式（7-10）写作：

$$W_{c,x} = \frac{I_c}{I_c + K_x I_a} \qquad (7\text{-}11)$$

实际实验无法测得所有散射矢量 $\boldsymbol{q}$ 下的散射强度，所以需要假定发生在可测得范围外的散射强度对整体的影响可以忽略。对于实际的高分子晶体，结晶不完善导致的晶格畸变、缺陷等都会使得其结晶区的散射信号发生展宽甚至出现弥散，表现出类似无定形区的散射信号。因此在实际计算时，如何准确地把宽角 X 射线衍射的一维积分曲线分解为结晶区和无定形区两部分，是结晶度测量的关键。

基于结晶度计算公式，可以绘制出 X 射线衍射的一维积分曲线并分解得到结晶度，则对于一个单一组分的高分子有

$$W_{c,x} = \frac{\sum_i C_{i,hkl}(\theta)I_{i,hkl}(\theta)}{\sum_i C_{i,hkl}(\theta)I_{i,hkl}(\theta) + \sum_j C_j(\theta)I_j(\theta)k_i} \times 100\% \qquad (7\text{-}12)$$

其中，i 和 j 分别是结晶区衍射峰和无定形区衍射峰的数目；$C_{i,hkl}(\theta)$ 是 (hkl) 晶面的校正因子；$I_{i,hkl}(\theta)$ 是其衍射信号积分强度；$C_j(\theta)$ 和 $I_j(\theta)$ 分别是无定形区信号的校正因子和散射强度，且 $K_x = C_j(\theta)k_i$。据此，通过查阅文献，找到目标高分子对应峰的校正因子并计算出对应峰的积分强度后就可以得到该高分子的结晶度。

在以上方法的基础上，为了大大简化分解结晶区衍射峰和无定形区散射峰的难度，一般利用计算机完成 X 射线衍射积分曲线的拟合分峰。因为任意一组晶面的衍射强度在倒易空间的分布具有正态分布的特点，可以使用 Origin 软件的 Gaussian 拟合来对其进行分解。通过拟合可以得到衍射峰的位置、峰高、半高峰宽、峰面积等参数，由此不仅可以计算出结晶度，前面所述的晶面间距、微晶尺寸等参数也都可以得到。在实际拟合的过程中，对于较窄的峰可以采用 Gaussian 函数拟合，Cauchy 函数适合较宽的峰，Gauss-Cauchy 复合函数介于二者之间。对于无定形区散射的弥散不对称信号，也就是所谓的"馒头"峰也可以采用三次多项式进行拟合。在使用拟合分峰的方法计算结晶度的过程中，拟合函数类型和参数的选择及人为操作的习惯都会对结晶度的计算产生影响。图 7-49 给出了线形低密度聚乙烯（LLDPE）正交相的多峰拟合示意图。

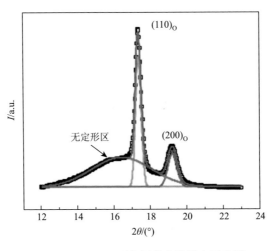

图 7-49　LLDPE 正交相的多峰拟合示意图

这里的关键是如何获得无定形区散射的光滑曲线（图中标有无定形区的曲线）。通常情况下，由于晶体的弱反射（特别是在大散射角度和小散射角度范围）及可能存在的晶体缺陷均有可能被归于无定形部分的计算，从而高估无定形部分的贡献，所计算的结晶度往往偏低。这些因素可以通过测量纯的无定形样品加以避免，即直接探测淬火后还未出现晶体信号之前的样品。如此，扣除无定形区信号的问题就简化为无定形区散射信号的正确标定问题。

上述结晶度的测定与计算均是基于"两相模型"，即早期的缨状微束模型及 Flory 和 Keller 等所描述的折叠链模型[33, 34]，把半晶高分子分为晶相和无定形相，因而计算过程中的一个隐性假定是样品处在可以明确划分两相的理想状态，不存在界面及过渡层的影响。而研究表明，半晶高分子中存在结晶与无定形的过渡层，或称之为中间相（interphase）[35]。以 PE 为例，其中间相厚度为 $1\sim2$ nm，是不可忽略的一部分。可见半晶高分子是"三相结构"，而不是传统的两相模型。可以看到，虽然宽角 X 射线是研究高分子材料中结晶区结构的有力手段，但也不能够反映半晶高分子样品的所有结构信息。如果需要对样品微观结构有更加全面的了解，还应结合更多的研究手段。

7.6.2 小角 X 射线散射数据处理

当研究高分子材料亚微观结构，即十几埃至几千埃尺度内的结构时，需要采用小角 X 射线散射（SAXS）方法。电磁波的所有散射现象都遵循反比定律，即对于具有一定波长的 X 射线，被辐照物体的结构特征尺寸越大，散射角就越小。也就是说，当 X 射线穿过与其波长相比具有更大特征结构尺寸时的高分子材料体系时，散射效应均局限在较小角度。小角 X 射线散射是在靠近入射光束附近很小角度内电子对 X 射线的漫散射现象，也就是在倒易点阵原点附近处，电子对 X 射线的相干散射现象。SAXS 现象首次发现于 20 世纪 30 年代。此后，Kratky、Guinier、Hosemann、Debye 和 Porod 等相继建立和发展了 SAXS 理论及其应用[36]。他们的理论至今仍然是 SAXS 方法研究高分子材料结构的基础。理论研究表明，高分子材料的小角散射花样、强度分布与散射体的形状、大小分布，以及与周围介质电子云密度差有关。本质上，小角散射是由体系内电子云密度起伏所导致的。

近 30 年来，随着科学技术的飞速进步，如实验室大功率旋转阳极 X 射线发生器，以及同步辐射 X 射线散射的开发和推广应用，高分子薄膜等材料的 SAXS 测试已十分方便。一是测试时间大为缩短，从过去的数十小时到如今的毫秒；二是同步辐射 X 射线的高亮度特性使得能够在线跟踪高分子薄膜等材料在热、力和电等复杂外场作用下数十纳米至微米尺度范围内的结构演化。因此，同步辐射 SAXS 在高分子薄膜加工-结构-性能关系的研究中得到越来越广泛的应用。

在进行高分子薄膜样品测试时，一般都是测试样品的中心部分，样品的大小一般大于入射 X 射线的光斑大小即可。样品的散射强度随着其厚度的增加而增强。如果薄膜太薄，则可以将几层薄膜叠在一起进行测试。然而，如果厚度过大，样品对 X 射线的吸收也将增强，从而导致散射强度的降低。因此，理论上存在一个最佳的样品厚度 d_{opt}，可由样品的线性吸收系数 μ 计算得到[37]：

$$d_{\mathrm{opt}} = 1/\mu \tag{7-13}$$

对于多数高分子材料而言，较为合适的样品厚度为 $0.5\sim2$ mm。

假设高分子薄膜是由大小均一的粒子（微晶、片晶等）构成，且它们之间的间距远远大于粒子本身的尺寸，则可视为稀薄体系，粒子间的相互干涉作用可以忽略。此时，可通过 Gaussian 型散射函数作一级近似求出粒子的均方回转半径 R_{g}^2：

$$I(q) = I_{\mathrm{e}}(q)n^2 N\exp\left(-\frac{4\pi^2\varepsilon^2 R_{\mathrm{g}}^2}{3\lambda^2}\right) = K_0\exp\left(-\frac{4\pi^2\varepsilon^2 R_{\mathrm{g}}^2}{3\lambda^2}\right) \tag{7-14}$$

其中，$K_0 = I_{\mathrm{e}}(q)n^2 N$；$I_{\mathrm{e}}(q)$ 是 X 射线受到一个电子散射时，在散射矢量的模 q 处的散射强度；$\varepsilon = 2\theta$，是散射角，λ 是 X 射线的波长，二者与散射矢量的模的关系为 $q = 4\pi\sin\theta/\lambda$；$n$ 是一个粒子中的总电子数；N 是散射体系中的总粒子数。式(7-14)称为 Guinier 近似式[38]，是小角散射的基本公式之一，描述了当 $\varepsilon\to0$ 时，小角散射强度 I 与散射角 ε 的关系。对式（7-14）两边同时取自然对数，则有

$$\ln I = \ln K_0 - \frac{4\pi^2\varepsilon^2 R_{\mathrm{g}}^2}{3\lambda^2} \tag{7-15}$$

由 SAXS 测试可以获得不同散射角 ε 的散射强度 I，那么通过在半对数坐标上将 $\ln I$ 对 ε^2 作图（图 7-50），则可由直线斜率求得 R_{g}^2，这一数据处理方法称为

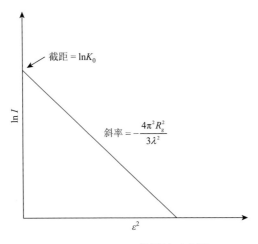

图 7-50　Guinier 作图法示意图

Guinier 作图法。R_g 反映了任意形状粒子的尺度大小。然而，由于它是做了球形平均的结果，回转半径的信息不足以得知粒子的实际形状。此外，需要指出的是，在 $\ln I\text{-}\varepsilon^2$ 图中，所有散射强度测量都必须对溶剂的贡献进行校正。通常做法是在保持其他实验条件相同的情况下，对溶剂进行单独的散射实验，然后在总散射强度中将其扣除。

Guinier 作图只适用于低散射角的情形。而对于散射角较大的散射曲线尾部，Porod 指出当散射体系的两相边界分明时，散射强度可表示为

$$\lim_{q\to\infty} q^4 I(q) = k_p \tag{7-16}$$

其中，k_p 是 Porod 常数，为粒子重要的结构参数。式（7-16）表明对于球形散射粒子，散射强度在大散射角度范围将按照 q^{-4} 指数降低，即 Porod 定律[39]。可以通过 Porod 作图 $\ln q^4 I(q)\text{-}q^2$ 对这一定律进行验证，如图 7-51 所示。Porod 定律描述了在 q 很大时散射强度与散射矢量的定量关系。由于散射曲线尾部的散射强度较低，背底散射的干扰相对比较大，因此对尾部散射强度的背底校正就显得尤为重要，否则将不能正确地表示 Porod 定律。

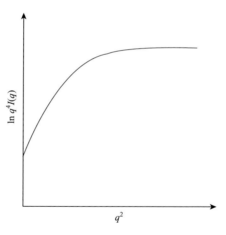

图 7-51　Porod 作图法示意图

许多高分子薄膜在制备和加工过程中会形成含有片晶的周期性结构，例如，通过干法流延制备的等规聚丙烯硬弹性膜就是由高度取向的片晶簇构成。图 7-52 给出了基于理想两相模型的高分子长周期示意图，即由结晶区和无定形区交替组成。其中，结晶区和无定形区的厚度分别为 L_c 和 L_a。$L = L_c + L_a$ 为长周期，可通过布拉格方程进行估算：

$$L = \frac{\lambda}{2\sin\theta} \tag{7-17}$$

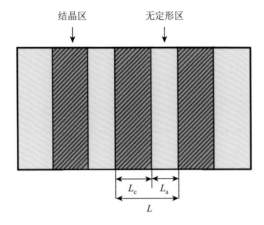

图 7-52　半晶高分子两相模型和长周期示意图

高分子的结晶度可由式（7-18）进行估算：

$$W_{c,x} = L_c / L \tag{7-18}$$

由式（7-18）计算得到的结晶度称为线性结晶度，可避免对一维散射曲线进行多峰拟合的困难。但需要注意的是，线性结晶度的物理意义与通过 WAXS 多峰拟合的方法计算得到的结晶度物理意义有所不同。只有当样品呈理想的层状结构时，两者才一致。

以散射矢量的模 q 为自变量，对 SAXS 二维图进行积分可以得到一维积分曲线图。利用一维电子密度相关函数（EDCF）法可以分析得到样品结构的详细信息，包括长周期、结晶区厚度和无定形区厚度。这里，电子密度相关函数 $K(z)$ 可由 SAXS 实验测得的散射强度分布 $I(q)$ 通过逆傅里叶变换得到[40]，即

$$K(z) = \frac{\int_0^\infty I(q)\cos(qz)\mathrm{d}q}{\int_0^\infty I(q)\mathrm{d}q} \tag{7-19}$$

其中，z 是沿片晶法向的长度。具体的计算步骤在文献中已有详细论述，这里不再赘述。

基于片晶周期信号的方位角积分曲线的半高峰宽（FWHM），片晶簇的取向度可以用式（7-8）进行计算。此时，φ 为外场方向与片晶法向方向的夹角。因此，当所有片晶方向均沿着外场方向时，$f = 1$；当体系中的片晶无规分布时，$f = 0$。

参 考 文 献

[1]　何多慧. 同步辐射光源的发展和展望. 强激光与粒子束，1990，2：387-400.

[2]　唐鄂生. 北京同步辐射装置十年回顾与十年展望（上）. 现代物理知识，1991，（6）：3-5.

[3] 王占东. 合肥光源的发展历程及展望. 安徽科技，2020，(7)：52-53.

[4] 贺战军，彭子龙. 上海同步辐射光源. 中国科学院院刊，2009，24：441-444.

[5] 庞凌波. 北京高能同步辐射光源项目，北京，中国. 世界建筑，2020，(9)：92-95.

[6] 杨春明，洪春霞，周平，等. 同步辐射小角 X 射线散射及其在材料研究中的应用. 中国材料进展，2021，40：112-119.

[7] García Gutiérrez M C，Alfonso G C，Riekel C，et al. Spatially resolved flow-induced crystallization precursors in isotactic polystyrene by simultaneous small- and wide-angle X-ray microdiffraction. Macromolecules，2004，37：478-485.

[8] Kanaya T，Polec I A，Fujiwara T，et al. Precursor of shish-kebab above the melting temperature by microbeam X-ray scattering. Macromolecules，2013，46：3031-3036.

[9] Su F，Zhou W，Li X，et al. Flow-induced precursors of isotactic polypropylene: an *in situ* time and space resolved study with synchrotron radiation scanning X-ray microdiffraction. Macromolecules，2014，47：4408-4416.

[10] Chang J，Wang Z，Tang X，et al. A portable extruder for *in situ* wide angle X-ray scattering study on multi-dimensional flow field induced crystallization of polymer. Review of Scientific Instruments，2018，89：025101.

[11] McKinley G H，Sridhar T. Filament-stretching rheometry of complex fluids. Annual Review of Fluid Mechanics，2002，34：375-415.

[12] Hodder P，Franck A. A new tool for measuring elongational viscosity. Annual Transactions of the Nordic Rheology Society，2005，13：227-232.

[13] Sentmanat M L. Miniature universal testing platform: from extensional melt rheology to solid-state deformation behavior. Rheologica Acta，2004，43：657-669.

[14] Liu Y，Zhou W，Cui K，et al. Extensional rheometer for *in situ* X-ray scattering study on flow-induced crystallization of polymer. Review of Scientific Instruments，2011，82：045104.

[15] Feng S，Lin Y，Yu W，et al. Stretch-induced structural transition of linear low-density polyethylene during uniaxial stretching under different strain rates. Polymer，2021，226：123795.

[16] 李良彬，鞠见竹，王震，等. 一种与 X 射线散射联用的超快速拉伸装置及其实验方法：201710070789.1. 2017-05-31.

[17] 陈品章. 同步辐射原位研究橡胶弹性体在低温苛刻条件下的结构演化规律. 合肥：中国科学技术大学，2020.

[18] 李良彬，陈品章，张前磊，等. 低温伸展流变仪及高分子薄膜低温性能测试的方法：201810052796.3. 2018-06-12.

[19] Zhao J，Feng S，Zhang W，et al. Strain rate dependence of stretch-induced crystallization and crystal transition of poly(dimethylsiloxane). Macromolecules，2021，54：9204-9216.

[20] 李良彬，张前磊，安敏芳，等. 一种蒸汽伸展流变仪：201920244969.1. 2020-02-07.

[21] 李良彬，孟令蒲，崔昆朋，等. 一种与 X 射线散射联用的恒幅宽薄膜拉伸装置及其实验方法：201210579459.2. 2015-01-21.

[22] Ye K，Li Y，Zhang W，et al. Stretch-induced structural evolution of dichromatic substance with poly(vinyl alcohol) at different concentrations of boric acid: an *in-situ* synchrotron radiation small- and wide-angle X-ray scattering study. Polymer，2021，212：123297.

[23] DeMeuse M T. Biaxial Stretching of Film 80 High Street. Sawston，Cambridge: Woodhead Publishing，2011.

[24] 李良彬，陈晓伟，孟令蒲，等. 双向拉伸装置及其方法：201821899135.6. 2019-07-23.

[25] Zhang R，Ji Y X，Zhang Q I，et al. A universal blown film apparatus for *in situ* X-ray measurements. Chinese Journal of Polymer Science，2017，35：1508-1516.

[26]　丛远华. 基于同步辐射显微技术原位研究高分子球晶的生长前端. 合肥：中国科学技术大学，2012.

[27]　Li H，Zhou W，Ji Y，et al. Spatial distribution of crystal orientation in neck propagation：an *in-situ* microscopic infrared imaging study on polyethylene. Polymer，2013，54：972-979.

[28]　汪敏. 同步辐射 CT 技术研究及应用. 合肥：中国科学技术大学，2006.

[29]　宋丽贤. 二氧化硅/硅橡胶复合材料的界面作用及增强机制. 合肥：中国科学技术大学，2017.

[30]　Chen L，Wu L，Song L，et al. The recovery of nano-sized carbon black filler structure and its contribution to stress recovery in rubber nanocomposites. Nanoscale，2020，12：24527-24542.

[31]　Bragg W H，Bragg W L. The reflection of X-rays by crystals. Proceedings of the Royal Society of London. Series A，1913，88：428-438.

[32]　Patterson A. The Scherrer formula for X-ray particle size determination. Physical Review，1939，56：978-982.

[33]　Flory P J，Yoon D Y. Molecular morphology in semicrystalline polymers. Nature，1978，272：226-229.

[34]　Sadler D M，Keller A. Neutron scattering studies on the molecular trajectory in polyethylene crystallized from solution and melt. Macromolecules，1977，10：1128-1140.

[35]　Flory P J，Yoon D Y，Dill K A. The interphase in lamellar semicrystalline polymers. Macromolecules，1984，17：862-868.

[36]　Sivia D S. Elementary Scattering Theory for X-ray and Neutron Users. Oxford：Oxford University Press，2011.

[37]　莫志深，张宏放，张吉东. 晶态聚合物结构和 X 射线衍射. 北京：科学出版社，2010.

[38]　Guinier A，Fournet G. Small Angle Scattering of X-rays. New York：John Wiley & Sons，1955.

[39]　Sinha S K，Sirota E B，Garoff S，et al. X-ray and neutron scattering from rough surfaces. Physical Review B，1988，38：2297-2311.

[40]　Strobl G R，Schneider M. Direct evaluation of the electron density correlation function of partially crystalline polymers. Journal of Polymer Science：Polymer Physics Edition，1980，18：1343-1359.

第8章

聚乙烯吹膜加工

　　吹膜（或吹塑）是高分子薄膜生产成本最低的加工方式之一，其生产设备简单，占地面积较小且投资小，广泛用于各种包装膜和农膜（地膜和棚膜）的制造。同时，吹膜工艺可用于制备一些高附加值薄膜，例如，5G 通信设备天线基板所用液晶高分子（liquid crystal polymer，LCP）薄膜，由日本可乐丽株式会社利用旋转模头吹膜制备[1]。吹膜是高分子薄膜制备的重要方法。本章将主要以农膜为例，系统介绍吹膜工艺及相关工艺参数对薄膜最终性能的影响。

　　农膜在保障我国粮食安全和满足人民日益增长的物质需求方面发挥着不可替代的作用。以棚膜为例，除挡风、挡雨、保温等基本功能外，附加有转光等功能的高性能棚膜对提升农作物收成有直接作用。高性能棚膜一般具有以下几个特点：

　　（1）长寿命：即在一年四季气候不断变换的情况下，依然可以长时间保持良好的宏观性能。

　　（2）抗流滴性能：即避免使用过程中棚膜内表面形成水蒸气凝结的水滴或水膜。对于采用棚膜搭建的日光温室，由于大棚内部温度一般要高于棚外，使得大棚内部水蒸气易在膜内表面形成水滴或水膜。疏水的聚乙烯棚膜表面形成的液滴会使入射光散射出棚外，同时造成棚膜透光率下降，最终导致棚内升温慢。再者，液滴在强烈阳光的照射下会产生类似凸透镜的效果，容易引起棚膜内部火灾，烧伤农作物。液滴在重力作用下会滴到植物表面，易使植物受到病菌的侵害。

　　（3）防雾性能：即避免使用过程中雾滴或水膜的长时间停留。早晚温差较大、湿度较大时，棚膜内部的水蒸气会达到饱和蒸气压形成雾滴。防雾性能好的棚膜可以使得棚膜内表面形成的水膜快速流走，降低水的过饱和度，使得棚内不易产生雾气。

　　（4）防尘：即避免空气中带负电的灰尘吸附在棚膜表面影响透光性。

（5）转光性能：即将太阳光中不易被农作物吸收的紫外线与绿光转换为植物光合作用所需要的红光和蓝紫光，提高自然光的利用率，减少辐射损失和自然光中紫外线对农作物的伤害，最终提高农作物产量。实际生产中所用方法是在农膜原料中添加转光功能性母料。

除了上述几个特点以外，针对特殊的农作物，还需要考虑满足其特定生长习性，制备具有特殊性能的农膜材料，如食用菌大棚膜、养殖膜、青贮膜、牧草膜等。这些特殊性能的增加给吹膜工艺带来了较大的挑战。

为了满足上述不断细分的市场，并提高特定作物产量，目前市场上的棚膜均以多层膜为主，其中三层和五层最为常见。以乙烯-乙酸乙烯共聚酯（EVA）农用薄膜为例，常见三层结构为 LDPE-EVA-LDPE，其中乙酸乙烯（VA）的含量超过4%。与纯 LDPE 棚膜相比，EVA 薄膜具有：①更好的保温性能：VA 单元可实现对 7～13 μm 远红外线的有效阻隔；②更柔韧：低温下不发脆；③更高的透明性：显著降低雾度，有效提高农作物的光合作用；④优异的抗流滴性能：VA 是极性分子，与添加的各种抗流滴试剂相容性好，可以显著延长流滴期。得益于过去近五十年共挤技术的发展[2]，上述多层薄膜可以同时在吹膜机上实现加工制造，而不需要后续进一步复合。本章围绕吹膜加工工艺，首先简要介绍吹膜加工过程，主要从工艺、设备、原料和加工工艺参数等几个方面展开。随后基于从感性到理性，从经验到理论的思路，结合吹膜加工实践，系统阐述基于同步辐射 X 射线散射技术和本书作者团队自主研发的原位吹膜装备所建立高分子吹膜加工过程中原料参数-加工-结构-性能的关系。以此为理论基础，揭示吹膜加工规律，为优化实际吹膜加工工艺参数，开发新型复合薄膜提供理论依据。

8.1　吹膜加工原理及工艺

8.1.1　吹膜加工方式

根据薄膜牵引方向，可以将吹膜加工分为平挤上引吹膜（简称平挤上吹）、平挤下垂吹膜（简称平挤下吹）和平挤平牵吹膜（简称平挤平吹）三种。其中，平挤上吹是最常见的吹膜加工方法，其工艺流程图如图 8-1（a）所示。平挤上吹使用直角模口，即模口方向与挤出机垂直。粒料在挤出机中充分熔融塑化之后，进入环形状模口，形成筒状的膜坯。膜坯出模口后，模口内部鼓入压缩气体，使得薄膜内外产生压力差，从而实现膜坯吹胀。吹胀之后的膜管被上方的牵引辊牵引，产生纵向的拉伸。随后经过人字板，压缩并收卷。平挤上吹适合黏度较高的高分子材料，如聚乙烯（PE）、聚苯乙烯（PS）和聚氯乙烯（PVC）等。与平挤上吹类似，平挤下吹也采用直角模口，只是其模头出口方向向下[图 8-1（b）]。平挤下吹法适合黏度较低的高分子材料，如聚丙烯（PP）、聚对苯二甲酸乙二醇酯（PET）、聚酰胺（PA）、聚偏二氯乙烯（PVDC）等。平挤平吹中膜坯中心与挤出机的螺杆中心处于同一水平线[图 8-1（c）]，适合制备直径不大（一般直径小于 500 mm）而黏度较大的高分子材料，如聚氯乙烯、聚乙烯等。

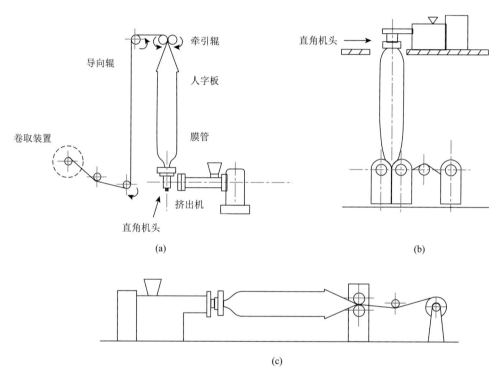

图 8-1   几种不同的吹膜加工方法

（a）平挤上吹；（b）平挤下吹；（c）平挤平吹

8.1.2   吹膜加工工艺流程

目前工业上使用最为广泛的吹膜加工方法为平挤上吹。图 8-2 为白山市喜丰塑料（集团）股份有限公司 14 m 幅宽的五层共挤吹膜设备。该设备采用的就是平挤上吹法（图 8-3）。整体加工流程可分为挤出吹胀、冷却和收卷三个基本步骤。对于涂覆型薄膜还需进行电晕涂覆，而对于包装膜则需要旋转牵引。薄膜的最终性能与每段加工工艺参数都密切相关。下面，以平挤上吹法为例，详细介绍吹膜加工每段工艺的加工设备及其设计思想和原理。

图 8-2　白山市喜丰塑料（集团）股份有限公司 14 m 幅宽的五层共挤吹膜设备图

吹膜基本生产线

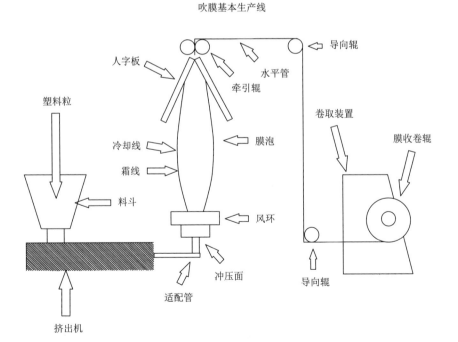

图 8-3　平挤上吹流程示意图[3]

1. 挤出吹胀

1）挤出机

吹膜加工一般使用单螺杆挤出机（图 8-4）。挤出机的关键性能要求是完全熔融塑化高分子，在模具出口处产生均匀稳定的熔体流量（使压力计的可变性最小化），并产生足够的压力维持熔体在下游工艺（通常是输送管、筛网组件、进料块和模具）中的流动。影响挤出机性能的重要因素是螺杆设计、工作温度和螺杆转速。螺杆具有三个作用，即固体输送、压缩熔融和计量或泵送。进料段将未熔融的高分子粒料输送至挤出机内部，并开始熔融。压缩段的作用为排除熔体内部气体与水。计量段产生压强，将熔融的高分子稳定地输送到模口处[3]。

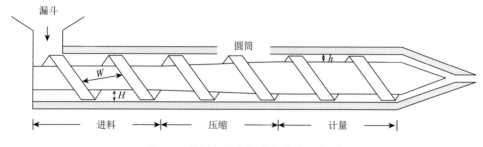

漏斗　圆筒　W　H　h　进料　压缩　计量

图 8-4　单螺杆挤出机内部构造示意图

2）吹膜模头

基于进料的方向，吹膜模头可以分为侧进料芯棒式模头和中心进料的十字架式模头[图 8-5（a）和（b）]。高分子薄膜制品要求有较高的均匀性，为了实现吹膜加工的薄膜均匀性，需要精确调控模唇的间隙，以使得高分子熔体可以均匀地从四周挤出，实现膜厚度方向的均匀。吹膜模头的模口中心为进气管，用以在加工过程中实现吹胀。这两种模头的结构较为简单，易拆装，且模头内存料较少，不易引起高分子的热降解。然而，模头模唇间隙的均匀性较难调节，且芯棒结构容易产生偏中现象，这些都会影响薄膜厚度的均匀性。为了解决这些问题，后来开发出了螺旋模头[图 8-5（c）]。在螺旋模头中，高分子熔体随螺纹间隙上流，模头内部的背压显著提高。离模唇越近，螺纹越少。这种螺旋式上升可保证熔体在模头内部流动的均匀性，从而使得制备的薄膜厚度较为均一。

随着市场对薄膜的要求越来越高，目前市场上的主流工艺是多层共挤吹膜，其中 3 层、5 层的吹膜机已成为主要应用设备，7 层、9 层乃至 11 层的吹膜机也已经投入使用（图 8-6）。多层共挤吹膜具有显著减少复合次数，提高薄膜阻隔性能，减少价格高昂高分子原料使用量等优点，但层数的增加也使得模头复杂性增加，提高了模头的维护成本。

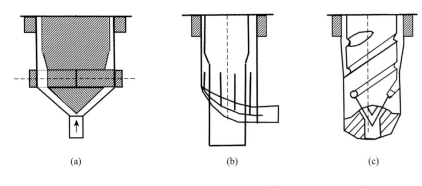

图 8-5　从底部（a）和侧面（b）进料吹膜模头；（c）螺旋模头

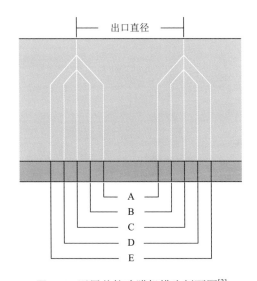

图 8-6　五层共挤吹膜机模头剖面图[3]

除了上述共挤吹膜机模头之外，还有一种得到应用的模头——叠加共挤模头。此类型的模头是 Brampton Engineering 公司在 1989 年研制的。与传统的模头不同，叠加共挤模头内部是由多个模头在垂直方向叠加而成（图 8-7），且层内部为平面流动而非螺旋式上升。叠加共挤模头的主要优点是最小化每一层膜的接触表面积，从而最小化停留时间并改善系统清洗性能。叠加共挤模头的另一个优点是采用模块化的模具设计，通过交换模块，可以更容易地修改模具，使其符合各种复杂结构的薄膜制备需求。另一个潜在的优点是，各个流量模块可以在不同的温度下运行，以避免将不稳定的材料长期暴露在过高的温度下。这些优势使得叠加共挤模头得到了较为广泛的使用，并已经成功用于 10 层薄膜的制造（图 8-8）。

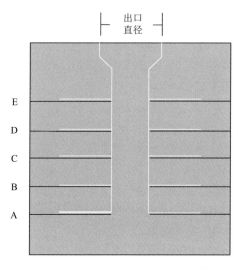

图 8-7　五层叠加共挤模头剖面图[4]

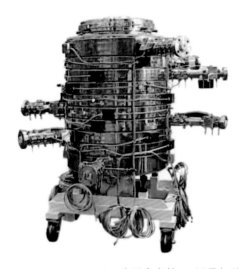

图 8-8　Brampton Engineering 公司生产的 10 层叠加共挤模头

2. 冷却

吹膜加工过程中对薄膜进行适当的冷却,可以对薄膜的厚度均匀性进行调整,且冷却过程对稳定膜泡具有关键作用。最常用的冷却装置为风环。风环将空气吹到膜泡的外表面,使其冷却。主要参数包括空气流量、分布和温度。风环中流量气管的设计十分关键,良好的设计有助于稳定膜泡。膜泡稳定性差会导致薄膜厚度不均匀和产能输出受限。风从风环吹出的方向与水平面的夹角称为吹出角,一般选择在 40°~60°。根据从风环出来的剖面方向进风口的多少,可分为单唇风环和双唇风环。相比于普通的单唇风环，双唇风环可以更有效地稳定膜泡（图 8-9）。对一些膜泡稳定性较差的高分子，如分散性较低的 LLDPE，双唇风环具有良好的膜泡稳定效果。

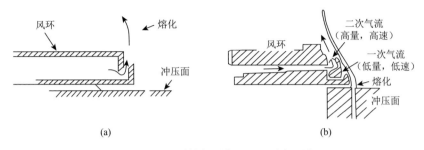

图 8-9　（a）单唇风环；（b）双唇风环

3. 旋转牵引

在收卷之前，膜泡需要经过折叠挤压，使得固化之后的膜泡变平。这一过程需要利用人字板（折叠框架）、夹持和牵引辊来实现。牵引辊的速度决定牵引方向上的牵引量。折叠框架有助于吹胀的膜泡变平。在这一过渡过程中，薄膜可能会形成褶皱，折叠框架的设计在防止褶皱方面起到了一定的作用。因而，旋转牵引这一步在控制薄膜厚度与均匀性方面具有重要的作用。

4. 电晕涂覆

为了实现抗流滴性能，一般在收卷之前会对薄膜进行电晕涂覆处理，即通过电晕氧化表面，并通过涂覆纳米颗粒（如 Al_2O_3）实现薄膜表面的亲水改性。将在 8.3.2 节中详细讲解电晕涂覆。当然，对于内添加的吹膜加工工艺，不需要电晕涂覆工艺。

5. 收卷

收卷是吹膜加工的最后一步。卷绕机有不同的类型，如图 8-10 所示，可大致分为三类：中心卷绕机、表面中心卷绕机和双滚筒卷绕机。

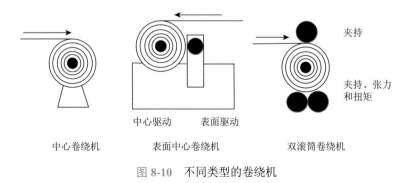

图 8-10　不同类型的卷绕机

　　中心卷绕机是最简单的卷绕机，通过卷绕辊直接施加扭矩。对于许多材料，如弹性材料和高口径变化的软包装层压板，中心卷绕机最佳。通常收卷过程中张力逐渐减小，在卷开始处有更高的张力，以防止凹陷和伸缩（这两个问题通常发生在每个包装上的薄膜边缘没有正确对齐时）。有些中心卷绕机配置有被动压辊，用来消除收卷过程中夹带的空气，从而增加膜收卷的密实度。

　　表面中心卷绕机具有从动中心卷绕辊和从动压辊，是最通用的卷绕机。该类型卷绕机利用了所有卷绕机制，即张力、夹持和扭矩，并独立控制。压辊将卷绕张力与工艺张力隔离，允许表面卷绕机在卷绕开始时施加更大的扭矩，以确保紧密启动。

　　双滚筒卷绕机也称为纯表面卷绕机，卷绕速度由两个外部驱动的压辊控制，第三个压辊在启动期间提供额外的压辊压力。

8.1.3　吹膜工艺参数

　　吹膜加工过程中重要的加工工艺参数有吹胀比和牵引比，精准调控这两个参数是实现膜泡稳定，控制薄膜内部结构和厚度的关键。下面介绍一下这两个参数的具体定义。

　　1）吹胀比

　　吹胀比（blow-up ratio，BUR）定义为薄膜吹胀之后膜泡的直径（W）与模头出口直径（W_0）之比：

$$BUR = \frac{W}{W_0} \tag{8-1}$$

吹胀比直接将最终薄膜的幅宽尺寸与模头出口直径的大小联系起来，通常为 1.5～3.0。

　　2）牵引比

　　牵引比（take-up ratio，TUR）定义为牵引速度（v_t）和挤出速度（v_e）之比：

$$TUR = \frac{v_t}{v_e} \tag{8-2}$$

牵引速度（v_t）是牵引辊的表面线速度，挤出速度（v_e）是熔体离开模口的线速度。具体表述为

$$v_t = \frac{M}{2ld\rho} \tag{8-3}$$

其中，M 是挤出机的生产率，g/min；l 是收卷后膜泡的宽度，$2l$ 是膜泡的周长，cm；d 是膜厚度，cm；ρ 是高分子熔体密度，g/cm^3。

$$v_e = \frac{M}{\pi W_0 B \rho} \tag{8-4}$$

其中，W_0 是模口直径，cm；B 是模口间隙，cm。

综上，式（8-2）可转化为

$$\mathrm{TUR} = \frac{\pi W_0 B}{2ld} \tag{8-5}$$

3）膜泡几何外形

为了准确描述吹膜过程中膜泡的形成，除吹胀比与牵引比之外，还定义了一些特定高度，如结晶线高度（crystallization line height，CLH）、霜线高度（frost line height，FLH）、平台线高度（plateau line height，PLH）及冻结线高度（freezing line height，FZH）。基于吹膜过程中不同高度处膜泡的温度来定义以上参数（图 8-11），即：通过改变冷却曲线斜率测量的结晶起始点为 CLH；膜泡膨胀结束的位置为 FLH；平台线结束的位置为 PLH；膜泡中结晶结束的位置为 FZH，以上参数一般通过 X 射线散射来确定[5]。这些参数中以 FLH 最为重要，是工业实际生产中主要精确控制的参数之一。

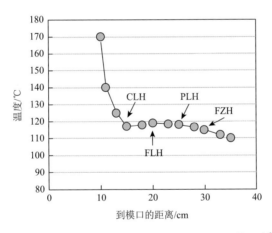

图 8-11　HDPE 吹膜过程中距离模口不同位置处的温度[3, 5]

8.1.4　吹膜料

吹膜对高分子原料具有较高的要求。原料的熔体强度与吹膜过程中膜泡的稳定性密切相关。熔体强度是衡量高分子熔体抵抗拉伸形变的一个物理量，取决于高分子的分子链结构和链缠结密度。常用熔融流动指数（melt flow index，简称熔指）量化熔体强度，以标准的熔体流动指数仪或毛细管流变仪进行测量，即在特定的温度和压力下，熔体每 10 min 流过标准模头的克数，单位为 g/10 min。高分子的熔体强度主要与三个因素相关，即平均摩尔分子质量、多分散性及支化度。一般提高平均摩尔分子质量、支化度都可以显著提高高分子的熔体强度。

在吹膜加工中，聚乙烯的使用量最大，下面以聚乙烯为例来介绍熔体强度对吹膜的影响。基于密度差异（ASTM D 883—00），可以把聚乙烯分为以下几类[6]：

（1）高密度聚乙烯（HDPE，$\rho > 0.941$ g/cm^3；支化度<10/1000）；

（2）线形中密度聚乙烯（LMDPE，ρ：0.926～0.940 g/cm^3）；

（3）中密度聚乙烯（MDPE，ρ：0.926～0.940 g/cm^3）；

（4）线形低密度聚乙烯（LLDPE，ρ：0.918～0.925 g/cm^3，乙烯与 α-烯烃共聚物）；

（5）低密度聚乙烯（LDPE，ρ：0.919～0.925 g/cm^3）；

（6）超低密度聚乙烯（VLDPE，ρ：0.887～0.923 g/cm^3）。

其中 LDPE 得益于长支链、分散系数高等特点，具有较高的熔体强度，因而常用作吹膜用料，并且可与其他高分子材料共混以满足特定的薄膜性能需求。低熔指的 LDPE 虽然具有较高的熔体强度，能够保证吹膜加工过程中膜泡的稳定性，但是所制得的薄膜机械性能一般较差，如抗撕裂性能和穿刺性能等。随着市场对大幅宽棚膜需求的增加，如何兼顾吹膜加工稳定性与薄膜优异性能最为关键。为此，一般在吹膜用料配方上利用低熔指的 LDPE 提供足够的熔体强度以保证膜泡的稳定性，同时通过共混 LLDPE 提供良好的机械性能。这一策略在多层共挤吹膜中同样适用。然而考虑到茂金属催化的 LLDPE 价格昂贵，需充分考虑添加比例，兼顾性能与成本。

除了通过共混多种高分子提高膜泡稳定性外，还可以对原料进行化学改性。常见的改性方法为在合成过程中添加共聚单体或对初始粒料添加扩链剂进行后化学改性。在下一节中，针对生物可降解的聚己二酸/对苯二甲酸丁二醇酯（PBAT），通过后添加扩链剂的方法进行改性可以提高其熔体强度。随着多层共挤吹膜工艺的普及，如目前广泛使用的 5 层共挤吹膜，可以通过复合多种高分子的方法提高薄膜整体的膜泡稳定性。总之，无论是共混、共聚还是多层共挤，配方设计的目的是简化加工条件，拓展加工窗口，便于下游薄膜企业的实际生产加工。

除了吹膜用高分子粒料之外，通常还需要添加一些助剂以提高加工可操作性与最终薄膜的宏观性能。常见助剂的化学组成及其功能简介如下：

（1）开口剂。吹膜加工之后收卷获得的薄膜为双层结构，但有时由于薄膜内部空气被排除干净，双层的薄膜在后续使用过程中难以分开，即开口性能差。为了提高薄膜的开口性能，需要在原料中添加开口剂，以便于薄膜开口。目前开口母料主要是硅石类（如二氧化硅），需要与高分子粒料进行共混。开口剂均匀分散在薄膜表面，形成细小的突起，可减少薄膜之间的接触面积，达到薄膜开口的目的。同时，由于突起的存在，外部空气可以进入两层薄膜之间，也可防止薄膜粘连。因此，开口剂又被称为抗黏结剂。

（2）爽滑剂。与开口剂提高薄膜表面粗糙度不同，爽滑剂通过降低薄膜表面的摩擦系数来提高薄膜的滑动性和抗黏结性。目前爽滑剂以油酸酰胺和芥酸酰胺为主。爽滑剂在薄膜加工过程中可以扩散并迁移到薄膜表面，这与开口剂的机理不同。但由于二者添加带来的效果类似，有时易将两者混淆。

（3）高分子加工助剂（polymer processing additive，PPA）。其主要成分为含氟添加剂（如 1, 1, 2, 3, 3, 3-六氟-1-丙烯与 1, 1-二氟乙烯），用于提高高分子在挤出端的可加工性。由于 PPA 一般与高分子基体不相容，在挤出输送过程中会分散到熔体表面。PPA 表面能低，在模头出口处可显著降低高分子熔体的流动阻尼，加快吹膜生产速度，提高吹膜稳定性。

（4）抗氧化剂。在高分子粒料熔融挤出阶段，加工温度一般远高于高分子熔融温度，可能导致高分子在熔融挤出阶段发生热降解。为此，一般在母料中加入适量的抗氧化剂以提高高分子的热稳定性。以聚乙烯为例，常用的抗氧化剂有酚类的主抗氧化剂 1010{四[β-(3″, 5″-二叔丁基-4″-羟苯基)丙烯]季戊四醇酯}和1076[β-(4″-羟基-3″, 5″-二叔丁基苯基)丙酸十八碳醇酯]，以及磷酸酯类的辅助抗氧化剂 PKY-168[(2, 4-二叔丁基苯基)亚磷酸酯]和 JC-242[双(2, 4-二叔丁基苯基)季戊四醇二亚磷酸酯]等。

上述助剂主要为加工助剂，即为提高高分子薄膜生产效率、加工性能和稳定性而添加的助剂。此外，为满足服役性能要求，农膜中还会添加其他一些功能助剂，如光稳定剂、转光剂、流滴剂、防雾剂等。下面简要介绍功能助剂。

（1）光稳定剂。光稳定剂是农膜中最重要的助剂之一。太阳光中的紫外线（290～400 nm）是农膜老化的主要原因。光稳定剂有多种，特别针对农膜，主要有紫外线吸收剂（主要吸收紫外线而很少吸收可见光）、自由基捕捉剂（主要为受阻胺光稳定剂）等。

（2）转光剂。农作物的光合作用是将可见光波段的能量经过叶绿体进行光化学反应，其关键物质是叶绿素 a 和叶绿素 b、α-胡萝卜素、叶黄素等。这些物质对自然光的吸收具有波长选择性。以叶绿素 a 为例，其吸收的特征峰为 430 nm 和 660 nm 附近波段。如何基于特定的农作物，将其他波段的自然光转换成植物所需要波段的光，对于提高农作物产量，减少有害辐射（如紫外线）十分重要。转光剂基于其发光性质可以分为红光剂（R）、蓝光剂（B）和双光剂（红蓝光剂），基于其化学成分可以分为有机荧光颜料、稀土有机配合物和稀土无机化合物等[7]。

（3）流滴剂。流滴剂又称消雾剂，用来降低薄膜表面自由能，使得薄膜表面难以形成水滴和雾气。通常为双亲性分子，即一端为极性，另一端为非极性。大多数防雾剂由食用油或脂肪酸、多价醇（如甘油）或山梨醇和有机酸制成（图 8-12）[8]。

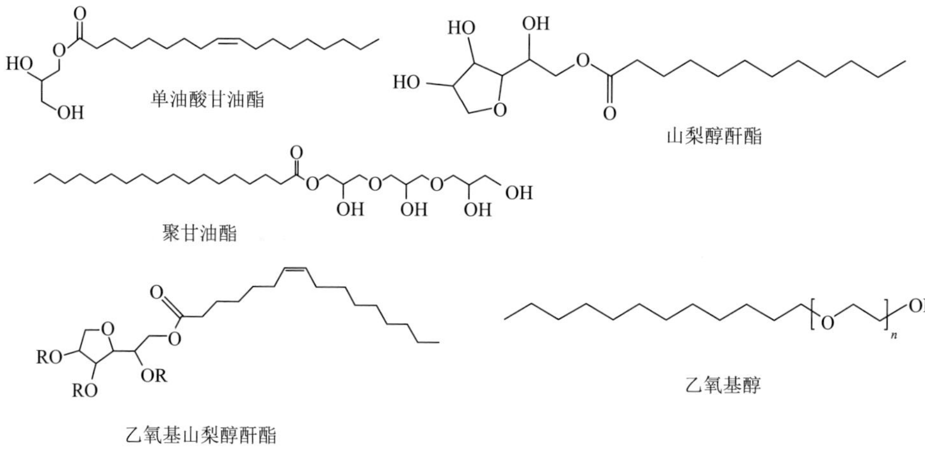

图 8-12　几种常见流滴剂的分子式

（4）防雾剂。为防止棚膜内部产生雾气，可在表面涂覆防雾剂。在棚膜中使用流滴剂之后，虽然棚膜内部可形成一层水膜，但流滴剂可紧密排列于水膜中，其中烷烃类的疏水基团朝外，不利于水膜的流动，从而降低消雾的速度。为此，开发了含氟或硅类的两亲性助剂，降低水的表面张力，从而降低水膜的厚度，增加其流动性，加快消雾。同时其憎水憎油的特性也可以破坏流滴剂的有序结构，使得原本朝外排列紧密的疏水基团出现无序，增加水蒸气凝结速率。

（5）抗静电剂。薄膜在加工和使用过程中由于薄膜与薄膜、薄膜与辊之间的摩擦，在薄膜表面易产生静电。静电会降低部分薄膜产品的性能。以棚膜为例，静电易在表面吸附灰尘，影响棚膜的透光率。为此，在吹膜过程中，会在母料中添加抗静电剂。抗静电剂一般是表面活性剂，基于化学结构可分为阴离子、阳离子和非离子型添加剂等。

（6）红外阻隔保温剂。红外阻隔保温剂是用于棚膜保温的功能助剂。添加红外阻隔保温剂的作用是吸收或阻隔太阳和物体自发辐射的红外线。主要起两方面的作用：一方面，可减少温室在夜间因物体红外线辐射而导致的热量损失，提高棚膜的保温效果；另一方面，可部分抑制白天直射在大棚上的红外线，避免因温度过高对棚内农作物产生危害。目前广泛使用的红外阻隔保温剂多为无机物，包括高岭土、层状水滑石等。同时，也有有机保温剂。与无机物相比，有机保温剂与树脂兼容性好，吸收或阻隔红外线能力强，且不会影响棚膜的透光性。

8.2　加工外场对吹膜过程的影响

吹膜加工是多轴拉伸、温度、风场等多个非均匀外场作用下的多尺度结构非线性、非平衡快速演化过程。这些特点决定了加工控制的复杂性。因此，系统研究不同外场加工参数下膜泡内部结构的演化过程是优化吹膜加工工艺和开发新型吹膜用料的关键。基于此，本书作者团队研制了与同步辐射联用的原位吹膜装置，发展了相关研究系统及方法。通过发挥同步辐射光源高亮度、高时空分辨、全尺度检测的优势，获得了吹膜加工过程详细的多尺度结构演化规律，揭示了流动场分布与结晶动力学之间的关系，为吹膜加工过程提供了更深层次的理解。基于此，确定了原材料、加工及膜服役性能优劣的判断标准，为原材料改性及加工过程中参数的优化提供了理论依据。

高分子薄膜的宏观服役性能与其内部多尺度微观结构密切相关，而最终产品内部结构与其加工过程高度关联。在第 7 章中已简要介绍本书作者团队所研发的与同步辐射 X 射线散射技术联用的原位吹膜装置，本章主要介绍原位跟踪吹膜加工过程中膜泡多尺度结构演化方面的研究工作。首先，以聚乙烯为例，讨论吹膜过程中膜泡内部多尺度结构演化的共性规律；其次，基于不同加工外场参数和原料分子结构参数的原位研究结果，系统介绍温度场、流动场和不同分子拓扑结构对吹膜过程中结晶动力学的影响规律；最后，围绕生物可降解高分子材料，以 PBAT 为例介绍此类高分子在吹膜加工过程中膜泡结构的演化规律。

8.2.1 聚乙烯吹膜加工结构演化规律

以聚乙烯单层吹膜为例[9]，表 8-1 为原位实验的加工参数。其中，v_e 为挤出速度，T_d 为模口温度，W 为吹胀之后的膜泡直径，v_t 为牵引速度。

表 8-1 吹膜过程的加工参数

TUR	v_e/(mm/s)	T_d/℃	W/mm	BUR	v_t/(mm/s)
7	2.37	220	94	2.0	16.6
10	2.37	220	94	2.0	23.9
15	2.37	220	94	2.0	35.4
20	2.37	220	94	2.0	47.3
25	2.37	220	94	2.0	59.3

霜线是吹膜工业加工最重要也是最受关注的一个物理量。如 8.1.3 节所述，霜线的初始定义是膜泡上膨胀结束的位置，但由于边界模糊和测量主观性，霜线的确定往往存在较大误差。为此，将膜泡直径开始不变的位置定义为霜线位置。具体做法是利用 CCD 图像传感器得到每个实验参数下膜泡稳定时的图片，然后通过图片处理得到膜泡直径不变的位置（红色辅助线处）与模头出口之间的距离，即为霜线高度，如图 8-13（a）所示。此外，利用 CCD，并结合示踪技术对膜泡不

同位置处聚合物的上升速率进行跟踪，发现上述特征位置处聚合物的上升速率开始保持不变，即聚合物不再拉伸形变，如图 8-13（b）所示。图 8-13（c）为不同 TUR 下膜泡的霜线高度。

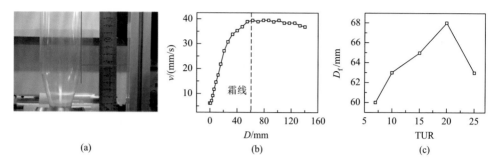

(a)　　　　　　　　　(b)　　　　　　　　　(c)

图 8-13　（a）TUR-15 样品的膜泡图片；（b）距模口不同位置处熔体上升速率变化；（c）不同 TUR 样品的霜线位置

温度直接影响材料的结晶动力学及结晶形态。利用原位红外测温装置，实时跟踪了吹膜过程中膜泡不同位置处的温度，如图 8-14 所示。可以看到，当膜泡在较低位置处（熔体刚出模头出口）时，温度快速下降。在霜线附近及霜线之后，膜泡温度几乎保持不变。同时，霜线附近及霜线之后的膜泡温度随 TUR 增大而逐渐降低，原因是 TUR 越大，膜泡越薄，降温速率越快。

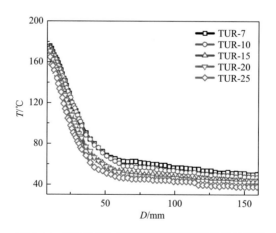

图 8-14　不同 TUR 下膜泡温度随膜泡位置的变化

图 8-15 是 TUR-15 样品吹膜过程中的部分 SAXS/WAXS 图（竖直方向代表牵引方向）。当熔体刚出模头出口时，SAXS/ WAXS 图表现出典型的聚乙烯熔体信号。逐渐远离模头出口后信号逐渐减弱，这是由吹胀拉伸降低了膜泡厚度所致。

当膜泡距离模头出口 51 mm 时，在 SAXS 图的赤道线方向出现了两个棒状的条纹状（streak）信号。但此时对应 WAXS 二维图中并未有任何晶体的衍射信号出现。这表明在结晶前可能形成了预有序结构。随着膜泡与模头出口距离的增加，SAXS信号逐渐变为哑铃形，表明周期性片晶簇的生成。对于 WAXS 信号，在 56 mm 处出现了(110)及(200)的晶面衍射弧，代表着聚乙烯晶体的出现。(110)晶面衍射弧的分裂是片晶旋转所致。由于原位检测时 X 射线穿过的是两层膜（前膜和后膜），因而产生两组散射信号。图 8-15 中大衍射角处另外两个衍射信号为前膜的晶体衍射信号。需要指出的是，WAXS 晶面衍射弧及 SAXS 棒状信号的出现均发生在霜线以下，即霜线以下就有晶体生成。通过类似的方法，本书作者团队对其他 TUR 的样品进行了处理，发现预有序结构（D_s）、晶体（D_w）、霜线位置（D_f）随距模头出口距离的增加而依次出现。不同 TUR 对应的三种结构出现的位置如图 8-16 所示。

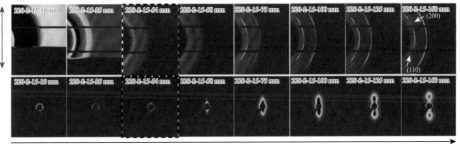

图 8-15　TUR-15 样品吹膜过程中 SAXS/WAXS 二维散射图变化

220-2-15-10mm 中 220 表示模口温度，2 表示 BUR，15 表示 TUR，10mm 表示距模头出口距离，余同类似

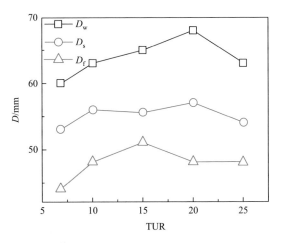

图 8-16　不同 TUR 下，预有序结构、晶体、霜线出现所对应的高度

基于 SAXS 二维图，积分得到 SAXS 一维曲线云图，如图 8-17（a）所示。利用 SAXS 一维积分曲线的峰位值，计算得到了膜泡各个位置对应的长周期 [图 8-17（b）]，并根据膜泡温度与位置的关系，可得到长周期与温度的关系 [图 8-17（c）]。结果显示，无论是随温度还是位置的变化，长周期均呈现近线性的变化趋势（35～22 nm）。

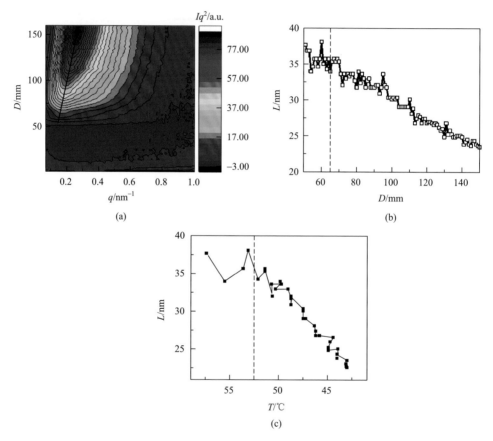

图 8-17 （a）SAXS 一维积分曲线云图，其中 x 轴、y 轴分别对应 q 和高度 D，颜色代表散射强度 Iq^2；片晶长周期随距模口位置（b）及温度（c）的变化曲线，虚线代表霜线位置

由 SAXS 方位角积分曲线可以获得吹膜过程中片晶取向的变化，如图 8-18（a）和（b）所示 [其中图 8-18（b）是对霜线附近云图进行放大展示]，其中 0° 代表水平方向，即赤道线方向。根据小角方位角积分的半高峰宽，定量计算获得了片晶的取向度，图 8-18（c）和（d）分别给出了不同高度位置和温度下片晶取向度的变化曲线。根据取向度的变化趋势，整个吹膜过程可以被划分成 4 个区。I 区（51～61 mm）：取向度呈下降趋势；II 区（61～65 mm）：取向度上升，并在霜线位置

处（65 mm）取向度恰好达到一个峰值；III区（65～92 mm）：取向度开始下降；IV区（>92 mm）：取向度几乎保持不变。

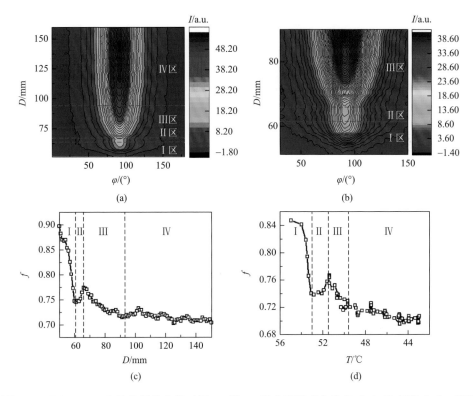

图 8-18　（a）SAXS 方位角积分曲线云图，x 轴、y 轴分别代表方位角（φ）和高度（D），颜色代表散射强度，0°代表水平方向；（b）图（a）放大后的云图；不同高度（c）和温度（d）下片晶取向度的变化

　　吹膜过程的结晶动力学可通过 WAXS 一维积分得到。图 8-19（a）展示了不同位置处 WAXS 一维积分云图。通过分峰拟合[图 8-19（b）]可计算得到吹膜过程的结晶度（χ_c）及结晶度增长速率（$d\chi_c/dD$）随高度与温度的变化曲线，如图 8-19（c）和（d）所示。其中，结晶度增长速率曲线表明吹膜过程结晶度增长速率存在变化。根据变化趋势的不同，结晶度的变化可分成四个区，且这四个区的分界正好与根据片晶取向度划分的四个区相一致：I 区，结晶度呈缓慢上升趋势；II 区，结晶度及结晶度增长速率迅速增大，并恰好在霜线处（区域末端）结晶度增长速率达到最大值；III 区，与取向度下降相一致，结晶度增长速率随高度的增加急剧降低；IV 区，结晶度增长速率基本保持不变。

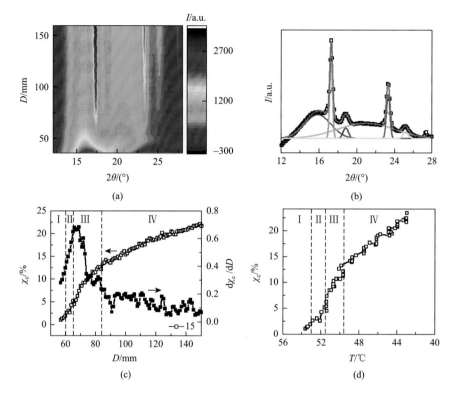

图 8-19 （a）WAXS 一维积分曲线云图，x 轴、y 轴分别对应衍射角（2θ）和高度（D），颜色代表衍射强度；（b）多峰拟合 WAXS 一维积分曲线；结晶度及结晶度增长速率随距模口距离（c）及温度（d）的变化趋势

图 8-20 展示了不同 TUR 下 SAXS/WAXS 二维图，按照上述类似的处理方法，计算获得了不同 TUR 样品长周期、取向度、结晶度随温度、时间的变化曲线，如图 8-21（a）～（d）所示。在所有 TUR 下，长周期均呈现类似的随温度降低而下降的趋势。而取向度的演化受 TUR 影响明显。随温度降低，TUR-7的取向度呈单调下降趋势。TUR-10、TUR-15、TUR-20 的取向度则表现为先下降再上升，后期再下降和趋平的非单调演化过程。高牵引比的 TUR-25 的取向度高，在降温过程中保持相对恒定。最终吹膜制品的取向度随 TUR 的增加而增加。不同 TUR 下结晶度随温度的变化曲线趋势几乎相同。除了 II 区与 III 区的分界线（霜线，χ_f）外，改变 TUR 基本不改变其他各个区之间的分界线对应的结晶度。图 8-22 为不同 TUR 样品不同区间边界处的结晶度，其中 I 区与 II 区分界线对应的结晶度均为 2.5%（$\chi_{I\text{-}II}$），III 区与 IV 区对应的均为 14.5%（$\chi_{III\text{-}IV}$），而霜线位置处（II 区与 III 区分界线）的结晶度随 TUR 的增加先下降，到 TUR-25又有略微上升。

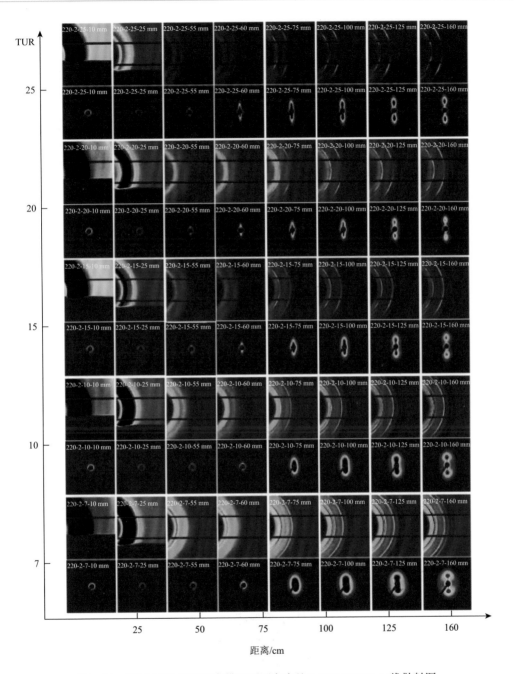

图 8-20 不同 TUR 下及距离模口不同高度处 SAXS/WAXS 二维散射图

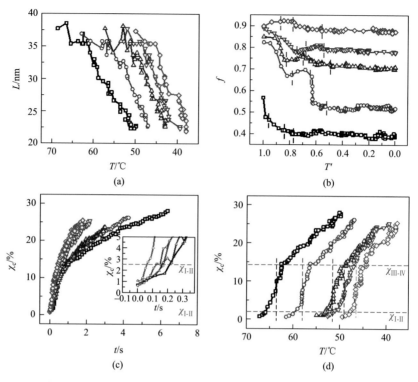

图 8-21 （a）不同 TUR 样品长周期随温度的变化曲线；（b）不同 TUR 样品取向度随温度的变化曲线，其中横坐标 T' 为归一化后的温度，1 代表最高温度，0 代表最低温度；不同 TUR 样品结晶度随时间（c）及温度（d）的变化曲线

TUR-7（方形），TUR-10（圆形），TUR-15（上三角），TUR-20（下三角）和 TUR-25（菱形）

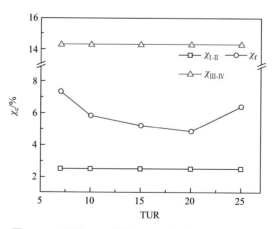

图 8-22　不同 TUR 样品不同区间边界处的结晶度

通过对上述 X 射线散射结果的分析，本书作者团队得到了吹膜过程中的结

构演化规律及加工参数 TUR 对微观结构形成的影响，据此提出了相应的模型图，如图 8-23 所示。

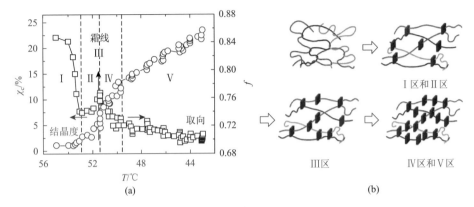

图 8-23　吹膜加工过程中结构参数演化规律总结（a）及模型图（b），其中Ⅰ区和Ⅱ区为晶体网络的构建与变形，Ⅲ区为晶体网络骨架形成，Ⅳ区和Ⅴ区为晶体网络骨架的填充

1）吹膜过程的结构演化规律

（1）Ⅰ区（51～61 mm）：链缠结网络的拉伸。熔体刚出模头时，温度较高，牵引作用导致熔体内分子链缠结网络的拉伸。拉伸外场降低分子链构象和取向熵，降低成核位垒。同时该区域温度下降较快。拉伸和降温均有利于加速成核。在Ⅰ区有晶核逐渐形成，当结晶度达到 2.5%时，晶体物理交联网络形成并作为主要的承力单元以维持膜泡的稳定。因此，材料吹膜稳定性的决定性因素在于熔体链缠结网络与晶体交联网络是否能够及时完成"接力"。

（2）晶体交联网络形成。形成晶体交联网络时结晶度的大小表明了所形成晶粒的分散均匀程度及尺寸大小，是决定吹膜中膜泡稳定性、制品最终结构及性能的关键。该值越小，晶核分散程度越均匀，晶粒尺寸越小，最终吹膜制品的雾度就越小，光学性能越好。

（3）Ⅱ区（61～65 mm）：晶体交联网络的拉伸。晶体交联网络形成后，由于此时仍处于霜线以下，膜泡存在形变，晶体交联网络将被拉伸。因晶体交联点的存在，分子链松弛时间增加，继续拉伸，应力将更有效地作用于分子链，使分子链更易发生取向，使得结晶速率在该区也呈现较为明显的上升，并于霜线处结晶速率及取向度达到最大。

（4）Ⅲ区（65～92 mm）及Ⅳ区（92～160 mm）：晶体骨架的填充。在霜线以后，膜泡不再被拉伸，即霜线处形成了不可形变的晶体骨架，结晶速率和取向度均呈现下降趋势。不可形变晶体骨架形成时，对应的结晶度随牵引比调控，但保持在较低水平（5%～8%），显示优异的吹膜原料只需要很低的结晶度就可以构建晶体骨架。虽然吹膜制品最终的结晶度超过 30%，但是后续结晶主要是填充晶体骨架，对晶体空间形态分布影响较小。因此，霜线位置的结晶度及对应的晶体骨架是产品力学、光学性能的决定因素。在给定原料的情况下，吹膜加工中调控霜线位置高度，实际就是调控晶体骨架结构，从而实现对膜泡稳定性及制品性能的调控。

（5）Ⅴ区（>160mm）：晶体完善区域。膜泡内部结晶度增长速率变缓，取向度继续下降。在该区域主要为温度诱导的结晶，因而膜泡整体的结晶度下降。

2）TUR 对晶体交联网络形成的影响

在 TUR 为 7~25 参数范围内，由于结晶温度窗口均处于 PE 最快结晶温度附近，再加上拉伸诱导的成核效应，因此所有样品的成核速率快且晶粒分布均匀，这使得晶体交联网络形成所需的结晶度并不会受加工参数的影响（如图 8-22 所示，$\chi_{I\text{-}II}$ 不受 TUR 的影响），而可能主要由材料的分子结构（分子链长短、支化度）控制。通过不同分子结构 PE 原料的原位吹膜实验，发现不同分子结构的原料吹膜时形成晶体交联网络所需的结晶度（$\chi_{I\text{-}II}$）确实受分子结构参数的影响，这点将在后面具体介绍。

3）TUR 对不可形变晶体骨架形成的影响

在霜线位置处，膜泡不再进一步发生形变，这是晶体骨架所维持的弹性力与外界机械力相互平衡的结果。由于晶体骨架维持的弹性力由模量和弹性应变共同决定，而模量由晶体骨架的结晶度、晶粒空间分布和晶面取向度等参数决定，弹性应变受外界拉伸外场（如 TUR）的影响。提高 TUR，无论是膜变薄加速降温还是强拉伸流动场的作用，都有加速成核速率的作用，在相同结晶度下晶粒数目更多，即物理交联密度更大，模量更高。因此，高 TUR 下仅需要相对较低的结晶度就能获得低 TUR 下相同的模量，如图 8-22 所示。但过大的 TUR（如 TUR-25）下，熔体拉伸可能导致分子链取向拉伸不均或第 3 章中介绍的魅影-成核，晶粒分布不均，从而需要更高的结晶度才能固定膜泡。当然，过高 TUR 对应的牵引力可能更大，膜泡需要更高模量或者结晶度才能平衡外场应力。

基于同步辐射联用吹膜装置，可以获得从模头出口处到远高于霜线位置区间内详细的微观结构演化。结合实际工业生产，并基于上述结构演化规律，可以得到以下几个规律：

（1）吹膜过程的结构演化可分为四个不同特征区间，对应分子链缠结网络、晶体交联网络、不可形变晶体骨架的形成与填充过程。

（2）膜泡晶体交联网络的构建对应的结晶度不受加工参数影响，而与原料分子链参数相关，该值反映了膜泡晶粒大小及空间分布，影响膜泡稳定性等加工性能及制品最终光学、力学等性能，可作为吹膜原料选择的指标之一。

（3）晶体骨架形成对应的结晶度（霜线位置处的结晶度）受加工参数影响，通过精确调整晶体骨架的结晶度、晶粒大小及其空间分布和取向度，可以有效提高吹膜制品的加工和服役性能。

8.2.2 温度场与流动场对吹膜结晶动力学的影响

在薄膜吹膜过程中，存在温度场诱导结晶（temperature induced crystallization，TIC）和流动场诱导结晶（flow induced crystallization，FIC）两种外场诱导结晶的机制，两种作用相互耦合，彼此协同与竞争。为了阐明温度场和流动场对聚乙烯吹膜过程成核与结晶行为的影响，本书作者团队选取并研究了两种不同的聚乙烯：线形聚乙烯（茂金属催化的线形低密度聚乙烯，MPE）和长支链支化聚乙烯（低密度聚乙烯，LPE）在吹膜过程的结构演变[10]。MPE 样品的重均分子量 $M_w = 127\ 000$，分子量分布 PDI = 3.85；LPE 样品的 $M_w = 178\ 000$，PDI = 10.47。如图 8-24（a）所示，通过 ^{13}C NMR 进一步定量测定两种聚乙烯的支化结构。LPE 分子主链上具有不同长度的支链，如乙基、丁基、戊基和更长的侧基，支链总浓度为 2.43 mol%（摩尔分数，后同）。MPE 的支链类型则相对简单，只含丁基支链，支链总浓度为 1.11 mol%。

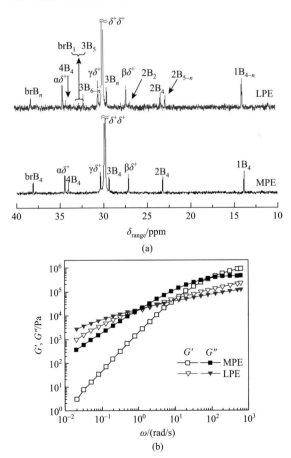

图 8-24 （a）LPE 和 MPE 的 ^{13}C NMR 谱图；（b）PE 样品流变测试结果

图 8-24（b）绘制了 170℃下两种聚乙烯样品的储能模量 G' 和损耗模量 G'' 与角频率 ω 的关系曲线，可以看出，LPE 在低频区 G' 值明显增大，斜率为 0.95，MPE 低频区的斜率为 1.76，与线形分子链结构的理论值 2 接近。根据 G' 和 G'' 的交点可以获得末端弛豫时间 τ_{d}，LPE 的 τ_{d} 值比 MPE 的 τ_{d} 值高 2 个量级，这归因于它的长支链和分子链之间的缠结，这种松弛行为的巨大差异会显著影响它们对加工流动场的响应。

如上所述，吹膜是一个多工艺参数耦合的复杂过程，在研究薄膜结构演变过程之前，了解吹膜过程中外场参数（温度和流动场）的分布和变化非常重要。图 8-25 为 X 射线探测窗口内聚乙烯膜泡的温度及应变和应变速率的演化过程（TUR = 12）。LPE 和 MPE 膜泡的温度如图 8-25（a）所示，两种聚乙烯样品都表现出相似的趋势：在刚出模口的位置，膜泡温度迅速下降，但超过模头出口上方一定距离，到达霜线（$D = 60$ mm，对应的温度约为 60℃）附近时，降温速率显著降低。在到达原位实验所能检测的最大高度（$D = 165$ mm）处时，温度下降到约 45℃。虽然 MPE 和 LPE 加工时的模口温度相同，但在霜线之前观察到两者之间存在显著的温度差，且 LPE 的温度低于 MPE。如图 8-25（b）所示，这种差异是由于两种聚乙烯吹膜时的流动场不同。在霜线以下，LPE 膜泡的应变始终大于 MPE 膜泡的应变，这种现象一直持续到霜线处，此时两种薄膜的应变均达到 2.63。在应变速率的演化方面，LPE 和 MPE 均在霜线之前快速增长到最大值 2.6 s^{-1}，但 LPE 比 MPE 更早到达峰值。之后，两者的应变速率逐渐降低，在霜线处降至 0 s^{-1}。从模头出口到薄膜成型的过程也是膜泡厚度逐渐减薄的过程，两种聚乙烯应变和应变速率演变过程的差异说明在相同模口温度下挤出后，LPE 膜泡的厚度比 MPE 减小得更快，从而使得距离模口相同位置处 LPE 熔体的温度比 MPE 降低得更多，最终呈现出在霜线之前 LPE 膜泡的温度低于 MPE。

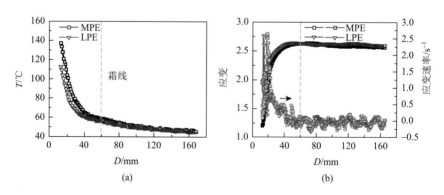

图 8-25　（a）膜泡温度 T 与出模口距离 D 的关系；（b）膜泡应变和应变速率随 D 的变化关系

　　为了研究聚乙烯吹膜加工中详细的结构演变规律，采用同步辐射 SAXS 和 WAXS 原位跟踪这一过程。以 TUR = 12 时的结果为例，相应的 X 射线散射结果如图 8-26 所示，图中竖直方向为牵引方向。在靠近模头出口的位置，如 $D = 40$ mm，两种聚乙烯的 WAXS 图上都只观察到聚乙烯熔体信号，SAXS 图上则未观察到明显的散射信号。随着远离模口，在 $D = 46$ mm（MPE）和 44 mm（LPE）处，SAXS 图的中心光束遮挡器（beamstop）周围出现了条纹状散射信号，而直到 $D = 47$ mm（MPE）和 46 mm（LPE）WAXS 图上才出现晶体衍射信号，这表明在聚乙烯晶体生成之前体系中已经出现了密度涨落。继续远离模口，WAXS 图上(110)、(200)晶面的衍射信号逐渐增强，SAXS 图上出现了向子午线方向集中的环形（MPE）和弧形（LPE）散射信号，说明有聚乙烯片晶结构的生成。比较 MPE 和 LPE 样品的二维散射图，可以发现 MPE 样品的 WAXS 图为几乎各向同性的半环，而 LPE 的 WAXS 图中(110)晶面的衍射环发生了劈裂。同时，LPE 的 WAXS 图案的赤道线方向还观察到了(020)晶面，这在 MPE 中未出现。LPE 散射信号的集中程度高于 MPE，表明 LPE 薄膜中晶体的取向高于 MPE。此外，在霜线附近，从 LPE 的 SAXS 图上还观察到靠近 beamstop 和远离 beamstop 的位置出现了不同的散射信号，具体的描述和散射花样放大展示将在后续讨论中进行。

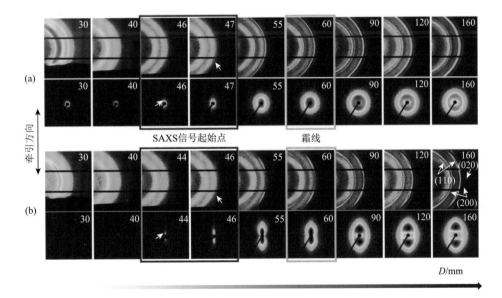

图 8-26　不同 PE 样品在不同位置处的原位 SAXS 和 WAXS 图

（a）MPE；（b）LPE

上述二维图定性地对比了两种聚乙烯在散射信号形状和取向程度上的差异，通过将 WAXS 和 SAXS 二维图进行一维积分，可得到吹膜过程中膜泡的定量化结构参数。图 8-27（a）和（b）分别展示了膜泡结晶度随到模头出口位置距离和膜泡温度变化的结果。其中，图 8-27（a）总结了两种聚乙烯吹膜过程中的结晶度 χ_c 及结晶度的增长速率 $d\chi_c/dD$ 与 D（到模头出口位置距离）之间的关系。两种聚乙烯的结晶度演化曲线几乎重叠，晶体含量的总体演化趋势与之前的实验结果一致，其中竖直绿线表示霜线位置。图 8-27（b）展示结晶度随温度的变化，结晶度曲线在霜线附近出现明显的转折点（对应结晶度：MPE 为 5.2%，而 LPE 为 3.7%）。对 WAXS 二维图沿赤道线方向进行扇形积分，并拟合得到相对结晶度 χ_c[图 8-27（c）]。结果表明 χ_c 的大小与膜泡中沿牵引拉伸方向取向的晶体的含量有关。而且 LPE 的 χ_c 有显著差异：在霜线之前 χ_c 几乎为零，而在霜线附近体系中 χ_c 已在 9% 左右。霜线之后 χ_c 迅速增加，表明沿牵引方向取向排布的晶体迅速增加。为了排除由散射环展宽引起 χ_c 增加的可能性，对(110)面的衍射环进行方位角积分，如图 8-27（d）所示。结果显示仅在 0°[图 8-27（c）所积分的位置]附近强度随着距离 D 的增加而逐渐增加，其他各位置的强度与 $D = 60$ mm 处的强度基本重合，这进一步表明霜线之后沿着赤道线方向生成了新的晶体结构。

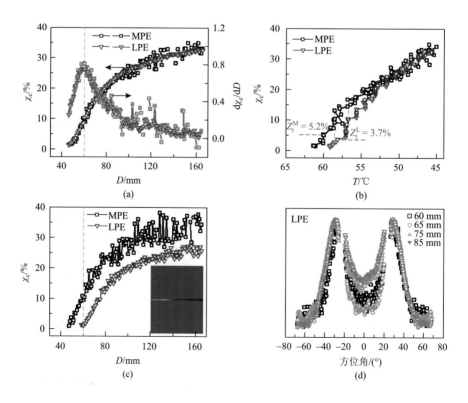

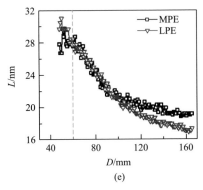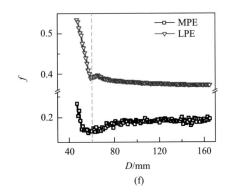

(e)　　　　　　　　　　　　　　(f)

图 8-27　（a）结晶度和结晶度增长率与 D 的关系；（b）结晶度随膜泡温度的变化规律；（c）赤道线方向的相对结晶度；（d）LPE 的 WAXS 图的方位角积分曲线；长周期（e）和片晶取向（f）与 D 的关系

片晶的长周期（L）是除结晶度外研究 PE 结构演化的另一个重要结构参数，如图 8-27（e）所示。在霜线（$D=60$ mm）前，长周期 L 基本保持不变，MPE 和 LPE 的长周期 L 分别为 28 nm 和 30 nm。随后（$D>60$ mm），长周期 L 迅速减小，且 MPE 和 LPE 的长周期 L 演化曲线基本重叠。当 $D>100$ mm 时，MPE 的降低速率明显小于 LPE。最后，MPE 薄膜的长周期 L 到达趋于 19 nm 的平台值，而 LPE 薄膜的长周期 L 则接近 17 nm。

片晶的取向度（f）是晶体受外场影响的最直接表现之一，并可由 Hermans 方法定量计算膜泡各位置片晶的取向度［图 8-27（f）］。当 $D<60$ mm 时，MPE 和 LPE 膜的取向度 f 值均单调下降；在霜线附近（$D=60$ mm），随着 D 的增加，MPE 和 LPE 的取向度 f 分别达到最小值 0.17 和 0.39；当 $D>60$ mm 时，LPE 的取向度 f 先小幅增加到 0.40，然后下降到 0.37 并几乎保持不变，而 MPE 的取向度 f 单调增加到 0.20 的平台值。

不同分子链结构和工艺参数在吹膜中引起的差异还可以通过所获得薄膜的表面晶体形貌进一步说明。为了清晰地观察到晶体形貌，在检测前首先通过化学刻蚀去除薄膜中的无定形组分。图 8-28（a）和（b）分别为 MPE 和 LPE 薄膜在 TUR = 12 时的 SEM 照片，可以看到 MPE 薄膜中形成了捆束状的球晶结构，片晶取向未呈现出明显的方向性，而 LPE 中除了存在少量无规堆叠排布的片晶外，大部分片晶的法线方向沿着 MD 进行取向，形成类似排核结构的取向片晶簇。这一相形态结果与上述 X 射线散射信号一致。

薄膜的微观结构与其宏观力学性能密切相关。图 8-28（c）为 TUR = 12 时，MPE 和 LPE 薄膜沿 MD 和 TD 的拉伸力学曲线。MPE 薄膜沿两个方向的力学曲线非常相似，沿 MD 的屈服强度（σ_{yield}）、拉伸强度（σ_{max}）和断裂伸长率（ε_{max}）分别为 10.0 MPa、55.1 MPa 和 1328%，沿 TD 则分别为 8.7 MPa、41.5 MPa 和

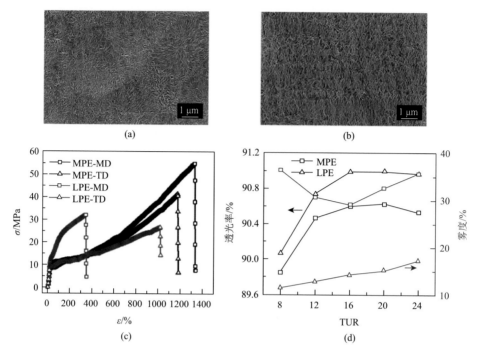

图 8-28　在 TUR = 12 时 MPE（a）和 LPE（b）刻蚀后的最终表面形貌的 SEM 照片；（c）在 TUR = 12 时 MPE 和 LPE 薄膜沿 MD 和 TD 的应力-应变（σ-ε）曲线；（d）不同 TUR 下 MPE 和 LPE 薄膜的透光率和雾度

1173%。相比之下，LPE 在两个方向上表现出显著的差异。LPE 薄膜沿 MD 出现双屈服现象，σ_{max} 为 32.2 MPa，ε_{max} 仅为 340%；而沿 TD 的拉伸行为与 MPE 薄膜相似，σ_{max} 和 ε_{max} 分别为 26.8 MPa 和 1020%。LPE 薄膜在两个方向上拉伸行为的显著差异是由片晶的各向异性排列引起的，断裂伸长率的急剧降低与分子链沿 MD 排列有关。

　　除了力学性能外，聚乙烯的晶体结构也会显著影响薄膜的光学性能。不同 TUR 获得的薄膜的光学性能如图 8-28（d）所示。LPE 薄膜的光学性能整体上优于 MPE 薄膜，即透光率更高，雾度更低，这是因为 MPE 薄膜中产生了大尺度的球晶结构。随着 TUR 的增加，薄膜的透光率先增加后保持不变（甚至略有下降），整体变化范围较小。此外，LPE 薄膜的雾度随 TUR 的增加呈现出单调增加的趋势，可能源于表面的粗糙度增加。

　　为了研究牵引比对吹膜的影响，在不改变其他工艺参数的情况下，进行了五组不同的 TUR 实验。MPE 和 LPE 在成核和晶体生长初期的 SAXS 二维图分别如图 8-29（a）和（b）所示。对于 MPE，随着 TUR 的变化，散射信号除了沿径向略有展宽外，未发生显著变化。而对于 LPE，则在高低牵引比时呈现出不同的散射花样。

高 TUR（16、20 和 24）时，在赤道线方向上出现了条纹状信号，说明结晶初期生成了沿 TUR 方向的高度取向的有序结构，或者是排核结构中的纤维核。图 8-29（c）和（d）展示了吹膜收卷得到的聚乙烯薄膜完整的 WAXS 二维图。(200)晶面在低 TUR 时向子午线方向集中，与 Keller 等提出的排核结构模型中的低应力条件下结晶相对应[11]，在高 TUR 时变为四点信号，与排核结构模型中的中等应力条件下结晶相对应。

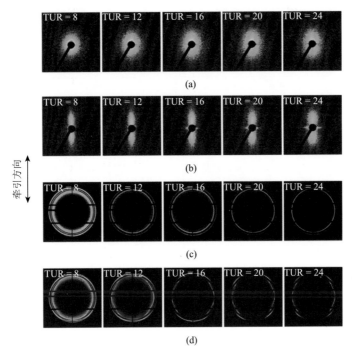

图 8-29　MPE（a）和 LPE（b）在吹膜过程中，晶体信号出现时的膜泡 SAXS 二维图；MPE（c）和 LPE（d）在不同 TUR 下吹膜最终的 WAXS 二维图

图 8-30 中对不同 TUR 下结构参数的演变进行了定量计算。如图 8-30（a）和（b）所示，MPE 和 LPE 的结晶度（χ_c）随 TUR 的变化均呈现出相同的趋势。高 TUR 对应更薄的膜，使得膜泡的冷却速率增加，随着 TUR 的增加，结构演化区间向低温区移动。此外，与前述分析一致，MPE 和 LPE 的演化过程也均出现了拐点，相对应的结晶度 χ_c 分别为 5.2% 和 3.7%。

TUR 对片晶取向度（f）的影响如图 8-30（c）和（d）所示。对于 MPE 薄膜，f 的总体演变趋势几乎与 TUR 无关：f 在霜线（绿线）之前不断减小，之后缓慢增加到一个平台值直至保持不变。对于 LPE 薄膜，尽管最终取向度仍随着 TUR 的增大而增大，但 f 在高、低 TUR 时表现出两种不同的变化趋势。在低 TUR（8 和 12）时，LPE 的 f 先是快速下降到最小值，然后略有增加，最后再次逐渐下降，直到达到平台值。对于高 TUR 条件（16、20 和 24）下，f 呈先快速增加后缓慢减小的趋势。这说明 LPE 在高、低 TUR 时可能有不同的结构演化过程。

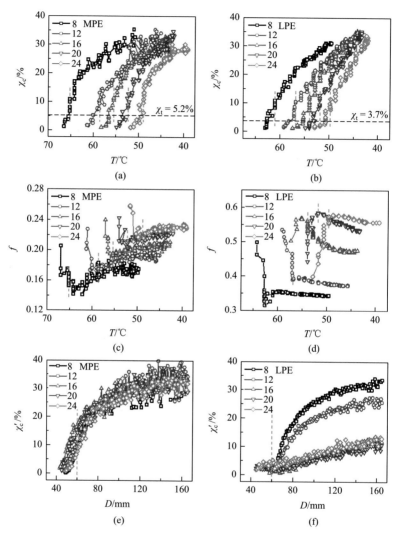

图 8-30　不同 TUR 下的结晶度 χ_c [（a）、（b）]，片晶取向 [（c）、（d）]，相对结晶度 χ_c' [（e）、（f）] 随到模头出口位置距离 D 的变化

进一步探索上述结构演化差异性的问题，图 8-30（e）和（f）展示了吹膜过程中沿着赤道线方向上的相对结晶度（χ_c'）。与取向度 f 的演变趋势相似，MPE 薄膜的 χ_c' 演变趋势与 TUR 几乎无关，而 LPE 薄膜在高、低 TUR 下的规律则有所不同。对于低 TUR（8 和 12）的 LPE，霜线前赤道线方向上进行积分未出现晶体衍射峰，

即结晶度为 0，在靠近霜线处，χ_c' 迅速增加；高 TUR（16、20 和 24）时，霜线前积分曲线上就出现了晶体衍射峰，χ_c' 在变化过程中无明显的突变点或转折点，χ_c' 随 D 近似呈线性增加。这种高、低 TUR 时出现的差异与 f 的演变过程相对应。总体来讲，MPE 和 LPE 吹膜加工中结构参数的演变过程呈现出三种不同的趋势。

通过 SEM 照片（图 8-31）表征了 TUR 对薄膜晶体形貌的影响。对于 MPE，随着 TUR 的增加，球晶的尺寸逐渐减小，这是由于增加 TUR 导致膜更薄，降温速率提升，成核密度增加。LPE 薄膜中形成了典型的排核结构，特别是在高 TUR［图 8-31（d）］时，取向片晶平行堆叠。如图 8-31（c）所示，低 TUR 的 LPE 在平行堆叠的片晶（红色方形框中）之间存在部分低取向的片晶（红色椭圆形框中）。此外，通过定性比较，还可以观察到这些低取向片晶的厚度比规则堆叠的片晶更厚。

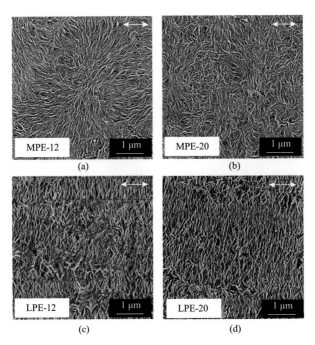

图 8-31　MPE［（a）、（b）］和 LPE［（c）、（d）］吹膜的表面刻蚀 SEM 照片

（a）和（c）TUR = 12，（b）和（d）TUR = 20，不同形态的晶体用红色虚线勾画出

通过研究不同聚乙烯（MPE 和 LPE）的吹膜过程，可以总结吹膜加工中温度场和流动场对聚合物结晶的影响。这两种聚乙烯的结构演化可分为三种类型：温度梯度主导结晶（MPE），流动场主导结晶（高 TUR 下的 LPE），以及温度场和流动场协同控制结晶过程（低 TUR 下的 LPE）。不同的结构演化过程可以观察到不

同的晶体形貌和力学性能的各向异性。吹膜过程中结构-加工-性能之间的复杂关系，正是由温度场诱导结晶（TIC）和流动场诱导结晶（FIC）的协同与竞争效应所引起的。

结合图 8-31，FIC 和 TIC 协同与竞争条件下产生了三种不同的晶体形貌：低取向的球晶结构（MPE），沿牵引方向取向的排核结构（高 TUR 下的 LPE）及两种晶体共存的晶体形貌（低 TUR 下的 LPE）。尽管 FIC 和 TIC 的作用无法实现完全解耦，但通过调整工艺参数和针对性选择高分子材料，可以增强某单一因素对结晶过程的影响。如图 8-32（a）～（c）所示，对霜线附近膜泡的 SAXS 图进行了放大展示，SAXS 图的右侧是不同位置处的 SAXS 一维积分曲线云图。SAXS 图中散射信号的不同可以很好地阐述 TIC 和 FIC 对吹膜过程影响的差异性。与前述的结构演化过程和晶体形貌相对应，这三种体系展示出明显不同的散射信号：MPE-12 体系表现出靠近 beamstop 附近弥散的散射信号；LPE-20 体系中出现哑铃形/弧形的散射信号，而 LPE-12 体系中则是两种散射信号共存。

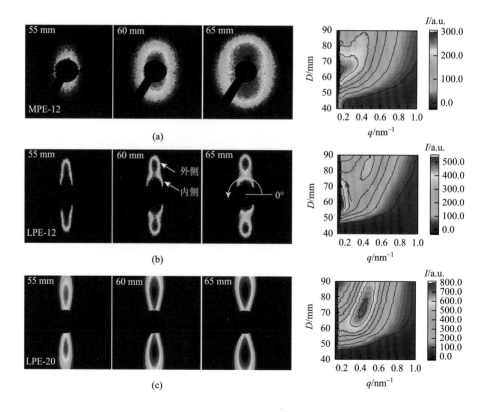

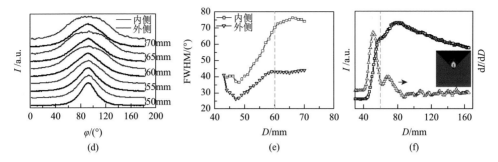

图 8-32　MPE-12（a）、LPE-12（b）和 LPE-20（c）距离模口不同位置的 SAXS 二维图和 SAXS 一维积分曲线等值线图；（d）LPE-12 距离模口不同位置散射信号的方位角积分曲线；（e）LPE-12 散射信号的方位角积分曲线的半高峰宽 FWHM 与 D 的关系；（f）SAXS 一维积分强度和一阶导数随 D 的演化规律

第 3 章中已经介绍，流动场诱导分子链取向与拉伸程度和对应的结晶行为可以由无量纲数魏森贝格数 $Wi_0 = \dot{\varepsilon}\tau_d$ 和 $Wi_s = \dot{\varepsilon}\tau_R$ 来评价，其中 τ_d 为终端松弛时间，τ_R 为 Rouse 时间，前者与分子链取向相关，后者与分子链拉伸相关。对于 MPE，当 $1/\tau_R > \dot{\varepsilon} > 1/\tau_d$ 时，与分子链的弛豫相比，流动场可诱导取向产生但拉伸形变还不足够或难以保持，因此体系中无法生成高取向的纤维状晶核。更重要的是，在结晶初期，膜泡温度从熔点以上迅速降低到 60℃左右，冷却速率约为 35℃/s［图 8-25（a）］。考虑聚乙烯的平衡熔点 T_m 为 141℃，这就导致膜泡拥有非常高过冷度 ΔT（≥80℃），此温度已经达到聚乙烯的均相成核温度，可快速自发成核。因此，在高过冷度和快速降温的条件下，TIC 在膜泡中形成了取向低、分布稀疏的初始晶体，使得在 beamstop 附近出现弥散分布的散射信号，如图 8-32（a）所示。随后，晶体沿晶核的径向向外生长，使整体的取向度降低［图 8-27（f）］，最后在最终薄膜中生成捆束状的椭球形晶体，对应于图 8-31（a）所示的 SEM 照片。因此，MPE 的结晶过程是由 TIC 支配的过程，受工艺参数 TUR 的影响较小。

对于 LPE，当 TUR 增加到 16 时，LPE 在结晶初期出现高取向的晶核［图 8-29（b）］。如图 8-32（c）所示，霜线前后均出现了哑铃形/扇形信号。这表明，在高 TUR 条件下，外部流动场强到足以诱导纤维状晶核的生成，即 $\dot{\varepsilon} > 1/\tau_d > 1/\tau_R$。因此，高 TUR 下 LPE 吹膜结晶过程由 FIC 主导，最终薄膜中生成高取向的排核结构［图 8-31（d）］。对于较低 TUR 的 LPE 样品（TUR = 12），SAXS 图中同时出现了两个不同的信号［图 8-32（b）］，表明体系中形成了两种具有不同尺度和取向的结构：靠近 beamstop 的信号（$q < 0.22\ \mathrm{nm^{-1}}$）代表具有较大尺度分布的取向结构，而外侧（$q > 0.22\ \mathrm{nm^{-1}}$）代表高度取向的结构。图 8-32（d）的方位角积分曲线和图 8-32（e）的方位角积分曲线半高峰宽值进一步定量比较了上述两种信号的差异：内侧信号半高峰宽更大，取向程度较低，q 值更小表明在膜泡中该结构的分布更稀疏。同时，内侧信号的形状和分布与 MPE-12 相似，而外侧信号与 LPE-20 相似。MPE-12［图 8-32（a）］所示的 beamstop 附近的散射信号通常归属于由 TIC 诱导产生的低取向晶体，而 LPE-20［图 8-32（c）］中远离 beamstop 的散射信号则被认为是由 FIC 诱导产生的高取向晶体。从这些特征来看，LPE-12 吹膜加工中的结晶过程从一开始就受到 TIC 和 FIC 的协同影响。

基于上述结果，提出了 LPE 吹膜过程晶体网络的结构演化模型图，如图 8-33 所示。在较低 TUR（8 和 12）下，由于弱的流动场，只有松弛时间较长的高分子链才能被显著拉伸，而其他高分子链在被流动场作用后就快速松弛至未拉伸状态。在结晶的早期阶段，体系处于高过冷度和快速冷却的条件下，由 TIC 主导高分子的结晶过程，将会形成低取向的晶体结构。随着晶体物理缠结网络的形成，高分子链对流动场的响应增强，晶体物理缠结网络上的分子链被拉伸诱导产生取向晶核和晶体结构，此外，这些初始晶核沿流动场方向的移动也会导致高取向的晶体结构，被称为 ghost 核（见第 3 章）。而体系中其他部分受流动场的作用较弱，生成晶体的取向度较低。因此，体系中存在两种取向程度不同的结构，如图 8-32（a）所示，这也可以由图 8-32（b）中所出现的两种不同 SAXS 散射信号所证明。在膜泡霜线附近，高度取向的晶体形成一个相对刚性的晶体骨架，这也使得其他区域更加难以变形，不同区域取向程度的差异被保留下来，因而形成了图 8-31（c）所示的晶体形貌。这种结构也有助于解释 LPE 膜在牵引方向（MD）和其垂直方向上不同的力学行为［图 8-28（c）］。沿牵引方向拉伸过程中，紧密堆叠的片晶形成的晶体骨架承力，且拉伸方向与分子链的取向方向平行，而垂直方向上是由规则的片晶和随机取向的晶体串联承力。吹膜过程中结构参数的变化可以进一步佐证上述物理模型。在 LPE 吹膜过程中，初期受 TIC 的影响，片晶的取向逐渐减小［图 8-27（f）］，然后在霜线前会产生高度取向的晶核，从而产生有规律堆叠的片晶。相应地，在霜线之后，沿径向 SAXS 散射强度和变化率再次增大，进一步证实了有新晶体的形成［图 8-32（f）］。因此，尽管在霜线附近的流动场强度已经较弱，但由于取向的晶核在霜线之前就已经形成，片晶整体取向程度仍有增加的趋势［图 8-30（f）］。此外，观察到沿赤道线方向的相对结晶度突然增加［图 8-30（f）］，进一步证实在该位置附近生成了沿牵引方向取向的晶体结构，即前述提到的流动场诱导结晶。

对于在高 TUR（16、20 和 24）下的 LPE，体系中绝大多数的高分子链 $\dot{\varepsilon} > 1/\tau_d > 1/\tau_R$，因此在整个吹膜过程中，流动场足以拉伸高分子链并维持其取向。如图 8-30（a）（高 TUR）所示，高取向晶核在诱导形成后，均匀填充到晶体骨架中。在吹膜过程中，作为排核结构的重要组成部分，纤维核最先产生，这可由在结晶早期的 SAXS 图赤道线方向上存在的条纹状信号所证实［图 8-32（b）］。在霜线之前，随着牵引辊的拉伸，片晶的取向程度逐渐增加。因此，与图 8-32（b）

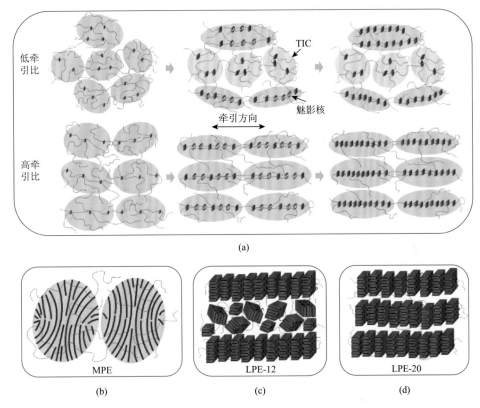

图 8-33　（a）LPE 吹膜在霜线附近的晶体骨架形成示意图；（b）～（d）薄膜最终的晶体形貌示意图

的外侧信号类似，一个典型的由 FIC 所形成的散射信号在子午线方向上集中。总体来讲，对于高 TUR 的 LPE，吹膜过程中 FIC 占优势，而 TIC 受到抑制。在最终所制备的薄膜中也就因此产生了大量紧密堆叠的片晶［图 8-33（d）］，并与图 8-31（d）中的 SEM 照片相印证。

吹膜加工过程中两个重要的外场参数——温度和流动场是影响结晶过程和薄膜性能的重要因素。上述研究成果发现：LPE 在低牵引比时，TIC 产生的晶体促进了分子链对流动场的响应，从而产生取向晶体，进一步提高了晶体网络的模量，提高了吹膜的稳定性，实现了薄膜机械性能和光学性能的平衡。以上模型的建立和结晶过程的研究能够帮助解耦 FIC 和 TIC 对吹膜过程的影响，对吹膜的生产和性能控制具有重要指导意义。同时，两种外场协同作用所获得的薄膜可体现出双屈服的特点［图 8-31（c）］，这表明通过外场的精确控制，可以将 LPE 加工制作成与茂金属线形低密度聚乙烯（mLLDPE）类似的具有双屈服的薄膜产品，其更高的机械性能有望用于拉伸膜等领域。

8.2.3 高分子拓扑结构对吹膜结晶动力学的影响

除加工外场之外，高分子材料的分子链拓扑结构也会影响吹膜加工[12]。下面以三种具有不同拓扑结构的聚乙烯作为工业加工的模型体系来系统研究分子结构参数对吹膜过程的影响。三种聚乙烯分别为低密度聚乙烯（*l*-PE）、乙烯-己烯共聚物（*h*-PE）和乙烯-辛烯共聚物（*o*-PE）。三种聚乙烯的分子量分布曲线如图 8-34（a）所示。*l*-PE 样品的重均分子量 M_w = 178 000，分子量分布 PDI = 9.9；*h*-PE 样品的 M_w = 121 000，PDI = 4.0；而 *o*-PE 样品的 M_w = 133 000，PDI = 4.2。通过 ^{13}C NMR 进一步定量测定这三种聚乙烯的支化结构，如图 8-34（b）所示。*l*-PE 的支链总浓度为 1.67 mol%，且其支链具有不同的长度，即乙基、丁基、戊基和更长的侧链。*h*-PE 含有 1.24 mol% 的丁基支链，*o*-PE 含有 2.17 mol% 的己基支链。图 8-34（c）中绘制了这三种聚乙烯分子链的示意图，其中，*l*-PE 在主链上分布有多个长短支链，而 *h*-PE 和 *o*-PE 具有特定长度的支链结构。

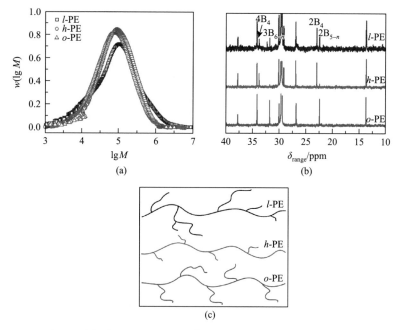

图 8-34 不同 PE 样品的 GPC 图（a）、^{13}C NMR 谱图（b）、拓扑结构示意图（c）

具有不同拓扑结构的聚乙烯可以对外场产生不同的响应，并且在吹膜过程中相同的工艺参数下三种聚乙烯膜泡的温度梯度和流动场分布也不相同，如图 8-35所示。对于三种聚乙烯，温度梯度和膜泡速度的演化过程类似，即主要变化都在霜线之前。在原位检测的初始位置（*D* = 13 mm）处，*l*-PE、*h*-PE 和 *o*-PE，TUR = 12

的膜泡温度分别为 113℃、145℃和 141℃。从到模头出口位置距离的 13 mm 到 40 mm，膜泡的温度以约 43℃/s 的降温速率迅速降低。到达较高位置处后，温度的变化趋于平缓，霜线之后三种聚乙烯的温度曲线几乎彼此重叠。为了探讨 TUR 对三种聚乙烯影响的差异，评估了到模头出口位置距离 18～40 mm 的膜泡平均降温速率，如图 8-35（b）所示。该结果进一步证实了吹膜过程伴随着每秒几十摄氏度甚至几百摄氏度的快速降温过程。

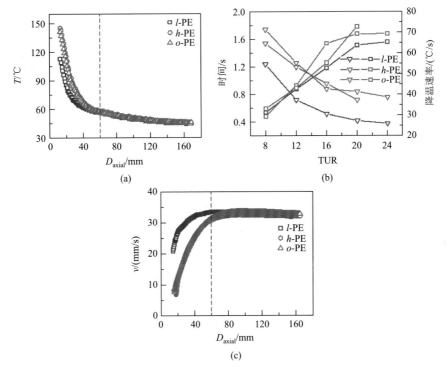

图 8-35　（a）膜泡温度与到模头出口位置距离的函数关系；（b）从到模头出口位置距离 18 mm 到 40 mm 所用的时间及不同牵引比时的降温速率；（c）不同到模头出口位置距离处膜泡的运动速率

图 8-35（c）给出了三种聚乙烯的膜泡不同位置处的运动速率。与温度的演变趋势一致，h-PE 和 o-PE 的运动速率值基本相同，而 l-PE 与这两种原料有明显的差异。在霜线之前，l-PE 的运动速率比 h-PE 和 o-PE 的运动速率快，因此与 h-PE 和 o-PE 膜泡相比，l-PE 薄膜的厚度减薄得更快，这就很好地解释了三种聚乙烯膜泡温度的差异。

为了分析分子链结构对吹膜过程中微观结构变化的影响，使用同步辐射 SAXS 和 WAXS 技术获得三种聚乙烯的结构演变过程，相应的 X 射线散射结果如图 8-36 所示。通过对三种聚乙烯散射信号相互比较，可以提取结构演化过程中几个显著的差异：①对于 SAXS 图，在靠近模头出口附近，h-PE 和 o-PE 的熔体信

号比 *l*-PE 的更明显；②*l*-PE 的 SAXS 图中初始新生成的条纹状信号沿子午线方向的散射矢量值分布更宽，且 WAXS 图中的衍射环沿着赤道线方向比 *h*-PE 和 *o*-PE 更加集中；③SAXS 和 WAXS 信号均表明 *l*-PE 具有最高的取向程度，*h*-PE 具有较低的取向度，而 *o*-PE 介于中间。

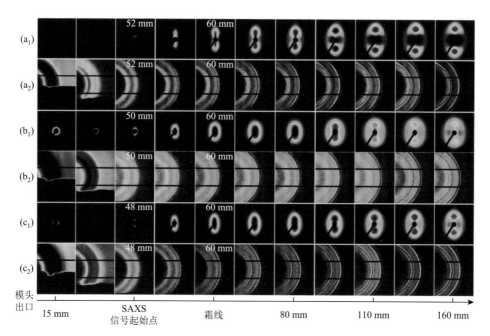

图 8-36　不同 PE 样品在不同位置的原位 SAXS 和 WAXS 二维图

（a₁）和（a₂）*l*-PE；（b₁）和（b₂）*h*-PE；（c₁）和（c₂）*o*-PE

将原位检测的定量化结果总结在图 8-37 中。图 8-37（a）表明，霜线之前，*l*-PE 的长周期在 28 nm 左右，随着到模头出口位置距离增加，长周期逐渐降低至 17 nm。对于 *h*-PE 和 *o*-PE，长周期在 80 nm 之前呈现近乎线性下降的趋势，分别从 34 nm 降低至 22 nm（*h*-PE），从 36 nm 降低至 30 nm（*o*-PE），然后以较低的下降速率分别至 18 nm 和 22 nm。*h*-PE 和 *o*-PE 较大的长周期主要来源于较低的成核密度和较大的片晶厚度，对应的结晶温度更高。

图 8-37（b）为定量分析吹膜过程中片晶取向度的演变过程。开始时，三种聚乙烯的取向度均急剧下降（*l*-PE：0.45→0.33，*h*-PE：0.25→0.22，*o*-PE：0.36→0.30）。在霜线附近，*l*-PE 的取向度从 0.33 增加到 0.37，然后再降低到 0.36，而 *h*-PE 和 *o*-PE 的取向度在霜线之后呈现出逐渐增加的趋势。三种聚乙烯均在 80 mm 后出现较长的平台值，而此时晶体的含量仍然在增加，这说明形成的晶体骨架决定了片晶的取向和分布，随着新晶体的生成，体系的取向度也变化较小。

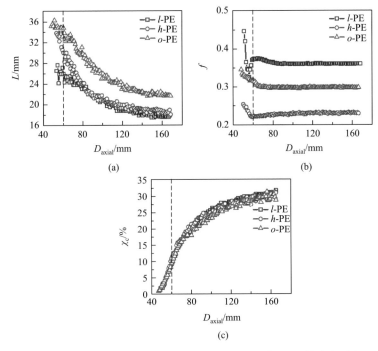

图 8-37　长周期（a）、片晶取向度（b）和结晶度（c）的演变过程

　　图 8-37（c）中给出了不同位置处膜泡的结晶度。有趣的是，尽管三种聚乙烯的分子链有着巨大差异，但是它们的结晶度变化曲线几乎相互重叠，类似的实验结果也出现在 Peters 等的研究中[13]。这可能暗示了以到模头出口位置距离为变量时，不同聚乙烯的结晶度变化机制存在某种一致性。即在相同的加工参数（牵引比、吹胀比、霜线高度）下，膜泡在距离模头出口处的每个位置都有特定的结晶度相对应，而与原料拓扑结构无关。吹膜过程中，膜泡轮廓的形成是所有内在结构参数和外在加工参数综合作用的结果，无论是由温度还是流动场诱导形成的晶体物理缠结网络，在与外力场达到平衡时，宏观上表现出霜线的形成，当霜线高度确定后，每一位置处的结晶度也基本确定。

　　基于上述吹膜过程中多尺度结构的演变过程和前述的研究结果，三种聚乙烯的吹膜过程可归纳如下：三种聚乙烯在吹膜过程中，最初取向度的降低［图 8-37（b）］由温度场诱导结晶（TIC）引起，这使其在高过冷度下诱导生成低取向的晶体结构。对于 *l*-PE，通过流动场诱导结晶（FIC）获得的高取向片晶使得体系在霜线附近的取向度呈现出增加的趋势。因此，*h*-PE 和 *o*-PE 的结构演化过程主要由 TIC 主导，而 *l*-PE 膜泡的演变过程由 FIC 和 TIC 协同影响。

　　除了对比不同聚乙烯吹膜加工过程的差异，进一步对制备得到的聚乙烯薄膜进行结构表征。基于固体核磁氢谱 MSE-FID 技术，可以得到薄膜内部晶体、中间相和无定形相三相的质量分数（以组分含量表示）。图 8-38（a）给出了在 TUR = 12 下获得的三种聚乙烯薄膜在升温过程中三相组分变化的过程。不同拓扑结构的聚乙烯的各个组分的演化具有相似的变化趋势，其中晶体含量的变化曲线甚至彼此重叠。值得注意的是，不同聚乙烯的中间相和无定形相组分在相同温度下具有明显的差异。与相同温度下的 *l*-PE 相比，*h*-PE 和 *o*-PE 无定形相含量较少但中间相含量更多。这可能是由于 *h*-PE 和 *o*-PE 上的短支链在结晶过程中不能排布到片晶中，这些短支链存在于晶体和无定形相界面中，使其形成了更多的中间相组分，这对薄膜的力学性能有较大影响。

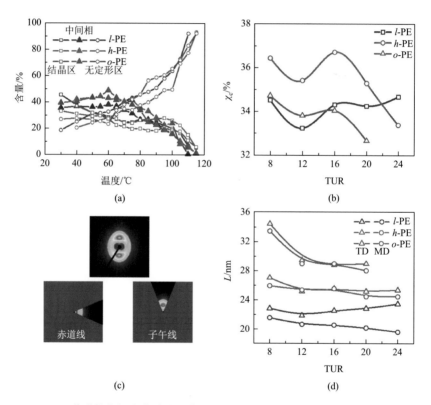

图 8-38　（a）PE 薄膜的各组分含量随温度的变化；（b）不同牵引比时吹塑薄膜的结晶度；
（c）积分区域示意图；（d）不同牵引比时吹塑薄膜的片晶长周期

　　沿不同方向对 SAXS 图进行扇形积分，可以用来评估薄膜沿不同方向取向的晶体的长周期。对于三种不同的聚乙烯薄膜，随着牵引比的增加，沿着牵引方向和垂直方向的长周期变化表现出明显不同的趋势。如图 8-38（d）所示，对于茂金属催化的 *h*-PE 和 *o*-PE，在彼此垂直的两个方向上的长周期变化几乎重叠。而对于 *l*-PE，在牵引方向上的长周期随着 TUR 的增加逐渐降低，但是垂直方向上的长周期几乎保持不变。产生这种现象的原因可以从上面对结构演变过程的讨论中得出：由于 l-PE 的结晶过程受 FIC 影响，TUR 的增加使沿牵引方向上的流动场强度增加，成核密度增加，快速拉伸也使得降温速率增加[图 8-35（b）]，结晶温度降低诱导较薄片晶的形成，从而导致沿牵引方向的长周期降低。而在不同牵引比实验时，吹胀比保持不变，因此薄膜横向的流动场变化较小，这就导致两个方向上的差异。但对于 h-PE 和 o-PE，在结晶过程中 TIC 占主导地位，流动场的影响较弱，因此 TUR 的变化不会导致两个方向上的结构产生明显差异。

　　除了 X 射线散射对微观结构的定量表征外，通过 SEM 照片可以更直观地获得薄膜中片晶的堆叠排列情况。图 8-39 展示了 TUR 分别为 8 和 20 时获得的三种薄膜的表面晶体形貌。当 TUR = 8 时，l-PE 薄膜中出现典型的排核结构，且具有规则堆叠的片晶。而 h-PE 和 o-PE 的薄膜中均出现球晶结构。随着 TUR 的增加（如TUR = 20），外部流动场的强度和冷却速率增加，从而促进了成核密度的增加。因此，排核结构的片晶将彼此互连以使薄膜中形成片晶骨架，使得薄膜的拉伸强度和抗撕裂性能得到有效改善。

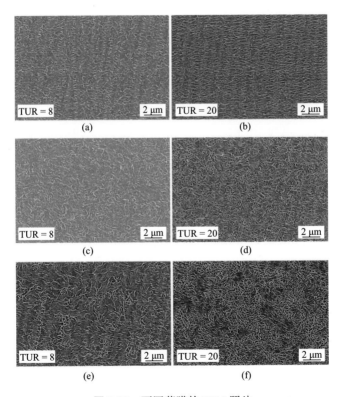

图 8-39　不同薄膜的 SEM 照片

（a）和（b）l-PE；（c）和（d）h-PE；（e）和（f）o-PE

图 8-40（a）为三种聚乙烯薄膜沿牵引方向的应力-应变曲线。与 *l*-PE 薄膜相比，*h*-PE 和 *o*-PE 薄膜具有更高的拉伸强度和断裂伸长率，即拉伸性能更好。具体体现为：当 TUR = 12 时，*l*-PE、*h*-PE 和 *o*-PE 薄膜的拉伸强度分别为 27.8 MPa、45.4 MPa 和 50.2 MPa，断裂伸长率分别为 428%、1071%和 1491%。这主要是由于茂金属催化聚乙烯的吹塑薄膜中存在球晶结构。此外，*h*-PE 和 *o*-PE 中的短支链增加了体系中中间相组分的含量也被认为是提高薄膜拉伸强度的原因。随着 TUR 的增加，牵引方向的流动场强度和冷却速率增加，不同程度地改变了各个聚乙烯薄膜的微观结构，使其最终体现出不同的力学性能。不同 TUR 下三种聚乙烯薄膜的拉伸强度和断裂伸长率如图 8-40（b）所示。在实验参数空间中，TUR 从 8 到 20，*l*-PE、*h*-PE 和 *o*-PE 薄膜的拉伸强度分别增加了 68.1%、22.5%和 26.7%，断裂伸长率分别减少了 38.5%、14.8%和 2.2%。其中，*l*-PE 薄膜具有最显著的变化，主要是因为其在吹膜过程中会受 FIC 影响，从而对 TUR 的增加产生更显著的响应。

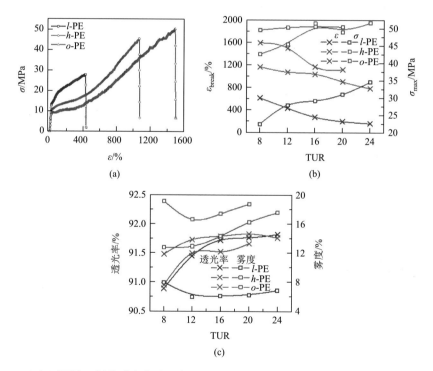

图 8-40　（a）不同聚乙烯薄膜在牵引比为 12 时沿拉伸方向的应力-应变曲线；（b）不同牵引比时薄膜的拉伸强度和断裂伸长率；（c）不同牵引比时薄膜的透光率和雾度

薄膜的光学性能在图 8-40（c）中给出。结果表明，吹膜雾度主要由晶体结构和流动缺陷引起的表面粗糙度导致。在目前的参数空间中，光学性质主要与原料的结构有关，而受工艺参数的影响较小。与 *l*-PE 薄膜相比，具有球晶状结构的 *h*-PE 和 *o*-PE 薄膜具有更高的雾度。在较高的 TUR 下，雾度的轻微增加可能与图 8-39 中观察到的大尺度晶体骨架结构的形成有关。此外，三种聚乙烯薄膜的透光率随 TUR 的增加而增加，这可能与薄膜的厚度逐渐减小有关。

聚乙烯材料丰富的结构为吹膜加工提供了无限的可能，如何充分利用多种聚乙烯材料各自的优势，并通过复配的方法来制备既易于吹膜的母料，又可满足高性能薄膜的特定需求一直是吹膜领域研究的重要课题之一。本小节中基于不同拓扑结构的聚乙烯所获得膜泡内部结构演化机理及最终薄膜性能构建的分子拓扑结构-吹膜加工-宏观服役性能的关系，可为工业上不同粒料之间的共混配方设计提供理论指导。

8.2.4 生物可降解薄膜加工

随着我国"限塑令"的实行，市场对生物可降解塑料的需求逐年增加。其中聚己二酸/对苯二甲酸丁二醇酯（PBAT）兼具聚己二酸丁二醇酯（PBA）和聚对苯二甲酸丁二醇酯（PBT）的特性，其力学性能与 LDPE（低密度聚乙烯）类似，同时兼具优良的生物降解性，是一种性能优异的完全生物可降解塑料。PBAT 薄膜目前主要通过吹膜进行加工生产，并可用于超市塑料袋、农用地膜等领域。本小节以 PBAT 及其扩链改性树脂的吹膜加工为例来系统研究吹膜过程中 PBAT 膜泡内部多尺度结构演化[14]。

吹膜所用材料为未改性的 PBAT0（Ecoflex F Blend C1200，巴斯夫公司），以及扩链剂 ADR 添加量分别为 0.5 wt%的 PBAT0.5 和 2 wt%的 PBAT2。吹膜加工参数为 TUR = 7.9、BUR = 2.5。

膜泡的温度梯度和应变分别由红外测温探头和 CCD 摄像机测试得到。图 8-41（a）为吹膜过程中 PBAT 膜泡的图片，其中 PBAT0 的膜泡在模口的正上方时是透明的，到达较高位置处后变得不透明。随着 ADR 添加量的增加，模口附近膜泡的透明度逐渐降低。膜泡表面的温度如图 8-41（b）所示，三个样品的温度一开始就快速下降。PBAT0 膜泡的冷却速率约为 50℃/s，在相同的高度处其表面温度比改性的 PBAT0.5 和 PBAT2 低约 60℃，吹膜过程中风环风速的增加是造成这一温度差的主要原因。当 TUR 和 BUR 相同时，增加风环风速可以获得稳定的膜泡。在该实验中，为了使 PBAT0 的膜泡稳定，在 PBAT0 吹膜时，相比于 PBAT0.5 和 PBAT2，风环的风速更大，这使得纯 PBAT 膜泡的温度明显低于改性 PBAT。这也表明添加扩链剂可以有效调节 PBAT 的加工参数空间和改善膜泡稳定性，改性后的 PBAT 的加工稳定性优于改性前。在图 8-41（a）中，改性 PBAT 膜泡的轮廓类似于聚乙烯膜泡，其膜泡直径不再变化的位置比纯 PBAT 膜泡更靠近模头出口。

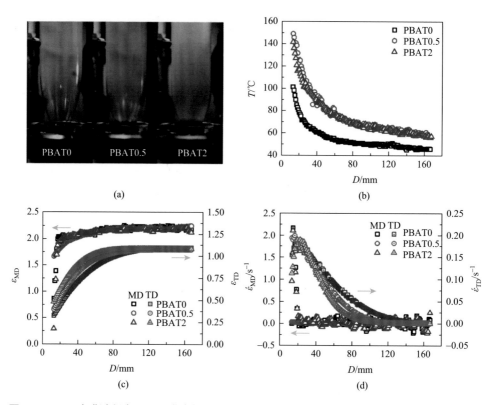

图 8-41　(a) 吹膜过程中 PBAT 膜泡的 CCD 图像；(b) PBAT 膜泡的温度与离开模口的距离的关系；(c) 沿 MD 和 TD 的 PBAT 膜泡的应变随模口距离的变化；(d) 沿 MD 和 TD 的 PBAT 膜泡的应变速率随模口距离的变化

　　基于粒子示踪技术可获得有关膜泡运动的信息，其中图 8-41 (c) 和 (d) 分别概括了膜泡离开模头后不同位置处沿牵引方向 (MD) 和横向 (TD) 的应变和应变速率。膜泡沿 MD 的应变先迅速增加到 2.0 (D 约为 20 mm)，随后缓慢达到平台值 2.2。沿 TD 的应变小于沿 MD 的应变且增长速率相对较小，其随 D 增大缓慢增加至 1.1 后即不再发生变化。如图 8-41 (d) 所示，应变速率在 MD 和 TD 表现出更大的差异。沿 MD，膜泡的应变速率在 D 为 20 mm 时达到最大值 (2.1 s^{-1})，然后迅速下降至 0 s^{-1} 附近。沿 TD，应变速率首先增加至大约 0.18 s^{-1}，随后在 D 大于 120 mm 后缓慢减小到 0 s^{-1}。随着 ADR 添加量的增加，膜泡的应变和应变速率沿 TD 在较小 D 处降低至 0，这与膜泡形状沿 TD 的变化一致 [图 8-41 (a)]。

　　通过同步辐射 X 射线散射技术原位跟踪了吹膜过程中离模头出口不同距离位置处 PBAT 的微观结构演变过程。吹膜过程中获得的 SAXS 和 WAXS 二维散射花样如图 8-42 所示。子午线方向定义为竖直方向，该方向与 MD 平行。当熔体刚出模头出口时只有无定形的散射信号，随着离开模头出口距离的增加，膜泡经过吹胀后变薄，散射强度逐渐降低。在距离模头出口一定距离处（PBAT0 约为 68 mm，PBAT0.5 为 61 mm，PBAT2 为 53 mm），条纹状信号出现在 SAXS 中靠近 beamstop 处，如红色箭头所示。在相同位置处，WAXS 中仅存在各向同性无定形环，这表明在膜泡中形成了具有密度涨落的前驱体而没有生成晶体。值得注意的是，纯 PBAT（PBAT0）的条纹状信号沿赤道线方向取向，而改性 PBAT（PBAT0.5 和 PBAT2）的条纹状信号沿子午线方向取向。随着 D 进一步增加，代表发生结晶的晶体衍射环出现在 WAXS 图中，SAXS 图中出现弧形信号，表明形成了周期性片晶结构。纯 PBAT 和改性 PBAT 的 SAXS 信号取向方向在整个吹膜过程中始终互相垂直，这意味着纯 PBAT 和改性 PBAT 中的片晶取向方向相互垂直。

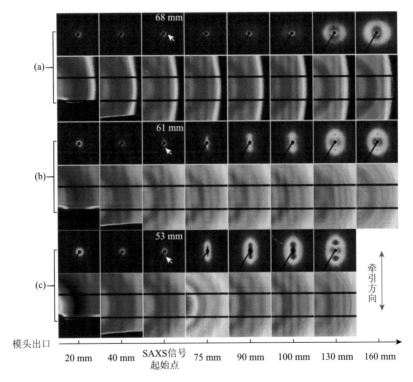

图 8-42　PBAT 吹膜过程中的原位 WAXS 和 SAXS 散射花样

（a）PBAT0；（b）PBAT0.5；（c）PBAT2

对 PBAT 吹膜过程进行定量化分析，通过对 WAXS 和 SAXS 的一维积分曲线和方位角积分曲线拟合分析得到 SAXS 信号强度（I_{SAXS}）、SAXS 取向度（f_{SAXS}）、长周期（L_{ac}）和结晶度（χ_c）随模口距离（D）变化关系，如图 8-43 所示。由图可以看到，PBAT 吹膜过程可以分为四个区间，且表现出不同的特征：

区间Ⅰ，PBAT 保持熔融状态，SAXS 信号中除了由吹胀膜泡变薄而导致的信号强度下降外，没有明显的密度涨落；区间Ⅱ，密度涨落在结晶开始之前出现，表现为在 SAXS 上出现条纹状信号；区间Ⅲ，WAXS 出现晶面衍射峰，SAXS 出现散射矢量最大值，结晶开始并形成晶体网络；区间Ⅳ，SAXS 信号强度（I_{SAXS}）、SAXS 取向度（f_{SAXS}）、长周期（L_{ac}）和结晶度（χ_c）均逐渐达到平台值或变化趋势逐渐变缓，此时形成不可变形的晶体骨架，结构演化模型图如图 8-44 所示。当到达区间Ⅰ和区间Ⅱ之间的边界时，SAXS 中条纹状信号开始出现，而当区间Ⅲ开始时，WAXS 中晶体信号出现。在区间Ⅳ中，PBAT 的结晶过程中结构参数变化极小。对于不同的 PBAT，结构参数的变化表明结构演变过程不同。图 8-45 总结了吹膜过程微观结构演变的一些关键转折点。D_s 表示条纹状信号在 SAXS 二维图中出现的位置。当 D 大于 D_s 时散射强度持续增加，直到 D_p 时 SAXS 散射强度不再增加并达到平稳状态。D_w 表示在 WAXS 二维图中出现晶体衍射环的位置，并且可以获得相应的结晶度。随着 ADR 添加量的增加，D_s、D_w 和 D_p 单调减小，这表明 ADR 促进了晶体的成核和生长，密度涨落和晶体的生成发生在更加靠近模口的位置。D_s 和 D_w 之间的间隔几乎保持不变，而 D_w 和 D_p 之间的间隔随着 ADR 添加量的增加而减小，这是由于改性的 PBAT 对外流动场具有更显著的响应，这个性质使得 PBAT 经 ADR 改性后可以极大地促进前驱体和晶核的形成，因此显著提高改性 PBAT 的结晶速率。更快的结晶速率和相同位置处更高的结晶度可以有效增强晶体网络和骨架的弹性模量，从而稳定 PBAT 膜泡。上述结果揭示了 ADR 对 PBAT 的改性作用及改善其膜泡稳定性的微观机理。

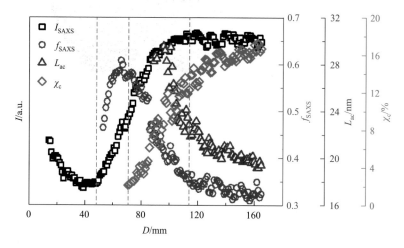

图 8-43　吹膜过程中 PBAT2 在四个不同区域的微观结构演变过程

液液相分离　　　　　　成核与生长　　　　　　熟化

图 8-44　PBAT 吹膜过程中分级结构演变示意图

Ⅱ区中前驱体形成而晶体尚未形成，Ⅲ区中晶体的成核和生长形成晶体网络，Ⅲ区形成的晶体网络在Ⅳ区进一步生长填充成晶体骨架

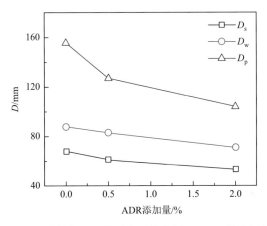

图 8-45　对于不同的 PBAT，散射条纹状信号出现的位置（D_s）、晶体衍射环出现的位置（D_w）和 SAXS 散射强度开始达到平稳的位置（D_p）随 ADR 添加量变化曲线

　　PBAT 整体的吹膜加工过程和聚乙烯的吹膜加工过程高度相似，表明目前的实验结论和结构演化过程的机理具有普适性，不仅可以指导聚烯烃类材料的吹膜加工，同时也可以指导生物可降解聚酯类材料的吹膜加工。通过比较不同 ADR 添加量的 PBAT 吹膜微观结构演变过程，可以发现聚酯类材料吹膜稳定性差的主要原因是其结晶速率慢、链缠结网络与晶体物理网络未有效承力，通过利用扩链剂改性等方式，能降低熔体链动力学速度，增加熔体分子链网络强度和结晶速率，从而可以有效提高聚酯类材料的吹膜性能。

8.3　功能型薄膜制备

　　如前所述，高性能农膜需具备多种附加功能，如防尘、保温、透光、转光、耐候和抗流滴消雾等。为实现这些功能，需要在农膜加工制造过程中对薄膜进行改性，一般改性的方法有两种，即内添加和外涂覆。内添加即在吹膜加工过程中将添加剂与吹膜料共混挤出吹膜，可以实现一步法制备高性能复合农膜。通过调控各种添加剂与高分子基底之间的相互作用，可以实现添加剂在实际使用过程中逐步缓慢扩散到薄膜表面，从而实现对农膜表面自由能的调控。如何调控添加剂的扩散过程是内添加方法的关键。外涂覆需要在吹膜加工后半段，膜泡成型之后，通过电晕等方式对薄膜表面进行活化改性，随后浸润到含适量纳米颗粒（如 Al_2O_3）的涂覆液中，进行涂覆成膜。如何控制纳米颗粒均匀涂覆，以及提高纳米颗粒与薄膜基底之间相互作用是外涂覆方法的关键。先分别就这两项工艺具体阐述如下。

8.3.1　内添加

内添加助剂主要包括流滴剂、防雾剂、防尘剂和抗菌剂等。助剂在薄膜内部形成胶束状的聚集体，随着小分子的析出，会在薄膜内部形成纳米迁移通道，助剂在通道内部向外迁移，并最终析出到薄膜表面改变薄膜表面自由能。当水汽在薄膜表面聚集形成水膜时，如何防止水膜增厚是关键。为此，现有流滴剂与防雾剂大多数为双亲性小分子，即包含亲水基团（如羟基、羧基和含氟官能团）和疏水基团（如烷烃类）。此类小分子扩散到表面，自组装形成岛状的微结构，此时表面为非均匀类孔结构。水滴在此表面的接触角可以由 Cassie-Baxter 方程给出[15]。在 Cassie-Baxter 状态下，液滴更具有运动性，可以在形成的水膜表面滚动，从而实现抑制水膜增厚。

随着五层农膜的广泛使用，如何控制助剂在多层膜内部的扩散至关重要。不同层所用高分子材料不同，厚度也有差异，使得助剂在不同层内部的扩散速率不一。

如图 8-46 所示，对于 m 层的多层膜，其单层内部助剂扩散符合：

$$\frac{\partial u_i}{\partial t} = D_i \frac{\partial^2 u_i}{\partial x^2} \tag{8-6}$$

其中，$l_i < x < l_{i+1}$，$u_i(x, t)$ 是 i 层薄膜位置 x 和时间 t 时刻助剂的浓度；D_i 是扩散系数。由于层与层之间的配方组成等不同，一般相邻界面处浓度 $u_i(x, t) \neq u_{i+1}(x, t)$，界面处浓度梯度关系可表示为

$$\gamma_i \frac{\partial u_i}{\partial x}(l_i, t) = H_i[\theta_i u_{i+1}(l_i, t) - u_i(l_i, t)] \tag{8-7}$$

$$\gamma_i \frac{\partial u_i}{\partial x}(l_i, t) = \gamma_{i+1} \frac{\partial u_{i+1}}{\partial x}(l_i, t) \tag{8-8}$$

结合助剂在层内扩散方程[式（8-6）]及层间扩散方程[式（8-7）、式（8-8）]即可得到助剂在多层膜内部扩散的完整数学表达。

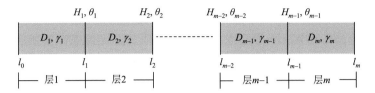

图 8-46　多层膜内部扩散模型[16]

图中 H_i 为接触传递系数，θ_i 为配分系数，D_i 为助剂扩散系数，γ_i 为通量系数

在实际使用过程中，特别针对长寿命棚膜，助剂在棚膜使用服役过程中扩散的精确控制对保持棚膜性能具有至关重要的作用。因而优良的农膜助剂需要满足以下几个基本条件：

（1）原料环保。助剂自身不能对田间带来化学污染，如含氟类的小分子助剂，需要优先开发使用符合环保要求的助剂配方。

（2）长效性。由于农膜，特别是棚膜的使用寿命较长，一般为 1～3 年，最长可达 10 年。这要求助剂在如此长的服役时间内保持良好的扩散稳定性，即使经过多年的使用，其性能指标不能下降。

除小分子添加剂之外，在吹膜过程中还可以添加一些高分子用以改善薄膜光学性能和表面性能。最近，本书作者团队利用沙林树脂［乙烯-甲基丙烯酸共聚物（ethylene-methacrylic acid copolymer，EMAA）］与聚乙烯（PE）共混料来进行吹膜加工[17]。通过调节加工工艺参数（如吹胀比）实现了薄膜表面浸润性与薄膜光学性能的精准调控。

图 8-47 为沙林树脂的化学结构，其为极性共聚物。利用沙林化学极性的特点，可以实现薄膜表面浸润性的调控。表 8-2 为实验中所改变的牵引比。在实验过程中吹胀比固定为 2。

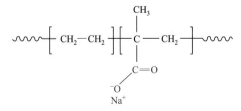

图 8-47　沙林树脂的化学结构

表 8-2　沙林-聚乙烯共混物吹膜实验中牵引速度与牵引比

样品	牵引速度/(mm/s)	TUR	样品	牵引速度/(mm/s)	TUR
TUR-5	11.9	5	TUR-20	47.3	20
TUR-10	23.9	10	TUR-25	59.3	25
TUR-15	35.4	15	TUR-30	71.1	30

薄膜接触角测试过程中表面水滴照片如图 8-48（a）所示。不同 TUR 下制备的薄膜在 0 min 和 12 min 时接触角不相同，且接触角随着时间的增加而减小。该结果表明水滴的接触面积随 TUR 和时间的增加而增大，反映了表面润湿性的改善。图 8-48（b）总结了接触角 θ 随时间变化的定量分析。接触角 θ 表现出相似的趋势，即随着时间推移，接触角单调减小，且衰减率随着 TUR 的增大而增大。在 12 min 内，TUR<20 时获得的 PE/EMAA 薄膜最终接触角 $\theta>90°$，而在 TUR>20 条件下获得的结果显示 $\theta<90°$。这种现象应归因于不同 TUR 引起的表面性能变化。由于只有 EMAA 含有亲水性羧基，而 PE 具有较强的疏水性，因此增加 TUR 可以显著增加 EMAA 在膜表面的极性官能团数目。这样的结论适用于较长的测量时间，如图 8-48（c）所示为不同膜在 12 min 后获得的接触角。总之，PE/EMAA 膜从中等疏水性到强亲水性的表面润湿性可以通过改变 TUR 来控制。

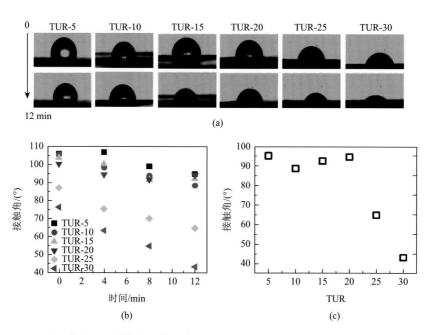

图 8-48　（a）不同牵引比下制备得到的沙林-聚乙烯共混薄膜接触角图片；（b）接触角随时间的变化；（c）12 min 之后薄膜接触角与牵引比的关系

图 8-49 展示了不同牵引比下 PE/EMAA 薄膜的透光率与雾度的变化情况。透光率随 TUR 的增加从 88% 略微增加到 89%。透光率如此微小的变化表明 TUR 对薄膜的透光率没有明显的影响。考虑到雾度，TUR<15 的薄膜没有观察到明显的变化。随着 TUR 的增加，雾度从 39.53%（TUR=15）急剧增加到 68.05%

（TUR = 30）。为了揭示雾度和透光率与 TUR 的依赖关系，有必要找出决定这两个特性的关键因素。Huck 等发现，雾度实际上主要来源于薄膜的表面不规则性，而透光率主要是依赖于内部晶体形态[18]。几乎不变的透光率表明 PE/EMAA 薄膜的内部结构，即晶体形态，在可变 TUR 下几乎保持不变，这将在后面进一步阐明。雾度的急剧增加与 PE/EMAA 的表面性质密切相关，表明不同 TUR 引起的表面性质（即粗糙度）变化较大。雾度的变化有两种可能的机制：一种是挤出雾度，另一种是结晶雾度[19]。前者与高分子熔体和模具有关；后者与靠近表面的流动场诱导结晶有关。由于在整个制备过程中只有 TUR 发生了变化，因此结晶度应是雾度变化的主要机制。增大 TUR 会导致流动场的加强，从而导致晶体的各向异性不同。除了高分子结构外，另一个重要的问题是薄膜厚度。薄膜厚度随着 TUR 的增加而减小。薄膜厚度对 TUR 的非单调依赖性表明了 PE/EMAA 共混薄膜的复杂性，特别是在 TUR 较高的区域（TUR＞20）。

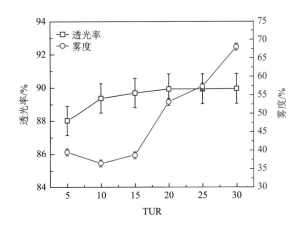

图 8-49　不同牵引比下 PE/EMAA 薄膜的透光率与雾度变化

　　与小分子助剂相比，极性高分子在膜内扩散明显受限，这可以显著提高薄膜表层亲水层的使用寿命。同时，极性高分子与聚乙烯的微相分离也可用来制备不同光学性能的薄膜。

8.3.2　外涂覆

　　高分子薄膜在加工生产成膜之后通常还需要进行涂覆操作。随着纳米材料和涂料技术的快速发展，功能性薄膜的质量也越来越高。例如，上面提到的高性能农用棚膜，需要在其表面涂覆均匀的纳米颗粒膜以提高薄膜表面浸润性。薄膜表面的功能化涂覆层可以赋予薄膜自身缺少的功能，并可提高薄膜的耐用率，同时也可以用于薄膜表面的装饰,如印刷等。因而涂覆技术是高分子薄膜加工技术中不可或缺的一项。无论是本章节中利用吹膜加工制备的农膜,还是下面章节中涉及的多种高分子光学膜和锂电池隔膜等,均会涉及涂覆加工工艺,因而在本章节中将着重介绍涂覆工艺的基本原理与主要加工工艺手段。

涂覆工艺的整个流程可简述为:①薄膜表面预处理,以提高涂覆层与薄膜基底之间的黏结性。②涂覆液涂覆。基于不同的应用需求,将特定的涂覆液均匀涂覆到薄膜基底表面。此过程中涂覆液的流变性质对于后续涂覆层是否均匀至关重要。③涂覆液中溶剂挥发。在涂覆好之后,涂覆液中的溶剂会挥发以便于成膜。涂覆液中的添加物,如纳米颗粒,可在此过程中发生扩散、聚集等现象。④均匀成膜。在一般涂覆工艺的后端都需要进行刮涂操作实现对薄膜表面涂层均匀性的控制,从而控制涂层的厚度与均匀性等。下面将基于此基本的流程工艺对每一段进行解释说明。

1)薄膜表面预处理

高分子薄膜材料在涂覆之前一般都要对其表面进行预处理。以农膜为例,其重要成分聚烯烃(PO)薄膜表面无极性基团,表面自由能低,因而导致纳米颗粒难以吸附。改善薄膜基底的表面张力和选择合适的涂覆液是实现涂覆过程中颗粒铺展均匀的关键因素之一。在工业上,一般在涂覆纳米颗粒之前需要进行电晕处理,以提高薄膜表面张力。电晕处理是通过在有限的气隙(1 mm 或 2 mm)内产生高电压和高频率的放电来实现的,既线性又均匀。气隙处在充电到高压的电极(通过连接到升压变压器的发电机)和涂有绝缘材料(通常是滚子)的接地对电极之间。放电碰撞引起离子化:空气中的一些离子被施加的电场加速,并与一些中性分子碰撞,导致它们离子化。反过来,以这种方式形成的新带电粒子通过碰撞使其他分子电离,产生雪崩效应,导致空气的介电破坏。例如,当电子与聚乙烯接触时,它们有足够的能量打破氢碳键或碳碳键。由此形成的自由基与电晕放电发生反应,主要是氧化反应,产生极性官能团,从而为后续涂覆提供了基础。

2)涂覆液涂覆

作为涂覆的核心步骤,如何将涂覆液均匀可控地涂覆到薄膜表面是这一步骤的关键所在。基于涂覆与成膜的先后顺序又可分为自成膜[图 8-50(a)和(b)]、预成膜[图 8-50(c)和(d)]和后成膜[图 8-50(e)]三种主要类型,现简要阐述如下。

(1)自成膜。自成膜是将成膜与涂覆同时进行,其中浸涂涂覆(dip coating)是典型的代表。图 8-50(a)为浸涂涂覆示意图。在涂覆过程中,直接让薄膜待涂覆面从涂覆液中经过。该涂覆方法比较简便,但涂覆后薄膜的厚度和均匀程度较差。为此,后续改进了这一工艺,如图 8-50(b)所示,薄膜不直接与涂覆液溶液池接触，而是增加了一个辊，可通过调节辊间距来实现涂覆层厚度和均匀性控制。

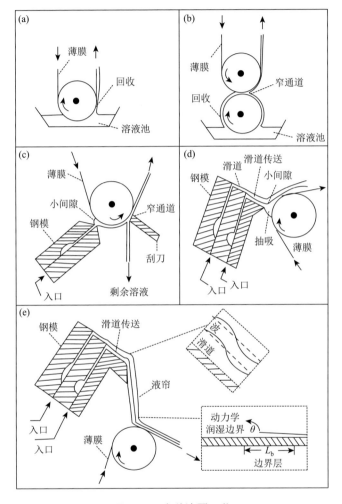

图 8-50 多种涂覆工艺

（2）预成膜。与自成膜不同，预成膜是在涂覆之前，涂覆液进入一个模具内通过滑动输运形成涂覆薄膜。该涂覆方法既可以用于单层涂覆［图 8-50（c）］，也可以用于多层涂覆［图 8-50（d）］，因而具有较高的普适性和可拓展性。

（3）后成膜。在涂覆结束之后，需要进一步对初步形成还未固化的涂覆层进行刮涂操作，以去除多余的涂覆液并控制涂覆层的厚度与均匀性。同时，涂覆液用模具口与薄膜之间存在的间隙也可用于涂覆层厚度的控制［图 8-50（e）］，此间隙也称为液帘。通过控制涂覆液与薄膜基底之间的动力学润湿边线可实现对涂覆过程的控制。

在涂覆过程中如何保证纳米颗粒在表面均匀涂覆是保证农膜质量的关键之一。但纳米颗粒在涂覆过程中会发生咖啡环效应[图 8-51（a）]，即纳米颗粒在毛细管效应驱动下会从内部扩散到边缘，产生聚集。纳米颗粒聚集使得涂覆效果大大减弱，同时也会降低农膜的防雾抗流滴等功能，影响农膜使用。影响咖啡环形成的主要因素有：①纳米颗粒形貌。研究表明椭球状颗粒比球形颗粒更不易形成咖啡环[20]。但从工业实际角度，一般市场上所用的纳米颗粒均为球形颗粒，故形貌改变在实际使用过程中较为受限。②溶剂（水）挥发速率。研究表明溶剂挥发越快，纳米颗粒越易在液滴表面形成均匀的纳米膜，而非聚集到边缘。这也是工业上涂覆纳米颗粒时选择高温段的一个重要原因。③薄膜表面自由能。减小表面自由能可以显著增加液滴与薄膜基底接触面积，从而抑制咖啡环形成。在工业上涂覆之前，需要对基膜表面进行电晕处理，以减小薄膜表面自由能。

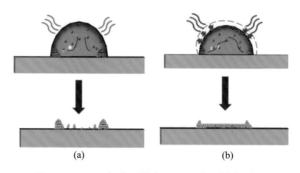

图 8-51 （a）咖啡环效应；（b）表面捕捉效应

纳米颗粒在溶液中易发生聚集现象，从而影响后续表面涂覆。一般为了使纳米颗粒在水中分散更为均匀，且在使用过程中抑制纳米聚集体的产生，需要在混合液中添加一些活性剂。例如，带电荷的表面活性剂与纳米颗粒吸附之后，可使得纳米颗粒带有相同的正（负）电性，纳米颗粒之间相互排斥，实现抑制纳米聚集体形成的目的。

除了保证纳米颗粒在涂覆过程中均匀分布在薄膜表层之外，还需要提高涂覆层稳定性。特别是对长效棚膜而言，这一要求更为突出。纳米涂覆层在日常使用过程中，表层水膜会不断挥发蒸干，或在重力作用下迁移。为了保持涂覆层持久稳定，一般会在涂覆液中添加亲水性高分子，这可以使得涂覆之后的纳米涂层中纳米颗粒之间相互作用大为增强，从而提高纳米涂层稳定性。

8.4　性能评价

吹膜加工是生产制备农膜的主要手段。农膜在真实服役过程中需经受住多种复杂的工况，如雨雪天气、大风和阳光照射等。农膜生产企业需要一系列量化数据来调控加工工艺参数与原料配方，提高农膜服役性能。下游农膜使用者，同样需要这些数据对市场上农膜产品进行筛选，以确定符合自己使用条件的农膜。本小节将简要介绍农膜产品的核心性能指标。

8.4.1　光学性能

高透光率是保证农作物增产增收的关键。有数据显示，每提高 1%的透光率就可以提高农作物 1%的产量，因而农膜（特别是棚膜）的光学性能至关重要。一般农膜的光学性能测试需要包括：透光率和雾度。其测量可参照国家标准 GB/T 2410—2008，或美国材料与试验协会标准 ASTM D 1003：2021，测试原理如图 8-52 所示。

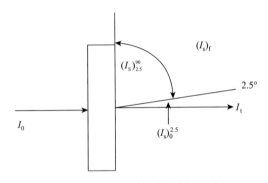

图 8-52　薄膜光学性能检测示意图

图 8-52 中，I_0 为入射光光强，I_t 为直透射光光强，$(I_s)_f$ 为 0°～90°散射强度，$(I_s)_0^{2.5}$ 为 0°～2.5°角度内散射光强，$(I_s)_{2.5}^{90}$ 为 2.5°～90°角度内散射光强。透光率的定义为：透过试样的光通量与射到试样上的光通量之比。雾度的定义为：透过试样而偏离入射光方向的散射光通量与透射光通量之比（一般将偏离入射光方向 2.5°以上的散射光通量用于计算雾度）。

透光率与雾度的计算方程分别为

$$透光率 = \frac{I_t}{I_0} \times 100\% \tag{8-9}$$

$$雾度 = \frac{(I_s)_{2.5}^{90}}{I_t + (I_s)_f} \times 100\% \tag{8-10}$$

棚膜的透光率主要与薄膜本身化学组分，以及薄膜厚度、内部的晶体形态等密切相关[12]。雾度由薄膜表面粗糙度决定[21]，与模头出口处风场扰动及薄膜表层应力诱导结晶相关[22]。按《农业用聚乙烯吹塑棚膜》（GB/T 4455—2019）的要求，透光率≥85%，雾度≤35%。

除透光率与雾度这两个主要指标之外，还有一些其他光学参数，如光泽度（ASTM D 2457：2021）和保温性（7～14 μm 红外阻隔率）。此类测试多见于企业内部测试，在本书中不做展开。

8.4.2 力学性能

农膜的力学性能与其实际服役性能密切相关，如拉伸、抗撕裂能力。按《农业用聚乙烯吹塑棚膜》（GB/T 4455—2019），表 8-3 列举了棚膜物理力学性能指标要求。

表 8-3 棚膜物理力学性能要求

项目	聚乙烯普通棚膜		聚乙烯耐老化棚膜 聚乙烯流滴耐老化棚膜	
	$\delta^a < 0.060$	$\delta > 0.060$	$\delta < 0.080$	$\delta > 0.080$
拉伸强度（纵向、横向）[b]/MPa	≥14	≥14	≥16	≥16
断裂伸长率（纵向、横向）[b]/%	≥250	≥300	≥300	≥320
直角撕裂强度（纵向、横向）[c]/(kN/m)	≥55	≥55	≥60	≥60
人工加速老化后纵向断裂伸长率[d]/%	—	—	≥200	≥220

注：a. δ 为误差；

　　b. GB/T 1040.3—2006《塑料拉伸性能的测定 第 3 部分：薄膜和薄片的试验条件》；

　　c. QB/T 1130—1991《塑料直角撕裂性能试验方法》；

　　d. GB/T 16422.2—2022《塑料实验室光源暴露试验方法 第 2 部分：氙弧灯》。

除上述常规力学性能之外，有些企业也会额外增加一些力学检测，如落镖冲击强度，即在给定高度的自由落镖冲击下，塑料薄膜或薄片试样破坏达到 50% 时的能量。主要检测标准为 GB/T 9639.1—2008 或 ASTM D 1709-22。

8.4.3 表面性能

棚膜的表面性能主要由流滴性能体现，特别针对聚乙烯流滴耐老化棚膜，由其初滴时间和流滴失效时间来确定。按《农业用聚乙烯吹塑棚膜》（GB/T 4455—2019）要求，其流滴性能需满足表 8-4。

表 8-4 聚乙烯流滴耐老化棚膜流滴性能

项目	要求	
	$\delta \leq 0.080$	$\delta > 0.080$
初滴时间/s	≤420	
流滴失效时间/d	≥6.0	≥8.0

表 8-4 中，初滴时间定义为流滴类薄膜试样在快速流滴试验仪上，从测试开始到薄膜内表面聚集成的第一个露滴滴落时间。流滴失效时间定义为流滴类薄膜试样在快速流滴试验仪上和规定测试条件下连续观察，膜面流滴性能失效面积比达到一定值时所需的时间。

在薄膜表面防雾滴流实验测试中，可采用冷雾测试和热雾测试两种方式，具体描述如下。

（1）冷雾测试。烧杯中注入三分之二的水，然后用需要测试的薄膜封在烧杯口上。整个测试在 5℃ 的环境下进行，3 h 之后，取出观察薄膜内部水膜（水滴）形成情况。

（2）热雾测试。与上述冷雾测试类似。水浴温度设置为 60℃，并保持 3 h。随后观察薄膜内部水膜（水滴）形成情况。

所有测试需要重复测量数次以保证检测的可靠性。

8.4.4　其他性能

除上述特别针对农膜（地膜和棚膜）的性能评价标准之外，利用吹膜加工得到的其他薄膜基于不同的应用范围还有特殊的性能标准要求，如包装膜领域对撕裂强度性能测试的埃莱门多夫法《塑料薄膜和薄片耐撕裂性的测定——第二部分：埃莱门多夫法》（ISO 6383/2）等。限于篇幅，有兴趣的读者可以参考其他高分子类的参考书与标准。

参 考 文 献

[1]　Farrell B，Lawrence M S. The processing of liquid crystalline polymer printed circuits. Electronic Components and Technology Conference，2002，52：667-671.

[2]　Butler T I，Morris B. PE-Based Multilayer Film Structures. Multilayer Flexible Packaging. 2nd ed. New York：William Andrew Publishing，2016.

[3]　Morris B A. The Science and Technology of Flexible Packaging. New York：William Andrew Publishing，2017.

[4]　Wagner J R. Multilayer Flexible Packaging. 2nd ed. New York：William Andrew Publishing，2016.

[5]　Butler T I. Predicting blown film residual stress levels influence on properties. TAPPI PLACE Conference，Polymer-Laminations-Adhesives-Coatings-Extrusions，2006.

[6]　Malpass D B. Introduction to Industrial Polyethylene：Properties，Catalysts，and Processes. Hoboken：Scrivener Publishing LLC，2010.

[7]　张成业，朴贞顺，烨许，等. 聚乙烯农用防雾棚膜及防雾滴剂研究现状、发展趋势. 中国工程塑料工业协会：2003 年塑料助剂和塑料加工应用技术研讨会，2003.

[8]　Spalding M A，Chatterjee A. Handbook of Industrial Polyethylene and Technology：Definitive Guide to Manufacturing，Properties，Processing，Applications and Markets. Hoboken：John Wiley & Sons，2018.

[9] Zhang Q，Li L，Su F，et al. From molecular entanglement network to crystal-cross-linked network and crystal scaffold during film blowing of polyethylene：an *in situ* synchrotron radiation small- and wide-angle X-ray scattering study. Macromolecules，2018，51（11）：4350-4362.

[10] Zhao H，Zhang Q，Li L，et al. Synergistic and competitive effects of temperature and flow on crystallization of polyethylene during film blowing. ACS Applied Polymer Materials，2019，1（6）：1590-1603.

[11] Keller A，Machin M J. Oriented crystallization in polymers. Journal of Macromolecular Science，Part B：Physics，1967，1（1）：41-91.

[12] Zhao H，Zhang Q，Xia Z，et al. Elucidation of the relationships of structure-process-property for different ethylene/α-olefin copolymers during film blowing：an *in-situ* synchrotron radiation X-ray scattering study. Polymer Testing，2020，85：106439.

[13] van Drongelen M，Cavallo D，Balzano L，et al. Structure development of low-density polyethylenes during film blowing：a real-time wide-angle X-ray diffraction study. Macromolecular Materials and Engineering，2014，299（12）：1494-1512.

[14] Zhao H，Li L，Zhang Q，et al. Manipulation of chain entanglement and crystal networks of biodegradable poly(butylene adipate-*co*-butylene terephthalate) during film blowing through the addition of a chain extender：an *in situ* synchrotron radiation X-ray scattering study. Biomacromolecules，2019，20（10）：3895-3907.

[15] Cassie A B D，Baxter S. Wettability of porous surfaces. Transactions of the Faraday Society，1944，40：546.

[16] Carr E J，March N G. Semi-analytical solution of multilayer diffusion problems with time-varying boundary conditions and general interface conditions. Applied Mathematics and Computation，2018，333：286-303.

[17] Ali S，Ji Y，Zhang Q，et al. Preparation of polyethylene and ethylene/methacrylic acid copolymer blend films with tunable surface properties through manipulating processing parameters during film blowing. Polymers（Basel），2019，11（10）：1565.

[18] Huck N D，Clegg P L. The effect of extrusion variables on the fundamental properties of tubular polythene film. Polymer Engineering & Science，1961，1（3）：121-132.

[19] Smith P F，Chun I，Liu G，et al. Studies of optical haze and surface morphology of blown polyethylene films using atomic force microscopy. Polymer Engineering & Science，1996，36（16）：2129-2134.

[20] Yunker P J，Still T，Lohr M A，et al. Suppression of the coffee-ring effect by shape-dependent capillary interactions. Nature，2011，476（7360）：308-311.

[21] Larena A，Pinto G. The effect of surface roughness and crystallinity on the light scattering of polyethylene tubular blown films. Polymer Engineering & Science，1993，33（12）：742-747.

[22] Stehling F C，Speed C S，Westerman L. Causes of haze of low-density polyethylene blown films. Macromolecules，1981，14（3）：698-708.

第9章

TAC 膜的溶液流延加工

　　信息社会，显示无处不在，中国新型显示产业高速增长迎来"万物显示"。作为信息交互的重要端口，新型显示产业已发展成为新一代信息技术的先导性支柱产业。从日常生活的手机、计算机到坦克、战机控制屏等军用装备，它既是信息交流的窗口，也是指挥控制的平台。2020 年，中国液晶显示器（LCD）和有机发光二极管（OLED）为代表的新型显示器约占全球出货量的 56%，稳居全球第一。光学膜是新型显示的关键材料，一个薄膜晶体管液晶显示器（TFT-LCD）面板使用超过 10 张高分子光学膜。图 9-1 给出了 TFT-LCD 显示面板的剖面图，包括背光模组和显示模组。背光模组主要是提供高效能量利用率、均匀的光源，涉及的

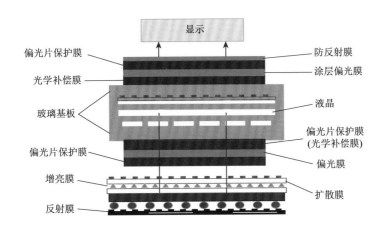

图 9-1　TFT-LCD 显示面板剖面图

光学膜包括导光膜、扩散膜、反射膜、增亮膜等；显示模组包括偏光片保护膜、偏光膜、光学补偿膜、防反射膜、防眩膜等。OLED 显示是自发光，虽然没有背光模组，但显示模组中为了消除环境光的干扰，也需配置偏光片保护膜、偏光膜、光学补偿膜、防反射膜、防眩膜等光学膜。实际上，为了避免偏光片和其他光学膜在加工、运输转移等过程中发生划伤、污染等问题，还需要使用离型膜等加工辅助薄膜。虽然在最终显示面板中这些膜不存在，但也是新型显示产业链中必需的薄膜。随着新型显示高对比度、特定色度、车载等苛刻环境、轻薄柔等发展趋势，对光学膜也提出更高要求。

表 9-1 中列出新型显示主要的光学膜。由于聚对苯二甲酸乙二醇酯（PET）优异的光学、力学和加工性能以及成本低等优势，背光模组的光学膜主要采用双向拉伸 PET。偏光膜主要采用碘染色的单向拉伸聚乙烯醇（PVA）膜，少部分偏光膜采用其他高分子薄膜为基材添加或涂覆染料实现偏振吸收的功能。与 PVA 偏光膜相比，目前染料型偏光膜偏振吸收率偏低但耐候性更好。早期保护膜和补偿膜完全采用三醋酸纤维素酯（TAC）光学膜，后期引进了 PET 膜、聚甲基丙烯酸甲酯（PMMA）膜、环烯烃高分子（COP）膜和聚碳酸酯（PC）膜等薄膜，不过目前 TAC 光学膜还是最主要的保护膜和补偿膜，约占新型显示 50%的份额。本章聚焦介绍 TAC 光学膜的加工。

表 9-1　光学膜种类及对应的高分子薄膜

序号	光学膜名称	所使用的高分子薄膜
1	偏光膜	PVA 膜
2	偏光片保护膜	TAC 膜、PET 膜、PMMA 膜
3	光学补偿膜	TAC 膜、COP 膜、PC 膜
4	增亮膜	PET 膜
5	扩散膜	PET 膜
6	反射膜	PET 膜

9.2　TAC 光学膜

三醋酸纤维素酯（TAC）是由天然纤维素与乙酸酐反应生成的纤维素酯，具有优越的透明度和良好的耐热性，可以作为偏光片保护膜和光学补偿膜。下面将对 TAC 光学膜的这两种用途进行介绍。

9.2.1　保护膜

碘染色的 PVA 光学基膜起偏振作用，是偏光片的核心材料，也是决定面板显示质量的关键材料。PVA 膜经碘染色后进行纵向拉伸，获得纳米尺度的、有序排列的 PVA-I 复合体，形成具有均匀二向吸收性能的偏光膜[1]。PVA 偏光膜的力学自支撑性差，而且高取向的 PVA-I 复合体非常容易受外界环境中水分的影响，使其取向松弛，影响 PVA 偏光膜的偏振性能。因此，偏光片是一个多层结构，由保护膜、TAC 膜、PVA 膜、压敏胶、离型膜等组成，如图 9-2 所示。PVA 膜两侧分别贴合上一层透明性非常好、光学各向同性而且具有一定力学强度的 TAC 膜或者其他高分子膜来隔绝外界环境的水分，起支撑保护作用，确保 PVA 膜的偏振性能不受影响。虽然有 PET 膜、COP 膜等新的保护膜或者补偿膜替代部分 TAC 膜，但到目前为止 TAC 膜还占据超过 50%的保护膜和补偿膜市场。

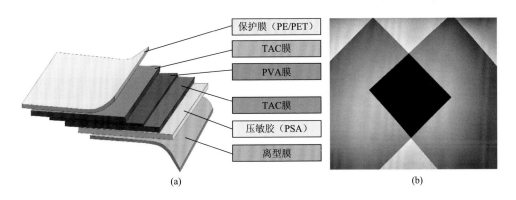

保护膜（PE/PET）
TAC膜
PVA膜
TAC膜
压敏胶（PSA）
离型膜

(a)　　　　　　　　　(b)

图 9-2　偏光片结构示意图（a）和实物图（b）

9.2.2　补偿膜

在 LCD 发展的初期，视角狭窄是 LCD 显示最突出的问题之一，主要表现为视角远离显示面板法线方向时的对比度出现明显下降，过大的视角还会导致灰阶反转和色偏的现象。为了改善 LCD 的视角特性，人们开发出了轴对称排列微胞（axially symmetric aligned microcell，ASM）、多畴垂直取向（multi-domain vertical alignment，MVA）和光学补偿弯曲/光学补偿双折射（optically compensated bend/optically compensated birefringence，OCB）、共面转换（in plane switching，IPS）等多种新型显示模式。但是，这些新型显示模式破坏了液晶盒的原有结构，导致 LCD 的成本提高、部分性能指标下降。

通过外部光学补偿技术来改善 LCD 的视角特性是目前最广泛采用的方法，无须对液晶盒做任何调整，只增加光学补偿膜，不会直接影响显示器的性能和质量，且成本低。光学补偿膜的原理是通过光学膜的双折射特性来修正液晶在不同视角产生的相位差，换言之，就是使液晶分子的双折射性质获得对称性的补偿。薄膜用作光学补偿膜要求在可见光波长范围内具有合适的双折射分布。根据 Kuhn 和 Grün 的模型[2]，用作补偿膜的光学膜需要其分子链获得一定的取向。

根据功能分类，光学补偿膜可以分为改变相位的相位差膜、色差补偿膜和视角扩大膜。若根据工艺分类，光学补偿膜可以分为拉伸型和液晶涂布型，拉伸型又分为单向拉伸和双向拉伸两大类，如表 9-2 所示。将薄膜面内最大折射率的方向定为 x 轴方向，与其垂直方向定为 y 轴方向，平面 x-y 法线方向定为 z 轴方向。这三个方向的折射率分别为 n_x、n_y、n_z，它们的关系定义为 $N_z = (n_x-n_z)/(n_x-n_y)$。$R_{in}$、$R_{th}$ 分别为面内和面外延迟值。单向拉伸型可分为正 A 型、负 A 型、正 C 型和负 C 型；根据不同光轴面，双向拉伸型分为 xy 面、xz 面和 yz 面三种。除了上述拉伸型外，补偿膜还有混合型（hybrid-type）和扭曲型（twist-type）。

表 9-2　按工艺分类的光学补偿膜类型

单向拉伸	双向拉伸	其他
正 A 型 $n_x > n_y = n_z$ $R_{in} > 0, R_{th} > 0, N_z = 1$	光轴-yz 面 $n_z > n_x > n_y$ $R_{in} > 0, R_{th} < 0, N_z = -\infty \sim 0$	混合型
负 A 型 $n_x < n_y = n_z$ $R_{in} > 0, R_{th} < 0, N_z = 0$	光轴-xy 面 $n_x > n_z > n_y$ $R_{in} > 0, R_{th} \geq 0$ 或 <0, $N_z = 0 \sim 1$	扭曲型
正 C 型 $n_x = n_y < n_z$ $R_{in} = 0, R_{th} < 0, N_z = -\infty$	光轴-xz 面 $n_x > n_y > n_z$ $R_{in} \geq 0, R_{th} > 0, N_z = 1 \sim +\infty$	
负 C 型 $n_x = n_y > n_z$ $R_{in} = 0, R_{th} > 0, N_z = +\infty$		

根据应用对象分类，补偿膜可以分为 VA 型补偿膜和 IPS 型补偿膜（图 9-3），也是目前市场主流的两类光学补偿膜。VA 型补偿膜主要是钟渊化学工业株式会社的 VA-TAC（N-TAC）膜、富士胶片株式会社的 B-TAC 及 ZEON 化学的 Zeonor 膜，专用于大尺寸 VA 型 LCD。IPS 型补偿膜主要是富士胶片株式会社的 Z-TAC。N-TAC、

B-TAC 和 Z-TAC 属于 TAC 类补偿膜，Zeonor 膜属于 COP 类补偿膜，其中 TAC 类补偿膜占据主要市场。下面将对主流的 TAC 类补偿膜 VA-TAC 和 Z-TAC 进行介绍。

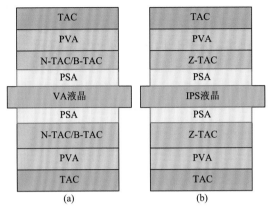

图 9-3　VA 模式（a）和 IPS 模式（b）LCD 的基本结构示意图

1. VA-TAC

VA 模式 LCD 的液晶盒具有双折射特性，在一定倾斜角度的视角下，会导致偏光片上出现暗态漏光问题，影响 LCD 的可视角度。传统的方法是通过多层补偿膜贴合在一起来消除液晶盒双折射特性导致的相位差，具体方法是：使用负 C 型补偿膜（表 9-2）对正常视角下显示效果进行补偿，使用正 A 型补偿膜对倾斜视角下的显示效果进行补偿。传统方法虽然能改善 VA 模式 LCD 的视角问题，但无法适应市场薄型化的发展需求。VA-TAC 是钟渊化学工业株式会社于 2006 年开发出来的用于 VA 模式 LCD 的光学补偿膜，具有透光率高、透湿性高、热稳定性好、与 PVA 贴合性好等优点。VA-TAC 膜的设计思路则是用一张补偿效果与多层传统 TAC 补偿膜贴合在一起时相当的特制 TAC 膜来替代，VA-TAC 用于 VA 模式 LCD 中可以明显改善可视角度，有效解决倾斜视角下的色彩失真问题，并且可以非常好地适应 LCD 薄型化的发展需求。

VA-TAC 膜无论是在配方设计，还是在加工工艺，都具有其独特的地方。TAC 本身属于负 C 型补偿膜，即使通过拉伸也无法获得较大的面内延迟值 R_{in} 和面外延迟值 R_{th}。因此，钟渊化学工业株式会社通过配方设计，首先在 TAC 原料中加入了部分醋酸丙酸纤维素酯（CAP），其次是加入了特种高分子作为延迟增强剂，来控制光学延迟值和 TAC 膜的耐久性。在拉伸工艺方面进行了精确控制，使得 VA-TAC 的慢轴与 PVA 膜的吸光轴（拉伸方向）垂直，因此可以与 PVA 膜进行卷对卷的贴合制成偏光片。

2. Z-TAC

Z-TAC 膜是日本富士胶片株式会社开发出来的低延迟值补偿膜，也是世界上最早开发出来的低延迟值补偿膜。该产品的面内延迟值 R_{in} 和面外延迟值 R_{th} 都接近零，用在 IPS 模式的 LCD 显示器中来减少倾斜视角下的色彩偏移现象。IPS 模式的 LCD 液晶单元是沿水平方向（x-y 平面）取向排列，不需要进行相位差补偿。但是，如果在 IPS 显示器中使用普通 TAC 膜，倾斜视角下的色调会出现明显的发黄现象。Z-TAC 膜低面内、面外延迟值能够补偿 IPS 显示器的色彩偏移。

为了使 TAC 膜面内、面外延迟值接近零，富士胶片株式会社采用了特殊的配方设计和拉伸工艺。在配方中加入了抑制 TAC 膜厚度方向上延迟值的添加剂，即延迟抑制剂，抵消 TAC 膜厚度方向上的延迟量，使得面外延迟值 R_{th} 接近零。在拉伸工艺方面，采用双向拉伸等特殊工艺，抑制面内方向的光学延迟，使得面内延迟值 R_{in} 接近零。

9.3　TAC 光学膜的加工流程

TAC 光学膜是通过溶液流延工艺制造。TAC 保护膜的加工主要包括溶解、过滤、流延成膜、干燥、热定型等（图 9-4）。TAC 补偿膜的加工工艺比 TAC 保护膜的加工工艺主要多了后拉伸工艺。下面将对 TAC 光学膜的原料、溶剂、添加剂、溶解、过滤、流延成膜、干燥及后拉伸等进行介绍。

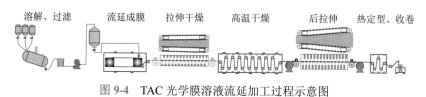

图 9-4　TAC 光学膜溶液流延加工过程示意图

9.3.1　棉胶的制备

TAC 棉胶的制备主要是通过搅拌作用，将 TAC 原料溶解于溶剂中，同时加入必要的添加剂，如增塑剂、光学延迟抑制或者增强剂、紫外吸收剂、剥离剂等，经过一定时间的充分溶解形成棉胶液，经过滤供后续流延成膜使用。TAC 棉胶的固含量一般为 15 wt%～20 wt%。

1. 原料

TAC 原料的聚合度和乙酰基的取代度是制备高性能 TAC 光学膜的关键。通常聚合度越高，制备出来的 TAC 光学膜的拉伸强度越高，但是聚合度过高会导致原料的溶解性变差、棉胶液黏度大，不利于后续的流延成膜。一般用于 TFT-LCD 的 TAC 光学膜的聚合度范围为 300～400。TAC 原料取代度越高，制备出来的薄膜的耐湿性能越好，TAC 光学膜的尺寸稳定性越好，有利于减小 TAC 光学膜的双折射，这是因为羟基的存在会提高 TAC 膜的双折射。一般认为，用来制造偏光片保护膜和 IPS 型补偿膜的 TAC 原料的总取代度在 2.9～3.0 范围内最佳。TAC 原料的糖环上有三个不同的乙酰基取代位点，分别为 2、3、6，如图 9-5 所示。在 TAC 原料的实际合成过程中，这三个取代位置的活性不同，每个位置乙酰基的取代度并不等于总取代度的三分之一。一般情况下，由于取代位点 6 的空间位阻最小，最容易发生取代反应。取代位点 2、3、6 取代的乙酰基对 TAC 整体双折射的贡献也是不一样，2 和 3 位置乙酰基贡献的是正双折射，而 6 位置乙酰基贡献的是负双折射。因此，选择 TAC 原料时不仅要考虑其聚合度和取代度，还要考虑不同取代位点的取代度。

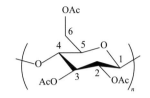

图 9-5　TAC 的化学结构式

2. 溶剂

TAC 棉胶制备常用的溶剂是卤代烃类溶剂，如二氯甲烷、氯仿，其中二氯甲烷是使用最普遍的溶剂。除了卤代烃类溶剂以外，还有醚类、酮类和酯类三大类。常用的醚类有二异丙基醚、1,4-二氧六环、1,3-二氧戊烷、四氢呋喃、苯甲醚和苯乙醚。常用的酮类溶剂有丙酮、甲基乙基酮、二乙基酮、二异丁基酮、环己酮和甲基环己酮。常用的酯类有甲酸乙酯、甲酸丙酯、甲酸戊酯、乙酸甲酯、乙酸乙酯和乙酸戊酯。除了主溶剂以外，通常还会加入甲醇作为助溶剂，主要起膨润的作用。另外，在 TAC 棉胶液配方中还会加入少量沸点较高的不良溶剂（如正丁醇），有利于调控溶剂的挥发干燥速率，实现对 TAC 光学膜结构的控制。

3. 添加剂

1）增塑剂

增塑剂是 TAC 光学膜制备的关键添加剂，除了可以降低棉胶液的黏度以外，还会影响薄膜的水蒸气渗透率。若用作偏光片保护膜，需要 TAC 光学膜具备较低的水蒸气渗透率。在温度较高、湿度较大的环境下，如果有水汽渗入偏光片中，会导致 PVA 偏光膜的高取向排列结构受到影响，偏光片的偏光特性变差，从而影响 LCD 的显示效果。选择合适的增塑剂可以赋予 TAC 光学膜较低的水蒸气渗透率，提高其对 PVA 膜的保护支撑性能。增塑剂的用量为 TAC 原料的 10 wt%～12 wt%。TAC 光学膜的增塑剂种类主要包括磷酸酯型、邻苯二甲酸酯型、多元醇酯型、多元羧酸酯型、乙醇酸酯型、柠檬酸酯型、脂族酸酯型、羧酸酯型、聚酯低聚物型、糖脂型、含氮芳族化合物型及烯键式不饱和单体共聚物型等。其中，多元醇酯型、聚酯低聚物型和糖脂型这三类增塑剂与 TAC 原料的相容性高，可减少 TAC 光学膜流延加工过程中增塑剂的析出，具有低雾度和低湿气渗透性的良好效果，并且服役环境的温度、湿度及服役时间几乎不造成增塑剂的分解和膜的性能失效。

多元醇酯型增塑剂是指二元或更多元脂肪醇与一元羧酸的酯。其中，2～20 元的脂肪族多元醇酯是较优的选择，数均分子量范围为 350～750。

聚酯低聚物型增塑剂是指二元醇和二元羧酸的缩聚物。一般情况下，聚酯增塑剂的数均分子量控制在 700～1200 之间，过低分子量增塑剂容易析出和挥发，而分子量过高的增塑剂扩散能力低，增塑效果不佳。

糖酯型增塑剂是指具有 1～12 个呋喃糖结构单元或吡喃糖结构单元的酯化物，酯化物中的羟基至少有一个被酯化，平均取代度的较优选择范围为 5.0～8.0。

2）紫外吸收剂

TAC 光学膜中加入紫外吸收剂的目的包括两方面：一是为了防止偏光片和液晶分子的老化衰变；二是提高 LCD 显示图像的色彩还原。用于 TAC 光学膜的紫外吸收剂的基本要求有三点：一是对波长范围在 360～400 nm 的光谱有很好的吸收，对波长大于 400 nm 的光谱则有很好的透过性能；二是紫外吸收本身无色，不会对 TAC 光学膜进行着色，不影响透明度；三是与 TAC 具有非常好的相容性，不会在皂化过程从 TAC 光学膜溶出到碱液中。将多种不同吸收波长的紫外吸收剂配合使用，可以在较宽的波长范围内获得更好的效果。效果比较好的紫外吸收剂包括苯并三唑型、二苯甲酮型和水杨酸酯型的化合物，用量一般为 TAC 原料的 0.01 wt%～1.0 wt%。

3）延迟增强剂

延迟增强剂主要用于 VA 型 TAC 补偿膜 VA-TAC 的制备。TAC 的本征双折射非常小，需要通过加入延迟增强剂来获得较大的光学延迟特性。从结构上，延迟增强剂可分为棒状结构和盘状结构，但至少都含有两个芳香环，包括芳香烃环和芳香杂环。铃木正弥等[3]认为棒状延迟增强剂的添加量一般为 TAC 原料的 0.5 wt%～20 wt%，盘状延迟增强剂的添加量一般为 3 wt%～10 wt%。在面外延迟值 R_{th} 的呈现性能方面，盘状延迟增强剂对面外延迟值 R_{th} 的增强效果要优于棒状延迟增强剂，通常会将这两种结构的延迟增强剂配合起来使用。延迟增强剂要求在 250～400 nm 的波长区域有最大吸收，而在可见光波长区域基本没有吸收。棒状延迟增强剂优先选择结构为 $Ar^1—L^1—X—L^2—Ar^2$ 的化合物。其中，Ar^1 和 Ar^2 属于相互独立的芳香环基团；L^1 和 L^2 是亚烷基、—O—、—CO—及其组合的二价连接基团，优选—O—CO—和—CO—O—；X 是 1,4-环亚己环、亚乙烯基或亚乙炔基。目前盘状延迟增强剂效果最优的是 1,3,5-三嗪环类高分子，芳香环数量为 2～6，分子量为 300～800。

4）延迟抑制剂

延迟抑制剂主要用在 IPS 型 TAC 补偿膜的制备。IPS 型 TAC 补偿膜要求面内、面外延迟值均趋近于零，TAC 光学膜在厚度方向具有一定的延迟，会造成 IPS 模式的 LCD 出现显示缺陷，需要加入延迟抑制剂消除 TAC 厚度方向的延迟量。延迟抑制剂选择标准是具有负的本征双折射的高分子，主要包括磷酸聚酯系高分子、苯乙烯系高分子、丙烯酸系高分子及它们的共聚物，效果较优的是丙烯酸系高分子和苯乙烯系高分子，尤其是重均分子量控制在 5000～30000 之间的丙烯酸系高分子。丙烯酸系高分子的重均分子量控制在 500～30000 范围内，与 TAC 的相容性良好，溶液流延过程中不易挥发、析出。延迟抑制剂的添加量一般为 TAC 原料的 5 wt%～10 wt%。

5）其他添加剂

TAC 光学膜制备过程中还会加入其他添加剂，如剥离剂、抗氧化剂、毛面剂等。加入剥离剂的目的是减小经过钢带流延段后含有少量溶剂的 TAC 光学膜与钢带之间的黏着力，使得 TAC 光学膜能够顺利地从钢带上剥离下来而不影响 TAC 光学膜表面的平整性。TAC 光学膜使用较多的剥离剂有磷酸类、磺酸类和羧酸类表面活性剂。

加入抗氧化剂是为了防止 TAC 光学膜老化，延长薄膜的使用寿命。一般使用效果较好的抗氧化剂有三（4-甲氧基-3, 5-二苯基）亚磷酸酯、三（壬基苯基）亚磷酸酯、（2, 4-二叔丁基苯基）亚磷酸酯、双（2, 6-二叔丁基-4-甲基苯基）季戊四醇二亚磷酸酯、双（2, 4-二叔丁基苯基）季戊四醇二亚磷酸酯等。

加入毛面剂是为了使流延形成的 TAC 光学膜的摩擦系数有所降低，改善 TAC 光学膜传输行为特性，防止在生产和应用过程中出现划伤及粘连，赋予其爽滑性，易于操作。可以选择一些无机类微粒或有机高分子作为毛面剂（消光剂）添加，如二氧化硅、二氧化钛、三氧化二铝、氧化钇、碳酸钙等无机类微粒，硅树脂、氟树脂及丙烯酸树脂等有机类高分子。其中，二氧化硅的效果最好，还可以使表面的雾度降低，从低雾度方面考虑，微粒的初级平均粒径为 5～12 nm，微粒的表观密度为 100～200 g/L。

4. 溶解

1）高温高压溶解工艺

TAC 棉胶液的制备通常是在温度、搅拌速率可控的耐压容器中进行，溶解温度一般是室温。但是，为了使 TAC 原料充分溶解，制备出高质量的棉胶液，溶解温度通常会升高到 40℃或者更高温度。如果溶剂采用二氯甲烷，其沸点是 39.8℃，40℃以上温度进行溶解，溶剂会发生沸腾。为了防止沸腾，通常会在耐压容器中通入惰性气体（如氮气）进行加压，使容器内环境压力略高于溶剂的饱和蒸气压。溶解温度并不是越高越好，温度过高，TAC 会发生降解。TAC 原料长时间的溶解温度一般会选择在 40～60℃范围内，短时间的高温溶解温度会选择在 80℃或者更高温度。高溶解温度可以使 TAC 原料中的晶体及高分子量的部分发生溶解，减少 TAC 棉胶中的难溶物，提高棉胶质量。TAC 原料充分溶解的时间为 4～7 h。

2）冷却溶解工艺

为了获得高质量 TAC 棉胶液，除了采用高温高压溶解工艺以外，还可以采用冷却溶解工艺。首先，在室温下将 TAC 原料、添加剂加入到溶剂中搅拌，进行预溶解，溶胀后，将 TAC 溶液快速转移到预设定温度的冷却装置中，进行快速冷却。低温温度一般设置在 $-50\sim-30℃$ 范围内，冷却速率上限为 $100℃/s$。接着，将 TAC 溶液转移到升温装置中进行快速升温，温度升高到 $0\sim50℃$。为了防止高温下溶剂沸腾，TAC 溶液在升温过程中会进行氮气加压。为确保 TAC 原料完全溶解，获得均匀的棉胶液，这个冷却-升温过程可以重复多次。

5. 过滤

由于 TAC 原料中存在一些不溶的杂质及设备带来的一些杂质，这些杂质会影响 TAC 光学膜的使用性能。因此，TAC 棉胶液在进入流延成膜阶段前需要进行严格的过滤，通常要经过 $2\sim3$ 次的精细过滤，确保流延成膜后的透明度和洁净度。未乙酰化的纤维素在 TAC 光学膜中会形成发白的亮点。除了去除一般的物理机械性微小杂质外，尤其需要过滤去除 TAC 棉胶液中不溶于溶剂的半纤维素、未乙酰化的纤维素及没有彻底溶解好的凝胶状质点。在传统 TAC 光学膜生产工艺中，采用板框式过滤器，棉垫作为过滤材料。目前，棉垫材料已被微米级滤纸所取代。

过滤器可分为疏水性过滤器和亲水性过滤器。疏水性过滤器主要是由聚丙烯等合成纤维或者不锈钢等金属制成，而亲水性过滤器主要是由纤维素纤维等制成。疏水性过滤器表面的疏水化处理可以避免半纤维素、未乙酰化的纤维素不溶物与过滤器直接形成氢键，影响过滤效果。为了确保高黏度的棉胶液能顺利地进行过滤，需要将棉胶液通过管道加热进行适当升温，降低其黏度。这种加热过滤工艺通常需要重复进行三次或三次以上以确保 TAC 成品膜的洁净度。在工业生产中，一般会在棉胶过滤输送的管道上，设置光学散射仪监测的窗口，通过光学散射仪自动检测棉胶液的清澈程度。TAC 棉胶液的黏度较高，过滤阻力大，因此必须选用有一定压力的无脉动泵进行输送。棉胶液经过最后一次精过滤后，被输送至恒温储槽中进行静置。目前，日本富士胶片株式会社和钟渊化学工业株式会社的精过滤精度低于 $10\ \mu m$，甚至可以达到 $5\ \mu m$。对于这种高精度的过滤，需要采取一些特殊工艺才不会对生产效率造成重大影响。过滤之后，棉胶还需要除去气泡。一般要经过 $6\sim8\ h$ 的长时间静置，才能使气泡从高黏度的棉胶液中自然逸出，以免给薄膜成品带来气孔的弊病。

9.3.2 流延成膜

在钢带流延系统中，无接缝的不锈钢带张紧在前后两个圆毂上，借助于前毂的转动而做循环运动，如图 9-6 所示。经过滤和脱泡的棉胶液或由高位差的压力自流或由无脉动泵输送至特殊结构的流延口模，以一定的厚度均匀流布在匀速移动的不锈钢带上。在 TAC 膜溶液流延过程中，钢带流延机可以分为三个区，每个区的风温范围都不一样。通常，一区的风温范围为 $20\sim60℃$，二区的风温范围为 $40\sim80℃$，三区的风温范围为 $80\sim90℃$。前毂内通入冷却介质，使钢带表面降温，这样便于棉胶液的冷却成膜。随着钢带的不断前行，在低风速热风的吹拂下，湿膜中的溶剂逐渐蒸发待钢带转动一圈回到前毂的下侧，湿膜中的溶剂蒸发掉一定量之后，薄膜已具备了一定的强度，可以从钢带上剥离，以一定的张力传输进入专门的干燥箱，进行随后的干燥。TAC 膜从钢带上剥离下来的溶剂含量通常为10%～50%。溶剂含量过高，薄膜的自持强度较低，剥离会影响薄膜表面的平整性；溶剂含量过低，薄膜与钢带的黏着力较大，难以剥离。

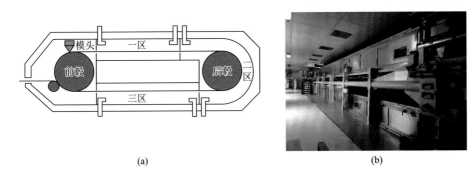

（a）　　　　　　　　　　　　　　　　　（b）

图 9-6　钢带流延机的示意图（a）和实物图（b）

在钢带流延过程中，在相同配方、工艺条件下，钢带的长度决定了湿膜的干燥时间，钢带的宽度决定了成膜的宽度，钢带的表面光洁度直接决定了薄膜贴附在钢带那一表面的光洁度。钢带的质量规格（粗糙度 $R_a < 0.007\ \mu m$）不仅决定着 TAC 膜的生产效率，还影响着膜成品的质量。因此，钢带的选用及使用过程中的维护保养至关重要。高质量的无缝钢带使用特种不锈钢材质，焊接缝也经特殊处理，不显痕迹。全球只有少数厂家能生产这种高质量的无缝不锈钢带。

流延口模是流延工序精度最高的关键设备，口模间隙精度是决定薄膜厚度均一性的重要因素。现代流延机都采用不受此狭小间隙影响的条缝挤出式口模，如图 9-7 所示。棉胶液首先输入条缝挤出口模的分压腔中，然后经过均液腔、狭缝

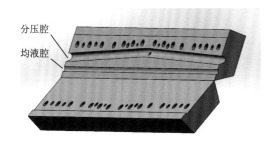

图 9-7　TAC 流延口模拆解后的模型图

的横向均化作用，在出口缝隙处以液膜状流布于钢带的表面。这属于预计量流延方式，即薄膜的流延量取决于输入棉胶量与钢带运行速度之比，可以预先设定。通常采用高精度无脉冲计量泵来输送棉胶液，以保持供料量的稳定准确。这种流延方式中，液膜厚度取决于口模和钢带之间的间距，涂布均匀性取决于口模设计、加工精度和材料的选型等因素。

在钢带流延机中，转毂的直径及表面加工精度同样决定着流延机的生产能力和制膜质量。钢带流延机包含两个转毂，口模所在位置的转毂是前毂。在 TAC 膜溶液流延过程中，前毂属于冷却毂，主要作用是使钢带温度降至 20℃左右。这是由于经过三区后，钢带的温度较高，而口模位置钢带的温度要求在 20℃左右，所以需要通过冷却毂进行冷却。另外一个转毂，则是后毂。后毂的作用主要是给钢带加热，提高钢带的温度，促进溶剂挥发。在 TAC 膜实际工业生产中，钢带流延机转毂的冷却和加热功能主要是通过水式模温机实现。

钢带流延成膜段是 TAC 膜溶液流延过程中最重要的，除了钢带、转毂的品质以外，风温、风速、挤出速度、钢带速率、口模倾角、口模高度等参数都会影响薄膜的厚度和结构的均匀性。成膜过程中溶剂挥发速率过快会导致结皮、膜中产生气泡等现象。溶剂挥发速率主要通过温度、氛围中溶剂浓度来控制，而氛围中溶剂浓度主要通过送风量和排风量来控制。在温度相同的情况下，氛围中溶剂浓度越高，薄膜的干燥速率越慢，薄膜的均匀性更好。但是，温度较高的环境下，氛围中溶剂浓度过高容易发生爆炸。TAC 膜溶液流延使用最多的溶剂是二氯甲烷，此外还会加入一定比例的甲醇。二氯甲烷常温下的爆炸极限为 15.5%～66.4%。甲醇常温下的爆炸极限为 6.0%～36.5%。二氯甲烷和甲醇混合物的爆炸极限与二者的比例有关，混合物爆炸下限随二氯甲烷的比例增加而升高[4]。当温度为 20℃，二氯甲烷与甲醇的比例为 88∶12、92∶8 时，混合物的爆炸下限分别为 12.86%和 13.60%。为了安全生产，一定要避开溶剂的爆炸极限。挤出速度、钢带速率、口模倾角、口模高度等参数的改变会影响薄膜的厚度、熔体流动的均匀性和稳定性，从而影响膜成品的质量。

9.3.3 干燥过程

在 TAC 膜的溶液流延生产线中，干燥过程实际可以分为三个阶段，第一个阶段是在钢带流延段，第二个阶段是在 TAC 膜从钢带上剥离下来后进入带链夹的拉伸干燥段，第三个阶段是不带链夹的高温干燥段，如图 9-4 所示。钢带流延段的干燥在前面已经介绍，下面将着重介绍拉伸干燥段和高温干燥段。

1. 拉伸干燥

TAC 膜从钢带上剥离下来时的溶剂含量通常为 10%～50%，剥离之后的干燥过程是 TAC 膜中内应力形成的主要过程，内应力的形成过快会导致应力残留，使得薄膜出现横向收缩、边缘翘起的现象。因此，TAC 膜从钢带上剥离之后会进入有拉伸链夹的干燥箱，通过链夹控制薄膜在干燥过程中的横向收缩，如图 9-8 所示。通常，横向拉伸比为 1.01～1.10，纵向拉伸比为 1.05～1.10。拉伸干燥过程的干燥箱温度范围为 80～100℃，通常分为三个温区。拉伸干燥之后 TAC 膜溶剂含量一般为 5%～10%。TAC 膜再经过裁边后，进入高温干燥阶段。

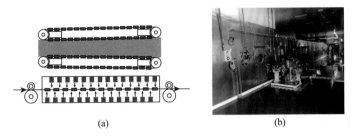

(a)　　　　　　　　　　　(b)

图 9-8　TAC 膜拉伸干燥段的示意图（a）和实物图（b）

2. 高温干燥

通常情况，高温干燥段（图 9-9）的温度范围为 40～140℃，分为四个温区。前两个温区是高温区，温度范围分别为 80～120℃、120～140℃。后两个温区是低温区，温度范围分别为 90～110℃、40～90℃。第一温区到第二温区温度逐渐升高，第二温区到第四温区是温度逐渐降低。高温干燥过程是添加剂析出最严重的阶段，而且主要集中在 120～140℃的高温区。添加剂的析出情况可以通过溶剂回收系统里的捕集器中收集的成分进行判断。

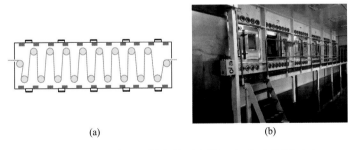

(a)　　　　　　　　　　　(b)

图 9-9　TAC 膜高温干燥段的示意图（a）和实物图（b）

9.3.4　拉伸过程

TAC 补偿膜的延迟值主要通过拉伸和添加剂进行调控，其中面外延迟值是通过延迟抑制剂进行调控，而面内延迟值主要通过拉伸进行调控。在实际工业生产中，TAC 膜的拉伸通过拉幅机进行，如图 9-10 所示。TAC 膜的拉伸分为单向拉伸和双向拉伸，双向拉伸又分为同步双向拉伸和异步双向拉伸。对于 VA 型 TAC 补偿膜，拉伸的倍率通常控制在 5%～50%；而对于 IPS 型 TAC 补偿膜，拉伸的倍率一般控制在 10% 以下。根据 TAC 膜的溶剂含量，TAC 膜的拉伸又可以分为不含溶剂的拉伸和含溶剂的拉伸。不含溶剂的拉伸是 TAC 膜经过高温干燥后，在 $(T_g \pm 20)$℃ 下进行拉伸，温度范围通常为 160～210℃。含溶剂的拉伸通常是在 TAC 膜从钢带剥离之后进行，溶剂含量通常为 10%～30%。由于溶剂的存在，TAC 膜的玻璃化转变温度比无溶剂时要低很多，因此可以在较低温度下进行拉伸，拉伸温度通常为 100～140℃。TAC 膜的拉伸除了要调控面内延迟值外，还要调控 TAC 膜慢轴角度，慢轴角度应控制在 0°～1°，慢轴角度偏差控制在 0°～0.4°。

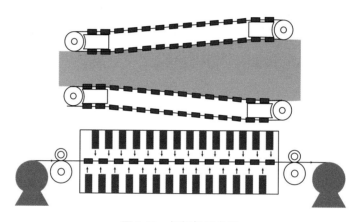

图 9-10　拉幅机示意图

9.4　TAC 膜后拉伸加工的物理研究

9.4.1　TAC 膜在不同温度下单向拉伸加工过程中的结构演化

在工业生产中，TAC 膜主要通过玻璃化转变温度（T_g）附近温度下的热拉伸过程获得一定取向[5]。但是，TAC 属于半晶高分子[6-10]，这意味着热拉伸不仅会影响 TAC 膜的分子链取向，还会诱导 TAC 膜结晶[11, 12]。然而，许多结构参数，如结晶度、取向度、晶粒尺寸等，都会受热拉伸条件的影响，进而影响 TAC 膜的光学性能，如透明度和双折射性能[13, 14]。因此，研究薄膜在不同温度条件下的热拉伸过程对进一步提高 TAC 补偿膜的光学性能非常重要。下面将从力学行为、晶体结构演变、吸湿水分的影响对 TAC 膜在不同温度下单向拉伸过程中的结构演化进行介绍[15]。

1. 力学行为

TAC 属于半刚性链半晶高分子，具有较高的玻璃化转变温度。图 9-11（a）给出了 TAC 膜的动态机械分析（DMA）曲线。如图所示，储能模量（G'）在 165℃左右随温度升高开始快速下降，而损耗模量（G''）在 125～175℃ 范围内随温度升高而增加。此外，G'' 和损耗因子（$\tan\delta$）分别在 175℃ 和 195℃（T_g）出现一个峰值。图 9-11（b）给出了 TAC 膜在 25～350℃ 范围内 DSC 的升温曲线。如图所示，DSC 曲线上存在熔融峰但没有结晶峰，表明 TAC 膜样品中存在晶体。TAC 膜的熔点（T_m）约为 280℃，而玻璃化转变温度（T_g）为 195℃ 左右，这与 DMA 结果一致。DSC 曲线在 175℃ 左右可以看到一个小的吸热峰，这与 DMA 曲线上 G'' 对应温度的峰有关[图 9-11（a）]。此外，由于 TAC 膜的吸湿性强，DSC 曲线上 60～125℃ 处的吸热峰是吸湿水分蒸发导致的[6, 16-18]，这与 G'' 曲线上的弱峰相对应。根据上述各特征温度可以将 TAC 力学性能对温度的依赖特性分为四个区：Ⅰ区（60℃≤T<125℃）、Ⅱ区（125℃≤T<175℃）、Ⅲ区（175℃≤T<195℃）和Ⅳ区（195℃≤T<280℃）。

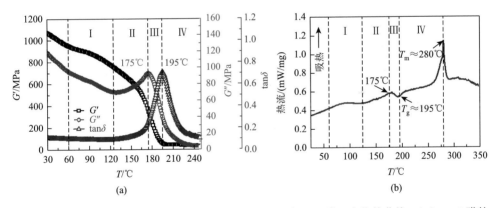

图 9-11 （a）通过 DMA 表征得到的 TAC 膜的 G'、G'' 和 $\tan\delta$ 随 T 变化的曲线；（b）TAC 膜的 DSC 升温曲线

图 9-12（a）给出了 TAC 膜在 30～241℃ 范围内不同温度下的工程应力（σ）-应变（ε）曲线。TAC 膜在 30℃ 下拉伸时表现出脆性断裂，随着温度的升高其韧性行为逐渐表现出来。当温度大于 30℃ 时，TAC 膜的工程应力-应变曲线主要包括线性弹性区、屈服、应力平台区和应变硬化区。需要注意的是，本节（9.4.1 节）中的 TAC 膜中加入少量磷酸酯类塑化剂，这对 TAC 膜的力学行为有一定影响。为了进行定量分析，根据图 9-12（a）中的插图，从不同温度下的工程应力-应变曲线中提取了非线性形变的起始应变（ε_n）、屈服应变（ε_y）和应变硬化的起始应变（ε_h），并且图 9-12（b）给出了这些参数随温度的变化曲线。ε_n 定义为线性形变区结束时的

应变。在Ⅰ区（60℃≤T<125℃）中，ε_n、ε_y和ε_h随温度的升高表现出轻微下降的趋势，而在Ⅱ区（125℃≤T<175℃）则保持相对不变。在Ⅲ区（175℃≤T<195℃）中，ε_n、ε_y和ε_h随温度的升高而快速增加。在Ⅳ区（195℃≤T<280℃）中，ε_n、ε_y和ε_h随温度的升高呈现下降的趋势。根据ε_n和ε_h的两个特征应变，工程应力-应变曲线可分为三个典型区域：线性弹性区（A区，$0<\varepsilon<\varepsilon_n$），包含屈服、应力平台和应变软化区的非线性形变区（B区，$\varepsilon_n<\varepsilon<\varepsilon_h$）和应变硬化区（C区，$\varepsilon_h<\varepsilon$）。

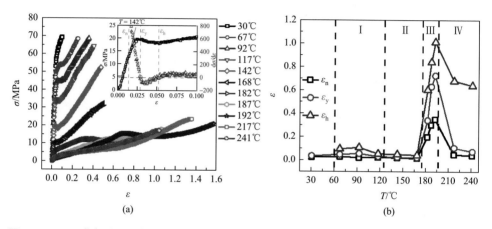

图 9-12　TAC 膜在不同温度下的工程应力-应变曲线（a）及非线性形变的ε_n、ε_y和ε_h随温度变化的曲线（b）

2. 晶体结构演变

图 9-13 给出了 TAC 膜在四个温度区间Ⅰ区（117℃）、Ⅱ区（142℃和 168℃）、Ⅲ区（182℃和 192℃）和Ⅳ区（217℃和 241℃）的温度下拉伸过程中具有代表性的 WAXS 二维图。拉伸方向是竖直方向。图中用虚线区分 A 区（$0<\varepsilon<\varepsilon_n$）、B 区（$\varepsilon_n<\varepsilon<\varepsilon_h$）和 C 区（$\varepsilon_h<\varepsilon$）。如图 9-13 所示，在Ⅰ区和Ⅱ区中的 117℃、142℃和168℃下，WAXS 二维图中晶体的衍射信号较弱，但其强度随着温度的升高而增强。随着应变从 A 区增加到 B 区，WAXS 二维图中的衍射信号没有明显变化，直到应变增加到 C 区，晶体的衍射环开始逐渐转变为衍射弧，其中一部分衍射信号向子午线方向集中，但主要的衍射信号向赤道线周围聚集。随着拉伸温度的升高，Ⅲ区和Ⅳ区中的晶体衍射信号要比Ⅰ区和Ⅱ区中的更强，而且在拉伸过程中更容易取向。在Ⅲ区（182℃和 192℃）中，TAC 膜的 WAXS 二维图的变化主要集中在 A 区和 B 区两个区域，随着应变的增加晶体衍射信号沿着赤道线方向或子午线方向聚集。当应变增加到 C 区后，衍射信号进一步增强。在Ⅳ区（217℃和 241℃）中，A 区只覆盖 0.04 的应变区域，因此 TAC 膜的 WAXS 二维图的演变主要发生在 B 区和C 区。显然，TAC 膜在不同的温度下拉伸，不同应变区域的结构演变也不同。

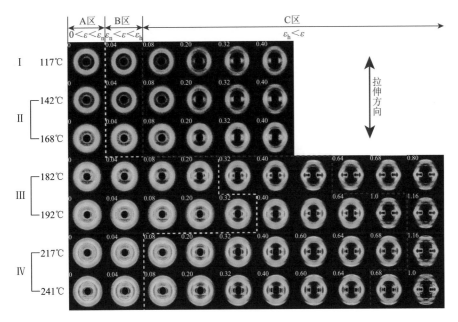

图 9-13　TAC 膜在不同温度拉伸过程中具有代表性的 WAXS 二维图

二维图左上角的数字为拉伸应变

1）Ⅰ区的结构演变和力学行为

如图 9-11（b）所示，Ⅰ区属于吸湿水分挥发的温度区域[18]。在Ⅰ区中，如果吸湿水分不存在，TAC 膜的分子链运动将会变得非常困难。但是，如图 9-11（a）所示，在 60～125℃之间，储能模量（G'）和损耗模量（G''）存在弱峰，表明在结晶区和无定形区可能发生了局部的链运动。如图 9-14 所示，在 A 区，水分子的吸收、

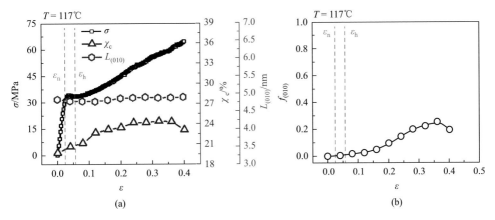

图 9-14　TAC 膜在 117℃下拉伸过程中的结晶度（χ_c）、晶体尺寸（$L_{(010)}$）（a）和(010)晶面取向参数（$f_{(010)}$）（b）随应变的演化，两条虚线分别表示非线性形变的起始应变（ε_n）和应变硬化的起始应变（ε_h）

塑化剂和乙酰基支链对 TAC 膜的线性弹性可能影响大。因为 TAC 的主链是半刚性链（包括吡喃糖环），并且存在强的分子间氢键，尽管它们受到了吸湿水分和塑化剂的影响，但 I 区的 G' 和 G'' 仍然很高。在 B 区，结晶度 χ_c 略有增加，晶体尺寸 $L_{(010)}$ 几乎保持不变，显示屈服和应变软化等非线性形变主要源于玻璃态无定形链的滑移而非晶体的破坏。在 C 区，结晶度 χ_c 和取向度 $f_{(010)}$ 都随应变增加而增加，显示拉伸或者应力激活无定形分子链运动和变形，导致分子链取向并伴有结晶的发生。断裂前两个参数的下降可能源于晶体的破坏[19]。

2）II 区的结构演变

根据图 9-11 中 DMA 的表征结果，G'' 在 II 区中随温度的升高而增加，表明尽管温度低于 T_g（195℃），但是 TAC 膜无定形区的分子链的运动增强[20]。在 II 区中，G' 远高于 G''，结晶度 χ_c 和晶体尺寸 $L_{(010)}$ 均随应变增加几乎保持恒定，这表明 TAC 膜拉伸过程中的结构演变主要与无定形态有关。对于线性弹性区 A 区，覆盖应变范围仅约 0.02。如图 9-15 所示，从 A 区到 B 区，χ_c 和 $L_{(010)}$ 的不变以及 $f_{(010)}$ 的快速增大，表明 B 区的非线性形变是由无定形链运动引起。在 C 区中，由于结晶度保持相对恒定，$f_{(010)}$ 最初轻微的减小和随后的增大是晶体旋转的结果。在 II 区中，无定形态是 TAC 膜的主要结构组成，例如，TAC 膜在 168℃时的结晶度仅约为 22%，因此，晶体的旋转是可以实现的[21]。

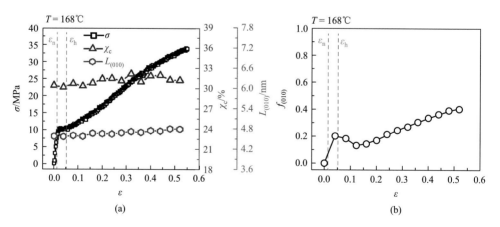

图 9-15　TAC 膜在 168℃下拉伸过程中的 χ_c、$L_{(010)}$（a）和 $f_{(010)}$（b）随应变的演变，两条虚线分别表示 ε_n 和 ε_h

3）III 区的结构演变

如图 9-11（a）所示，在 III 区中，G' 和 G'' 都随温度的升高而迅速下降，导致损耗因子（tanδ）从 0.25 急剧增加到 0.71，表明无定形区分子链运动能力大幅度增加[20, 22, 23]。如图 9-16 所示，在 192℃时，拉伸前结晶度接近 39%，比升温前的 21%显著增加，升温过程中发生了第 6 章中介绍的二次结晶或冷结晶。在 A 区，结晶度 χ_c 减小而晶体尺寸 $L_{(010)}$ 增大，表明发生了小晶体的熔融。

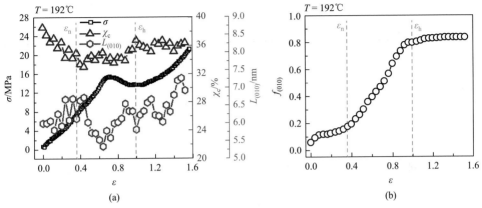

图 9-16　TAC 膜在 192℃下拉伸过程中的 χ_c、$L_{(010)}$（a）和 $f_{(010)}$（b）随应变的演变，两条虚线
分别表示 ε_n 和 ε_h

在 B 区，拉伸诱导的熔融再结晶与晶体滑移的同步发生导致 χ_c 略微增大和 $L_{(010)}$ 急剧下降（见第 5 章），新形成的晶体具有较小的晶粒尺寸和更高的取向，对应的 $f_{(010)}$ 随应变呈线性增大趋势[24]。

熔融再结晶与晶体滑移的同步发生延续到应变硬化的 C 区，对应的 χ_c 有小的波动而 $L_{(010)}$ 继续增大[25-27]。在 C 区，$f_{(010)}$ 随应变的增加保持不变，无定形相的拉伸取向是应变硬化的主要原因[28-34]。

4）Ⅳ区的结构演变

在温度高于 T_g（195℃）的Ⅳ区中，G' 保持在 40～44 MPa，而 G'' 随温度的升高进一步下降，如图 9-11（a）所示，拉伸过程中工程应力-应变曲线表现为橡胶态行为。如图 9-17 所示，在 217℃拉伸前结晶度 χ_c 达到 43%。拉伸过程中，结晶度 χ_c 先降低后增加，而到应变硬化区又出现减小。晶体尺寸 $L_{(010)}$ 随应变先减小后持续增加，特别是在应变硬化区还保持快速增加。在拉伸应变小于 0.3 时，晶体取向 $f_{(010)}$ 基本保持不变；而当应变大于 0.3 时，$f_{(010)}$ 开始快速上升，对应结晶度和晶体尺寸开始同步上升的应变区间。进入应变硬化区，取向度 $f_{(010)}$ 增加放缓。三个参数随应变的演化规律说明拉伸诱导熔融再结晶的发生，与第 5 章中讨论的温度和应变在拉伸诱导的结构演化中的作用是一致的。低温是应力主导，晶体滑移可能是主要结构演化机制[32-34]，而高温是温度主导，熔融再结晶是结构演化的主要机制[35-37]。由于本节（9.4.1 节）中 TAC 样品经历复杂的升温冷结晶和拉伸诱导的熔融再结晶，样品中的晶粒尺寸分布宽，拉伸诱导的熔融再结晶过程是一个对晶体尺寸或晶体稳定性筛选与重构的过程。晶体越大越稳定，因此小尺寸不稳定的晶体在拉伸过程中更容易发生熔融，尺寸大稳定性高的晶体更可能留存下来。需要进一步提醒，即便结晶度在拉伸过程中保持不变，也并不代表晶体没有变化，因为拉伸诱导的熔融再结晶是同步发生的过程，结晶度是一个宏观量并不一定反映熔融再结晶的发生。判定这一结构演化机制是否发生，需要结合晶体相关的其他参数，如晶体厚度和沿各晶面方向尺寸、取向度等。详细的介绍可以参考第 5 章和第 6 章关于拉伸诱导的结晶破坏重构和退火处理。

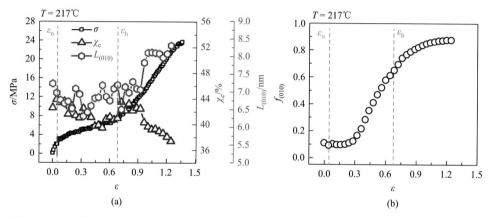

图 9-17　TAC 膜在 217℃下拉伸过程中的 χ_c、$L_{(010)}$（a）和 $f_{(010)}$（b）随应变的演变，两条虚线分别表示 ε_n 和 ε_h

为了全面了解 TAC 膜在 30～241℃温度范围内拉伸过程中的力学行为和结构演变，图 9-18 绘制了应力（σ）、结晶度（χ_c）、晶粒尺寸（$L_{(010)}$）和取向参数（$f_{(010)}$）在温度-应变空间的云图，其中黑色正方形和红色圆圈分别代表 ε_n 和 ε_h。从蓝色到红色的颜色梯度表明相应的力学参数或结构参数的增加，而等高轮廓线的密度则表示变化速率。四个温度区 ε_n 和 ε_h 的两条不同颜色的虚线分为了三个力学形变区，在图 9-18 中可以通过带颜色的轮廓线轻松识别。如图 9-18（b）和（c）所示，在Ⅲ区中，χ_c 从绿色到蓝色的颜色变化与 $L_{(010)}$ 从绿色到浅蓝色的颜色变化提供了拉伸过程中晶体熔融的证据。此外，Ⅳ区中 $f_{(010)}$ 从深蓝色到黄色的颜色变化，伴随着 χ_c 和 $L_{(010)}$ 颜色（绿色）的相对不变，表明 TAC 膜在高于 T_g 的温度下拉伸有助于分子链的取向，而且结晶度的变化不大，这个温度区域适合 TAC 补偿膜的热拉伸加工。

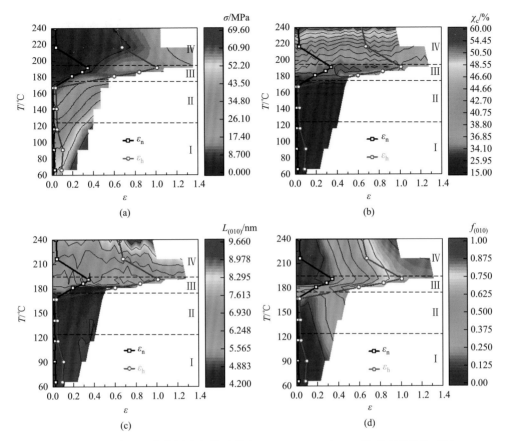

图 **9-18**　在实验温度范围内拉伸过程中 σ、χ_c、$L_{(010)}$ 和 $f_{(010)}$ 随应变变化的云图

黑色正方形和红色圆圈分别表示不同温度下的 ε_n 和 ε_h

3. 吸湿水分的影响

如上所述,吸湿水分严重影响了 TAC 膜在 I 区的结构演变。为了更好地理解在拉伸过程中吸湿水分对 TAC 膜结构演变的影响,将 I 区的 67℃、92℃ 和 117℃,II 区的 168℃,III 区的 192℃ 和 IV 区的 217℃ 下的 χ_c 和 $L_{(010)}$ 分别绘制在一起进行比较分析,如图 9-19(a)和(b)所示。在 I 区中的 67℃、92℃ 和 117℃ 下,χ_c 在拉伸过程中先增大后减小。但是,在 II 区(168℃)中,χ_c 几乎保持不变,并且在 III 区(192℃)和 IV 区(217℃)中呈现波动变化。如图 9-11(b)所示,DSC 曲线中可以观察到 I 区中水分蒸发的吸热峰位于 60~125℃ 处,水分子的塑化作用增强链段的运动能力,从而导致拉伸诱导结晶[6, 16-18]。因此,在 I 区温度下拉伸过程中 χ_c 的较大变化来自拉伸和水分子的共同作用。在 II 区中,由于绝大多数水分子已经挥发,温度远低于 T_g(195℃),分子链的运动能力低,拉伸诱导结晶更难发生。在更高温度的 III 区和 IV 区,虽然不存在水分子的塑化作用,但温度或

热涨落把分子链的运动能力激活了，从而出现拉伸诱导熔融再结晶现象。实际上，即便在干燥后样品的 T_g 以下，源自水分子的塑化、升温导致水分蒸发、温度驱动的热涨落的复杂耦合作用，未拉伸前样品的结晶度随温度升高都有所升高，这是一个典型的退火处理过程中二次结晶现象，与第 6 章中介绍 PET 干燥过程中的退火二次结晶机理相似。

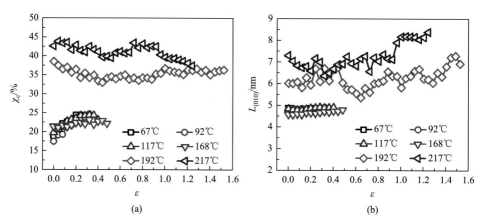

图 9-19 TAC 膜在 I 区（67℃、92℃和 117℃）、II 区（168℃）、III 区（192℃）和 IV 区（217℃）的温度下拉伸过程中 χ_c 和 $L_{(010)}$ 随应变的演化

4. 小结

通过对 TAC 膜在不同温度下拉伸过程中结构演变的研究，发现在温度高于 60℃且低于 125℃时，TAC 膜在拉伸过程中的结构演变受到吸湿水分的严重影响。由于吸湿水分削弱了氢键的作用，提高了分子链的运动能力，在拉伸作用下 TAC 膜的结晶度发生较大变化。在 125～175℃温度范围内，拉伸过程中 TAC 膜的结晶度和晶粒尺寸随应变保持相对不变，晶体取向困难。在 T_g（195℃）附近温度下，拉伸过程中出现拉伸诱导熔融再结晶的现象，TAC 膜的结晶度和晶粒尺寸随应变都存在非单调变化，晶体取向容易，这个温度适合 TAC 补偿膜的后拉伸过程。在温度远高于 T_g 时，虽然晶体取向变得更容易，但是过高温度可能导致 TAC 分子降解和形变不均匀问题。

9.4.2　TAC 膜在高温高压蒸汽下拉伸加工过程中的结构演化

由于 TAC 属于半晶高分子材料，氢键作用影响 TAC 分子链的结晶和取向，进一步影响 TAC 膜在 LCD 中的光学性能[6-10]。此外，TAC 膜非常容易吸收水分，并且具有相对较高的 T_g[38]，从而导致 TAC 膜在高温热拉伸过程中容易发生降解。因此，如果没有增塑剂或溶剂的辅助，TAC 膜在 T_g 附近温度下进行热拉伸会变得比较困难。水作为一种环保型溶剂，可以破坏高分子中的氢键，尤其是高温下的水蒸气对氢键的破坏效果更好[39-41]。在工业生产中，含氢键高分子（如改性纤维素和聚丙烯腈）的后拉伸工艺通常会在水或水蒸气中进行，这可以削弱氢键的作用，在相对较低温度下拉伸实现较大的拉伸比，避免高温带来的高分子降解，获得高取向的纤维和薄膜。用作补偿膜的 TAC 膜的后拉伸加工，可以在水蒸气中进行以获得合适的分子链取向。因此，研究 TAC 膜在水蒸气环境下拉伸形变过程中的结构演变非常重要，这有助于了解水蒸气对拉伸过程中 TAC 膜的结晶和取向的影响。下面将从结晶、吸水性、力学性能、光学性能及拉伸过程中的结构演化几个方面介绍水蒸气对 TAC 膜的影响。

1. 水蒸气对 TAC 膜结晶与吸水性的影响

图 9-20（a）给出了 TAC 膜在不同温度饱和水蒸气中处理前和处理 10 min 后的 DSC 曲线。从图中可以看到，30～125℃处的吸热峰是由吸湿水分蒸发引起的[6, 16-18]，这个吸热峰随着水蒸气温度的升高而减弱。但是，随着水蒸气处理温度的升高，TAC 膜的熔点（T_{m}）几乎保持不变。图 9-20（b）给出了 TAC 膜经不同温度水蒸气处理后的损耗因子（tanδ）随温度变化的曲线。从图中可以看出，tanδ的峰位置随水蒸气温度的升高向高温移动。图 9-20（c）给出了通过 DSC 曲线计算得到的结晶度（χ_{cl}）和吸湿水分的蒸发焓（$\Delta H_{\mathrm{w}}^{\mathrm{e}}$）随水蒸气温度的变化。其中，TAC 的 100%完美结晶的晶体的熔化焓（$\Delta H_{\mathrm{f}}^{0}$）为 58.8 J/g[6]。随水蒸气温度的升高，χ_{cl}呈逐渐增大的趋势，而 $\Delta H_{\mathrm{w}}^{\mathrm{e}}$ 连续下降。图 9-20（d）给出了从 tanδ-T 曲线[图 9-20（b）]中提取的玻璃化转变温度（T_{g}）。玻璃化转变温度随着水蒸气温度的升高而升高。这些结果表明，高温水蒸气处理削弱了氢键相互作用，促进结晶，可以获得更高的结晶度和晶体完善度，由此导致无定形相含量减小和吸湿水分减少，减弱水分子的塑化作用，提高了玻璃化转变温度。

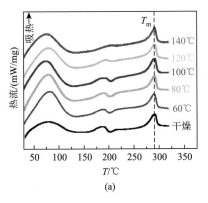

(a)

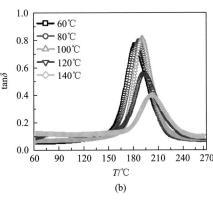

(b)

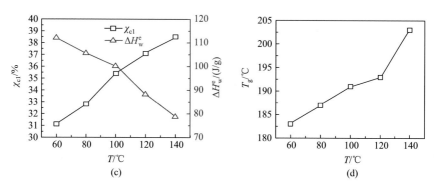

图 9-20 （a）TAC 膜经不同温度水蒸气处理前和处理 10 min 后的 DSC 曲线；（b）TAC 膜经不同温度水蒸气处理 10 min 后通过 DMA 测试获得的损耗因子（tanδ）；（c）根据 DSC 曲线计算得到的结晶度（χ_{c1}）及对应的吸湿水分的蒸发焓（ΔH_w^e）；（d）根据 DMA 结果得到的玻璃化转变温度（T_g）

　　为了进一步分析水蒸气的影响，下面将经不同温度水蒸气处理前后的 TAC 膜进行了 FTIR 检测。图 9-21 给出了 TAC 膜经不同温度水蒸气处理前和处理 10 min 后的 FTIR 曲线。在 FTIR 曲线中，3192 cm⁻¹ 和 3357 cm⁻¹ 处吸收带与氢键的 O—H 伸缩振动有关，而 957 cm⁻¹ 和 736～796 cm⁻¹ 处吸收带分别来自 C—O 的伸缩振动和 O—H 的面外弯曲振动。如图 9-21（a）所示，TAC 膜经水蒸气处理后，在 3192 cm⁻¹ 和 3357 cm⁻¹ 处的吸收带比处理前干燥 TAC 膜的更明显，并且随水蒸气温度的升高逐渐增强，这表明水蒸气的存在及其温度的升高可以提高 TAC 膜中的氢键密度。χ_c 随水蒸气温度的升高而增加，与氢键密度的增加相对应。此外，如图 9-20（d）所示，经水蒸气处理 10 min 后，TAC 膜的 T_g 随水蒸气温度的升高而增加，这应该是由氢键密度增加引起的。在图 9-21（b）中，随着水蒸气温度的升高，在 957 cm⁻¹ 和 736～796 cm⁻¹ 处的吸收带强度减弱，应该是由羟基参与氢键的形成导致的，这也表明氢键密度随水蒸气温度的升高而增加。

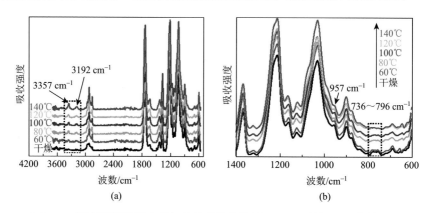

图 9-21 （a）TAC 膜在不同温度水蒸气中处理前和处理 10 min 后的 FTIR 曲线；（b）FTIR 曲线局部放大图

2. 水蒸气对 TAC 膜力学性能的影响

图 9-22（a）给出了 TAC 膜在 60~140℃下水蒸气以及 80℃和 140℃干燥空气中拉伸的工程应力-应变曲线。即使在 140℃的干燥空气中拉伸，TAC 膜也具有较高的屈服强度和较小的断裂应变。在相同温度下，TAC 膜在水蒸气中拉伸的屈服强度大幅度降低和断裂应变增加。TAC 膜的力学行为随着水蒸气温度的升高逐渐从脆性转变为韧性，并且相应的工程应力-应变曲线包括线性弹性区、屈服、应变软化区和应变硬化区。需要注意的是，本节（9.4.2 节）中的 TAC 膜中加入了少量磷酸酯类塑化剂，这对 TAC 膜的力学行为有一定影响。从图 9-22（b）可以看到，在相同的温度下，TAC 膜在水蒸气中拉伸的屈服应力（σ_y）要明显比干燥空气中

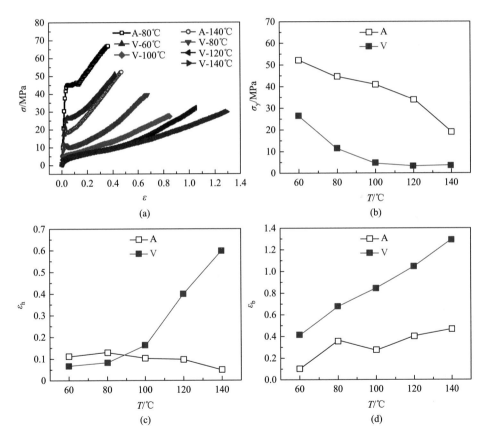

图 9-22　TAC 膜在干燥空气（A）和水蒸气（V）环境中不同温度下的应力（σ）-应变（ε）曲线（a），屈服应力（σ_y）(b)、应变硬化起始应变（ε_h）(c) 和断裂应变（ε_b）(d) 随温度的变化曲线

（a）中给出了 TAC 膜在 80℃和 140℃的干燥空气中的工程应力-应变曲线，以便更好地与水蒸气中的进行比较

拉伸的小。在水蒸气环境中，σ_y 在 60～100℃温度范围内，随水蒸气温度升高迅速降低，而在 100～140℃温度范围内几乎保持不变。如图 9-22（c）所示，TAC 膜在水蒸气中拉伸的应变硬化起始应变（ε_h）先随水蒸气温度的升高轻微增大，随后在 100～140℃温度范围内快速增大。然而，TAC 膜在干燥空气中拉伸的 ε_h 则随温度升高表现出轻微减小。此外，温度高于 100℃时，TAC 膜在水蒸气中拉伸的 ε_h 大于在干燥空气中拉伸的 ε_h。如图 9-22（d）所示，TAC 膜在水蒸气和干燥空气中拉伸的断裂应变（ε_b）均随温度的升高呈增大趋势。但是，TAC 膜在水蒸气中的 ε_b 比在干燥空气中拉伸的 ε_b 大。上述结果表明，水蒸气温度越高，水分子的塑化作用越明显。

3. 水蒸气对 TAC 膜光学性能的影响

为了了解 TAC 膜在水蒸气中拉伸对其光学性能的影响，本书作者团队对拉伸到最大应变后的 TAC 膜进行了双折射性能测试。图 9-23 中给出了 TAC 膜在不同温度下干燥空气和水蒸气中拉伸到最大应变时的面内双折射的波长依赖性和归一化后波长依赖性。如图 9-23（a）所示，TAC 膜原始样品（OS）的面内双折射 $\Delta n_{in}(\lambda)$ 随波长的增加有微弱增大，而 TAC 膜在 80～140℃干燥空气和 60～80℃水蒸气中拉伸到最大应变后的 $\Delta n_{in}(\lambda)$ 均随波长的增加而快速增大。然而，TAC 膜在 192～217℃的干燥空气及在 120～140℃的水蒸气中拉伸到最大应变后的 $\Delta n_{in}(\lambda)$ 随波长的增加而减小。为了方便对比，对 $\Delta n_{in}(\lambda)$ 进行了归一化处理，如图 9-23（b）所示。在较低温度时，两种环境拉伸后 TAC 膜都呈现逆波长分散性，但水蒸气环境下的斜率更大；而在较高温度时，TAC 膜呈现正波长分散性，水蒸气环境下的斜率更小。TAC 膜在两种环境下拉伸后的双折射性能，在低温下，主要受分子链取向的影响；在高温下，除了受分子链取向的影响，还受到晶体的影响。波长分散性主要和乙酰基与主链取向的相对取向有关。

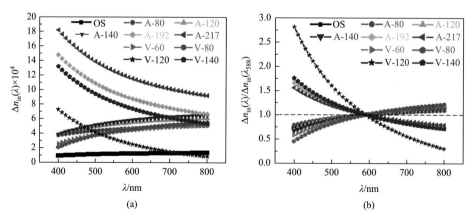

图 9-23 TAC 膜在干燥空气（A）和水蒸气（V）中不同温度（T）下拉伸到最大应变后的面内双折射的波长依赖性[$\Delta n_{in}(\lambda)$]（a）和归一化后波长依赖性[$\Delta n_{in}(\lambda)/\Delta n_{in}(\lambda_{588})$]（b）

4. 水蒸气对 TAC 膜拉伸过程中结构演化的影响

图 9-24 给出了 TAC 膜在干燥空气和水蒸气环境中不同温度下拉伸过程中的 WAXS 二维图。从图中可以看到，TAC 膜在 140℃水蒸气中拉伸时，WAXS 二维图中晶体衍射信号比在 140℃干燥空气中拉伸时的更丰富且更强。在水蒸气中，TAC 膜拉伸前 WAXS 二维图的强度随温度的升高而增强。在 Ⅰ 区（60℃≤T<100℃）中，拉伸前期 WAXS 二维图中的晶体衍射信号相对较弱，并且直到应变硬化出现时这些衍射信号才开始发生取向。在 Ⅱ 区（100℃≤T≤140℃）中，在拉伸之前 WAXS 二维图中可以观察到丰富的晶体衍射环。当拉伸开始后，这些晶体衍射信号在应变硬化出现之前发生了明显取向，虽然有部分晶体衍射信号沿子午线方向移动，但大多数晶体衍射集中在赤道线附近。显然，在水蒸气环境下，TAC 膜在 Ⅰ 区和 Ⅱ 区两个温度区间拉伸过程中的结构演变是不同的，并且在水蒸气中的结构演变与干燥空气中的也不相同。为了进一步分析，需要从 WAXS 二维图中提取更多的结构信息。

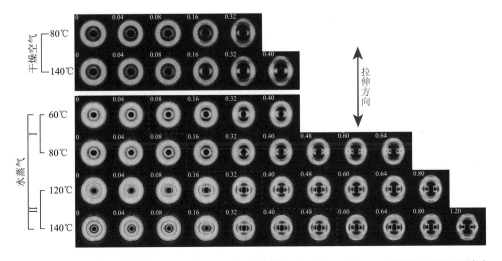

图 9-24　TAC 膜在干燥空气（80℃和 140℃）和水蒸气（60℃、80℃、120℃和 140℃）环境中不同温度下拉伸过程中的部分 WAXS 二维图

拉伸方向为竖直方向（子午线方向），WAXS 二维图左上角白色数字代表拉伸应变，红色虚线表示不同温度下应变硬化的起始应变

图 9-25（a）和（b）分别给出了 TAC 膜在干燥空气和水蒸气中恒温 10 min 后的 WAXS 一维曲线。从图中可以看到，TAC 膜在干燥空气中恒温处理后的 WAXS 一维曲线只有几个弱的晶体衍射峰，而在水蒸气中恒温处理后的 WAXS 一维曲线可以观察到很多晶体衍射峰，并且衍射峰的强度随着温度的升高而增强[38]。根据图 9-25（a）和（b）中的 WAXS 一维曲线计算得到了 TAC 膜拉伸前在水蒸气（V）和干燥空气（A）中恒温 10 min 后的结晶度（χ_c）和晶粒尺寸

（$L_{(010)}$），并分别在图 9-25（c）和（d）中给出。如图 9-25（c）所示，TAC 膜在水蒸气中拉伸前的 χ_c 随温度的升高几乎呈线性增大的趋势，这与图 9-20（c）中由 DSC 结果得到的结晶度的变化趋势相同。但是，TAC 膜在干燥空气中拉伸前的 χ_c 随温度几乎保持恒定。此外，TAC 膜在水蒸气中拉伸前的 χ_c 均大于其在相应温度下干燥空气中拉伸前的 χ_c。如图 9-25（d）所示，TAC 膜在水蒸气中拉伸前的 $L_{(010)}$ 随温度的升高呈增大的趋势，但在干燥空气中拉伸前 $L_{(010)}$ 随温度的升高上下波动。

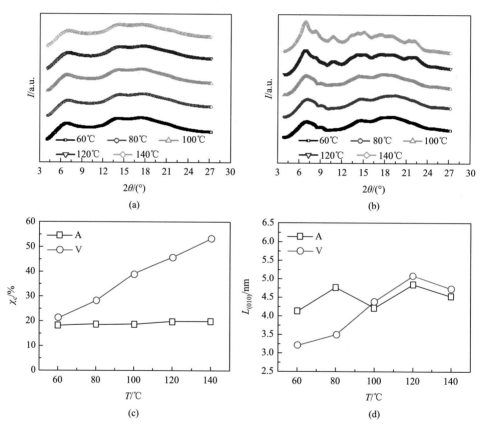

图 9-25　TAC 膜在干燥空气（a）和水蒸气（b）中不同温度下拉伸前的 WAXS 一维曲线；通过全方位角积分计算得到 TAC 膜在两种环境下拉伸前的结晶度（χ_c）（c）和晶粒尺寸（$L_{(010)}$）（d）随温度变化的曲线

为了进一步分析水蒸气对 TAC 膜的影响，选择了 TAC 膜在 60～140℃范围内水蒸气和干燥空气环境下拉伸过程中的结构演变进行分析对比。图 9-26（a）～（c）分别给出了 TAC 膜在 60～140℃水蒸气（V）及 80℃和 140℃干燥空气（A）环境

下拉伸过程中 χ_c、$L_{(010)}$ 和取向度（$f_{(010)}$）随应变的演变。如图 9-26（a）所示，TAC 膜在 60～140℃水蒸气中拉伸时的 χ_c 均大于 80℃和 140℃干燥空气中拉伸时的 χ_c。如图 9-26（b）所示，在低应变区，TAC 膜在 140℃水蒸气中拉伸时的 $L_{(010)}$ 几乎与在 80℃和 140℃干燥空气中拉伸时的相等，并且都随应变的增加呈增大的趋势。但是，在 60℃和 80℃的水蒸气中拉伸时，TAC 膜的 $L_{(010)}$ 随应变保持相对不变，并且比在相同温度干燥空气中拉伸时的 $L_{(010)}$ 要小。如图 9-26（c）所示，TAC 膜在不同温度水蒸气和干燥空气中拉伸时的 $f_{(010)}$ 随应变的增加表现出几乎相同的演变趋势。根据以上结果，与干燥空气相比，水蒸气的存在对 TAC 膜在拉伸过程中结构参数（$f_{(010)}$ 除外）的演变有重大影响。因此，需要对 TAC 膜在不同温度水蒸气环境拉伸过程中的结构演变进行详细分析。

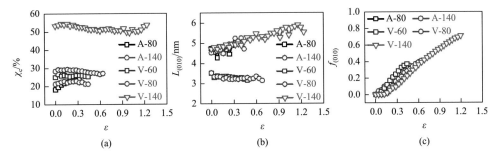

图 9-26 TAC 膜在干燥空气（A）和水蒸气（V）环境不同温度（60℃、80℃和 140℃）下拉伸过程中结晶度（χ_c）（a）、晶粒尺寸（$L_{(010)}$）（b）和取向度（$f_{(010)}$）（c）的对比

图 9-27 给出了 TAC 膜在 60～140℃范围内不同温度水蒸气环境下拉伸过程中 χ_c 和 $L_{(010)}$ 随应变的演变。如图 9-27（a）所示，拉伸过程中不同温度下的 χ_c 具有相同的变化趋势。尽管在Ⅰ区中 60℃和 80℃温度下 χ_c 变化趋势相对弱些，但随着应变的增加所有实验温度下的 χ_c 均先轻微下降，然后几乎保持不变。由于 TAC 膜在 140℃（Ⅰ区）水蒸气中拉伸的断裂应变比较大，在最后拉伸阶段，χ_c 随应变增加出现了增大的趋势。如图 9-27（b）所示，随着应变的增加，在 60℃和 80℃（Ⅰ区）下的 $L_{(010)}$ 几乎保持恒定，而在 100℃、120℃和 140℃（Ⅱ区）下的 $L_{(010)}$ 呈现增大的趋势。但是，拉伸过程中相同的 χ_c 和 $L_{(010)}$ 变化趋势，在不同温度下发生在不同的力学形变区，推测 TAC 膜在水蒸气环境下拉伸过程中的结构变化可能与其他变量如单位体积总功（W）有更好的关联。因此，利用工程应力-应变曲线，根据式（9-1）计算了 W，作为取代拉伸应变的变量来研究 TAC 膜在水蒸气环境下拉伸过程中的结构演变，并给出了 TAC 膜在水蒸气环境中不同温度下的应力（σ）-W 曲线，如图 9-28 所示。

$$W = \int_0^\varepsilon \sigma \mathrm{d}\varepsilon \tag{9-1}$$

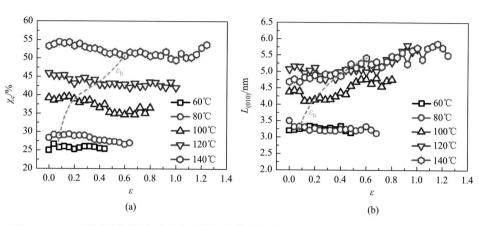

(a)　　　　　　　　　　　　(b)

图 9-27　TAC 膜在不同温度水蒸气环境下拉伸过程中 χ_c（a）和 $L_{(010)}$（b）随应变的演化

绿色虚线表示应变硬化区的起始点

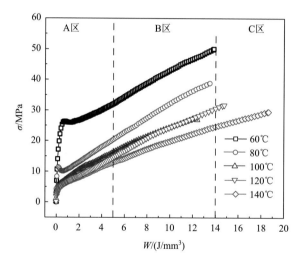

图 9-28　TAC 膜在水蒸气环境中不同温度下的 $\sigma\text{-}W$ 曲线

　　图 9-29 给出了 TAC 膜在水蒸气环境下拉伸过程中 χ_c、$L_{(010)}$、$f_{(010)}$ 和通过赤道线方向小角度积分得到的晶粒尺寸（$L_{(100)}^e$）随 W 的演变。如图 9-29（a）所示，当 $W < 5\ \mathrm{J/mm^3}$ 时，χ_c 随 W 的增加而减小；当 $5\ \mathrm{J/mm^3} \leqslant W \leqslant 14\ \mathrm{J/mm^3}$ 时，χ_c 随 W 的增加几乎保持恒定；而当 $W > 14\ \mathrm{J/mm^3}$，χ_c 随 W 增加而增大。因此，可以利用 $W = 5\ \mathrm{J/mm^3}$ 和 $W = 14\ \mathrm{J/mm^3}$ 将 TAC 膜在水蒸气中的拉伸过程的结构演变分为三个区间，即 A 区（$W < 5\ \mathrm{J/mm^3}$）、B 区（$5\ \mathrm{J/mm^3} \leqslant W \leqslant 14\ \mathrm{J/mm^3}$）和 C 区

（$W > 14\,\text{J/mm}^3$）。下面将对 TAC 膜在水蒸气环境下Ⅰ区和Ⅱ区的结构演变和力学行为进行介绍。

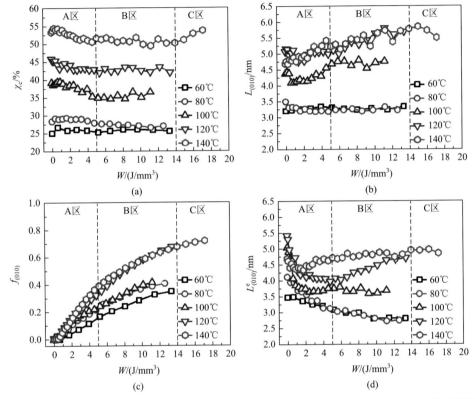

图 9-29　TAC 膜在不同温度水蒸气环境下拉伸过程中 χ_c（a）、$L_{(010)}$（b）、$f_{(010)}$（c）和赤道线
方向上小角度积分得到的晶粒尺寸（$L^e_{(010)}$）（d）随单位体积总功（W）的演变

1）水蒸气环境下Ⅰ区的结构演变和力学行为

在Ⅰ区（$60\,℃ \leqslant T < 100\,℃$）中，虽然 TAC 膜在 80℃ 水蒸气中拉伸的 σ_y 比 80℃ 干燥空气中拉伸的小，但是 TAC 膜在 80℃ 水蒸气中拉伸的工程应力-应变曲线上仍然存在应变软化现象，而且比 60℃ 水蒸气中拉伸得更明显[图 9-22（a）]。在 A 区，TAC 膜发生了应变软化，对于半晶高分子，这通常会伴随着拉伸诱导晶体的无序化或者熔融，结晶度急剧下降[42, 43]，但 χ_c 随 W 的增加有微弱下降，而 $L_{(010)}$ 保持相对不变，如图 9-29 所示。χ_c 的轻微下降和 $L_{(010)}$ 的相对不变是稳定性差的小晶体无序化导致的[31, 33, 34]。因此，TAC 膜在 A 区中的结构演化机理主要包括无定形区的形变、晶体无序化。

B 区位于应变硬化区。在 B 区中，随着 W 的增加，χ_c 和 $L_{(010)}$ 几乎保持不变，而 $f_{(010)}$ 逐渐增大，表明晶体主要发生了旋转。

2）水蒸气环境下Ⅱ区的结构演变和力学行为

与Ⅰ区相比，在Ⅱ区（100℃≤T≤140℃）中，TAC膜的屈服应力（σ_y）明显减小了，而且应变软化现象消失了，与TAC膜在温度高于T_g的干燥空气中拉伸时的力学行为相近。在A区中，χ_c随W的增加发生明显减小，表明存在晶体的无序化。但是，随W的增加，$L_{(010)}$呈增大的趋势，沿赤道线方向取向的晶体的晶粒尺寸$L_{(010)}^e$在100℃和120℃时迅速减小，而在140℃时先减小后增大，这表明晶体无序化主要发生在晶粒尺寸较小的晶体上，也就是TAC膜中的原始晶体或者在低温下形成的晶体先发生无序化。如图9-22（a）所示，A区包含线性弹性区、屈服和应变硬化区。此外，$f_{(010)}$随W快速增大，因此A区中的结构演变还应包括无定形区的拉伸和晶体旋转。所以，TAC膜在A区的结构演化机理包括无定形区的拉伸、晶体旋转和晶体无序化。

在B区中，随着W的增加，120℃和140℃的χ_c虽然有小的波动但保持相对不变，而$L_{(010)}$和$L_{(010)}^e$有轻微的增大，这是拉伸诱导的晶体熔融再结晶过程同时发生的结果。$L_{(010)}$和$L_{(010)}^e$的轻微增大应该是晶粒尺寸较小晶体被熔融与随后更大晶粒尺寸晶体再结晶形成的共同结果。此外，$f_{(010)}$保持相对稳定的增加，但增加速率小于A区，可能是由于无定形链逐渐拉直晶体难以继续旋转。总之，TAC膜在B区结构演变主要是拉伸诱导晶体熔融再结晶。

在C区，χ_c的增大是重结晶的结果[24, 35, 42]。$L_{(010)}$和$L_{(010)}^e$的减小并伴随着$f_{(010)}$的进一步增大，说明也存在晶体的熔融。因此，TAC膜在C区的结构演变机理也是拉伸诱导的晶体熔融再结晶。

5. 小结

通过研究水蒸气对TAC膜结构与性能的影响，发现TAC膜在不同温度水蒸气环境下拉伸过程中的结构演变不同。在Ⅰ区（60℃≤T<100℃），TAC膜在A区中的结构演变主要包括无定形区的形变和晶体无序化两个过程，B区的结构演化主要是晶体的旋转。在Ⅱ区（100℃≤T≤140℃），TAC膜在小应变区（A区）的结构演变主要为无定形区的拉伸、晶体的旋转和无序化，而在大应变区（B区和C区）的结构演变主要为晶体熔融再结晶。与干燥空气中拉伸的TAC膜相比，水蒸气的存在可以提高TAC膜分子链的运动能力，促进结晶。此外，与在温度高于T_g的干燥空气中拉伸相比，TAC膜在水蒸气中拉伸可以获得更高的结晶度和晶体完善度。随着水蒸气温度的升高，TAC膜分子链的运动能力将进一步提高，这有利于TAC膜在比干燥样品T_g更低的温度下获得较高的分子取向。水蒸气对氢键的破坏能力随水蒸气温度的升高而增强。以上结果充分表明在远低于干燥样品T_g的温度的水蒸气中拉伸，水蒸气对TAC膜结构演变有显著的影响。

9.5　TAC 膜的性能评价

9.5.1　力学性能

1. 弹性模量

TAC 膜的力学性能非常重要，不仅会影响其生产性能，还会影响其使用性能。在生产过程中，TAC 膜的弹性模量偏低会影响其收卷性能，例如，在收卷过程中出现塌坑；在使用过程中，弹性模量会影响 TAC 膜的平整性。通常根据 GB/T 12683—2009 标准进行测试。在温度为 25℃、拉伸速率为 25 cm/min、样品宽度为 10 mm、标距为 50 mm 的条件下，国际先进 TAC 膜厚度为 60 μm 的弹性模量为 4.0～6.0 GPa，40 μm 的弹性模量为 3.0～7.0 GPa，20 μm 的弹性模量为 6.0～10.0 GPa。

2. 撕裂强度

TAC 膜无论是用作偏光片保护膜还是光学补偿膜，在 LCD 制造过程中都需要与其他膜进行黏接，因此 TAC 膜撕裂强度的评价至关重要。通常将 TAC 膜裁切成长 50 mm，宽 65 mm，先在温度为 30℃、相对湿度为 85%的恒温恒湿箱中放置 2 h，根据 ISO 6383-1：2015 标准进行测试。

3. 卷曲度

TAC 膜的卷曲度根据 GB/T 6847—2012 或 ISO 18910：2000 标准进行测定。TAC 膜按照 MD 35 mm、TD 2 mm 和 MD 2 mm、TD 35 mm 裁切出两个样品，分别在温度为 25℃、相对湿度为 65%的环境下放置 1 h，然后分别读取卷曲度，将两个样品测得的较大值作为卷曲度。卷曲度通常用曲率半径的倒数表示。

9.5.2　光学性能

1. 透光率和雾度

透光率和雾度是表征光学膜的两个基本参数，是判断一个材料能不能作为光学膜使用的基本条件。透光率表示光线透过介质的能力，是透过透明或半透明体的光通量与其入射光通量的百分率。光与薄膜材料相互作用时，主要分为吸收、透过、反射（散射）三部分。

雾度是偏离入射光 2.5°以上的透射光强占总透射光强的百分数，是由材料内部和表面造成散射，使部分入射平行光偏离原来的方向，主要与材料内部的结构均匀性及表面的粗糙程度有关。透光率和雾度是完全不同的两个概念，雾度大不代表透光率低，透光率高也不一定雾度小。

国家标准 GB/T 25273—2010 中规定了积分球式雾度计测试雾度的方法，其原理如图 9-30 所示。入射光线经过试样，光线的一部分被吸收，剩余的部分经过试样的散射作用后，会产生平行光线及散射光线进入到积分球中。经过积分球的光线经过反射后，其强度由光探测器检出，雾度 H 则可以通过式（9-2）计算得到。

$$H = \frac{I_d / I_0}{(I_p + I_d)/I_0} \times 100\% \qquad (9-2)$$

其中，I_d 是散射光强度；I_p 是平行光强度；I_0 是入射光强度。

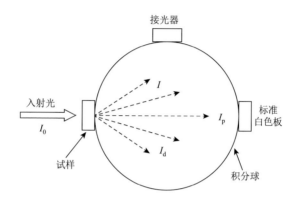

图 9-30　积分球式雾度计原理

用作光学膜的高分子薄膜的透光率一般要求大于 90%，雾度小于 2.5%。TAC 膜是透光率最高的高分子薄膜之一，透光率可达 93%，雾度小于 1.0%。

2. 折射率

折射率，定义为光在真空中的传播速度与光在介质中的传播速度之比。这里的折射率是指平均折射率 $\bar{n}$，一般取空气的折射率（1.00029）作为参考，在实际的仪器校准中，使用纯水的折射率（1.3333）作为参考。折射率与材料内部组分十分相关，可用于粗略鉴别物质。折射率的测定使用阿贝折射仪，利用的是光的折射定律，如图 9-31 所示。以一种已知折射率的物质作为参比，结合式（9-3）的原理，就可以测出待测样的折射率。

$$\frac{\sin\theta_1}{\sin\theta_2} = \frac{n_2}{n_1} \qquad (9-3)$$

从图 9-32 可以看出，TAC 的折射率随着 TPP 含量的增加基本呈线性增长，TAC 中的添加剂对于折射率有明显影响。除了添加剂之外，TAC 的取代度、取代位、取代基类型、分子量都会影响折射率。一般，材料本身的参数对于折射率的影响比较大，加工过程对于折射率的影响有多大还需要进一步证实。

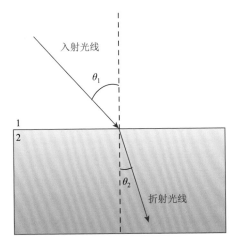

图 9-31　折射定律示意图

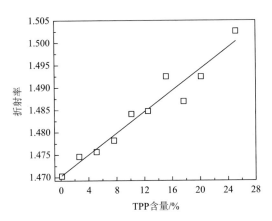

图 9-32　TAC 的折射率随 TPP 含量的变化

3. 双折射、延迟值和光轴角

　　大尺寸的液晶电视、平板计算机、智能手机等对高性能显示器的可视角度和对比度都有苛刻的要求。表 9-3 是不同显示器对光学膜的面内延迟值和面外延迟值的要求。

表 9-3　LCD 补偿膜的要求[44]

应用领域	LCD 模式	面内延迟值 R_{in}/nm	面外延迟值 R_{th}/nm
大尺寸电视	VA 模式	50	50
	IPS 模式	0	0
台式计算机、笔记本计算机	TN 模式	125～570	125～570
平板计算机、智能手机	IPS 模式	0	0

一般采用溶液流延法制备的薄膜平面方向不存在分子取向，也就是 $n_x = n_y$。面内双折射（birefringence）（Δn_{in}）和面外双折射（Δn_{th}）被分别定义为

$$\Delta n_{\text{in}} = n_x - n_y \tag{9-4}$$

$$\Delta n_{\text{th}} = \frac{n_x + n_y}{2} - n_z \tag{9-5}$$

在溶液流延法制膜过程中，分子的取向主要是由脱溶剂过程产生的应力诱导造成的。科研人员对溶液流延过程中高分子链的排列进行了大量研究，发现高分子链倾向于在薄膜平面进行排列。因此，当薄膜材料表现出正的本征双折射时，平面内的折射指数（n_x 和 n_y）要比平面外的折射指数（n_z）高。

为了使显示器得到更好的彩色显示，面内双折射的波长分散要进行严格精确的控制。根据 Kuhn 和 Grün 的模型[2, 45]，面内双折射可以表示为

$$\Delta n_{\text{in}}(\lambda) = \frac{2\pi}{9} \frac{[n(\lambda)^2 + 2]^2}{n(\lambda)} N\Delta\alpha(\lambda) \left(\frac{3\langle \cos^2\theta \rangle - 1}{2} \right) \tag{9-6}$$

其中，N、$\Delta\alpha(\lambda)$ 和 θ 分别为单位体积内分子链的数目、各向异性极化率和链段与拉伸方向的夹角；λ 是波长。式（9-6）中后面括号里的是 Hermans 取向方程，所以式（9-6）也可以简写成

$$\Delta n_{\text{in}}(\lambda) = \Delta n^0(\lambda) F \tag{9-7}$$

其中，$\Delta n^0(\lambda)$ 是本征双折射；F 是 Hermans 取向方程。

从本征双折射的公式中也可以看出，主要影响本征双折射的就是各向异性极化率，即平行极化率 $\alpha_{//}$ 与垂直极化率 $\alpha_{\perp}$ 的差值（$\alpha_{//} - \alpha_{\perp}$）。本征双折射表示的是高分子链完全伸直的理想状态下所具有的双折射，而通常情况下高分子链的状态不是理想的，因此折射率在三维方向上会出现差异。图 9-33 给出了折射率椭球模型，n_x、n_y 和 n_z 分别代表 x、y、z 三个方向的折射率。面内双折射（Δn_{in}）和面外双折射（Δn_{th}）不能通过测试直接得到，需要根据式（9-7）通过面内延迟值 R_{in}、面外延迟值 R_{th} 和薄膜厚度 d 计算得到。

$$\Delta n_{\text{in}} = \frac{R_{\text{in}}}{d} \tag{9-8}$$

$$\Delta n_{\text{th}} = \frac{R_{\text{th}}}{d} \tag{9-9}$$

面内延迟值 R_{in} 与薄膜表面 x、y 方向折射率的各向异性和薄膜厚度有关，面外延迟值 R_{th} 与三个方向的折射率及厚度都有关系，是由于薄膜表面 x-y 方向折射率与面外 z 方向折射率的各向异性。

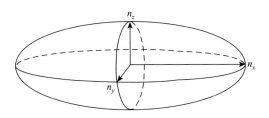

图 9-33　折射率椭球模型

光轴方位角又称为 Twist 角 Φ，是试样应变慢轴方向与试样 TD（薄膜在制造设备方向上传动的方向称为 MD，与 MD 垂直的方向称为 TD，即卷材的横向）之间的夹角。本质上就是分子链的取向方向与 TD 之间的夹角。

4. 波长分散性

波长分散性是光学补偿膜的一个重要参数，即光学补偿膜理论上应该在每个波长处对于光波有相同的补偿效果，但实际情况下，大多数材料是正常的色散性曲线［图 9-34 中的（b）和（c）］，其延迟值（双折射）随波长增大而减小，不能在每一个波长处都能产生相同补偿效应，会出现色偏现象。普通 PC、PET、PMMA 等都是典型的正波长分散材料。

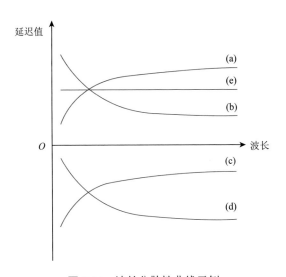

图 9-34　波长分散性曲线示例

现在出现了一些平波长分散材料，以环烯烃高分子（COP）为代表，可以明显降低色偏现象。但最好的还是逆波长分散材料，波长分散曲线如图 9-34 中的（a）和（d），最理想的波长分散曲线如图 9-35 所示，在每一个波长处都能得到充分补偿。

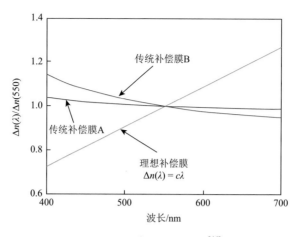

图 9-35　理想逆波长分散[46]

波长分散性用延迟值的比值表示，以测试波长 550 nm 处为参考，$R_{in}(450)/R_{in}(550)$、$R_{in}(650)/R_{in}(550)$、$R_{th}(450)/R_{th}(550)$ 和 $R_{th}(650)/R_{th}(550)$，其中 $R_{in}(450)$、$R_{in}(550)$、$R_{in}(650)$、$R_{th}(450)$、$R_{th}(550)$ 和 $R_{th}(650)$ 分别表示测试波长 450 nm、550 nm、650 nm 条件下的面内延迟值和面外延迟值。最优选的逆波长分散材料 $R_{in}(450)/R_{in}(550)$ 和 $R_{th}(450)/R_{th}(550)$ 的值在 0.8 附近，$R_{in}(650)/R_{in}(550)$ 和 $R_{th}(650)/R_{th}(550)$ 的值在 1.2 附近[46]。

5. 光弹系数

根据 Neumann-Maxwell 应力光学定律，从宏观上定义材料的应力光学系数的方法，各向同性的材料在受到外力作用时会变成光学各向异性状态，两方向折射率与应力分量之间的关系如下：

$$n_1 - n_0 = A\sigma_1 + B\sigma_2 \tag{9-10}$$

$$n_2 - n_0 = B\sigma_1 + A\sigma_2 \tag{9-11}$$

其中，n_1 是 σ_1 方向的主折射率；n_2 是 σ_2 方向的主折射率；n_0 是无应力时材料的折射率；A 和 B 是材料的应力光学常数。

如图 9-36 所示，假如此时有光通量 S 通过材料，沿波片厚度方向应力 P 的状态不变，光的分量 S_1 和 S_2 通过模型时将不改变它们的速度和方向。由于折射率的不同，会产生光程差：

$$\delta = n_1 h - n_2 h = (n_1 - n_2)h \tag{9-12}$$

$$n_1 - n_2 = (A - B)(\sigma_1 - \sigma_2) \tag{9-13}$$

$$\delta = Ch(\sigma_1 - \sigma_2) \tag{9-14}$$

其中，δ 是光学延迟；h 是材料厚度；C 是应力光学系数，这里指的是宏观定义上的应力光学系数。实际上，应力光学系数（光弹系数）与分子极化率有关，同时与材料的很多其他性质（如材料晶相结构、分子排布等）都有关系。从理论计算定量预测分子极化率对材料光弹系数的影响可能难度比较大。也有许多专利和文献是关于降低材料的光弹系数，一般希望作为光学膜材料的光弹系数小一些，例如，PMMA 的光弹系数接近于 0，这有利于提高光学膜使用过程中双折射性能的稳定性，不容易受外界环境条件影响而产生偏差。

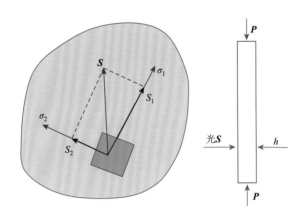

图 9-36　应力光学模型

6. 色度

在行业标准 HG/T 4608—2014 中仔细介绍了采用国际照明委员会[Commission Internationale de L'Eclairage（法语），CIE]CIE1964 标准色度系统测量光学功能薄膜颜色的方法。最终结果是使用色度坐标表示的，在标准的色度系统中，由三刺激值 X_{10}、Y_{10}、Z_{10} 可计算出色晶坐标。测试方法有分光光度测色法、光电积分测色法和目视法。

以分光光度测色法为例，使用的分光光度仪满足波长范围 380～780 nm，至少包含 400～700 nm；波长间隔一般为 5 nm，最大不超过 10 nm；波长准确度为 0.1 nm，波长精确度为 0.05 nm；测定值的重复性为该值的±0.2%，当测定值在 50%以下时重复性为绝对值±0.1%。

9.5.3　其他性能

1. 吸湿膨胀系数

吸湿膨胀系数是指在恒定温度条件下，因相对湿度变化导致样品长度的变化。TAC 膜吸湿膨胀系数的调控目的是提高薄膜的光学稳定性，防止因扭曲引起漏光。TAC 光学膜的吸湿膨胀系数要尽可能小，一般控制为 10～100 ppm/℃。

2. 热膨胀系数

TAC 膜的热膨胀系数的测定主要通过热机械分析仪（TMA）在 0.04 N 的载荷下以 3℃/min 的速率从 30℃升至 80℃，测定每升高 1℃的尺寸变化。

3. 透湿度

TAC 膜的透湿度主要根据 JIS 标准 JIS Z 0208，在温度 60℃、相对湿度 95%的条件下进行测定。80 μm 的 TAC 膜的透湿度一般控制在 600～1600 g/(m²·24 h)。

参 考 文 献

[1] An M，Wan C，Zhang W，et al. Progress on the stretch processing of functional polymer films in the displays and energy fields. Polymer Materials Science & Engineering，2021，37（1）：307-316.

[2] Kuhn W，Grün F. Beziehungen zwischen elastischen konstanten und dehnungsdoppelbrechung hochelastischer Stoffe. Colloid and Polymer Science，1942，101（3）：248-271.

[3] 铃木正弥，远山浩史，伊藤晃寿等. 聚合物薄膜、环状聚烯烃薄膜、其制备方法、光学补偿薄膜、偏振器和液晶显示装置：200680031137.7. 2006-08-25.

[4] 张琰，尼华，张欣，等. 二氯甲烷和甲醇混合物爆炸下限的试验研究. 消防科学与技术，2018，37（8）：1020-1023.

[5] Abd Manaf M E，Tsuji M，Shiroyama Y，et al. Wavelength dispersion of orientation birefringence for cellulose esters containing tricresyl phosphate. Macromolecules，2011，44（10）：3942-3949.

[6] Cerqueira D A，Rodrigues Filho G，Assunção R M N. A new value for the heat of fusion of a perfect crystal of cellulose acetate. Polymer Bulletin，2006，56（4-5）：475-484.

[7] Sata H，Murayama M，Shimamoto S. 5.4 Properties and applications of cellulose triacetate film. Macromolecular Symposia，2004，208（1）：323-334.

[8] Takahashi A，Kawaharada T，Kato T. Melting temperature of thermally reversible gel. Ⅴ. Heat of fusion of cellulose triacetate and the melting of cellulose diacetate-benzyl alcohol gel. Polymer Journal，1979，11（8）：671-675.

[9] Watanabe S，Takai M，Hayashi J. An X-ray study of cellulose triacetate. Journal of Polymer Science Polymer Symposia，1968，23（2）：825-835.

[10] Cao S，Shi Y，Chen G. Influence of acetylation degree of cellulose acetate on pervaporation properties for MeOH/MTBE mixture. Journal of Membrane Science，2000，165（89）：89-97.

[11] Songsurang K，Miyagawa A，Manaf M E A，et al. Optical anisotropy in solution-cast film of cellulose triacetate. Cellulose，2013，20（1）：83-96.

[12] Nobukawa S，Nakao A，Songsurang K，et al. Birefringence and strain-induced crystallization of stretched cellulose acetate propionate films. Polymer，2017，111：53-60.

[13] Tenma M，Yamaguchi M. Structure and properties of injection-molded polypropylene with sorbitol-based clarifier. Polymer Engineering & Science，2007，47（9）：1441-1446.

[14] Norris F H，Stein R S. The scattering of light from thin polymer films. Ⅳ. Scattering from oriented polymers. Journal of Polymer Science，1962，27（115）：87-114.

[15] 安敏芳. 含氢键半结晶高分子拉伸加工的物理研究. 广州：华南理工大学，2020.

[16] Kim M H，Kim H T，Kim S H，et al. Effect of molecular weight on the mechanical and optical properties of triacetyl cellulose films for LCD applications. Molecular Crystals and Liquid Crystals，2009，510（1）：268-281.

[17] Zugenmaier P. 4. Characteristics of cellulose acetates. 4.1. Characterization and physical properties of cellulose acetates. Macromolecular Symposia，2004，208（1）：81-166.

[18] Omatete O O，Bodaghi H，Fellers J F，et al. Processing and characterization of cellulose triacetate films from isotropic and liquid crystalline solutions. Journal of Rheology，1986，30（3）：629-659.

[19] Zhang X，Schneider K，Liu G，et al. Structure variation of tensile-deformed amorphous poly(L-lactic acid)：effects of deformation rate and strain. Polymer，2011，52（18）：4141-4149.

[20] Boyd R H. Relaxation processes in crystalline polymers：experimental behaviour—a review. Polymer，1985，26（3）：323-347.

[21] Zhang C，Liu G，Song Y，et al. Structural evolution of β-iPP during uniaxial stretching studied by *in-situ* WAXS and SAXS. Polymer，2014，55（26）：6915-6923.

[22] Jo N J，Takahara A，Kajiyama T. Effect of aggregation structure on nonlinear dynamic viscoelastic characteristics of oriented high-density polyethylenes under cyclic fatigue. Polymer，1997，38（20）：5195-5201.

[23] Men Y，Strobl G. Evidence for a mechanically active high temperature relaxation process in syndiotactic polypropylene. Polymer，2002，43（9）：2761-2768.

[24] Jiang Z，Tang Y，Men Y，et al. Structural evolution of tensile-deformed high-density polyethylene during annealing：scanning synchrotron small-angle X-ray scattering study. Macromolecules，2007，40：7263-7269.

[25] Ohta Y，Yasuda H. The influence of short branches on the α, β and γ-relaxation processes of ultra-high strength polyethylene fibers. Journal of Polymer Science，Part B：Polymer Physics，1994，32（13）：2241-2249.

[26] Mano J F. Cooperativity in the crystalline α-relaxation of polyethylene. Macromolecules，2001，34：8825-8828.

[27] Takayanagi M，Matsuo T. Study of fine structure of viscoelastic crystalline absorption in polyethylene single crystals. Journal of Macromolecular Science，Part B：Physics，2006，1（3）：407-431.

[28] Keller A，Pope D P. Identification of structural processes in deformation of oriented polyethylene. Journal of Materials Science，1971，6（6）：453-478.

[29] Galeski A，Bartczak Z，Argon A S，et al. Morphological alterations during texture-producing plastic plane strain compression of high-density polyethylene. Macromolecules，1992，25（21）：5705-5718.

[30] Séguéla R. Dislocation approach to the plastic deformation of semicrystalline polymers：kinetic aspects for polyethylene and polypropylene. Journal of Physical Chemistry B，2002，40（6）：593-601.

[31] Fu Q，Men Y，Strobl G. A molar mass induced transition in the yielding properties of linear polyethylene. Polymer，2003，44（6）：1941-1947.

[32] Schrauwen B A G，Janssen R P M，Govaert L E，et al. Intrinsic deformation behavior of semicrystalline polymers. Macromolecules，2004，37（16）：6069-6078.

[33] Tang Y，Jiang Z，Men Y，et al. Uniaxial deformation of overstretched polyethylene：*in-situ* synchrotron small angle X-ray scattering study. Polymer，2007，48（17）：5125-5132.

[34] Che J，Locker C R，Lee S，et al. Plastic deformation of semicrystalline polyethylene by X-ray scattering：comparison with atomistic simulations. Macromolecules，2013，46（13）：5279-5289.

[35] Miyoshi T，Mamun A，Hu W. Molecular ordering and molecular dynamics in isotactic-polypropylene characterized by solid state NMR. The Journal of Physical Chemistry B，2010，114（1）：92-100.

[36] Li Z，Miyoshi T，Sen M K，et al. Solid-state NMR characterization of the chemical defects and physical disorders in α form of isotactic poly(propylene) synthesized by Ziegler-Natta catalysts. Macromolecules，2013，46（16）：

6507-6519.

[37] Kang J, Miyoshi T. Two chain-packing transformations and their effects on the molecular dynamics and thermal properties of α-form isotactic poly(propylene) under hot drawing: a solid-state NMR study. Macromolecules, 2014, 47 (9): 2993-3004.

[38] An M, Zhang Q, Ye K, et al. Structural evolution of cellulose triacetate film during stretching deformation: an *in-situ* synchrotron radiation wide-angle X-ray scattering study. Polymer, 2019, 182: 121815.

[39] Ye K, Li Y, Zhang W, et al. Stretch- induced structural evolution of poly(vinyl alcohol) at different concentrations of boric acid: an *in-situ* synchrotron radiation small-and wide-angle X-ray scattering study. Polymer Testing, 2019, 77: 105913.

[40] Zhang Q, Zhang R, Meng L, et al. Stretch-induced structural evolution of poly(vinyl alcohol) film in water at different temperatures: an *in-situ* synchrotron radiation small- and wide-angle X-ray scattering study. Polymer, 2018, 142: 233-243.

[41] Zhang W W, Yan Q, Ye K, et al. The effect of water absorption on stretch-induced crystallization of poly(ethylene terephthalate): an *in-situ* synchrotron radiation wide angle X-ray scattering study. Polymer, 2019, 162 (24): 91-99.

[42] Lv F, Chen X W, Wan C X, et al. Deformation of ultrahigh molecular weight polyethylene precursor fiber: crystal slip with or without melting. Macromolecules, 2017, 50 (17): 6385-6395.

[43] Lin Y F, Li X Y, Meng L P, et al. Structural evolution of hard-elastic isotactic polypropylene film during uniaxial tensile deformation: the effect of temperature. Macromolecules, 2018, 51 (7): 2690-2705.

[44] Wang Z, Folkenroth J, Zhou W, et al. Cellulose ether polymers as optical compensation films for LCDs-high birefringence and tunable optics. IDW/AD 12, Kyoto, Japan, 2012: 499-502.

[45] Meeten G. Optical Properties of Polymers. Essex: Elsevier Applied Science, 1986.

[46] Uchiyama A, Ono Y, Ikeda Y, et al. Copolycarbonate optical films developed using birefringence dispersion control. Polymer Journal, 2012, 44 (10): 995-1008.

第10章

超高分子量聚乙烯湿法隔膜双向拉伸加工

伴随着微电子技术的不断发展和小型化电子设备的日益增多，铅酸电池等传统电池难以继续满足市场需求，优势更明显的锂离子电池逐渐走进大众视野。与铅酸电池等传统电池相比，锂离子电池具有比能量密度高、循环寿命长、自放电率低、无记忆效应、质量轻、体积小等优势。同时，由于锂离子电池不含铅、镉等重金属元素，绿色环保，无污染，现广泛应用于手机、笔记本计算机和数码相机等消费电子（3C）产品中。

近年来，随着化石能源的日益枯竭及政府对节能环保要求的提高，锂离子电池的应用也逐渐扩展到汽车、电动自行车、家用电器等领域，尤其是随着动力锂离子电池技术的进步，新能源电动汽车增量较为明显。国家为引导和鼓励新能源汽车的发展，制定了一系列计划和政策：2015 年制定的《中国制造 2025》战略纲领中提出将"节能与新能源汽车"作为重点发展领域，且在 2020 年国家继续推出《新能源汽车产业发展规划（2021—2035 年）》，预计 2025 年新能源汽车新车销售量达到汽车新车销售总量的 20%左右。新能源汽车产销量的爆发将会进一步推动锂离子电池行业的快速发展。

在储能领域，随着"碳达峰""碳中和"目标的提出，锂离子电池储能的重要性愈加明显。为了降低化石能源的消耗，可再生能源势必扮演着越来越重要的角色。在可再生能源的开发利用过程中，电能存储技术发挥着重要的作用，这是因为可再生能源（如风能和太阳能等）在使用过程中存在不连续、不稳定性的时空效应，需要利用储能系统稳定后再并入电网。此外，储能系统还可以用于电网的"削峰填谷"，解决电能使用不均衡的现象，提高能源利用率。随着锂离子电池中新材料的开发和利用，锂离子电池将成为光伏储能、风力储能等可再生能源储能领域的理想选择，大容量锂离子电池储能电站将逐渐兴起。

锂离子电池主要由四部分组成，即正极、负极、电解液及隔膜（图 10-1）。隔膜置于正极和负极之间，防止正极与负极直接接触短路，其中隔膜中的微孔用于储存电解液，以实现锂离子的传输。当电池放电时，锂离子从负极通过电解液和隔膜到达正极；当电池充电时，在外界电能的驱动下锂离子又由正极穿过电解液和隔膜回到负极。因此，电池隔膜的结构和性能在一定程度上决定着锂离子电池的循环寿命、能量密度及安全性，是现有锂离子电池内层组件中的关键材料。

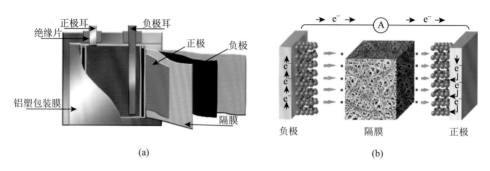

(a)   (b)

图 10-1   锂离子电池组成

为了便于读者对锂离子电池隔膜加工工艺流程及其中涉及的微观结构演化有所了解，10.1 节将简要概述锂离子电池隔膜的种类及性能要求；10.2 节将按照加工工艺流程的顺序，系统介绍湿法隔膜的加工设备及工艺，使读者能够详细地了解湿法隔膜加工的各环节及其内在物理过程；10.3 节将根据本书作者团队在湿法隔膜方面的基础研究工作，介绍温度、横纵向拉伸比及热定型工艺等条件对湿法隔膜加工过程中的相畴演化及微观晶体结构演化的影响，以便读者在了解湿法隔膜加工工艺的基础上，可进一步了解微观结构的演化过程及其机理；10.4 节将简要介绍湿法隔膜产品性能指标及常用的测试方法。

10.1 锂离子电池隔膜简介

根据隔膜的结构特点，锂离子电池隔膜可分为聚烯烃隔膜、无纺布隔膜和无机复合隔膜。目前商业化的锂离子电池隔膜主要是聚烯烃隔膜，以聚乙烯（PE）、聚丙烯（PP）为主。锂离子电池隔膜主要应具有以下几方面的特点：①具有良好的电子绝缘性，保证正负极间的有效阻隔；②具有一定的孔径和孔隙率，能够实现较高的锂离子传导率；③良好的化学与电化学稳定性：不与电解质溶剂发生化学反应，耐电解液腐蚀；④良好的浸润性：对电解液的浸润性好，有足够的吸液保液能力；⑤优异的力学性能，足够的力学强度，能够抵抗组装过程中的外力破坏；⑥热稳定性好，热收缩率低，防止升温过程中正负极接触发生短路；⑦安全性高，具有自动关断功能，阻止能量进一步释放，同时破膜温度高，防止高温下隔膜破裂导致正负极接触发生短路。关于电池隔膜性能的描述及表征后续章节将详细阐述。

聚烯烃电池隔膜主要是通过干法或湿法工艺加工而成[1-3]，干法工艺又包括干法单拉和干法双拉。干法单拉工艺主要包括熔融挤出、拉伸冷却、退火、冷拉、热拉和热定型等步骤。在熔融挤出过程中，高分子熔体分子链被拉伸诱导取向产生晶核，并诱导取向片晶生长，得到含有高取向片晶结构的薄膜样品。之后在略低于熔点附近的温度下进行退火，使片晶增厚并进一步完善，形成硬弹性体。硬弹性体经冷拉使无定形分子链拉伸、片晶簇分离，形成"微孔核"。随后对样品进行升温热拉，使微孔核扩大，并让微孔附近的片晶向纤维晶转化，产生纤维架桥结构。最后经过热定型，使内应力松弛，内部结构被完善，得到微孔膜[4, 5]。干法单拉工艺主要用于制备 PP 单层隔膜、PP/PE/PP 和 PE/PP/PE 三层隔膜。干法单拉工艺制备得到的电池隔膜中的微孔具有扁长结构，孔径均匀性较好，孔隙直通性较好，制备过程绿色环保，可制备得到多层聚烯烃复合膜。

干法双拉工艺[6]是针对 β-PP，又称 β 晶体法，是中国科学院化学研究所徐懋等于 20 世纪 90 年代开发、具有自主知识产权、中国所独创的隔膜制造工艺。其制备工艺包括挤出流延、纵向拉伸、横向拉伸及热定型。其机理是基于 iPP 的 β 晶型为六方晶系，β 球晶通常是由成核并沿径向生长成发散束状片晶结构。由于晶片排列疏松，不具有完整的球晶结构，在热和应力作用下 β 晶会转变成更加致密和稳定的 α 晶，同时在材料内部产生孔洞[7-9]。干法双拉工艺主要包括：①挤出流延：在 β 成核剂的作用下，iPP 经挤出流延得到 β 晶含量高、β 晶形态均一性好的流延铸片。②纵向拉伸：在一定温度下对流延铸片进行纵向拉伸。在应力作用下，β 晶发生晶型转变，形成孔隙。③横向拉伸：在较高温度下对样品进行横向拉伸以扩孔，同时提高孔径尺寸分布的均匀性。④热定型：在高温下对隔膜进行热处理，降低其热收缩率，提高尺寸稳定性。与干法单拉工艺相比，干法双拉工艺得到的隔膜横向拉伸强度明显提高，热收缩性得到改善，但是隔膜孔径分布较宽，大部分产品只能用作中低端隔膜产品，正在向动力电池等高端隔膜领域拓展。

湿法工艺用于制备超高分子量聚乙烯（UHMWPE）电池隔膜，由于 UHMWPE 分子量高，致使熔体黏度过大，无法正常挤出，需在熔融挤出过程中加入增塑剂，同时也作为成孔剂，故称为湿法工艺。其制备工艺主要包括：①挤出流延：UHMWPE 原料与增塑剂经双螺杆挤出机熔融混合形成均匀的混合物，后经口模挤出，遇冷却辊形成 UHMWPE 铸片。其中，UHMWPE 与增塑剂发生相分离，同时 UHMWPE 发生结晶形成无取向的片晶结构。②双向拉伸：在一定温度下铸片经历纵向拉伸和横向拉伸，无规取向的片晶形成沿纵向与横向双取向的晶体网络结构，其中，塑化剂分布在晶体之间。③萃取干燥：利用易挥发的有机溶剂（正己烷、二氯甲烷等）将塑化剂从薄膜中萃取出来，经有机溶剂干燥挥发，在原来塑化剂的地方形成微孔。所以，塑化剂又被称为造孔剂。④热定型：将萃取干燥后的微孔膜在高温下进行拉伸回复，降低其热收缩率，同时稳定孔径尺寸和提高力学强度。湿法隔膜在两个方向上的拉伸倍率相近，分子链在两个方向均取向，使得湿法隔膜在两个方向均具有较高的力学强度。这种方法制得的隔膜力学性能优异、孔径均一性好，具有越来越广泛的应用。

10.2　湿法锂离子电池隔膜加工流程

湿法工艺制备的锂离子电池隔膜（简称湿法隔膜）的生产工艺流程如图 10-2 所示，包括配比投料、挤出流延、纵向拉伸、横向拉伸、萃取、干燥、扩幅定型和收卷分切步骤。

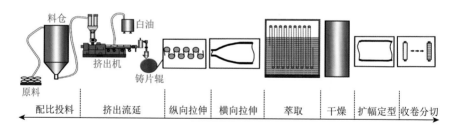

图 10-2　湿法锂离子电池隔膜生产工艺流程图

10.2.1　配比投料

投料和配料是否稳定直接影响挤出过程的稳定性、铸片的厚度，进一步影响后续加工及产品的性能和质量。例如，主料和成孔剂的比例是锂离子电池隔膜微孔孔径大小及分布的首要影响因素。湿法隔膜的生产中需要精准计量投料和配料，因此必须配备计量精度较高的投料配料系统。常规湿法隔膜生产工艺中需要将 UHMWPE 和成孔剂分别加入挤出机。首先，将精准计量的 UHMWPE 加入挤出机进行初步的熔融塑化；其次，把成孔剂白油经过计量泵打入第二喂料口进入挤出机，与 UHMWPE 进行下一步的挤出塑化。

10.2.2　挤出流延

挤出流延包括混炼挤出和流延冷却两部分。

1. 混炼挤出

首先混炼挤出是隔膜的关键技术环节之一。混炼挤出需要满足以下要求：①能够具备较强的剪切塑化能力，让主料快速、均匀的塑化；②能够产生很好的混炼效果，让主料和成孔剂均匀混合；③能够让物料与挤出机之间不发生打滑、倒流，实现稳定进料。湿法隔膜采用双螺杆挤出系统，混炼挤出由螺杆剪切效果和物料在挤出机中的停留时间决定，混炼的好坏取决于挤出机挤出温度、螺杆转速、螺杆结构（螺纹元件组合）等参数。

常规湿法隔膜挤出温度在 180～220℃之间。如果温度偏低，则混炼效果较差，会产生"晶点"、橘皮纹等塑化不良现象，温度过高会带来高分子降解，影响产品性能。晶点是源于主料 UHMWPE 粉料中部分颗粒未被完全熔融塑化。晶点的产生会使隔膜产生缺陷，导致隔膜在电池充放电过程中容易被击穿。当然，晶点可以通过后续过滤系统去除，但是从根本上减少晶点产生才是最好的解决方式。

螺杆转速影响物料在挤出机中的停留时间和剪切强度。螺杆转速高，对物料剪切强度大，但在挤出机中的停留时间短；螺杆转速低，物料在挤出机中的停留时间长，但对物料剪切强度偏小。因此，螺杆转速的设置需要平衡剪切强度和物料停留时间。此外，螺杆转速的高低还决定了湿法隔膜的生产速率。常规湿法隔膜生产线中挤出机的螺杆转速在 100 r/min 左右。

螺杆结构包括螺杆长径比和螺纹元件组合方式。螺杆混炼效果由螺纹元件组合方式和螺杆的长径比共同决定。湿法隔膜生产线挤出机的螺杆长径比在 60 左右，长径比过短，不利于主料和成孔剂充分混合。挤出机螺纹元件由输送元件和剪切元件组成。输送元件，顾名思义主要用于物料的输送，包括正向输送元件和反向输送元件，其中反向输送元件能够增加物料的停留时间，同时会增大该位置的挤出压力，因此要综合考虑来应用。输送元件根据导程不同，输送效果有差异，大导程有利于物料的输送，通常应用在挤出机前端喂料段，小导程物料停留时间长，配合剪切元件，更有利于物料混合，一般应用在挤出机中后段。剪切元件主要用于对物料施加剪切场，能够使聚乙烯分子链解缠，并与成孔剂充分混合。在湿法隔膜生产线中，在挤出机螺杆长径比固定，螺杆转速变化范围小的情况下，螺杆中剪切元件和输送元件占比对主料和成孔剂的混炼效果起主要作用。因此，不同原料配方需要调节剪切元件占比改善混炼效果。

2. 流延冷却

流延冷却是指从模头出来的熔体经过激冷辊冷却成凝胶铸片的过程。流延冷却主要起到以下作用：①冷却熔体，形成铸片；②急冷熔体，防止球晶等大尺寸织构的形成；③在冷却过程中，聚乙烯与成孔剂混合熔体发生结晶诱导的热致相分离；④急冷铸片表面，使已产生相分离的大部分成孔剂被锁在铸片内部，使成孔剂不容易渗出。

10.2.3 纵向拉伸

在铸片中，分子链还是一个无规取向的状态，需要施加拉伸使分子链和晶体产生取向，从而提高产品的性能或赋予产品以新的性能。在湿法隔膜生产线中，流延后的铸片首先经历纵向拉伸，经过激冷辊后的铸片会依次经过预热段、拉伸段和定型段，如图 10-3 所示。

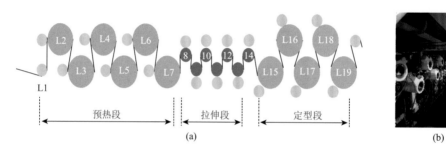

图 10-3　纵向拉伸工艺流程（a）及实物图（b）

1. 预热段

预热段是为了将聚乙烯铸片加热到材料的熔融温度以下 10～30℃，此时聚乙烯分子链能够轻易从片晶中拉伸出来，发生熔融再结晶，从而可以实现较大的拉伸比。为了实现对聚乙烯铸片的快速加热，一般预热辊设置较多，其排列方式多为上下两排交叉排列，这样对铸片的包角大，传热面积大，还可以减缓铸片与辊面之间的打滑。预热辊之间速度基本是一样的，温度逐渐升高至所需的拉伸温度，直至在进入拉伸段前将铸片的温度升高至设定温度 90℃左右。

2. 拉伸段

铸片的纵向拉伸依靠拉伸辊实施，采用多点拉伸的方式，即在几组拉伸辊之间连续完成拉伸。拉伸辊之间温度恒定，速度依次增大，依据拉伸辊之间的速度差对加热后的铸片逐步拉伸至所需的纵拉比。纵拉比定义为

$$\mathrm{Dr}_{\mathrm{MD}} = \frac{v_{\mathrm{f}}}{v_{\mathrm{s}}} \tag{10-1}$$

其中，v_f 是快速辊的线速度；v_s 是慢速辊的线速度。

3. 定型段

定型段的主要作用是将纵向拉伸后产生的结构经过降温固定下来。最后定型辊之间速度一致，温度逐渐降低，将纵向拉伸后的油膜最终降至室温，然后通过导辊将薄膜输送至横向拉伸段。

在纵向拉伸过程中，为保证油膜正常输送和绷紧状态，会在铸片运行方向（纵向方向）施加一定张力，而油膜垂直于运行方向（即横向方向）则处于自由状态，仅仅有铸片与拉伸辊之间的少量摩擦力，即铸片纵向拉伸时，横向方向几乎没有约束力，处于一个非受限的状态，铸片的纵向拉伸是一个非受限的拉伸行为。

10.2.4　横向拉伸

横向拉伸系统主要包括预热区、拉伸区和热定型区三个功能区（图 10-4），每个功能区内又划分为若干个小的可独立控制温度的功能区以方便对薄膜各个阶段的结构和性能进行控制。

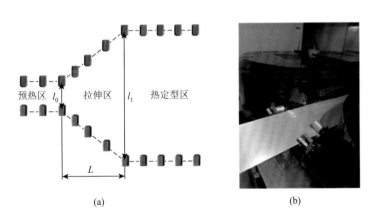

| (a) | (b) |

图 10-4　（a）横向拉伸工艺图；（b）横向拉伸入口实物图

在预热区内，通过设置每个预热段的温度将纵向拉伸后的聚乙烯油膜充分加热至熔融温度附近。由于聚乙烯铸片被纵向拉伸后已经产生了一定的取向晶体，此时熔融温度一般比铸片的温度稍高，因此横向拉伸过程的预热和拉伸温度比纵向拉伸过程要高。

当聚乙烯油膜进入拉伸区后，通过两侧的轨道夹具（链夹）夹住薄膜，随着轨道的变宽，夹具带动油膜在幅宽方向横向扩张而达到横向拉伸的目的。在横向拉伸系统中关键工艺参数有拉伸区温度、拉伸比、机械速度及拉伸区总长度，其中机械速度和拉伸区总长度决定了聚乙烯油膜在横向拉伸过程中的拉伸速率。聚乙烯油膜横向拉伸比（Dr_{TD}）和横向拉伸速率（v_{TD}）表达式如下：

$$Dr_{TD} = \frac{l_1}{l_0} \tag{10-2}$$

其中，l_0 是薄膜进入横向拉伸系统前的幅宽；l_1 是薄膜在经过横向拉伸系统后的幅宽。

$$v_{TD} = \frac{v_M \times (l_1 - l_0)}{L \times l_0} \tag{10-3}$$

其中，v_M 是横向拉伸过程中的机械速度；L 是横向拉伸系统中拉伸段的长度；l_0、l_1 同上。

为了进一步稳定经过双向拉伸后形成的聚乙烯晶体结构和基膜的尺寸，聚乙烯油膜在经过横向拉伸后需要进行热定型。在热定型段，聚乙烯油膜首先经历高温，以进一步完善晶体结构，稳定薄膜尺寸，然后温度逐渐降低至室温。

10.2.5 萃取干燥

萃取干燥系统是湿法隔膜生产线的特有工序。经过流延冷却和双向拉伸后的薄膜，虽然聚乙烯分子链网络与成孔剂已经产生了相分离，但成孔剂仍然分布在双向取向的聚乙烯晶体和分子链之间，此时，薄膜内部并不存在孔隙。萃取干燥的目的是将成孔剂从油膜中聚乙烯晶体和分子链之间萃取出来，形成微孔通道。萃取过程是利用易挥发的有机溶剂（萃取剂）萃取成孔剂并取代成孔剂位置的过程；而干燥过程是萃取剂挥发，空气取代原来萃取剂位置形成微孔的过程。经过萃取干燥后的薄膜由透明变成白色，表明隔膜微孔已经形成。

湿法隔膜生产线中萃取过程要求能够快速将成孔剂萃取出来以适应生产线高速生产，并使锂离子电池隔膜中成孔剂残留量低，故对萃取剂的萃取能力要求高。萃取效率取决于萃取剂的种类、萃取时间、萃取方式（有无超声）、生产速率等因素。考虑到生产安全及萃取干燥速率，湿法隔膜生产线通常用二氯甲烷作为萃取剂。

干燥过程是将萃取后的薄膜传送至半密封腔内，通过对传送辊进行吹风或对腔内施加负压以加快萃取剂的挥发，同时需要控制挥发速率。挥发速率过慢，则影响生产速率；挥发速率过快，会在薄膜内部产生较大的收缩应力，这一部分应力会残留在隔膜中，导致隔膜产生严重收缩，且会因收缩不均而产生"应力纹"等问题。

10.2.6　扩幅定型

扩幅定型是指将已除去萃取剂及成孔剂的微孔隔膜预热至隔膜的软化点温度，然后进行小幅横向拉伸以将其扩幅，再横向回缩消除隔膜在之前工艺中产生的内应力，最后冷却成型。经过扩幅定型后的隔膜，分子取向得到进一步有序排列，同时提高隔膜的纵横向拉伸强度和孔隙的直径。依据以下公式计算：

$$拉伸比 = \frac{L_1}{L_0} \tag{10-4}$$

$$回缩率 = \frac{L_1 - L_2}{L_1} \tag{10-5}$$

其中，L_0 是进入扩幅定型阶段前隔膜的初始幅宽；L_1 是扩幅后隔膜的幅宽；L_2 是回缩后隔膜的幅宽，如图 10-5 所示。通常回缩后的幅宽要大于初始幅宽，即 L_2 大于 L_0。

扩幅和回缩的比例影响着最终隔膜的热收缩率和孔径，常规湿法隔膜生产线中，扩幅倍率在 1.3～1.6 之间，回缩率在 10%～20%之间。

10.3　湿法隔膜加工机理

湿法隔膜在挤出流延过程中会由聚乙烯与溶剂白油的均一熔体经过相分离形成相互贯穿的片晶簇，再加上分布在片晶与片晶之间的大量溶剂白油构成湿法隔膜初始铸片。在经历后热拉伸加工过程中，在拉伸外场作用下铸片会经历复杂的微观结构重构过程，其中湿法隔膜最终的微观结构是由相分离温度、拉伸外场和温度场等多种因素共同决定。因此，研究聚乙烯冷却过程中的相分离行为

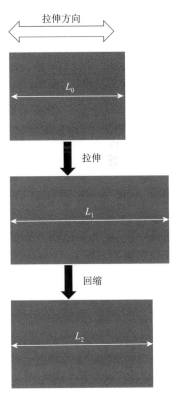

图 10-5　扩幅定型中扩幅、回缩示意图

和加热条件下湿法隔膜拉伸过程中形态结构演化，对于湿法隔膜加工具有很重要的意义。相分离部分的理论基础请参考阅读第 4 章。

因此，在 10.3 节重点介绍湿法隔膜在加工过程中涉及的基本物理机制，包括在流延过程中的热致相分离，以及在纵向、横向拉伸过程中聚乙烯晶体结构演化机理等。

10.3.1 挤出流延过程中湿法隔膜相分离行为

在湿法隔膜加工过程中，UHMWPE 与溶剂白油在经过双螺杆挤出机充分混合均匀形成均一熔体经口模挤出后，首先经过流延辊进行冷却，在冷却过程中聚乙烯与白油会发生固液相分离，即聚乙烯以结晶固化的形式从白油中析出。在冷却降温过程中，聚乙烯首先结晶形成片晶及片晶簇的形态，溶剂白油被截留在片晶与片晶之间。流延辊温的高低影响着聚乙烯片晶生长的快慢及与溶剂之间的相畴形态，决定了湿法隔膜初始铸片的最初形态。

本书作者团队使用湿法隔膜挤出流延实验线（图 10-6），研究了挤出流延过程中流延辊温对聚乙烯与白油相畴的影响。分别设定了 20℃和 80℃两个差异较大的流延辊温，经挤出流延后，收集经过两种不同辊温的流延辊的铸片，一方面将铸片中白油萃取掉，表征了两个流延辊温下铸片贴辊面的表观形貌（图 10-7）；另一方面将铸片进行双向拉伸、萃取及热定型制备成最终隔膜，并表征了两个流延辊温下得到的隔膜表观形貌（图 10-7）及孔径[图 10-8（b）]。孔径由泡点法测试得到，而通过对表观形貌中纤维直径进行统计计算，得到了两个不同流延辊温下隔膜的平均纤维直径，结果如图 10-8（a）所示。结果发现，低辊温 20℃时

图 10-6　湿法隔膜挤出流延实验线

铸片中聚乙烯结晶形成的片晶簇边界轮廓清晰可见，而在较高辊温 80℃时，铸片中聚乙烯片晶簇相畴对比 20℃时更大。这导致经高辊温铸片双向拉伸后隔膜纤维网络中的纤维直径要比 20℃时更粗[图 10-7（c）和（d）]，平均纤维直径由 20℃时的 47 nm 变为 80℃时的 75 nm[图 10-8（a）]。此外由于高的流延辊温条件下聚乙烯结晶速率较慢，表面溶剂白油有足够时间扩散形成大的液滴，经萃取后在铸片表面形成尺度在几微米的孔隙[图 10-7（b）]。双向拉伸后，低辊温 20℃铸片的隔膜孔径为 30 nm，而高辊温 80℃隔膜孔径为 25 nm[图 10-8（b）]。

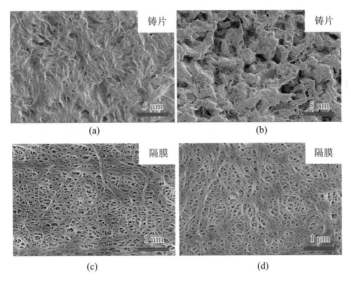

图 10-7　（a）流延辊温 20℃下铸片表观形貌；（b）流延辊温 80℃下铸片表观形貌；（c）流延辊温 20℃下隔膜表观形貌；（d）流延辊温 80℃下隔膜表观形貌

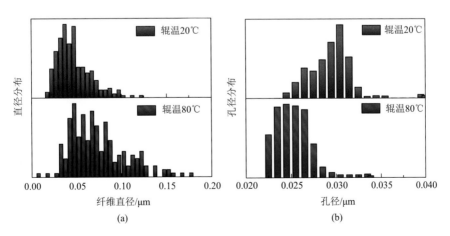

图 10-8　流延辊温为 20℃及 80℃下隔膜的纤维直径分布（a）和孔径分布（b）

10.3.2 纵向拉伸：纵拉比-温度二维空间中结构演化

在半晶高分子拉伸过程中，拉伸温度是决定结构演化的重要加工参数。当温度升高时，晶体分子链运动能力明显增强，使得晶体剪切破碎、熔融再结晶和折叠链片晶向伸直链晶转化变得更加容易发生[10, 11]。Kajiyama 等[12]认为晶体的破坏方式主要取决于拉伸温度的高低，在 α_I-松弛温度（$T_{\alpha I}$）附近，晶体倾向于破碎成较小的晶块，而高于 α_{II}-松弛温度（$T_{\alpha II}$），晶体破碎成较大的晶块。根据 Séguéla 等[13]提出的晶体位错分子动力学模型，位错过程主要包括位错成核、位错生长扩散和最终形成贯穿整个晶体的位错。需要特别指出的是，位错生长扩散是通过晶体内分子链 180°链扭曲变形运动进行的[14]，其中较高温度时较强的分子链运动能力使得沿着分子链方向的链扭曲变形运动变得更加容易（位错生长扩散更快）[15]。2D-^{13}C 核磁共振（NMR）实验结果证明了晶体内分子链的 180°伸缩振动频率在 α-松弛温度附近会增加几个数量级[16]。在更高温度（高于 $T_{\alpha II}$），Kang 等[17]通过双量子（DQ）NMR 检测技术在研究 iPP 拉伸结构演化过程中，证明了在拉伸作用下晶体发生熔融再结晶，晶体中的折叠链可以从晶体中拉出形成伸直链晶体。吕飞等[18]在研究超高分子量聚乙烯纤维拉伸过程中也发现，当温度处于 $T_{\alpha II}$ 与初始熔融温度之间时，结晶度会经历先下降后明显上升，以此验证了熔融再结晶的发生。对于大多数高分子材料，晶体滑移偏向于在低温拉伸过程中发生，而熔融再结晶更倾向于在高温拉伸中发生，第 5 章中对此进行了详细介绍。

如 10.2.2 节所述，湿法隔膜的纵向拉伸是一个单向非受限的拉伸行为。在单向拉伸外场下，拉伸温度和拉伸比（或拉伸应变）的耦合作用决定了纵向拉伸后薄膜的微观结构。为了探究纵向拉伸过程中温度场与应力场耦合作用对聚乙烯微观结构演化过程的影响，本书作者团队利用自主研制的拉伸流变装置（图 10-9），结合同步辐射 X 射线散射技术，原位研究了聚乙烯铸片在纵向拉伸过程中的结构演化规律[19]。

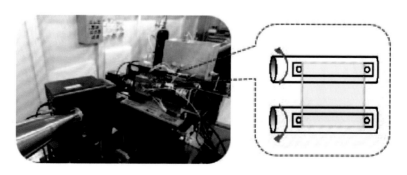

图 10-9 原位拉伸流变装置示意图

首先，利用动态机械分析（DMA）给出了聚乙烯的两个 α 转化温度 $T_{\alpha I}$ 和 $T_{\alpha II}$。$T_{\alpha I}$ 为损耗模量 G'' 曲线峰顶位置和储能模量 G' 曲线转折点（图 10-10），约 42℃。高于该温度，结晶区分子链运动能力增加，有利于片晶滑移。$T_{\alpha II}$ 为 G'' 曲线转折点和损耗因子正切值 $\tan\delta$ 曲线峰顶位置，约 71℃，表明晶体与无定形相之间分子链的扩散运动能力进一步增强。同时，利用差示扫描量热仪给出了聚乙烯晶体初始熔融温度 T_{onset}，约 107℃，高于该温度，聚乙烯晶体发生熔融。通过以上三个温度 $T_{\alpha I}$、$T_{\alpha II}$ 及 T_{onset} 将整个温度空间划分为四个区间，分别为温度区间 I（$T<T_{\alpha I}$）、温度区间 II（$T_{\alpha I}<T<T_{\alpha II}$）、温度区间 III（$T_{\alpha II}<T<T_{onset}$）和温度区间 IV（$T>T_{onset}$）。

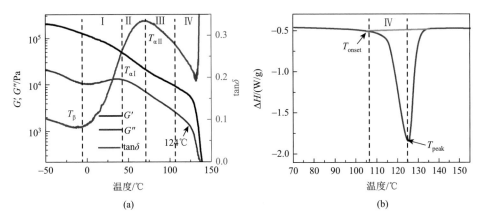

图 10-10　（a）DMA 中储能模量（G'）、损耗模量（G''）及损耗因子（$\tan\delta$）曲线；（b）DSC 曲线

1. 温度-应变二维空间片晶周期演化

图 10-11 分别给出了 25℃、60℃、90℃和 110℃四个温度区间内典型温度下聚乙烯铸片拉伸时 SAXS 演化趋势二维图，其中水平方向为子午线方向（拉伸方向，MD），竖直方向为赤道线方向。未拉伸时（即 $\varepsilon=0$），所有温度下的 SAXS 二维图都是沿子午线方向的椭球形散射花样。这是因为聚乙烯熔体在经过挤出流延时，流延辊速率要大于熔体挤出速度，给予聚乙烯熔体一个预拉伸比，使铸片中聚乙烯分子链和晶体沿流延方向形成一定的预取向。在拉伸过程中的演化规律为：①应变增大至 1.8，赤道线方向上逐渐出现了梭状的散射花样。②应变继续增大，较低温度（25℃和 60℃）时，子午线方向上散射信号逐渐向 beamstop 集中，赤道线方向出现了明显的条纹状散射花样，表明此时纤维状排列的晶体结构形成。而在较高温度（90℃和 110℃）时，子午线方向上出现对称分布的离散椭球形，赤道线方向上出现尖锐的条纹状散射花样，这意味着此时形成了串晶结构。③在更大应变下，25℃时，赤道线方向上条纹状散射花样变得更加长细，60℃时，子午线方向上出现了模糊的对称分布的椭球形散射花样。温度在 90℃以上，子午线方向上对称分布的椭球形散

射花样越来越明显，而赤道线方向上较宽的条纹状散射花样逐渐演变为针状的散射花样。不同温度下，散射花样演化过程的差异揭示了晶体演化过程的区别。

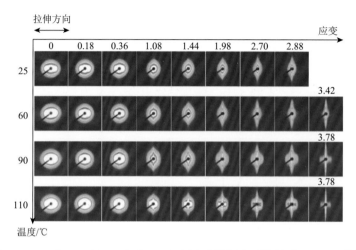

图 10-11　25℃、60℃、90℃和110℃四个典型温度下拉伸时 SAXS 二维图

为了更好地理解不同温度下的结构演化机理，对 SAXS 二维图进行定量化处理，得到了 SAXS 一维积分曲线，并从中计算得到不同温度和应变二维空间内的片晶长周期分布规整性参数（Δq_{M}）和子午线方向上长周期（L_{M}）值，构建了二维空间内 Δq_{M} 和 L_{M} 演化云图，如图 10-12 所示。由图 10-12（a）可以看出，Δq_{M} 演化规律在不同温度区间内是不同的。在温度区间 I 中，Δq_{M} 呈现不断增加趋势，直至 Δq_{M} 不能被计算得到，这表明在较大应变下，片晶的排列结构失去周期性。在温度区间 II 中，Δq_{M} 演化规律较复杂，先不断增加直至 Δq_{M} 不能被计算得到，随后不断减小。

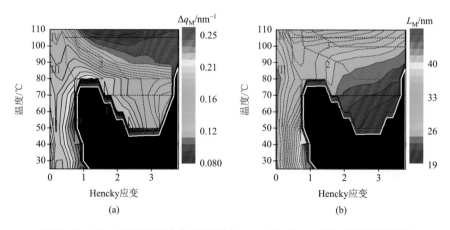

图 10-12　25～130℃范围内拉伸过程中 Δq_{M}（a）和 L_{M}（b）演化等高线图

在温度区间Ⅲ中，Δq_M 先不断增加后不断减小，其演化规律的转折应变点由 80℃时的 1.08 减小为 100℃时的 0.54。此外，拉伸温度越高，相同应变下对应的 Δq_M 越小。在温度区间Ⅳ中，在应变 1.26 之前，Δq_M 不断下降，随后微弱上升。

图 10-12（b）为 L_M 演化云图。在温度区间Ⅰ中，随着应变增大，L_M 首先从初始 24.0 nm 近似线性增加至 46.5 nm。当应变大于 1.08 时，L_M 无法被计算到，这表明此时晶体的排列呈非周期性。在温度区间Ⅱ中，在应变 0.72 之前，L_M 呈现非线性的演化规律，此时 L_M 从初始 24.0 nm 分别增加到 50℃、60℃和 70℃时的 43.0 nm、35.3 nm 和 32.0 nm，随后 L_M 不能被计算得到。在较大应变下，周期性排列的晶体结构重新出现，50℃、60℃和 70℃下周期性排列晶体开始出现的应变分别为 2.34、1.98 和 1.62，即温度升高，周期性排列晶体出现越早。对于温度区间Ⅲ，在整个应变范围内，L_M 均呈现非线性的演化规律，先不断增加后不断减小。不同温度下，L_M 增加和下降的转折应变点分别为 1.08（80℃）及 0.54（100℃）。在 L_M 下降的应变范围内，L_M 先快速下降，随后达到类似平台区域，最后又继续快速下降。温度区间Ⅳ内的 L_M 演化规律与温度区间Ⅲ中非常相似。有一点不同的是，当应变大于 2.70 时，L_M 下降趋势明显变快。在 Δq_M 和 L_M 的等高线图中，密集的等高线区域对应着较快的变化趋势。

为了更加清晰明了地追踪不同温度下，不同形态结构的转变，在图 10-12 的结构云图中，用红色虚线 0、1、2 和 3 标出了不同温度下结构演化转折点。这些虚线可以把温度-应变空间分割成特定的几个区域，在相同的温度-应变空间内，其结构演化规律比较类似。虚线 0 对应于不同温度下应力-应变曲线中的屈服应变。虚线 1 对应于 Δq_M 和 L_M 重新出现的应变，表示无周期性排列的晶体结构转变为重构的周期性排列的晶体结构的界限。虚线 2 为 Δq_M 和 L_M 下降趋势结束达到平台时对应的应变，代表周期性排列晶体结构规整程度低和高的界限。虚线 3 对应于 SAXS 二维图中子午线方向上出现明显对称分布的离散椭球形和赤道线方向上尖锐的条纹状散射花样的应变，代表串晶结构出现的边界。

2. 温度-应变二维空间中晶体形态结构演化

图 10-13 给出了四个温度区间典型温度 25℃、60℃、90℃和 110℃下纵向（MD）拉伸时 WAXS 演化趋势二维图。未拉伸样品的 WAXS 二维图显示完整的散射环，其中在赤道线方向上强度要相对略高，表明晶体沿 MD 有一定取向排列。在应变 0.36 之前，所有温度下 WAXS 二维图没有发生明显的改变。在拉伸中期，随着应变增大，WAXS 二维图逐渐形成宽的散射弧和明亮的散射斑点叠加信号，说明晶体沿 MD 取向排列并不均匀，存在取向程度高和低两种取向晶体，且只有部分晶体沿 MD 高度取向。同时,(200)和(110)晶面散射斑点在赤道线方向上越来越集中，表明形成了纤维状晶体。该现象与图 10-11 中 SAXS 二维图中赤道线方向上的条纹状散射信号相一致。而且温度升高会使得(200)和(110)晶面散射弧在赤道线方向

上越来越窄，这说明温度升高有利于(200)和(110)晶面散射信号的集中。当应变大于 2.70 时，随着应变增大，较低的温度 25℃、60℃和 90℃情况下，较宽的散射弧和明亮的散射斑点叠加的信号仍然存在，但是宽的散射弧方位角范围越来越小，明亮的散射斑点信号在赤道线方向上越来越集中。而在较高温度 110℃时，(200)和(110)晶面散射斑点信号集中于赤道线方向，温度越高散射亮斑信号在赤道线方向越集中，表明高温下晶体沿拉伸方向取向程度更高。

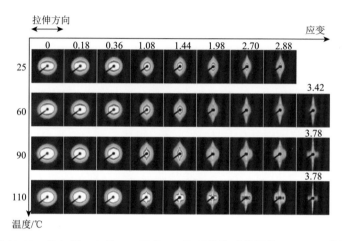

图 10-13　在 25℃、60℃、90℃和 110℃下拉伸时获得的 WAXS 二维图

　　为了更清楚地描述纵向拉伸过程中晶体演化规律，将 WAXS 二维图进行定量化处理，得到结晶度（χ_c）、晶粒尺寸（L_{200}）及高取向晶体含量（OC，定义为晶体赤道线衍射斑点的强度与该衍射峰整体强度比），如图 10-14 所示。图 10-14（a）总结了 25～110℃范围内，纵向拉伸过程中 χ_c 演化云图。在温度区间 I 中，应变小于 0.54 时，χ_c 几乎保持 20.5%不变。随着应变逐渐增大，χ_c 不断减小至 14.5%，并且不同温度下 χ_c 演化规律几乎一样。在温度区间 II 中，当应变大于 0.54 时，χ_c 保持不断下降的趋势，下降趋势变平缓的转折点分别为 2.34（50℃）和 1.98（70℃）。在温度区间III中，80℃时，χ_c 先下降较快，当应变超过 2.34，其下降趋势明显变平缓。而对于 90℃和 100℃，χ_c 先略微下降后不断上升，这是由高温下拉伸诱导熔融再结晶造成的。在温度区间IV中，χ_c 一直不断上升。

　　图 10-14（b）总结了 25～110℃范围内，纵向拉伸过程中 L_{200} 演化云图。在温度区间 I 中，不同温度下的 L_{200} 演化规律非常相似。L_{200} 先从初始 38.8 nm 迅速减小至 25.5 nm，当应变大于 0.36 时，L_{200} 以相对平缓的下降趋势减小至 16.5 nm。对比温度区间 I 和温度区间 II，不同温度下的 L_{200} 下降趋势差异很大，并且相同应变下高温区 II 的 L_{200} 值更小，这说明随着温度升高，两个温度区间内晶体的破碎方式是不同的。在温度区间III中，L_{200} 先下降较快，随后保持较平缓的下降趋

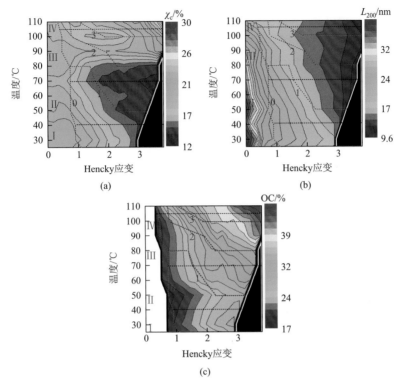

图 10-14　在 25～110℃范围内，拉伸过程中的 χ_c 演化云图（a）、L_{200} 演化云图（b）和 OC 演化云图（c）

势，应变大于 2.70 后下降趋势又明显变快。在温度区间Ⅳ中，L_{200} 演化规律与温度区间Ⅲ很相似，但是下降趋势相对更陡一些。

　　图 10-14（c）总结了 25～110℃范围内，纵向拉伸过程中 OC 演化云图。在温度区间Ⅰ中，当应变大于 0.72 时，OC 几乎线性增加至 28%。在温度区间Ⅱ中，OC 起初也几乎保持线性增加的趋势，随后增加趋势变平缓，其转折点分别为 2.34（50℃）和 1.98（70℃）。而且温度越高，相同应变下，OC 越高，表明升高温度有利于晶体沿着 MD 取向排列。相对于温度区间Ⅱ，在温度区间Ⅲ中，OC 增加更明显。在温度区间Ⅳ中，OC 近似线性增加。值得注意的是虚线 1 对应于 χ_c 和 L_{200} 演化规律的转折点，也对应于晶体结构从无周期排列到重构形成的周期性排列的转变界限，是片晶自身结构演化与其排列耦合在一起的过程。虚线 2 对应于 χ_c 平台区初始应变和 L_{200} 下降趋势变缓的初始应变，也对应于较低周期性和较高周期性排列晶体结构出现的边界。此外，χ_c 在虚线 3 之后，一直保持上升，也表明此时占主导的是串晶结构，这是因为高度伸展的分子链促进再结晶。

3. 温度-应变二维空间结构相图构建

根据上面给出的 SAXS 和 WAXS 实验结果，初步建立了温度-应变二维空间内聚乙烯油膜形态演化相图和位于相应温度-应变区域的四种不同形态晶体结构的模型图（图 10-15）。黑色实线分别对应于屈服点应变（线 0）、无周期性排列的片晶结构与重构形成的周期性排列片晶结构的分界线（线 1）、类纤维晶排列结构和纤维状晶体排列结构分界线（线 2）和串晶结构分界线（线 3）。接下来详细介绍温度-应变二维空间内不同形态结构。

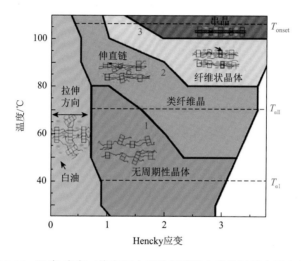

图 10-15 温度-应变二维空间内湿法隔膜纵向拉伸过程中形态相图

浅蓝色、粉红色、橙色及红色区域分别对应：无周期性排列晶体结构、类纤维晶排列结构、纤维状晶体排列结构及串晶结构

1）无周期性排列片晶结构加工窗口

在温度区间 I 内，此时温度低，晶体中分子链运动能力比较弱，应力局部集中现象比较明显[20, 21]，这可能导致应力诱导晶体不均匀破碎及晶体沿 MD 不均匀的取向排列。事实上，当应变大于 0.54 时，OC 的出现表明晶体沿着拉伸方向上的取向排列并不是均匀的。在温度区间 I 中，应变在 0.54～1.98 之间时，χ_c 从 20.5% 一直下降至 16.5%［图 10-14（a）］，L_{200} 从 25.0 nm 快速减小至 19.4 nm［图 10-14（b）］，与之相对应，此时 OC 上升趋势逐渐变缓慢［图 10-14（c）］，这说明较低温度下的应力集中造成了晶体的非均匀破坏。非均匀破坏的片晶倾向于在基体中无规地分布排列（虽然晶体会倾向于沿着拉伸方向取向排列），这导致了在该温度-应变窗口下占主导的是无周期性排列的晶体网络结构，如图 10-15 模型图所示。当温度高于 $T_{\alpha I}$（温度区间 II，$T_{\alpha I}<T<T_{\alpha II}$）时，晶体内分子链运动能力会因为晶体结构单元热膨胀效应增强而明显增加，使得晶体内位错滑移变

得更加容易，以及溶剂存在使得晶体沿滑移面滑移成为主要的破坏方式[13, 22]。因此，在线 1 之前（应变为 0.54～1.98 之前），χ_c 从 18.7%减小到 15.2%，其降低的程度相对低温区要低[图 10-14（a）]。而 L_{200} 以更快的降低趋势从 25.0 nm 减小到 17.8 nm[图 10-14（b）]。对比温度区间 I，在温度区间 II 中，OC 增加的趋势更加明显，但是数值仍然较低。因此，在该温度-应变区域内占主导的仍是无周期性排列的晶体网络结构。

2）类纤维晶排列结构加工窗口

当温度进一步升高时，相对均匀的晶体破坏方式及塑化剂作用有利于晶体在拉伸方向的周期性排列。而且由于温度高于 $T_{\alpha\mathrm{I}}$，晶体内分子链运动能力明显增强，此时晶体沿着滑移面滑移变得更容易并同时存在熔融再结晶，减缓体系结晶度下降趋势。这与温度区间 II 内，应变大于线 1 时，χ_c 下降趋势变缓[图 10-14（a）]相一致。L_M 随应变增大不断减小[图 10-12（b）]，而 Δq_M 明显减小[图 10-12（a）]的原因主要是熔融再结晶的发生，新生成的晶体具有更好的周期性。在温度区间 III（$T_{\alpha\mathrm{II}}<T<T_{\mathrm{onset}}$）中，更高温度时晶体和无定形分子链运动能力更强，使晶体减小的程度更低[图 10-14（a）]，熔融再结晶成为主要结构演化机制。

3）纤维状晶体排列结构加工窗口

当温度进入温度区间 III 内时，由于晶体结构单元热膨胀效应增加，分子链180°扭曲变形能力[16]或是晶体分子链沿着分子链 c 轴方向上的伸展-扩散运动能力大大增强[23, 24]，这使得晶体内分子链在外力作用下可能从晶体拉出发生局部融化并再结晶形成伸直的分子链[17, 25]。而且这种局部容易拉出的分子链有利于分子链的平行排列和晶体沿着拉伸方向周期性结构的重构。这些高度取向的伸直链可以充当成核位点，加之在塑化剂作用下分子链运动能力大大增强，促进了较低伸展程度的分子链以折叠链的方式沿伸直链生长，形成高度取向和周期性排列的晶体结构[26-29]。此时，Δq_M 保持着相对平缓的下降趋势。虽然拉伸诱导晶体的取向排列有利于 Δq_M 减小，但是再结晶形成的片晶内插，使得重构后周期性排列的晶体结构 Δq_M 增大。两种因素的耦合作用导致 Δq_M 下降较为平缓。当应变大于 2.70 时，L_M 下降明显而 Δq_M 缓慢增加，造成这种现象的原因是更高温度下更多折叠链从晶体中拉出形成伸直链，促进更多的新生片晶参与周期性排列晶体结构的重构。更高的结晶度和更高的 OC 标志着沿着拉伸方向周期性排列的片晶结构的形成。在温度区 IV 中（$T>T_{\mathrm{onset}}$），当应变超过线 2 时，由于较高温度下发生了再结晶，导致 χ_c 增加明显[图 10-14（a）]。而再结晶新生成的片晶内插入周期性排列的晶体结构，引起 L_M 明显下降而 Δq_M 缓慢增加[图 10-12（a）]。

4）串晶结构加工窗口

当温度高于 100℃时，较强的分子链运动能力使得晶体内分子链在外力作用下拉出晶体，形成伸直的、相互平行排列的分子链结构，而且平行排列的分子链结构更有利于高度取向和周期性排列的新晶体形成。结合原有晶体沿着拉伸方向周期性排列，两者综合作用可以用来解释串晶结构的形成（应变大于线 3）。

总体来讲，随着温度升高，由于晶体结构单元热膨胀效应作用，分子链运动能力不断增强，使得片晶滑移破坏或者晶体与无定形相间伸展-扩散运动能力大大增强，从而造成了不同的晶体破坏方式，而不同破坏方式产生的晶块和熔融再结晶决定了薄膜的微观结构。

10.3.3　横向拉伸：不同纵拉比下横向拉伸过程中结构演化

作为横向拉伸的起始结构，湿法隔膜在纵向拉伸过程中形成的结构对于横向拉伸时的结构演化和可拉伸性有决定性影响[30-33]。在小的纵拉比下，除了初始晶体会沿着 MD 有轻微的取向，整个横向拉伸过程的结构演化与普通单向拉伸过程中发生的由各向同性结构向取向结构转化相似。而在大的纵拉比下，此时沿 MD 取向的微纤已经形成。再进行横向拉伸，此时拉伸应力垂直于分子链取向方向，在这个过程中发生的结构演化研究较少。可以想象，微纤在垂直应力作用下可能会发生撕裂、分离和倾斜，然后在薄膜平面内沿各方向取向，形成交错的微纤网络结构[34, 35]。因此，在二维应变空间内的形貌相图的构建对于探寻湿法隔膜加工最佳拉伸比窗口显得至关重要。

本书作者团队利用自主研制的高温双向拉伸装置，研究了聚乙烯隔膜在异步双向拉伸过程中晶体的结构演化[36]，同时利用扫描电子显微镜对不同纵向和横向拉伸比下聚乙烯隔膜的最终形貌进行系统表征，构建了二维拉伸比空间内晶体形貌相图，助力工业中优化隔膜结构与形态的拉伸比窗口的选择。

不同纵向和横向拉伸比下的湿法隔膜 WAXS 二维图如图 10-16 所示，其中水平和竖直坐标轴分别为横向和纵向拉伸比。如图中蓝色箭头所示，竖直方向为 MD，水平方向为横向拉伸方向（TD）。实际上，异步双向拉伸是纵向拉伸和横向拉伸的组合，横向拉伸是在纵向拉伸的基础上进行的。因此，纵向拉伸过程中形成的结构对横向拉伸的结构演变、拉伸性能和最终薄膜的结构都有很大影响。所以，基于上一小节中纵向拉伸过程中结构演化的讨论，本小节重点讨论横向拉伸时的结构演化。从图 10-16 可以看出，在纵向拉伸过程中，随着纵拉比的增大，(110)和(200)晶面衍射峰逐渐集中在水平方向上，说明在 MD 上晶体逐渐有取向。此外，当纵拉比大于 3 时，会观察到集中的散射弧上叠加有更强的散射点信号，表明纤维晶的形成[37]。而对于横向拉伸，WAXS 二维图依赖于纵拉比。当纵拉比小于 4 时，(110)和(200)晶面的晶体衍射环由在水平方向有强散射信号的各向异性圆环，逐渐变化成在竖直方向的集中散射信号（亮斑）。这表明在横向拉伸之后有沿 TD 取向的纤维晶的生成。另外，当纵拉比从 1 增加到 4 时，散射强度最大值由水平方向旋转到竖直方向所需要的横拉比由 3 增大到 5。而当纵拉比较大时，随着横拉比的增加，(110)和(200)晶面衍射环由在水平方向的明亮散射斑点逐渐变为水平和竖直方向双取向的散射信号，即在水平和竖直方向上存在两对散射弧。这表明在双向拉伸之后，形成了沿纵向和横向两个方向都取向的晶体。由 WAXS 演化趋势来看，可以推测出在横向拉伸过程中，不同纵拉比条件下存在不同的横向拉伸结构演变机理。

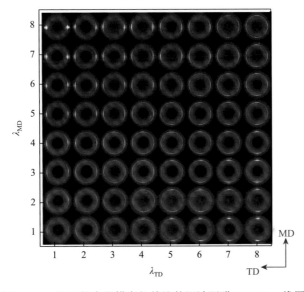

图 10-16　不同纵向和横向拉伸比的湿法隔膜 WAXS 二维图

　　为了描述横向拉伸过程中晶体的取向变化情况，绘制了不同纵拉比下横向拉伸过程中(110)散射晶面的方位角积分强度极图，如图 10-17 所示。图中的方位角依旧代表 WAXS 二维图中的方位角，而黑色的圆环从内到外依次代表横拉比从 1 到 8。图中刻度尺代表归一化后的(110)衍射晶面的方位角积分强度。右下角箭头表示的是薄膜拉伸方向，即纵向拉伸方向为竖直，所对应的晶体信号在 WAXS 二维图中水平方向。反之，横向拉伸方向为水平，对应的晶体信号在 WAXS 二维图中竖直方向。对于不同纵拉比下的样品，在横向拉伸过程中在竖直方向均会有一个窄峰逐渐出现，表明 TD 有高取向的晶体生成。而对于水平方向的(110)晶面方位角积分峰，在横向拉伸过程中，峰宽逐渐在变宽，预示着沿 MD 取向的晶体取向程度在减小。考虑到纵向拉伸时产生的不同结构的影响，在横向拉伸过程中，纵向和横向两方向上的晶体取向情况随初始纵拉比不同而有所差异。当纵拉比增大时，竖直方向出现方位角积分峰时所对应的横拉比也增大，且峰强会减弱。这表明纵拉比越大，TD 上高度取向的晶体形成得越晚（即所需要的横拉比越大），且含量降低。此外，当纵拉比从 1 到 4 时，在横向拉伸过程中，水平方向的方位角积分峰逐渐减弱至消失。相反，在较大的纵拉比（5~8）时，水平方向的方位角积分峰一直存在，证明在整个横向拉伸过程中，一直有沿 MD 取向的晶体存在。另外，在斜向方向上没有明显的方位角积分峰存在，由此排除了横向拉伸过程中晶体由 MD 向 TD 的旋转[38, 39]。

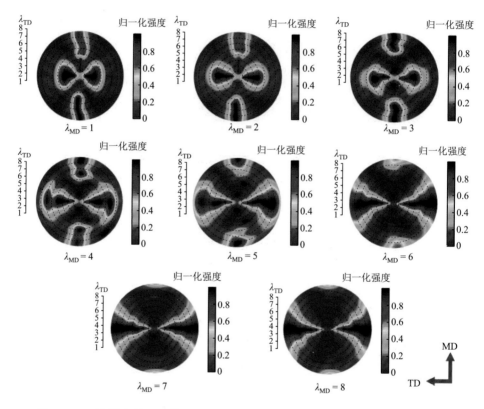

图 10-17　不同纵拉比下，横拉比由 1 到 8 时的(110)散射晶面方位角积分强度极图

　　为了量化晶体的取向参数，对(110)散射晶面的方位角积分强度进行了高斯峰拟合，得到了方位角积分峰半高峰宽（$FWHM_a$），如图 10-18（a）所示。然后根据式（10-6）计算得到了取向参数 f。如之前所描述，在竖直方向方位角积分峰出现之前，水平方向的方位角积分峰可以拟合成两个高斯峰，意味着在 MD 上存在两种不同取向程度的晶体。因此，定义了高和低两组取向参数 f_{LO} 和 f_{HO}，如图 10-18（b）和（c）所示。而对于竖直方向的信号，方位角积分强度从开始出现就只能拟合成一个高斯峰，如图 10-18（a）所示。所对应的 TD 的晶体取向参数定义为 f_{TD}，演化规律

见图 10-18（d）。在小纵拉比（即从 1 到 4）时，随着横拉比的增加，f_{LO} 一直在增大。而对于大纵拉比从 7 到 8 的情况下，f_{LO} 一直在减小。可是，对于中等纵拉比从 5 到 6 的情况，f_{LO} 的变化并不单调，而是先增加（横拉比小于 5 时）然后减小。从图 10-18（c）可以看出，当纵拉比（λ_{MD}）大于 3 时，f_{HO} 才出现，然后随着横拉比（λ_{TD}）的增加一直在减小，甚至在大的横拉比下计算不到 f_{HO}。并且，随着纵拉比的增加，在更大的横拉比时 f_{HO} 才消失。与 f_{HO} 变化趋势相反，随着纵拉比的增加，f_{TD} 出现对应的横拉比也增大。此外，f_{TD} 随着横拉比的增加而增大，这归因于横向拉伸诱导 TD 的晶体取向。

$$f = \frac{180° - \mathrm{FWHM_a}}{180°} \tag{10-6}$$

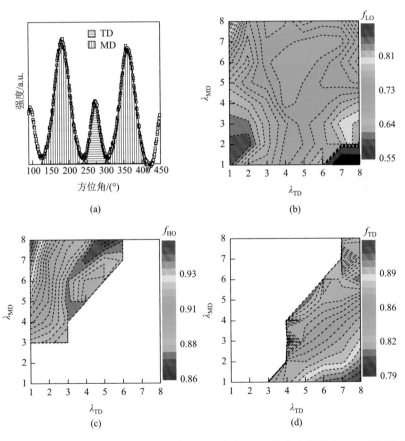

图 10-18　（a）方位角积分强度多个高斯峰拟合示意图；（b）低取向的晶体取向参数演化规律；（c）MD 上高取向晶体取向参数演化规律；（d）TD 上晶体的取向参数演化规律

为了揭示双向拉伸过程中的结构演化机理，对 MD 和 TD 两方向的结晶度和晶粒尺寸进行了定量计算。图 10-19（a）和（a′）分别展示的是 WAXS 二维图进行一维散射强度积分时所对应的水平方向和竖直方向上的遮盖（mask）区域示意图。水平和竖直方向信号分别来源于平行于 MD 和 TD 的晶体。最终得到的整体结晶度（χ_c）和 MD（χ_{cM}）及 TD 取向的结晶度（χ_{cT}）如图 10-19（b）～（d）所示。除此以外，为了比较两个拉伸方向取向晶体的相对含量，定义了 R_c 为 MD 与 TD 取向的结晶度比值。相对应的二维应变空间内 R_c 的演化趋势见图 10-19（e）。由结果可以发现，在纵拉比小于等于 3 时，χ_c 随横拉比的增大而减小；而当纵拉比大于 3 时，χ_c 先减小之后基本保持不变。对于纵向结晶度（χ_{cM}），任何纵拉比下它均随着横拉比的增大而降低。值得一提的是，在小纵拉比从 1 到 3 情况下，横向拉伸至最后（横拉比为 8）时，χ_{cM} 会下降至小于 0.09，表明此时沿着 MD 排列的晶体非常少。而在较大纵拉比（从 4 到 8）下，χ_{cM} 在整个横向拉伸过程中均保持在 0.18 以上。

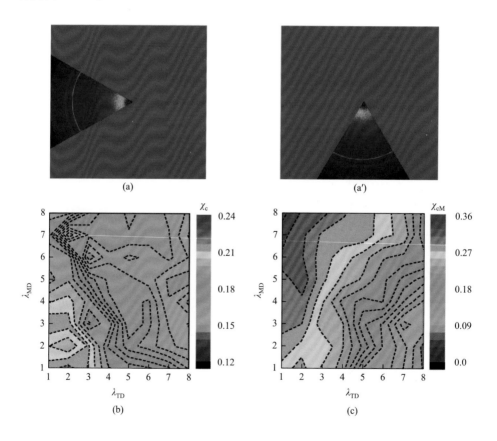

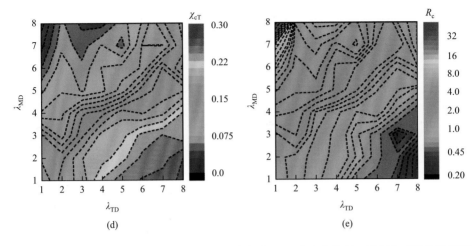

图 **10-19**　宽角 X 射线散射二维图在水平（a）和竖直（a′）方向上进行一维积分时遮盖示意图；二维应变空间内的整体结晶度（b）及 MD（c）和 TD（d）结晶度演化趋势；（e）MD 结晶度与 TD 结晶度比值

至于 χ_{cT}，它随横拉比增大一直呈现增加趋势。特别是在小的纵拉比（从 1 到 3）下，χ_{cT} 由 0.14 增大到 0.26，而在较大纵拉比（从 4 到 8）下，χ_{cT} 从约 0.02 增大至 0.14。从图 10-19（e）可以看出，当纵向和横向拉伸比相同时，样品的 R_c 值在 1.00 与 1.91 之间相对较窄的范围，表明纵向和横向拉伸比相同时，纵向和横向取向的晶体含量相近。而在其他情况下，例如，当纵拉比为 8 而横拉比为 1 时，R_c 值约为 10；当纵拉比为 1 而横拉比为 8 时，R_c 值约为 0.20。这表明 MD 和 TD 上的取向晶体含量与相应方向上的拉伸比呈现正相关的关系：即一个方向的拉伸比增大，则该方向取向的晶体含量增多，相应的垂直方向取向的晶体含量则减少。

图 10-20（a）和（b）分别展示的是二维应变空间内，在 MD 和 TD 取向晶体沿(110)晶面晶粒尺寸的演化趋势，并分别命名为 $L_{110, MD}$ 和 $L_{110, TD}$。当纵拉比小于 3 时，如图 10-20（a）所示，随横拉比增大，$L_{110, MD}$ 减小了 3 nm。而当纵拉比大于 3 时，在横拉比为 4 之前，$L_{110, MD}$ 呈现出微弱的下降，在此之后，$L_{110, MD}$ 几乎保持不变，为 21 nm。由此可以得出，在 MD 取向的晶体晶粒尺寸在横向拉伸过程中几乎不受横拉比的影响。相反，在整个纵拉比范围内，随着横拉比的增大，$L_{110, TD}$ 从约 33 nm 大幅下降至 18 nm。显示在横向拉伸过程中，继续保持沿 MD 取向的晶体侧向尺寸受横向拉伸影响较小，而被横向拉伸调整到 TD 取向的晶体尺寸在不断减小，这可能是由熔融再结晶或晶体滑移形成纤维晶造成的。

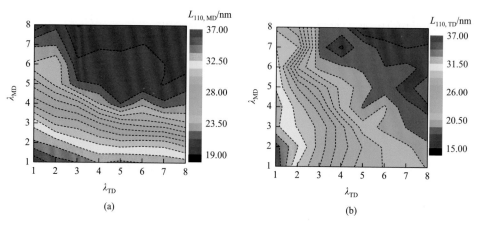

图 10-20　二维应变空间内的 MD（$L_{110,\,MD}$）（a）和 TD（$L_{110,\,TD}$）（b）(110)散射晶面晶粒尺寸的演化

　　图 10-21 展示了在纵拉比分别为 2、5、8 下，不同横拉比时微孔膜通过 SEM 观察到的表观形貌。这三个纵拉比也分别代表了小、中、大三个纵拉比区域。从图 10-21（a）中可以看出，在小的纵拉比下，在横向拉伸过程中，初始堆叠片晶先是分离开来，然后增加横拉比，则沿 MD 排列的堆叠片晶由于熔融或者分

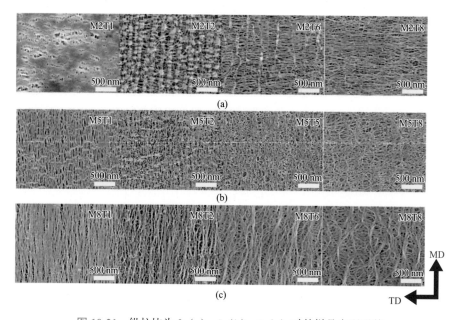

图 10-21　纵拉比为 2（a）、5（b）、8（c）时的样品表观形貌

所有样品所对应的纵向和横向拉伸比均被命名，并标注在相应图像右上角，右下角蓝色箭头表明纵向和横向拉伸方向

离侧向尺寸减小，总的数量也在减少，印证了 WAXS 结果中纵向结晶度的降低。同时会发现，在堆叠片晶之间沿 TD 有重结晶生成的纤维晶，且相对含量随横拉比增大而增加。当横拉比为 8 时，主要是沿 TD 取向排列的纤维晶的存在，很少发现有堆叠片晶。这正好与 WAXS 二维图中明亮的散射斑点相一致。而在中等的纵拉比为 5 的情况下，在开始横向拉伸之前，样品形貌中主要包含沿 MD 取向的纤维晶及少量的堆叠片晶。在随后的横向拉伸过程中，堆叠片晶继续熔融消失，同时伴随纤维晶向 TD 的倾斜。横向拉伸后期，沿 TD 排列的纤维晶也生成了，与 MD 的纤维晶一起形成了交织的纤维网络结构。当纵拉比增加至最大为 8 时，在横向拉伸之前，样品表观形貌中主要是由沿 MD 排列的纤维晶组成的微纤结构。而后在横向拉伸过程中，微纤被撕裂成更细的微纤或者纤维晶，彼此分离，见图 10-21（c）中的 M8T2。然后继续横向拉伸，纤维晶被拉伸倾斜。拉伸至横拉比为 8 时，也形成了类似的交织的纤维网络结构。这充分说明了横向拉伸过程中的结构演变受之前纵向拉伸形成的结构的影响。三个纵拉比下独特的形貌演变恰好证明了在横向拉伸过程中存在三种不同的形变机理。

受纵拉比的影响，横向拉伸过程中的结构演变表现出了不同的特征，根据纵拉比不同可以分为三个区域。相应的形变机理描述如下。首先，在小的纵拉比下，即纵拉比从 1 到 3 时，在横向拉伸之前，聚乙烯凝胶膜中的初始堆叠片晶由于流延过程中纵向拉伸作用，沿 MD 有轻微的分离，且此时没有纤维晶的存在，如图 10-21（a）中 M2T1 所示。在横向拉伸初始阶段，也就是横拉比从 1 到 2，发生了堆叠片晶沿 TD 的分离，就像之前纵向拉伸过程一样，此过程如图 10-21（a）中从 M2T1 到 M2T2。继续进行横向拉伸会发生初始晶体的逐渐熔融再结晶，表现为堆叠片晶的慢慢消失 [图 10-21（a）中从 M2T2 到 M2T8] 和纵向结晶度 χ_{cM} 大幅下降至 0.09 [图 10-19（c）]。此外，低取向晶体的取向参数 f_{LO} 的增加 [图 10-18（b）] 和取向程度的增大可能是源于剩余堆叠片晶的重排 [40]。与此同时，由重结晶导致的沿 TD 取向的纤维晶不断生成，含量增加，这与图 10-19（d）中横向结晶度 χ_{cT} 从 0.14 增加至 0.25 及图 10-18（d）中 f_{TD} 不断增大相一致。总之，在横向拉伸过程中，与纵向拉伸过程相类似，堆叠片晶由于熔融重结晶作用逐渐转变成沿 TD 的纤维晶。其次，对于纵拉比从 4 到 6 的中等拉伸比情况下，在横向拉伸之前，样品中堆叠片晶与沿 MD 取向排列的纤维晶共存 [图 10-21（d）和（e）]。以纵拉比为 5 的样品为例，在横向拉伸过程中，纵向拉伸过后剩余的原始晶体继续被拉伸而熔融，导致了在横拉比为 5 时堆叠片晶的消失 [图 10-21（b）中的 M5T5]。这也可以从图 10-19（c）中 χ_{cM} 的下降来验证。同时，在横向拉伸时，在拉伸应力垂直于分子链的情况下，沿 MD 取向排列的纤维晶被拉开而向 TD 倾斜，导致了高取向晶体取向参数 f_{HO} 的下降以及最终消失在 $\lambda_{TD} = 5$ [图 10-18（c）]。与此同时，当横拉比为 5（$\lambda_{TD} = 5$）时，f_{HO} 开始出现 [图 10-18（d）]，横

向结晶度 χ_{cT} 不断增加[图 10-19（d）]，这证明在横拉比为 5 时，沿 TD 的纤维晶由于重结晶机理而形成[图 10-21（b）中 M5T5]，此后相对含量不断增加。最后，对于纵拉比为 7 和 8 的大纵拉比下的样品，在横向拉伸之前，样品中主要是沿 MD 取向的纤维晶构成的微纤结构，具体见图 10-21（c）中的 M8T1。之后随横向拉伸比由 1 增大到 2，在垂直于微纤的横向拉伸应力的作用下，微纤被拉伸撕裂成更细的微纤或者纤维晶[图 10-21（c）中 M8T2]。然后随着横拉比继续由 2 增大到 8，在垂直拉伸的作用下，微纤或者纤维晶被拉伸倾斜向 TD，取向度降低，这由 MD 的晶体取向参数 f_{LO} 和 f_{HO} 的减小来证明（图 10-18（b）和（c））。当横拉比为 7 时，从 f_{HO} 的出现及 χ_{cT} 的增加可以看出，在横向方向上有少量纤维晶通过重结晶机理而生成。最终在横向拉伸最后阶段，形成了由微纤或者纤维晶构成的交织网络结构，如图 10-21（c）中 M8T8 所示。

在纵向拉伸过程中，通过熔融重结晶，原始的堆叠片晶逐渐转变成了纤维晶。而在横向拉伸过程中，根据纵拉比不同，存在三种形变机理：①纵拉比小于等于 3 时，沿 MD 微弱取向的堆叠片晶被拉伸经熔融重结晶生成了横向方向上的纤维晶；②在中等纵拉比为 4~6 的情况下，初始的堆叠片晶继续被拉伸而熔融，同时沿 MD 取向的纤维晶被拉伸倾斜，伴随着 TD 上取向纤维晶的形成；③在大纵向拉伸比为 7~8 时，横向拉伸过程中微纤被撕裂成更细的微纤或者纤维晶，而后被拉伸倾斜，横向拉伸后期有少量 TD 纤维晶的生成。最后绘制了二维应变空间内的晶体形貌相图及孔隙率性能云图（图 10-22），为工业中制备具有理想结构和形貌的 UHMWPE 微孔膜的最佳加工窗口提供指导。

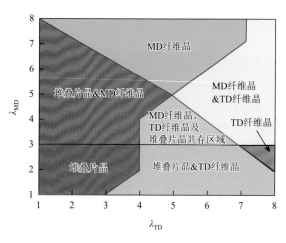

图 10-22　纵向、横向二维拉伸比空间内形貌相图

黑色线、红色线及蓝色线分别代表 MD 纤维晶出现、堆叠片晶消失及 TD 纤维晶出现的临界点

10.3.4　扩幅定型

聚乙烯湿法隔膜在经过萃取干燥后，原来塑化剂存在的地方变成了孔隙，在聚乙烯与孔隙界面会产生表面张力。为了降低表面自由能，聚乙烯分子链欲调整构象以减小孔径。而在聚乙烯微孔膜被固定无法收缩时，在聚乙烯微孔膜中产生内应力，此时聚乙烯无定形区分子链是处于被拉伸取向的状态。该内应力在较高温度下伴随着聚乙烯分子链的松弛回缩而逐渐释放出来，使聚乙烯微孔膜产生热收缩。因此，在热定型前聚乙烯微孔膜具有很大的热收缩值，这也是聚乙烯微孔膜需要进行扩幅定型（TDO2）工艺的原因之一。

在 TDO2 工艺中，在温度场和拉伸外场耦合作用下，沿横向拉伸方向（TD）取向的聚乙烯分子链会通过晶体的滑移或熔融重结晶使得 TD 聚乙烯无定形区分子链发生松弛，内应力逐渐释放。在这个过程中湿法隔膜的微观孔隙变化如何，对隔膜热收缩性能有何影响，这对最终隔膜的结构及性能至关重要。因此，本书作者团队研究了 TDO2 工艺中拉伸比和回缩率对湿法隔膜微观孔隙及宏观热收缩性能的影响关系，其中拉伸比和回缩率的定义见 10.2 节，拉伸比和回缩率参数设计如表 10-1 所示。

表 10-1　拉伸比与回缩率参数

编号	拉伸比 L_1/L_0	最终长度 L_2/L_0	回缩率/%
1313		1.3	0.0
1312	1.3	1.2	7.7
1311		1.1	15.4
1616		1.6	0.0
1613	1.6	1.3	18.8
1611		1.1	31.2
2020		2.0	0.0
2016	2.0	1.6	20.0
2013		1.3	35.0

1. TDO2 工艺对湿法隔膜微观孔隙的影响

在 TDO2 工艺过程中，聚乙烯微孔膜会先后经历拉伸与回缩，在拉伸回缩过程中微孔的演化过程如何目前研究得并不多，然而 TDO2 工艺对隔膜的微孔孔径控制又至关重要。因此，在 TDO2 工艺研究过程中首先需要关注微孔膜的孔径变化，以指导实际工业生产过程中微孔孔径调控。

图 10-23 为不同拉伸比和回缩率的隔膜的孔径分布，图 10-24（a）为不同拉

伸比下隔膜的平均孔径，图 10-24（b）为不同回缩率下隔膜的平均孔径。可以看到，在拉伸过程中，随着 TDO2 拉伸比的增大，即由 1313 到 1616，再到 2020，隔膜孔径由初始的 30 nm 逐渐增大至 52 nm。其次，在回缩过程中，随着回缩率的增大，即由 1313 到 1311、由 1616 到 1611、由 2020 到 2013，隔膜的孔径分布整体向右移动，即孔径呈增大趋势。这意味着，隔膜的回缩过程也是一个孔径增大的过程。当隔膜拉伸比为 1.3 时，在回缩过程中，隔膜孔径由 35 nm 增大至 45 nm。而当隔膜拉伸比增大至 1.6（或 2.0）时，在回缩过程中，隔膜孔径变化幅度变小，仅由 42 nm 增大至约 48 nm（50 nm 增大至 55 nm）。这意味着在回缩过程中发生了纤维融合和孔隙扩大，同时经拉伸回缩后，湿法隔膜孔隙率一般由双向拉伸萃取后的 60%减小至约 40%，即在孔隙扩大的同时还伴有孔隙的塌陷与消失。

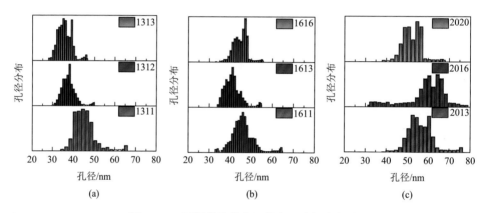

图 10-23　不同拉伸比和回缩率下孔径分布图

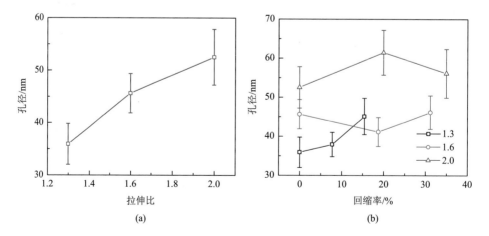

图 10-24　（a）平均孔径与拉伸比的关系；（b）不同拉伸比和回缩率下的平均孔径

2. TDO2 工艺对湿法隔膜热收缩性能的影响

TDO2 工艺对隔膜最终性能中影响较大的是力学性能与热学性能。本书作者团队研究了隔膜的热收缩性能，具体测试方法见 10.4.3 节。在研究 TDO2 工艺中拉伸比和回缩率对隔膜热收缩率的影响关系时，为了作为对比，还测试了 TDO2 工艺之前的聚乙烯微孔膜（R_0）的热收缩率，结果如图 10-25 所示。可以看出，在 TDO2 工艺前，隔膜的热收缩率为 17%～27%，在经历 TDO2 工艺之后，隔膜热收缩率基本降至 10% 以下，说明 TDO2 工艺对于隔膜热收缩有明显的改善效果。同时通过对比 1313 至 1311、1616 至 1611 和 2020 至 2013 系列 MD 或 TD 热收缩率，可以看出，随着回缩率的减小，隔膜 MD 及 TD 的热收缩率减小，热收缩性能改善，这源于在回缩过程中，湿法隔膜内部聚乙烯分子链可以充分松弛，内应力减小。热收缩实际是隔膜在加工过程中形成的内应力在受热条件下不断释放的结果。同时可以看到，随着隔膜拉伸比的增大（1313→1616→2020），TD 热收缩率减小，这源于在 TDO2 工艺（TD 拉伸过程）中，在应力场作用下，沿 TD 取向的聚乙烯晶体在较大拉伸比下会发生滑移或熔融重结晶，使得聚乙烯分子链发生重构，聚乙烯分子链部分松弛，故热收缩率减小。

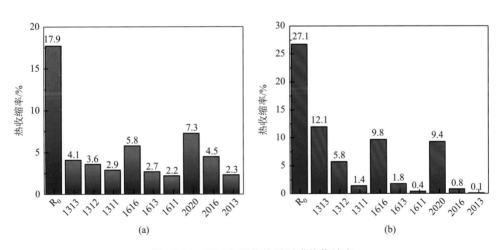

图 10-25　TDO2 工艺前后隔膜热收缩率

（a）MD；（b）TD

10.4　性能评价

隔膜作为锂离子电池的重要组成部分，一方面具有电子绝缘性，起到隔离正负极，避免短路的作用；另一方面能够传输离子，保证电池的电化学性能。隔膜的性能在一定程度上影响着锂离子电池的容量、循环性能、充放电倍率及安全性能等综合性能。通过对隔膜的理化特性及电化学性能的评价，可以判断其对电池性能定量或定性的影响。目前隔膜的性能主要包括基本性能、力学性能、热性能及电化学性能等方面，具体性能及评价方法如下。

10.4.1 基本性能

1）厚度

隔膜的作用是放置在锂离子电池正负极之间，防止正极与负极的直接接触，以避免发生短路。隔膜厚度是一个影响力学强度、电池阻抗、能量密度和充放电速率的关键特性。在电池组装过程中，隔膜厚度越厚，能够卷绕的层数就越少，相应容量也会降低。同时，在孔隙率相同的情况下，隔膜厚度越厚，其透气性越差，使得电池的内阻会升高。但是另一方面，较厚的隔膜抵抗穿刺的性能稍高，电池安全性会有所提升。

锂离子电池隔膜生产线中隔膜厚度通常是利用单架 X 射线厚度在线检测装置进行测定，其基本原理是将射线通过隔膜以后的衰减量转换成厚度。在测试过程中通过传感器恒温控制技术及内标样技术来保证检测的精度和稳定性。

对于消费型（手机、笔记本计算机、数码相机）锂离子电池，人们希望其隔膜厚度更薄，以尽量提高锂离子电池的能量密度。从原来的 25 μm、16 μm、12 μm，到后来的 10 μm 以下薄型隔膜，如 9 μm、7 μm，甚至现在越来越多 5 μm 的隔膜也逐渐投入使用。而对于动力锂离子电池，由于装配过程的机械要求，为保证安全，往往需要更厚的隔膜。其采用的隔膜厚度要厚于消费型锂离子电池，最开始使用的是 40 μm，到后来的 25 μm，再到现在普遍使用的 12 μm。为保证锂离子电池充放电过程中电流密度的均匀性，对隔膜厚度均匀性有一定要求，通常希望 25 μm 以上隔膜厚度波动在 2 μm 以内，16～25 μm 的隔膜厚度波动在 1.5 μm 以内，厚度小于 16 μm 的隔膜厚度波动在 1 μm 以内。随着隔膜制备工艺的日益改进，隔膜厚度均匀性控制精度越来越高，现在已有企业可以达到 0.5 μm。

2）孔隙率

孔隙率用来反映隔膜内部微孔体积占比。目前，锂离子电池用隔膜的孔隙率在 40%左右。孔隙率的大小与内阻密切相关，孔隙率越高，电池内阻越小，但过高的孔隙率会使得隔膜的力学强度下降，从而影响电池的安全性。因此在平衡电池内阻与力学强度后，常规聚烯烃锂离子电池隔膜孔隙率需控制在 40%左右。

孔隙率测试方法有很多，例如以下四种。

（1）密度法：根据膜原材料的密度 $\rho_{真实}$ 和膜的表观密度 $\rho_{表现}$，计算得到孔隙率 ε，其中表观密度由外观体积和质量获得，计算公式如下：

$$\varepsilon = \frac{V_{孔}}{V_{膜外观}} = \frac{V_{膜外观} - V_{膜骨架}}{V_{膜外观}} = \frac{|\rho_{表观} - \rho_{真实}|}{\rho_{真实}} \tag{10-7}$$

（2）称重法：将膜浸泡在某种合适液体中，使液体充分填充孔隙，然后将膜表面液体去掉，根据浸泡前后质量变化来确定膜的孔隙率 ε，计算公式如下：

$$\varepsilon = \frac{V_{孔}}{V_{膜外观}} = \frac{m_{液体} / \rho_{液体}}{m_{液体} / \rho_{液体} + m_{膜} / \rho_{真实}} \tag{10-8}$$

（3）气体吸附法：根据低温氮吸附获得孔体积，从而得到孔隙率。该方法只能获得 200 nm 以下尺寸孔结构的孔体积，且无法获得盲孔的孔体积。

（4）压汞法：根据压汞法原理，利用压力将汞压入膜的孔隙中，根据压入汞的压力、体积可以得到膜的孔隙体积及尺寸。但该方法的缺点是将汞压入微孔需要较大的压力，这样会破坏有些膜原来的孔隙结构，尤其是像隔膜这种软物质，在较大的压力下，隔膜会发生形变，故测得的孔隙率并不准确。

目前，隔膜孔隙率最常用的测试方法是密度法。取试样大小为 100 mm×100 mm 的隔膜，测量隔膜的长、宽和厚度，用分辨率为 0.0001 g 的分析天平称取试样的质量，然后根据式（10-9）计算得到隔膜的表观密度 $\rho_{表观}$，再根据式（10-7）得到隔膜的孔隙率。

$$\rho_{表观} = \frac{m}{l \times b \times d} \tag{10-9}$$

其中，m 是隔膜的质量，g；l 是隔膜的长度，cm；b 是隔膜的宽度，cm；d 是隔膜的厚度，μm。

3）孔径

锂离子电池隔膜除了具备一定的孔隙率外，对孔径也有一定的要求。隔膜孔径大小要适中，既要允许锂离子能够自由通过，又能够防止树枝状锂晶体穿过。常规锂离子电池隔膜的孔径在 10～300 nm 亚微米尺寸范围内，过大的孔径有可能导致隔膜穿孔形成电池微短路。

隔膜孔径及分布与制备工艺有关，干法隔膜的孔径要大于湿法隔膜。一般湿法隔膜的孔径为 10～100 nm，干法隔膜的孔径为 100～300 nm。

常规隔膜孔径及分布测试方法为泡点法。测试原理如下：将隔膜用可浸润的液体充分润湿，由于表面张力的存在，浸润液将被束缚在膜的孔隙内。此时在隔膜的一侧施加逐渐增大的气体压强，当气体压强达到某孔径内浸润液的表面张力产生的压强临界值时，该孔径中的浸润液将被气体推出，气体开始透过。孔径越小，表面张力产生的压强越高，故推出浸润液所需要的气体压强也越高。孔径最大的孔内浸润液首先被推出，使气体透过，然后随着压强的升高，孔径由大到小，其内部的浸润液被依次推出，直至全部孔被打开，此时气体透过率达到与干法隔膜相同的透过率。在此过程中实时记录压力和气体流量，得到压力-流量曲线，其中压力对应孔径大小，流量对应孔的多少，再根据相应的公式便可计算得到隔膜的孔径及分布，如图 10-26 所示。

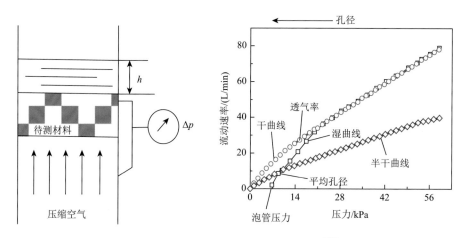

图 10-26　泡点法实验原理及结果曲线[40]

4）透气性能

隔膜的主要作用是隔开正负极，同时允许锂离子往返于正负极之间，其中隔膜内部的微孔结构正是锂离子往返于正负极之间的重要通道。这些微孔对锂离子透过性能与透气性能成正比，其锂离子透过性能好坏通常可以用隔膜的透气性能来表征，因此隔膜的透气性能是衡量锂离子电池隔膜的一项重要指标。

隔膜透气性能通常采用透气值来表示。透气值是指在一定压力下，特定体积的空气通过特定面积的隔膜所需的时间，也称 Gurley 值，主要反映了气体或者锂离子透过隔膜的通畅性。透气值越小，隔膜透气性能越好。透气值的大小是孔隙率、孔径、孔的形状及曲折度等隔膜内部孔隙结构综合因素影响的结果。常规干法隔膜和湿法隔膜透气值典型指标为 200～800 s/100 mL。

10.4.2　力学性能

1）拉伸强度

在锂离子电池制造与组装过程中，锂离子电池隔膜通常需要在张力作用下缠绕在电极上，此时要求隔膜在拉力作用下不能明显被拉长，否则宽度会发生明显变化。此外，锂离子电池在充放电使用过程中，也需要隔膜保持完整，因此需要隔膜具有一定的拉伸强度和杨氏模量。

隔膜的拉伸强度与其制备工艺密切相关。干法单拉隔膜中，由于分子链几乎完全沿拉伸方向（MD）取向，因此隔膜在拉伸方向上的强度与垂直方向（TD）

的强度明显不同，纵向强度可以达到 100 MPa 以上，而横向强度只有 10～20 MPa。横向强度过大会导致横向收缩率增大，这种收缩会增大电池正负极接触的概率。干法双拉隔膜由于隔膜经历了垂直方向的拉伸，其横向强度要稍优于干法单拉隔膜，可以达到 30 MPa 以上。湿法隔膜在制备过程中经历了几乎相同倍率的纵向和横向的拉伸，分子链在纵向与横向方向上均有取向，故湿法隔膜纵向与横向方向上的拉伸强度相差较小，均可以达到 100 MPa 以上，其横向强度要远高于干法单拉和干法双拉隔膜。

隔膜力学性能通常利用万能拉力机或者 DMA 仪器来进行测试。国家标准《锂离子电池用聚烯烃隔膜》（GB/T 36363—2018）中规定了拉伸强度的测试条件，即采用宽为(15±0.1)mm 的条形试样，夹具间的初始距离为(100±5)mm，实验（拉伸）速率为(250±10)mm/min。

2）穿刺强度

穿刺强度是评价隔膜材料性能的重要力学指标，能够有效反映隔膜在锂离子电池装配过程中是否容易发生短路。在锂离子电池组装过程中，混合后的活性物质、炭黑、胶黏剂和聚偏氟乙烯（PVDF）等物质被均匀地涂覆在金属箔片上，经过高温真空干燥后形成锂离子电池电极。由于活性物质和炭黑微小颗粒的存在，电极表面会呈现凹凸不平。而在锂离子电池缠绕过程中，会有相当大的机械压力施加在正极-隔膜-负极界面上，这些凹凸不平的颗粒会对隔膜施加很大的压力。一旦颗粒刺破隔膜，就会导致锂离子电池的正负极接触而发生短路。此外，电极边缘有毛刺，锂离子电池在充放电过程中有可能产生枝晶等情况，均会给隔膜带来刺穿的风险，因此需要隔膜具备一定的穿刺强度。

穿刺强度的高低以刺穿隔膜试样过程中产生的最大力值——穿刺力表示。测试时，将裁剪好的隔膜夹在固定夹具中，配置有力学传感器和穿刺针（直径 $\varphi = 1.0$ mm，尖端为球面，球面半径 $R = 0.5$ mm）的动夹具以(100±10)mm/min 的速率向试样移动，直至刺穿隔膜，此时力学传感器会记录刺穿过程中力值变化，从而得到隔膜的穿刺力。

隔膜的穿刺强度有时也会以混合穿刺强度来表示。混合穿刺强度是指电极混合物穿透隔膜造成短路时的力。将隔膜夹在电池正负极之间并置于两个平板中间，用一个直径为 0.5 in（1 in = 2.54 cm）的钢球作为接触面对其进行挤压（具体装置示意图见图 10-27），测量当正负极短路时所施加的压力，即为混合穿刺强度。由于混合穿刺强度测试更接近于实际隔膜被穿刺的真实情况，因此能够更好地表征电池隔膜的机械强度。但该方法测试过程中使用的正负极片的涂覆工艺、电极材料等对结果影响很大，不能形成通用的指标，一般是作为电池生产厂家对隔膜质量进行管控的一种方法[41]。

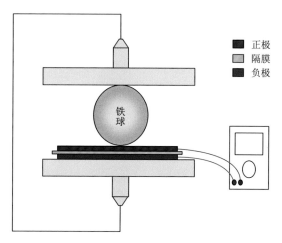

正极
隔膜
负极

铁球

图 10-27　混合穿刺强度测试仪器示意图[41]

　　隔膜的穿刺强度受其厚度及制备工艺等影响。一般，干法隔膜横向方向的拉伸强度和穿刺强度均低于湿法隔膜。但是直接比较两种隔膜的穿刺强度不是特别合理，因为穿刺强度与隔膜微观结构密切相关。在微观结构一定的情况下，相对来说穿刺强度高的，其装配不良率低。而如果单纯追求高穿刺强度的话，必然会导致隔膜其他性能的下降，因此需要与其他性能相平衡。

10.4.3　热性能

1）热收缩

　　锂离子电池可能会发生水中毒，因此在组装过程中通常会将锂离子电池及其组成材料在80℃的真空下进行充分烘干。在这种情况下，要求隔膜不能产生明显的收缩，也不能起皱。因此，需要隔膜在较高温度下具有较小的热收缩率。根据国家标准GB/T 36363—2018要求，湿法隔膜在90℃下放置2 h后，MD热收缩率≤4%，TD热收缩率≤2.5%。

　　热收缩测试需要在 MD 和 TD 上均进行收缩测试。在测试过程中，裁取100 mm×100 mm 的正方形隔膜 3 块，裁取时隔膜一个边缘与隔膜的纵向方向相平行。将不锈钢板和两片定量滤纸放入烘箱中部位置，控制烘箱温度使不锈钢板和滤纸达到特定温度（90℃或 120℃）。将隔膜平展放置于恒温烘箱中不锈钢板上的滤纸上，用另一片滤纸压住，关上烘箱门，使其在特定温度下保持一定时间。加热结束后，取出隔膜，待恢复至室温，测量纵向和横向样品的长度，按照式（10-10）计算得到隔膜的热收缩率。

$$\Delta L = \frac{l_0 - l_1}{l_0} \qquad (10\text{-}10)$$

其中，l_0 是隔膜 MD 或 TD 热收缩前初始长度；l_1 是隔膜 MD 或 TD 热收缩后试样长度。

2）闭孔温度与破膜温度

闭孔温度与破膜温度是反映隔膜耐热性能和热安全性能的重要特征参数。锂离子电池在充放电过程中，尤其是内部电流过大时会产生大量热量，使得锂离子电池温度不断上升，达到某一温度后需要隔膜闭孔，在电池内部形成断路，阻止锂离子的传输，防止电池内部温度进一步上升，造成安全隐患，该温度为隔膜的闭孔温度。闭孔温度与材料本身的熔点密切相关，例如，聚乙烯的闭孔温度为135～140℃；聚丙烯的闭孔温度为150～165℃。

破膜温度是指隔膜完全融化收缩时的温度。在此温度下，隔膜破膜导致电极内部短路产生高温甚至电池解体或爆炸，因此破膜温度是造成电池破坏的极限温度。聚乙烯的破膜温度为145～155℃，而聚丙烯的破膜温度在165℃以上。

目前，闭孔温度和破膜温度还没有统一的测试方法和国家标准，锂离子电池隔膜上下游普遍认可的测试方法是电阻法。具体方法是将隔膜浸渗电解液，然后夹持在两个镍箔中，其中镍箔连接电阻测试装置，将整个装置放入烘箱加热或者利用热电阻进行加热，升温速率为2℃/min，同时连续地测定温度和电阻，获得电阻-温度曲线，定义电阻上升到100 Ω 时的温度为闭孔温度，电阻再次下降到 10^3 Ω 时的温度为破膜温度，如图10-28所示。

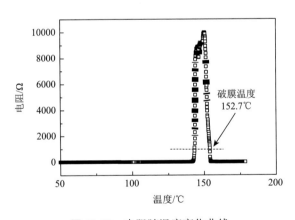

图 10-28 电阻随温度变化曲线

隔膜的破膜温度有时也会利用 TMA 来表征。具体方法为隔膜被夹持在 TMA 夹具上，夹具保持在恒定的负载（0.02 N）下，在一定的升温速率（5℃/min）下，记录试样位移或伸长的程度。伸长率急剧增加的温度是当隔膜失去机械完整性（发生破膜）并因此失去安全系数时的温度，即为破膜温度。通常，隔膜会先发生一些收缩，然后开始拉长，最后断裂，具体如图10-29所示。

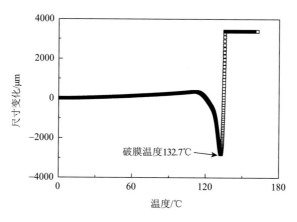

图 10-29　湿法隔膜的 TMA 曲线

10.4.4　电化学性能

1）离子电导率

离子电导率和离子电阻率互为倒数，在测试过程中实际得到的通常是隔膜的离子电阻，即体积电阻，反映了离子在隔膜中的传输能力。它是隔膜厚度、孔隙率、孔径大小、孔径曲折度、电解液浸润程度的综合表征。常规锂离子电池中使用的隔膜/电解液体系在室温下离子电导率在 10^{-3} S/cm 数量级。

2）吸液率

吸液率反映了隔膜材料及其微孔结构与电解液的浸润性能。为了保证较低的电池内阻，要求隔膜能够被电池用电解液浸润或者隔膜具有较高的吸液率。目前还没有统一的检测标准，常规测试方法如下：取一定面积的隔膜，将其完全浸泡在电解液中，然后取出，擦除表面的电解液，称取隔膜吸收电解液的质量。锂离子电池隔膜基膜本身为聚烯烃类材料，为了改善对电解液的浸润性及提高热收缩性能，通常在基膜表面涂覆一层无机纳米材料，然后再用于锂离子电池中。

3）循环性能

锂离子电池的循环性能主要由循环次数、首次放电容量和保留容量 3 个指标来衡量。对锂离子电池进行连续多次的重复充放电行为称为循环充放电，电池循环充放电的次数称为循环次数；电池完全充满电后第一次的放电容量为首次放电容量；完成一定次数的循环充放电后电池内部保持的放电容量为保留容量。锂离子电池的循环性能主要由正极与电解液匹配后的循环性能、负极与电解液匹配后的循环性能两者中较差的一方来决定。锂离子电池隔膜需在循环过程中保持其完整性，包括隔膜整体和内部孔隙结构，而不直接对锂离子电池循环性能产生影响。但是锂离子电池隔膜与电解液的接触好坏会轻微影响锂离子电池的充放电容量。

例如，本书作者团队发现在聚乙烯湿法隔膜内部加入二氧化硅后，隔膜在充放电循环过程中具有较高的放电容量，如图 10-30 所示。

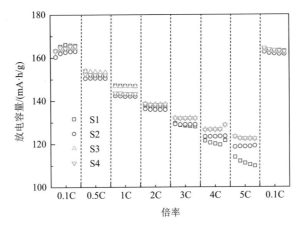

图 10-30　添加二氧化硅前后隔膜在不同充放电倍率下的放电容量曲线

S1、S2、S3 和 S4 表示二氧化硅含量分别为 5%、10%、15%和 20%

隔膜的基本性能、力学性能、热性能及电化学性能等性能之间相辅相成、相互关联，甚至有些是相互矛盾的，需要根据实际锂离子电池需要调控隔膜的各项性能。

参 考 文 献

[1]　Arora P，Zhang Z. Battery separators. Chemical Review，2004，104：4419-4462.

[2]　Lee H，Yanilmaz M，Toprakci O，et al. A review of recent developments in membrane separators for rechargeable lithium-ion batteries. Energy and Environmental Science，2014，7：3857-3886.

[3]　Zhang S S. A review on the separators of liquid electrolyte Li-ion batteries. Journal of Power Sources，2007，164：351-364.

[4]　Yu T. Processing and structure property behavior of microporous polyethylene：from resin to final film. Blacksburg：Virginia Polytechnic Institute and State University，1996.

[5]　Johnson M B. Investigation of the processing-structure-property relationship of selected semicrystalline polymers. Blacksburg：Virginia Polytechnic Institute and State University，2000.

[6]　向明，蔡燎原，曹亚，等. 干法双拉锂离子电池隔膜的制造与表征. 高分子学报，2015，（11）：1235-1245.

[7]　Jozsef V，Istvan M，Gottfried W E. Highly active thermally stable nucleating agents for isotactic polypropylene. Journal of Applied Polymer Science，1999，74：2357-2368.

[8]　Michler G H，Adhikari R，Henning S. Micromechanical properties in lamellar heterophase polymer systems. Journal of Materials Science，2004，39：3281-3292.

[9]　Varga J，Mudra I，Ehrenstein G. Crystallization and melting of β-nucleated isotactic polypropylene. Journal of

Thermal Analysis and Calorimetry，1999，56：1047-1057.

[10] Lv F，Chen X，Wan C，et al. Deformation of ultrahigh molecular weight polyethylene precursor fiber：crystal slip with or without melting. Macromolecules，2017，50：6385-6395.

[11] Litvinov V M，Xu J J，Melian C，et al. Morphology，chain dynamics，and domain sizes in highly drawn gel-spun ultrahigh molecular weight polyethylene fibers at the final stages of drawing by SAXS，WAXS，and ^{1}H solid-state NMR. Macromolecules，2011，44：9254-9266.

[12] Jo N J，Takahara A，Kajiyama T. Effect of crystalline relaxation on fatigue behavior of the oriented high-density polyethylene based on nonlinear viscoelastic measurements. Polymer Journal，1994，26：1027-1036.

[13] Seguela R，Gaucher-Miri V，Elkoun S. Plastic deformation of polyethylene and ethylene copolymers. Journal of Materials Science，1998，33：1273-1279.

[14] Boyd R H. Relaxation processes in crystalline polymers-molecular interpretation：a review. Polymer，1985，26：1123-1133.

[15] Seguela R. Dislocation approach to the plastic deformation of semicrystalline polymers：kinetic aspects for polyethylene and polypropylene. Journal of Polymer Science，Part B：Polymer Physics，2002，40：593-601.

[16] Hu W G，Boeffel C，Schmidt R K. Chain flips in polyethylene crystallites and fibers characterized by dipolar ^{13}C NMR. Macromolecules，1999，32：1611-1619.

[17] Hong Y，Chen W，Yuan S，et al. Chain trajectory of semicrystalline polymers as revealed by solid-state NMR spectroscopy. ACS Macro Letters，2016，5：355-358.

[18] 吕飞. 超高分子量聚乙烯拉伸机理研究和形态结构相图构建. 合肥：中国科学技术大学，2019.

[19] Lv F，Wan C，Chen X，et al. Morphology diagram of PE gel films in wide range temperature-strain space：an *in situ* SAXS and WAXS study. Journal of Physical Chemistry B，2019，57：748-757.

[20] Konrad S. Investigation of structural changes in semi-crystalline polymers during deformation by synchrotron X-ray scattering. Journal of Physical Chemistry B，2010，48：1574-1586.

[21] Zuo F，Keum J K K，Chen X，et al. The role of interlamellar chain entanglement in deformation-induced structure changes during uniaxial stretching of isotactic polypropylene. Polymer，2007，48：6867-6880.

[22] Butler M F，Donald A M. A real-time simultaneous small- and wide-angle X-ray scattering study of *in situ* polyethylene deformation at elevated temperatures. Macromolecules，1998，31：6234-6249.

[23] Schmidt R K，Spiess H W. Chain diffusion between crystalline and amorphous regions in polyethylene detected by 2D exchange carbon-13 NMR. Macromolecules，1991，24：5288-5293.

[24] Syi J，Mansfield M L. Soliton model of the crystalline α relaxation. Polymer，1988，29：987-997.

[25] Hu W G，Schmidt R K. Polymer ultradrawability：the crucial role of α-relaxation chain mobility in the crystallites. Acta Polymerica，1999，50：271-285.

[26] Nie Y，Gao H，Hu W. Variable trends of chain-folding in separate stages of strain-induced crystallization of bulk polymers. Polymer，2014，55：1267-1272.

[27] Sadler D M，Barham P J. Structure of drawn fibres：1. Neutron scattering studies of necking in melt-crystallized polyethylene. Polymer，1990，31：36-42.

[28] Wu W，Wignall G D，Mandelkern L. A sans study of the plastic deformation mechanism in polyethylene. Polymer，1992，33：4137-4140.

[29] Yang H，Lei J，Li L，et al. Formation of interlinked shish-kebabs in injection-molded polyethylene under the coexistence of lightly cross-linked chain network and oscillation shear flow. Macromolecules，2012，45：6600-6610.

[30] Zhang Q，Zhang R，Meng L，et al. Biaxial stretch-induced crystallization of poly(ethylene terephthalate) above

glass transition temperature: the necessary of chain mobility. Polymer, 2016, 101: 15-23.

[31]　Hassan M K, Cakmak M. Mechanisms of structural organizational processes as revealed by real time mechano optical behavior of PET film during sequential biaxial stretching. Polymer, 2014, 55: 5245-5254.

[32]　Ou X, Cakmak M. Influence of biaxial stretching mode on the crystalline texture in polylactic acid films. Polymer, 2008, 49: 5344-5352.

[33]　Hassan M K, Cakmak M. Mechano optical behavior of polyethylene terephthalate films during simultaneous biaxial stretching: real time measurements with an instrumented system. Polymer, 2013, 54: 6463-6470.

[34]　Li W, Hendriks K H, Furlan A, et al. Effect of the fibrillar microstructure on the efficiency of high molecular weight diketopyrrolopyrrole-based polymer solar cells. Advanced Materials, 2014, 26: 1565-1570.

[35]　Sakai Y, Miyasaka K. Biaxial drawing of dried gels of ultra-high molecular weight polyethylene. Polymer, 1988, 29: 1608-1614.

[36]　Wan C, Chen X, Lv F, et al. Biaxial stretch-induced structural evolution of polyethylene gel films: crystal melting recrystallization and tilting. Polymer, 2019, 164: 59-66.

[37]　Pennings A J, Schoutet C J, Kiel A M. Hydrodynamically induced crystallization of polymers from solution: 5. Tensile properties of fibrillar polyethylene crystals. Journal of Polymer Science, Part C: Polymer Symposium, 1972, 38: 167-193.

[38]　Galeski A. Strength and toughness of crystalline polymer systems. Progress in Polymer Science, 2003, 28: 1643-1699.

[39]　Nomura S, Matsuo M, Kawai H. Crystal orientation in a semicrystalline polymer in relation to deformation of polymer spherulites. II. Orientation distribution function of crystallites within crystal lamella as a function of lamellar orientation. Journal of Polymer Science, Part B: Polymer Physics, 1972, 10: 2489-2504.

[40]　Noda I, Story G M, Marcott C. Pressure-induced transitions of polyethylene studied by two-dimensional infrared correlation spectroscopy. Vibrational Spectroscopy, 1999, 19: 461-465.

[41]　汤雁, 苏晓倩, 刘浩杰. 锂电池隔膜测试方法评述. 信息记录材料, 2014, 15: 43-50.

第11章

聚对苯二甲酸乙二醇酯薄膜双向拉伸加工

双向拉伸聚对苯二甲酸乙二醇酯（BOPET）薄膜具有透光率高、力学强度大、阻氧阻湿性能优异、耐化学腐蚀及尺寸稳定性好等特点，在包装、印刷、光伏、光学显示及其他特殊领域都有极其广泛的应用。BOPET 薄膜加工涉及原料干燥、熔融挤出、流延铸片、纵向拉伸、横向拉伸、热定型、收卷及分切等工艺，是多工艺步骤、多参数控制下的微观物理结构调控过程。本章 11.1 节将简要概述 BOPET 薄膜在各行业的应用情况，便于读者对 BOPET 薄膜的行业背景有整体了解。11.2 节将按照加工工艺流程的顺序，系统介绍 BOPET 薄膜的加工设备及工艺，使读者能够详细地了解 BOPET 薄膜加工的各环节及其内在物理过程。BOPET 薄膜的基本物理性能由微观结构决定。因此，11.3 节将根据本书作者所在的中国科学技术大学国家同步辐射实验室软物质研究组在 PET 薄膜方面的基础研究工作，介绍拉伸比、温度、拉伸速率及预拉伸等条件对 PET 薄膜加工过程中的分子链取向和结晶行为的影响。读者在了解 BOPET 薄膜加工工艺的基础上，可进一步了解微观结构的演化过程及其机理。11.4 节将简要介绍 BOPET 薄膜的产品性能指标及常用的测试方法。

11.1 BOPET 薄膜应用分类

根据拉伸工艺的不同，PET 薄膜可以分为双向拉伸 PET（BOPET）薄膜和单向拉伸 PET（CPET）薄膜。BOPET 薄膜目前被广泛应用于包装、电子电器、光伏及光学显示等领域，约占 PET 薄膜使用量的 95%。PET 薄膜的应用分类见图 11-1。下面将简单介绍 BOPET 薄膜在几个重要领域的应用。

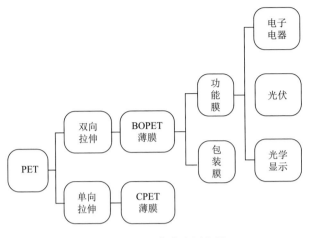

图 11-1　PET 薄膜应用分类

1）包装领域

BOPET 薄膜可用作食品的包装膜、糖果和小食品包装的扭结膜、工业品和化妆品包装的印刷膜、烫印后保持清晰度的护卡膜、电化铝和烫金镭射的烫金膜，以及喷铝转移纸和金银卡纸用途的转移膜等。随着社会经济的发展，人民生活水平逐渐提高，包装领域对包装材料提出了更高的使用性能要求、食品安全要求及环保要求，其中使用性能要求包括高阻隔性、高耐热性、高透光率、高光泽度、可热封性。

2）电子电器领域

BOPET 薄膜在电子电器领域主要用作变压器和线圈绝缘隔层领域的电容器膜、电子电器绝缘膜。虽然目前 BOPET 电容器膜的市场主要被 BOPP 电容器膜取代，但是 BOPET 特有的高拉伸强度、低损耗因子、大电阻及良好耐热性能等特点推动其往超薄（厚度在 2 μm 以下）电容器领域发展。在电工膜方面，BOPET 薄膜具有绝缘性能好、抗击穿电压高的优势。

3）光伏领域

随着社会对能源的需求量越来越大，如何充分利用可再生能源，为世界经济发展提供可持续增长的动力成为行业发展的主题。太阳能发电具有安全可靠、无污染、不受地域限制、能源质量高和建设周期短等优点，因此太阳能发电正成为绿色能源发展的重要方向。根据美国彭博新能源财经的数据显示，2022 年全球新增光伏装机量为 268GW，同比增长 55.8%，截止到 2022 年底，全球累计光伏装机量达 1207.46GW，同比增长 26.5%。预计 2023 年全球新增光伏装机量 321.6GW，同比增长 20.6%，到 2025 年全球累计光伏装机量将达2528.6GW。

BOPET 基膜是光伏背板的重要组成部分，主要起水氧阻隔及电气绝缘的作用。为摆脱国外公司对氟膜［采用聚偏氟乙烯（PVDF）或者聚氟乙烯（PVF）等含氟材料，通过不同工艺制备而成的薄膜］的垄断，不少光伏组件厂商采用在BOPET 基膜上涂覆含氟材料的工艺制造光伏背板，对基膜的耐老化性和水氧阻隔性提出了更高的要求。

4）光学显示领域

随着平板显示行业的发展，目前商用的高端光学显示面板主要分为液晶显示（LCD）和有机发光显示（OLED）。据产业调查统计，2020 年，全球 LCD 面板产能为 2.21 亿 m^2，OLED 面板产能为 870 万 m^2。预计 2023 年，LCD 面板产能将达到 2.47 亿 m^2，OLED 面板产能将达到 1520 万 m^2。

以 LCD 面板为例（图 11-2），显示面板主要包括背光模组和显示模组两大核心组件[1, 2]。背光模组的功能主要是将背光源均匀、高效地传输至显示模组，为显示面板提供光源。按照功能划分，背光模组包括导光板、反射膜、增亮膜和扩散膜等各组件。显示模组主要由上下偏光片及薄膜晶体管（thin film transistor，TFT）驱动电极、液晶分子层和彩色滤光片组成。通过 TFT 电极驱动液晶层调控上下偏光片中间的液晶层的取向状态即可以精确控制光在偏光片中的透过性，这是 LCD 的基本原理。对于偏光片而言，在其被封装到 LCD 显示模组之前主要由保护膜、支撑膜、PVA 偏光膜、位相差膜（补偿膜）及离型膜等组成。保护膜和离型膜属于耗材，当偏光片被封装进 LCD 显示模组时会被撕去。光学级 BOPET 基膜除具备优异的力学性能、电学性能、热学性能等基本特性外，兼有表观无缺陷、低雾度、高透光率、低厚度公差等优异性能，是各种功能型的光学薄膜的重要保障[3]。表 11-1 中列出了 LCD 典型光学膜的类型和作用。

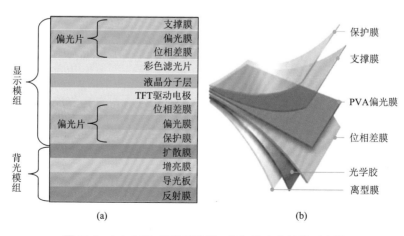

图 11-2　（a）LCD 原理示意图；（b）偏光片结构示意图

表 11-1　LCD 典型光学膜简介

位置	类型	基材	作用
背光 模组[4]	反射膜	BOPET	主要将透过导光板泄漏的光再反射回去，减少光损失，增加光亮度
	增亮膜	BOPET	提高整个背光系统发光效率
	扩散膜	BOPET	将导光板中射出的不均匀光源转换成均匀分布、模糊网点的面光源，同时起到遮蔽导光板、印刷网点或其他光学缺陷的作用
显示 模组	偏光膜	PVA	偏光片的核心部分，决定偏光片的偏光性能、透过率、色调等关键参数
	支撑膜	BOPET、TAC、 PMMA	一方面作为 PVA 膜的支撑，阻止高度拉伸的 PVA 膜回缩，另一方面保护 PVA 膜不受水汽、紫外线及其他外界物质的损害，提高耐候性
	保护膜	BOPET	贴合在偏光片上，保护偏光片本体在运输或使用中不受外力损伤
	离型膜	BOPET	保护偏光片贴合到 LCD 前不受损伤，避免产生贴合气泡

11.2　BOPET 薄膜的加工流程

BOPET 薄膜加工主要包括物料干燥、熔融挤出、流延铸片、纵向拉伸、横向拉伸、热定型、收卷及分切等工艺，如图 11-3 和图 11-4 所示。工艺步骤和工艺参数的衔接配合对于 BOPET 产品的质量和性能都有极为重要的影响。选择合理的工艺参数是制备高性能 BOPET 薄膜的关键。下面将简单介绍各加工工艺段的设备或工艺情况。

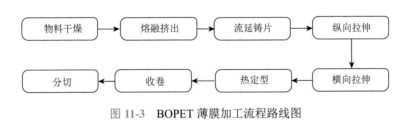

图 11-3　BOPET 薄膜加工流程路线图

图 11-4　BOPET 薄膜挤出-双向拉伸工艺示意图

11.2.1 物料干燥

除湿干燥是 PET 熔融挤出加工前的重要工序之一。PET 中含有大量极性基团（如酯基、端羟基、端羧基等），吸水性强，在室温下饱和含水量约为 0.8%。酯基对水分非常敏感，在高温下极易发生水解、氧化降解等反应，导致分子量下降、产品黄化等产品质量问题[3]。因此，在使用单螺杆挤出机进行加工之前必须要对原料进行除湿干燥，工业生产中一般要求含水量在 50～100 ppm[5]。

PET 的除湿干燥过程通常分两步进行。第一步是将聚酯切片颗粒输送至预结晶器（沸腾床）中，在具有一定压力的热风和振动筛的作用下沸腾并预结晶。原料在沸腾床中的停留时间是 10～20 min。PET 的预结晶是典型的冷结晶过程（如第 6 章中所介绍），经过预结晶后，切片的结晶度约为 35%。同时，原料中大部分水分在预结晶过程中被去除，从而避免原料粒子之间在高温下发生粘连。第二步是将预结晶之后的原料输送至填充式干燥塔中（图 11-5），与由塔底通向塔顶的干热空气进行对流、热交换，将物料中的残余水分带走。

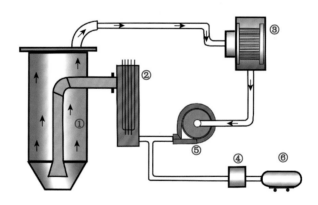

图 11-5 干燥塔系统

①料斗干燥机；②电热发生器；③回风过滤器；④除湿干燥空气发生器；⑤离心风机；⑥空气压缩机

表 11-2 中列出了 PET 物料干燥工艺参数。除了表中列出的参数外，影响干燥效果的参数还有物料流量、热风流量等。

表 11-2 PET 物料干燥工艺参数表

除湿干燥程序	项目	数值
预结晶干燥	预结晶进口温度/℃	160～180
	预结晶出口温度/℃	120～130
	预结晶时间/min	10～20

续表

除湿干燥程序	项目	数值
干燥塔干燥	干燥空气露点/℃	<−70
	进口风温/℃	160～175
	出料温度/℃	125～135
	干燥时间/h	3～5

11.2.2　熔融挤出

熔融挤出系统由挤出机、过滤器、熔体计量泵、熔体管道及静态混合器组成，如图 11-6 所示，主要作用是将除湿干燥后的 PET 熔融塑化，再通过粗过滤器、精过滤器和静态混合器混合后由计量泵将熔体定量、均匀地输送至口模处。下面简单介绍熔融挤出系统中主要组成部分。

(a)　　　　　　　　　　　　　　　(b)

图 11-6　（a）熔融挤出系统；（b）单螺杆挤出机

1）挤出机

PET 加工使用的挤出机一般有单螺杆挤出机和双螺杆挤出机两种。双螺杆挤出机与单螺杆挤出机相比具有明显的特点：①具有强制送料和自清洁功能；②具有很好的混炼效果；③具有真空排气功能，能有效排除物料中的水分、气体及低分子物。因此，双螺杆挤出机被广泛用于 PET 的混料改性、回收造粒等。与双螺杆挤出机相比，单螺杆挤出机在挤出量、挤出稳定性及设备价格等方面仍具有显著的优势。

BOPET 薄膜一般以 A/B、A/B/A 或 A/B/C 多层共挤的形式制备，表层 A 中添加一些功能助剂以获得良好的开口性能或其他功能性，如图 11-7 所示。由于双螺杆具有高剪切特性，为了满足多层共挤及表层原料与功能母粒的共混需要，工业生产的挤出设备一般配备一台或两台双螺杆辅机和一台单螺杆主机。随着大挤出量双螺杆挤出机设备技术的成熟和成本降低，现在也有一些日本企业在生产时直接使用三台双螺杆挤出机，优点是在原料挤出之前省去了PET原料除湿干燥工序。

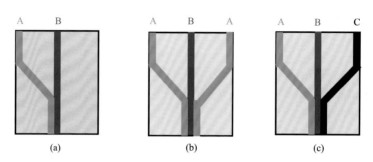

图 11-7　多层共挤挤出机口模中熔体分布 A/B 型（a）、A/B/A 型（b）、A/B/C 型（c）挤出示意图

2）过滤器

在熔融挤出过程中，为了消除熔体中的晶点、凝聚粒子及其他颗粒物等杂质，提高产品品质，一般在计量泵的前后分别安装粗过滤器和精过滤器。粗过滤器的形式有蝶式过滤器、板式过滤器和管式过滤器等，主要作用是将熔体在螺杆中的螺旋运动变为直线运动，同时增加熔体料流背压及阻止较大的杂质和未熔物进入计量泵。精过滤一般都选择碟式过滤器，其作用是在熔体进入口模前进一步地过滤熔体中微小尺寸的杂质点、凝聚粒子等。对于 BOPET 光学膜而言，过滤精度一般要达到 10 μm。

3）熔体计量泵

熔体计量泵是一种正位移输送装置，流量与泵的转速呈严格的正比关系，一般安装在挤出机出口的熔体管道上，可使口模处的熔体具有足够高而稳定的压强，从而保证流延铸片厚度均匀。常用的熔体泵为容积计量泵，是外啮合的二齿轮泵，泵运转时齿轮啮合脱开处为自由空间，构成泵的进料侧，进入的熔体被齿轮强制带入泵体的啮合区间，然后挤入出料侧。其工作温度一般为 275～285℃，工作压力不高于 15 MPa，转速为 0～60 r/min。这种齿轮容积计量泵的每转泵出量是恒定的，控制转速就可以计量出料量。在生产过程中，计量泵通常有两种控制方式，其一是计量泵转速不变，当过滤器阻力加大时自动调节急冷辊的线速度来控制厚度；另一种方法是随着精过滤器阻力的增大，自动调节计量泵的速度适当加大泵出量来保证进入口模的熔体压强不变。

4）熔体管道及静态混合器

熔体管道是连接挤出机、过滤器、计量泵、静态混合器及口模的熔体流动管道，一般由耐压无缝不锈钢管加工而成，内壁光滑且在 300℃下能够承受 25 MPa

的内压。熔体管道的设计没有严格的标准，但是应当遵守以下两点原则：①熔体管道应尽量避免弯头和过长以减小因熔体流动阻力大、滞留时间长而造成物料降解；②熔体管道外壁有辅助加热系统，可以采用电加热或者夹套油加热，尽量保持熔体在管道中流动时不会因温度差而造成熔体性能不均匀，避免沿着管壁的熔体温度与熔体中心温度相差较大。为使进入口模的熔体温度均匀，熔体管道连接口模整个内部安装若干组静态混合器，当熔体流经静态混合器时，会自动产生分-合-分-合的混合效果，从而达到均化熔体温度的目的[6]。图 11-8 给出了一个常用的 Kenics 静态混合器混合的原理图[7]。

图 11-8 常用的 Kenics 静态混合器混合原理图

此外，随着聚酯行业的发展，又衍生出一种不需要熔融挤出的聚酯生产方法——熔体直拉法。熔体直拉法是指将完成缩聚反应的聚酯熔体，通过熔体管道、计量泵后直接输送至口模进行流延铸片，然后进行双向拉伸工艺制备 BOPET 薄膜的方法。熔体直拉法可以省去聚酯缩聚后熔体的切粒风干、打包、物流，以及 PET 切片的结晶干燥和螺杆挤出等工序，大大节省设备、厂房的投资，减少能量损耗，同时可以避免 PET 二次加工产生的降解及粉尘等。然而，熔体直拉法也有不足之处：①企业化工合成门槛要求高。熔体直拉法的前提是企业要具有一定实力的聚酯合成技术。②调换品种不易。由于熔体直拉法是直接将缩聚后的熔体进行挤出流延，很难像多层共挤设备一样在表层添加一些功能助剂等。此外，由于树脂生产线与双向拉伸线连在一起，在更换产品品种时需要从原料合成工艺开始，步骤烦琐且工艺复杂。③生产线故障难处理。由于整个生产线涉及原料的前段合成及后端双向拉伸加工，在产品出现质量问题时不易判断问题点。此外，当进行故障排查和设备维修时，会耽误前段的合成工艺，影响生产效率。

11.2.3 流延铸片

图 11-9 给出了铸片系统示意图及实物图，包括口模、急（激）冷辊、压膜系统和剥离辊等。

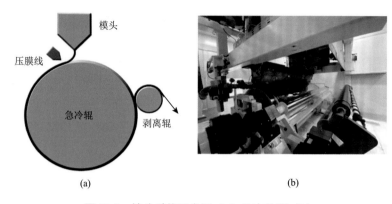

图 11-9　铸片系统示意图（a）及实物图（b）

1）口模

口模是流延铸片的关键部件，决定了铸片的外形和厚度均匀性。根据流道形式，口模分为鱼尾型、支管型和衣架型三种。其中，衣架型口模兼具前两种口模的特点，其内部支管扩张角大，压力分布均匀，是 PET 流延铸片中常用的口模。口模的开度是影响铸片厚度均匀性的关键。在现在的自动化生产线中，口模开度通过若干个带有加热线圈的推/拉式差动螺栓进行初调，并通过在线测厚仪的自动测厚、反馈给口模的加热螺栓进行模唇开度的微调。

2）急冷辊

经挤出系统熔融塑化后的 PET 熔体被均匀分配到口模的模唇各点，经挤出形成熔体膜。熔体膜在静电吸附装置的作用下紧紧贴附在匀速转动的急冷辊上，快速冷却至材料的玻璃化转变温度以下，形成厚度均匀且未结晶的透明铸片。急冷的目的是使铸片形成无定形结构，尽量减少结晶，以免影响后续的拉伸工序。为此，要求急冷辊表面高度抛光且温度均匀，冷却效果好。PET 树脂的导热系数小、热负荷较大，冷却过程中会在厚度方向产生较大的温度梯度，导致铸片内部和表面、贴辊面和非贴辊面温度差异大，是铸片结构不均匀的重要原因。一般，急冷辊温度越低，厚片贴附急冷辊越紧密，热传导效果越好，得到的铸片结构越均匀。在 PET 流延铸片中急冷辊的温度一般不高于 30℃。然而，急冷辊温度也不宜过低，尤其是对于比较厚的铸片。急冷辊面温度过低会导致铸片两面温差过大，出现拖辊现象。在工业生产中，在制备厚度较大的铸片时，通常还会在非贴辊面增加背风冷却装置，可以使厚片两侧温度梯度减小以改善结构均匀性。

3）压膜系统

如果没有外力的作用，高温 PET 熔体流延到光洁、低温、高速转动的急冷辊表面后，PET 熔体不易于贴附到辊表面，造成厚片和急冷辊之间夹杂空气，降低传热效果而严重影响铸片质量，甚至产生波纹等缺陷。所以，PET 铸片系统中都必须配备铸片贴附装置——静电吸附装置[8]，如图 11-10 所示。静电吸附装置由金属丝电极、高压发生器及电极收放力矩电机等组成，利用高压发生器产生的数千伏直流电压，使电极丝、急冷辊分别变成正极和负极（急冷辊接地），铸片在此高压静电场中因静电感应而带上与急冷辊极性相反的静电荷，在异性相吸的作用下，铸片与急冷辊表面紧密吸附在一起，防止急冷辊快速转动时卷入空气，保证传热、冷却效果。

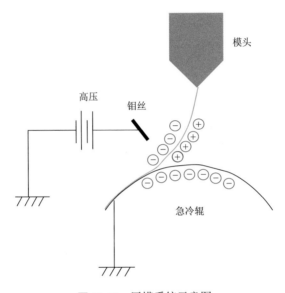

图 11-10　压模系统示意图

4）剥离辊

剥离辊的作用是将贴附在急冷辊上的铸片强行剥离，使铸片可以匀速稳定地离开急冷辊。

11.2.4　纵向拉伸

拉伸是 BOPET 薄膜加工过程中最重要的工艺之一，通过拉伸使薄膜发生特定的取向和结晶，以达到综合的力学性能、光学性能等。当前 BOPET 薄膜加工所采用的拉伸方式是异步拉伸，即先对铸片进行纵向（机械行进方向，也称为 MD）进行拉伸，然后再进行横向（垂直于机械行进方向，也称为 TD）拉伸。纵向拉伸系统一般由预热段、拉伸段和冷却段三个功能段组成（图 11-11）。表 11-3 给出了常用的纵向拉伸工艺各段温度选择。

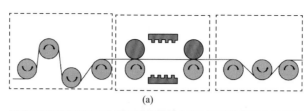

(a)

(b)

图 11-11　纵向拉伸段工艺示意图（a）及实物图（b）

表 11-3　常用纵向拉伸工艺各段温度选择

项目	纵向拉伸温度		
	预热	拉伸	冷却
条件	60～75℃	75～85℃，辅助红外加热	40～60℃

1）预热段

玻璃化转变温度（T_g）是 BOPET 薄膜加工工艺参数选择的重要依据。在高于玻璃化转变温度时，无定形的 PET 铸片处于高弹态，能够被均匀拉伸。在实际生产时，由于薄膜在沿着机械行进方向高速行走，因此，为了能够在纵向拉伸过程中使薄膜的温度充分达到玻璃化转变温度以上，在实施拉伸工艺之前设置有预热段。纵向拉伸系统中，铸片依次穿过大量的高温预热辊，沿着拉伸工序方向，预热辊的温度逐渐升高，在拉伸前将薄膜温度升高至 80～90℃。纵向拉伸过程中最后几个预热辊的辊面需要喷涂聚四氟乙烯或陶瓷，以防止片材在玻璃化转变温度以上时与辊面发生粘连，影响正常生产和表观质量。

预热辊一般设置较多，低速线一般表面镀铬，高速线则采用陶瓷。其排列方式有上下交叉排列和一字形排列。上下交叉排列时，膜片的包角大，传热面积大，但反面温差也较大。一字形排列时，膜片受热面积较小，但正反交替受热较快，相对受热比较均匀，同时也便于安装和维修。膜片在预热过程中，因受热膨胀而有一定的伸长，为避免薄膜因下垂、夹有空气等原因而影响传热效果，预热辊组合一般会设置为逐个增速以补偿薄膜的膨胀伸长。

2）拉伸段

纵向拉伸段中通过具有速度差的前后辊实现铸片的纵向拉伸。纵向拉伸有单点拉伸和多点拉伸之分。单点拉伸是在两个拉伸辊之间完成拉伸，多点拉伸则是在几组拉伸辊之间连续拉伸。由于工艺简单、稳定等特点，目前 BOPET 光学膜生产线常用的是单点拉伸。

拉伸比（Dr）是拉伸工艺的重要参数，是控制薄膜取向和结晶的决定性因素之一。以单点拉伸为例，薄膜在一组快速辊和低速辊之间，经过前后辊速度差被牵引拉伸。在工业生产中，纵向拉伸工艺中的拉伸比 Dr_M 定义为

$$Dr_M = \frac{v_f}{v_s} \tag{11-1}$$

其中，v_f 是快速辊的线速度；v_s 是慢速辊的线速度。

拉伸温度是纵向拉伸过程中另一个关键因素之一。因此，为了精确控制拉伸区域（快速辊和慢速辊之间）温度，避免薄膜在该区域内散发热量而使薄膜温度降低，在纵向拉伸区域薄膜的上下方都辅助配备了红外加热系统。

3）冷却段

冷却段的主要作用是将薄膜在纵向拉伸后所产生的取向结构经过快速降温而固定下来，一般没有严格而精确的温度控制。实际生产中薄膜在纵向拉伸后直接暴露在室温条件下进行冷却，然后通过导辊将薄膜导入后续的工艺过程中。

11.2.5　在线涂布

BOPET 基膜很少作为产品直接使用，一般需要在 BOPET 基膜表面涂布功能涂层以达到特定的需求。涂布方式可以分为在线涂布和离线涂布。相比较于离线涂布，在线涂布在纵向拉伸和横向拉伸之间，使用横向拉伸段作为烘箱干燥涂布液，不需要复卷，生产效率高。此外，由于涂覆均匀，在线涂布涂层薄于离线涂布涂层，涂布效果更好，可显著降低涂布成本。

在线涂布一般由涂布液的配制、涂布液供给、薄膜电晕处理、凹辊涂布和干燥系统等几个部分组成。涂布液在供液罐中经过一段时间的搅拌，制成可用于涂布的涂布液。制成的涂布液通过供液泵打入中间料罐。PET 铸片经纵向拉伸后，需用电晕设备对薄膜表面进行电晕处理，提高薄膜的表面张力，增强润湿性能。同时，中间泵将中间料罐中的涂布液泵入密闭的刮刀腔内，凹辊将腔内涂布液通过与薄膜的接触包角转移到薄膜表面，在薄膜表面形成涂布层。覆有涂布液的薄膜随后进入横向拉伸设备，在横向拉伸预热段内，涂布液经干燥过程挥发水分，最终在薄膜表面形成均匀的涂层。

11.2.6 横向拉伸

横向拉伸机构结构比较复杂，由烘箱、链夹和导轨、静压箱、链条张紧器、导轨宽度调节装置、开闭夹器、热风循环系统、润滑系统等组成。按照功能划分，横向拉伸系统主要包括预热区、拉伸区、热定型区及交叉冷却区四个大的功能区（图11-12），每个功能区内又划分成若干个小的、可独立控制温度的功能区以方便对薄膜各个阶段的性能进行调控。表11-4给出了BOPET横向拉伸系统中各功能区划分及常用温度设置。

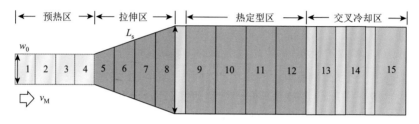

图 11-12　横向拉伸系统示意图

表 11-4　BOPET 横向拉伸系统中各功能区划分及常用温度设置

序号	功能区	温度/℃
1～4	预热区	100—105—110—115
5～8	拉伸区	120—123—126—130
9～12	热定型区	200—240—245—225
13～15	交叉冷却区	180—110—60

注：图11-12未标注序号的区域为过渡区，不独立控温。

在预热区内，通过设置各预热段的温度将纵向拉伸后的PET薄膜充分加热至玻璃化转变温度以上。由于PET薄膜经纵向拉伸后已经产生了一定的取向甚至是晶体，此时材料的玻璃化转变温度一般比铸片的温度高，因此横向拉伸过程中的预热区和拉伸区的温度普遍比纵向拉伸过程的温度高。薄膜进入到拉伸区后，通过两侧的轨道夹具带动薄膜在幅宽方向上扩张从而达到横向拉伸的目的。因此，横向拉伸过程中涉及的关键工艺参数有拉伸区温度、机械速度及拉伸区的总长度，其中机械速度和拉伸区的总长度决定了薄膜在横向拉伸过程中的薄膜形变速率。BOPET光学基膜的物理性能是各种功能膜的基础，在后续深加工工序及在使用过程中都会受到湿、热、力等外界因素作用，为了精确保持BOPET光学基膜的光学性能，基膜的尺寸稳定性是最为重要的标准之一。因此，在经过纵向拉伸和横向拉伸后的 PET 薄膜需要进行高温热定型处理，使其充分结晶，释放内应力以提高产品的光、电、热、力等性能。热定型区的温度通常在 200℃以上，由于拉伸及热定型是连续化生产过程，为了防止热定型段与横向拉伸段产生高低温湿度对流而影响温度的控制精度，在热定型区和拉伸区之间设置了长度为 1～2 m 的过渡区。过渡区内不严格控制温度，即作为两区之间的温度缓冲区。这种温度过渡缓冲区在交叉冷却区使用最为频繁。如果在 200℃以上高温热定型后的双拉膜快速冷却至室温进行收卷，巨大的温度差会导致薄膜内部产生较大的内应力，影响薄膜结构在后期使用过程中的稳定性，也会影响光学双折射等性能。因此，在冷却区的各段中交叉地设置了过渡段和冷却段，冷却段的温度逐步降低至薄膜玻璃化转变温度以下。

拉伸比和应变速率是 PET 薄膜拉伸过程中最重要的两个参数。假设横向拉伸过程是匀速形变过程，横向拉伸比和横向应变速率的表达式如下：

$$Dr_T = \frac{w_0}{w_1} \tag{11-2}$$

其中，Dr_T 是横向拉伸比；w_0 是薄膜进入横向拉伸系统时的幅宽，w_1 是薄膜在拉伸区出口的幅宽。

横向拉伸应变速率（$\dot{v}_T$）：

$$\dot{v}_T = \frac{v_M \cdot (w_1 - w_0)}{L_s \cdot w_0} \tag{11-3}$$

其中，v_M 是横向拉伸过程中的机械速度；L_s 是横向拉伸系统中拉伸段的长度。

从式（11-2）和式（11-3）中可以看到，横向拉伸比主要取决于薄膜进入横向拉伸系统时的幅宽和薄膜离开横向拉伸系统时的幅宽。横向拉伸应变速率则与横向拉伸段的长度、薄膜进出横向拉伸系统的幅宽及机械速度有关。因此在设计横向拉伸系统时，需要根据工艺条件，综合考虑以上几何尺寸因素。

11.2.7　其他辅助系统

在整个 BOPET 薄膜生产过程中还包括张力收卷系统、测厚系统、电晕系统、裁边回收系统及分切系统等，这里不再逐一介绍。

11.3　BOPET 薄膜加工典型物理过程研究

BOPET 薄膜工业已经发展了几十年，行业内积累了各种产品丰富的加工经验，可以保证产品的顺利生产和使用。然而，随着应用方面逐渐从低端走向高端，从单一化走向功能化，BOPET 薄膜产品系列和功能越来越多，对设备及加工工艺和参数的选择提出了更高的挑战。

另一方面，在工艺上，BOPET 薄膜加工涉及除湿干燥、熔融挤出、流延铸片、纵向拉伸、横向拉伸及热处理等多个工艺步骤。其中，除湿干燥过程涉及退火与冷结晶（第 6 章）、熔融挤出与流延铸片是典型的高分子加工流变过程（第 2 章）、纵向拉伸过程发生的是典型的拉伸诱导链取向和拉伸诱导结晶行为（第 3 章）、横向拉伸过程中涉及拉伸诱导结构的破坏与重构（第 5 章）、热处理过程又涉及退火松弛过程中的晶体生长与完善（第 6 章）。在工艺参数上，BOPET 薄膜加工过程中涉及温度、流动场速度、流动场压强、拉伸比等；在微观结构上，BOPET 薄膜加工涉及的微观结构的尺度包括微米级的球晶生长、纳米级的片晶生长和片晶排列、亚纳米级的链段取向等。BOPET 薄膜加工过程的实质是通过选择工艺参数，控制各段加工工艺环节中物料的微观结构状态，进而使材料达到所需性能的过程。只有对各加工步骤中的物理过程进行深入研究和理解才能够真正掌握性能调控方法，实现新产品的设计开发。

本节将主要介绍基于本书作者所在的中国科学技术大学国家同步辐射实验室软物质研究组利用同步辐射 X 射线散射技术在 PET 加工方面开展的工作，包括拉伸温度、应变速率、预取向等对 PET 拉伸过程中结构演化的影响，以期读者在了解 BOPET 薄膜加工工艺的基础上能够更深入了解各加工步骤中的物理过程。

11.3.1 玻璃化转变温度以上 PET 拉伸过程中的结构演化过程

PET 拉伸温度通常略高于其玻璃化转变温度（80～110℃）。在这一温度区间，无定形的 PET 铸片处于橡胶态，能够较易地在外力作用下发生均匀变形，诱导分子链取向和结晶。PET 铸片由熔体在激冷辊上淬冷形成，通过宽角 X 射线散射（WAXS）可以方便地表征出 PET 铸片中的结构形态近似为无取向的无定形态（图 11-13），因此，纵向拉伸过程是第 3 章中介绍的拉伸诱导结晶（SIC）过程。

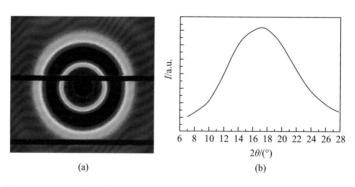

(a)　　　　　　　　　(b)

图 11-13　PET 流延铸片的 WAXS 二维图（a）及一维积分曲线（b）

高分子材料的光、热、力学性能等主要取决于其内部微观结构，因此，设计或调控高分子薄膜产品性能的行为实则是对材料加工中微观结构的设计和调控。如上所述，PET 在玻璃化转变温度附近拉伸过程中最典型的特征就是拉伸诱导取向和拉伸诱导结晶。由于 PET 拉伸经历纵向拉伸和横向拉伸过程，纵向拉伸过程中的链段取向、结晶等凝聚态结构又会直接影响到横向拉伸过程对材料结构的调控。因此，通过分解工艺步骤，系统理解各工艺段中的结构演化规律，才能逐渐深入地解析出 BOPET 加工过程中工艺参数-结构-性能的关系，帮助提升产品性能和新产品研发。

得益于高亮度和高通量的特点，同步辐射光在高时间分辨率检测领域具有独特的优势。利用原位单向拉伸装置（见第 7 章）与同步辐射技术联用，原位跟踪了 PET 铸片在单向拉伸过程中的结构演化行为。PET 流延铸片在 90℃拉伸过程中主要发生拉伸诱导分子链取向和拉伸诱导结晶[9]。图 11-14 给出了单向拉伸变形下的 WAXS 二维图。随着拉伸比的增加，衍射信号由环形逐渐变为集中在赤道线方向（垂直于拉伸方向）的弧形信号，表明分子链受外力作用沿着拉伸方向取向排列。当拉伸比大于 3 时，赤道线方向晶体衍射信号的出现表明材料中发生了拉伸诱导结晶。

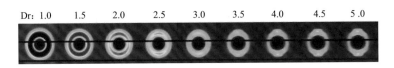

图 11-14　PET 在 90℃单向拉伸变形下的 WAXS 二维图

水平方向为拉伸方向

宏观拉伸流变性能反映了微观结构的演化过程。如图 11-15 所示，PET 在 90℃单向拉伸变形下的力学响应特性存在明显的三个区，分别是弹性变形区、屈服软化区和应变硬化区。在弹性变形区内，分子链受到分子间力和缠结点束缚，没有足够的运动能力进行大范围排列和链间相对滑移，分子链网络在小应变下发生整体的弹性变形，应力和无定形链段取向快速增加。屈服软化区被认为是结构失稳和分子滑移引起塑性变形[10]，各种限制链运动的结构（如铸片中分子间作用、缠结、残留的小晶体、冻结的局部有序结构等[11]）被外界应力场破坏，链间的相对滑移导致了无定形链取向增加的速度减缓，宏观力学上呈现出以屈服及应变软化为典型特征的塑性形变。在应变硬化区内，开始发生拉伸诱导结晶，结晶度随拉伸比的增加几乎呈线性增长。与此同时，应力开始增大，无定形链的取向速度也进一步增加。应变硬化区被认为与拉伸诱导结晶或链伸展有关[12]。由于应变硬化发生时的无定形链取向度约为 0.22，可以排除拉伸诱导的伸直链造成的应变硬化。因此，可以推测当前条件下的应变硬化行为主要源于拉伸诱导结晶形成的晶体交联网络，这部分内容在后面还会有相应介绍。

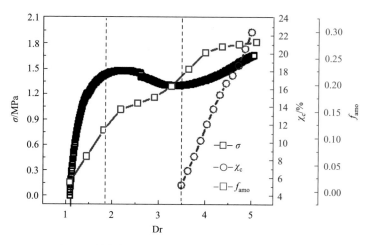

图 11-15　PET 在 90℃ 单向拉伸变形下的力学响应、结晶度及无定形链取向特性

　　综上所述，PET 在玻璃化转变温度以上（以 90℃ 拉伸条件为例）的拉伸过程是典型的拉伸诱导结晶过程。随着拉伸比的增加，无定形链逐渐取向，并进一步发生拉伸诱导结晶。通过调整拉伸比大小，可以使薄膜形成以取向无定形结构或晶体结构为物理交联点的网络结构。设计纵向拉伸后的微观结构要以横向拉伸后薄膜的产品性能目标为依据，纵拉比过大会造成铸片在纵向拉伸后形成晶体网络，一方面会增加纵向拉伸过程中所需压辊预紧力，导致拉伸打滑的风险；另一方面横向拉伸需要更长的预热时间和更高的预热温度，增加能耗。如果拉伸比太小，纵向拉伸后无晶体出现，则可能会降低最终 BOPET 产品的综合力学性能。关于纵向拉伸后不同的结构状态对横向拉伸过程中的结构演化规律将在后面阐述。

11.3.2　拉伸温度对取向和结晶的影响

　　不同的高分子材料都有其对应的加工温度窗口。例如，PET 的拉伸温度通常是在玻璃化转变温度（T_g）以上，冷结晶温度（T_{cc}）以下。当温度高于玻璃化转变温度时，分子链段具备足够的运动能力，材料呈现橡胶态，在外力场作用下易于均匀形变，发生取向和结晶。由于铸片是由熔体淬冷得到的无定形样品，存在局部不稳定的结构，当温度逐渐升温至玻璃化转变温度以上后，经过分子链的自我调整而发生结晶（即冷结晶），形成尺寸较大的球晶结构，材料变脆，透光率下降。PET 铸片材料的玻璃化转变温度因材料的分子特性而略有区别，冷结晶温度则与原料分子参数及热历史有关。通过 DSC 分析可以获得 PET 材料的玻璃化转变温度和冷结晶温度，如图 6-1 所示，聚酯切片原料的玻璃化转变温度为 70～80℃，冷结晶区域温度为 120～150℃。如 11.2.3 节所述，在实际 BOPET 生产时，纵向拉伸主要利用预热辊及红外辅助加热系统控制薄膜形变时的温度，通过调节辊温和红外加热器的功率可以方便地控制拉伸温度。因此，掌握 PET 加工窗口内温度对链取向和结晶行为的影响规律可以有效地根据产品性能需求进行工艺参数设计。本小节在 PET 玻璃化转变温度附近选择了三个温度点开展实验，以阐明温度对 PET 拉伸诱导取向和结晶的影响。

玻璃化转变温度是分子链从玻璃态下的受限状态获得具有橡胶一样的高弹能力的转变温度，对加工工艺温度选择具有重要意义。当温度略低于玻璃化转变温度时（70℃），链段运动受限，体系仍然是"玻璃态"。如图 11-16 所示，拉伸作用的施加导致材料经过短暂的线性变形后发生了屈服，屈服应力约为 8 MPa。随着屈服软化和应力平台的出现，材料主要发生大范围的塑性变形，应力随拉伸比的增加无明显变化。当拉伸比超过 3 后，发生应变硬化，应力快速上升。当拉伸温度超过玻璃化转变温度时（80℃），链段受热激发活化，链段运动能力大幅增加，体系处于高弹态，力学曲线与橡胶的力学响应相似，力学曲线上无明显的屈服点，但仍然发生了显著的应变硬化。在更高的拉伸温度（100℃）下，由于松弛时间减少，材料无明显的屈服及应变硬化行为。

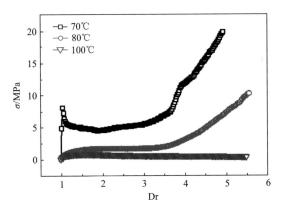

图 11-16　PET 在不同温度下拉伸过程中的力学响应特性

拉伸速率 0.1mm/s，夹具间初始长度 25 mm

图 11-17 给出了 PET 在不同温度下拉伸过程中的典型 WAXS 二维图。当拉伸温度为 70℃和 80℃时，随着拉伸比的增加，散射强度向赤道线方向集中，初始的散射环逐渐演变为散射弧，表明拉伸诱导链段沿拉伸方向排列。当拉伸比继续增大时，赤道线方向逐渐出现了晶体的衍射信号，材料中发生了拉伸诱导结晶。当拉伸温度为 100℃时，信号强度随着拉伸比的增加而减弱，但是在整个拉伸过程中没有出现明显的衍射弧或晶体的衍射斑点，拉伸没有诱导分子链发生有效取向和结晶。

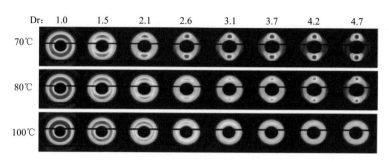

图 11-17 PET 在不同温度下拉伸过程中的典型 WAXS 二维图

水平方向为拉伸方向

通过对 WAXS 一维积分曲线拟合，可以获得结晶度随拉伸的演化情况。在 WAXS 二维图中，由于强的无定形散射背底，初始样品无法观察到明显的晶体衍射峰，但通过对淬冷 PET 无定形样品的比较，可以证实工业 PET 铸片中的确存在少量的晶体，结晶度一般小于 4%[11]。因此，图 11-18 中对于 WAXS 中未统计得到结晶度的样品的结晶度均以 4%代替。当拉伸温度为 70℃时，结晶度在拉伸比大于 3.5 时开始增加，拉伸比达到 5 时，结晶度达到约 7%。当拉伸温度为 80℃时，结晶度在拉伸比为 2.8 左右开始快速上升，在拉伸比为 5 时增大至约 12%。与在 70℃下拉伸的样品相比，80℃拉伸时具有更高的结晶度和更高的结晶度增长速率。从热力学的角度分析，不同于广泛地研究流动场诱导 PE 和 iPP 在熔点（T_m）附近温度的结晶[13]，PET 的 SIC 主要是在玻璃化转变温度附近，根据经典成核生长理论，链的运动能力是限制结晶速率的因素。在 70℃拉伸时，由于温度略低于玻璃化转变温度，分子链运动能力低。在 80℃下，分子链处在玻璃化转变温度以上，运动能力提高，拉伸诱导成核及晶体生长速率更高。

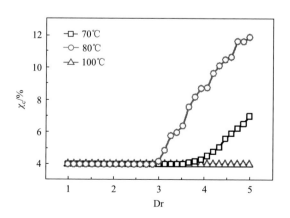

图 11-18 PET 薄膜在不同温度下拉伸过程中的结晶度变化

　　温度升高虽然能够激活链段运动能力，但是同时造成链段松弛速度加快。图 11-19 绘制出了不同温度下单向拉伸过程中无定形方位角积分强度分布。在 70℃和 80℃下，拉伸存在明显的无定形链取向引起的沿方位角分布的强度峰，而在 100℃下拉伸时，整个拉伸过程中无显著的无定形链取向散射峰。拉伸取向是外力场拉伸诱导的取向与分子链松弛诱导的解取向之间的竞争。温度越低，链段松弛时间越长，由松弛引起的链解取向作用远小于拉伸诱导取向，材料呈现高取向状态，如图 11-20 所示，70℃下无定形链取向显著高于 80℃拉伸时的无定形链取向。温度越高，链段松弛时间短于外力场拉伸诱导的链段取向的时间，分子链不发生有效的取向排列，也就不会发生拉伸诱导结晶。

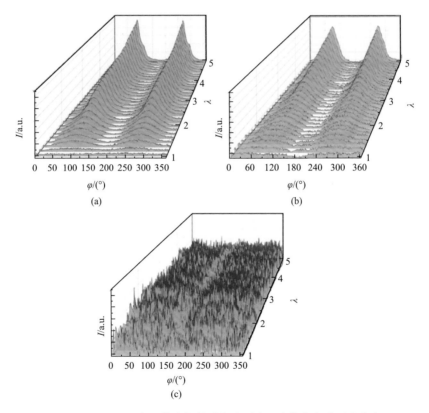

图 11-19　不同温度下单向拉伸过程中无定形方位角积分强度分布
（a）70℃；（b）80℃；（c）100℃

　　综上所述，链取向为拉伸诱导结晶提供了必要的成核条件，适当地提高链段运动能力则更有助于晶体生长完善，提高结晶度。设定实际生产拉伸温度时要综合考虑温度效应带来的链松弛作用对链取向和结晶的影响。较低的拉伸温度虽然

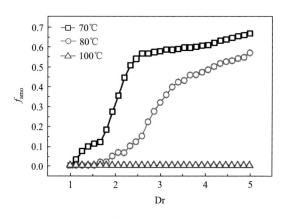

图 11-20　无定形链拉伸诱导的相对取向随拉伸比的关系

可以获得高取向，但不能为晶体生长完善提供充足的动力学调整能力，结晶度较低；较高温度拉伸会加快链的松弛速度，可能无法获得足够的链取向。高于玻璃化转变温度 5～15℃可能是 PET 拉伸的最佳温度窗口，兼具优异的加工性及拉伸诱导取向和拉伸诱导结晶性能。需要指出的是，上述结果适用于特定的拉伸速率，如果提高应变速率克服一定的链松弛，高温下拉伸也可以实现取向和结晶，这点将在下一小节中讨论。

11.3.3　拉伸速率对取向和结晶的影响

从 11.2 节对纵向拉伸系统和横向拉伸系统的介绍中可知，纵向拉伸系统中差速辊之间的距离、差速比及机械速度都会影响薄膜的纵向拉伸速率（形变速率）。在横向拉伸系统中，进出口幅宽、机械速度及拉伸段的距离是影响横向拉伸过程中应变速率的因素。如 11.3.2 节所述，拉伸过程中链取向是拉伸和链松弛作用的综合效果。除了拉伸比和拉伸温度外，拉伸速率（形变速率）也是影响分子链取向和结晶的关键工艺参数。但是，由于实际生产中的拉伸速率通常随生产参数和设备几何结构的改变而变化，是一个非确定的参数，人们往往忽略了拉伸速率在调控薄膜结构中所起到的重要影响。掌握拉伸速率对 PET 薄膜拉伸过程中结构演化的影响规律才能更好地设置设备参数和生产工艺参数，更好地调控产品结构和性能。因此，本小节将通过同步辐射原位实验结果，揭示拉伸速率对 PET 薄膜拉伸过程中结构变化的影响。

聚合物薄膜加工过程中的力学响应特性反映了微观凝聚态结构的差异。实验中利用原位拉伸装置中配置的力学传感器跟踪了无定形 PET 薄膜在 90℃下以不同速度拉伸样品过程中的力学曲线，如图 11-21（a）所示。拉伸方式为第 7 章 7.3 节中所述侧向非受限的单向拉伸，拉伸时样品的初始距离为 20 mm。拉伸速率为

0.02 mm/s 的样品在拉伸比约为 3.5 时发生了断裂,拉伸速率为 0.10 mm/s 的样品在拉伸比为 5.2 时发生了断裂,其余样品在拉伸比为 6 时都没有发生断裂。由于拉伸速率为 0.02～0.50 mm/s 时的样品应力水平较低,图 11-21(b)给出了力学曲线放大图。当拉伸速率是 0.02 mm/s 和 0.10 mm/s 时,样品在拉伸初期经历短暂的线弹性段后发生了屈服和软化,并在软化段发生了断裂。当拉伸速率增加到 0.50 mm/s 时,样品在经历线弹性段-屈服-软化后又出现了应力平台段和轻微的应变硬化行为。在该拉伸速率下,样品的软化段持续较短,约在拉伸比为 2 时开始,拉伸比至 3.5 时结束。当拉伸速率逐渐增加至 2.50 mm/s 和 12.5 mm/s 时,PET 样品经历了同 0.50 mm/s 条件下相似的力学行为,分别为线弹性段、屈服、软化段、应力平台段及应变硬化。相比较而言,随着拉伸速率的增加,应变硬化起始点对应的拉伸比越小。对于应变硬化行为有多种理解,其中一种是认为分子链伸展和成纤过程,即分子链在外力作用下伸直形成无定形纤维或者纤维晶体,这在 PP、PE 中比较常见[14, 15]。在 PET 拉伸过程中,应变硬化是由拉伸诱导结晶和形成晶体网络所引起,相关内容将在后面阐述。

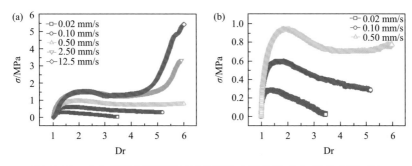

图 11-21　PET 薄膜在不同拉伸速率下的力学曲线(a)及放大图(b)

为了更清晰地反映不同拉伸速率下 PET 对外力的响应行为,图 11-22 统计出不同拉伸速率下 PET 薄膜的屈服应力。当拉伸速率为 0.02 mm/s 时,屈服应力约为 0.3 MPa。随着拉伸速率的增加,屈服应力迅速增加至 0.50 mm/s 时的 0.9 MPa。当拉伸速率超过 0.50 mm/s 时,屈服应力随着拉伸速率的增加趋势减缓,拉伸速率为 2.50 mm/s 时的屈服应力与拉伸速率为 12.5 mm/s 时的屈服应力相差不大。无定形 PET 在玻璃化转变温度以上的拉伸类似于橡胶的高弹性形变,屈服行为与链松弛时间和外力作用速率相关。在一定温度下,当拉伸速率提高时,链段运动跟不上外力的作用,为使材料屈服就需要更大的应力。根据 Ering 模型,屈服应力随拉伸速率的自然对数呈线性增加,因此,在自然对数坐标下,屈服应力与拉伸速率呈线性关系。如图 11-22(b)所示,在拉伸速率小于 2.50 mm/s 时,屈服应力与拉伸速率很好地满足这种线性关系;拉伸速率为 2.50 mm/s 和 12.5 mm/s 时的屈服应力略微偏离了线性关系,这可能是快速拉伸形变过程中的温度波动引起。

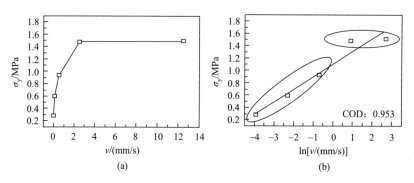

(a)   (b)

图 11-22   （a）线性坐标系中不同拉伸速率下 PET 薄膜的屈服应力；（b）横坐标以常数 e 为底的对数坐标中不同拉伸速率下 PET 薄膜的屈服应力

COD 表示决定系数

    图 11-23 给出了 PET 薄膜在不同拉伸速率下的 WAXS 二维图。当拉伸速率为 0.02 mm/s 时，随着拉伸的进行，薄膜逐渐变薄，散射强度逐渐减弱。样品从开始拉伸到断裂过程中散射强度分布都近似环状，表明在当前速率下，链段的松弛与外力诱导的取向作用相当，体系中未产生有效的链段取向。当拉伸速率为 0.10 mm/s 时，拉伸比约为 2.0 时，赤道线方向出现明显的散射圆弧，表明分子链在外力作用下沿着拉伸方向取向。随着拉伸比的增加直至断裂并未发现明显的晶体衍射信号，表明在当前拉伸条件下样品中没有发生拉伸诱导结晶。当拉伸速率为 0.50 mm/s 时，相比于拉伸速率为 0.10 mm/s 的样品，拉伸比为 1.5 时就可以在赤道线方向观察到明显的散射弧，即在更高的速率下使分子链更快地发生取向。当拉伸比增加至 3.5 时，赤道线方向出现较为明显的晶体衍射信号，发生了拉伸诱导

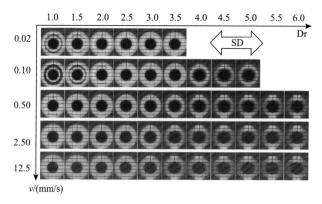

图 11-23   PET 薄膜在不同拉伸速率下的 WAXS 二维图

水平方向是拉伸方向

结晶。当拉伸速率为 2.50 mm/s 和 12.5 mm/s 时，散射二维图呈现的变化规律与 0.50 mm/s 时没有显著区别。从拉伸结束时的晶体衍射强度来看，拉伸速率增加，衍射强度逐渐增强。

　　由于拉伸速率为 0.02 mm/s 和 0.10 mm/s 的样品中未发生结晶，因此图 11-24（a）只统计了较高拉伸速率下的三个样品。如图 11-24（a）所示，不同拉伸速率下，结晶度均呈现先快速增加，后缓慢增加的趋势。在所选择的拉伸速率区间内，拉伸速率越快，结晶度越高，结晶初期的结晶度增长速率随着拉伸速率的增加不断增大，表明增加拉伸速率可以加速体系发生拉伸诱导结晶。有趣的是，拉伸诱导结晶起始点与拉伸速率的对数呈现显著的线性关系，如图 11-24（b）所示。如 11.3.2 节中所述，拉伸诱导结晶需要链段取向形成束状结构以作为成核点，然而链段松弛效应与拉伸作用的竞争最终决定了链段的取向程度。参考链段松弛作用所呈现出的力学行为特性，增加拉伸速率相当于降低温度，与松弛时间呈指数关系，那么由拉伸速率增加所带来的取向效果的增强也应该是指数形式。

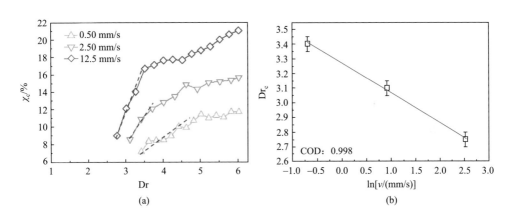

图 **11-24**　（a）PET 在不同拉伸速率下结晶度演化规律；（b）结晶起始点随拉伸速率的分布

　　提高拉伸速率不仅加速了 PET 的拉伸诱导结晶，还有助于 PET 在拉伸过程中的晶体生长和完善。图 11-25（a）给出了不同拉伸速率下(010)晶面晶粒尺寸的演化过程。拉伸诱导结晶发生以后，(010)晶面晶粒尺寸在结晶初期随拉伸比快速增大，然后进入缓慢增长区，表现出典型的成核及生长过程。(010)晶面间距的减小反映出在拉伸过程中晶体的持续完善，如图 11-25（b）所示。增加拉伸速率提高了体系的应力水平，在大应力作用下，结晶区的链段排列更加规整和完善，因此，高速拉伸条件下晶粒尺寸更大，晶面间距更小。需要指出，晶面间距减小，与拉伸过程中的应力状态也相关，拉伸应力越大，由于剪切和压缩的作用，垂直于拉伸方向的晶面间距由于弹性形变会减小。

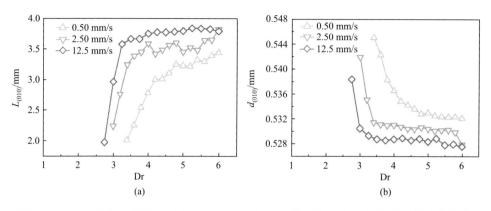

图 11-25　不同拉伸速率下(010)晶面间距（a）和(010)晶粒尺寸（b）随拉伸比的变化关系

综上所述，材料的力学行为对拉伸温度和拉伸速率的响应在某种意义上是等效的，提高拉伸速率可以达到降低拉伸温度所能实现的应力和链段取向水平，从而影响拉伸诱导结晶。实际生产中调控薄膜的结构时要考虑拉伸温度和拉伸速率的综合作用。通过提高拉伸速率可以抵消在更高温度下拉伸时的链段松弛作用，从而获得高取向、晶体更完善、结晶度更高的产品。另一方面，也可以适当降低拉伸速率以提高材料在较低温度下的加工性能。

11.3.4　初始预取向结构对链取向和结晶的影响

BOPET 薄膜加工过程是典型的异步双向拉伸过程，横向拉伸过程是在薄膜经过纵向拉伸取向的基础上进行的再拉伸过程，因此 PET 经双向拉伸后的微观结构是由纵向拉伸工艺和横向拉伸工艺中多参数耦合的结果。工业生产中的纵向拉伸工艺参数（拉伸比、温度等）的不同会导致材料在进行横向拉伸时具有不同的微观取向结构[11]。微观取向结构热力学及动力学行为上的差异，必然会对横向拉伸过程的链取向、结晶速率及晶粒尺寸等凝聚态结构造成影响[16]。因此，了解和掌握纵向拉伸产生的取向结构对横向拉伸过程中结构演化的影响规律可以解耦纵向、横向拉伸工艺参数对结构演化的影响，对指导工业生产中调节工艺参数和调控产品性能具有重要意义。

利用自主研制的原位拉伸装置，通过调控拉伸比可以获得具有不同预取向结构的样品。然后再对纵向预拉伸的样品进行横向拉伸，结合原位 X 射线散射技术则可以获得预取向或预拉伸样品在横向拉伸过程中的结构演化规律，从而获得在纵向拉伸比与横向拉伸比组成的二维空间内的微观结构参数的分布相图。图 11-26 给出纵向拉伸后再横向拉伸实验中涉及的纵向预拉伸、样品裁剪及横向拉伸三个步骤示意图。在预拉伸中，设置拉伸速率为 0.5 mm/s，拉伸比分别为 1、

2、3 和 4。为了便于确定样品编号，用 MiTX 来标记样本在不同阶段的状态，例如，M2T1 意味着样品在 MD 上的拉伸比为 2，在 TD 上的拉伸比为 1；M2TX 代表在 MD 上预拉伸 2 个拉伸比后再在 TD 上进行拉伸的样品。图 11-27（a）给出了预拉伸样品的 WAXS 二维图，随着预拉伸比的增加，第一行的二维散射花样从环形发展到散射弧和晶体散射点，反映出一个完整的分子取向、结晶的过程。但是，当纵向拉伸后的样品经过步骤二中的裁剪后，在横向拉伸开始时散射弧消失，近似为散射环，这表明 MD 拉伸结束后，在样品裁剪到 TD 拉伸前的处理过程中分子链发生了弛豫，发生了较大的取向松弛。无定形链取向参数显示，纵向拉伸比小于 3 时，取向值会因为拉伸后的裁剪等处理发生较大的取向松弛，M1T1 的 f_{amo} 从 0.15 降低到样品裁剪后的 0.015，M2T1 的 f_{amo} 从 0.18 降低到 0.09。纵向拉伸比达到 4 时，由于已形成的晶体作为物理交联点使分子链受限，无定形链取向未发生松弛。

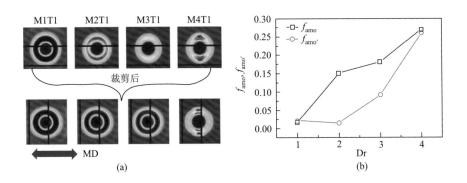

图 11-26　异步拉伸过程示意图

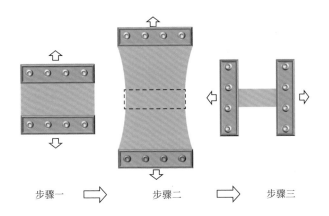

(a)　　　　　　　　　　　(b)

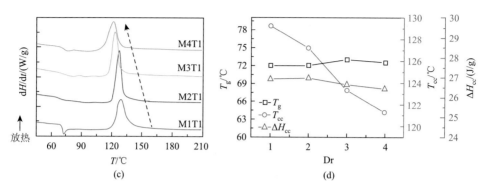

图 11-27 （a）MD 预拉伸样品的 WAXS 二维图，第一行是在 MD 预拉伸结束时的 WAXS 图，第二行是样品经过裁剪后，TD 拉伸前的 WAXS 二维图，底部的红色双箭头代表拉伸方向；（b）MD 预拉伸样品在拉伸结束时（黑色曲线）和 TD 拉伸前时刻（红色曲线）中无定形链的 Hermans 取向参数（f_{amo}），后者以带有上标的 $f_{amo'}$ 表示；（c）不同应变下预拉伸试样的 DSC 曲线；（d）玻璃化转变温度（T_g）、冷结晶温度（T_{cc}）和冷结晶焓（ΔH_{cc}）随预拉伸应变的变化趋势

　　预拉伸会产生取向结构，不同的取向结构的热力学行为不同。如图 11-27（c）所示的 DSC 分析结果，增大 MD 预拉伸并没有引起 T_g 的显著变化，但是 T_{cc} 逐渐降低，如图中的箭头所示。T_{cc} 从未预拉伸样品的 129℃左右降低到 M4T1 的 121℃附近。冷结晶焓（ΔH_{cc}）由 26.9 J/g 小幅下降至 26.2 J/g，见图 11-27（d）。冷结晶温度显著降低而冷结晶焓几乎不变，这表明 MD 拉伸产生了有助于结晶的取向结构。

　　不同 MD 预拉伸样品在横向拉伸过程中表现出不同的力学响应行为。图 11-28（a）记录了预拉伸试样在 TD 拉伸过程中的工程应力-应变曲线。M1TX 在经过弹性区及屈服、软化后进入应力平台区，直到拉伸结束。与 M1TX 力学行为相比，M2TX

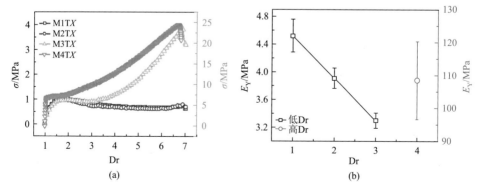

图 11-28 （a）不同预拉伸试样在 TD 拉伸过程中的应力-应变曲线，左轴为 M1TX、M2TX、M3TX 的应力，右轴为 M4TX 的应力；（b）在 TD 拉伸中不同预拉伸样品的杨氏模量

的显著特点是当应变到达 5 左右时出现了轻微的应变硬化。M3TX 的应力-应变曲线类似于交联橡胶在拉伸过程中的力学响应，经过屈服和短暂的应力平台后快速发生应变硬化。由于晶体对分子链的限制作用，M4TX 经过快速弹性变形后，在应变大约为 0.1 处出现屈服，之后应力急剧增加，出现应变硬化。图 11-28（b）中统计了不同预拉伸试样的杨氏模量 E_Y。E_Y 从 M1TX 的 4.52 MPa 单调下降到 M3TX 的 3.33 MPa，这表明体系中的分子链沿 MD 取向和预拉伸活化作用降低了 TD 的模量。由于 M4TX 中在拉伸前已发生部分结晶，所形成的晶体作为物理交联点，提升了模量，E_Y 约为 108.5 MPa，远大于其他样品的 E_Y。

图 11-29 呈现了不同预拉伸样品在 TD 拉伸过程中具有代表性的 WAXS 二维图。M1TX 在拉伸过程中，散射环随着拉伸进行首先向赤道线方向聚集并逐渐形成散射弧，直到拉伸结束也未观察到晶体散射信号。M2TX 在拉伸中，样品弥散的环状散射信号随着拉伸快速地演变为散射弧。在应变达到 3 左右时，晶体衍射开始出现，并随着应变增加，衍射强度逐渐增强。M3TX 样品在拉伸中散射弧短暂出现后在拉伸比约为 2.8 出现晶体衍射信号。随着拉伸比的增加，晶体的衍射强度迅速增加。在 M4TX 中，随着 TD 拉伸比的增加，预拉伸诱导产生的原始晶体衍射点逐渐演化为衍射环。当 TD 拉伸比超过 2.2 时，衍射信号主要集中在垂直于 TD 上，并逐渐形成衍射斑点。

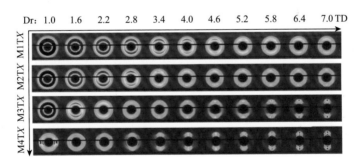

图 11-29　不同预拉伸样品在 TD 拉伸过程中的 WAXS 二维图

图案对应的拉伸比在图片上方标出，拉伸方向为水平方向

PET 拉伸过程中的链取向、结晶等行为通常是协同发生的，微观结构的变化又反映出宏观上力学行为的差异。为了揭示力学行为、链取向与结晶过程之间的关系，图 11-30（a）～（c）绘制了不同结构参数随拉伸应变的演化过程。根据三者之间关联的特点，用屈服点、结晶起始点和应变硬化点定义了四个区域，如图中红色虚线标记，其中屈服点之前为区域Ⅰ、屈服点到结晶起始点为区域Ⅱ、结晶起始点到应变硬化点为区域Ⅲ、应变硬化点以后为区域Ⅳ。在区域Ⅰ中，f_{amo} 随着应力的快速增加而迅速增加。在区域Ⅱ中，f_{amo} 增速减缓，在该区域中发生了

塑性变形，包括屈服、应变软化和应力平台。在区域Ⅲ中开始出现 SIC，结晶度和 f_{amo} 随变形增加而增大，应力基本保持不变。在区域Ⅳ中应力迅速增加，同时伴随着结晶度和 f_{amo} 的增加。对于 M1TX，随着应力的增加，f_{amo} 从 0 迅速增加到 0.11 左右。当 TD 拉伸比超过 2 时，力学曲线中出现应变软化和应力平台。对于 M1TX 只能定义出区域Ⅰ和区域Ⅱ，其中 f_{amo} 在区域Ⅱ中保持在 0.11 左右。对于 M2TX，区域Ⅰ应力和 f_{amo} 随拉伸比的演化行为与 M1TX 相似。在区域Ⅱ，随着应力的减小，发生了应变软化，与区域Ⅰ相比，f_{amo} 逐渐增加，但增加速度较慢。在区域Ⅲ出现 SIC，且结晶度先快速增加后缓慢增加，f_{amo} 逐渐增加，应力略有降低。在区域Ⅳ中，应力、结晶度和 f_{amo} 同时快速增大。M3TX 的力学行为和结晶度与交联橡胶非常相似。在区域Ⅰ，f_{amo} 和应力迅速增加。进入平台区后，f_{amo} 增长速度在区域Ⅱ减缓。与 M2TX 不同，M3TX 的显著特点是在区域Ⅱ没有发生应变软化。在区域Ⅲ，结晶度和 f_{amo} 在恒定应力 1 MPa 情况下迅速增加。在区域Ⅳ，f_{amo} 和结晶度的增加速率减小，而应力几乎呈线性增加。如图 11-30（d）所示，不同的样品在区域Ⅰ结束时（屈服点）的无定形链取向（f_{amo-y}）几乎相同，约为

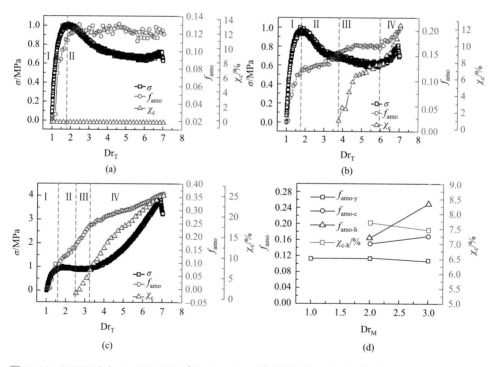

图 11-30　M1TX（a）、M2TX（b）和 M3TX（c）的力学行为、无定形链的取向（f_{amo}）和相对结晶度（χ_c）随拉伸比的演化过程；（d）屈服点、结晶起始点和应变硬化点处对应的无定形链取向（分别为 f_{amo-y}、f_{amo-c} 和 f_{amo-h}）和应变硬化时的结晶度，其中相对结晶度计算时的拟合误差均小于 1.5%

0.11。SIC 开始时（区域 II 末端，$f_{\text{amo-c}}$）的无定形链取向从 M2TX 时的 0.15 增加到 M3TX 时的 0.17。在 M3TX 的区域 III 和区域 IV 的边界处，链取向（$f_{\text{amo-h}}$）分别为 0.17 和 0.25。有趣的是，在应变硬化开始时，M2TX 和 M3TX 预拉伸试样的结晶度大致相同，约为 7.5%。

　　为评估预拉伸试样的不同结构参数在 TD 拉伸过程中演化的一致性，图 11-31 给出了 MD 拉伸比-TD 拉伸比（Dr_M-Dr_T）二维空间内 f_{amo}、χ_c 和 $f_{(\bar{1}10)}$ 的等高线图，如图 11-31（a）～（c）所示。通过等高线图中的颜色深浅就可以判断数值的大小。图 11-31（a）表明无论是增加 Dr_M 还是增加 Dr_T 都可以获得更高的无定形链取向。图 11-31（b）所示的结晶度分布表明，随着预拉伸 Dr_M 的增加，只需要更低的 Dr_T 就能达到更高的结晶度（约 16%），并且在预拉伸没有诱导结晶时，TD 拉伸时 $(\bar{1}10)$ 晶面的取向随 Dr_M 增加而增大。图 11-31（d）中提取了具体的结构参数值并绘制与预拉伸比的分布关系。以结晶起始时的结晶度为参考，当结晶度为 4%（SIC 起始点）时，f_{amo} 和 $f_{(\bar{1}10)}$ 分别为 0.16 和 0.24。显然，随着 Dr_M 的增加，f_{amo} 和 $f_{(\bar{1}10)}$ 临界值对应的 Dr_T 呈指数递减。

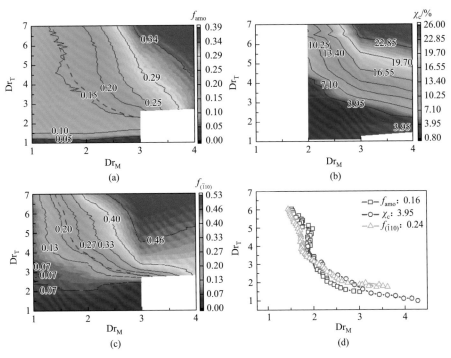

图 **11-31**　无定形链取向（f_{amo}）（a）、相对结晶度（χ_c）（b）和 $(\bar{1}10)$ 晶面取向（$f_{(\bar{1}10)}$）（c）在 MD 拉伸比-TD 拉伸比二维空间中结构参数的演变；（d）具有相同等高线的各参数值在 MD 应变-TD 应变二维空间内的分布

上述结果表明，TD 拉伸的结晶过程与预拉伸有关，预拉伸样品对后续拉伸过程中结构演化的影响主要表现在取向增强和结晶加快两个方面。针对上述结果，可以从以下两个方面理解。

（1）拉伸诱导平行链结构（parallel chain structure，PCS）交联网络，作为短暂的交联点抵抗形变。根据塑性形变的微观机理[17-19]，屈服产生于微观结构的破坏，而应变软化是微观组织失稳过程中滑移耗能的表现。M1TX 和 M2TX 中明显的应变软化现象表明在拉伸过程中链与链之间存在滑移现象。相反，M3TX 的应力在初始增大后进入平台区，并迅速达到应变硬化，这与交联橡胶中的情况非常相似。对于 M1TX 和 M2TX，使链受限的缠结点的破坏是屈服软化的根源，标志着链具有较大滑移的能力。需要注意的是，缠结点不仅局限于链之间的拓扑纠缠，还可能是一些局部有序结构，如"冻结有序"或小晶体块等[11]。M3TX 的力学行为与交联橡胶相似[20]，因此，一定存在某种结构赋予体系抗滑能力，而较大的形变和宽的预拉伸塑性变形范围为主链中苯环面堆叠，进而形成 PCS 结构提供了充足的时间和驱动力。PCS 交联网络形成的示意图如图 11-32 所示。

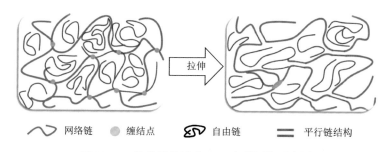

〜 网络链　● 缠结点　🌀 自由链　= 平行链结构

图 11-32　拉伸诱导形成 PCS 交联网络示意图

（2）PCS 促进结晶及晶体网络的形成，促进分子链取向。与没有发生 SIC 的 M1TX 相比，M2TX 中 SIC 在拉伸比约为 3.8 处发生。但与 M3TX 相比，由于预拉伸较小，TD 拉伸前 M2TX 中的 PCS 交联网络不完整、不均匀，应变软化的发生可以直接证明这一点。如上所述，PCS 来源于苯环间的 π-π 相互作用，这类似于基态二聚体（GDs）[21]。GDs 是近晶的起源，并促进结晶，这意味着 PCS 可能在拉伸过程中扮演结晶的位点。因此，随着 SIC 的发展，网络中越来越多的 PCS 被晶体所取代，PCS 交联网络逐渐转化为晶体交联网络。链网络向晶体强化的网络转变时导致无定形链取向快速增加。预拉伸样品中，应变硬化总是伴随着约 7.5%结晶度的提升，表明体系中形成了能承受应力的晶体交联网络骨架。需要注意的是，在 M3TX 中，应变硬化处的无定形链的取向（f_{amo-h}）仅为 0.25 左右，这意味着应力的快速上升不是由大量分子链伸直纤维化引起的。由于预有序结构特性，晶体成核生长优先发生在 PCS 存在的区域。由于 PCS 含量较低且不均匀，初始快速的结晶可能会阻碍 PCS 和晶体的生成，这导致 M2TX 中的结晶度先快速增加，然后再缓慢增长。由于缺乏完善的三维网络，系统即使发生结晶也无法承受外力储存能量，导致链的取向增加非常缓慢。应变硬化后，M2TX 中结晶度、无定形链取向和应力的快速增加有力地支持了交联网络在链取向和结晶过程中起重要作用的观点。

综上所述，纵向拉伸作为横向拉伸前的工艺步骤，可以有效提高横向拉伸过程中的结晶度和链取向。在预拉伸过程中，塑性形变为 PCS 的形成提供了充足的驱动力和时间，而且形成的 PCS 交联网络导致 PET 在 T_g 以上拉伸时的类橡胶力学行为。PCS 交联网络的存在有助于分子链在拉伸作用下取向，加速 SIC 的形成，并形成晶体交联网络。应变硬化开始时，不同的无定形链取向值和相同的结晶度（约 7.5%）表明应变硬化是由拉伸诱导形成的晶体交联网络而不是取向决定。需要注意的是，虽然在纵向拉伸产生晶体后再横向拉伸也可以获得更高的结晶度和更高的链取向，但是由于 MD 拉伸诱导的晶体作为物理交联点会导致 TD 拉伸时需要很大的力，无疑会给实际生产加工设备及生产稳定性带来挑战。

11.4　BOPET 薄膜性能与检测

11.4.1　厚度均匀性

厚度均匀性是 BOPET 薄膜产品的一项重要指标，直接影响产品的物理性能。尤其是在光学膜领域对产品的光、力学性能要求极高，合格品的厚度均匀性≤4%，优等品的厚度均匀性≤2%。

BOPET 薄膜基膜的厚度均匀性主要在生产过程中控制。在流延铸片及横向拉伸工艺出口处分别设置的在线测厚仪可以对生产过程中薄膜的厚度进行连续不断地扫描测量，并将测试值与目标值对比，然后反馈控制系统，自动微调挤出量或口模开口等来保证产品的厚度均匀性。除此之外，薄膜的厚度均匀性还与拉伸温度有关，为保证薄膜拉伸后厚度均匀，应控制预热段及拉伸段温度场的均匀性。

BOPET 薄膜在生产过程中厚度的检测可以按照 GB/T 16958—2008 的规定，对于成品膜厚度的检测可以遵循《塑料薄膜和薄片　厚度测定　机械测量法》（GB/T 6672—2001）的规定。

11.4.2　力学性能

BOPET 薄膜的力学性能包括拉伸强度、杨氏模量、断裂伸长率等，是产品使用的基本物理性能。对于一般的 BOPET 平衡膜（纵向和横向方向性能基本相同，

表 11-5 列出了 BOPET 平衡膜一些性能指标典型值），要求纵向和横向方向的拉伸强度大于 200 MPa，断裂伸长率大于 100%。

表 11-5　BOPET 平衡膜性能参考表

项目	典型值	测试条件	参考标准
纵向拉伸强度/MPa	200		ASTM D882-02
横向拉伸强度/MPa	200		ASTM D882-02
纵向断裂伸长率/%	100	23℃，100 mm/min	ASTM D882-02
横向断裂伸长率/%	110		ASTM D882-02
纵向弹性模量/GPa	2.3～4.2		ASTM D882-02
横向弹性模量/GPa	2.3～4.2		ASTM D882-02
透光率/%	88～92	—	ASTM D1003-13
雾度/%	0.5～2.5	—	ASTN D1003-13
纵向热收缩率/%	1.5	—	ASTM D1204-14（2020）
横向热收缩率/%	1.0	—	ASTM D1204-14（2020）
表面张力/(mN/m)	50	—	GB/T 14216—2008

　　BOPET 薄膜产品的力学性能主要与产品中的微观结构有关。一般，高取向、高结晶度的薄膜具有较高的拉伸强度及杨氏模量等。因此，从这一角度出发，在调控产品的力学性能时，要综合考虑如拉伸温度、拉伸速率、拉伸比、热定型温度等基本工艺参数的影响（可参见前文所述），同时也可以考虑不同的工艺方式，如多点拉伸、纵向拉伸-横向拉伸-纵向拉伸等特殊工艺。

　　力学性能的测试方法可按照《塑料拉伸性能的测定　第 3 部分：薄膜和薄片的试验条件》（GB/T 1040.3—2006）或 ASTM D882-02 进行。

11.4.3　光学性能

　　光学性能是 BOPET 薄膜产品应用的基本性能指标。一般，包装膜需要的雾度≤3%，透光率≥85%，光泽度≥85%。而光学膜领域对光学性能要求更高，除非是特殊高雾膜，一般要求雾度≤1.5%，透光率≥90%。

　　产品的雾度和透光率不仅与薄膜的微观结构有关，还需要外部加工环境的控制。透光率主要受薄膜内部晶体结构的大小影响，晶体尺寸越小，透光率相对就越高。雾度主要与材料表面的粗糙度有关，因此要保证生产环境中无灰尘、薄膜无刮伤、薄膜表面无小分子析出物等。

　　透光率和雾度的测定可以按照《透明塑料透光率和雾度的测定》（GB/T 2410—2008）的规定进行，光泽度可以按照《塑料镜面光泽试验方法》（GB 8807—88）的规定进行。

11.4.4　热性能

BOPET 薄膜产品在下游或终端应用时通常需要经历较高的温度，因此，薄膜受热变形的程度直接影响产品的使用。热收缩率是表征薄膜在受热情况下的尺寸稳定性，可以在一定程度上反映薄膜的耐温性能。常规 BOPET 薄膜的纵向热收缩率≤2%，横向热收缩率≤1.5%。高端的光学膜则要求纵向和横向的热收缩率≤1%。

热收缩率的测试标准可参照 ASTM D1204-14（2020）或 GB/T 27584—2011 规定进行。

11.4.5　其他性能

以上是 BOPET 基膜的基本性能。作为应用，BOPET 基膜通常需要进一步涂布深加工，以制备出功能化的薄膜。例如，对 BOPET 基膜进行底涂以提高表面张力（＞50 mN/m），满足包装行业的印刷需求；在 BOPET 基膜表面涂布上抗划伤、抗静电（$10^6 \sim 10^{10}$ Ω）涂层，可以制成屏幕 PET 保护膜，用于手机或计算机屏幕表面的保护；在 BOPET 基膜上涂布含有光学粒子或者玻璃微珠的涂层，可制成光学扩散膜，将其用于 LCD 面板背光模块，能有效消除明暗交错或者网点现象，提升光亮度，为 LCD 面板提供均匀的面光源；在 BOPET 基膜表面涂布一些棱镜结构，可以制成增亮膜，用在 LCD 显示背光源中提升背光亮度；在 BOPET 薄膜表面涂布具有颗粒成分的树脂体系，可制成防眩光膜，将其用于液晶显示屏，具有利用反射光的散射和由树脂与粒子的折射率差产生的内部散射来防止画面拖尾的作用等。针对每一种功能膜都有特定的功能化的性能指标，这里不再一一赘述。但是上述的光学、力学、热学等性能是制备每一种 BOPET 功能膜都需要考虑的。

参 考 文 献

[1]　常爱珍，李宝辉，张凯. TFT-LCD 显示原理及评判参数. 汽车电器，2021，(4)：31-33.

[2]　郭玉强，孙玉宝. 改善大视角下 LCD 灰阶图像质量的研究进展. 液晶与显示，2020，35 (7)：710-724.

[3]　黄永生，马云华，任小龙，等. 光学领域用双向拉伸聚酯基膜成型技术研究进展. 中国塑料，2017，31 (7)：1-8.

[4]　苏振国. 浅议背光模组用光学聚酯材料发展趋势. 信息记录材料，2021，(7)：15-18.

[5]　彭超. 双向拉伸聚酯薄膜生产线干燥工序对薄膜生产及性能的影响. 安徽化工，2021，47 (1)：71-73.

[6]　李治建，王建康，甄一毫. 不同结构静态混合器内熔体流动及混合效果的数值模拟. 塑料，2020，49 (2)：119-122.

[7] 赵月，马建平，陈世昌，等. Kenics 型静态混合器的结构优化与数值模拟. 合成纤维工业，2019，42（2）：74-80.

[8] 郭亮亮，刘扬，康钊，等. 拉伸薄膜生产线挤出系统及静电吸附装置. 制造业自动化，2020，（9）：139-141.

[9] Zhang W，Yan Q，Ye K，et al. The effect of water absorption on stretch-induced crystallization of poly(ethylene terephthalate)：an *in-situ* synchrotron radiation wide angle X-ray scattering study. Polymer，2019，162：91-99.

[10] Chandran P，Jabarin S. Biaxial orientation of poly(ethylene terephthalate). Part I：nature of the stress-strain curves. Advances in Polymer Technology，1993，12：119-132.

[11] Zhang Q，Zhang R，Meng L，et al. Biaxial stretch-induced crystallization of poly(ethylene terephthalate) above glass transition temperature：the necessary of chain mobility. Polymer，2016，101：15-23.

[12] Chandran P，Jabarin S. Biaxial orientation of poly(ethylene terephthalate). Part II：the strain-hardening parameter. Advances in Polymer Technology，1993，12（2）：133-151.

[13] Cui K，Ma Z，Tian N，et al. Multiscale and multistep ordering of flow-induced nucleation of polymers. Chemical Reviews，2018，118（4）：1840-1886.

[14] Lv F，Chen X，Wan C，et al. Deformation of ultrahigh molecular weight polyethylene precursor fiber：crystal slip with or without melting. Macromolecules，2017，50（17）：6385-6395.

[15] Chen X，Lv F，Su F，et al. Deformation mechanism of iPP under uniaxial stretching over a wide temperature range：an *in-situ* synchrotron radiation SAXS/WAXS study. Polymer，2017，118：12-21.

[16] Zhang W，Chen J，Yan Q，et al. The formation of crystal cross-linked network in sequential biaxial stretching of poly(ethylene terephthalate)：the essential role of MD pre-stretch. Polymer Testing，2021，96：107143.

[17] Krupenkin T N，Taylor P L. Microscopic model of true strain softening and hardening in a polymer glass. Macromolecular Theory and Simulations，1998，7：119-128.

[18] Lyulin A V，Vorselaars B，Mazo M A，et al. Strain softening and hardening of amorphous polymers：atomistic simulation of bulk mechanics and local dynamics. Europhysics Letters，2005，71：618-624.

[19] Men Y，Rieger J，Strobl G. Role of the entangled amorphous network in tensile deformation of semicrystalline polymers. Physical Review Letters，2003，91（9）：095502.

[20] Vieyres A，Perez-Aparicio R，Albouy P A，et al. Sulfur-cured natural rubber elastomer networks：correlating cross-link density，chain orientation，and mechanical response by combined techniques. Macromolecules，2013，46：889-899.

[21] Sago T，Itagaki H，Asano T. Onset of forming ordering in uniaxially stretched poly(ethylene terephthalate) films due to π-π interaction clarified by the fluorescence technique. Macromolecules，2014，47：217-226.

关键词索引